제 2 판

기계 제도

유진규·김상진 공저

B.C.Info

머 리 말

수없이 많은 언어가 통용되고 있으나 언어의 연관성이 적어 의사 표현이 어려운 실정이지만, 동굴벽화와 같이 그림으로 표현된 그래픽 언어는 표현자의 의사를 쉽게 전달할 수 있어 영어와 더불어 세계 공통어라 할 수 있다 하겠습니다.

특히, 산업이 첨단화, global화, 정보화되면서 국가의 정보 공유를 통해 새로운 것을 창안하고 표현하기 위해선 표현 방법의 세계화는 필연적이라 하겠습니다.

기계 산업분야의 공통 언어인 기계제도는 국제 규격(ISO)을 기반으로 하여 국가 규격으로 더욱 발전하였고, 이를 활용하고, 생각하면서, 느낀 바를 글이나 도식으로 표현함으로써 새로운 것을 창안 발전시켜 산업발전에 일익을 담당하게 되었습니다.

자동차, 전기, 전자, 반도체 산업이 발전하면서 각종 제품은 정밀성, 다양성, 호환성, 균일성, 디자인성을 요구하게 되었고, 이는 제품설계 및 가공기술의 발전에 많은 기여를 하였습니다. 특히, 품질의 향상과 원가의 절감, 관리의 용이성은 제품생산에 있어 매우 중요한 사항이며 이의 근간은 제품의 최적설계라 하겠습니다.

도면은 설계의 산물이며, 제품 가공에 있어서는 작업지시서이며, 제품의 성능, 경제성 등을 좌우하는 요소입니다.

따라서 본서에서는 도면 작성에 필요한 제 규약, ISO를 바탕으로 한국공업규격 중 기계제도 분야의 규격을 보다 쉽게 학생들에게 전달될 수 있도록 요약하여 기술하려고 노력하였습니다. 방대한 양을 한정된 지면을 통해 모두 표현하기란 매우 어려운 관계로 필요한 사항만을 발췌하여 이해를 돕도록 하였습니다. 1편에서는 기계제도 분야의 기본 통칙을, 2편에서는 기계요소 부분의 통칙을 요약 제시하였습니다.

본서는 2018년 KS 자료를 기준으로 편성하였으며 가능한 쉽게 접근할 수 있도록 집필하였으나 한정된 지면에 의해 제한되므로 부족한 점이 많다고 생각됩니다.

KS 규격에 대한 것은 http://www.standard.go.kr/ 사이트의 국가표준/한국산업규격으로 접속하여 필요한 규격을 검색하기를 바랍니다. 향후 보완 시에는 산업사회에서 널리 활용되고 있는 실무 분야의 자료를 보충하도록 하겠습니다. 아울러 이 책을 기반으로 학문을 탐구하는 학생들에게 조금이라도 도움이 되었으면 하는 바람이며, 끝으로 더욱 노력하고 정진하는 학생 여러분이 되기를 바라며 무궁한 발전을 기원합니다.

2019. 2

저자 씀

차 례

제1편 기계제도

제1장 기계제도 일반

제2장 투상법

제3장 치수기입방법

제4장 치수공차와 끼워 맞춤

제5장 표면 거칠기

제6장 기하공차

제7장 재료기호와 기계재료

제2편 기계요소의 제도

제1장 나사

제2장 용접

제3장 키

제4장 기어

제5장 베어링

제6장 벨트 풀리

부록

1

기계제도

1_기계제도 일반

1. 기계설계와 기계제도

1.1 기계설계

기계나 구조물 등을 제작하는 경우, 제작에 앞서 세밀한 계획을 수립하여 요구하는 성능이 나오도록 종합하는 기술을 의미한다.

1.2 기계제도

설계자의 의사나 어떤 사실적인 것을 도면에 정확하게 표현하는 방법으로 2차원의 제도지상에 3차원의 기계를 선, 기호, 문자, 도형 등으로 표시하는 것으로, 도면 작성자의 의도를 사용자에게 확실하게 전달하는 데 그 목적이 있다.

① 그림으로 표현된 국제 언어(공업언어).
② 물체의 형상, 크기, 재료, 가공법 등을 규약에 따라 정확하게 표현한 것.
③ 물품의 제작에 사용되는 도면(제작도).
④ 기획, 견적, 설치 등에 이용된다.

(1) 제도의 역사

동굴벽화	석기시대
↓ 고대 시대	솔로몬의 석조 신전 도면
↓ 15 세기경 투상의 원리 도입	정면도, 평면도 사용(이태리 건축가)
↓ Leonardo da Vinci	발전된 투시도법 사용
↓ 18 세기말경(제 1각법 사용)	Gaspard Monge(France): 현대 제도의 기원
↓ 19 세기말(제 3각법 사용)	미국이 국가 규격으로 채택

2. 제도규격

2.1 규격의 필요성

① 설계자의 의사 전달과 도면작성 상의 규격이 필요
② 부품(제품)별 호환성을 위해

업체별 제도기준 ➜ 국가 규격 ➜ 국제 규격

☞ 제도 기준: 지식과 정보를 효율적으로 전달하기 위해 설정

2.2 국가별 공업 규격

국 별	규 격 기 호	설정년도
영 국	BS (British Standards)	1901
독 일	DIN (Deutsche Industrie Normen)	1917
미 국	ANSI (American National Standards Institute)	1918
일 본	JIS (Japanese Industrial Standards)	1952
한 국	KS (Korean Industrial Standards)	1966
국제표준화기구	ISO (International Organization for Standardization)	1947

• 우리나라에서는 1966년 제도통칙(KS A 0005)을 제정하고, 1969년에 국제표준규격(ISO)과 일치되게 개정하였다.

2.3 KS 부분별 기호

기호	부문	기호	부문
KS A	기본(KS A 0005 제도통칙)	KS L	요업
KS B	기계	KS M	화학
KS C	전기	KS P	의료
KS D	금속	KS R	자동차, 자전거
KS E	광산		철도용품
KS F	건축, 토목	KS V	조선
KS G	일용품	KS W	항공
KS H	식료품	KS X	정보
KS K	섬유	KS Z	실험

2.4 제도 통칙(KS A 0005)

도면 작성 시 사용되는 제 요소에 대한 규정을 제시한다.

구분	적용 규격
① 도면의 크기 및 양식	KS A 0106의 규정에 따른다.
② 도면에 사용하는 선	KS A 0109의 규정에 따른다.
③ 도면에 사용하는 문자	KS A 0107의 규정에 따른다.
④ 제도에 사용하는 투상법	KS A 0111의 규정에 따른다.
⑤ 도형의 표시 방법	KS A 0112의 규정에 따른다.
⑥ 제도에 사용하는 척도	KS A 0110의 규정에 따른다.
⑦ 치수 기입 방법	KS A 0113에 따르고, 허용한계 치수는 KS A 0108의 규정에 따른다.
⑧ 기하공차의 도시 방법	KS B 0608에 따르고, 데이텀은 KS B 0243의 규정에 따른다.
⑨ 표면의 결 도시 방법	KS B 0617의 규정에 따른다.
⑩ 표면거칠기 표시방법	KS B 0161의 규정에 따른다.

2.5 KS규격에 의한 기계 부분의 분류

KS 규격 번호	분류
B 0001~0950 B 7935~7939	기 계 기 본
B 1001~2818	기 계 요 소
B 3001~4000	공 구
B 4001~4922	공 작 기 계
B 5201~5642	측정계산용 기계기구, 물리기계
B 6003~6929	일 반 기 계
B 7001~7100	산 업 기 계
B 7101~7934	농 업 기 계
B 8000~8208	열사용 및 가스기기

3. 제도 용어와 도면의 종류

3.1 제도 용어

(1) **도면**(A drawing) : 그림을 필요 사항과 함께 소정의 양식으로 그린 것.

(2) **제도**(Drawing) : 제작을 목적으로 물품 등을 제도규격(통칙)에 의해 그림으로 나타낸 것

(3) **사도**(Trace) : 그림 또는 도면위에 트레싱지나 천을 대고 복사하여 그린 것

(4) **기본도**(Original drawing) : 원도의 기본이 되는 그림 또는 도면.

(5) **원도**(Trace drawing Original drawing) : 연필이나 먹으로 그린 것으로 복사의 원지가 되는 그림 또는 도면

(6) **제 2 원도** : 복사기에 의해 만들어진 부원도

(7) **청사진**(Blue Print) : 감광지에 옮겨진 도면으로, 청색 바탕에 선이나 문자를 백색으로 나타낸 도면.

(8) **백사진**(White print) : 감광지에 옮겨진 도면으로, 백색 바탕에 선이나 문자가 자색, 흑색 등으로 나타낸 도면.

3.2 도면의 종류

(1) 용도에 따른 분류

① **계획도**(Scheme drawing) : 계획을 나타내는 그림

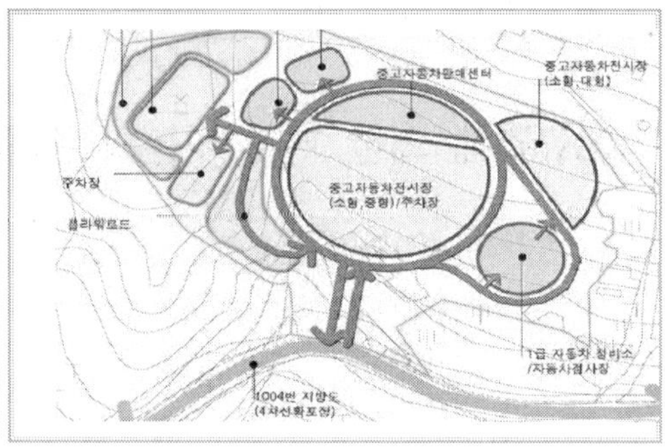

② **제작도**(Working drawing) : 제작에 사용되는 도면

③ **주문도**(Drawing for order) : 주문서에 첨부되는 도면

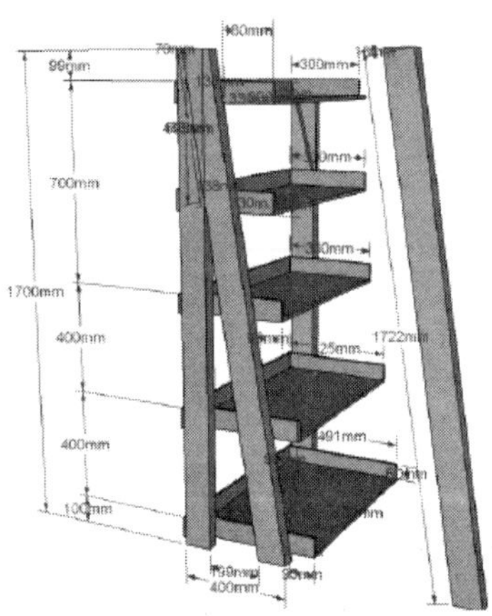

제작도

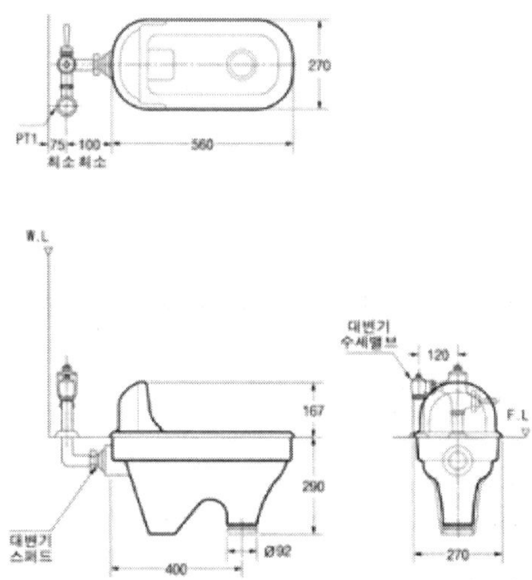

주문도

④ **견적도**(Drawing for estimate) : 견적서에 첨부하여 조회자에게 제출되는 도면

⑤ **설명도**(Explanatory drawing) : 설명에 사용되는 그림 또는 도면(제품 사용 설명서에 첨부되는 그림 또는 도면)

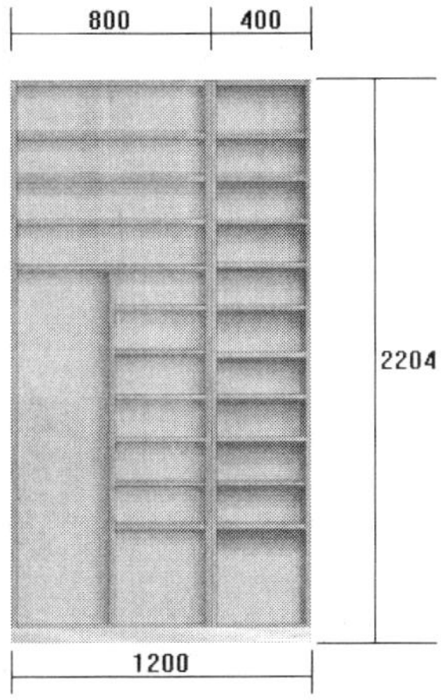

견적도

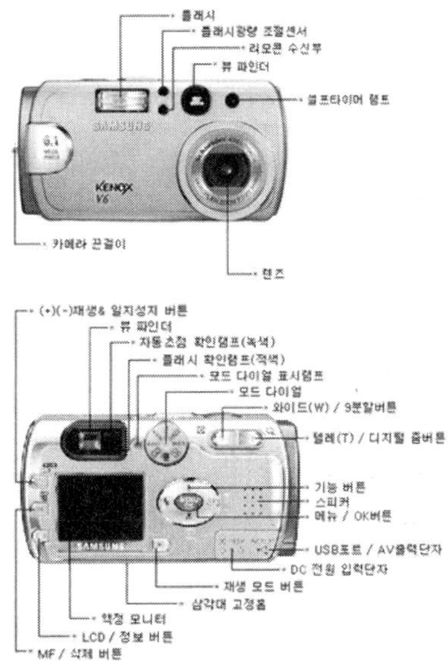

설명도

(2) 내용에 따른 분류

① **조립도**(Assembly drawing) : 조립을 나타내는 그림 또는 도면

② **부분조립도**(Partial assembly drawing) : 일부분의 조립을 나타내는 그림 또는 도면

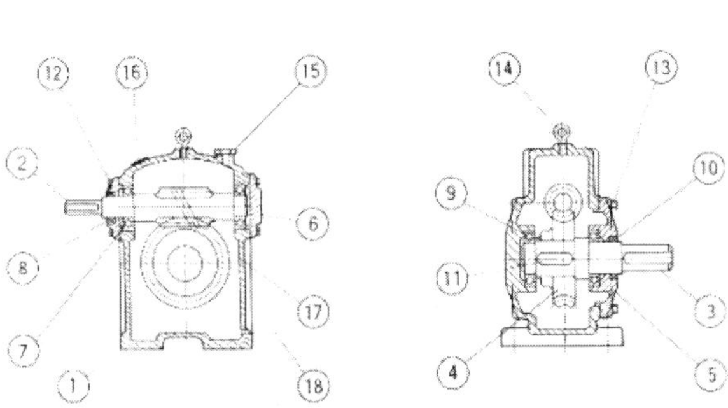

조립도

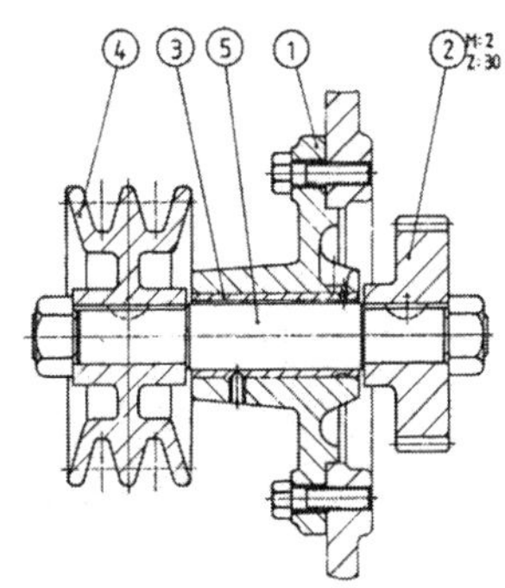

부분조립도

③ **부품도**(Part drawing) : 부품의 형상을 상세하게 나타내는 도면

④ **상세도**(Detail drawing) : 부품의 특정 부분을 확대하여 상세하게 나타내는 그림

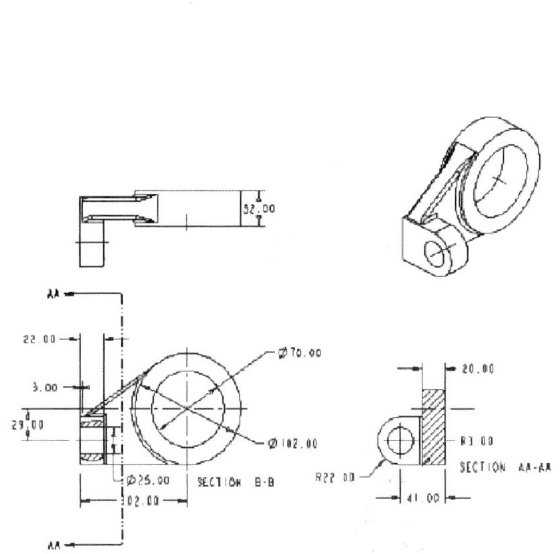

부품도

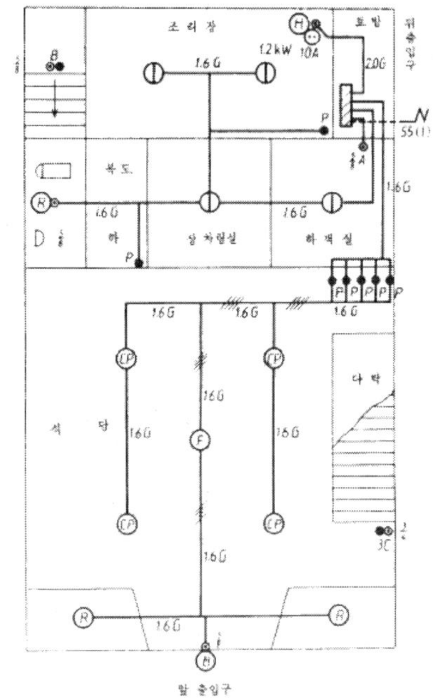

배선도

⑤ **배선도**(Wiring drawing) : 배선의 상태를 나타내는 도면
⑥ **검사도**(Drawing of inspection) : 검사에 필요한 사항이 기입된 도면
⑦ **전개도**(Development) : 물품 등의 표면을 평면에 전개한 그림
⑧ **기타** : 배관도, 공정도, 계통도, 설치도, 구조도 등

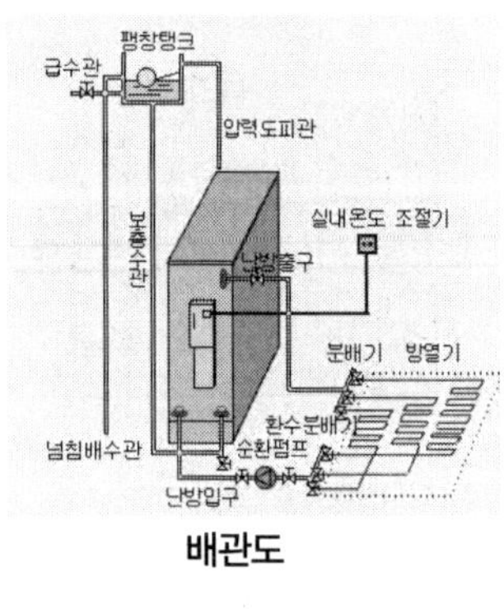

배관도

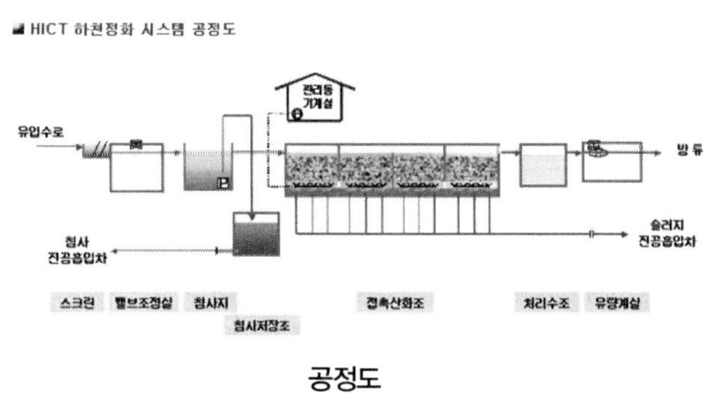

공정도

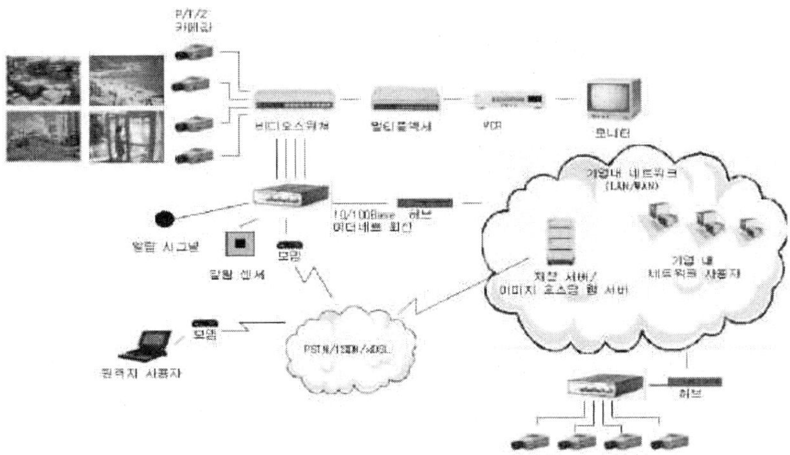

계통도

4. 기계제도(KS B 0001)

KS A 0005 제도통칙을 기본으로 기계공업 분야에 사용하는 부품도, 조립도의 제도에 대한 규정이다. 이 규격에 사용하는 용어의 뜻은 제도용어 KS A 3007에 따른다.

4.1 일반사항

기계 제도에 관한 일반 사항은 다음에 따른다.

① 도형과 대상물간의 크기는 비례 관계를 유지하도록 그린다. 다만, 잘못 볼 염려가 없다고 생각되는 도면은 도면의 일부 또는 전부에 대하여 이 비례관계를 지키지 않아도 좋다.

② 선의 굵기 방향의 중심은 선의 이론상 그려야 할 위치 위에 있어야 한다.

③ 서로 근접한 선의 선 간격(중심거리)은 원칙적으로 평행선의 경우, 선 굵기의 3배 이상으로 하고, 선과 선의 간격은 0.7mm 이상으로 하는 것이 좋다. 또, 밀접한 교차선의 경우, 그 선 간격은 선 굵기의 4배 이상으로 한다.[그림 1-1 (a)]

④ 다수의 선이 1점에 집중하는 경우, 복잡하지 않는 한 선 간격이 선 굵기의 약 3배 되는 위치에서 선을 정지하고 점의 주위를 비우는 것이 좋다.[그림 1-1 (b)]

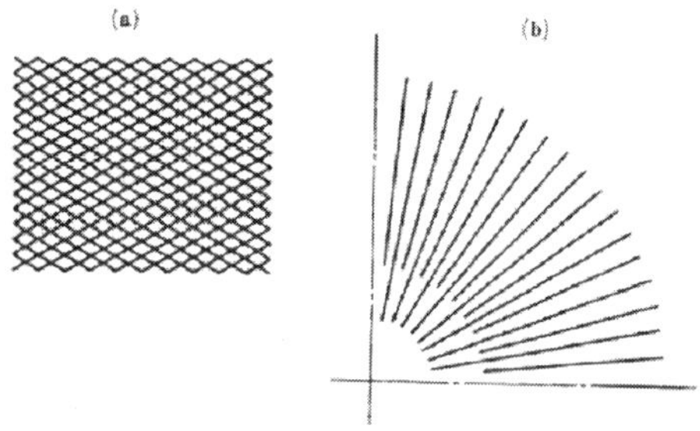

[그림 1-1]

⑤ 투상도에서는 투명한 재료로 만들어진 대상물이나 부분을 전부 불투명한 것으로 가정하여 그린다.

⑥ 특별한 지시가 없는 한, 길이 치수는 그 대상물의 측정을 2점 측정에 따라 행한 것으로 하여 지시한다.

⑦ 치수에는 특별한 것(참고치수, 이론상으로 정확한 치수 등)을 제외하고 직접 또는 일괄하여 치수의 허용한계를 지시한다.

⑧ 기능상의 요구, 호환성, 제작기술 수준 등을 기본으로 불가결의 경우만 기하공차의 도시방법(KS B 0608)에 따라 기하공차를 지시한다. 또한 치수공차는 지시가 없는 한 그 모양을 규제하지 않는다.

⑨ 표면의 결에 관한 지시를 필요로 하는 경우에는 KS B 0617에 따라 지시한다.

⑩ 나사, 중심구멍 등 특수한 부분의 표시는 별도로 정한 한국공업규격에 따른다.

⑪ 한국공업규격의 제도에 사용하는 기호로서 규정한 기호를 그 규정에 따라 사용하는 경우에는 특별한 주기를 필요로 하지 않는다. 또한, 이들에 의하지 않는 기호(한국공업규격으로 지정하지 않은 기호 등)를 사용할 경우에는 그 규격번호와 기호의 뜻을 도면의 적당한 곳에 주기한다.

4.2 도면의 크기와 양식

(1) 도면의 크기는 표 1-1의 A열 사이즈를 사용한다. 다만, 연장하는 경우에는 연장사이즈를 사용한다.

≪표 1-1≫ 도면의 크기

<table>
<tr><th colspan="5">A열 사이즈</th><th colspan="5">연장 사이즈</th></tr>
<tr><th rowspan="2">호칭
방법</th><th rowspan="2">치수
a×b</th><th rowspan="2">C
(최소)</th><th colspan="2">d(최소)</th><th rowspan="2">호칭
방법</th><th rowspan="2">치수
a×b</th><th rowspan="2">C
(최소)</th><th colspan="2">d(최소)</th></tr>
<tr><th>철하지 않을 때</th><th>철할 때</th><th>철하지 않을 때</th><th>철할 때</th></tr>
<tr><td>-</td><td>-</td><td>-</td><td>-</td><td></td><td>A0×2</td><td>1189×1682</td><td rowspan="4">20</td><td rowspan="4">20</td><td rowspan="9">25</td></tr>
<tr><td>A0</td><td>841×1189</td><td rowspan="3">20</td><td rowspan="3">20</td><td rowspan="9">25</td><td>A1×3</td><td>841×1783</td></tr>
<tr><td rowspan="2">A1</td><td rowspan="2">594×841</td><td>A2×3</td><td>594×1261</td></tr>
<tr><td>A2×4</td><td>597×1682</td></tr>
<tr><td rowspan="2">A2</td><td rowspan="2">420×594</td><td rowspan="6">10</td><td rowspan="6">10</td><td>A3×3</td><td>420×891</td><td rowspan="5">10</td><td rowspan="5">10</td></tr>
<tr><td>A3×4</td><td>420×1189</td></tr>
<tr><td rowspan="3">A3</td><td rowspan="3">297×420</td><td>A4×3</td><td>297×630</td></tr>
<tr><td>A4×4</td><td>297×841</td></tr>
<tr><td>A4×5</td><td>297×1051</td></tr>
<tr><td>A4</td><td>210×297</td><td>-</td><td>-</td><td>-</td><td>-</td><td>-</td></tr>
</table>

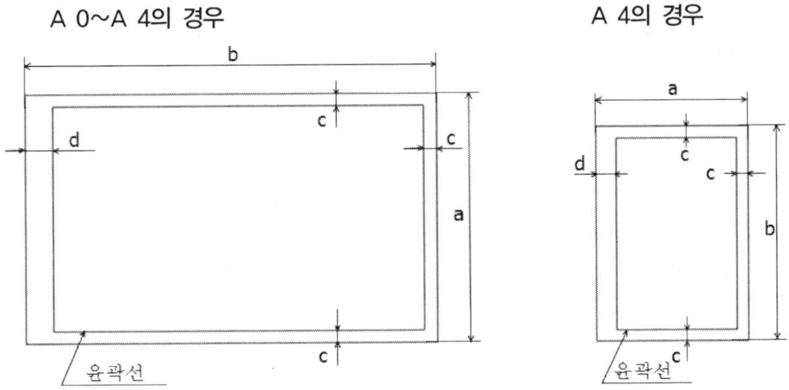

※ 비고 : d의 부분은 도면을 접었을 때, 표제란의 좌측이 되는 쪽에 설치한다.

(2) 도면은 긴 쪽을 좌우 방향으로 하여 사용한다. 다만, A4는 짧은 쪽을 좌우 방향으로 사용한다.

(3) 도면에는 표 1-1의 치수에 따라 굵기 0.5mm 이상의 윤곽선을 그린다.

(4) 도면에는 오른쪽 아래 구석에 표제란을 그리고, 도면번호, 도명, 기업(단체)명, 책임자 서명(도장), 도면 작성 년 월 일, 척도, 투상법을 기입한다.

(5) 도면에는 KS A 0106(도면의 크기 및 양식)에 따라 중심마크를 설치한다.

(6) 복사한 도면을 접을 때에는 그 크기를 A4 크기로 한다.

● 원도는 접지 않는 것이 보통이며, 원도를 말아서 보관하는 경우에는 그 안지름은 40mm 이상으로 하는 것이 좋다.

4.3 척도(Scale)

(1) 척도는 A : B로 표시한다.

A : 도형(도면)에서의 대응 길이

B : 대상물의 실제 길이

현척의 경우에는 A, B를 같게 하고, 축척의 경우에는 A를 1, 배척의 경우에는 B를 1로 한다.

☞ (보기)

- 현척의 경우 1 : 1
- 축척의 경우 1 : X → 1 : 2, 1 : 10
- 배척의 경우 X : 1 → 5 : 1

(2) 척도의 값은 표 1-2에 따른다.

≪표 1-2≫ 축척 · 현척 및 배척의 값

척도 종류	란	값						
축 척	1	1 : 2	1 : 5	1 : 10	1 : 20	1 : 50	1 : 100	1 : 200
	2	1 : $\sqrt{2}$	1 : 2.5	1 : 2$\sqrt{2}$	1 : 3	1 : 4	1 : 5$\sqrt{2}$	1 : 25
		1 : 250						
현 척	-	1 : 1						
배 척	1	2 : 1	5 : 1	10 : 1	20 : 1	50 : 1		
	2	$\sqrt{2}$: 1	100 : 1					

* 비고 : 1란의 척도를 우선으로 사용한다.

(3) 척도는 도면의 표제란에 기입한다. 같은 도면에 다른 척도를 사용할 때에는 필요에 따라 그 그림 부근에도 기입한다. 도형이 치수에 비례하지 않는 경우에는 그 취지를 적당한 곳에 명기한다.

4.4 선

(1) 선 굵기의 기준은 0.18, 0.25, 0.35, 0.5, 0.7, 1mm(6종류)로 한다.

KS A 0109의 선의 굵기와 비
1. 선의 굵기 : 0.13, 0.18, 0.25, 0.35, 0.5, 0.7, 1, 1.4, 2 mm
2. 선 굵기의 비
   - 아주 굵은 선: 굵은 선: 가는 선 = 4: 2; 1
   - 중간선 : 가는 선 = 1.4 : 1

(2) 선은 선의 용도에 따라 표 1-3과 같이 사용한다.

(3) 도면에서 2종류 이상의 선이 같은 장소에서 겹치게 되는 경우, 선의 우선순위는 다음 순위에 따른다.[그림 1-2]

① 외형선 ② 숨은선 ③ 절단선
④ 중심선 ⑤ 무게 중심선 ⑥ 치수 보조선

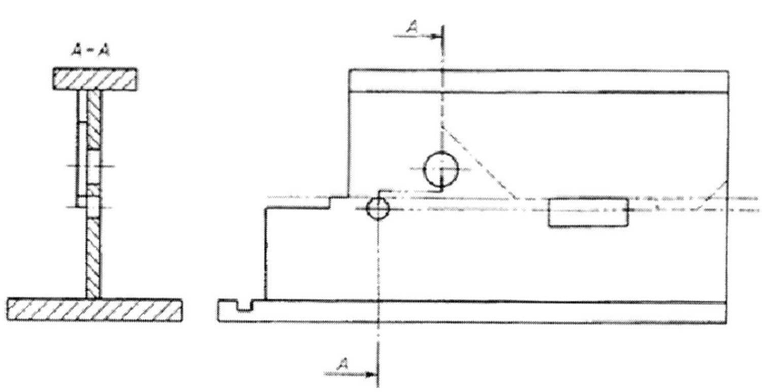

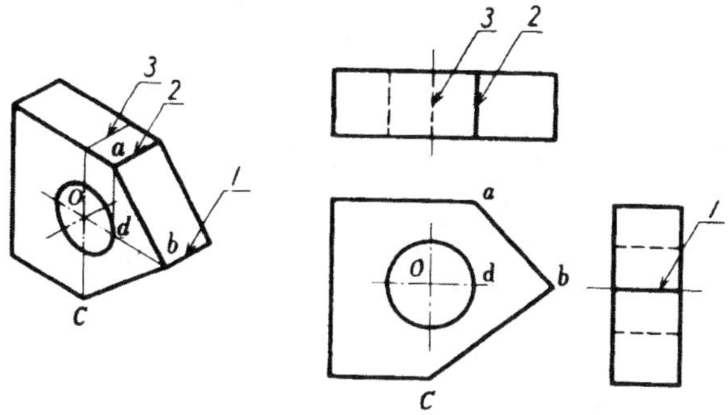

[그림1-2]

📖 참고사항

과거 수(손) 제도시의 도면 크기에 따른 선의 표준 비례 값

No.	線　　名	1号 (큰 그림)		2号 (보통 그림)		3号 (작은 그림)	
		굵기	길　　이	굵기	길　　이	굵기	길　　이
1	外 形 線	0.8		0.6		0.4	
2	숨 은 선	0.5	5　1	0.4	4　1	0.3	3　1
3	中 心 線	0.3	25　1 1　1	0.2	20　1 1 1	0.1	15　1 1 1
4	치 수 선 치수補助線	0.3	4	0.2	3	0.1	2.5
5	切 斷 線 가 상 선	0.3	20　1 1　1	0.2	15　1 1 1	0.1	10　1 1 1

《표 1-3》 선의 종류에 의한 용도

용도에 의한 명칭	선의 종류	선의 용도	그림 1-3의 조합번호
외형선	굵은 실선	대상물의 보이는 부분의 모양을 표시하는 데 쓰인다.	1.1
치수선	가는 실선	치수를 기입하기 위하여 쓰인다.	2.1
치수보조선		치수를 기입하기 위하여 도형으로부터 끌어내는 데 쓰인다.	2.2
지시선		기술·기호 등을 표시하기 위하여 끌어내는 데 쓰인다.	2.3
회전 단면선		도형 내에 그 부분의 끊는 곳을 90o 회전하여 표시하는 데 쓰인다.	2.4
중심선		도형의 중심선(4.1)을 간략하게 표시하는 데 쓰인다.	2.5
수준면선1)		수면, 유면 등의 위치를 표시하는 데 쓰인다.	2.6
숨은선	가는 파선 또는 굵은 파선	대상물의 보이지 않는 부분의 모양을 표시하는 데 쓰인다.	3.1
중심선	가는 1점 쇄선	(1) 도형의 중심을 표시하는 데 쓰인다. (2) 중심이 이동한 중심 궤적을 표시하는 데 쓰인다.	4.1 4.2
기준선		특히 위치 결정의 근거가 된다는 것을 명시할 때 쓰인다.	4.3
피치선		되풀이 하는 도형의 피치를 취하는 기준을 표시하는 데 쓰인다.	4.4
특수 지정선	굵은 1점 쇄선	특수한 가공을 하는 부분 등 특별한 요구사항을 적용할 수 있는 범위를 표시하는 데 사용한다.	5.1
가상선2)	가는 2점 쇄선	(1) 인접부분을 참고로 표시하는데 사용한다. (2) 공구, 지그 등의 위치를 참고로 나타내는 데 사용한다. (3) 가동부분을 이동 중의 특정한 위치 또는 이동한계의 위치를 표시하는 데 사용한다. (4) 가공점 또는 가공 후의 모양을 표시하는 데 사용한다. (5) 되풀이 하는 것을 나타내는 데 사용한다. (6) 도시된 단면의 앞쪽에 있는 부분을 표시하는 데 사용한다.	6.1 6.2 6.3 6.4 6.5 6.6
무게 중심선		단면의 무게 중심을 연결한 선을 표시하는데 사용한다.	6.7
파단선	불규칙한 파형의 가는 실선 또는 지그재그선	대상물의 일부를 파단한 경계 또는 일부를 떼어낸 경계를 표시하는 데 사용한다.	7.1

절단선	가는 1점 쇄선으로 끝부분 및 방향이 변하는 부분을 굵게 한 것	(선 모양)	단면도의 도형을 그리는 경우, 그 절단 위치를 대응할 때 그림을 표시하는데 사용한다.	8.1
해칭	가는 실선으로 규칙적으로 줄을 늘어 놓은 것	(선 모양)	도형의 한정된 특정 부분을 다른 부분과 구별하는 데 사용한다. 보기를 들면 단면도의 절단된 부분을 나타낸다.	9.1
특수한 용도선	가는 실선	(선 모양)	(1) 외형선 및 숨은선의 연장을 표시하는 데 사용한다. (2) 평면이란 것을 나타내는 데 사용한다. (3) 위치를 명시하는 데 사용한다.	10.1 10.2 10.3
	아주 굵은 실선	(선 모양)	얇은 부분의 단선 도시를 명시하는 데 사용한다.	11.1

[보기 1]

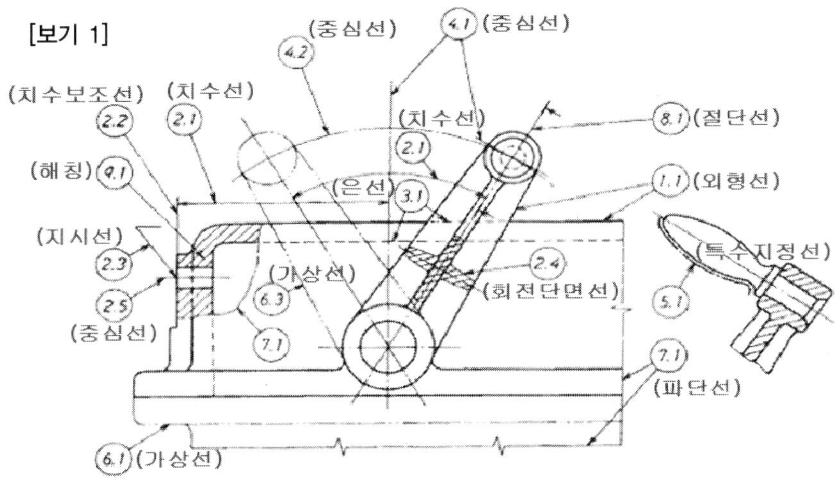

[보기 3]

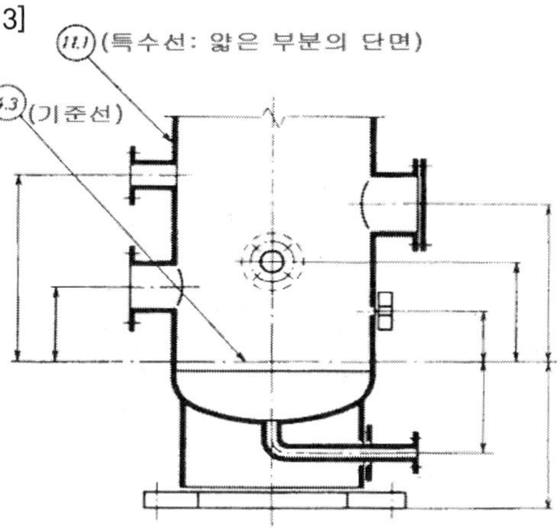

[보기 2]

선의 사용법

[보기 4]

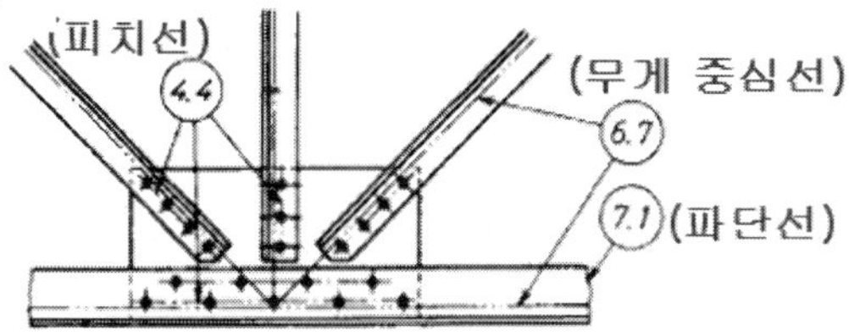

[보기 5]

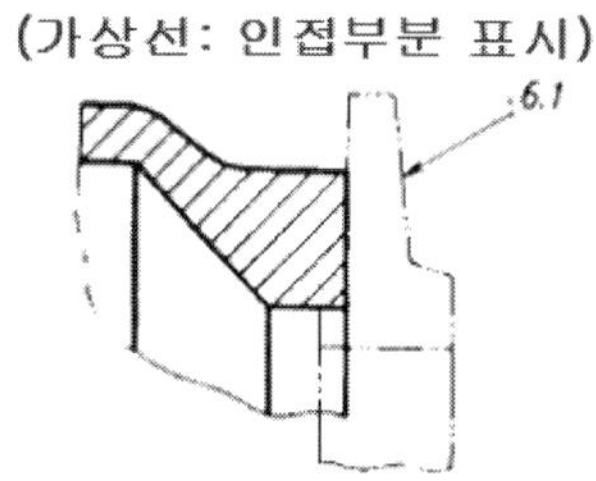

[보기 6]

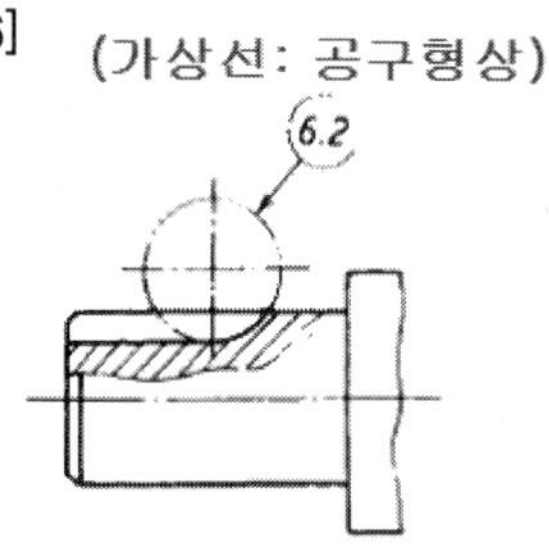

[보기 7]

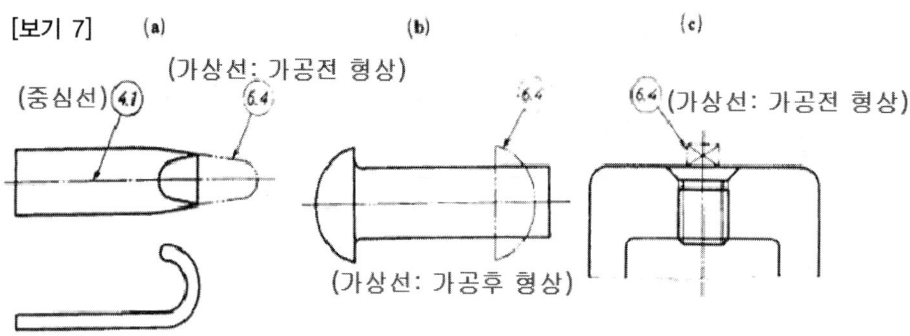

[보기 8]

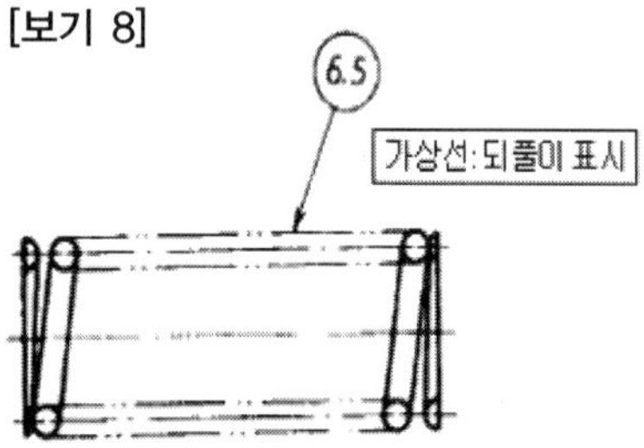

[보기 9]

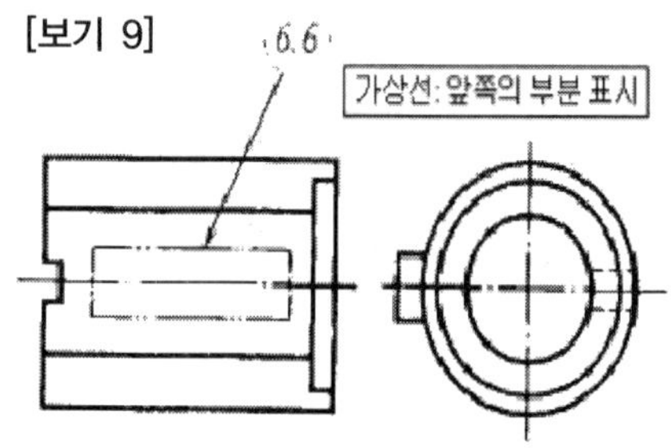

[보기 10]

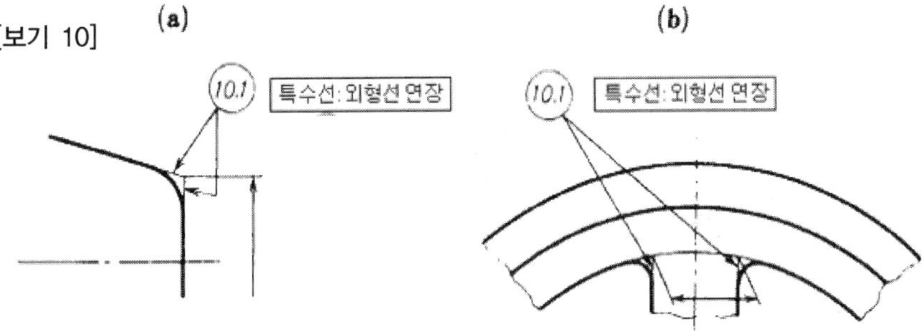

[보기 11]

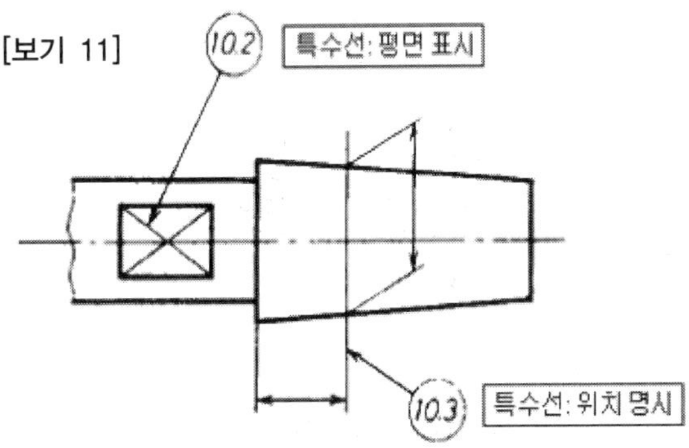

[그림 1-3] 선의 용도

【**예제**】 아래 도면에서 사용된 선의 용도와 종류는?

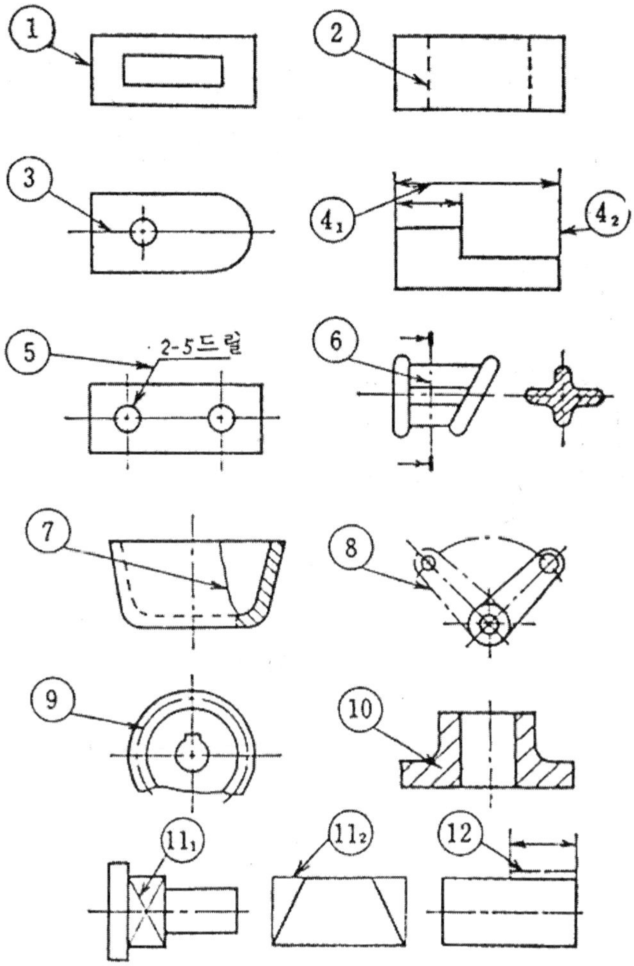

4.5 글자 · 문장

(1) 글자는 명확하게 쓰고 글자체는 고딕체로 하여 수직 또는 15° 경사체로 씀을 원칙으로 한다.

(2) 국문 글자의 크기는 호칭(5), 2.24(6), 3.15. 4.5, 6.3, 9mm의 5종류로 한다. 다만, 특히 필요할 경우에는 다른 치수를 사용하여도 좋다.

※주 (5) KS A 0107의 5.1(문자 크기의 표시방법)에 따른다.

(6) 어떤 종류의 복사 방식에서는 이 크기는 적합하지 않다. 연필로 그릴 경우에는 주의하여야 한다.

KS A 0107의 도면에 사용하는 문자와 크기

문 자	서 체	크 기(mm)
한자	기계조각용 표준서체	3.15(2), 4.5, 6.3, 9, 12.5, 18
한글	활자체	2.25(2), 3.15, 4.5, 6.3, 9, 12.5, 18
숫자 · 영자	J형사체 B형사체, B형입체	2.25(2), 3.15, 4.5, 6.3, 9, 12.5, 18

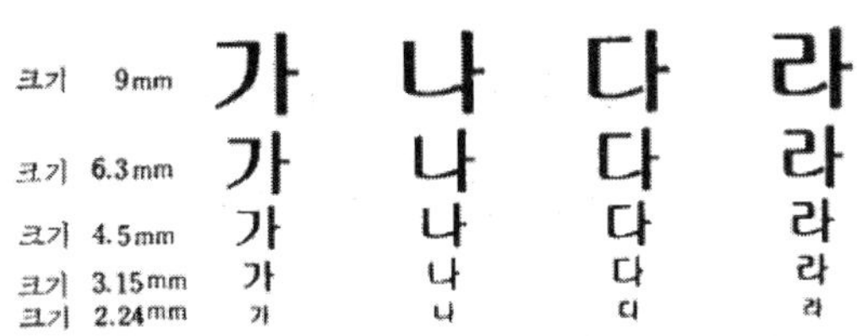

[그림 1-4] 한글서체

(3) 아라비아 숫자의 크기는 호칭 (5), 2.24(6), 3.15. 4.5, 6.3, 9mm의 5종으로 한다. 다만, 특히 필요할 경우에는 이에 따르지 않아도 좋다. 또, 서체는 원칙적으로 J형 사체(그림 1-5) 또는 B형 사체(그림 1-6) 중 어느 것을 사용하여도 좋으나 혼용은 불가하다.

(4) 문장은 왼편에서 가로 쓰기를 원칙으로 한다.

[그림 1-5] 사체의 아라비아숫자 및 영자의 서체

크기 9 mm 1234567890

크기 4.5 mm 1234567890

크기 6.3 mm ABCDEFGHIJ

KLMNOPQR

STUVWXYZ

abcdefghijklm

nopqrstuvwxyz

[그림 1-6] B형 사체의 아라비아숫자 및 서체

2_투상법

제품 제작에 사용하는 도면에는 다음의 2가지가 명시되어야 한다.

(a) 제품 각 부의 정확한 모양

(b) 제품의 세로(L), 가로(W), 높이(H)의 3 방향의 치수

위의 조건을 가장 잘 충족시키는 도시방법으로 투상법이 사용되며 공업제도에 널리 이용된다.

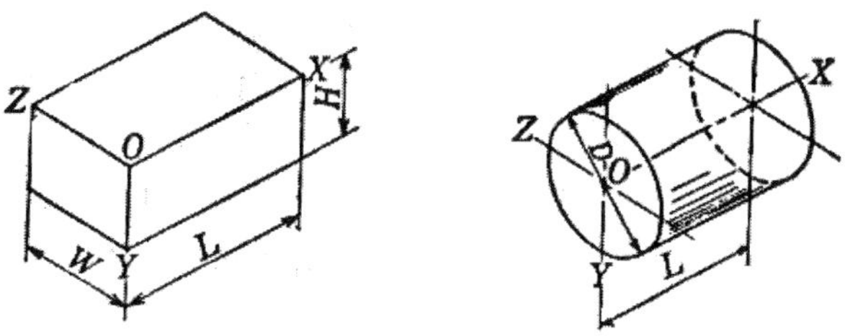

[그림 2-1]

1. 투상법(Projection)

(1) 하나의 평면에 광선을 비추어 이 면에 찍히는 물품의 그림자로서 그 형상을 표시하는 도법

(2) 광선을 나타내는 선을 투상선, 그림이 찍히는 평면을 투상면, 찍힌 그림을 투상도라 한다.

(3) 투상도는 눈과 물품의 위치에 따라 그 크기가 달라진다.

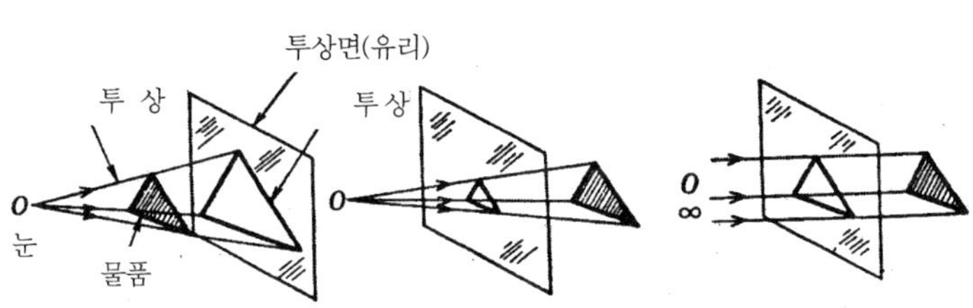

[그림 2-2]

(4) 제도에 사용하는 투상법은 특별한 이유가 없는 한 평행 투상에 따르는 것 중 아래 표에 표시하는 3종류로 한다.

<table>
<tr><th>종류</th><th>사용하는 그림의 종류</th><th>특 징</th><th>용도</th></tr>
<tr><td>정 투 상</td><td>정투상도</td><td>• 물체의 위치에 관계없이 항상 모양과 크기가 같다.
• 투상선이 평행하고 투상면에 수직하다.
• 물체의 주요면이 투상면에 평행하다.</td><td>기계제도</td></tr>
<tr><td>등각투상</td><td>등각도</td><td>• 하나의 그림으로 정육면체의 3면을 같은 정도로 표시할 수 있다.</td><td rowspan="2">설명용 도 면</td></tr>
<tr><td>사 투 상</td><td>캐비넷도</td><td>• 하나의 그림으로 정육면체의 3면 중의 한 면만을 중점적으로 엄밀, 정확하게 표현할 수 있다.</td></tr>
</table>

📖 평행투상법에 의한 3차원상 표시방법(Axonometric : KSA 0111-3)

이 방법은 복잡한 형상이나 구조를 이해하기 쉬우나 실형과 실장을 표시하기가 어렵다.

- 등각 투상법(Isometric): 등각도
- 다이메트릭 투상법(Diametric): 2측 투상도 또는 부등각 투상도)
- 경사투상법

(a) 등각투상법: 등각도

ⓐ 정육면체의 경우(a:b:c=1:1:1)

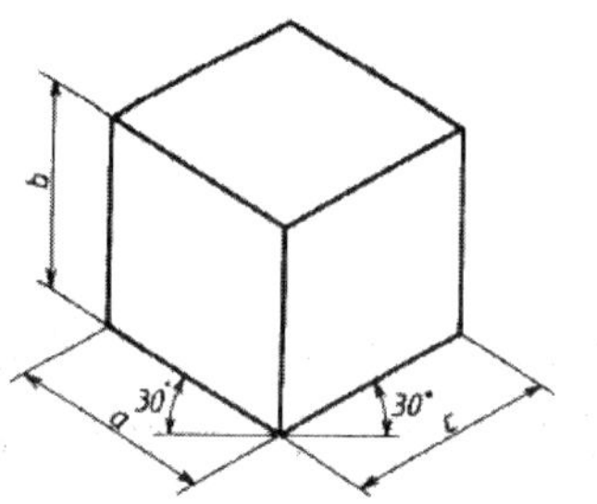

ⓑ 일반의 경우

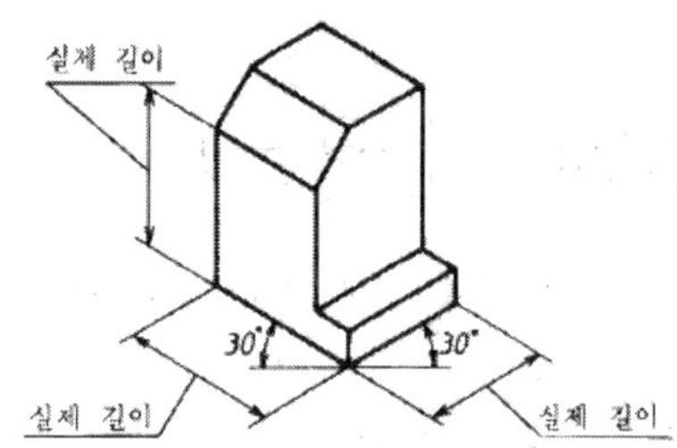

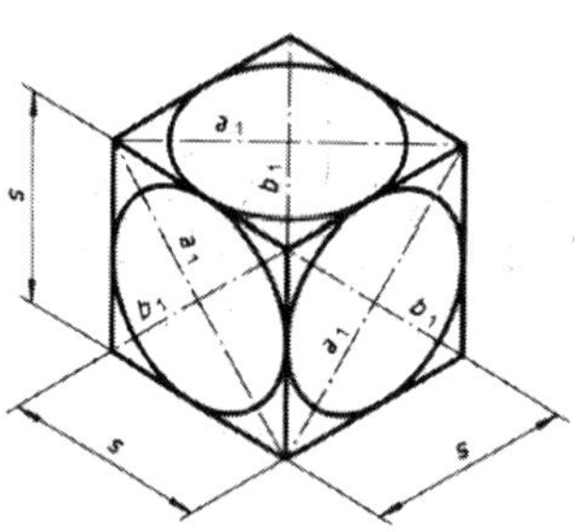

타원의 길이는

$$a_1 = \sqrt{\frac{3}{2}}\,s = 1.22s$$

$$b_1 = \sqrt{\frac{1}{2}}\,s = 0.71s$$

(b) 다이메트릭 투상법

$u_{x'} = u_{y'} = u_{z'} = 1/2 : 1 : 1$

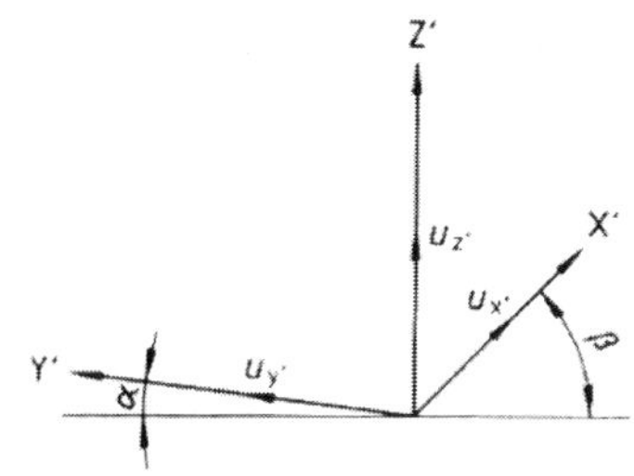

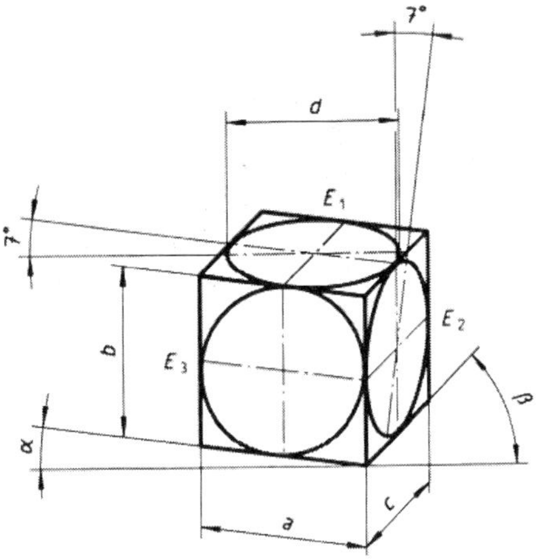

(c) 경사 투상법

ⓐ 캐벌리어 투상법

$u_{x'} = u_{y'} = u_{z'} = 1$

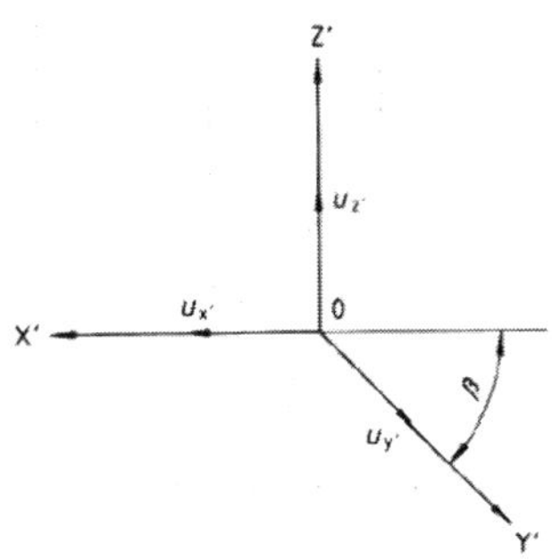

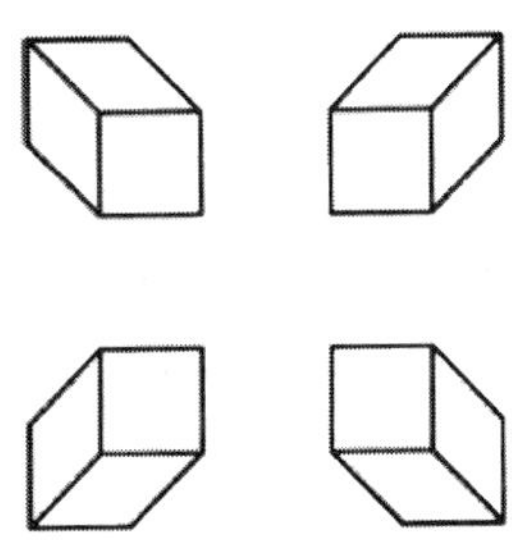

ⓑ 캐비닛 투상법: 캐비닛도

정육면체의 경우(a:b:c = 1:1:1/2)

$a_1 = b_1 = s$, $a_2 = 1.06s$, $b_2 = 0.33s$

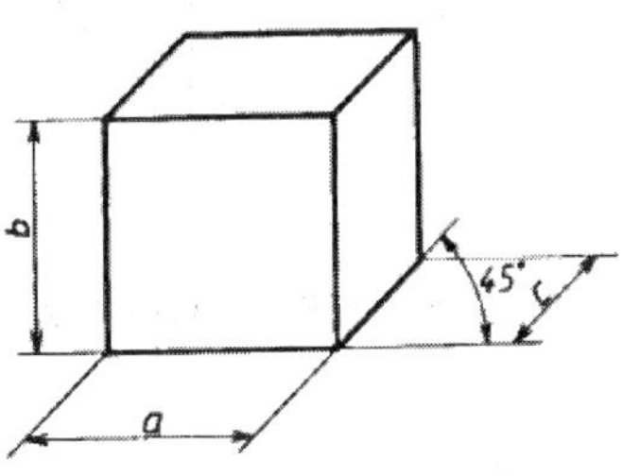

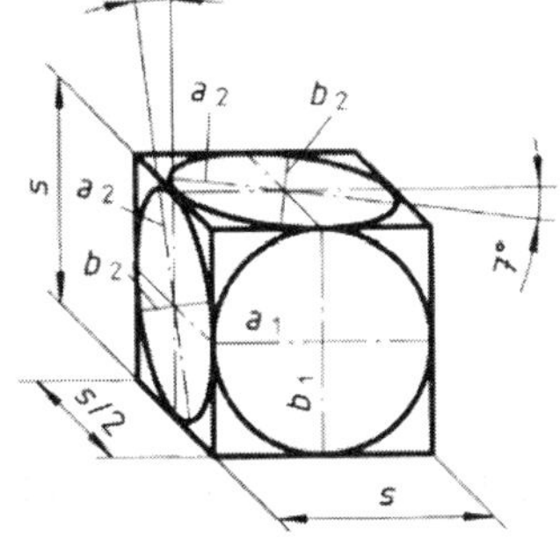

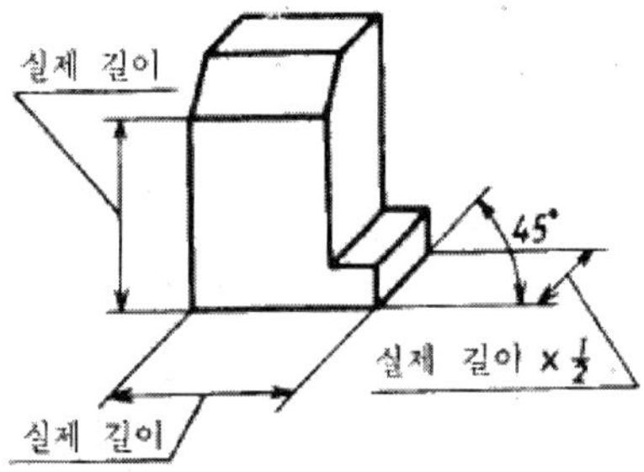

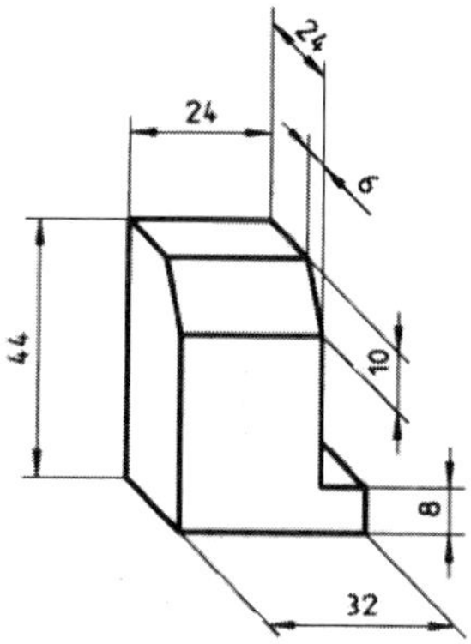

ⓒ 플라노메트릭 투상법

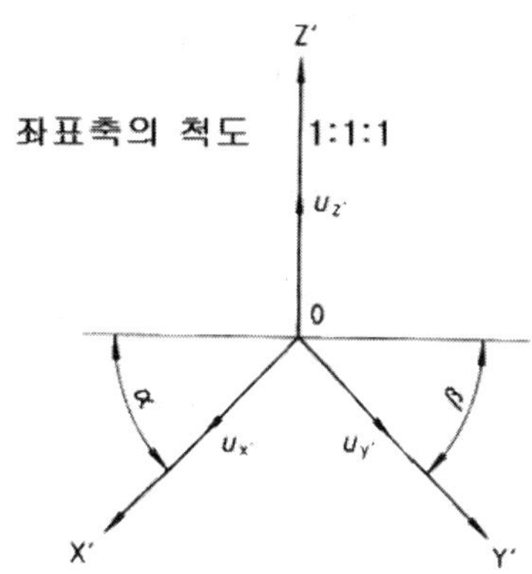

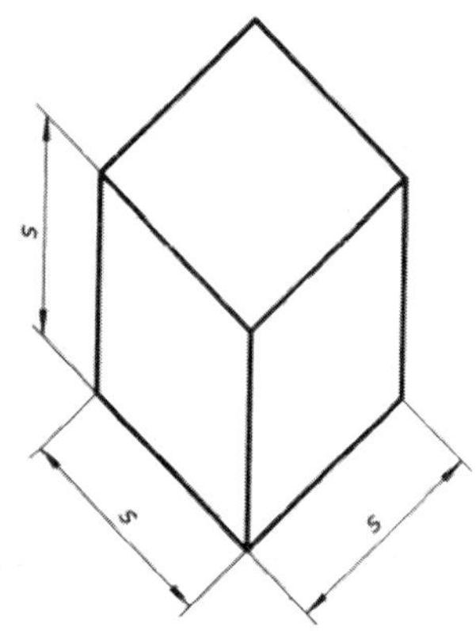

정상적 플라노메트릭 투상

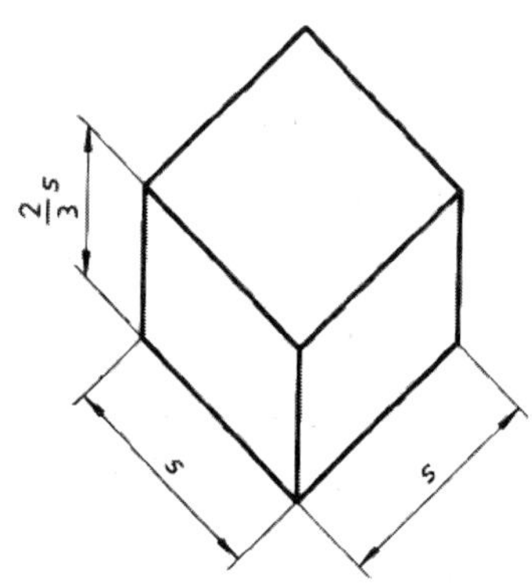

단축된 플라노메트릭 투상

· 플라노메트릭 투상법에서 투상면은 수평한 좌표면에 평행하다.

· α=0°, 90°, 180°를 사용하는 투상을 제외하고 모든 필요 정보를 제공할 수 있게 한다.

[그림 2-3]

2. 정투상도(Pictorial projection drawing)

(1) 수평한 투상선이 투상면에 수직되도록 닿으며, 물품의 주요 면이 투상면에 평행이 되도록 그린다. 물품의 위치에는 관계없이 같은 모양, 같은 크기로 실형과 실장이 표시된다.[그림 2-4]

(2) 이 투상도는 물품의 1 면의 실형과 2 방향의 크기를 표시한다. 물품 전체의 상태를 나타내려면 필요 방향으로 다수의 투상도가 필요하다.[그림 2-6] 참조

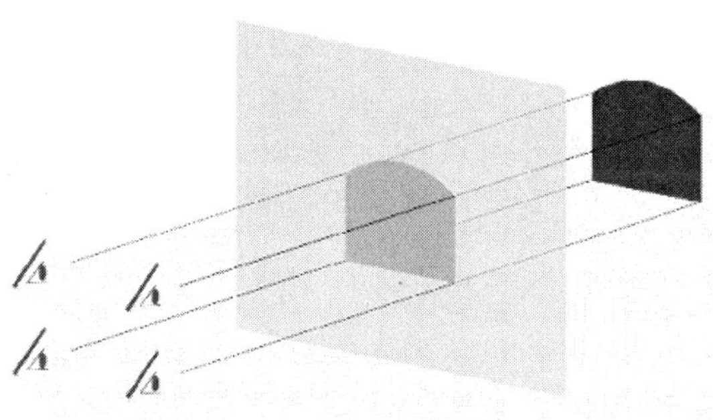

[그림 2-4]

(3) 기계제도에 사용하는 투상법은 정투상법 중 제 3각법에 따르는 것을 원칙으로 한다. 다만, 필요한 경우에는 제 1각법에 따를 수도 있다. [그림 2-5]에 나타낸 투상법의 기호를 표제란 또는 그 근처에 나타낸다.

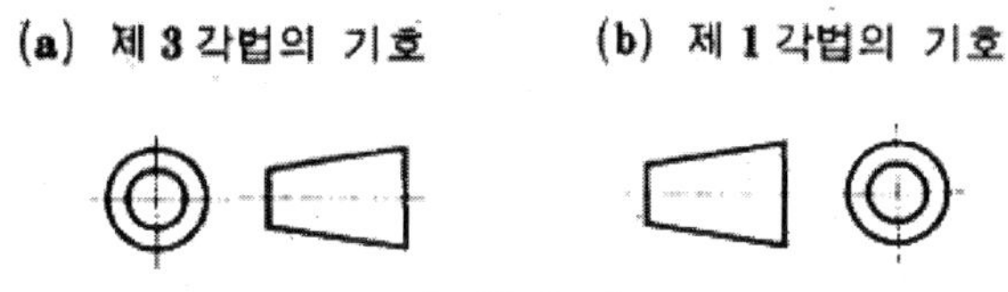

[그림 2-5]

(4) 지면 형평상 투상도를 제 3각법에 의해 나타내지 못하는 경우나 제 3각법에 의해 투상도를 위치시 도형을 이해하기 곤란한 경우에는 상호관계를 화살표와 문자를 사용하여 표시하고(그림 2-8), 그 글자는 투상의 방향과 관계없이 전부 위 방향으로 쓴다.

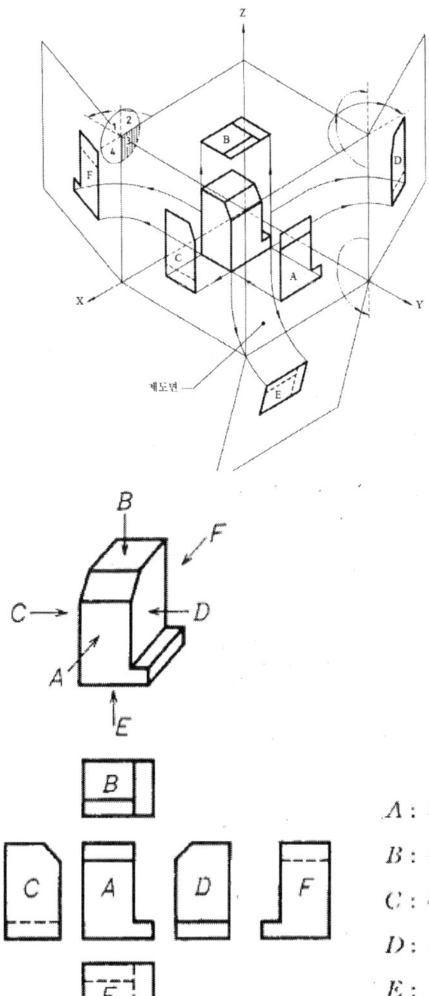

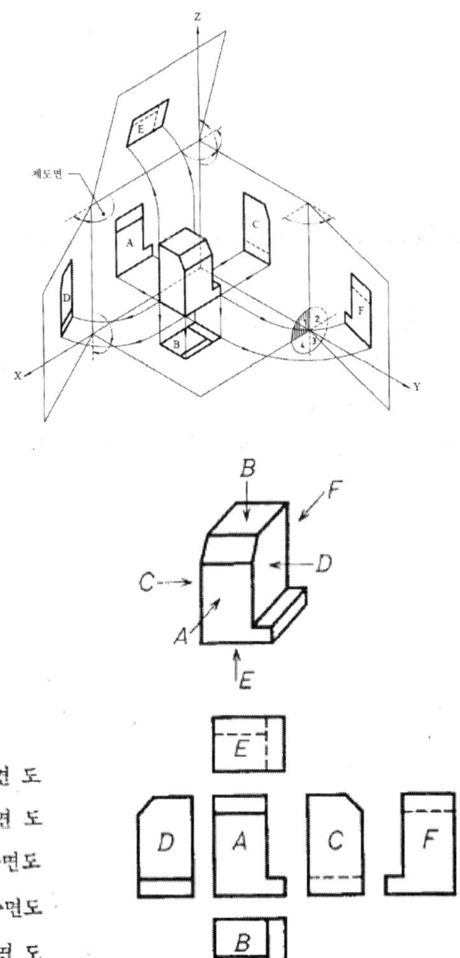

A : 정 면 도
B : 평 면 도
C : 좌측면도
D : 우측면도
E : 저 면 도
F : 배 면 도

비 고 배면도의 위치는 한 보기를 나타낸다.

[그림 2-6] 제 3각법

[그림 2-7] 제 1각법

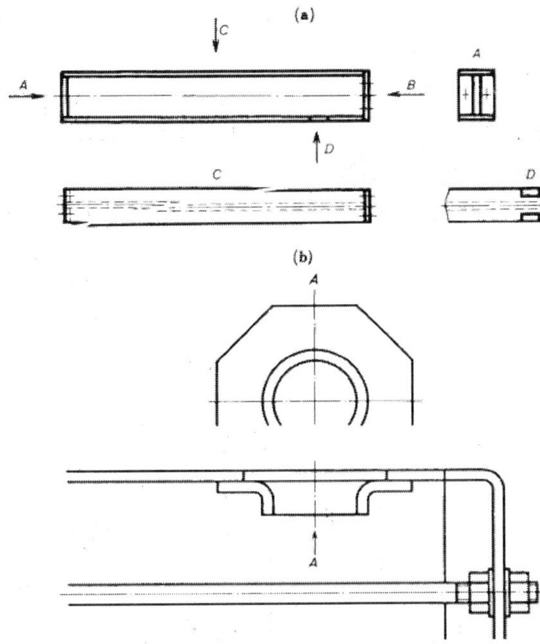

[그림 2-8] 화살표를 사용하는 방법의 보기

2.1 제 1각법과 제 3각법(Third Angle Projection)

제 3각법과 제 1각법은 투상면과 물품과의 배치에 따라 구분한다.

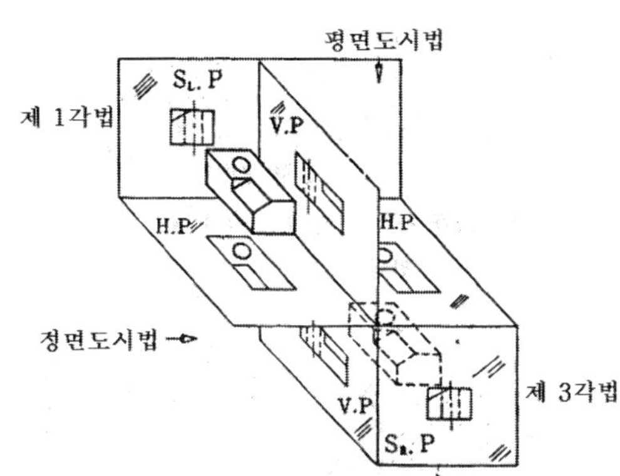

[그림 2-9]

(1) 제 1각법(First Angle Projection)

① 물품을 제 1각에 두고 투상하는 방식이다.

② 투상면의 앞쪽에 물품을 둔다.[눈→대상물→투상면(투상도)]

③ 정면도를 중심으로 아래쪽에 평면도, 왼쪽에 우측면도를 둔다.

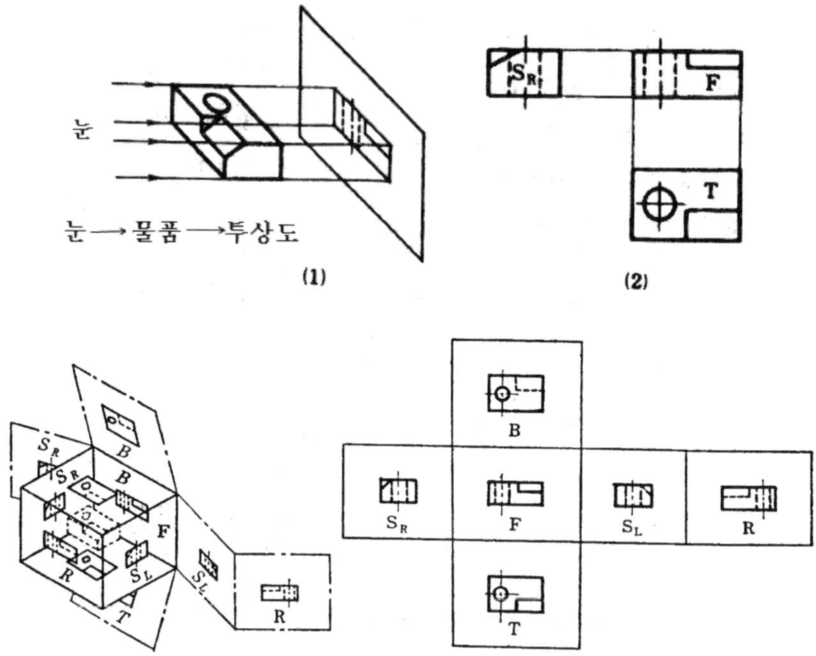

[그림 2-10] 제 1각법의 표준 배열

(2) 제 3각법

① 대상물을 제 3각에 두고 투상하는 방식이다.

② 투상면 뒤쪽에 대상물을 둔다.(눈→투상면(투상도)→대상물)

③ 정면도를 중심으로 평면도를 위쪽, 우측면도를 오른쪽에 둔다.

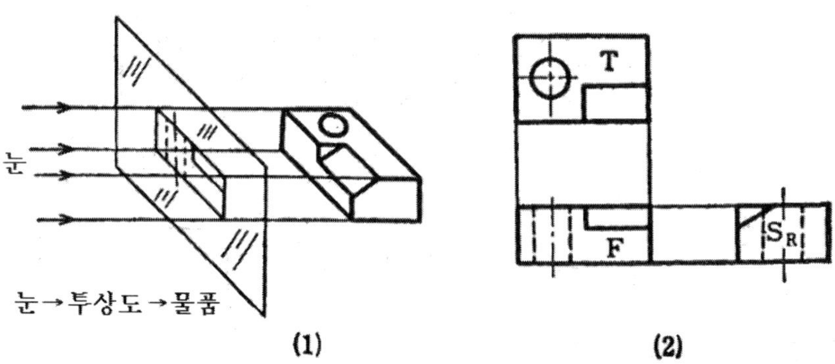

[그림 2-11]

④ 제 3각법의 표준 배열

6개의 투상면은 6면체를 형성한다. 이들 면을 정면도와 동일한 면 위에 전개하면 각 도의 배열은 다음과 같다. 단, 지면 관계상 표준배열이 못되는 경우는 그 사유를 기입한다.

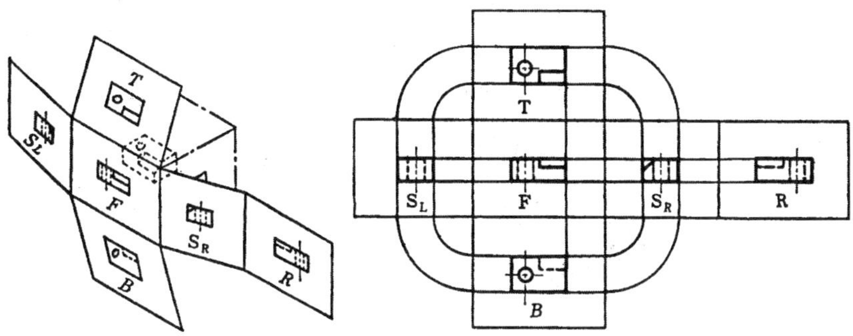

[그림 2-12]

2.2 투상도의 표시법

㉠ 물품의 형상을 표시하려면 외형선, 숨은선 그리고 중심선의 3가지 선을 사용한다. 이들 3선을 도형선이라 한다.

㉡ 외형선: 면의 끝(1), 2면의 교선(2), 곡면의 한계(3)

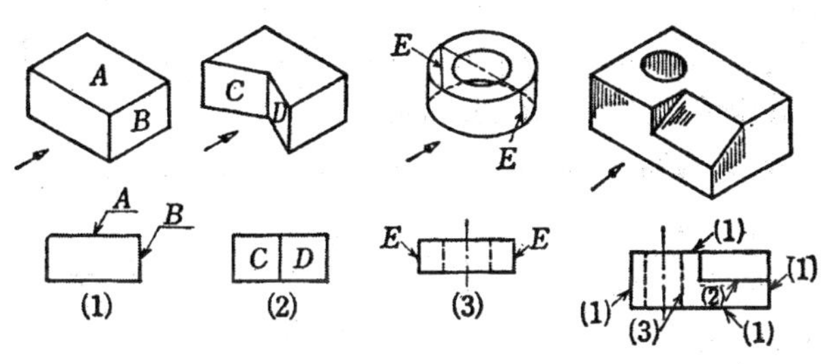

[그림 2-13]

(1) 정면도를 그리는 방법

① 수직 투상면 V.P는 면 F에 나란하고, 면 T, S에 수직하게 놓는다.

② 물품의 교점은 점 1, 2, 3…이 된다. 이들 점으로부터 수직 투상면에서의 투상점 1', 2', 3'…을 구하여 이들 점을 연결하여 보이는 테두리는 외형선으로 그린다.

③ 구멍의 중심선을 그리고 구멍의 접선을 숨은선으로 그린다.

④ 면 F의 형상과 LH의 2 방향의 실장을 나타낸다.

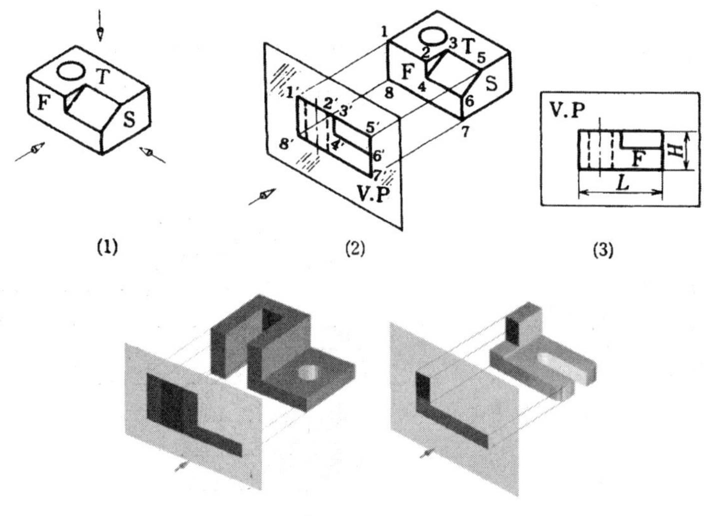

[그림 2-14]

⑤ 정면도 선정과 관련도의 배치

대상물의 모양, 기능을 가장 명료하게 표시할 수 있는 면으로 가급적 숨은선이 적은 면을 정면도로 선택한다. 그림 2-15는 정면도와 관련도와의 배치이다.

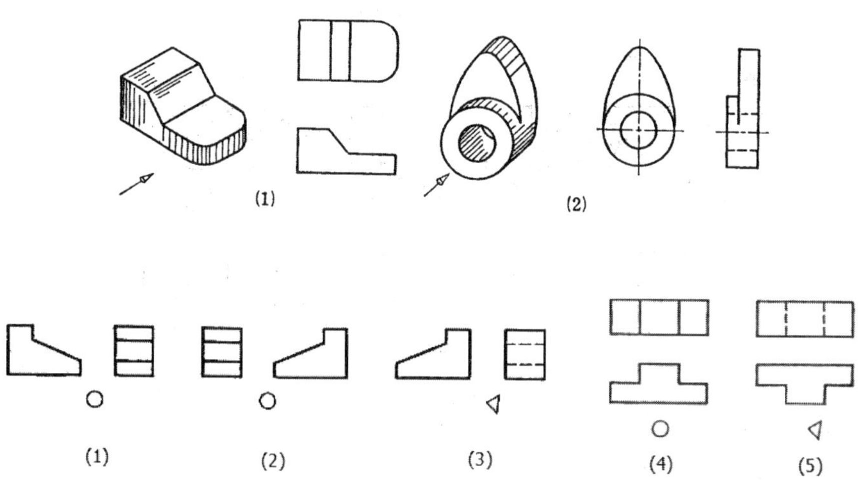

[그림 2-15]

(2) 평면도를 그리는 방법

① 수평 투상면 H.P는 면 T에 평행하고 면 F, S에 수직하게 놓는다.

② 정면도에서와 같이 면 H.P상에 면 T의 투상점을 구하여 투상도의 외곽을 그린다.

③ 수평, 수직의 2 중심선을 그려 교점을 중심으로 원을 그린다.

④ 면 T의 형상과 L, W 2방향의 실장을 나타낸다.

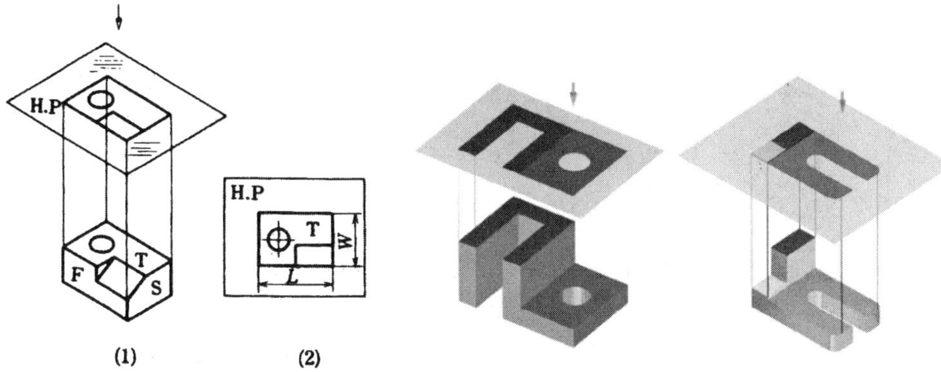

[그림 2-16]

(3) 측면도를 그리는 방법

① 물품의 오른쪽에 설치한 투상면 SR.P는 면 S에 평행하고, 면 F, T에 수직하게 한다.

② 정면도와 같은 방법으로 면 S의 투상도를 그려 우측면도를 작성한다.

③ 면 S의 형상과 W, H 방향의 실장을 표시한다.

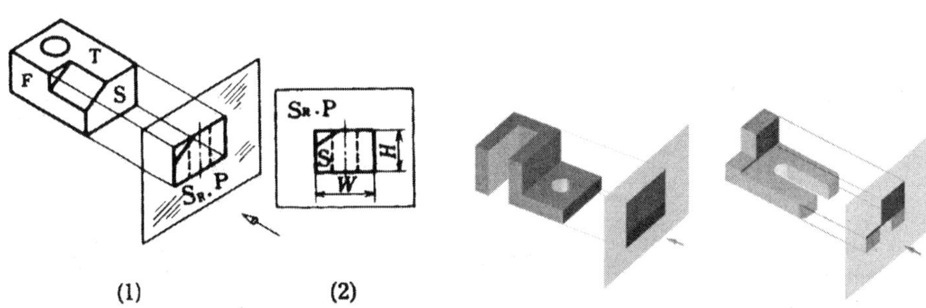

[그림 2-17]

(4) 정면도, 평면도, 측면도의 위치

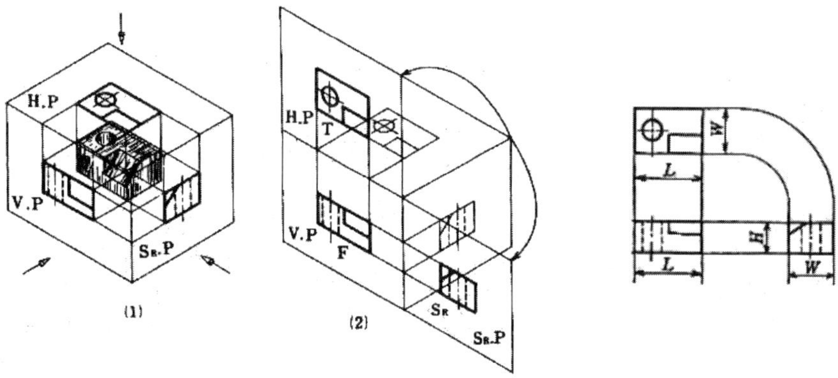

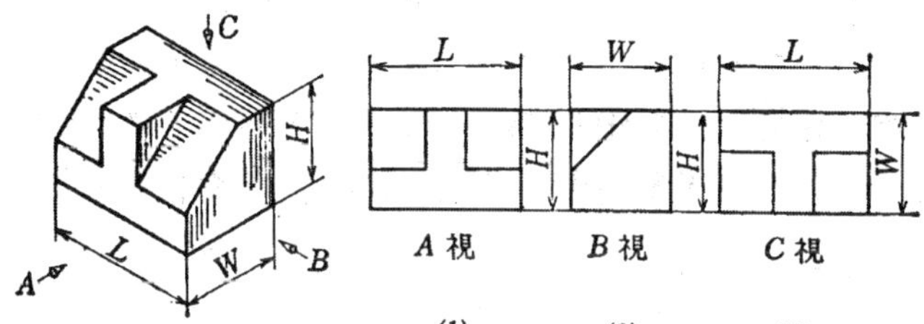

(1) (2) (3)

[그림 2-18]

✦ 투상도를 그리는 예

㉠ 평면도, 우측면도로부터 정면도를 그리는 예

정면도를 그린다.

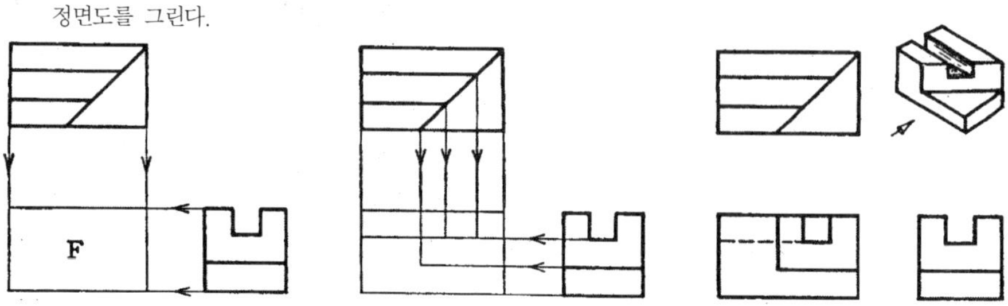

(1) F의 외부를 그린다. (2) 세부의 투상선을 긋는다. (3) 선을 마무리 한다.

㉡ 정면도, 우측면도로부터 평면도를 그리는 예

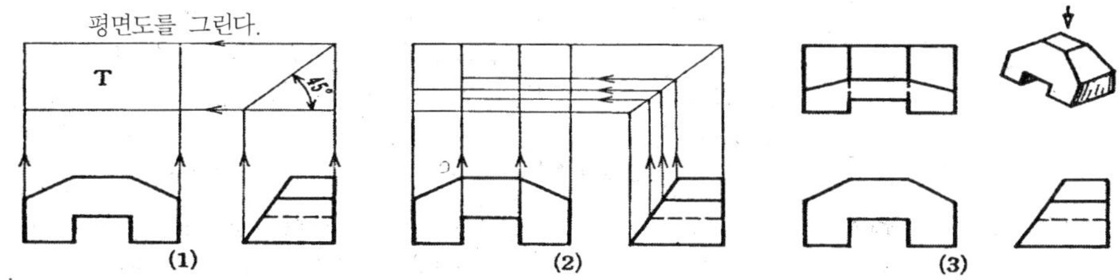

[그림 2-19]

(6) 배열 변동에 의한 도면의 표시

특수한 물품의 경우에는 표준 배열을 따르지 않은 편이 알기 쉬운 경우가 있다. 이런 경우, 편리한 배열로 변경하여도 좋다.

① 평면도와 측면도의 배치

측면도의 너비가 넓고 납작한 물품에 적용한다.

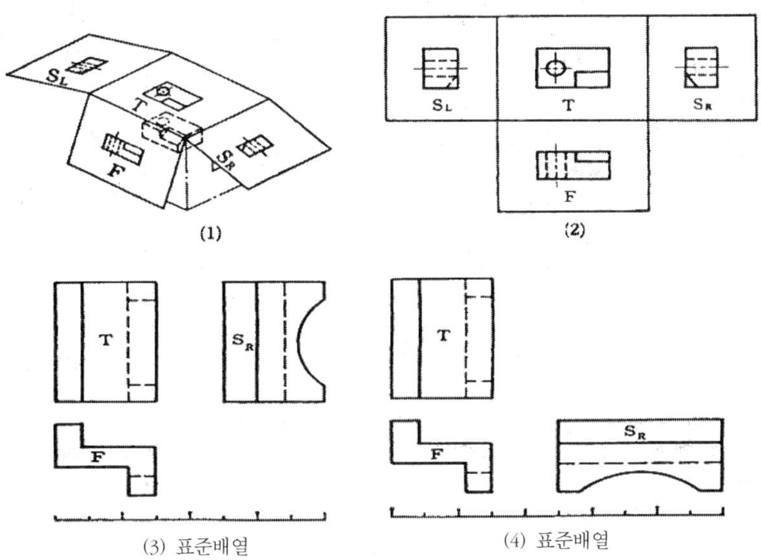

[그림 2-20]

② 평면도, 정면도, 배면도의 배치

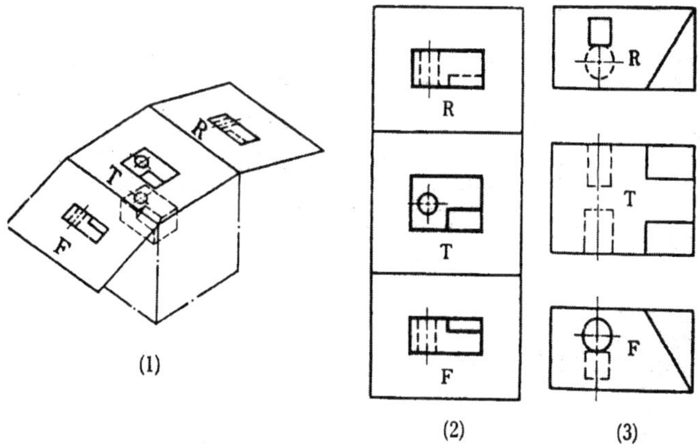

[그림 2-21]

③ 정면도, 평면도, 하면도의 배치

④ 정면도, 우측면도, 좌측면도의 배치

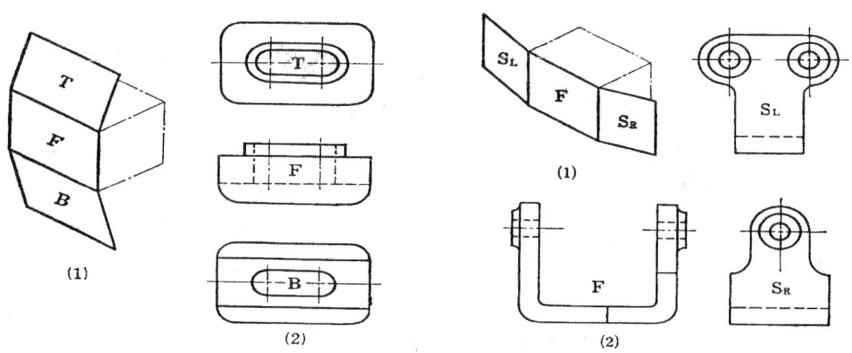

[그림 2-22]

【예제】 다음 측면도의 배치 예시 중 가장 우수한 배치는 어느 것인가?

[해] (1) 최우수: 숨은선(은선)이 적다 (2) 양호
(3) 약간 불량 (4) 가장 불량

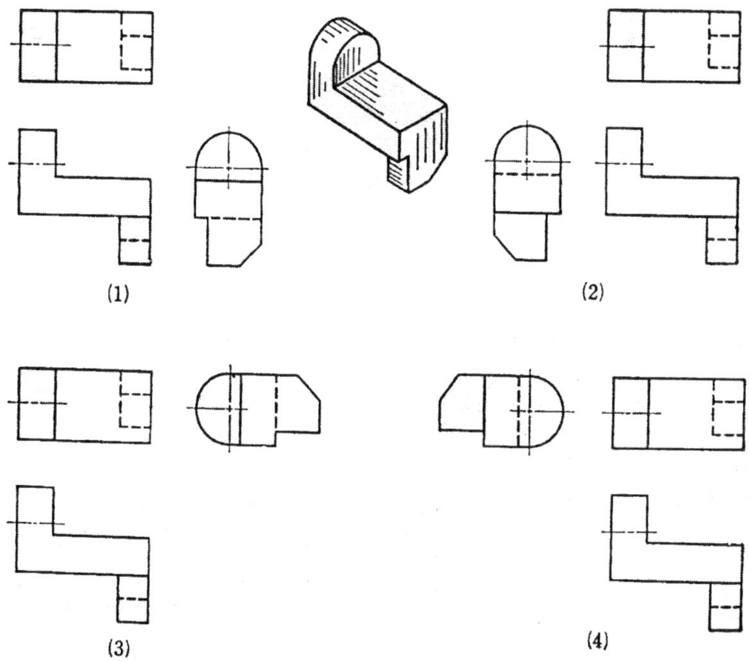

3. 도형의 도시방법

3.1 투상도의 선택방법

투상도의 선택방법은 다음에 따른다.

(1) 주 투상도에는 대상물의 모양, 기능을 가장 명료하게 표시하는 면을 그린다. 또한 대상물을 표시하는 상태는 도면의 목적에 따라 다음에 따른다.

① 조립도 등 주로 기능을 표시하는 도면에서는 대상물을 사용하는 상태.

② 부품도 등 가공하기 위한 도면에서는 가공에 있어서 도면을 가장 많이 이용하는 공정에서 대상물을 놓은 상태.(그림 2-23, 2-24)

③ 특별한 이유가 없는 경우, 대상물을 가로 길이로 놓은 상태,

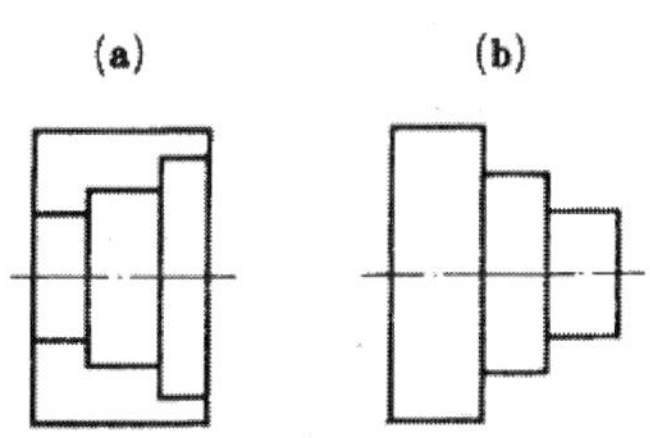

[그림 2-23] 선삭

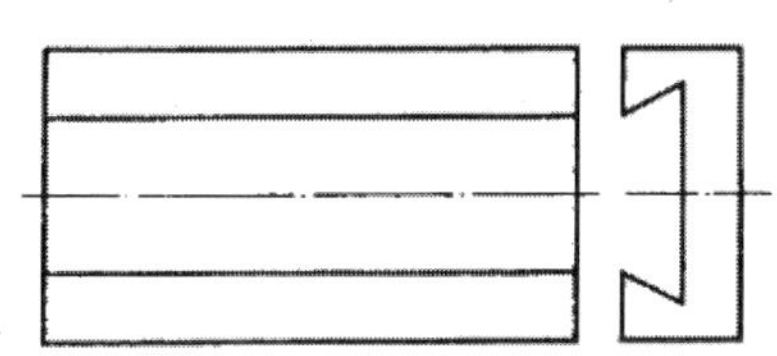
[그림 2-24] 평삭

(2) 주 투상도를 보충하는 다른 투상도는 되도록 적게 하고, 주 투상도만으로 표시할 수 있는 경우에는 다른 투상도를 그리지 않는다.(그림 2-25)

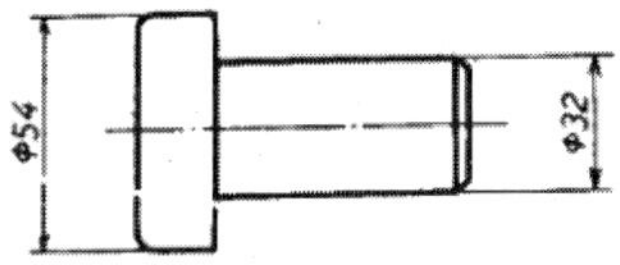

[그림 2-25]

(3) 서로 관련되는 도면의 배치는 되도록 숨은선을 쓰지 않는다.[그림 2-26] 다만, 비교 대조하기가 불편할 경우에는 예외로 한다.(그림 2-27)

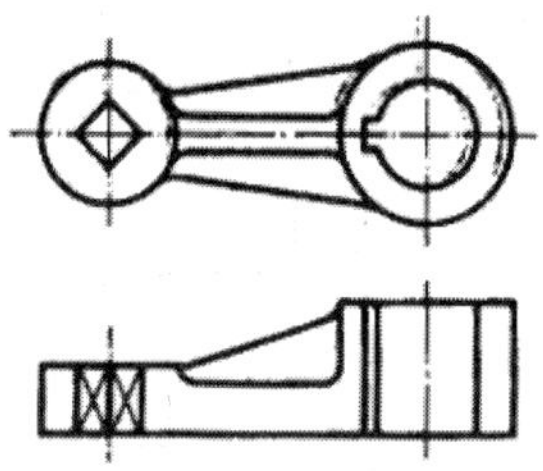

[그림 2-26]

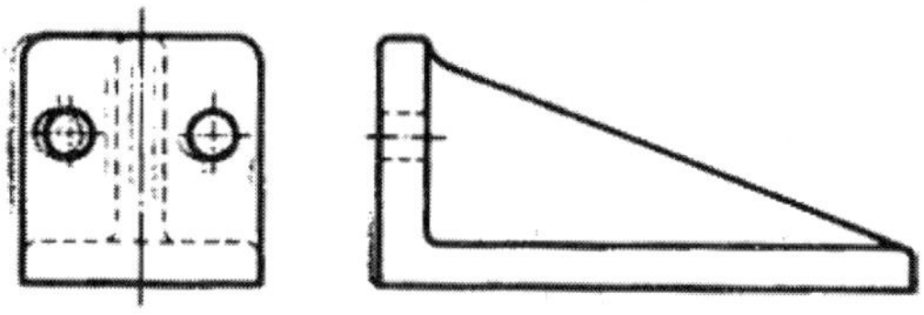

[그림 2-27]

3.2 투상도의 종류와 표시방법

(1) 보조 투상도

대상물의 경사면 실형을 도시할 필요가 있을 경우에는 그 경사면과 평행한 위치에 투상면을 설치하고, 이곳에 필요한 부분을 투상하면 실제의 형상이 도시된다. 이런 투상도를 보조 투상도라 한다.

① 대상물 경사면의 실형을 도시할 필요가 있을 경우, 그 경사면에 평행한 위치에 경사면의 실형을 보조투상도로 표시한다.(그림 2-28)

이 경우, 필요한 부분만을 부분 투상도 또는 국부 투상도로 그릴 수 있다.

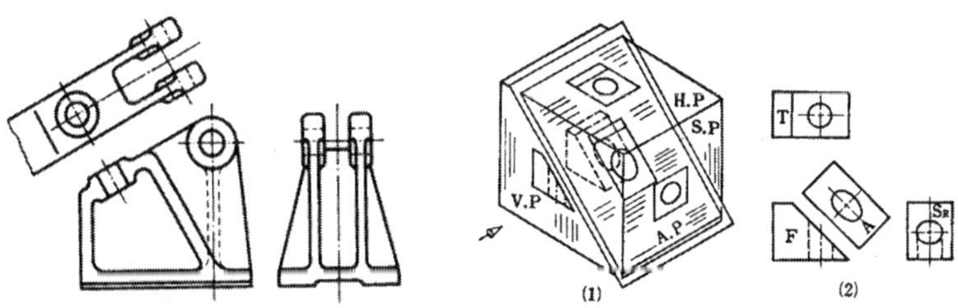

[그림 2-28]

② 지면관계 상 보조 투상도를 경사면에 평행한 위치(그림 2-28 참조)에 배치하지 못하는 경우, 그 뜻을 화살표와 영자의 대문자로 나타낸다.[그림 2-29(a)]

다만, 그림 2-29 (b)에 나타낸 것과 같이 구부린 중심선에서 연결하여 투상 관계를 나타내도 좋다.

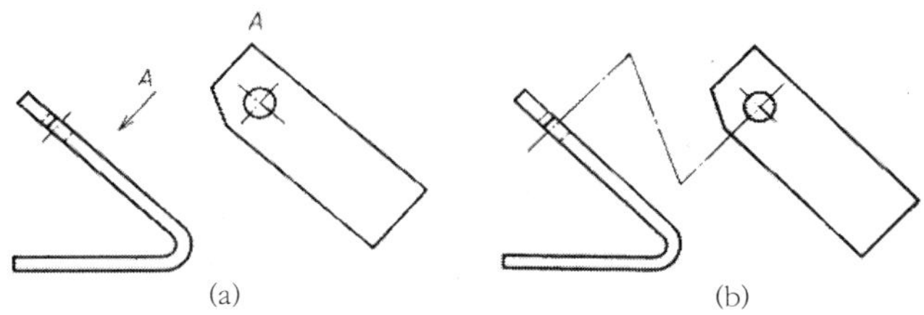

[그림 2-29]

③ 보조 투상도의 배치관계가 분명치 않을 경우에는 표시 글자의 각각에 상대방 위치의 도면 구역의 구분기호를 부기한다.(그림 2-30)

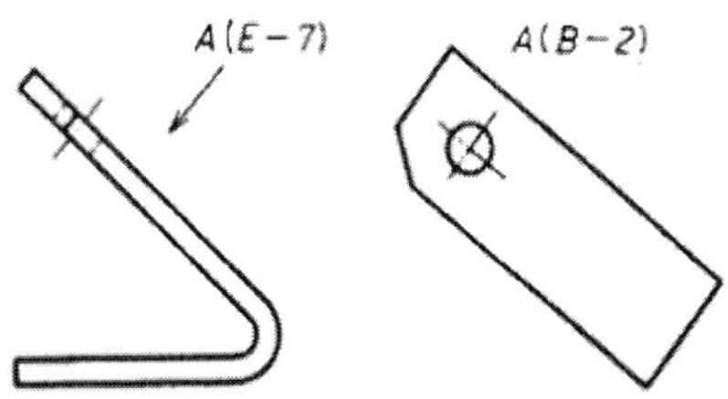

[그림 2-30]

☞ 구분기호(E-7)은 보조투상도가 그려진 도면의 구역을, 구분기호(B-2)는 화살표가 그려진 도면의 구역을 나타낸다.

④ 보조 투상도 바로 알기

㉠ 보조면

보조면은 대상물의 경사면, 능선에 나란하고, 주 투상면의 하나에 수직한 면이다. 아래 그림에서 수평면(H.P), 수직면(V.P), 측면(S.P)에 수직한 면이다.

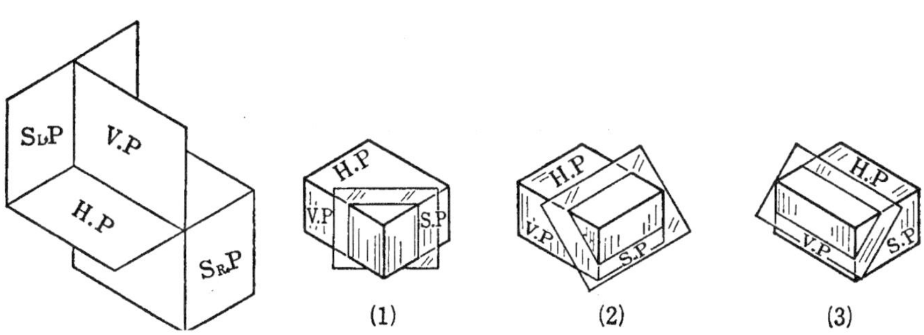

[그림 2-31]

㉡ 보조 투상도의 배치

보조 투상도는 사선을 가진 투상면에 인접하는 보조 투상면을 그리고, 이것을 동일면상에 전개한 위치에 배치한다.

- 정면보조투상도 : 수직면에 수직이며 다른 2면에 경사하는 경우
- 평면보조투상도 : 수평면에 수직이며 다른 2면에 경사하는 경우
- 측면보조투상도 : 측면에 수직이며 나머지 2면에 경사하는 경우

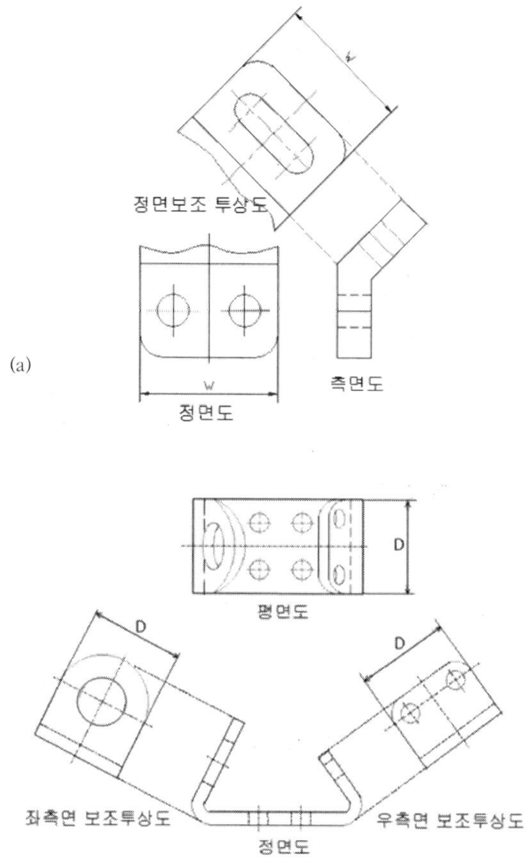

[그림 2-32] 보조 투상도의 배치

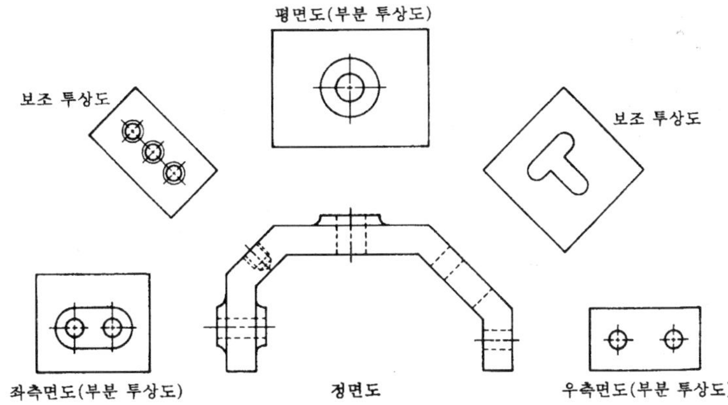

[그림 2-33] 여러 개의 보조투상도로 구성된 도면

ⓒ 정면보조투상도 그리는 방법

ⓐ 투상도를 그린다.(그림 2-34의 (1))

ⓑ 치수에 필요한 기준면을 정하여 참고선을 그린다.(그림 2-34의 (2))

ⓒ 투상선을 그린다.(그림 2-34의 (3))

ⓓ 치수를 옮긴다.(그림 2-34의 (4))

ⓔ 보조 투상도를 완성한다.(그림 2-34의 (5))

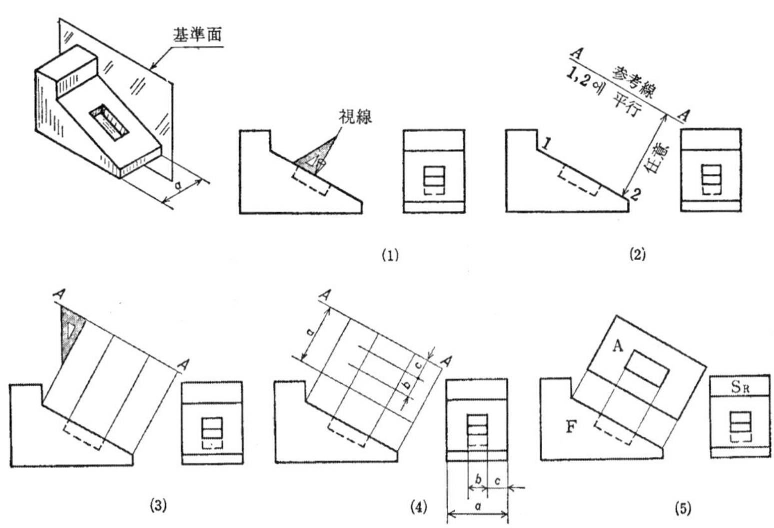

[그림 2-34]

ⓓ 평면보조투상도와 측면보조투상도

정면 보조 투상도에 준하여 그린다. 평면보조투상도에서는 기선 AA에, 측면보조투상도는 중심선 BB에 참고선을 취한다.

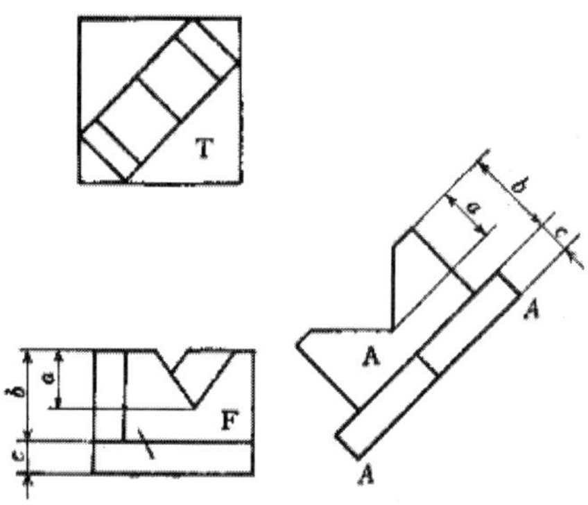

(1) **평면보조투상도**

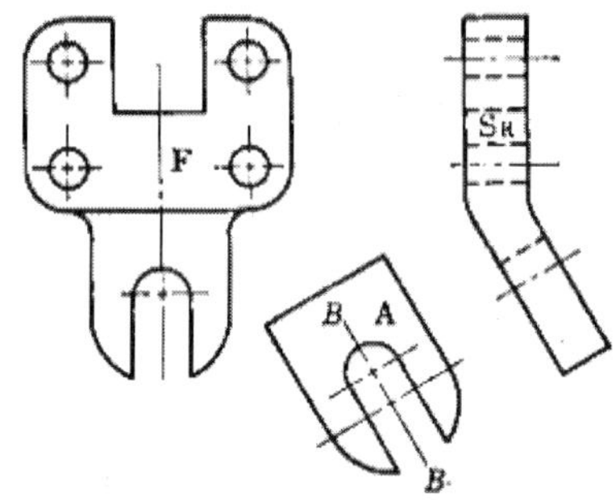

(2) **측면보조투상도**

[그림 2-35]

㉤ 국부보조투상도

ⓐ 대상물의 경사부분만 그린다.

ⓑ 물품이 대칭인 경우는 반쪽 부분만 그려도 된다.

ⓒ 지면관계상 보조 투상도를 대응하는 위치에 기입할 수 없을 경우에는 보는 방향을 문자로 기입한 후 적당한 위치에 작도한다.

ⓓ 생략 부분을 파단선으로 표시하여 명확하게 한다.

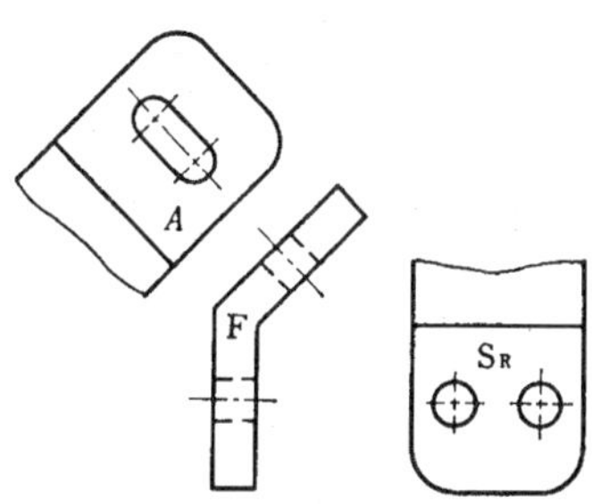

(1)

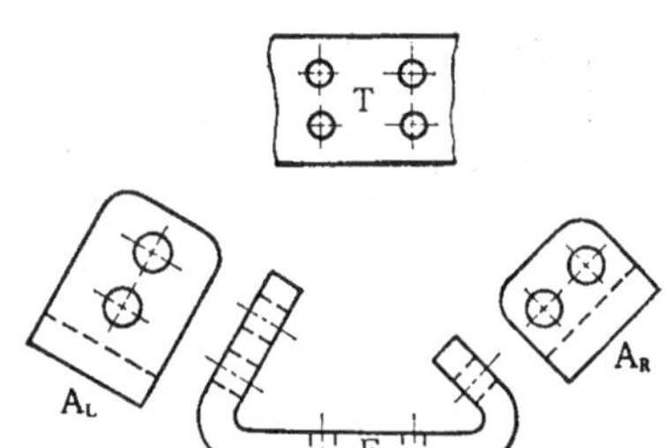

(2)

(3)

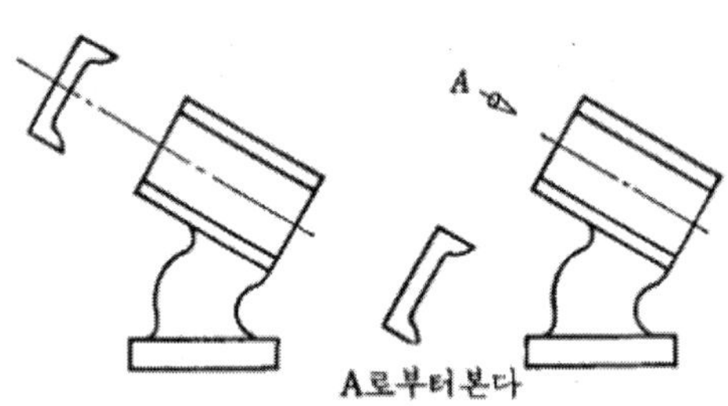

[그림 2-36]

ⓗ 보조 단면
ⓐ 단면의 형상만을 그리고, 단면 앞쪽은 생략한다.
ⓑ 절단위치는 절단선으로 표시한다.
ⓒ 해칭은 중심선, 기선과 45° 방향으로 그린다.

ⓢ 보조투상도로부터 진투상도를 그리는 법
ⓐ 주어진 측면도를 그린다.
ⓑ 정면도의 외형을 가볍게 그린다.
ⓒ 주어진 보조투상도의 원을 그리고, 정면도로 옮긴다.

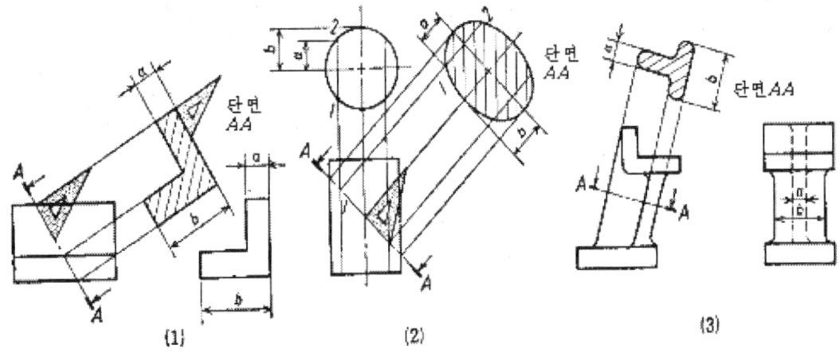

[그림 2-37] 보조 단면

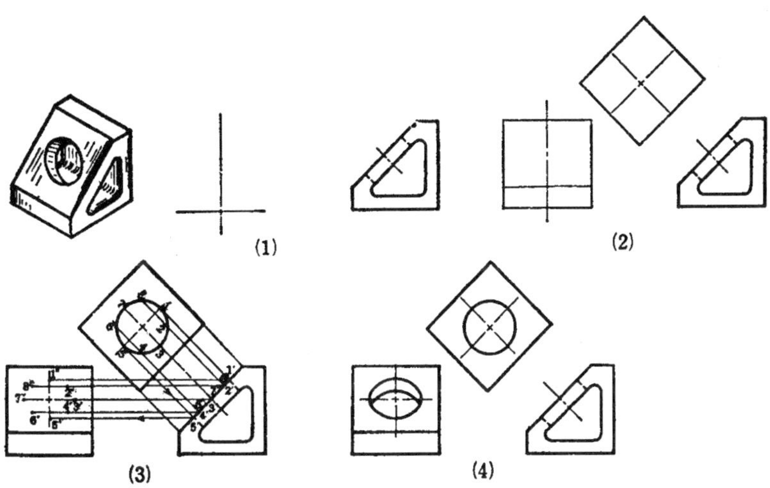

[그림 2-38] 진투상도 그리는 방법

(2) 회전투상도

① 투상면이 어느 각도를 가지고 있어 실형을 표시하지 못할 경우에는 그 부분을 회전시켜 그 실형을 도시할 수 있다. (그림 2-39의 (a), (b))

② 잘못 판단될 우려가 있을 경우에는 작도에 사용한 선을 남긴다.(그림 2-39 (c))

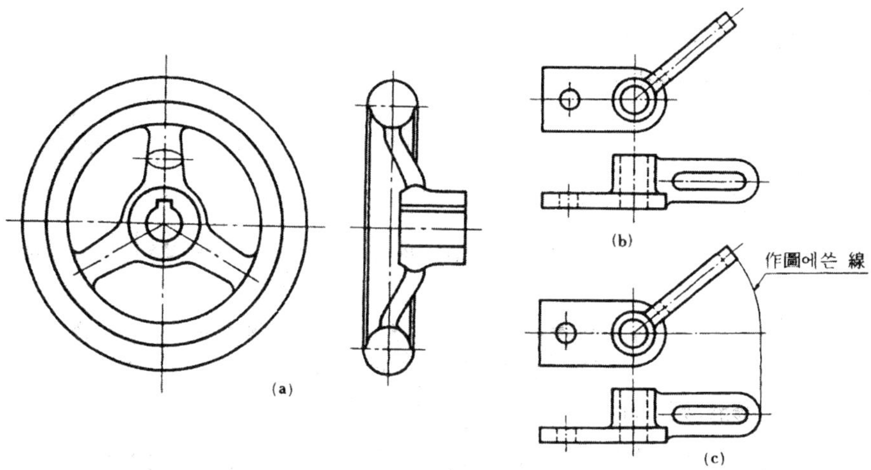

[그림 2-39]

(3) 부분투상도

그림의 일부를 도시하는 것으로 충분한 경우에는 그 필요 부분만을 부분투상도로 표시한다. 이 경우, 생략된 부분과의 경계는 파단선으로 나타낸다.(그림 2-40)

다만, 명확한 경우에는 파단선을 생략하여도 좋다.

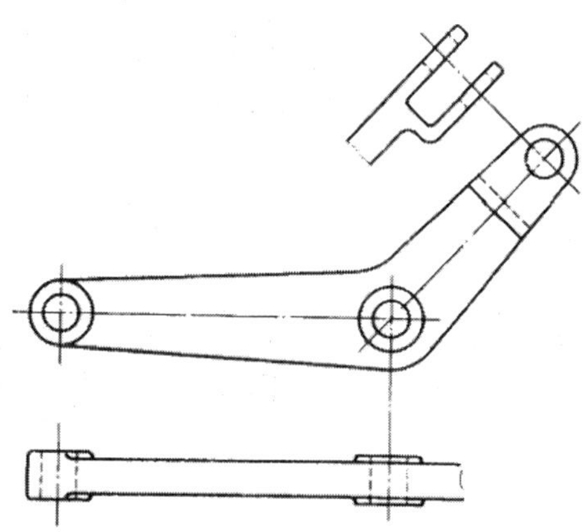

[그림 2-40]

(4) 국부투상도

대상물의 구멍, 홈 등 한 국부만의 모양을 도시하는 것으로 충분한 경우에는 그 필요 부분을 국부투상도로 표시한다.

투상 관계를 표시하기 위해 주된 도면에 중심선, 기준선, 치수보조선 등으로 연결한다(그림 2-41, 2-42).

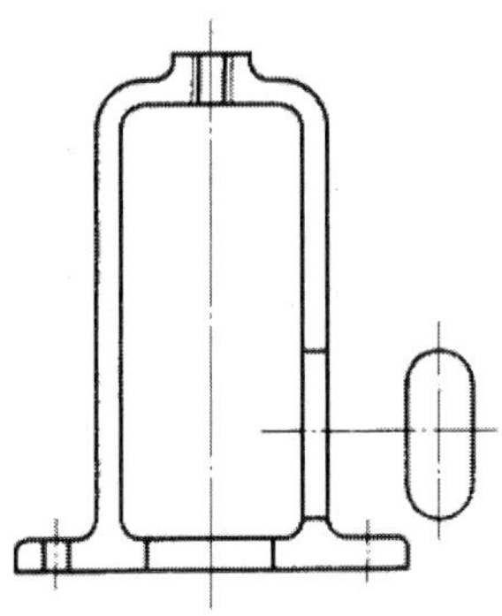

[그림 2-41]

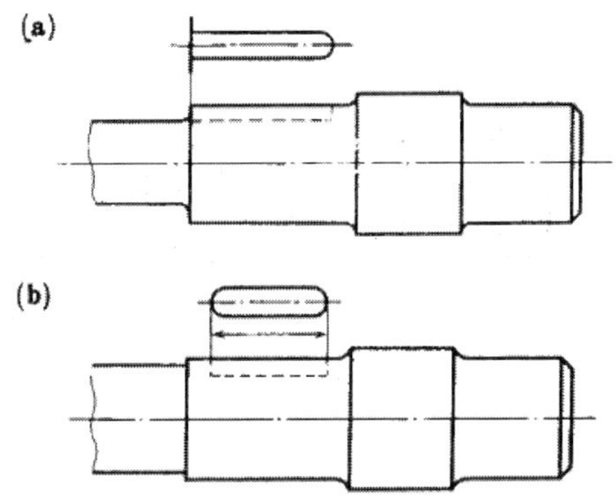

[그림 2-42]

(5) 부분확대도

특정 부분의 도형이 작아서 그 부분의 상세한 도시나 치수 기입을 할 수 없을 때는 그 부분을 가는 실선으로 에워싸고, 영자의 대문자로 표시함과 동시에 그 해당 부분을 다른 장소에 확대하여 그리고, 표시하는 글자 및 척도를 부기한다.[그림 2-43] 다만, 확대한 그림의 척도를 표시할 필요가 없는 때에는 척도 대신 "확대도"라고 부기하여도 좋다.

[그림 2-43]

3.3 도면의 선택

대상품의 투상도는 모두 6면도이나 전부를 도시하지는 않는다. 그 중 몇 개는 생략하여도 좋다. 다만 형상과 치수가 명확하게 나타나도록 투상도를 선택한다. 선택된 투상도는 정면도와 보충도이다.

(1) 정면도와 보충도

① 정면도

㉠ 대상물의 특징을 잘 나타내는 도면

㉡ 대상물의 형상을 판단하기 쉬운 도면

㉢ 은선이 적은 도면

다만, 벨트 풀리, 로울링 베어링, 기어 등의 원형도는 특수한 경우 이외에는 될 수 있는 한 정면도로 선택하지 않는다.

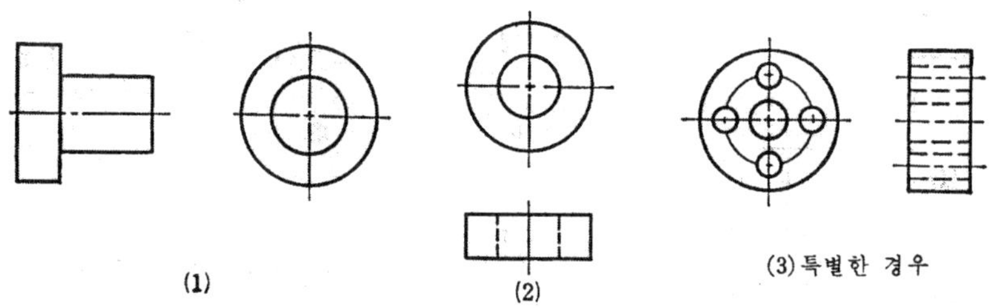

[그림 2-44]

② 보충도

㉠ 은선이 적은 도면을 선택한다.

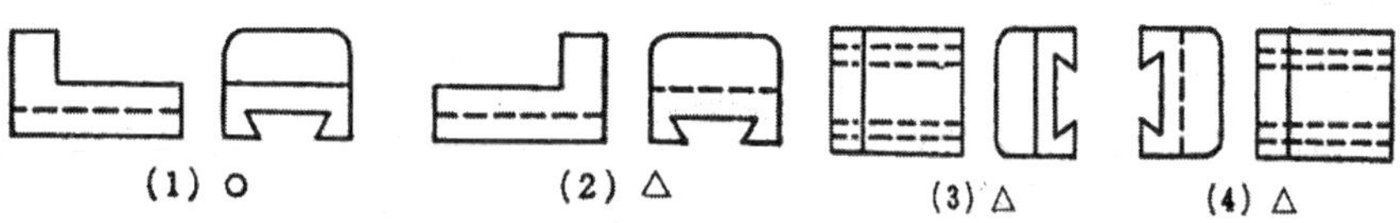

[그림 2-45]

㉡ 원칙적으로 평면도 또는 우측면도를 선택한다. [그림 2-47]에 유의한다.

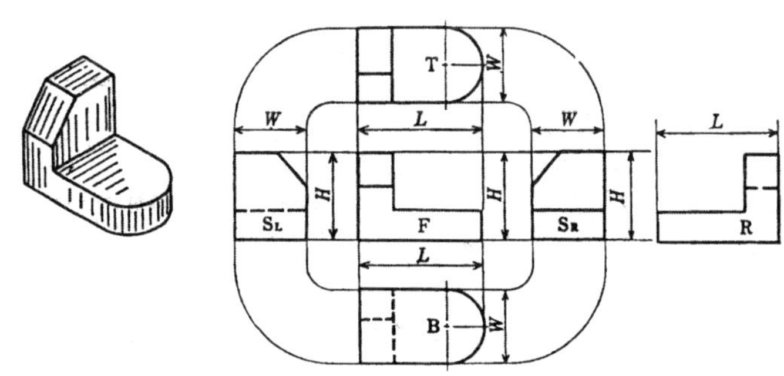

[그림 2-46]

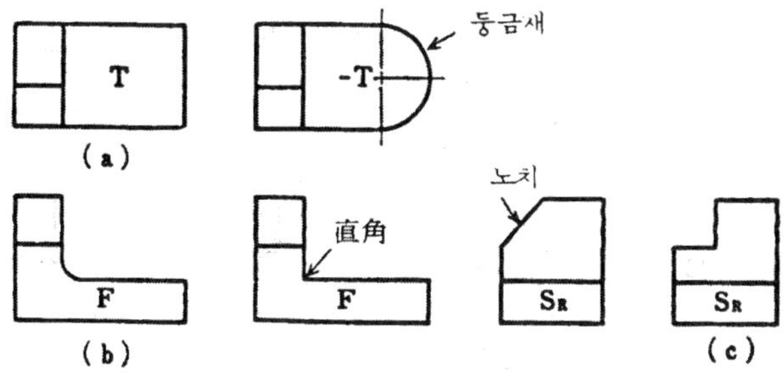

[그림 2-47]

(2) 필요한 투상도의 수

물품을 완전히 표시하는데 필요하고 충분한 도면의 수는 물품의 형상에 따라 다르다. 다만, 형상을 이해하기 쉽고, 도면 배치가 좋은 투상도를 선택한다.

① 3면도 : 일반적으로 정면도, 평면도, 우측면도(또는 좌측면도)

② 2면도 : 정면도와 평면도, 정면도와 우측면도

③ 1면도 : 선반 가공품과 같이 간단한 형상의 경우에는 1면도로도 가능하다.

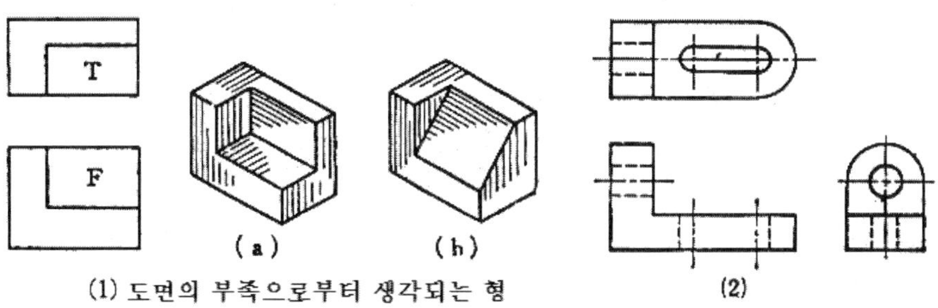

[그림 2-48] 3 면도

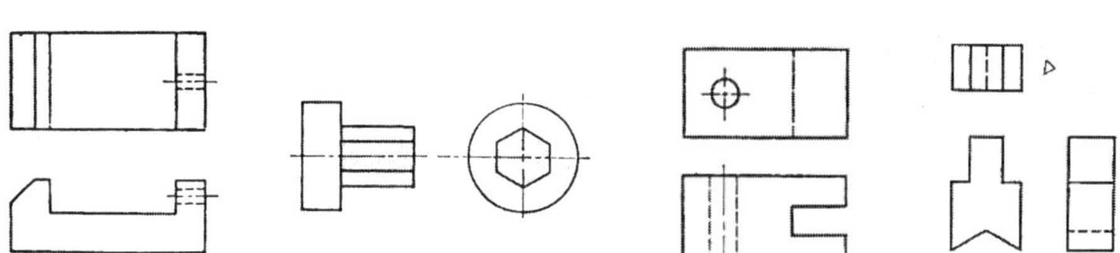

[그림 2-49] 2 면도

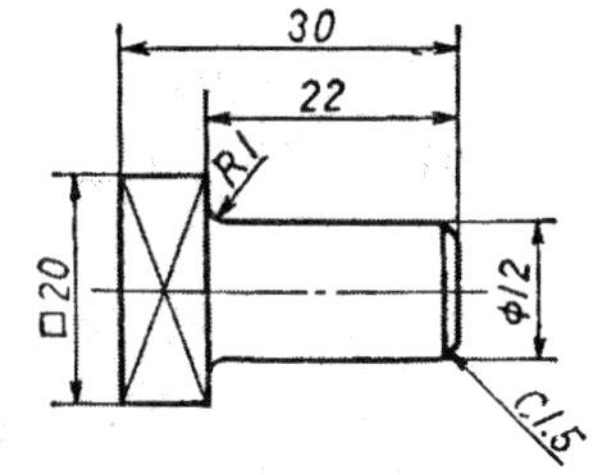

[그림 2-50] 1 면도

(3) 투상도의 분석

① 형상의 판단

형상을 추리하려면 도형의 구분된 수에 의해 몇 개의 면으로 구성되어 있는가를 판단한다.

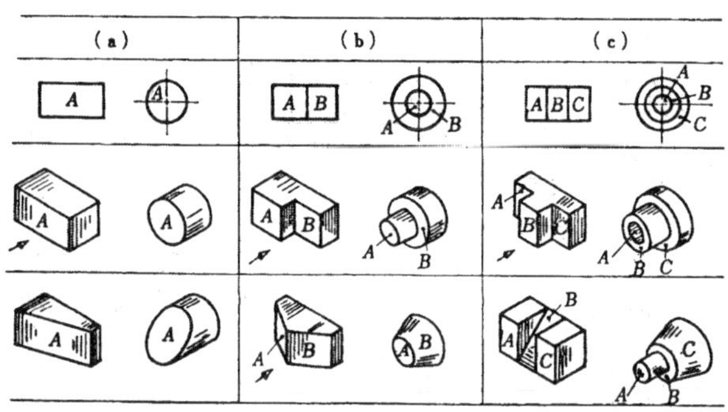

[그림 2-51]

② 직선의 분석

(ㄱ) 투상도를 보고 형상을 판단하려면 도면 중에서 어느 선이 실장인가, 어느 면이 실형인가를 생각한다.

(ㄴ) 직선의 분석

㉠ 투상면에 나란한 직선은 실장이다.

㉡ 투상면에 수직한 직선은 점이 된다.

㉢ 투상면에 경사된 직선은 실장보다 짧게 표시된다.

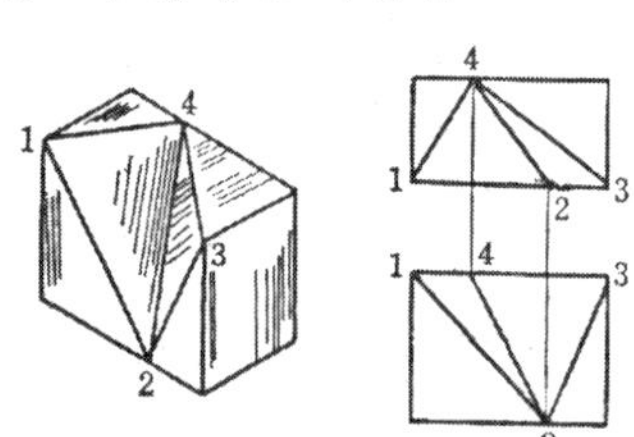

[그림 2-52]

③ 평면의 분석

(ㄱ) 투상면에 나란한 평면은 실형이다.

(ㄴ) 투상면에 수직한 평면은 직선이 된다.

(ㄷ) 투상면에 경사된 평면은 단축되어 나타난다.

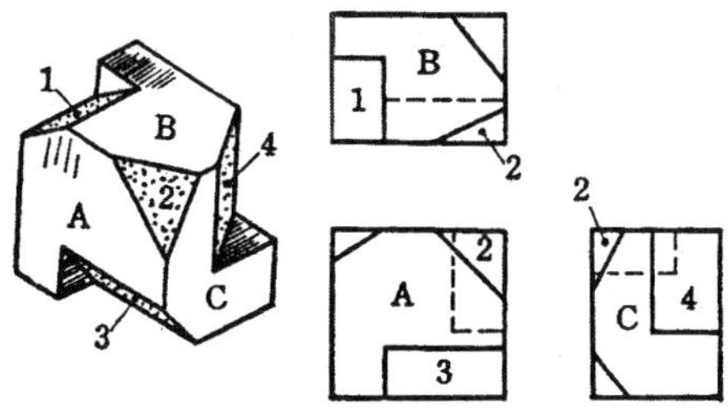

[그림 2-53]

4. 단면도의 표시방법

4.1 단면법(Sectioning)

구조가 복잡하거나 내부의 형상이 복잡한 물품을 도시할 경우에는 필요 부분을 절단하였다 생각하고 내부가 보이는 것처럼 도시한다. 이 방법을 단면법이라 한다.

4.2 단면도

형상이 복잡한 물체의 보이지 않는 부분은 은선으로 표시하지만 보다 명확하게 나타내려면 물체를 절단평면으로 자르고, 절단면의 앞부분을 제거하여 그 절단면을 도시한다. 이와 같은 그림을 단면도라 하며 단면도에 대한 일반법칙은 정투상도법을 적용한다.

4.3 단면의 제원칙

(1) 단면은 기본 중심선에서 절단한 면으로 표시하는 것을 원칙으로 한다. 이때 절단선은 기입하지 아니하며 단면도의 위치 관계에 대한 일반 법칙은 투상도법에 따른다.

(2) 절단면의 위치는 쇄선에 의하여 지시되며 쇄선의 양쪽 끝은 굵은 실선, 그 외의 부분은 가는 일점쇄선으로 한다. 다만, 쇄선 양끝, 화살표로 도시된 절단 방향에는 로마자 대문자(한글)를 표기하여 절단 영역을 표시한다.

(3) 상, 하(좌, 우)가 대칭인 물품으로서 외형과 단면을 동시에 나타낼 때에는 대칭중심선의 우측 또는 상층을 단면으로 나타내는 것을 원칙으로 한다.

(4) 단면은 필요시 기본 중심이 아닌 곳에서 절단한 면으로서 나타내어도 좋다. 이럴 때에는 필요에 따라 절단선을 기입한다.

(5) 압연 성형, 철골부재, 금속판, 패킹(packing)재료, 가스켓 등의 얇은 재료의 단면은 그 두께에 해당하는 굵은 선으로 표시한다. 또, 두 개 이상의 얇은 이웃 부재의 단면도를 도시할 경우에는 그들 사이에 공백을 남겨 명확히 구분한다.

(6) 바퀴의 암 등의 단면은 그 자리에서 90° 회전하여 도시한다.

(7) 이동단면도는 그 원도 보다 큰 척도로 작도할 수 있다. 또 대칭형 물체의 이동 단면도도 절단평면의 연장선상에 절단선 대신에 중심선을 축으로 작도할 수 있다.

(8) 물체의 일부분만 단면이 필요할 경우에는 부분 단면도로 도시할 수 있다. 이때에는 파단선에 의해 절단부분을 표시한다.

(9) 단면은 계단상으로도 절단할 수 있다. 이때 투상도에 수직인 단면의 선은 도 시하지 않는다. 필요에 따라서는 절단선에 의해 절단의 위치를 표시한다.

(10) 대칭형상 또는 이에 가까운 물품일 경우에는 대칭의 중심선을 경계로 하여 그의 한쪽은 투상면에 평행하게 절단하고, 다른 한쪽을 투상면과 어느 각도를 이루는 방향으로 절단 할 수 있다. 이때 후자의 단면은 그 각도만큼 투상면 쪽으로 회전시켜 도시한다.

(11) 구부러진 파이프 등의 단면을 나타낼 경우에는 그의 구부러진 중심선에 따라 절단할 수 있다.

(12) 단면은 필요에 따라 앞의 각 항의 단면 표시법을 임의로 포함하여 도시하여도 좋다. 1개의 단면도로 물체를 뚜렷이 나타낼 수 없을 경우에는 필요한 만큼 단면도의 수를 증가시켜도 된다.

(13) 축, 핀, 볼트, 너트, 와셔, 캡 스크류, 멈춤 나사, 리벳, 키, 테이퍼 핀, 리브, 바퀴의 암, 기어의 이 등은 길이 방향으로 절단하지 않는 것을 원칙으로 한다.

(14) 핸들, 바퀴의 암, 리브, 림, 후크 등의 단면은 절단한 곳 또는 절단선의 연장선상에서 단면을 90° 회전한 위치에 표시하여도 좋다. 이때 단면형을 도형 내에 직접 그리는 경우에는 가상선으로 도시한다.

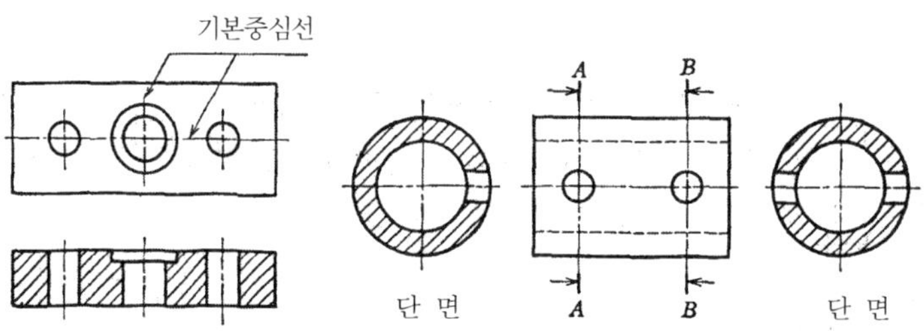

[그림 2-54]

4.4 절단위치와 절단선

(1) 단면상태(단면도)를 명확하게 나타내기 위해선 단면 부위에 문자 기호(로마자와 한글)와 단면이 취해진 방향을 표시하는 화살표를 붙인다. 단, 단면의 위치가 명료할 경우에는 절단면의 기호와 화살표를 생략할 수 있다.

(2) 절단선으로는 쇄선이 사용되며 절단선의 양끝은 굵게 하고 중간은 가는 일점쇄선으로 한다.

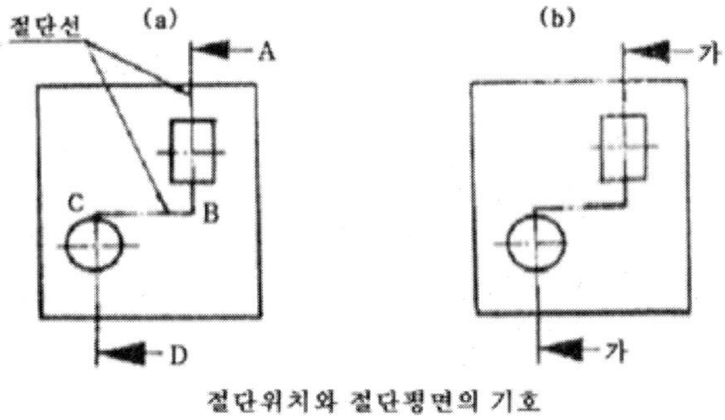

[그림 2-55]

4.5 단면도를 그리는 방법

㉮ 절단면 상에 나타난 외형선, 중심선을 그린다.

㉯ 절단면의 앞쪽에 보이는 선을 그린다.

㉰ 보이지 않는 부분은 은선으로 그리며, 형상을 나타내는데 꼭 필요한 것만을 그린다.

㉱ 절단면은 해칭을 한다.

㉲ 관련도에 절단선을 그린다. 단, 기본중심선을 절단한 경우 절단선을 생략한다.

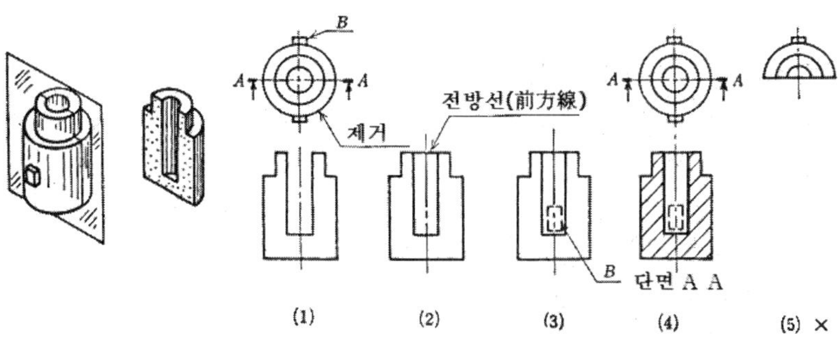

[그림 2-56]

(1) 온단면(전단면, Full Section)

① 물품을 2 부분으로 절단하여 도면 전체를 단면으로 그린 것을 온단면도라 한다.

② 절단면은 투상면에 나란하고 기본중심선을 관통함이 원칙이나 형상에 따라 반드시 기본 중심선을 지날 필요는 없다.

③ 대상물의 기본적인 형상을 가장 좋게 표시할 수 있도록 절단면을 정한다.

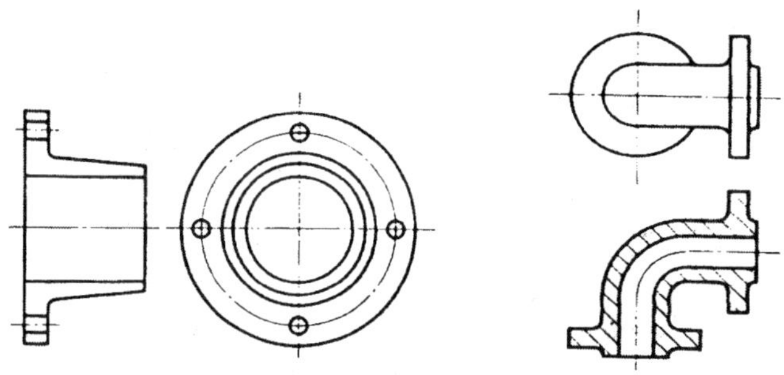

[그림 2-57]

④ 필요한 경우에는 특정 부분의 모양을 잘 표시할 수 있도록 절단면을 정하여 그린다. 이 경우에는 절단선으로 절단의 위치를 표시하여야 한다.

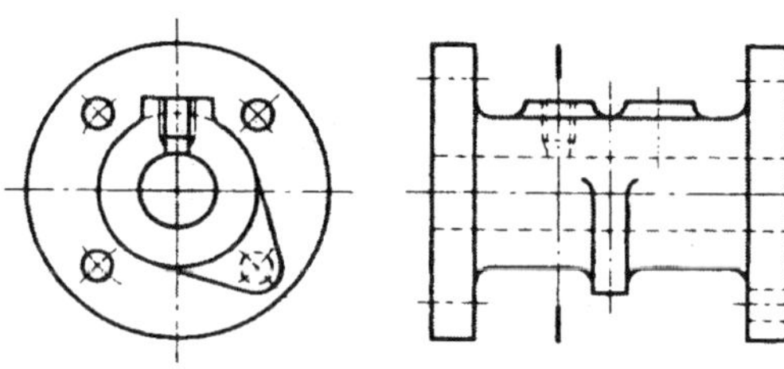

[그림 2-58]

(2) 한쪽 단면도(Half Section : 반 단면도)

대칭인 물체에 적용한다. 절반은 단면도, 다른 절반은 외형도로 도시한 투상도이다.

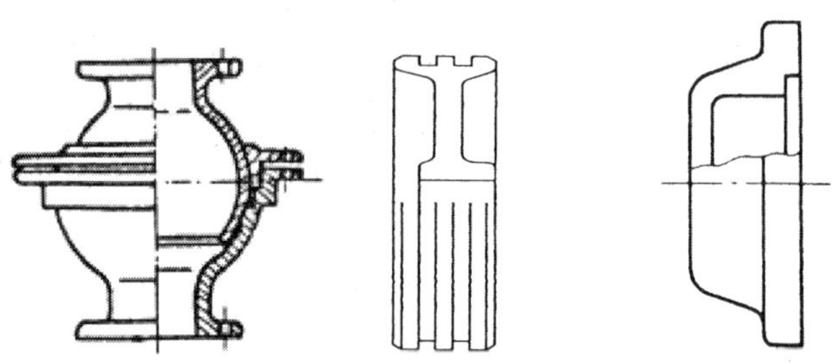

(1) 한쪽 단면도 (2) 부분 단면도

[그림 2-59]

(3) 부분 단면도

외형도에 필요로 하는 요소의 일부만을 부분 단면도로 표시할 수 있다. 이 경우 파단선에 의하여 그 경계를 표시한다.

(4) 회전도시 단면도

핸들이나 바퀴 등의 암, 림, 리브, 훅, 축, 구조물의 부재 등의 절단면은 90° 회전하여 표시하기도 한다.

① 절단할 곳의 전, 후를 끊어서 그 사이에 그린다.

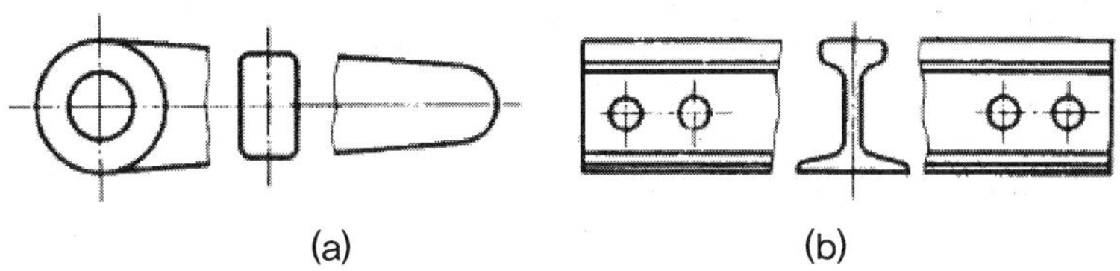

[그림 2-60]

② 절단선의 연장선 위에 그린다.[그림 2-61]

③ 도형내의 절단한 부분에 겹쳐서 가는 실선을 사용하여 그린다.[그림 2-62]

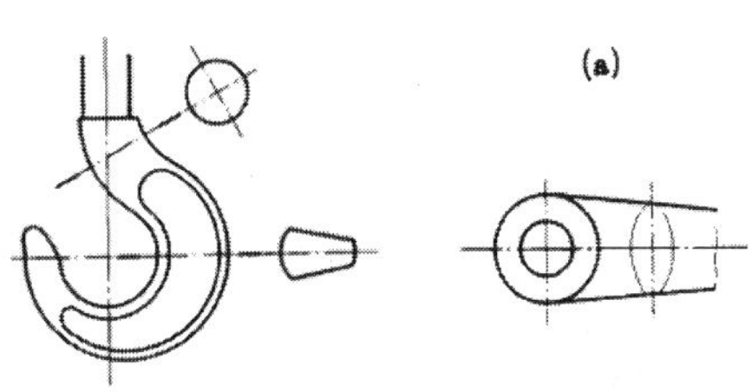

[그림 2-61]

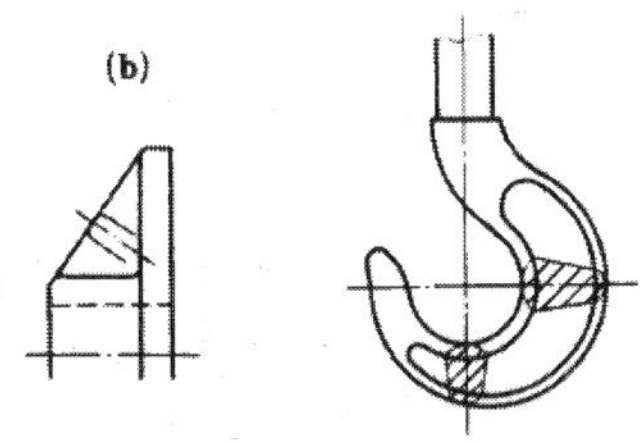

[그림 2-62]

(5) 조합에 의한 단면도

2개 이상의 절단면에 의해 단면도를 조합하여 도시하는 경우, 단면 도시는 다음에 따른다. 이와 같은 경우에는 필요에 따라 단면을 보는 방향을 나타내는 화살표와 글자기호를 붙인다.

① 대칭형 또는 이에 가까운 형의 대상물의 경우, 대칭의 중심선을 경계로 하여 그 한쪽은 투상면에 평행하게 절단하고, 다른 쪽은 투상면과 어느 각도를 이루는 방향으로 절단할 수가 있다. 이 경우, 후자의 단면도는 그 각도만큼 투상면 쪽으로 회전시켜 도시한다.

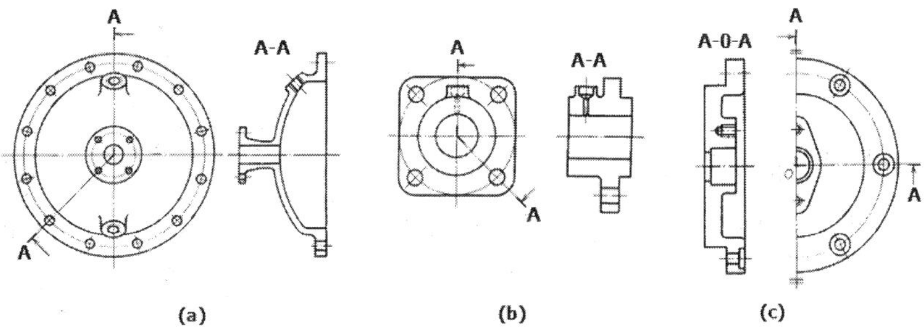

[그림 2-63]

② 평행한 2개 이상의 평면에서 절단한 단면도는 필요 부분만을 합성시켜 나타낼 수가 있다. 이 경우, 절단선에 따라 절단의 위치를 나타내고, 조합에 의한 단면도라는 것을 나타내기 위하여 2개의 절단선은 임의의 위치에서 이어지게 한다.

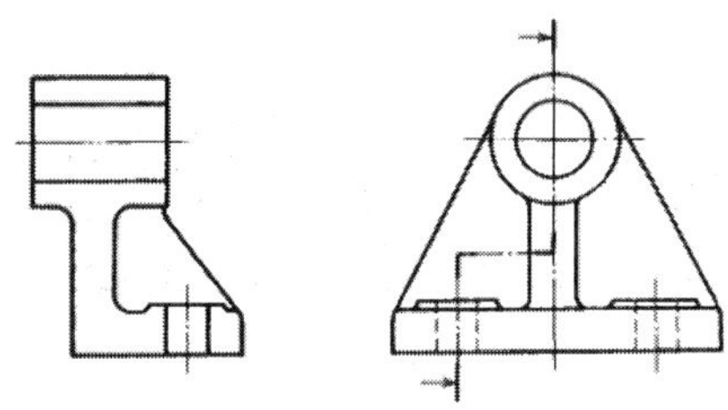

[그림 2-64]

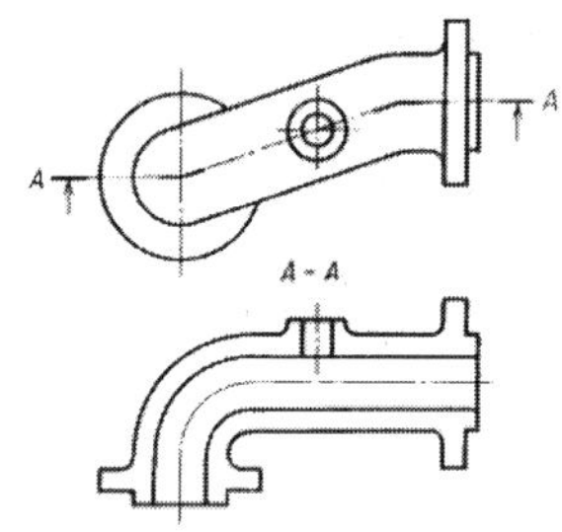

[그림 2-65]

③ 구부러진 관 등의 단면을 표시하는 경우에는 그 구부러진 중심선에 따라 절단하고, 그대로 투상할 수 있다.[그림 2-65]

④ 필요에 따라 ①~③의 방법을 조합하여 표시할 수 있다.

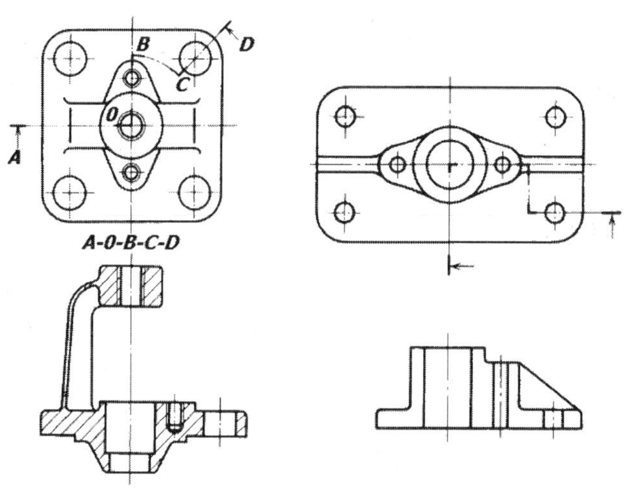

[그림 2-66]

(6) 다수의 단면도에 의한 도시

① 복잡한 모양의 대상물을 표시하는 경우에는 필요에 따라 다수의 단면도를 그려도 좋다.

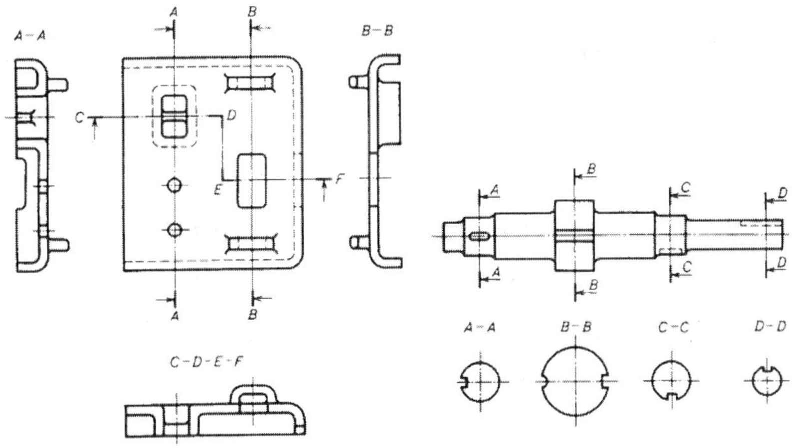

(a) (b)

[그림 2-67]

② 일련의 단면도는 치수의 기입과 도면 이해에 편리하도록 투상의 방향을 맞추어서 그리는 것이 좋다. 이 경우, 절단선의 연장선상[그림 2-67의(b)] 또는 주 중심선상에 배치하는 것이 좋다.

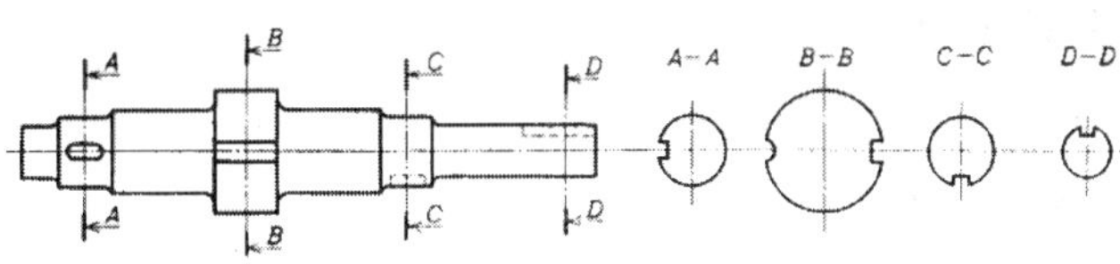

[그림 2-68]

③ 대상물의 형상이 서서히 변화하는 경우에는 다수의 단면에 의하여 표시할 수 있다.

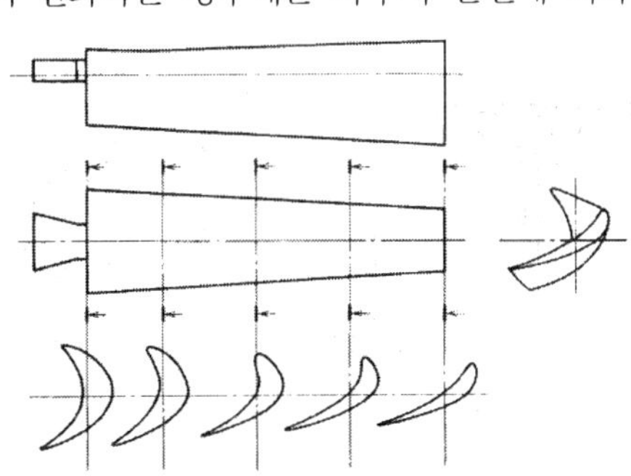

[그림 2-69]

(7) 긴 쪽 방향으로 절단하지 않는 경우(절단하지 않는 부품)

절단했기 때문에 이해를 방해하는 경우(보기 1), 또는 절단하여도 의미가 없는 경우(보기 2)는 긴 쪽 방향으로 절단하지 않는다.

(보기 1) 리브, Lug, Web, 바퀴의 암, 기어의 이
(보기 2) 축, 핀, 볼트, 너트, 와셔, 작은 나사, 리벳, 키, 강구, 원통 롤러, cotter, 원판밸브, 볼 밸브

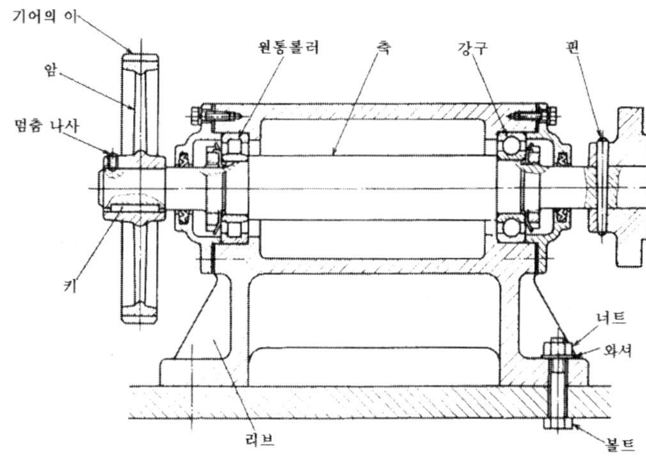

[그림 2-70]

(8) 얇은 두께 부분의 단면도

개스킷, 박판, 형강과 같이 두께가 얇은 절단면은 다음에 따른다.

① 절단면을 검게 칠한다.[그림 2-71의 (a), (b)]

② 실제의 치수와 관계없이 한 개의 굵은 실선으로 표시한다.[그림 2-71의 (c), (d)]

③ 단면이 인접되어 있는 경우에는 그것을 표시하는 도형 사이에 약간의 간격을 둔다. 이 간격은 0.7mm 이상으로 한다.

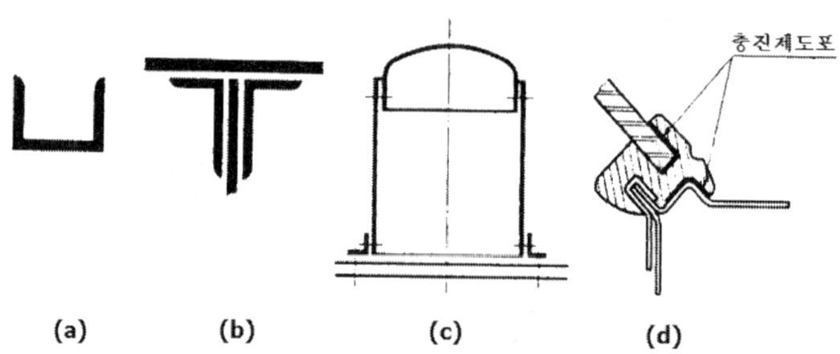

[그림 2-71]

📖 단면법 복습

① 연속단면(이동단면 Removed section)

회전단면과 같은 의도에서 사용하는 방법이나 연속단면은 절단면의 형상을 도형 외부에 도시한다. [그림 2-69]

② 보조 투상 단면(Auxitiary section)

보조 투상 원칙에 준하여 보조 투상 평면도와 같이 작성된다.[그림 2-37의 (3)]

③ 계단단면(Off set section)

단면으로 나타낼 부분이 동일 선상에 있지 않을 때 물체를 계단상으로 절단하는 단면법이다. [그림 2-64]

④ 예각단면(Acute angled section)

대칭인 물체의 중심선에서 만나는 2개의 절단평면으로 절단하는 방법으로 한 면은 투상면과 평행, 다른 면은 투상면과 θ의 각도로 절단한다. 비대칭인 물체에도 사용된다.[그림 2-66의 (a)]

⑤ 직각단면(Right angled section)

한 면은 투상면과 평행, 다른 면은 투상면과 직각으로 절단하고 그 직각 단면을 90°회전(투상면과 평행)하여 도시하는 단면법. 패킹 누르개와 패킹박스는 거의 이 단면법을 적용한다.[그림 2-59의 (1)]

⑥ 곡면단면(Curved section)

중심선이 만곡한 물체에 대해서는 그 중심선을 포함하는 구부러진 평면으로 절단한다.[그림 2-65]

⑦ 얇은 물체의 단면

패킹, 가스켓, 박판, 형강 등의 얇은 물체의 단면은 그 물체의 두께에 해당하는 선의 굵기로 도시하고, 이들 단면이 인접하고 있을 때에는 단면을 도시하는 선과 이에 약간의 틈을 두어 개개의 단면을 명확하게 구분한다.[그림 2-71]

⑧ 조립단면(Assembly section)

기계, 또는 구조물을 절단하여 전단면, 반단면, 회전단면, 부분단면 등이 둘 또는 셋이 합성되어 도시되는 단면법이다.[그림 2-70]

【예제】 아래 단면도에 맞는 절단면의 명칭을 쓰시오.

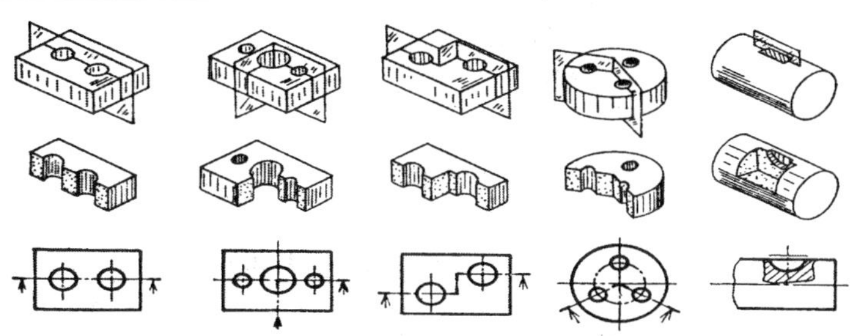

(1) (2) (3) (4) (5)

【해】

(1) 온단면도　(2) 한쪽 단면도　(3) 계단단면도

(4) 예각 단면도　(5) 부분 단면도

4.6 단면도의 해칭

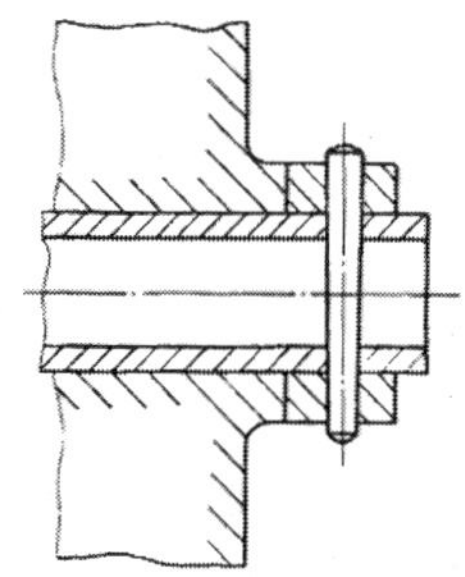

단면하지 않은 면과 구별하기 위해 절단면은 단면도 작성 시 해칭선으로 표시한다. 절단면에 해칭(또는 스머징)을 할 필요가 있을 경우에는 다음에 따른다.

(1) 해칭은 주된 중심선에 대해 45°(右 上向)의 가는 실선(0.2㎜ 이하)으로 긋는다. 45°의 해칭선이 그 단면의 주요 윤곽선에 평행하거나 거의 평행 시에는 다른 각도의 경사선(해칭선)을 사용한다. 해칭의 간격은 2~3㎜의 등 간격으로 한다. 다만, 물체의 단면 부위의 크기에 따라[그림 2-72] 간격은 임의로 조정할 수 있다.

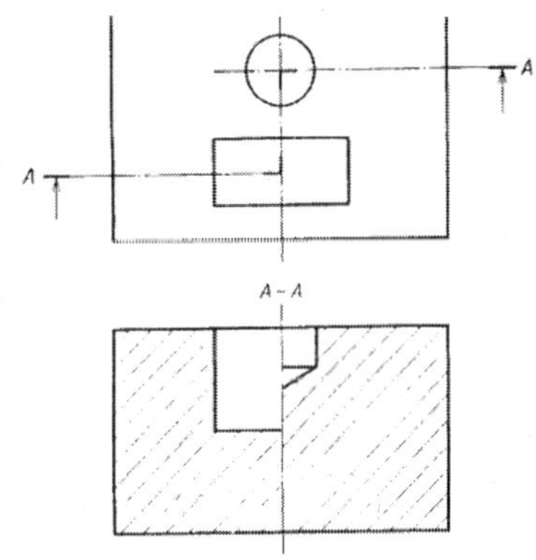

(2) 같은 절단면 상에 나타나는 같은 부품의 단면에는 같은 해칭을 한다.

(3) 동일한 부품의 단면은 단면부위가 떨어져 있더라도 해칭 방향과 간격은 동일하여야 한다. 다만, 계단 모양의 절단면의 각 단에 나타나는 부분을 구분할 필요가 있는 경우에는 해칭을 같은 방향으로 중복되지 않게 한다.

(4) 서로 인접한 여러 단면의 해칭은 선의 방향과 각도를 30°, 60° 또는 임의의 각도로 변경하든지 그 간격을 변경하여 구별을 명확히 한다.[그림 2-73]

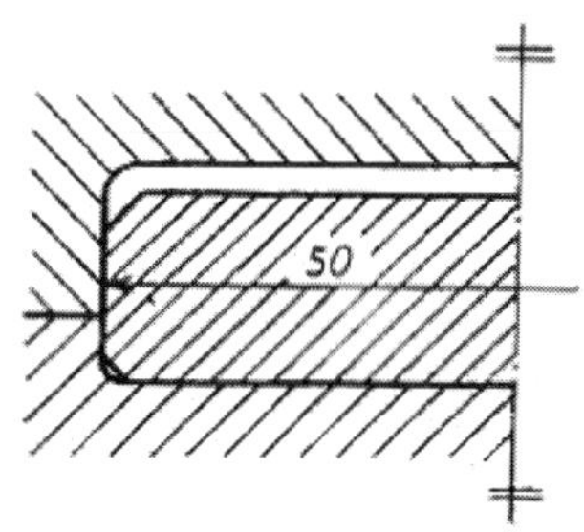

[그림 2-74]

(5) 단면 면적이 넓은 경우에는 그 외형선에 따라 적절한 범위에 해칭하거나 스머징(Smudging)한다.

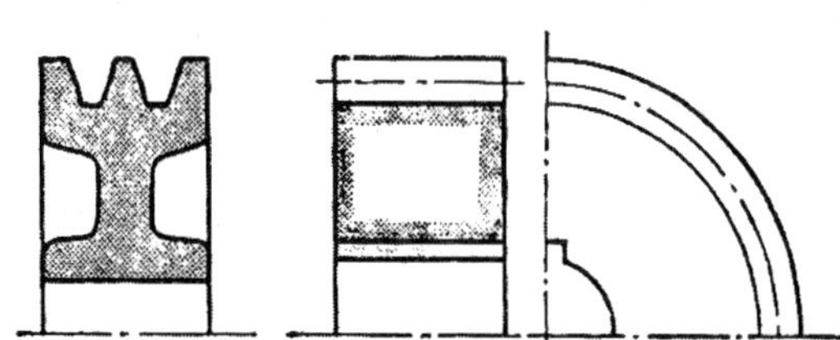

(1) (2)

[그림 2-75]

(6) 해칭을 실시한 곳에는 될 수 있는 대로 숨은선은 표시하지 않는다.

(7) 해칭선은 외형선 밖으로 연장하지 않으며, 해칭을 하는 부분 안에 글자, 기호 등을 기입하는 경우에는 아래 그림 (1)과 같이 해칭을 중단한다.

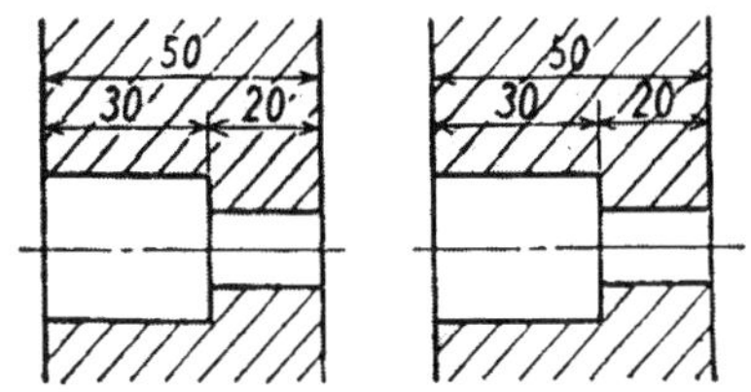

(1) ○　(2) ×

[그림 2-76]

(8) 가스켓, 양철판, 형강같은 얇은 단면은 굵은 실선으로 표시하고 이들 간의 간격은 백색 공간으로 표시한다.

(9) 단면도에 재료 등을 표시하기 위해 특수한 해칭을 하여도 좋다. 이 경우에는 그 뜻을 도면 내에 명확히 지시하든지 해당 규격을 인용하여 나타낸다. 비금속재료인 경우에는 재료별 표시방법에 따른다. 단, 재질은 별도로 표기한다.

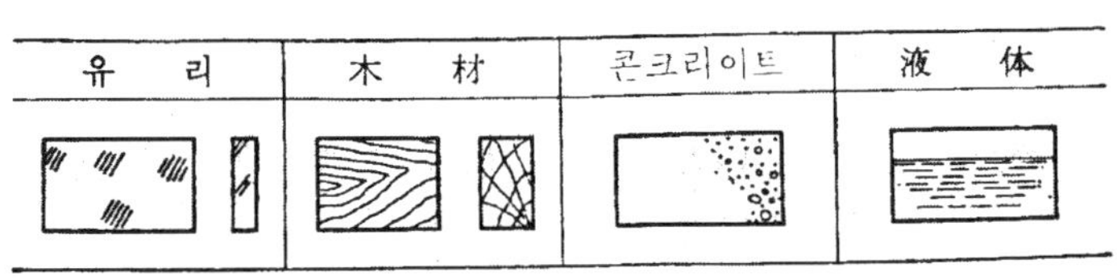

[그림 2-77]

(10) 제작도상의 부품도는 필요한 경우 해칭한다. 조립도를 해칭하는 경우에는 부품관계가 명백하게 드러나는 장점이 있다.

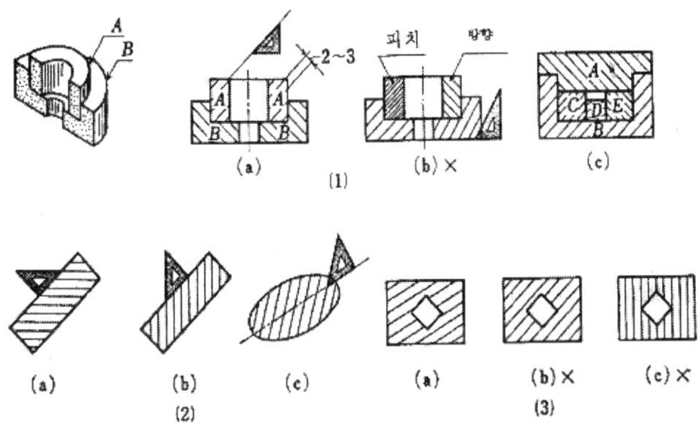

[그림 2-78]

5. 도형의 생략

5.1 대칭 도형의 생략

대칭 형식의 도형일 경우에는 다음 중 어느 한 방법에 따라 대칭 중심선의 한쪽을 생략할 수 있다.

(1) 대칭 중심선의 한쪽 도형만을 그리고, 그 대칭 중심선의 양끝 부분에 짧은 2개의 나란한 가는 선(대칭 도시기호라 함)을 그린다.[그림 2-79 (a), (b), (c)]

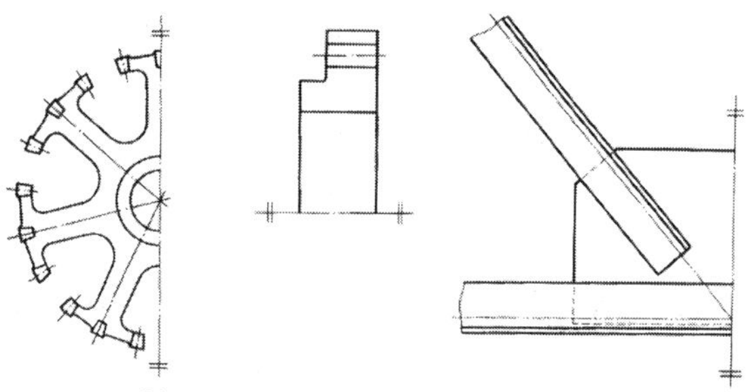

(a) (b) (c)

[그림 2-79]

(2) 대칭 중심선의 한쪽 도형을 대칭 중심선을 조금 넘은 부분까지 그린다. 이 경우에는 대칭 도시기호를 생략할 수 있다.[그림 2-80 (a), (b)]

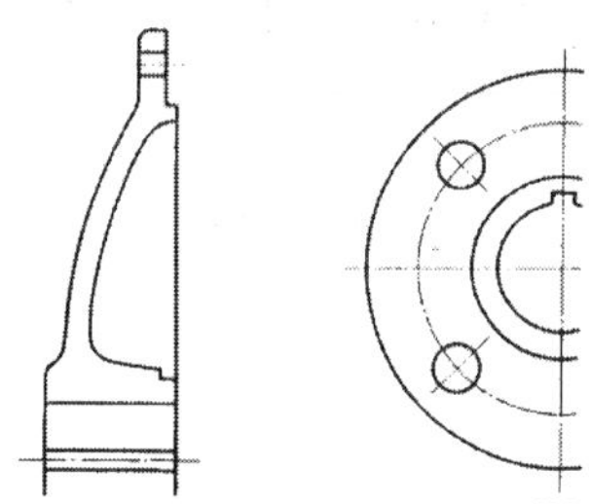

(a) (b)

[그림 2-80]

5.2 반복 도형의 생략

같은 종류, 같은 모양의 것이 다수 줄지어 있는 경우에는 다음에 따라 도형을 생략할 수 있다. 다만, 그림 기호를 사용하여 생략할 경우에는 그 뜻을 알기 쉬운 위치에 기술하거나[그림 2-81], 지시선을 사용하여 기술한다.[그림 2-82의 (b)]

(1) 실형의 그림 대신 그림 기호를 피치선과 중심선의 교점에 기입한다.[그림 2-81]

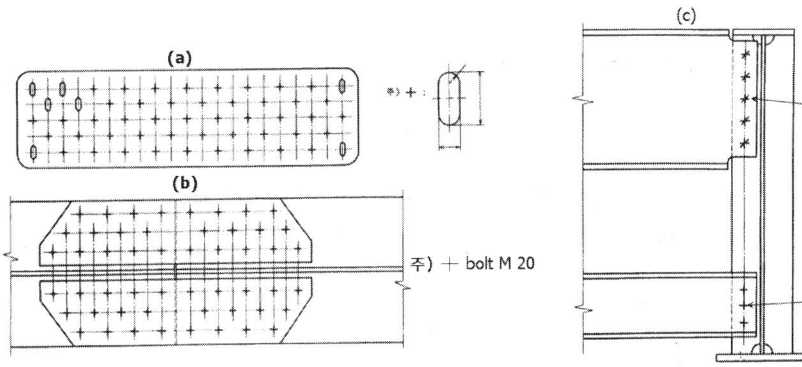

[그림 2-81]

(2) 잘못 볼 우려가 있을 경우에는 양 끝부(한 끝은 1피치분), 또는 요점만을 실형 또는 도면 기호로 나타내고, 다른 쪽은 피치선과 중심선의 교점으로 나타낸다.[그림 2-82]

다만, 치수기입에 의하여 교점의 위치가 명확할 때는 피치선에 교차되는 중심선을 생략하여도 좋다. [그림 2-83] 이 경우에는 반복 부분의 수를 치수기입 또는 주기에 의하여 지시하여야 한다.

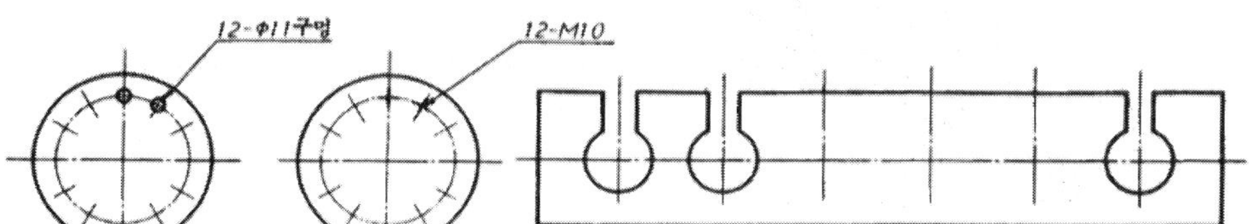

(a) (b) (c)

[그림 2-82]

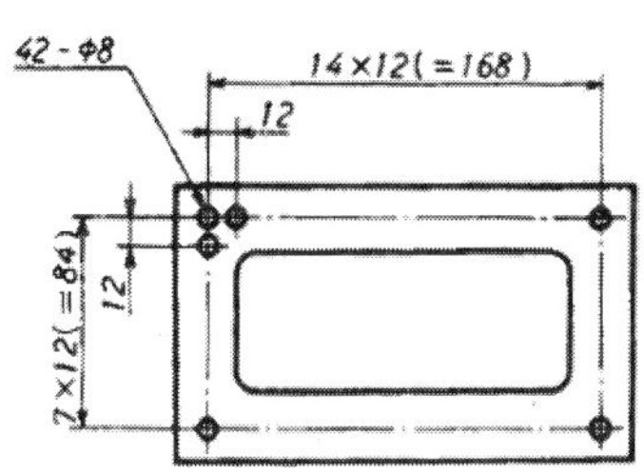

[그림 2-83]

5.3 중간부분 생략에 의한 도형의 단축

(1) 동일 단면형의 부분[보기 1], 같은 모양이 규칙적으로 줄지어 있는 부분[보기 2] 또는 긴 테이퍼 등의 부분[보기 3]은 지면을 생략하기 위하여 중간 부분을 잘라내어 중요한 부분만을 도시할 수 있다.

이 경우, 잘라낸 끝부분은 파단선으로 나타낸다.[그림 2-84, 2-85, 2-86]

[보기 1] 축, 막대, 관, 형강
[보기 2] 래크, 공작기계의 어미나사, 교량의 난간, 사다리
[보기 3] 테이퍼 축

(2) 요점만을 도시하는 경우, 혼동될 염려가 없을 때는 파단선을 생략하여도 좋다.[그림 2-85]

(3) 긴 테이퍼 부분 또는 기울기 부분을 잘라낸 도시에서는 경사가 완만한 것은 실제의 각도로 도시하지 않아도 좋다.[그림 2-84의 (b)]

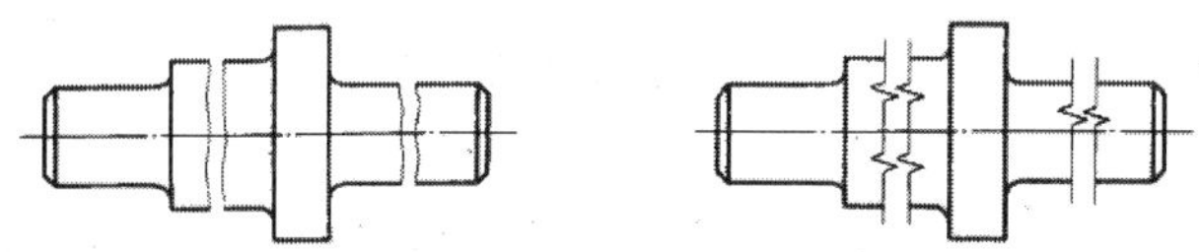

(a) (b)

[그림 2-84]

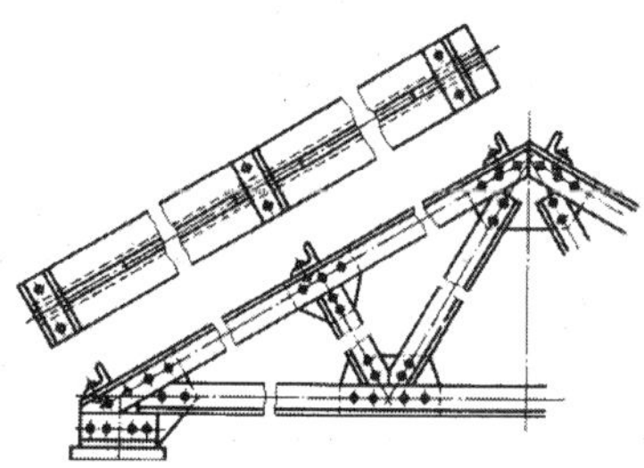

[그림 2-85]

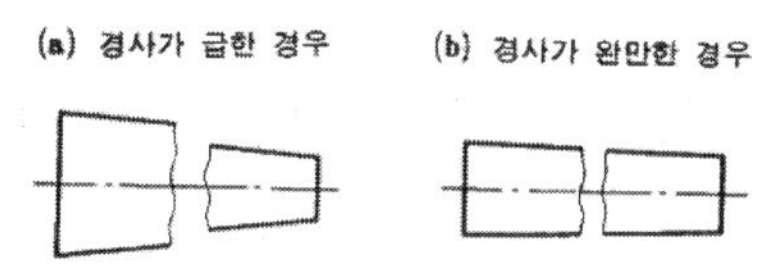

[그림 2-86]

6. 특별한 도시방법

6.1 전개도

관을 구부려서 만드는 대상물이나 면으로 구성되는 대상물을 전개한 모양으로 나타낼 필요가 있을 경우에는 전개도로 나타낸다. 이 경우에는 전개도의 위쪽이나 아래쪽에 "전개도"라 기입하는 것이 좋다.[그림2-87]

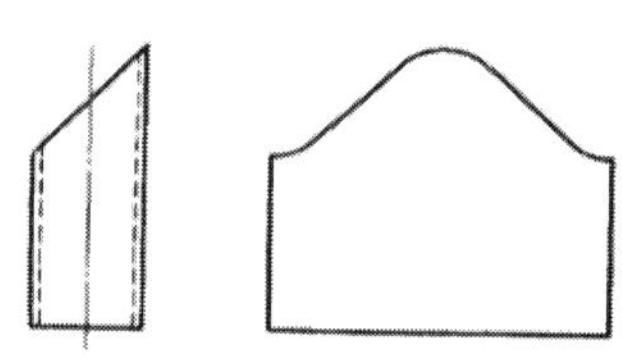

[그림 2-87] 전개도

6.2 간명한 도시

도시할 부분을 알기 쉽게 하기 위하여 다음과 같이 한다.

(1) 숨은선이 없어도 도면을 이해할 수 있는 경우에는 숨은선은 생략하여도 좋다.

(2) 보충한 투상도에 보이는 부분을 전부 그리므로[그림 2-88의 (a)], 도면 판독이 어렵게 될 경우에는 부분투상도[그림 2-88의 (b), 2-89] 또는 보조 투상도[그림 2-90]로 표시하는 것이 좋다.

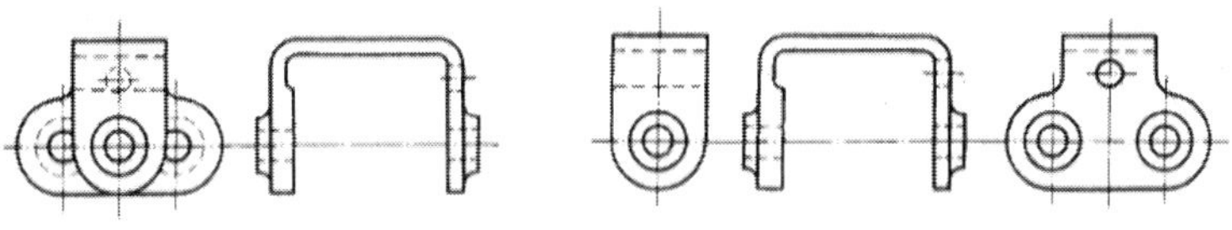
(a) (b)

[그림 2-88]

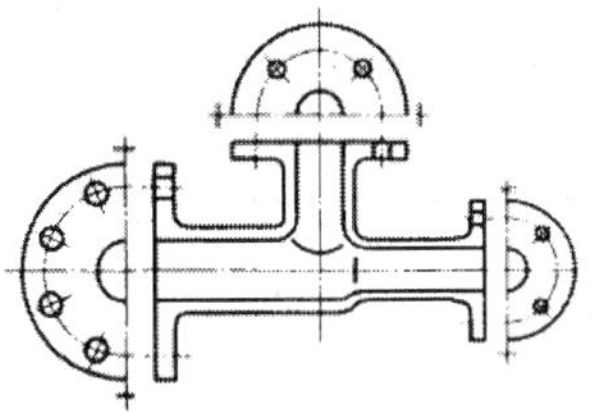
[그림 2-89]

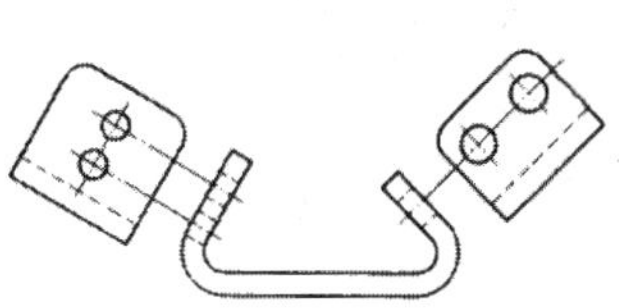
[그림 2-90]

(3) 절단면의 앞쪽에 보이는 선[그림 2-91의 (a)]이 없어도 이해할 수 있는 경우에는 생략하여도 좋다.[그림 2-91 (b)]

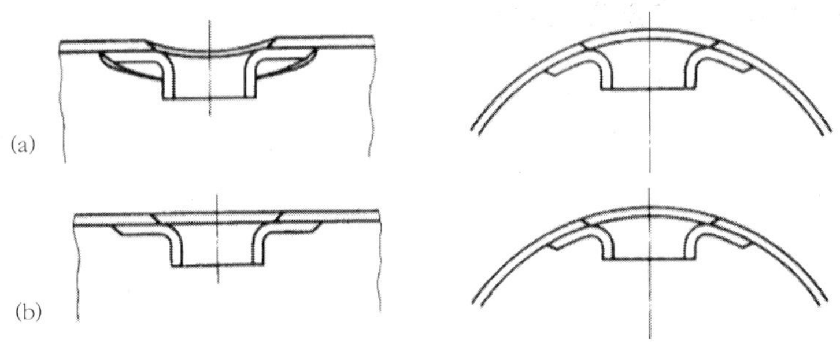
[그림 2-91]

(4) 일부분에 특정한 모양을 가진 것은 되도록 그 부분이 위쪽에 나타나도록 그리는 것이 좋다. 키 홈이 있는 보스 구멍, 벽의 구멍 또는 홈이 있는 관이나 실린더, 쪼개짐을 가진 링 등을 도시하는 경우에는 그림 2-92에 따르는 것이 좋다.

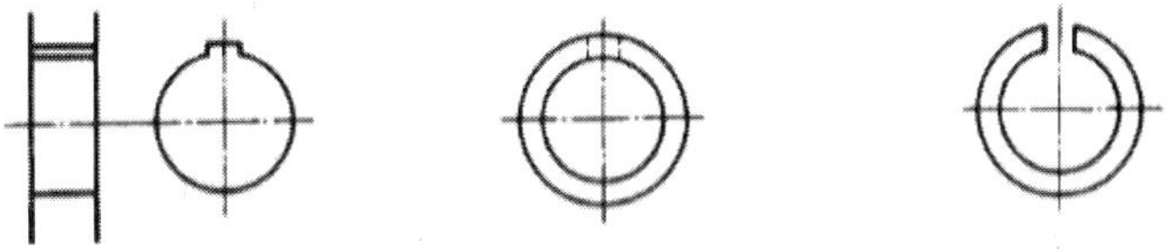
(a) (b) (c)

[그림 2-92]

(5) 피치원(7) 위에 배치하는 구멍 등을 측면도(단면도도 포함)에 도시하는 경우, 피치원이 만드는 원통은 그림 2-93 (b)와 같이 가는 1점 쇄선으로 도시하고, 그 한쪽에는 1개의 구멍을 도시(투상관계에 불구하고)하고 다른 쪽의 구멍은 생략할 수 있다.[그림 2-89, 그림 2-93]

※ 주 (7) 플랜지 관계의 한국공업규격에서는 피치원을 볼트 구멍 중심원으로 표현한다.

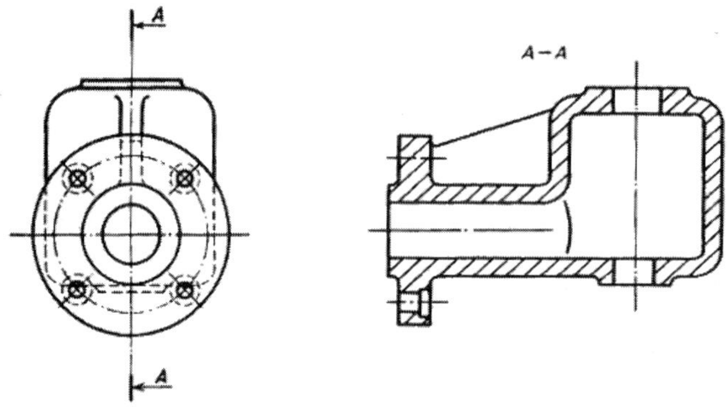

(a) (b)

[그림 2-93]

6.3 2개 면의 교차 부분의 표시

2개 면의 교차부분을 표시하는 선은 다음에 따른다.

(1) 교차부분에 둥글기가 있을 경우, 대응하는 그림에 이 둥글기의 부분을 표시할 필요가 있을 때에는 그림 2-94와 같이 교차부분에 둥글기가 없을 경우의 교차선의 위치에 굵은 실선으로 표시한다.

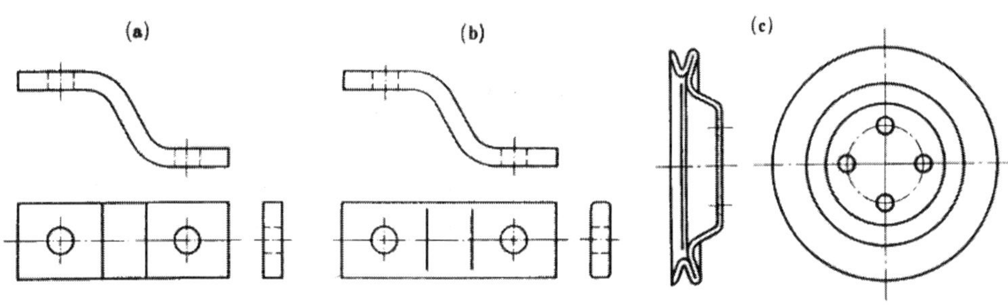

[그림 2-94]

(2) 리브 등을 표시하는 선의 끝부분은 직선 그대로 멈추게 한다.[그림 2-95 (a)]

또한, 관련있는 둥글기의 반지름이 현저하게 다를 경우에는 끝부분을 안쪽 또는 바깥쪽으로 구부려 멈추게 한다.[그림 2-95 (a), (b), (c)]

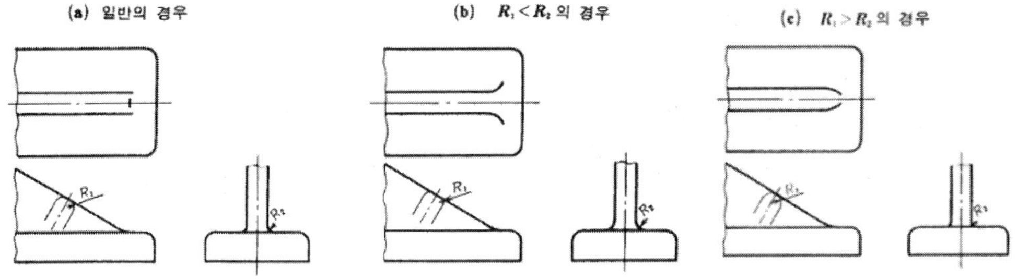

[그림 2-95]

(3) 곡면 상호 또는 곡면과 평면이 교차하는 부분의 선(상관선)은 직선으로 표시하든가[그림 2-96 (a)~(f)], 올바른 투상에 가깝게 한 원호로 표시한다.[그림 2-96 (g), (h), (i)]

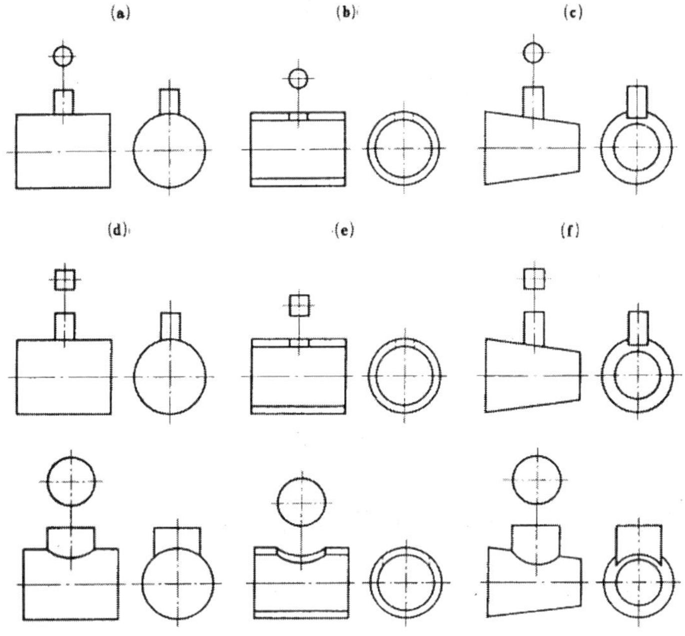

[그림 2-96]

6.4 평면의 표시

도형내의 특정한 부분이 평면이란 것을 표시할 필요가 있을 경우에는 가는 실선으로 대각선을 기입한다.[그림 2-97]

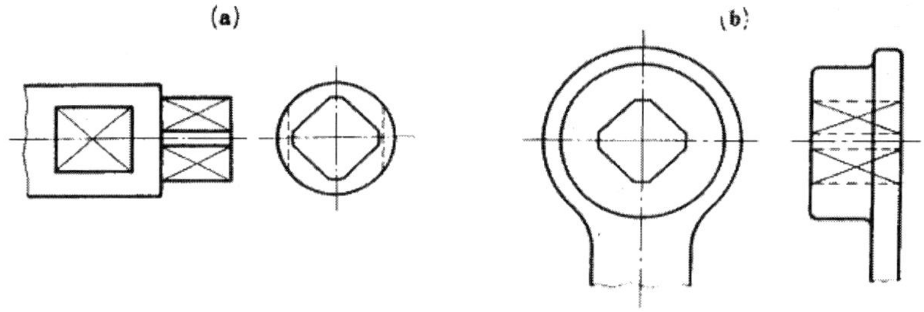

[그림 2-97]

6.5 가공 전, 후의 모양의 도시

(1) 가공 전의 모양을 표시하는 경우에는 가는 2점 쇄선으로 도시한다.[그림 2-98의 (a), (c) 참조]

(2) 가공 후의 모양, 즉 조립 후의 모양을 표시하는 경우에는 가는 2점 쇄선으로 도시한다.[그림 2-98 (b) 참조]

(3) 단면도에 있어서의 인접부분은 해칭하지 않는다.

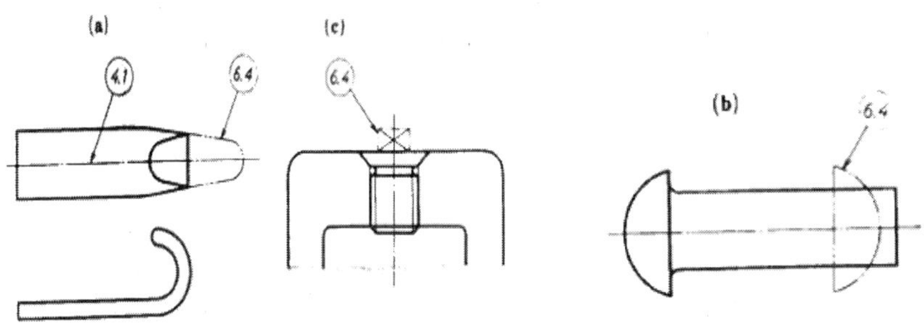

[그림 2-98]

6.6 가공에 사용되는 공구 · 지그 등의 모양의 도시

가공에 사용되는 공구 · 지그 등의 모양을 참고로 도시할 필요가 있는 경우에는 가는 2점 쇄선으로 도시한다.

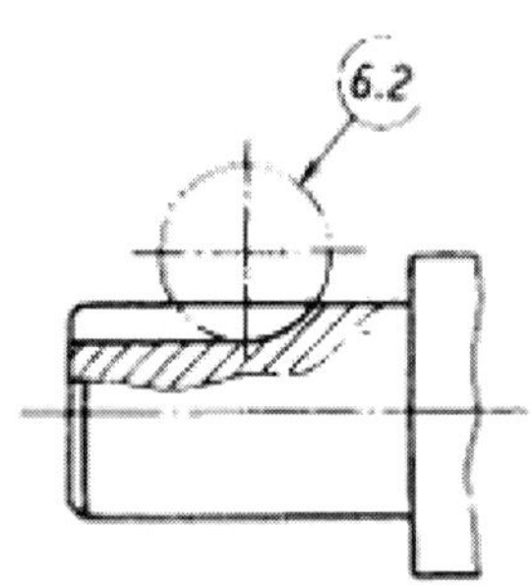

[그림 2-99]

6.7 절단면 앞쪽에 있는 부분의 도시

절단면 앞쪽에 있는 부분을 도시할 필요가 있는 경우에는 가는 2점 쇄선으로 도시한다.

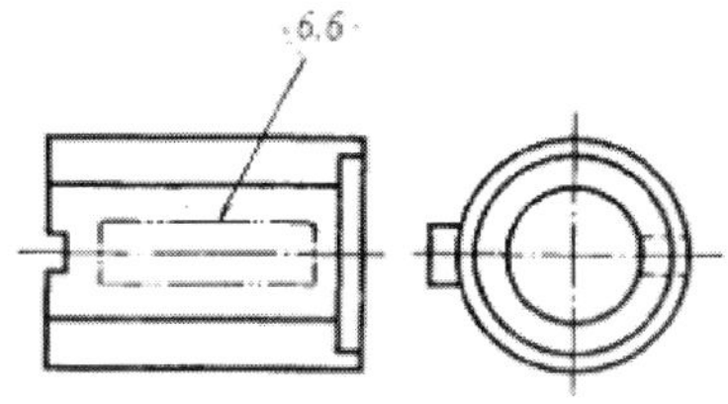

[그림 2-100]

6.8 인접 부분의 도시

(1) 대상물에 인접하는 부분을 참고로 도시할 필요가 있을 경우에는 가는 2점 쇄선으로 도시한다.[그림 2-101]

(2) 대상물의 도형이 인접부분에 의해 숨겨지더라도 숨은선으로 표시하지 않는다.

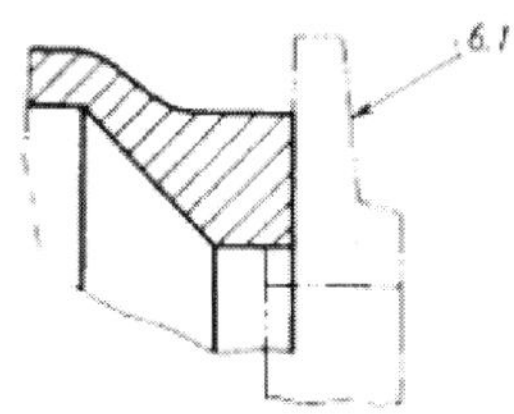

[그림 2-101]

7. 특수한 가공부분의 표시방법

대상물 면의 일부분에 특수한 가공을 하는 경우에는 그 범위를 외형선에 평행하게 약간 떼어서 그은 굵은 1점 쇄선으로 나타낼 수 있다.[그림 2-102, 2-103 (a)]

또, 도형 중 특정 범위를 지시할 필요가 있을 경우에는 그 범위를 굵은 1점 쇄선으로 둘러싸고[그림 2-103 (b)], 이들의 경우 특수한 가공에 관한 필요 사항을 지시한다.

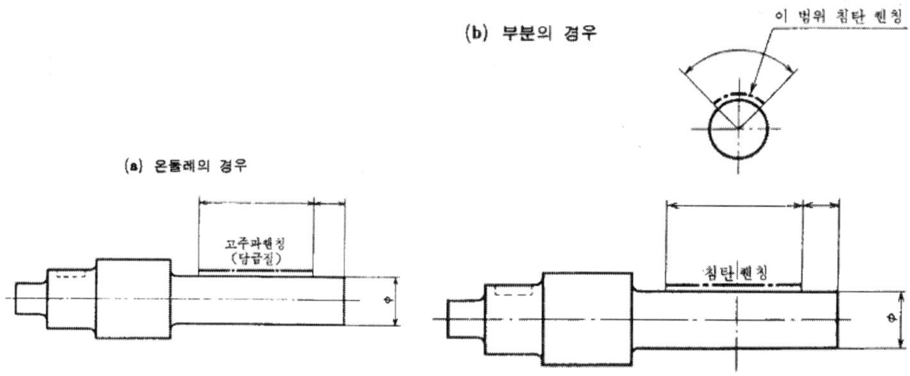

[그림 2-102]

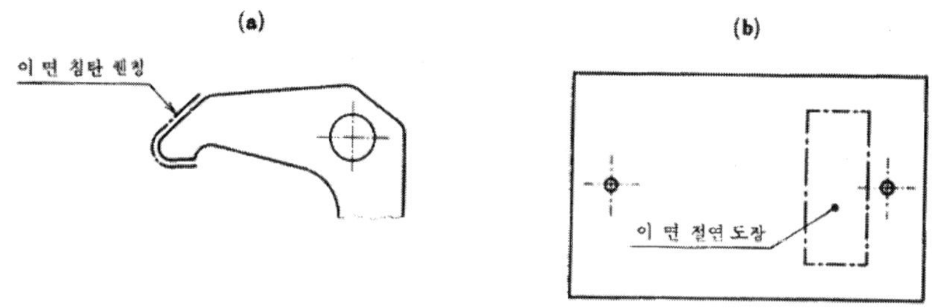

[그림 2-103]

8. 조립도 중의 용접 구성품의 표시방법

용접부품의 용접부분을 표시할 필요가 있을 경우에는 다음 보기에 따른다.

(1) 용접 구성품의 용접이 비드의 크기만을 표시하는 경우에는 그림 2-104의 (a) 보기에 따른다.

(2) 용접 구성부재의 겹침의 관계나 용접의 종류, 크기를 표시하는 경우에는 그림 2-104의 (b) 보기에 따른다.

(3) 용접 구성부재의 겹침의 관계를 표시하는 경우에는 그림 2-104의 (c) 보기에 따른다.

(4) 용접 구성부재의 겹침의 관계나 용접 비드의 크기를 표시하지 않아도 좋을 때는 그림 2-104의 (d) 보기에 따른다.

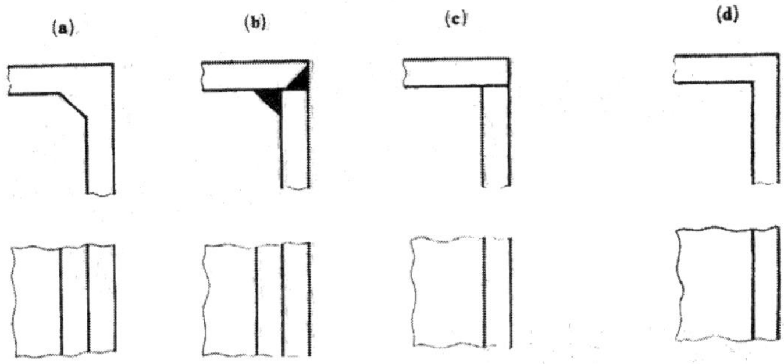

[그림 2-104] 필렛용접과 그루브 용접의 보기

9. 무늬 등의 표시방법

널링가공 부분, 철망, 줄무늬가 있는 강관 등의 특징을 외형의 일부분만 그려서 표시하는 경우에는 다음 보기에 따른다.[그림 2-105, 2-106, 2-107]

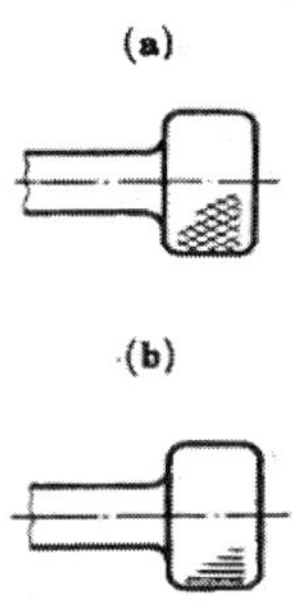

[그림 2-105]
널링가공한 부분보기

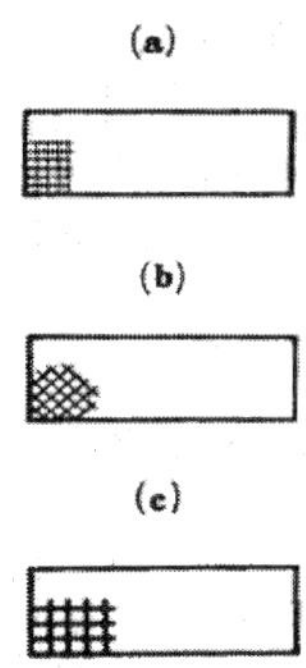

[그림 2-106]
철망의 보기

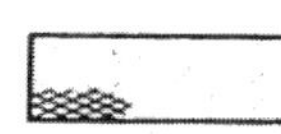

[그림 2-107]
줄무늬 강판의 보기

또, 비금속 재료를 특별히 나타낼 필요가 있을 경우에는 그림 2-108의 표시방법에 따르든가 해당 규격의 표시방법에 따른다. 이 경우, 부품도에 별도로 재질을 글자로 기입한다. 겉모양을 나타낼 경우나 단면을 할 경우에도 이에 따르는 것이 좋다.

유 리		콘크리트	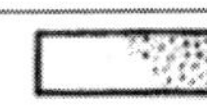
목 재		액 체	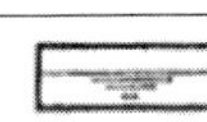

[그림 2-108]

3_치수기입방법

1. 치수기입방법의 일반원칙

모든 분야(기계, 전기, 토목, 건축 등)에 사용되고 있는 치수기입방법의 일반 원칙으로 KS A 0113 규정에 따른다.

1.1 치수

적절한 측정 단위로 선, 기호, 주서로 도면에 기입하는 수치이다.

(1) 기능치수 : 부분이나 공간의 기능에 필수적인 치수. [그림 3-1의 F]
(2) 비 기능치수 : 기능에 필수적이지 않은 치수. [그림 3-1의 NF]
(3) 참고치수 : 정보를 나타내기 위한 목적으로만 사용하는 치수. 참고치수는 괄호 안에 기입하고 공차는 적용하지 않는다.[그림 3-1의 Aux]

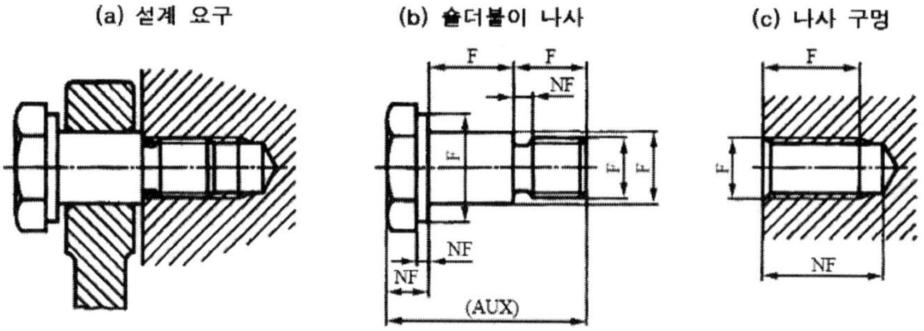

[그림 3-1] 기능치수, 비 기능치수, 참고치수

1.2 치수기입요소

(1) 치수 기입요소에는 치수 보조선, 치수선, 지시선, 치수선의 단말기호(화살표 등), 기준점 기호, 치수가 있다. 그림 3-2, 3-3은 이들 치수기입요소를 예시한 것이다.(ISO 128 참조)

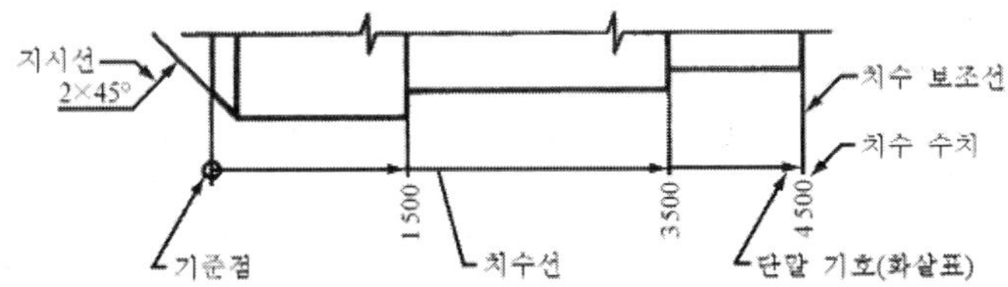

[그림 3-2]

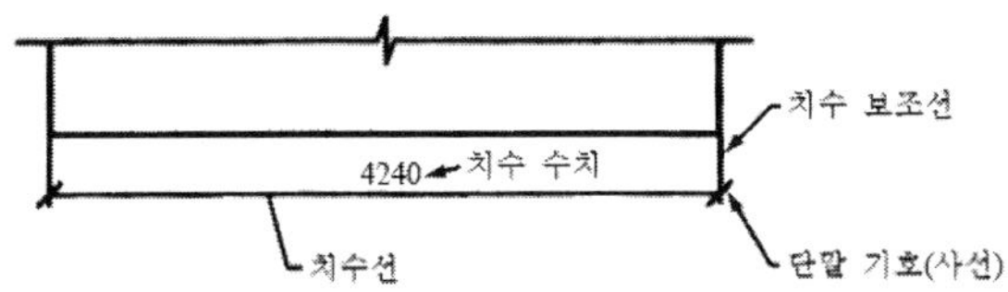

[그림 3-3]

(2) 치수 보조선은 각각의 치수선보다 약간 길게(보통 2~3mm) 끌어내어 그린다.

(3) 단말 기호와 기준점 기호의 지시

① 치수선에는 단말 기호(화살표 또는 사선)를 표시하고, 적용 가능하다면 기준점 기호를 표시한다.

② 이 규격에서 2개의 기준선 단말 기호와 하나의 기준점 기호를 명시하면 [그림 3-4], [그림 3-5]와 같다.

- 화살표: 짧은 선을 가진 화살촉 모양으로 화살표는 15°~90° 사이의 임의의 적당한 사잇각으로 그린다. 화살표는 끝이 열린 것과 닫힌 것, 빈틈없이 칠한 것 중 어느 것이라도 좋다.
- 사선: 45° 경사를 짧은 선으로 그린다.[그림 3-4 (b)]

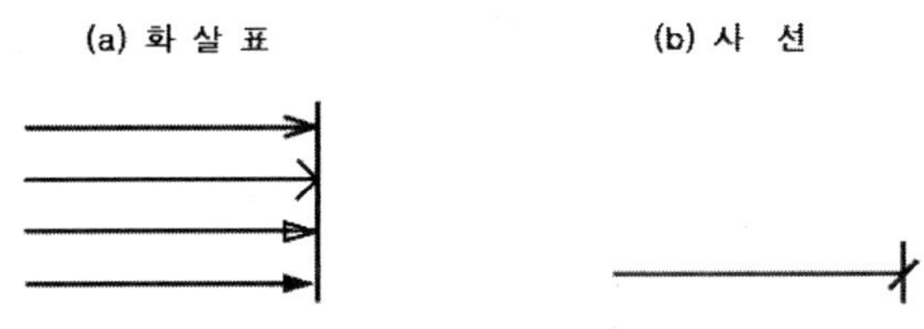

[그림 3-4]

- 기준 기호: 지름이 약 3mm인 작은 원으로 그린다.[그림 3-5]

[그림 3-5]

🕮 화살표에 대한 일반 관례

① 작도된 선의 굵기와 조화되도록 하며, 화살촉의 각도는 30° 정도로 유지한다.

② 협소한 곳은 그림 3-6의 (c)와 같이 점을 사용하기도 한다.

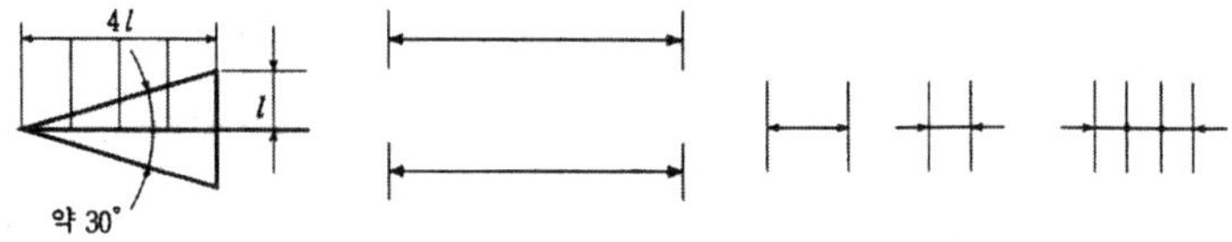

(a) 화살표 모양 (b) 일 반 (c) 협소한 개소

[그림 3-6]

2. 치수의 표시방법

(1) 재료 치수 : 강관, 형강, 관 등을 제작시의 재료의 치수
(2) 소재 치수 : 주조 상태의 다듬기 전의 치수
(3) 다듬질 치수 : 최종 완성품 치수

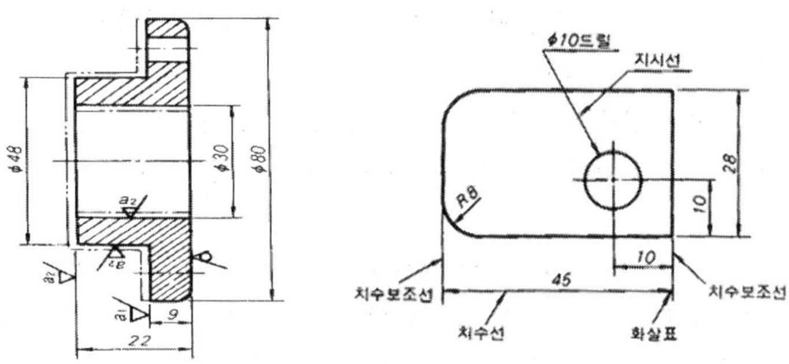

[그림 3-7]

2.1 치수기입의 원칙

(1) 대상물의 기능, 제작, 조립 등을 고려하여 필요한 치수를 분명하게 기입한다.
(2) 치수는 대상물의 크기, 자세 및 위치를 명확하게 표시하도록 기입한다.
(3) 도면의 치수는 특별히 명시하지 않는 한 다듬질 치수로 표시한다.
(4) 기능상 필요한 경우에는 KS A 0108에 따라 치수의 허용한계를 지시한다.
(5) 치수는 되도록 주 투상도에 집중하여 기입한다.
(6) 치수는 중복 기입을 피한다.
(7) 치수는 되도록 계산이 필요 없도록 기입한다.
(8) 치수는 기준으로 하는 점, 선, 면을 기준하여 기입한다.
(9) 관련되는 치수는 되도록 한곳에 모아서 기입한다.
(10) 치수는 되도록 공정마다 배열을 분리하여 기입한다.
(11) 치수 중 참고치수에 대하여는 치수 수치에 괄호를 붙인다.

2.2 치수 수치의 표시방법

(1) 길이의 치수 수치는 mm 단위로 기입하고 단위 기호는 붙이지 않는다.

(2) 각도의 치수 수치는 일반적으로 도의 단위로 기입하고, 필요에 따라 분, 초를 병용할 수 있다. 도, 분, 초를 표시하는 데에는 숫자의 오른쪽 어깨에 °, ′, ″ 를 기입한다. 또, 라디안의 단위로 기입하는 경우에는 그 단위기호 rad를 기입한다.

(예) 6° 21′5″(or 6°21′05″), 0.52 rad, π/3 rad

(3) 치수 수치의 소수점은 아래쪽의 점으로 하고, 숫자 사이를 적당히 떼어 그 중간에 약간 크게 쓴다.

(예) 123.25 22.00

(4) 치수 수치의 자리수가 많을 경우에는 3자리마다 숫자의 사이를 적당히 띄우며 콤마는 찍지 않는다.

(예) 22 320

2.3 치수 기입의 일반 형식

(1) 치수는 치수선 · 치수 보조선 · 치수 보조기호 등을 사용하여 치수 수치에 따라 나타내고, 모두 가는 실선을 사용한다.

(2) 치수선은 길이 또는 각도를 측정하는 방향에 평행하게 긋고[그림 3-8] 선의 양 끝에는 끝부분 기호[그림 3-9]를 붙인다. 한 장의 도면 중에서는 (9)의 ③항(그림 3-25)를 제외하고 그림 3-9의 (a), (b), (c)를 혼용하여 사용하지 않는다.

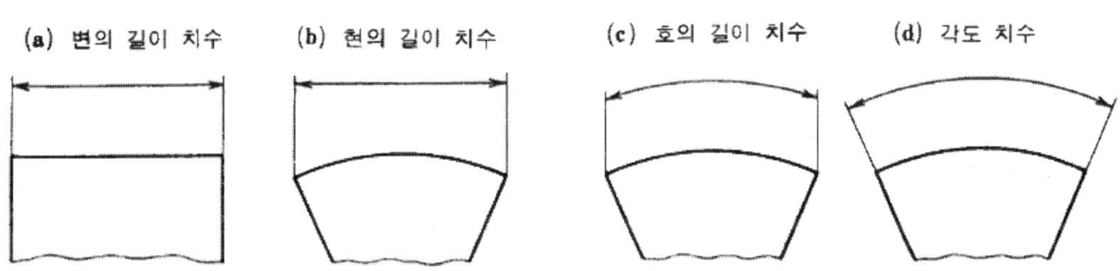

[그림 3-8]

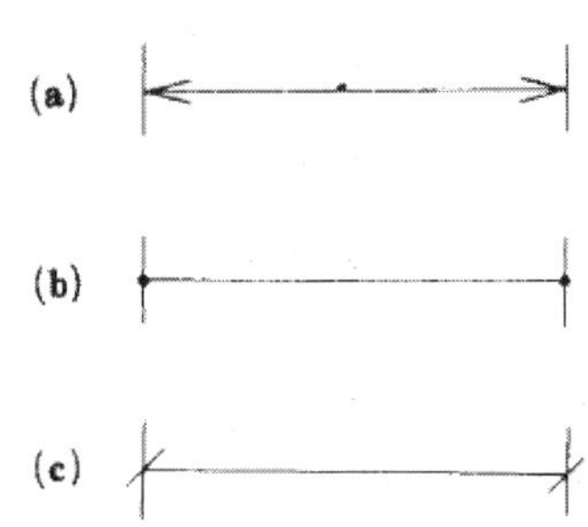

[그림 3-9]

(3) 치수선은 치수 보조선을 사용하여 기입하고, 끊기지 않는 연속식이 표준이다.[그림 3-10]

(4) 치수 보조선의 사용으로 인해 혼동하기 쉬울 경우에는 치수 보조선을 사용하지 않아도 된다.[그림 3-11]

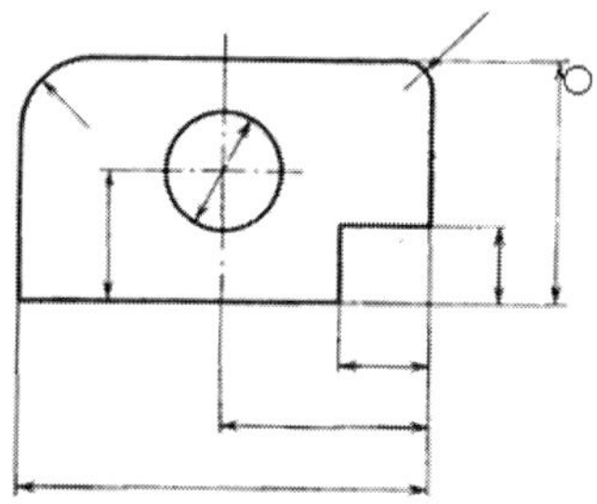

[그림 3-10]

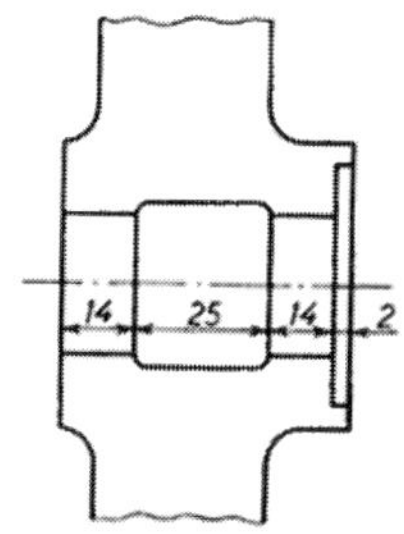

[그림 3-11]

(5) 치수 보조선은 지시하는 치수의 끝에 닿는 도형상의 점 또는 선의 중심을 통과하고, 치수선에 직각되게 그어 치수선을 약간 지날 때까지 연장한다.[그림 3-10] 다만, 치수보조선과 도형 사이를 약간 떼어 놓아도 좋다.

(6) 치수를 지시하는 점 또는 선을 명확하게 표시할 필요가 있는 경우에는 치수선에 대하여 적당한 각도를 가진 서로 평행한 치수 보조선을 그을 수 있다. 이 각도는 60°가 좋다.[그림 3-12]

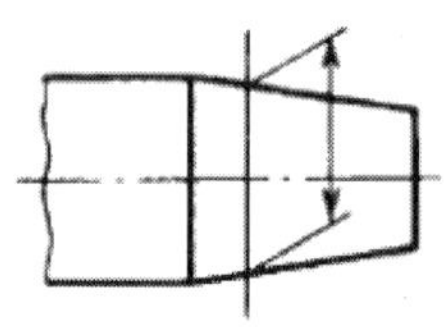

[그림 3-12]

(7) 각도를 기입하는 치수선은 각도를 구성하는 2변 또는 그 연장선(치수 보조선)의 교점을 중심으로 하여 양변 또는 그 연장선 사이에 그린 원호로 표시한다.[그림 3-13]

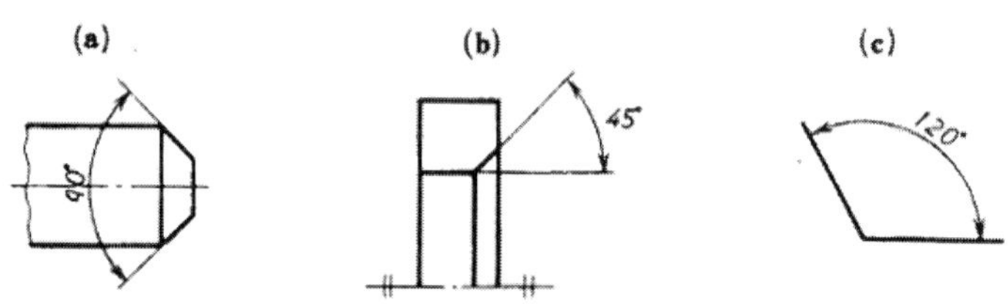

[그림 3-13]

(8) 치수 수치를 기입하는 위치 및 방향은 특별히 정한 누진치수기입법을 제외하고는 일반적으로 아래 2개의 방법 중 [방법 1]을 사용한다. 같은 도면 내에서는 한 가지 방법만으로 통일해야 한다.

[방법 1]

① 치수 수치는 수평 방향의 치수선에 대하여는 도면의 하변으로부터, 수직방향의 치수선에 대하여는 도면의 우변으로부터 읽도록 쓴다. 경사 방향의 치수선에 대해서도 이에 준한다.[그림 3-14, 3-15, 3-16]

② 치수 수치는 치수선을 중단하지 않고 이에 연하여 그 위쪽으로 약간 띄워서 기입한다. 이 경우 치수선의 거의 중앙에 쓰는 것이 좋다.[그림 3-14]

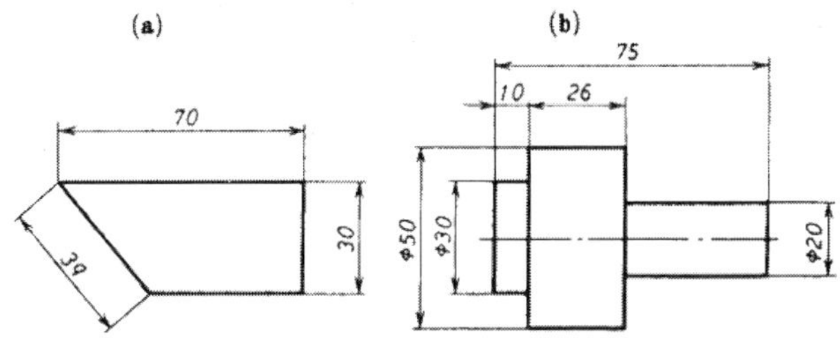

[그림 3-14]

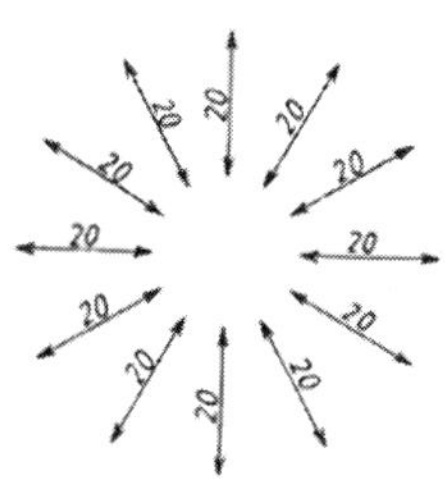

[그림 3-15] 길이 치수의 경우

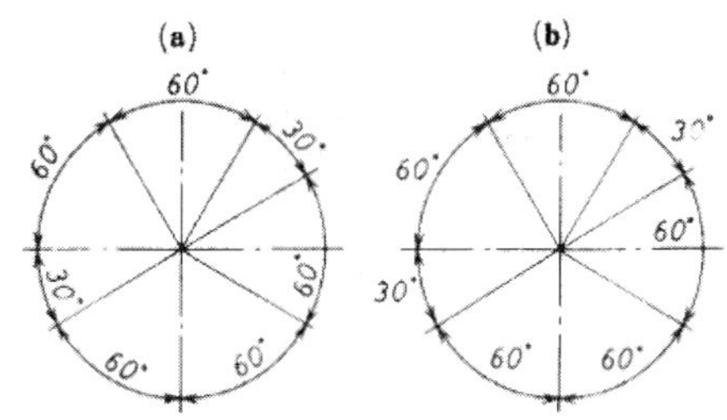

[그림 3-16] 각도 치수의 경우

③ 수직선에 대하여 좌상에서 반시계 방향으로 약 30° 범위 내에는 치수선의 기입을 피한다.[그림 3-17 (a)] 다만, 도형 관계상 기입하지 않으면 안 될 경우에는 그 장소에 따라 혼동하지 않도록 기입한다.[그림 3-17 (b), (c)]

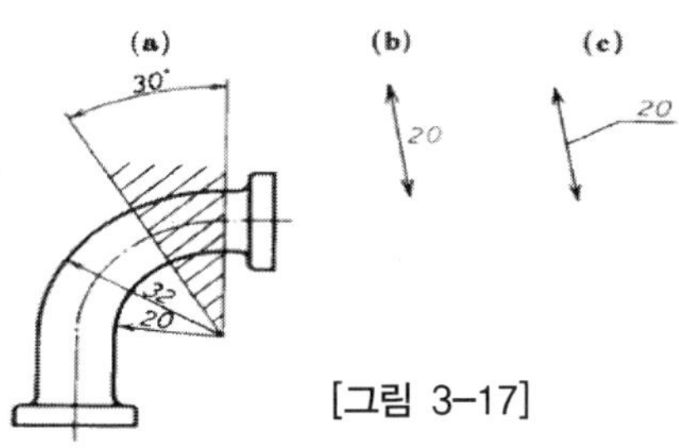

[그림 3-17]

[방법 2]

① 치수 수치는 도면의 하변에서 읽을 수 있도록 쓴다. 수평방향 이외의 방향의 치수선은 치수 수치를 끼우기 위하여 중단하고, 그 위치는 치수선의 거의 중앙으로 하는 것이 좋다.[그림 3-18, 3-19]

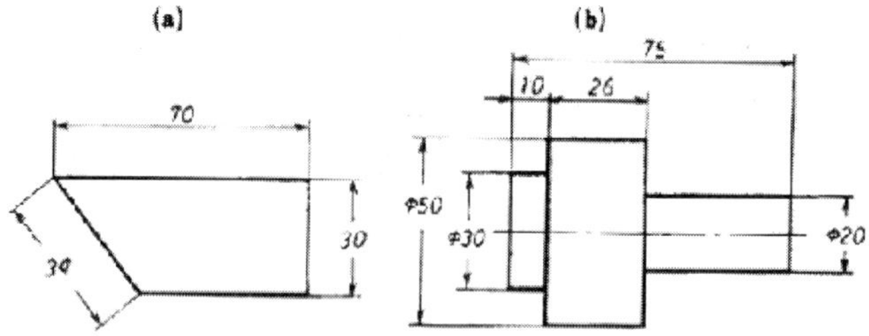

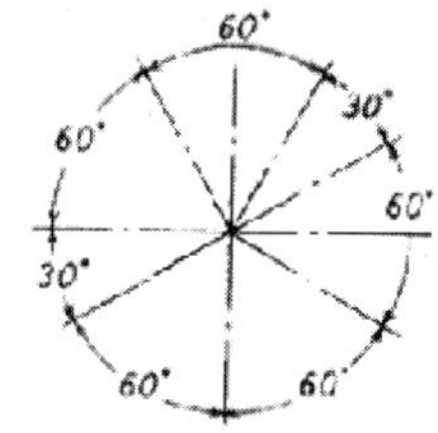

[그림 3-18] 길이치수의 경우　　　　　[그림 3-19] 각도치수의 경우

(9) 좁은 곳에서의 치수 기입은 부분 확대도를 그려서 기입하든지, 또는 다음 중 어느 것을 사용하여도 좋다.

① 지시선을 치수선에서 경사방향으로 끌어내고, 그 끝을 수평으로 구부린 후, 그 위쪽에 치수 수치를 기입한다. 이 경우, 지시선을 끌어내는 쪽 끝에는 아무 것도 붙이지 않는다.[그림 3-20]

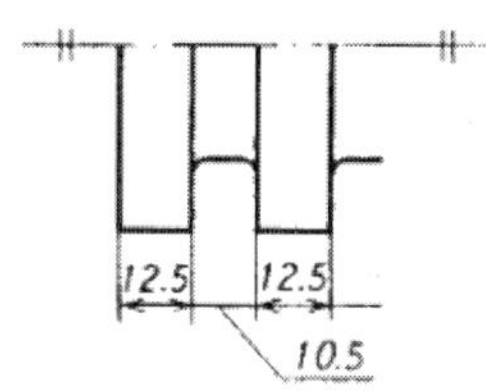

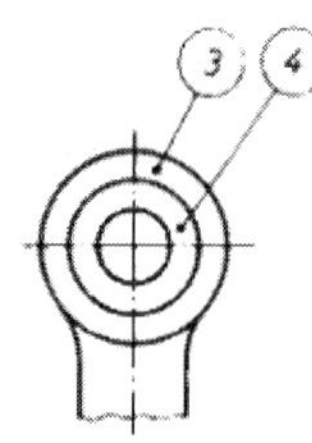

[그림 3-20]　　　　　[그림 3-21]

[비고] 가공방법, 주기, 부품 번호 등을 기입하기 위해 사용하는 지시선은 경사 방향으로 끌어낸다.

• 모양을 표시하는 선으로부터 지시선을 끌어내는 경우에는 화살표를 그림 3-22, 3-23과 같은 형태로 한다.

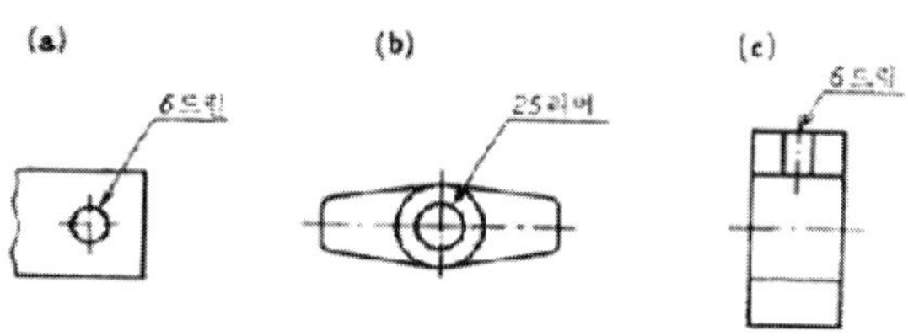

[그림 3-22]

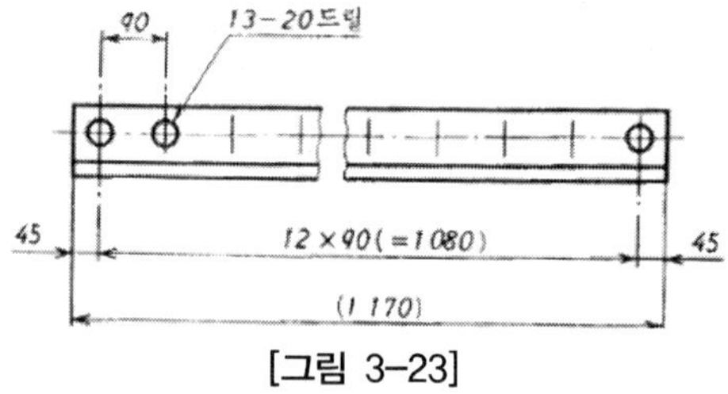

[그림 3-23]

• 지시선을 모양을 표시하는 선의 안쪽에서 끌어내는 경우에는 검은 둥근점을 그림 3-21과 같이 끌어낸 곳에 붙인다.

• 주기 등을 기입하는 경우에는 그 끝을 수평으로 구부려 그 위쪽에 쓴다.[그림 3-23, 3-24]

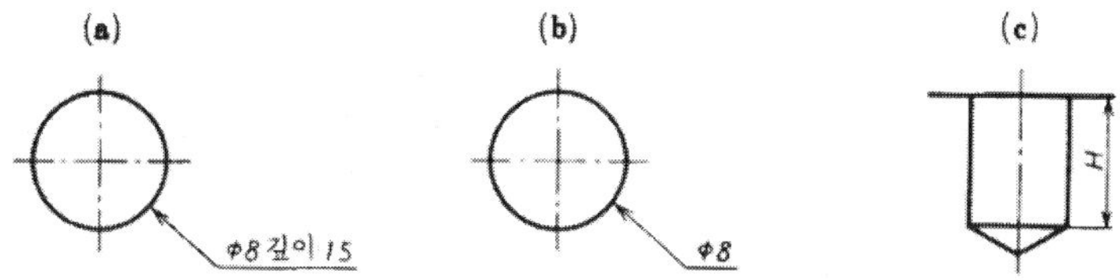

[그림 3-24]

② 치수선을 연장하여 그 위쪽(방법 1의 경우) 또는 그 바깥쪽(방법 2의 경우) [그림 3-25] (b)의 φ 8 및 φ 12.5]에 기입하여도 좋다.

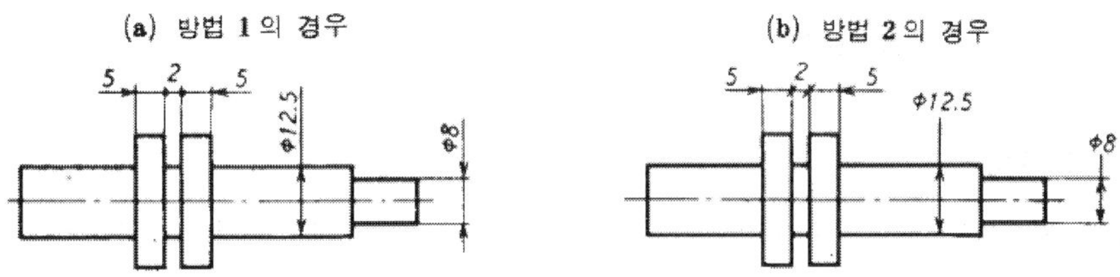

[그림 3-25]

③ 치수 보조선의 간격이 좁아서 화살표를 기입할 여지가 없을 때에는 화살표 대신 검은 둥근 점[그림 3-25 (a)] 또는 경사선[그림 3-25 (b)]을 사용한다.

(10) 불가피한 경우가 아닐 때에는 치수 보조선과 치수선이 다른 선과 교차하지 않게 한다.

(11) 형체를 파단 표시하는 경우의 치수선은 끊김 없이 그려야 한다.

(12) 부품의 중심선이나 외형선은 치수선으로는 사용할 수 없으나 치수 보조선으로는 사용할 수 있다.

2.4 치수의 배치

(1) 직렬치수기입

개개의 치수에 주어진 치수공차가 축차로 누적되어도 좋은 경우에 사용한다.[그림 3-26]

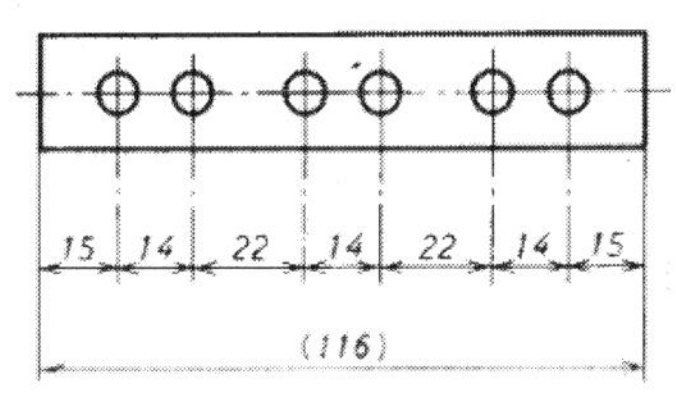

[그림 3-26]

(2) 병렬치수기입

① 개개의 치수공차는 다른 치수공차에 영향을 주지 않는다.[그림 3-27, 3-28]

② 공통의 치수 보조선의 위치는 기능·가공 등의 조건을 고려하여 적절히 선택한다.

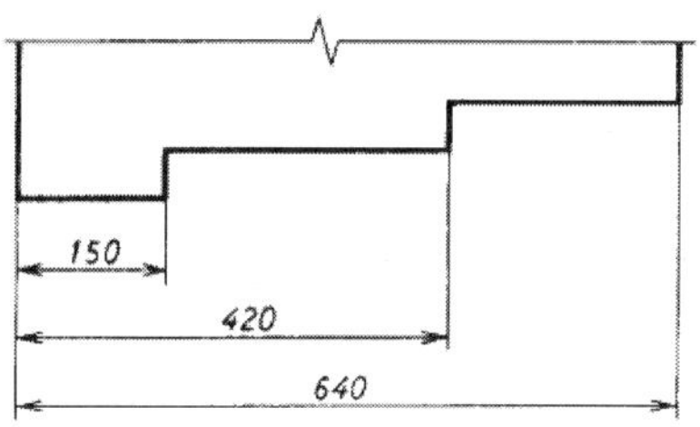

[그림 3-27]

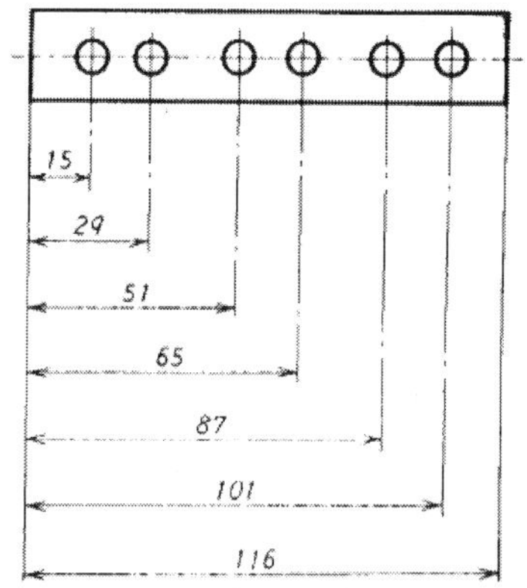

[그림 3-28]

(3) 누진치수기입

① 치수공차에 관하여 병렬 치수기입법과 동등한 의미를 가지며 한 개의 연속된 치수선으로 간편하게 표시된다.

② 치수 기점의 위치는 기점기호(○)로 나타내고, 치수선의 따른 끝은 화살표로 나타낸다.

③ 치수 수치는 치수보조선에 나란히 기입하든지[그림 3-29, 3-31, 3-33], 화살표 가까운 곳에 치수선 위쪽에 기입한다.[그림 3-30]

④ 또한, 2개의 형체 사이의 치수선에도 준용할 수 있다.[그림 3-32]

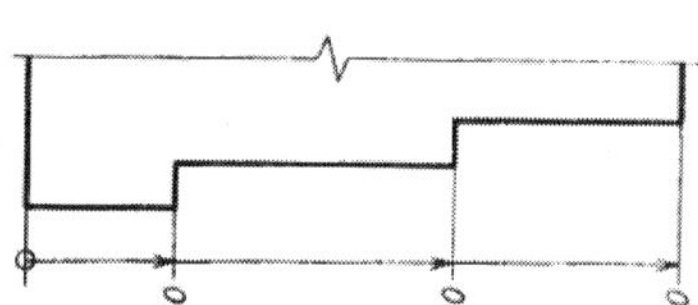

[그림 3-29]

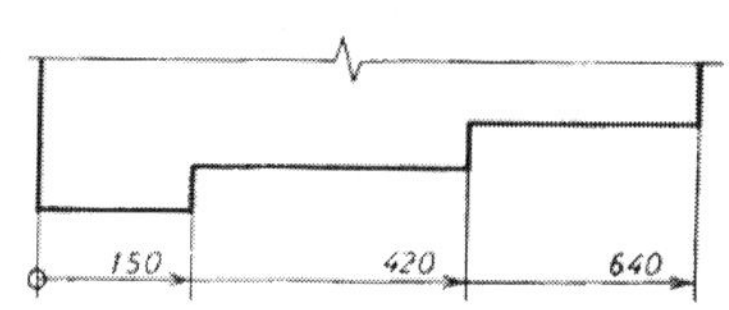

[그림 3-30]

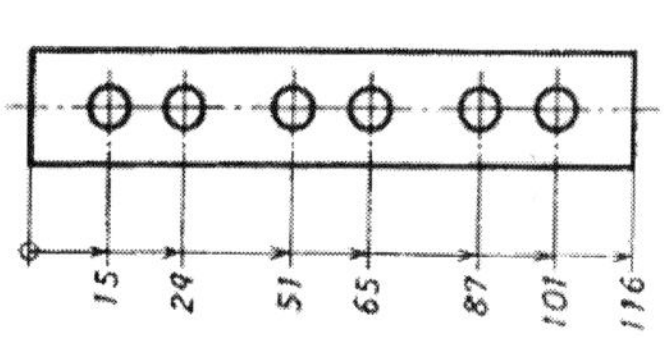

[그림 3-31]

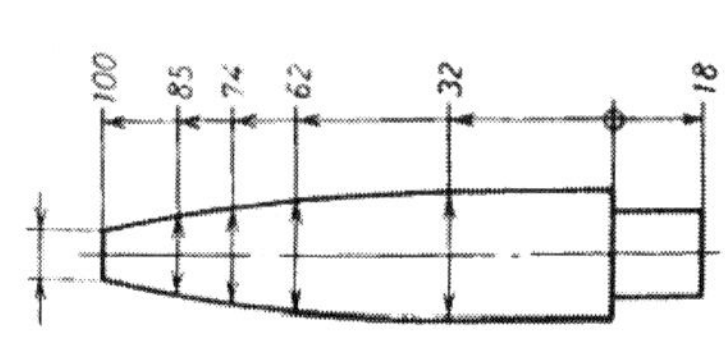

[그림 3-32]

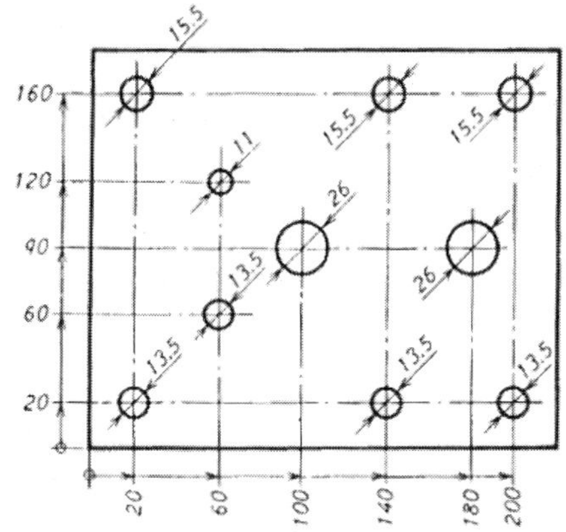

[그림 3-33]

(4) 좌표 치수기입법

① 구멍의 위치나 크기 등의 치수는 좌표를 사용하여 표로 사용하여도 좋다.[그림 3-34, 3-35]

② 이 경우, 표에 나타낸 X, Y 또는 β의 수치는 기점에서의 치수이다. 기점은 기준 구멍, 대상물의 한 구석 등 기능 또는 가공의 조건을 고려하여 선택한다.

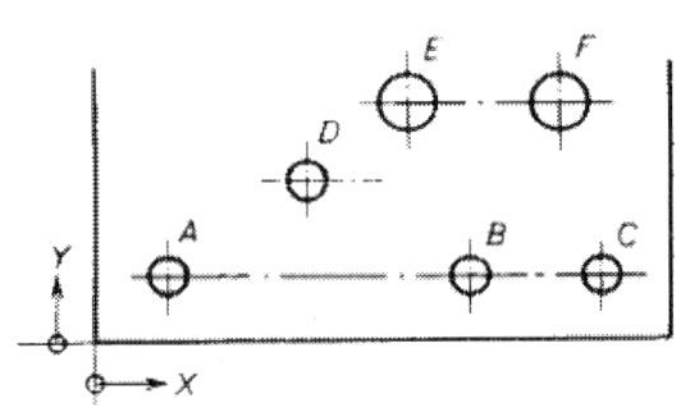

	X	Y	φ
A	20	20	13.5
B	140	20	13.5
C	200	20	13.5
D	60	60	13.5
E	100	90	26
F	180	90	26
G			
H			

[그림 3-34]

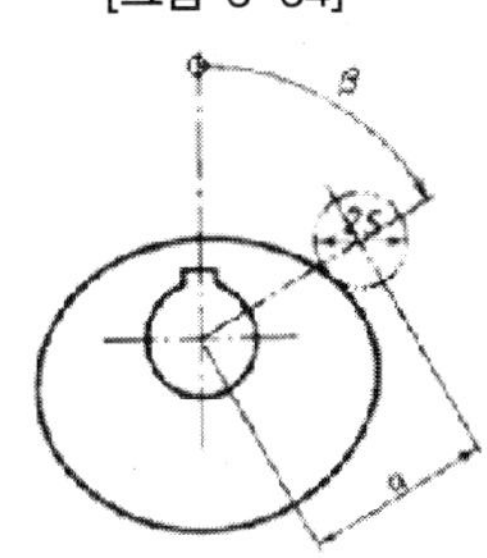

β	0°	20°	40°	60°	80°	100°	120~210°	230°	260°	280°	300°	320°	340°
α	50	52.5	57	63.5	70	74.5	76	75	70	65	59.5	55	52

[그림 3-35]

2.5 지름의 표시방법

(1) 대상으로 하는 단면이 원형일 때는 그 모양을 도면에 표시하지 않고 원형인 것을 나타내는 기호 ∅를 치수 수치의 앞에 기입하여 표시한다.[그림 3-36]

원형의 그림에 지름 치수를 기입할 때는 치수 수치의 앞에 기호 ∅는 기입하지 않는다. 다만, 원형의 일부만을 그리는 도형에서 치수선이 일부인 경우는 반지름의 치수와 혼동되지 않도록 지름의 치수 수치 앞에 기호 ∅를 기입한다.[그림 3-37]

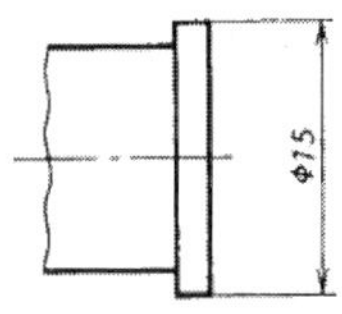

[그림 3-36]

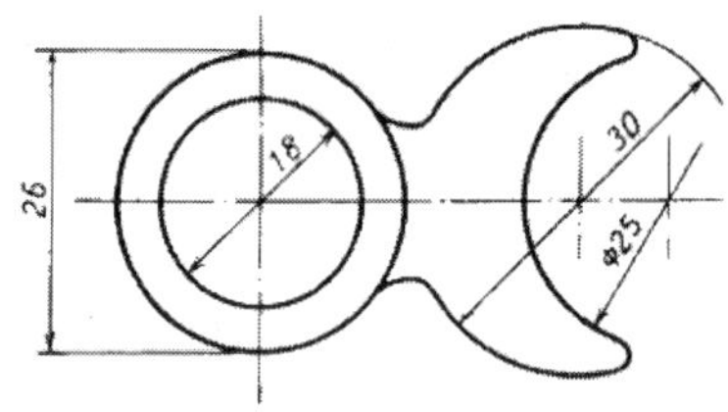

[그림 3-37]

(2) 지름이 다른 원통이 연속되어 있고, 그 치수 수치를 기입할 여지가 없을 때는 치수선의 연장선과 화살표를 그리고 기호 ∅와 치수 수치를 기입한다.[그림 3-38]

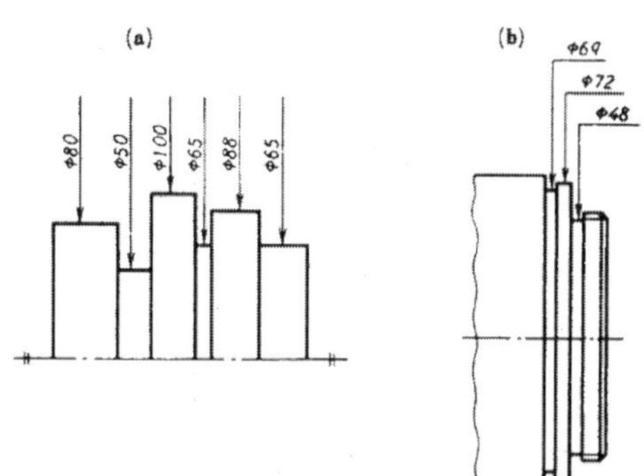

[그림 3-38]

2.6 반지름의 표시방법

(1) 반지름의 치수는 기호 R을 치수 수치 앞에 기입하여 표시한다. 단, 반지름을 나타내는 치수선을 원호의 중심까지 긋는 경우에는 이 기호를 생략하여도 좋다.

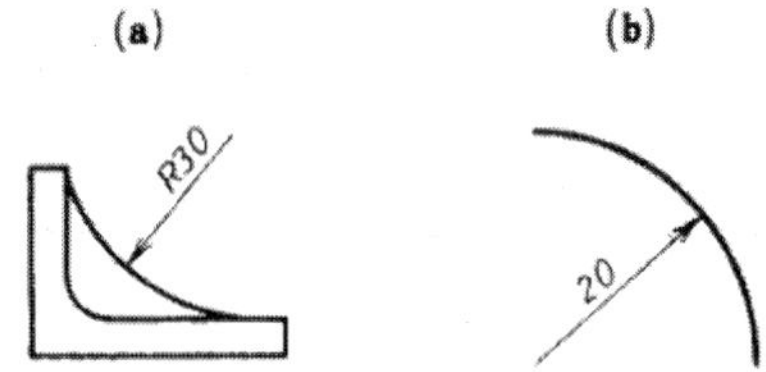

[그림 3-39]

(2) 원호의 반지름을 표시하는 치수선에는 원호 쪽에만 화살표를 붙이고 중심 쪽에는 붙이지 않는다. [그림 3-39] 또한, 화살표나 치수 수치를 기입할 여지가 없을 때는 [그림 3-40]의 보기에 따른다.

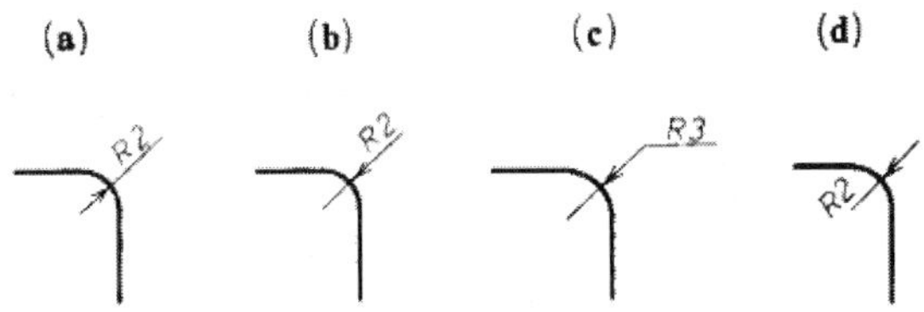

[그림 3-40]

(3) 반지름 치수를 지시하기 위하여 원호의 중심위치를 표시할 필요가 있을 경우에는 +자 또는 검은 둥근 점으로 그 위치를 나타낸다.[그림 3-41, 3-51]

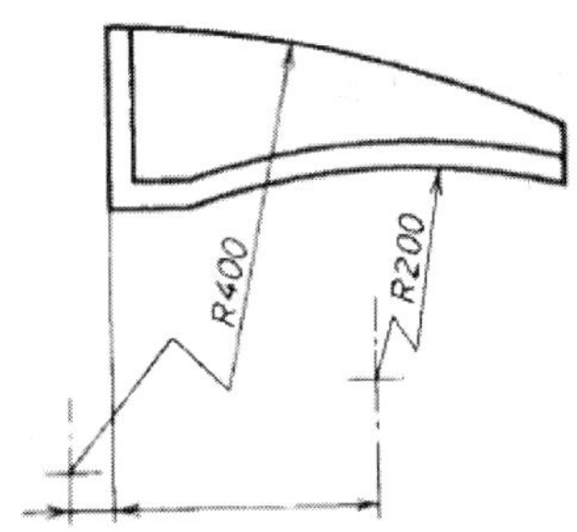

[그림 3-41]

(4) 반지름이 큰 원호의 중심 위치를 나타낼 필요가 있을 경우, 지면 등의 제약이 있을 때는 그 반지름의 치수선은 구부려도 좋다. 이 경우, 치수선의 화살표가 붙은 부분은 중심 위치로 향하여야 한다.[그림 3-41]

(5) 동일 중심을 가진 반지름은 길이 치수와 같이 누진치수기입법을 사용하여 표시할 수 있다.[그림 3-42]

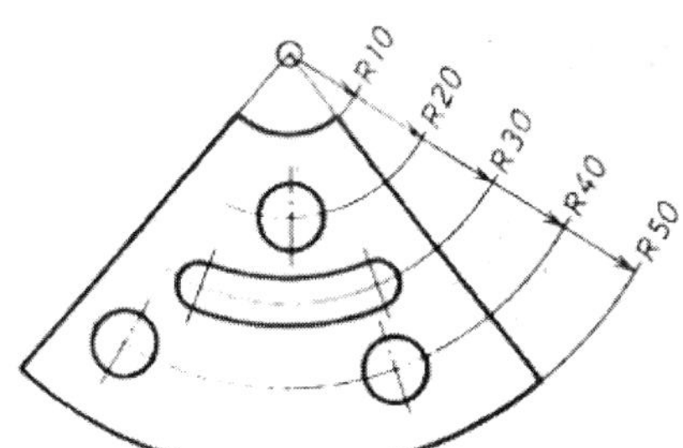

[그림 3-42]

(6) 실형을 나타내지 않는 투상 도형에 실제의 반지름 또는 전개한 상태의 반지름을 지시하는 경우에는 치수 수치의 앞에 "실 R"[그림 3-43] 또는 "전개 R"[그림 3-44]의 글자 기호를 기입한다.

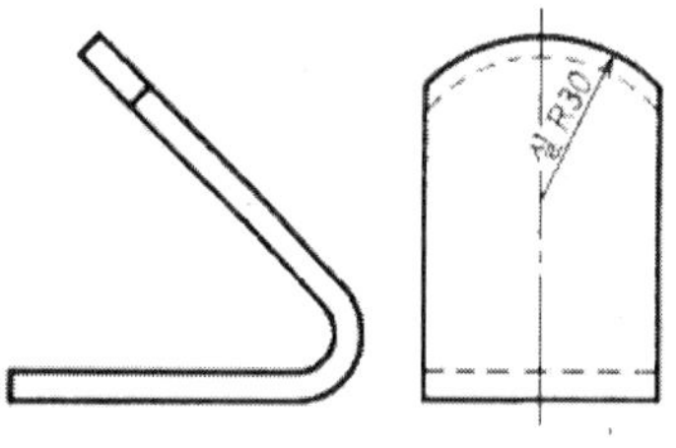

[그림 3-43]

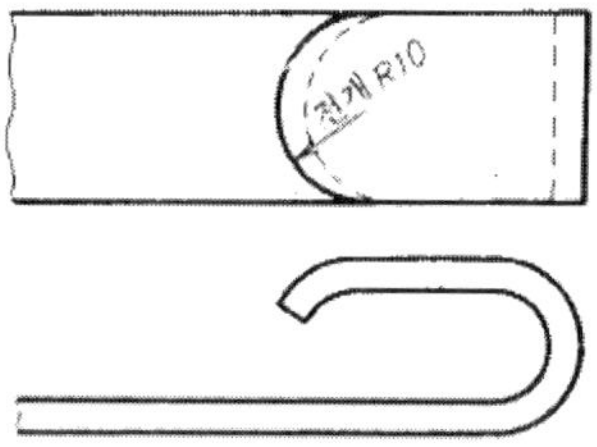

[그림 3-44]

2.7 구의 지름 또는 반지름 표시방법

구의 지름 또는 반지름의 치수는 그 치수 수치의 앞에 구의 기호 S∅ 또는 SR을 기입하여 표시한다.[그림 3-45]

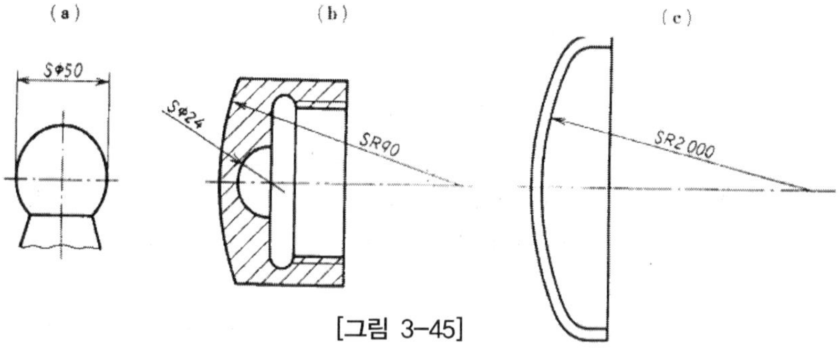

[그림 3-45]

2.8 정사각형의 변의 표시방법

대상으로 하는 부분의 단면이 정사각형일 때, 그 모양을 그림에 표시하지 않고 정사각형인 것을 표시하는 경우에는 그 변의 길이를 표시하는 치수 수치 앞에 정사각형의 일변이라는 것을 나타내는 기호 □을 기입한다.[그림 3-46]

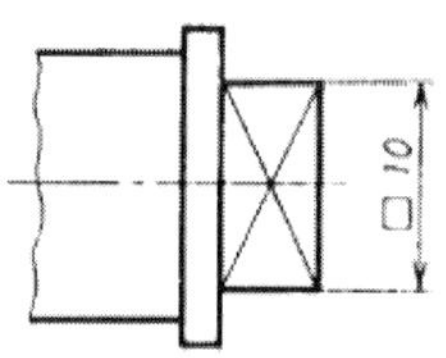

[그림 3-46]

2.9 두께의 표시방법

판의 주 투상도에 그 두께의 치수를 표시하는 경우에는, 두께를 표시하는 치수 수치의 앞에 두께를

나타내는 기호 t를 기입한다.[그림 3-47]

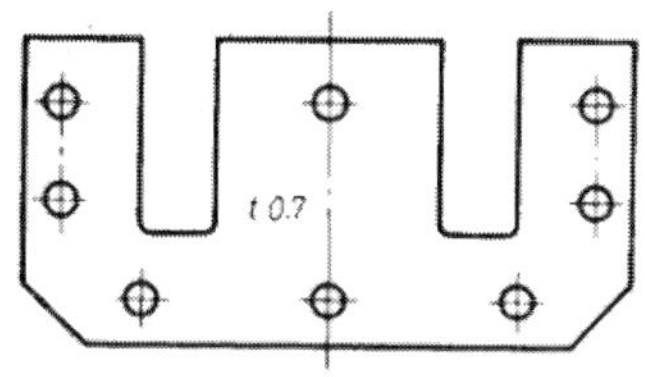

[그림 3-47]

2.10 현과 원호의 길이 표시방법

(1) 현의 길이 표시방법

현의 길이는 현에 직각으로 치수보조선을 긋고, 현에 평행한 치수선을 사용하여 [그림 3-48]와 같이 표시한다.

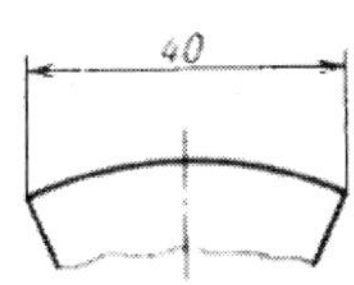

[그림 3-48]

(2) 원호의 길이 표시방법

① 현의 경우와 같이 치수보조선을 긋고 그 원호와 동심의 원호를 치수선으로 하고, 치수 수치의 위에 [그림 3-49]과 같이 원호의 길이의 기호 ◡를 붙인다.

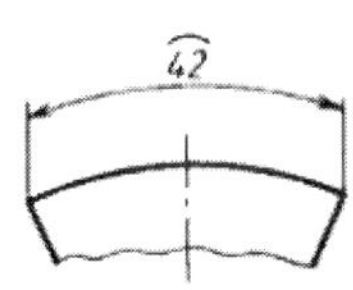

[그림 3-49]

② 원호를 구성하는 각도가 클 때나[그림 3-50 (a)], 연속적으로 원호의 치수를 기입할 때는 원호의 중심으로부터 방사형으로 그린 치수 보조선에 치수선을 맞추어도 좋다.[그림 3-50 (b)]

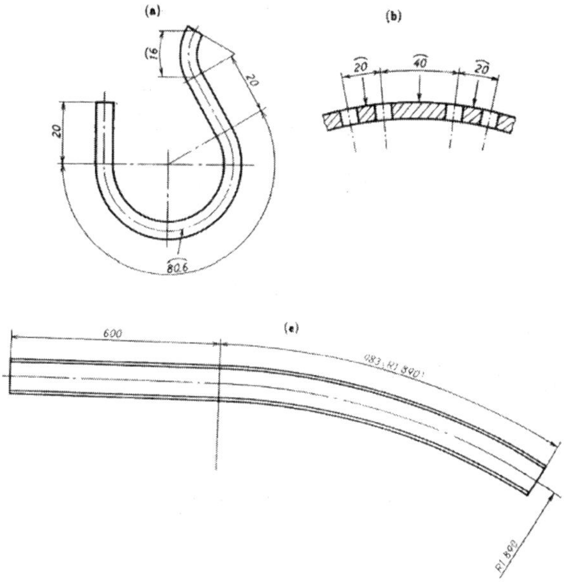

[그림 3-50]

이 경우에는 두 개 이상의 동심 원호 중 한 개의 원호의 길이를 명시할 필요가 있을 때에는 다음에 따른다.

- 원호의 치수 수치에 대하여 지시선을 긋고 끌어낸 원호 쪽에 화살표를 그린다.[그림 3-50 (a),(b)]
- 원호 길이의 치수 수치 뒤에 원호의 반지름을 괄호에 넣어서 나타낸다.[그림 3-50 (c)] 이 경우에는 원호 길이의 기호 ◡를 붙이지 않는다.

2.11 곡선의 표시방법

(1) 원호로 구성되는 곡선의 치수는 일반적으로 이들 원호의 반지름과 그 중심 또는 원호의 접선 위치로 표시한다.[그림 3-51]

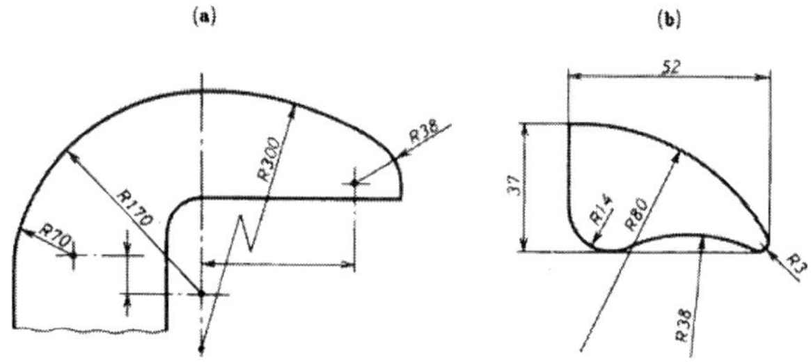

[그림 3-51]

(2) 원호로 구성되지 않은 곡선의 치수는 곡선 상 임의의 점의 좌표로 표시한다. [그림 3-52 (a)] 이 방법은 필요시 원호로 구성되는 곡선의 경우에도 사용하여도 좋다.[그림 3-52 (b)]

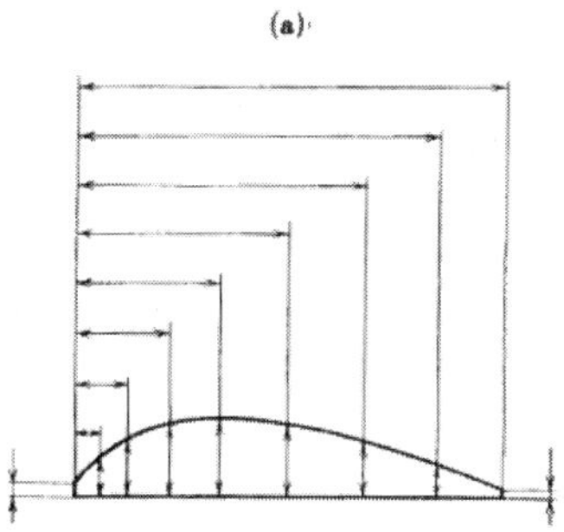

[그림 3-52]

2.12 모따기의 표시방법

일반적으로 모따기는 보통 치수기입 방법에 따라 표시한다.[그림 3-53]

45° 모따기의 경우에는 모따기의 치수 수치×45° 또는 기호 C를 치수 수치 앞에 기입하여 표시한다.[그림 3-54]

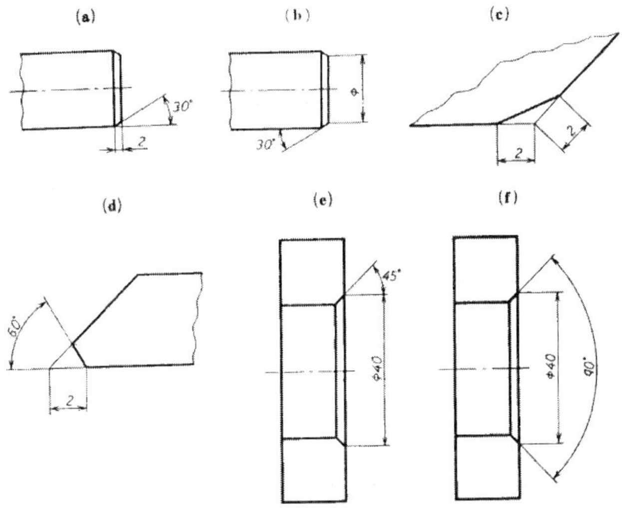

[그림 3-53]

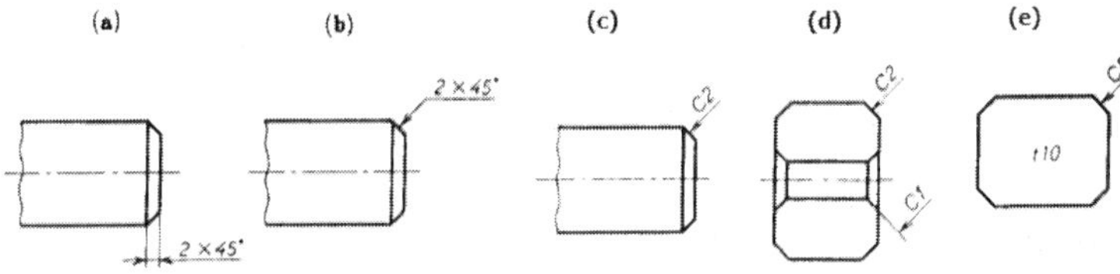

[그림 3-54]

2.13 구멍의 표시방법

(1) 드릴 구멍, 펀칭 구멍, 코어 구멍 등 구멍의 가공방법을 나타낼 필요가 있을 경우에는 공구의 호칭치수 또는 기준치수를 나타내고, 그 뒤에는 가공방법의 구별을 나타낸다. 즉, 가공방법 용어를 규정하고 있는 한국공업규격에 따라 지시한다.[그림 3-55] 다만, 아래 표에 표시한 것에 대해서는 표의 간략 지시에 따를 수 있다.

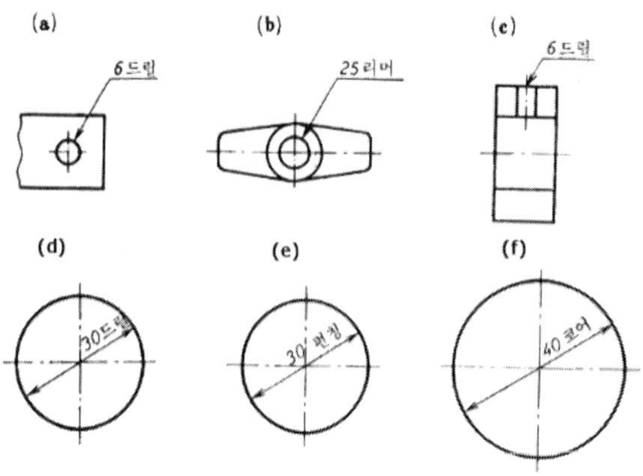

가공 방법	간략 지시
주조한대로	코 어
프레스펀칭	펀 칭
드릴로 구멍뚫기	드 릴
리머 다듬질	리 머

[그림 3-55]

(2) 동일 치수의 볼트 구멍, 작은 나사 구멍, 핀 구멍, 리벳 구멍 등의 치수 표시는 구멍으로부터 지시선을 끌어내어 구멍수를 나타내는 숫자 다음에 "-"한 다음에 구멍의 치수를 기입한다.[그림 3-56] 이 경우의 구멍 총수는 동일한 구멍의 총수이다.

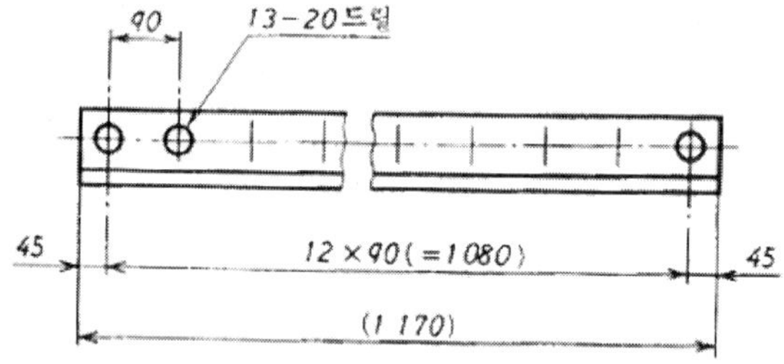

[그림 3-56]

(3) 구멍의 깊이를 지시할 때는 구멍의 지름을 나타내는 치수 다음에 "깊이"라 쓰고 그 수치를 기입한다.[그림 3-57 (a)] 다만, 관통 구멍인 경우에는 구멍 깊이를 기입하지 않는다.[그림 3-57 (b)] 여기서, 구멍의 깊이란 드릴 앞 끝의 원추부, 리머 앞 끝의 모떼기부 등을 포함하지 않는 원통부의 깊이[그림 3-57 (c)의 H]를 말한다.

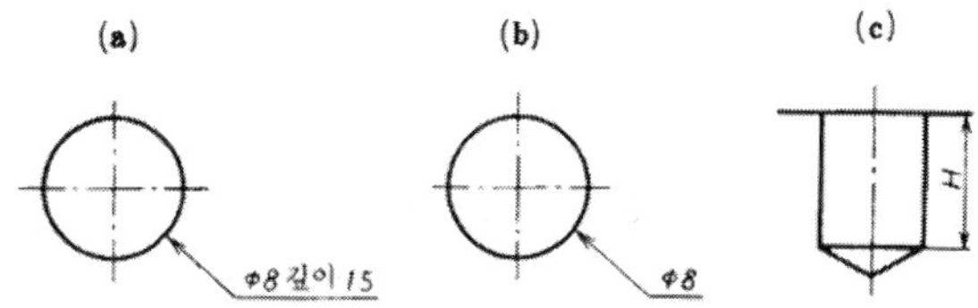

[그림 3-57]

(4) 자리파기의 표시방법은 자리파기의 지름을 나타내는 치수 다음에 "자리파기"라고 쓴다.[그림 3-58] 자리파기를 표시하는 도형은 그리지 않는다.

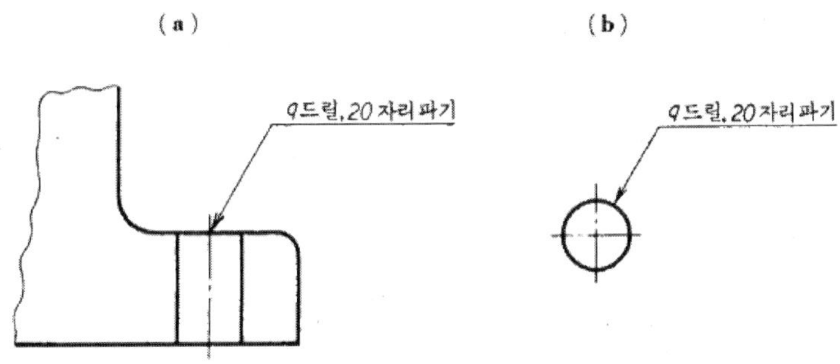

[그림 3-58]

(5) 볼트 머리를 잠기게 하는 경우에 사용하는 깊은 자리파기의 표시방법은 깊은 자리파기의 지름을 나타내는 치수 다음에 "깊은 자리파기"라고 쓰고 다음에 그 수치를 기입한다.[그림 3-59 (a), (b)]

다만, 깊은 자리파기의 아래 위치를 반대쪽 면으로부터 치수를 지시할 필요가 있을 경우에는 치수선을 사용하여 그림 3-59 (c)와 같이 표시한다.

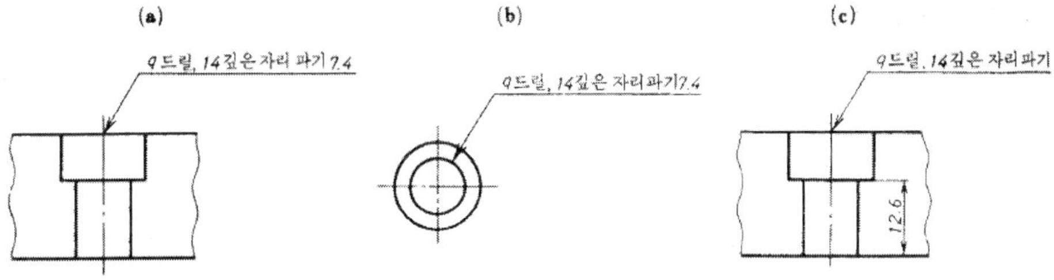

[그림 3-59]

(6) 긴원의 구멍 치수기입방법은 구멍의 기능 또는 가공방법에 따라 다음 중 어느 한 방법에 따라 지시한다.[그림 3-60]

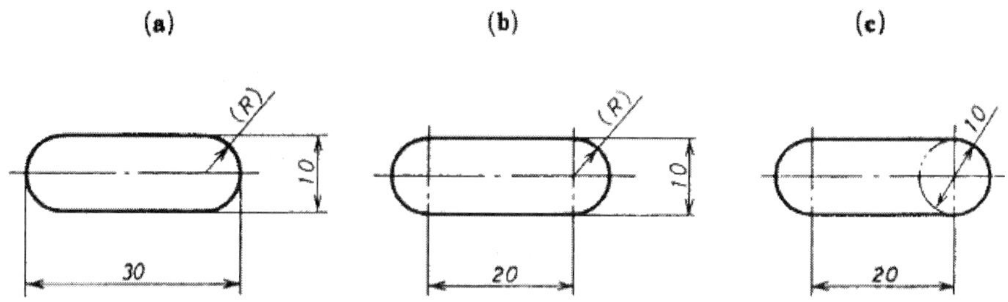

[그림 3-60]

(7) 경사진 구멍의 깊이는 구멍 중심선상의 깊이로 그림 3-61 (a)와 같이 표시하든가, 그것에 따를 수 없는 경우에는 그림 3-61 (b)와 같이 치수선을 사용하여 표시한다.

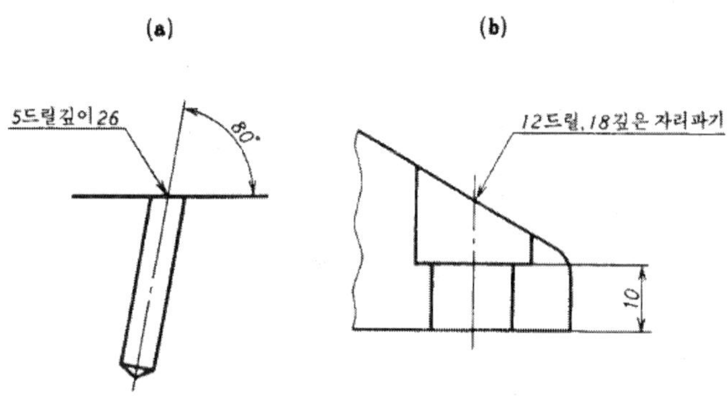

[그림 3-61]

2.14 키 홈의 표시방법

(1) 축의 키 홈 표시방법

① 축의 키 홈 치수는 키 홈의 넓이, 깊이, 위치 및 끝부를 표시하는 치수에 따른다.[그림 3-62 (a), (b)]

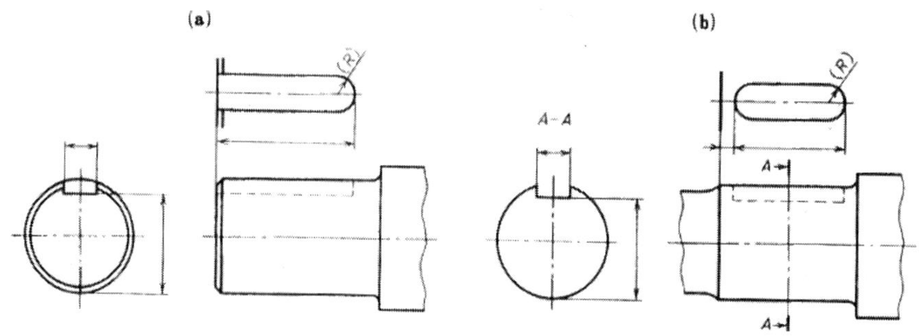

[그림 3-62]

② 키 홈의 끝 부를 밀링커터 등에 의해 절삭하는 경우에는 기준 위치에서 공구의 중심까지의 거리와 공구의 지름을 표시한다.[그림 3-62 (c)]

(c)

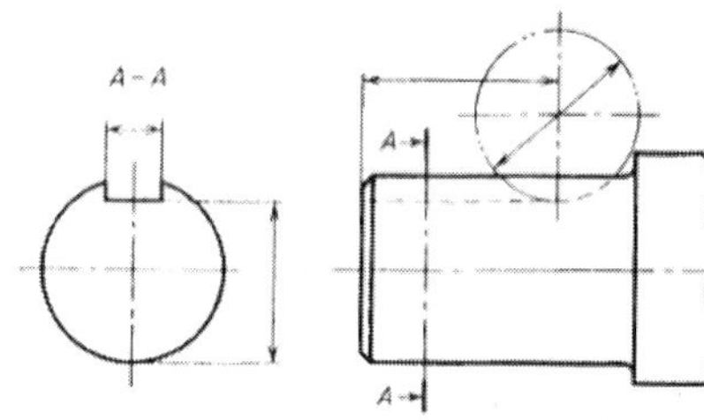

[그림 3-62]

③ 키 홈의 깊이는 키 홈과 반대쪽의 축 지름 면으로부터 키 홈의 바닥까지의 치수로 표시한다.[그림 3-62] 다만, 필요한 경우에는 키 홈의 중심 면 위치에서의 축 지름 면으로부터 키 홈의 바닥까지 치수(절삭 깊이)를 표시하여도 좋다.[그림 3-63]

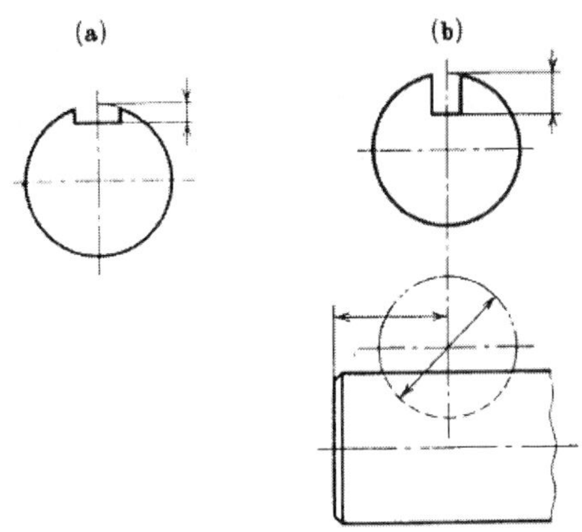

[그림 3-63]

(2) 구멍의 키 홈 표시방법

① 구멍의 키 홈의 치수는 키 홈의 나비 및 깊이를 표시하는 치수에 따른다.[그림 3-64 (a)]

② 키 홈의 깊이는 키 홈과 반대쪽의 구멍 지름 면으로부터 키 홈의 바닥까지의 치수로 표시한다.[그림 3-64 (a)] 다만, 필요한 경우에는 키 홈의 중심면상에서 구멍 지름 면으로부터 키 홈의 바닥까지 치수로 표시하여도 좋다.[그림 3-64 (b)]

③ 경사 키용 보스의 키 홈의 깊이는 키 홈의 깊은 쪽에서 표시한다.[그림 3-64 (c)]

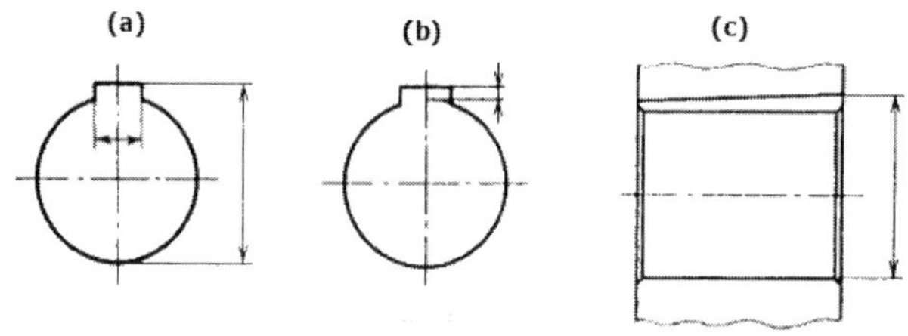

[그림 3-64]

2.15 테이퍼 · 기울기의 표시방법

테이퍼는 중심선에 연하여 기입하고, 기울기는 변에 연하여 기입한다.[그림 3-65 (a), (b)] 다만, 테이퍼 또는 기울기의 정도와 방향을 명확하게 나타낼 필요가 있을 경우에는 별도로 표시한다.[그림 3-65 (c)]

또, 특별한 경우에는 경사면에서 지시선을 끌어내어 기입할 수 있다.[그림 3-66]

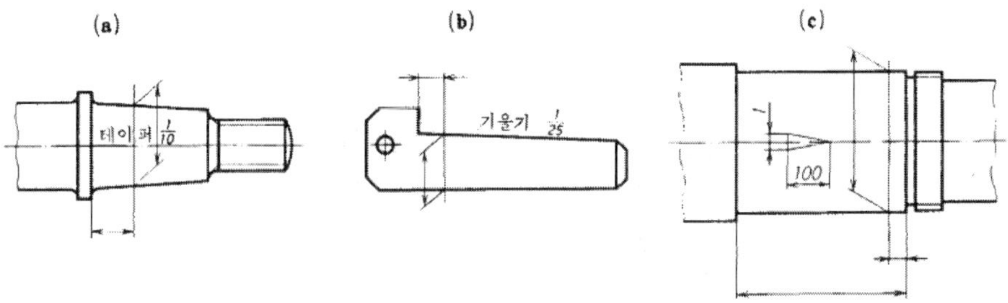

[그림 3-65]

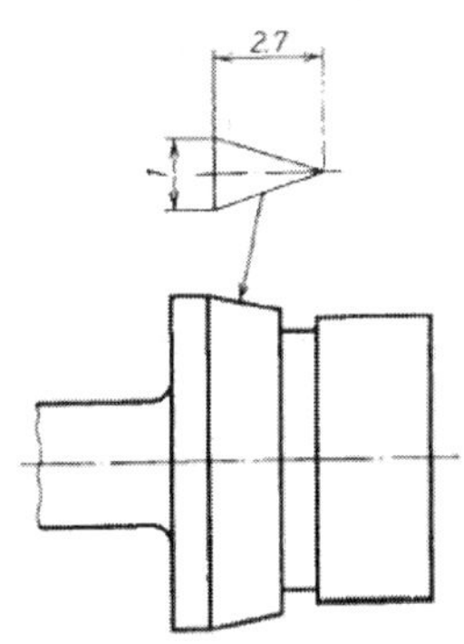

[그림 3-66]

2.16 얇은 두께부분의 표시방법

얇은 두께부분의 단면을 아주 굵은 선으로 그린 도형에 치수를 기입하는 경우에는 단면을 표시한 굵은 선에 연하여 짧고 가는 실선을 긋고, 여기에 치수선의 끝부분 기호를 붙인다. 이 경우, 치수는 가는 실선을 그려준 쪽까지의 치수를 의미한다.[그림 3-67]

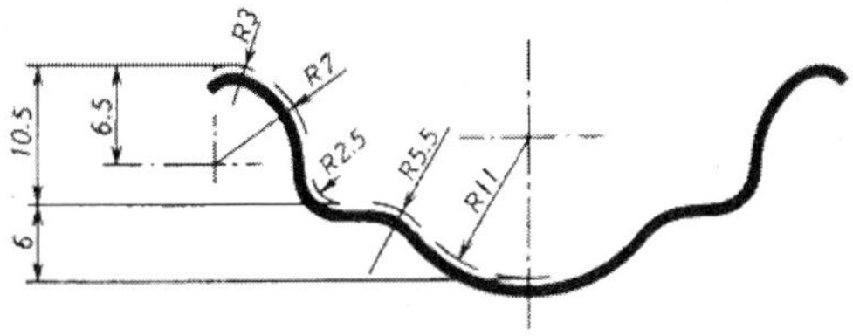

[그림 3-67]

📖 ISO 6414에서의 규정

① 그림의 용기 모양의 대상물에서 φ 36은 용기 바깥쪽까지의 치수를 말한다.

② 안쪽을 나타내는 치수에는 치수 수치 앞에 "int"를 부기한다.

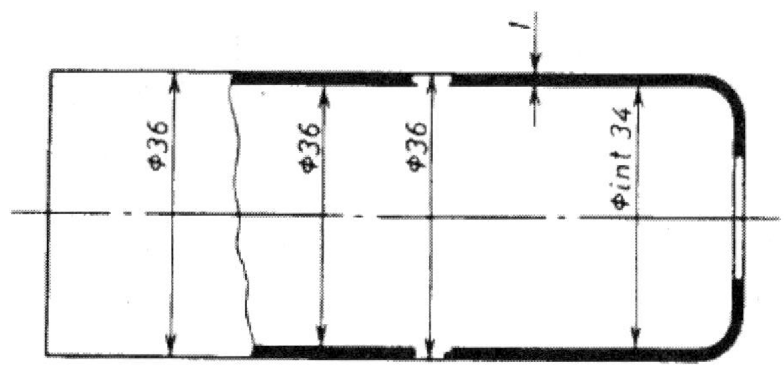

참 고 도

2.17 강 구조물 등의 치수 표시

(1) 강 구조물 등의 구조선도에서 절점 사이의 치수를 표시하는 경우, 그 치수는 부재를 나타내는 선에 연하여 직접 기입한다.[그림 3-68]

여기서, 절점이란 구조선도에 있어 부재 무게 중심선의 중앙선의 교점을 말한다.

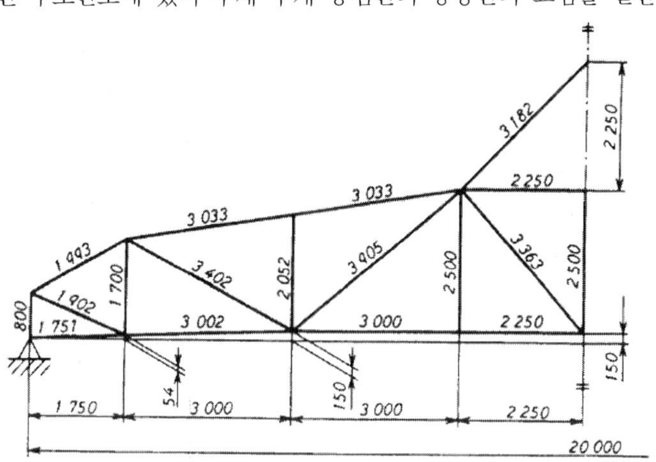

[그림 3-68]

(2) 형강, 강관, 각강 등의 치수는 아래 표의 표시방법에 의해 각각의 도형에 연하여 기입할 수 있다. 이 경우, 길이의 치수가 필요하지 않다면 생략하여도 좋다. 또한, 부등변 r형강 등을 지시하는 경우에는 그 변이 어떻게 놓이는가를 명확하게 하기 위해 그림 3-69과 같이 변의 치수를 기입한다.

《표 3-1》

종 류	단면 모양	표시 방법	종 류	단면 모양	표시 방법
등변 ㄱ형강	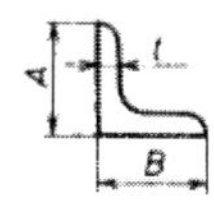	ㄴ $A \times B \times t - L$	경 Z 형 강	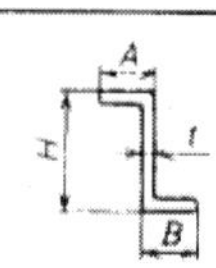	⅂ $H \times A \times B \times t - L$
부등변 ㄱ형강	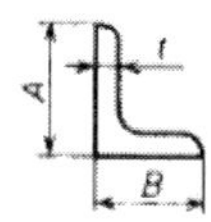	ㄴ $A \times B \times t - L$	립 ㄷ 형 강	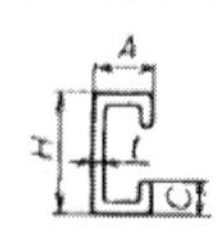	⊏ $H \times A \times C \times t - L$
부등변부등두께 ㄱ형강	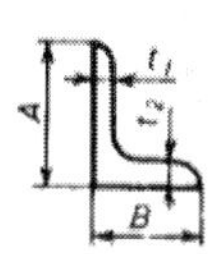	ㄴ $A \times B \times t_1 \times t_2 - L$	립 Z 형 강	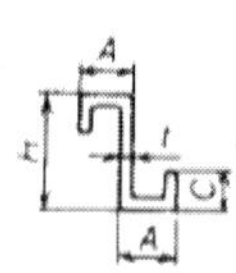	ʅ $H \times A \times C \times t - L$
I 형 강	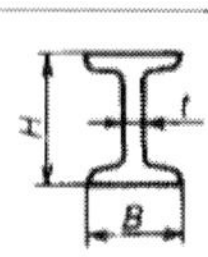	I $H \times B \times t - L$	모자형강	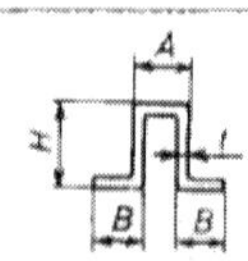	⊓ $H \times A \times B \times t - L$
ㄷ 형 강	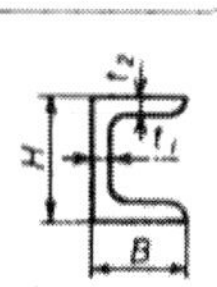	⊏ $H \times B \times t_1 \times t_2 - L$	환 강		보통 $\phi A - L$
구평형강	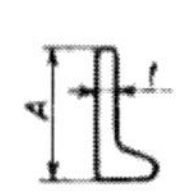	J $A \times t - L$	강 관	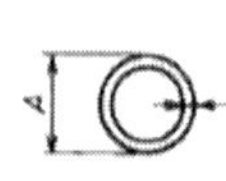	$\phi A \times t - L$
T 형 강	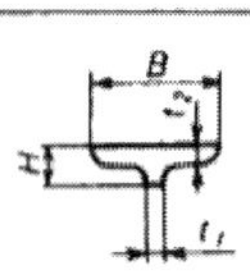	T $B \times H \times t_1 \times t_2 - L$	각 강 관	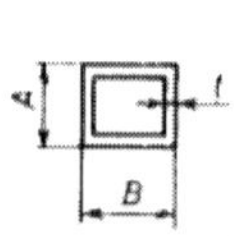	□ $A \times B \times t - L$
H 형 강	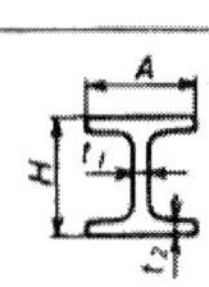	H $H \times A \times t_1 \times t_2 - L$	각 강	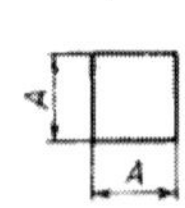	□ $A - L$
경 ㄷ 형 강	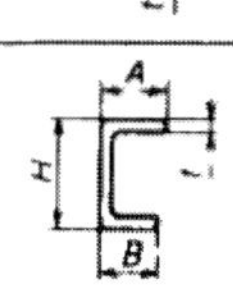	⊏ $H \times A \times B \times t - L$	평 강	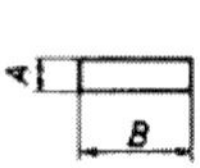	▭ $B \times A - l$

※ 비고 : L은 길이를 나타낸다.

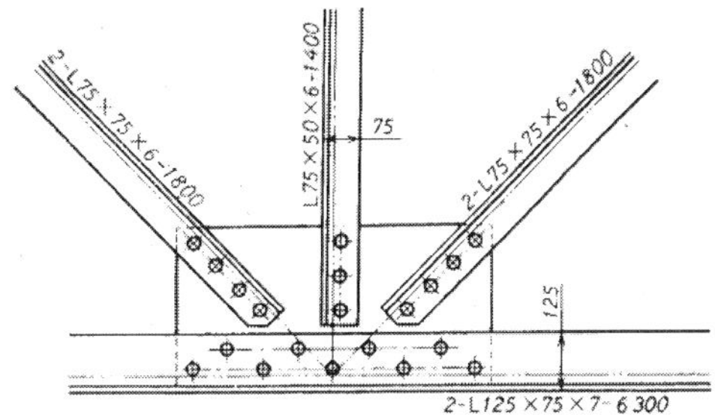

[그림 3-69]

2.18 기타 일반 주의사항

(1) 치수 수치는 다음을 고려하여 기입한다.

① 치수 수치를 나타내는 일련의 치수 숫자는 도면에 그린 선에서 분할되지 않는 위치에 쓰는 것이 좋다.[그림 3-70 (a)]

② 치수 숫자는 선에 겹쳐서 기입하지 않는다.[그림 3-70 (c)]

다만, 할 수 없는 경우에는 치수 숫자와 겹쳐지는 선의 부분을 중단하여 치수 수치를 기입한다.[그림 3-70 (d)]

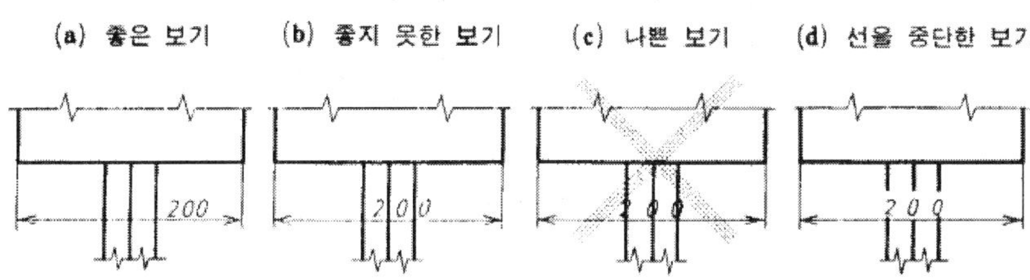

[그림 3-70]

③ 치수 수치는 치수선과 교차되는 장소에 기입하지 않는다.[그림 3-71]

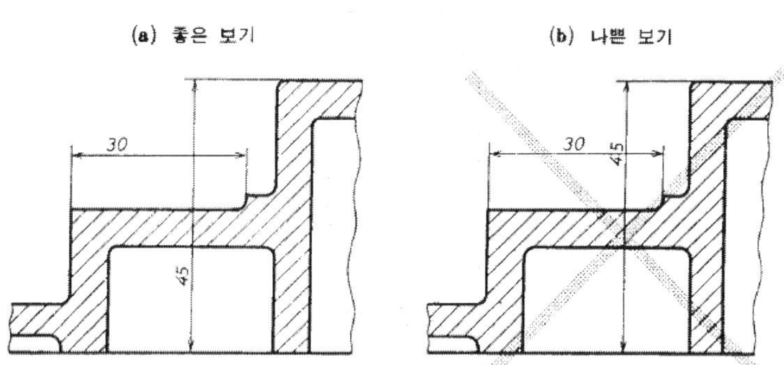

[그림 3-71]

(2) 치수선이 인접해서 연속하는 경우에는 치수선은 동일 직선상에 가지런하게 기입하는 것이 좋다.[그림 3-72 (a)]

또, 관련되는 부분의 치수는 동일 직선상에 기입하는 것이 좋다.[그림 3-72 (b), (c)]

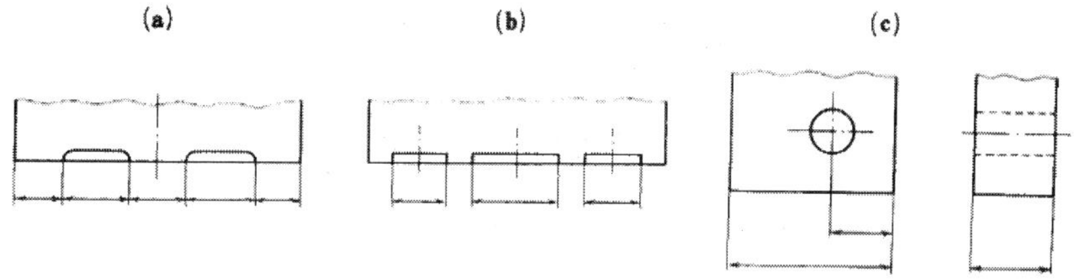

[그림 3-72]

(3) 치수 보조선을 긋고 기입하는 지름의 치수가 대칭 중심선의 방향에 몇 개 늘어선 경우에는 각 치수선은 되도록 같은 간격으로 긋고 작은 치수를 안쪽에 큰 치수는 바깥쪽으로 치수 수치를 가지런하게 기입한다.[그림 3-73 (a)] 다만, 지면 형편상 치수선의 간격이 좁은 경우에는 치수 수치를 대칭 중심선의 양쪽에 교대로 써도 좋다.[그림 3-73 (b)]

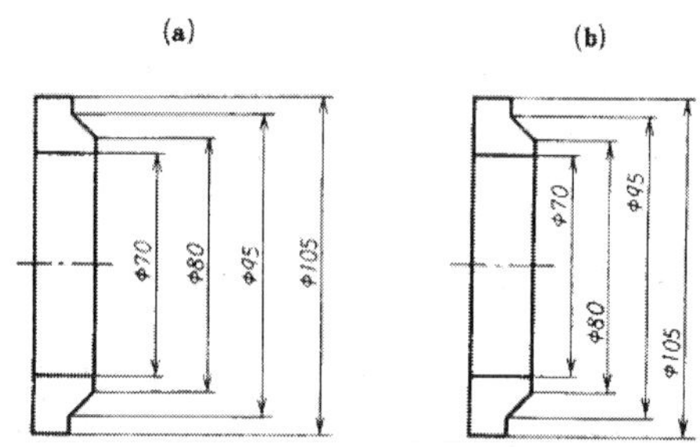

[그림 3-73]

(4) 치수선이 길어서 그 중앙에 치수 수치를 기입 시 알기 어렵게 될 경우에는 어느 것이나 한 쪽의 끝부분 기호 가까이에 치수를 기입할 수 있다.[그림 3-74]

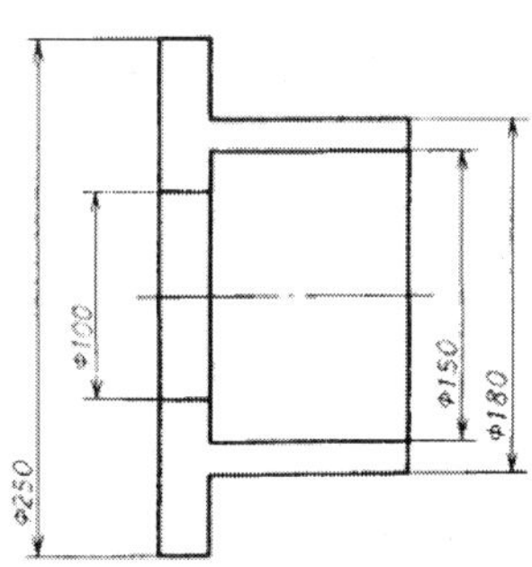

[그림 3-74]

(5) 대칭의 도형에서 대칭 중심선의 한쪽만을 표시하는 그림에서는 치수선을 그 중심선을 지나도록 적당히 연장한다. 이 경우 연장한 치수선 끝에는 끝부분 기호를 붙이지 않는다.[그림 3-75] 다만, 오해할

염려가 없는 경우에는 치수선은 중심선을 넘지 않아도 좋다.[그림 3-76]

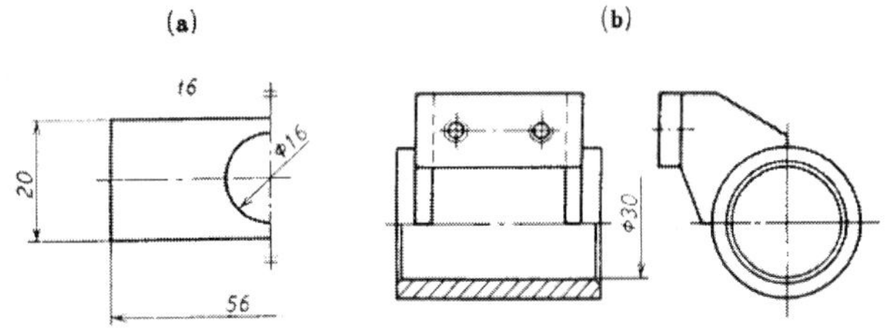

[그림 3-75]

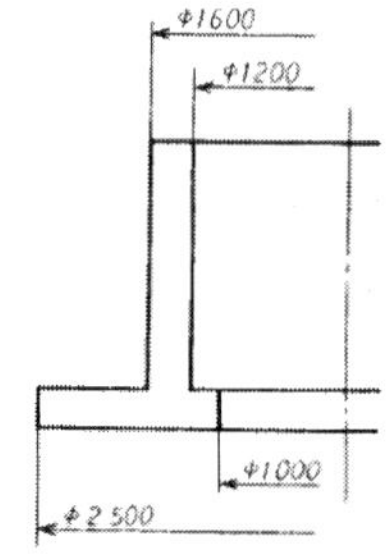

[그림 3-76]

- 대칭의 도형으로 다수의 지름을 기입할 때는 치수선의 길이를 더 짧게 하여 그림 3-77의 보기와 같이 여러 단으로 분리하여 기입할 수 있다.

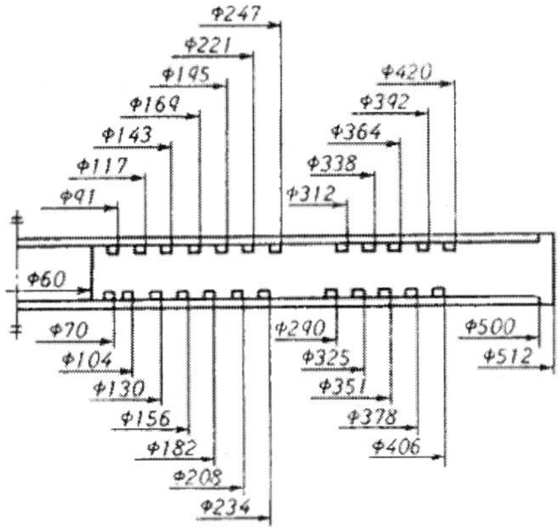

[그림 3-77]

(6) 치수 수치 대신 글자 기호를 써도 좋다. 이 경우, 그 수치는 그림 3-78와 같이 별도로 표기한다.

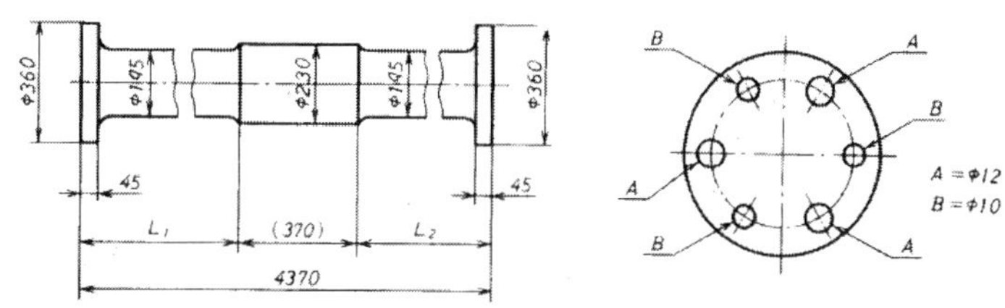

기호 \ 품번	1	2	3
L_1	1915	2500	3115
L_2	2085	1500	885

[그림 3-78]

(7) 서로 경사된 두개의 면 사이에 둥글기 또는 모떼기가 되어 있을 때나 두 면의 차되는 위치를 나타낼 때는 둥글기 또는 모떼기를 하기 이전의 모양을 가는 실선으로 표기하고, 그 교점에서 치수 보조선을 끌어낸다.[그림 3-79 (a)]

또, 교점을 명확하게 나타낼 경우에는 각각의 선을 서로 교차시키든가 또는 교점에 검은 둥근 점을 붙인다.[그림 3-79 (b), (c)]

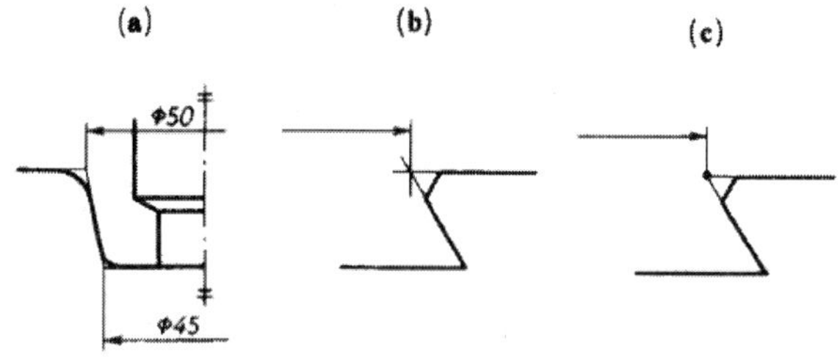

[그림 3-79]

(8) 원호부분의 치수는 원호가 180°까지는 반지름으로 표시하고, 원호가 180°를 초과하는 경우에는 지름으로 표시한다.[그림 3-80] 다만, 원호가 180°이내라도 기능상 또는 가공 상 지름의 치수를 필요로 할 경우에는 지름의 치수를 기입한다.[그림 3-81]

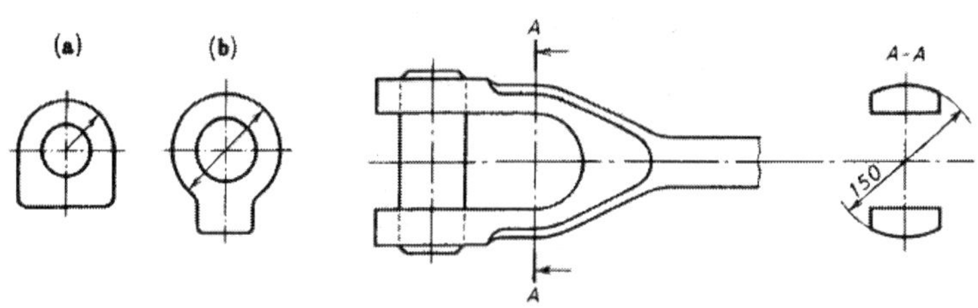

[그림 3-80] [그림 3-81]

(9) 반지름의 치수가 다른 곳을 지시한 치수(16h9)에 따라 결정될 때에는 반지름의 치수선과 반지름의 기호로 원호인 것을 나타내고 치수 수치는 기입하지 않는다.[그림 3-82]

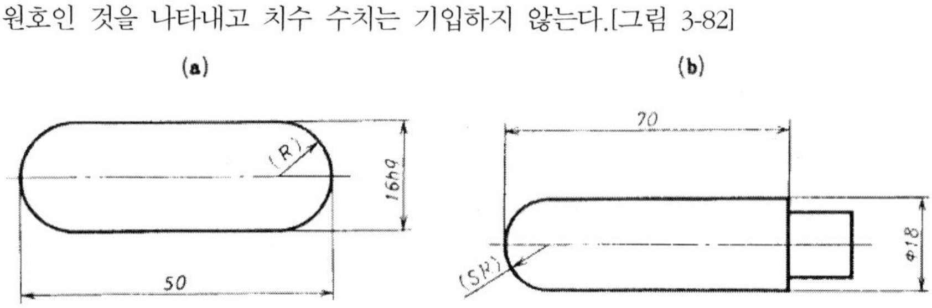

[그림 3-82]

⑽ 키 홈이 단면에 나타나 있는 보스의 안지름 치수를 기입하는 경우에는 그림 3-83의 보기에 따른다.

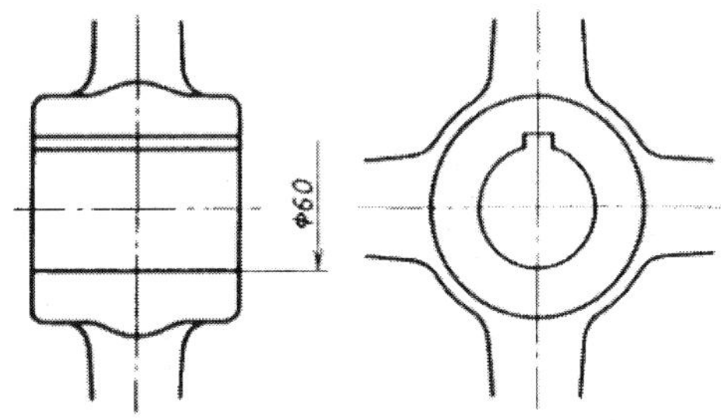

[그림 3-83]

⑾ 가공 또는 조립시의 치수는 가공 기준, 조립 기준이 되는 곳을 기준으로 하여 치수를 기입한다.[그림 3-84 (a), (b)] 특히 그 곳을 나타낼 필요가 있을 경우에는 그 취지를 기입한다.[그림 3-84 (c)]

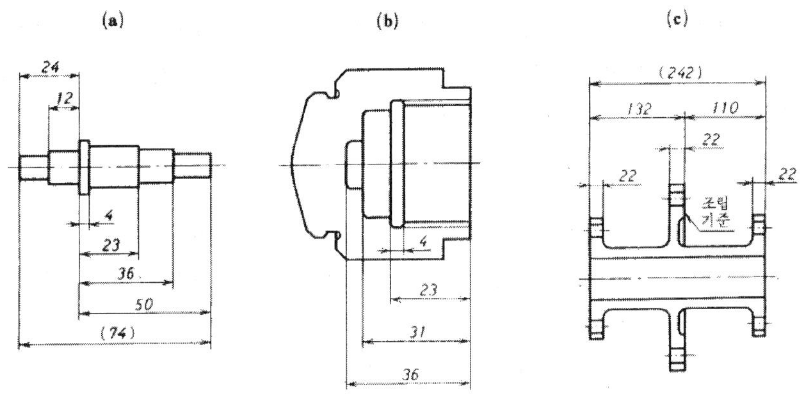

[그림 3-84]

⑿ 공정을 달리하는 부분의 치수는 그 배열을 나누어서 기입하는 것이 좋다.[그림 3-85]

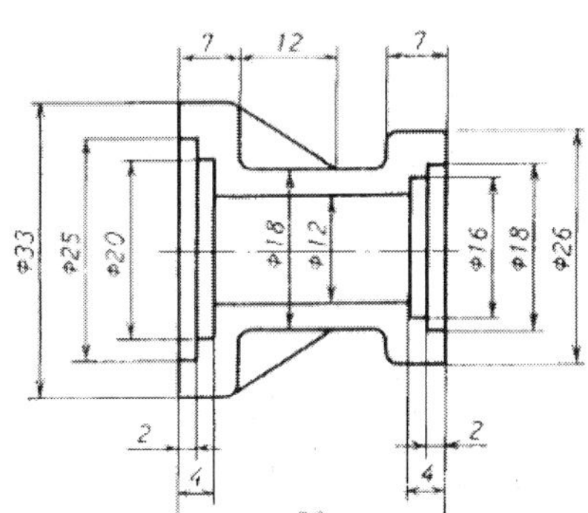

[그림 3-85]

⒀ 서로 상호 관련되는 치수는 한 곳에 모아서 기입한다. 플랜지의 경우, 볼트 구멍의 피치원 지름과 구멍의 치수, 구멍의 배치는 피치원이 그려져 있는 쪽 그림에 모아서 기입한다.[그림 3-86]

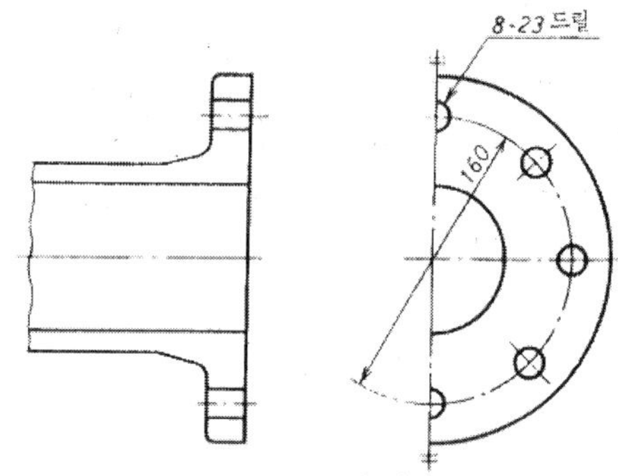

[그림 3-86]

⒁ T형 관이음, 밸브 몸통, 콕 등의 플랜지와 같이 한 개의 물품에 똑같은 치수 부분이 두개 이상 있는 경우에 치수는 그 중 한 쪽에만 기입한다. 이 경우, 명확한 때를 제외하고 치수를 기입하지 않는 부분에는 동일 치수인 것을 주기한다.[그림 3-87]

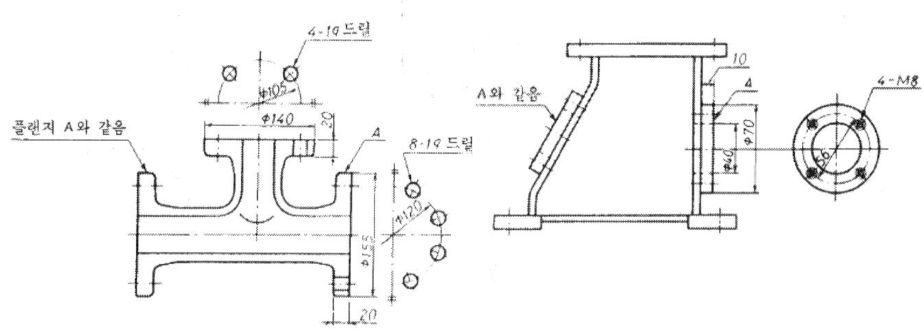

[그림 3-87]

⒂ 일부의 도형이 그 치수 수치에 비례하지 않을 경우에는 그 치수 숫자의 아래쪽에 굵은 실선을 긋는다.[그림 3-88] 다만, 일부를 절단 생략한 때 등, 치수와 도형이 비례하지 않는 것을 표시할 필요가 없는 경우에는 이 선을 생략한다.

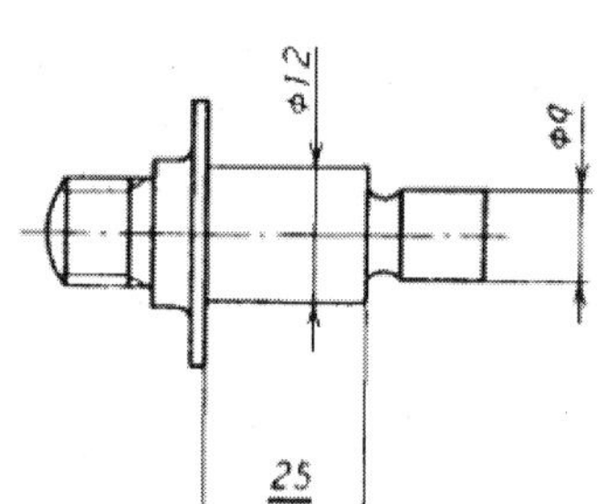

[그림 3-88]

3. 부품번호와 도면변경

3.1 부품 번호

(1) 부품 번호는 아라비아 숫자를 사용한다. 또, 조립도 속의 부품에 대해 별도의 제작도가 있는 경우는 부품번호 대신 그 도면 번호를 기입하여도 좋다.

(2) 부품번호는 다음 중 어느 한 가지에 따른다.

① 조립 순서에 따른다.

② 구성 부품의 중요도에 따른다.

보기〉 부분 조립품, 주요 부품, 작은 부품, 기타 부품의 순서

③ 기타 근거가 있는 순서에 따른다.

(3) 부품번호를 도면에 기입하는 방법은 다음에 따른다.

① 부품번호는 명확히 구별되는 글자로 쓰거나, 원 안에 글자를 쓴다.

② 부품번호는 대상으로 하는 도형에 지시선으로 연결하여 기입하면 좋다.[그림 3-89]

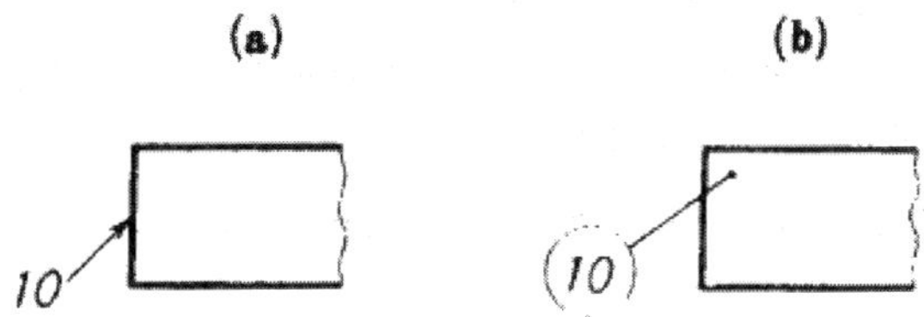

[그림 3-89]

③ 도면을 보기 쉽게 하기 위하여 부품 번호는 세로 또는 가로로 나란히 기입하는 것이 좋다.

3.2 도면의 변경

출도 후에 도면의 내용을 변경하였을 경우에는, 변경한 곳에 적당한 기호를 부기하고, 변경전의 도형 및 치수 등은 적당히 보존한다. 이 경우, 변경 년 월 일, 이유 등을 명기한다.[그림 3-90]

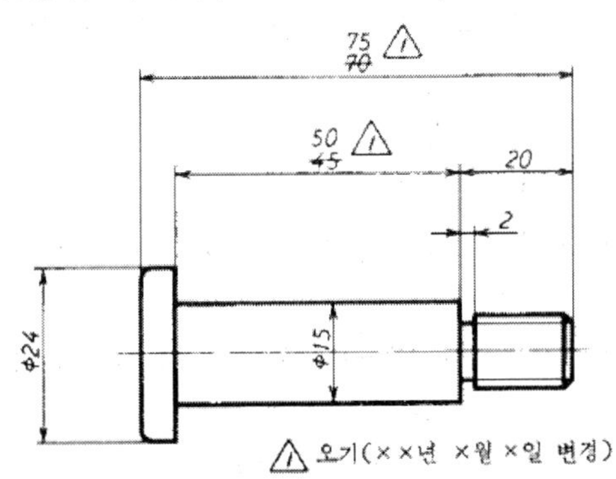

[그림 3-90]

4_치수 공차와 끼워 맞춤

1. 치수공차

기계공작법에 의해 제품을 생산할 경우 도면에 제시된 치수(호칭치수)로의 가공은 어렵고 비경제적이다. 따라서 제품이 제 기능을 유지하는 상태에서 호칭치수를 기준하여 가공이 허용되는 치수내로 가공하면 제품의 호환성과 생산성을 증가시킬 수 있다. 이 허용되는 치수의 최대치수와 최소치수의 차를 치수공차라 한다.

KS B 0401는 기준 치수가 3150mm 이하 형체의 치수공차 방식 및 끼워 맞춤 방식에 대하여 규정한다. 이 규격에서 규정하는 치수는 온도 20℃일 때를 기준으로 한다.

여기서, 공차라 함은 최대허용한계와 최소허용한계의 차를 말하며 아래와 같이 분류한다.

(1) 치수공차: 두 점 간의 치수에 대한 공차

(2) 기하공차: 형상을 제외한 위치, 자세, 편차 등에 대한 공차

1.1 관련 용어

(1) 형체: 치수공차 방식, 끼워 맞춤 방식의 대상이 되는 기계부품의 부분으로 내측, 외측 형체를 말한다.

(2) 구멍: 주로 원통형의 내측 형체, 원형 단면이 아닌 내측 형체도 포함한다.

(3) 축: 주로 원통형의 외측 형체, 원형 단면이 아닌 외측 형체도 포함한다.

(4) 치수: 형체의 크기를 나타내는 양으로, 일반적으로 mm 단위를 사용한다.

(5) 실 치수: 형체의 실측치수

(6) 허용한계 치수: 형체의 실 치수가 그 사이에 들어가도록 정한 허용할 수 있는 대소 두개의 극한 치수. 즉, 최대 허용치수 및 최소 허용치수.

① 최대 허용치수: 형체에 허용되는 최대치수.

② 최소 허용치수: 형체에 허용되는 최소치수.

(7) 기준 치수: 위 치수 허용차 및 아래 치수 허용차를 적용하는 경우 기준이 되는 치수. [예] 100±0.05의 치수에서 100

(8) 치수 차(편차): 치수(실 치수, 허용한계치수)와 대응하는 기준 치수와의 대수 차. 즉, (치수)-(기준치수) [예] 100±0.05의 치수에서 0.05와 -0.05

(9) 치수공차 방식: 표준화된 치수공차와 치수 허용차의 방식.

(10) 위 치수 허용차: 최대 허용치수와 대응하는 기준 치수와의 대수 차. (최대 허용치수) - (기준

치수)

(11) 아래 치수 허용차: 최소 허용치수와 대응하는 기준 치수와의 대수 차. (최소 허용치수) - (기준 치수)

(12) 치수공차: 최대 허용치수와 최소 허용치수와의 차. 즉, 위 치수 허용차와 아래 치수 허용차와의 차.

(13) 기준선: 허용 한계치수 또는 끼워 맞춤을 도시할 경우 기준 치수로 나타내고, 치수 허용차의 기준이 되는 직선.

(14) 기초가 되는 치수 허용차: 기준선에 대한 공차역의 위치를 결정하는 치수 허용차.

(15) 기본 공차: 치수공차 방식, 끼워 맞춤 방식에 속하는 모든 치수공차.

(16) 공차 등급: 치수공차 방식, 끼워 맞춤 방식으로 전체의 기준 치수에 대하여 동일 수준에 속하는 치수공차의 일군(一群). (예) IT 7 등

(17) 공차역: 치수공차를 도시하였을 경우, 기준선에 대한 치수공차의 크기와 그 위치에 따라 정해지는 최대 허용치수와 최소 허용치수를 나타내는 두개의 직선 사이의 영역.

(18) 공차역 클래스: 공차역의 위치와 공차 등급의 조합.

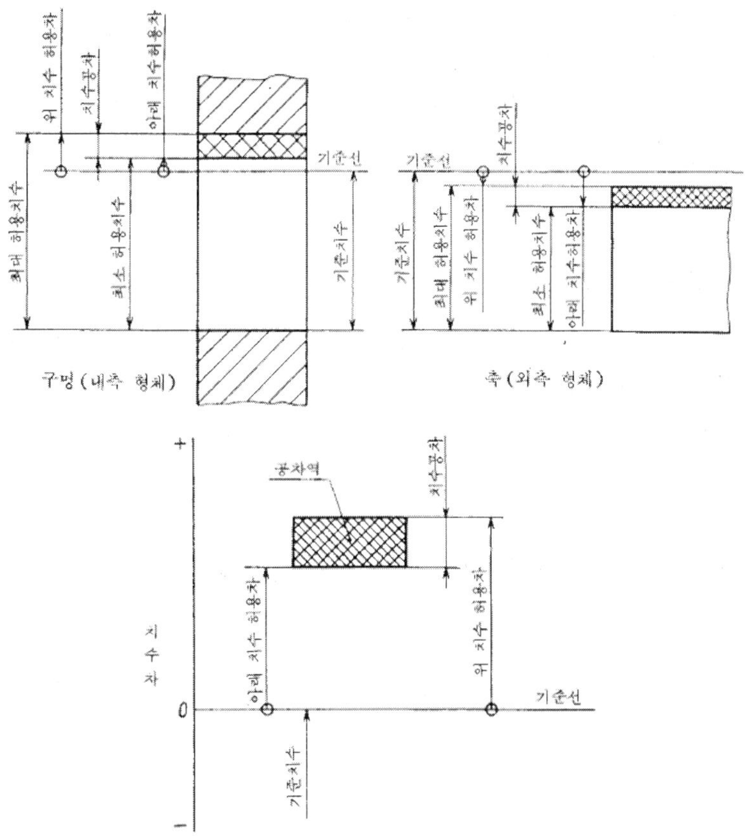

[그림 4-1]

(19) 공차 단위: 기본 공차의 산출에 사용하는 기준 치수의 함수로 나타내는 단위.

(20) 최대 실체 치수: 형체의 실체가 최대가 되는 쪽의 허용한계치수. 즉, 내측 형체에 대해서는 최소 허용치수, 외측 형체에 대해서는 최대 허용치수.

(21) 최소 실체 치수: 형체의 실체가 최소가 되는 쪽의 허용한계치수. 즉, 내측 형체에 대해서는 최대 허용치수, 외측 형체에 대해서는 최소 허용치수.

(22) 끼워 맞춤: 구멍, 축의 치수의 차이에서 생기는 관계.

(23) 틈새: 구멍의 치수가 축의 치수보다 클 때의 구멍과 축과의 치수의 차. 최소 틈새와 최대 틈새가 있다.

(24) 죔새: 구멍의 치수가 축의 치수보다 작을 때의 구멍과 축과의 치수의 차. 최소 죔새와 최대 죔새가 있다.

(25) 헐거운 끼워 맞춤: 조립 시 항상 틈새가 생기는 끼워 맞춤.

(26) 억지 끼워 맞춤: 조립 시 항상 죔새가 생기는 끼워 맞춤. 도시된 경우에 구멍의 공차역이 완전히 축의 공차역의 아래쪽에 있는 끼워 맞춤.

(27) 중간 끼워 맞춤: 조립 시 구멍, 축의 실 치수에 따라 틈새와 죔새를 가지는 끼워 맞춤. 도시된 경우에 구멍, 축의 공차역이 완전히 또는 부분적으로 겹치는 끼워 맞춤.

(28) 끼워 맞춤 방식: 어떤 치수공차 방식에 속하는 구멍, 축에 따라 구성되는 끼워 맞춤 방식.

(29) 축 기준 끼워 맞춤: 축의 위 치수 허용차가 "0"인 끼워 맞춤 방식.

(30) 구멍 기준 끼워 맞춤: 아래 치수 허용차가 "0"인 구멍.

(31) 기준 축: 축 기준 끼워 맞춤에서 기준으로 선택한 축. 즉, 위 치수 허용차가 0인 축.

1.2 기준치수의 구분

기본 공차와 기초가 되는 치수 허용차는 각각의 기준 치수에 대해 개별로 계산하지 않고, 표 4-1의 기준치수의 구분마다 구분하는 두 개의 치수 D_1 및 D_2의 기하 평균 D로부터 계산한다.

$$D = \sqrt{D_1 \times D_2}$$

※ 비고 : 최초 기준치수의 구분(3mm) D는 1mm와 3mm의 기하평균. 즉, $D = \sqrt{1 \times 3} = 1.732\,\mathrm{mm}$로 한다.

≪표 4-1≫ 기준치수의 구분(일반구분은 21가지로 구분)

500mm 이하의 기준치수				500mm를 초과 3150mm 이하의 기준치수			
일반 구분		상세한 구분		일반 구분		상세한 구분	
초과	이하	초과	이하	초과	이하	초과	이하
-	3			500	630	500 560	560 630
3	6	상세히 구분하지 않는다.		630	800	630 710	710 800
6	10			800	1000	800 900	900 1000
10	18	10 14	14 18	1000	1250	100 1120	1120 1250
18	30	18 24	24 30	1250	1600	1250 1400	1400 1600
30	50	30 40	40 50	1600	2000	1600 1800	1800 2000
50	80	50 65	65 80	2000	2500	2000 2240	2240 2250
80	120	80 100	100 120	2500	3150	2500 2800	2800 3150
120	180	120 140 160	140 160 180				
180	250	180 200 225	200 225 250				
250	315	250 280	280 315				
315	400	315 355	355 400				
400	500	400 450	450 500				

1.3 공차역의 기호와 표시

(1) 공차역

최대허용치수(위 치수 허용차)와 최소허용치수(아래 치수 허용차)를 표시하는 2개의 직선 사이의 영역.

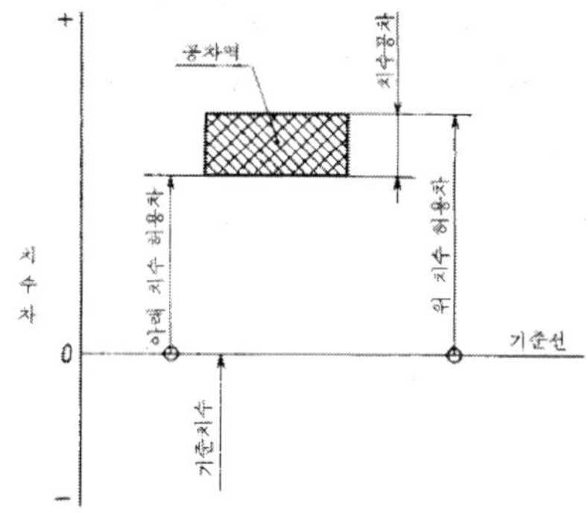

[그림 4-2]

(2) 공차 등급

공차 등급은 IT 7과 같이 기호 IT에 등급을 나타내는 숫자를 붙여서 표시한다. 기본 수치에 대한 기본 공차의 수치는 표 4-2와 같다.

《표 4-2》 3150mm까지의 기준치수에 대한 공차 등급 IT의 수치

기준 치수 mm		공차 등급																	
		IT1[2)]	IT2[2)]	IT3[2)]	IT4[2)]	IT5[2)]	IT6	IT7	IT8	IT9	IT10	IT11	IT12	IT13	IT14[3)]	IT15[3)]	IT16[3)]	IT17[3)]	IT18[3)]
초과	이하	공차																	
		μm											mm						
—	3[3)]	0.8	1.2	2.	3	4	6	10	14	25	40	60	0.1	0.14	0.25	0.4	0.6	1	1.4
3	6	1	1.5	2.5	4	5	8	12	18	30	48	75	0.12	0.18	0.3	0.48	0.75	1.2	1.8
6	10	1	1.5	2.5	4	6	9	15	22	36	58	90	0.15	0.22	0.36	0.58	0.9	1.5	2.2
10	18	1.2	2	3	5	8	11	18	27	43	70	110	0.18	0.27	0.43	0.7	1.1	1.8	2.7
18	30	1.5	2.5	4	6	9	13	21	33	52	84	130	0.21	0.33	0.52	0.84	1.3	2.1	3.3
30	50	1.5	2.5	4	7	11	16	25	39	62	100	160	0.25	0.39	0.62	1	1.6	2.5	3.9
50	80	2	3	5	8	13	19	30	46	74	120	190	0.3	0.46	0.74	1.2	1.9	3	4.6
80	120	2.5	4	6	10	15	22	35	54	87	140	220	0.35	0.54	0.87	1.4	2.2	3.5	5.4
120	180	3.5	5	8	12	18	25	40	63	100	160	250	0.4	0.63	1	1.6	2.5	4	6.3
180	250	4.5	7	10	14	20	29	46	72	115	185	290	0.46	0.72	1.15	1.85	2.9	4.6	7.2
250	315	6	8	12	16	23	32	52	81	130	210	320	0.52	0.81	1.3	2.1	3.2	5.2	8.1
315	400	7	9	13	18	25	36	57	89	140	230	360	0.57	0.89	1.4	2.3	3.6	5.7	8.9
400	500	8	10	15	20	27	40	63	97	155	250	400	0.63	0.97	1.55	2.5	4	6.3	9.7
500	630[2)]	9	11	16	22	32	44	70	110	175	280	440	0.7	1.1	1.75	2.8	4.4	7	11
630	800[2)]	10	13	18	25	36	50	80	125	200	320	500	0.8	1.25	2	3.2	5	8	12.5
800	1 000[2)]	11	15	21	28	40	56	90	140	230	360	560	0.9	1.4	2.3	3.6	5.6	9	14
1 000	1 250[2)]	13	18	24	33	47	66	105	165	260	420	660	1.05	1.65	2.6	4.2	6.6	10.5	16.5
1 250	1 600[2)]	15	21	29	39	55	78	125	195	310	500	780	1.25	1.95	3.1	5	7.8	12.5	19.5
1 600	2 000[2)]	18	25	35	46	65	92	150	230	370	600	920	1.5	2.3	3.7	6	9.2	15	23
2 000	2 500[2)]	22	30	41	55	78	110	175	280	440	700	1 100	1.75	2.8	4.4	7	11	17.5	28
2 500	3 150[2)]	26	36	50	68	96	135	210	330	540	860	1 350	2.1	3.3	5.4	8.6	13.5	21	33

1) 500mm 이하의 기준 치수에 대한 공차 등급 IT 01 및 IT 0의 수치는 **KS B 0008-1**의 **부속서 A, 표 5**를 참조

2) 500mm를 초과하는 기준 치수에 대한 공차 등급 IT1~IT5의 수치는 실험적 사용을 위하여 포함한다.

3) 공차 등급 IT14~IT18은 1mm 이하의 기준 치수에 대해서는 사용하지 않는다.

(3) 공차 역의 위치

구멍의 공차역의 위치는 $A \sim ZC$까지의 대문자 기호로, 축의 공차역의 위치는 $a \sim zc$까지 소문자로 표시한다. 다만, 혼돈을 피하기 위해 아래 문자는 사용하지 않는다.

I, L, O, Q, W, i, l, o, q, w

※ 비고 : 공차역의 위치 H의 구멍을 H구멍, 공차역의 위치 h의 축을 h축으로 부른다.

📖 구멍과 축의 기호와 상호관계

구멍기호	최소치수가 기준치수와 일치 ⇐ 지름이 점점 커짐 ⇓ 지름이 점점 작아짐 ⇒ A B C D E F G [H] Js K M N P R S T U X
축 기 호	최대치수가 기준치수와 일치 ⇐ 지름이 점점 작아짐 ⇓ 지름이 점점 커짐 ⇒ a b c d e f g [h] js k m n p r s t u x

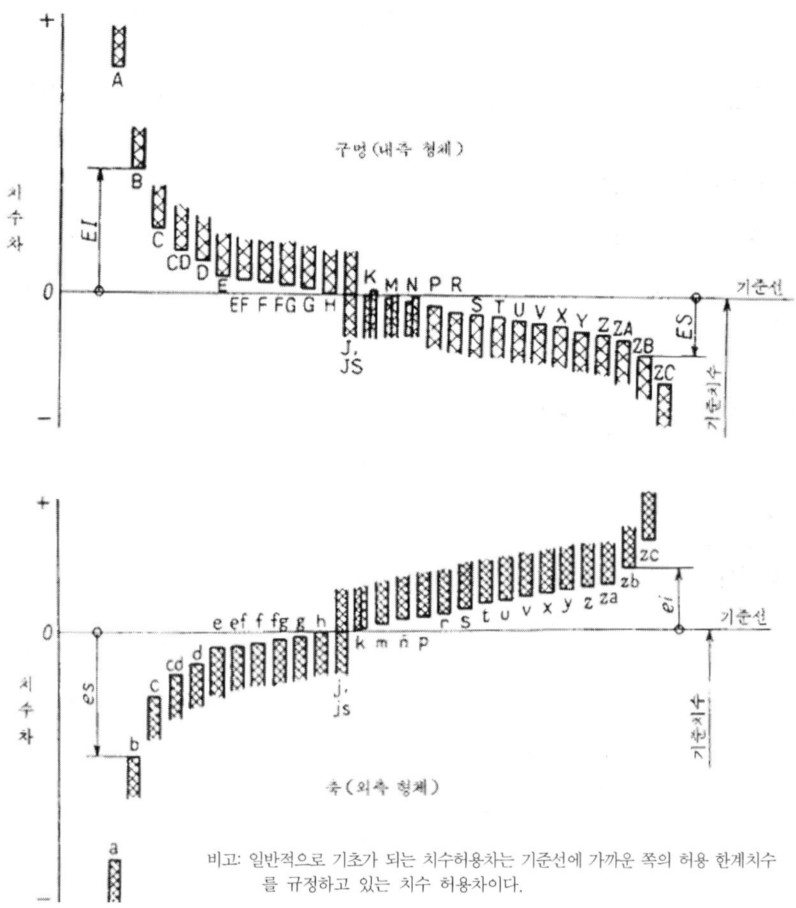

[그림 4-3]

(4) 공차역 클래스

공차역 클래스는 공차역의 위치 기호에 공차 등급을 나타내는 숫자를 붙여 표시한다.

※ 참고: 구멍의 경우 H7, 축의 경우 h7

📖 허용치수에 따른 구멍과 축의 표시기호

구분	등급	종류를 나타내는 기호		
구멍	6급	P6 N6 M6 K6 Js6	H6	G6 F6
	7급	X7 U7 T7 S7 R7 P7 N7 M7 K7 Js7	H7	G7 F7 E7
	8급		H8	F8 E8 D8
	9급		H9	E9 D9 C9
	10급		H10	D10 C10 B10
축	5급	m5 k5 js5	h5	g5
	6급	x6 u6 t6 s6 r6 p6 n6 m6 k6 js6	h6	g6 f6 e6
	7급	x7 u7 t7 s7 r7 p7 n7 m7 k7 js7	h7	g7 f7 e7
	8급		h8	f8 e8 d8
	9급		h9	e9 d9 c9 b9

(5) 기초가 되는 치수 허용차

① 구멍의 기초가 되는 치수 허용차

구멍의 위 치수 허용차는 기호 ES, 아래 치수 허용차는 기호 EI에 따라 표기한다. JS구멍을 제외한 구멍의 기초가 되는 치수 허용차와 그 부호(+ 또는 -)를 표 4-3에 나타내었다. 그림 4-3에 나타낸 바와 같이 위 치수 허용차 ES와 아래 치수 허용차 EI는 기초가 되는 치수 허용차와 기본공차 IT에서 정한다.

표 4-3은 구멍인 경우의 기초가 되는 치수 허용차의 수치이다.

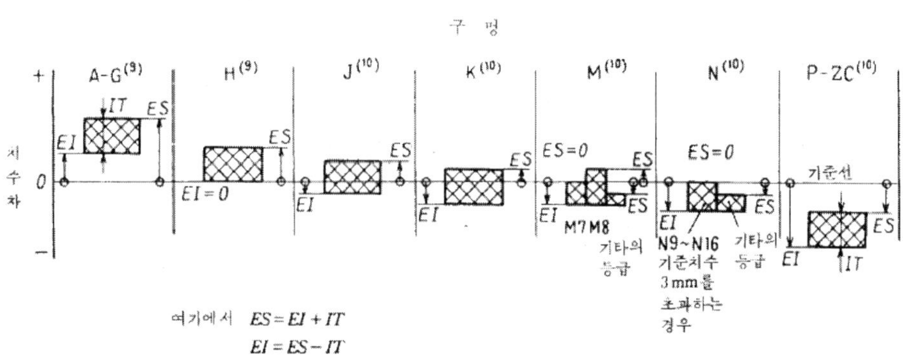

[그림 4-4]

② 축의 기초가 되는 치수 허용차

축의 위 치수 허용차는 기호 es, 아래 치수 허용차는 기호 ei에 따라 표시한다. js축을 제외한 축의 기초가 되는 치수 허용차와 그 부호 (+ 또는 -)를 표 4-4에 나타내었다.

그림 4-5에 나타낸 바와 같이 위 치수 허용차 es와 아래치수 허용차 ei는 기초가 되는 치수허용차와 기본공차 IT에서 정한다.

표 4-4는 축인 경우의 기초가 되는 치수 허용차의 수치이다.

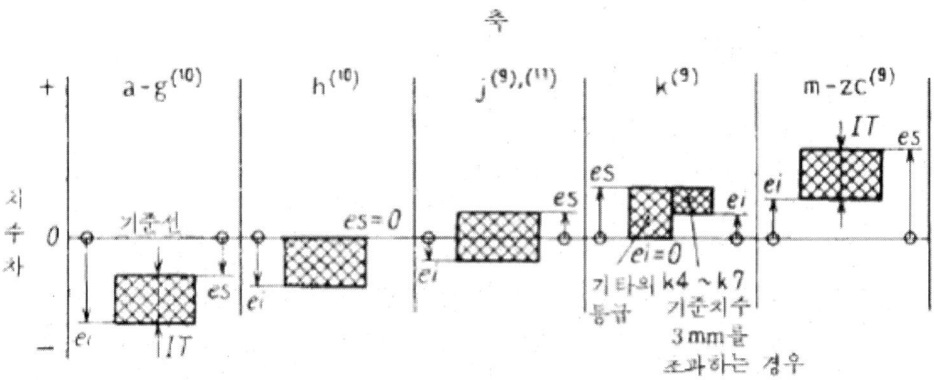

여기에서 $ei = es - IT$

$es = ei + IT$

[그림 4-5]

③ JS구멍·js 축의 기초가 되는 치수 허용차

JS구멍 및 js 축의 경우, 기본 공차는 기준선에 관하여 대칭으로 나눈다.

JS 구멍의 경우 ∣ES∣=∣EI∣=IT/2

js 축의 경우 ∣es∣=∣ei∣=IT/2

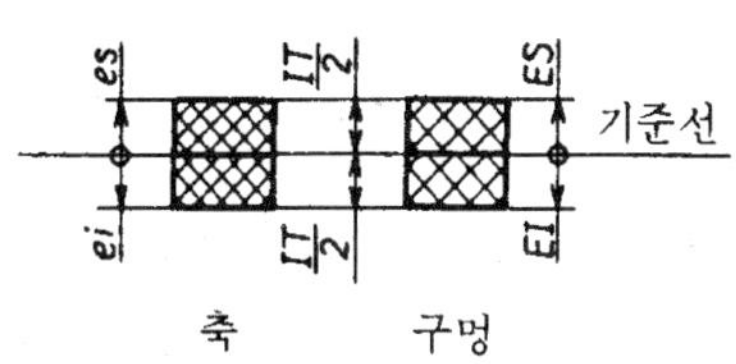

[그림 4-6]

≪표 4-3≫ 구멍인 경우의 기초가 되는 치수 허용차의 수치

단위 : μm

기초가 되는 치수 허용차 = 아래 치수 허용차 EI (공차 등급: 전체의 공차 등급)

기준치수의 구분(mm) 초과	이하	A (12)	B (12)	C	CD	D	E	EF	F	FG	G	H	JS (13)
–	3	+270	+140	+60	+34	+20	+14	+10	+6	+4	+2	0	치수 허용차 = $\pm\frac{IT_n}{2}$
3	6	+270	+140	+70	+46	+30	+20	+14	+10	+6	+4	0	
6	10	+280	+150	+80	+56	+40	+25	+18	+13	+8	+5	0	
10	14	+290	+150	+95		+50	+32		+16		+6	0	
14	18												
18	24	+300	+160	+110		+65	+40		+20		+7	0	
24	30												
30	40	+310	+170	+120		+80	+50		+25		+9	0	
40	50	+320	+180	+130									
50	65	+340	+190	+140		+100	+60		+30		+10	0	
65	80	+360	+200	+150									
80	100	+380	+220	+170		+120	+72		+36		+12	0	
100	120	+410	+240	+180									
120	140	+460	+260	+200		+145	+85		+43		+14	0	
140	160	+520	+280	+210									
150	180	+580	+310	+230									
160	200	+660	+340	+240		+170	+100		+50		+15	0	
200	225	+740	+380	+260									
225	250	+820	+420	+280									
250	280	+920	+480	+300		+190	+110		+56		+17	0	
280	315	+1 050	+540	+330									
315	355	+1 200	+600	+360		+210	+125		+62		+18	0	
355	400	+1 350	+680	+400									
400	450	+1 500	+760	+440		+230	+135		+68		+20	0	
450	500	+1 650	+840	+480									
500	560					+260	+145		+76		+22	0	
560	630												
630	710					+290	+160		+80		+24	0	
710	800												
800	900					+320	+170		+86		+26	0	
900	1 000												
1 000	1 120					+350	+195		+98		+28	0	
1 120	1 250												
1 250	1 400					+390	+220		+110		+30	0	
1 400	1 600												
1 600	1 800					+430	+240		+120		+32	0	
1 800	2 000												
2 000	2 240					+480	+260		+130		+34	0	
2 240	2 500												
2 500	2 800					+520	+290		+145		+38	0	
2 800	3 150												

기초가 되는 치수 허용차 = 위치수 허용차 ES (공차 등급)

초과	이하	J 6	J 7	J 8	K (15) 8 이하	K 9 이상	M (15) 8 이하	M 9 이상	N (15)(16) 8 이하	N 9 이상	P–ZC (15) 7 이하
–	3	+2	+4	+6	0	0	−2	−2	−4	−4	오른쪽 난의 값에 Δ의 값을 가한다.
3	6	+5	+6	+10	−1+Δ		−4+Δ	−4	−8+Δ	0	
6	10	+5	+8	+12	−1+Δ		−6+Δ	−6	−10+Δ	0	
10	14	+6	+10	+15	−1+Δ		−7+Δ	−7	−12+Δ	0	
14	18										
18	24	+8	+12	+20	−2+Δ		−8+Δ	−8	−15+Δ	0	
24	30										
30	40	+10	+14	+24	−2+Δ		−9+Δ	−9	−17+Δ	0	
40	50										
50	65	+13	+18	+28	−2+Δ		−11+Δ	−11	−20+Δ	0	
65	80										
80	100	+16	+22	+34	−3+Δ		−13+Δ	−13	−23+Δ	0	
100	120										
120	140	+18	+26	+41	−3+Δ		−15+Δ	−15	−27+Δ	0	
140	160										
150	180										
160	200	+22	+30	+47	−4+Δ		−17+Δ	−17	−31+Δ	0	
200	225										
225	250										
250	280	+25	+36	+55	−4+Δ		−20+Δ (14)	−20	−34+Δ	0	
280	315										
315	355	+29	+39	+60	−4+Δ		−21+Δ	−21	−37+Δ	0	
355	400										
400	450	+33	+43	+66	−5+Δ		−23+Δ	−23	−40+Δ	0	
450	500										
500	560						−26		−44		
560	630										
630	710						−30		−50		
710	800										
800	900						−34		−56		
900	1 000										
1 000	1 120						−40		−66		
1 120	1 250										
1 250	1 400						−48		−78		
1 400	1 600										
1 600	1 800						−58		−92		
1 800	2 000										
2 000	2 240						−68		−110		
2 240	2 500										
2 500	2 800						−76		−135		
2 800	3 150										

기초가 되는 치수 허용차 = 위치수 허용차 ES (공차등급 8 이상) / Δ의 수치 (공차 등급 3~8)

초과	이하	P	R	S	T	U	V	X	Y	Z	ZA	ZB	ZC	Δ 3	Δ 4	Δ 5	Δ 6	Δ 7	Δ 8
–	3	−6	−10	−14		−18		−20		−26	−32	−40	−60	0	0	0	0	0	0
3	6	−12	−15	−19		−23		−28		−35	−42	−50	−80	1	1.5	1	3	4	6
6	10	−15	−19	−23		−28		−34		−42	−52	−67	−97	1	1.5	2	3	6	7
10	14	−18	−23	−28		−33		−40		−50	−64	−90	−130	1	2	3	3	7	9
14	18						−39	−45		−60	−77	−108	−150						
18	24	−22	−28	−35		−41	−47	−54	−63	−73	−93	−136	−188	1.5	2	3	4	8	12
24	30				−41	−48	−55	−64	−75	−88	−118	−160	−218						
30	40	−26	−34	−43	−48	−60	−68	−80	−94	−112	−148	−200	−274	1.5	3	4	5	9	14
40	50				−54	−70	−81	−97	−114	−136	−180	−242	−325						
50	65	−32	−41	−53	−66	−87	−102	−122	−144	−172	−226	−300	−405	2	3	5	6	11	16
65	80		−43	−59	−75	−102	−120	−146	−174	−210	−274	−360	−480						
80	100	−37	−51	−71	−91	−124	−146	−178	−214	−258	−335	−445	−585	2	4	5	7	13	19
100	120		−54	−79	−104	−144	−172	−210	−254	−310	−400	−525	−690						
120	140	−43	−63	−92	−122	−170	−202	−248	−300	−365	−470	−620	−800	3	4	6	7	15	23
140	160		−65	−100	−134	−190	−228	−280	−340	−415	−535	−700	−900						
150	180		−66	−108	−146	−210	−252	−310	−380	−465	−600	−780	−1 000						
160	200	−50	−77	−122	−166	−236	−284	−350	−425	−520	−670	−860	−1 150	3	4	6	9	17	26
200	225		−80	−130	−180	−258	−310	−385	−470	−575	−740	−960	−1 250						
225	250		−84	−140	−196	−284	−340	−425	−520	−640	−820	−1 050	−1 350						
250	280	−56	−94	−158	−218	−315	−385	−475	−580	−710	−920	−1 200	−1 550	4	4	7	9	20	29
280	315		−98	−170	−240	−350	−425	−525	−650	−790	−1 000	−1 300	−1 700						
315	355	−62	−108	−190	−268	−390	−475	−590	−730	−900	−1 150	−1 500	−1 900	4	5	7	11	21	32
355	400		−114	−208	−294	−435	−530	−660	−820	−1 000	−1 300	−1 650	−2 100						
400	450	−68	−126	−232	−330	−490	−595	−740	−920	−1 100	−1 450	−1 850	−2 400	5	5	7	13	23	34
450	500		−132	−252	−360	−540	−660	−820	−1 000	−1 250	−1 600	−2 100	−2 600						
500	560	−78	−150	−280	−400	−600													
560	630		−155	−310	−450	−660													
630	710	−88	−175	−340	−500	−740													
710	800		−185	−380	−560	−840													
800	900	−100	−210	−430	−620	−940													
900	1 000		−220	−470	−680	−1 050													
1 000	1 120	−120	−250	−520	−780	−1 150													
1 120	1 250		−260	−580	−840	−1 300													
1 250	1 400	−140	−300	−640	−960	−1 450													
1 400	1 600		−330	−720	−1 050	−1 600													
1 600	1 800	−170	−370	−820	−1 200	−1 850													
1 800	2 000		−400	−920	−1 350	−2 000													
2 000	2 240	−195	−440	−1 000	−1 500	−2 300													
2 240	2 500		−460	−1 100	−1 650	−2 500													
2 500	2 800	−240	−550	−1 250	−1 900	−2 900													
2 800	3 150		−580	−1 400	−2 100	−3 200													

주 (12) A 및 B구멍은 기준치수 1 mm 이하에는 사용하지 않는다.

(13) 공차역 클래스 JS 7～JS 11 에서는 기본 공차 IT의 수치가 홀수인 경우에는 치수 허용차, 즉 $\pm IT/2$ 가 마이크로미터 단위의 정수가 되도록, IT의 수치를 바로 아래의 짝수로 맺음한다.

(14) 예외로서, 공차역 클래스 M 6 의 경우에는 ES는 $-20+9=-11$ μm가 아니고 -9 μm이다.

(15) 공차 등급 IT 8 이하의 K, M급 및 N 구멍 및 공차 등급 IT 7 이하의 P～ZC 구멍의 경우, 우측의 표에서 Δ의 수치를 읽고 기초가 되는 치수 허용차를 결정한다.

보 기 : 18～30 mm의 K 7의 경우 : $\Delta = 8$ μm ∴ $ES = -2+8 = 6$ μm

18～30 mm의 S 6의 경우 : $\Delta = 4$ μm ∴ $ES = -35+4 = -31$ μm

(16) 공차 등급 IT 9 이상의 N구멍은 기준치수 1 mm 이하에 사용하지 않는다.

《표 4-4》 축인 경우의 기초가 되는 치수 허용차의 수치

단위 : μm

기준치수의 구분 (mm)		전체의 공차 등급												공차 등급 5,6	7	8	4,5,6,7	3 이하 및 8 이상
		기초가 되는 치수허용차 = 위 치수 허용차 es												기초가 되는 치수허용차 = 아래 치수 허용차 ei				
		공차역의 위치																
초과	이하	a (17)	b (17)	c	cd	d	e	ef	f	fg	g	h	js (18)	j			k	
–	3	−270	−140	−60	−34	−20	−14	−10	−6	−4	−2	0	치수 허용차 = $\pm\frac{IT_n}{2}$	−2	−4	−6	0	0
3	6	−270	−140	−70	−46	−30	−20	−14	−10	−6	−4	0		−2	−4		+1	0
6	10	−280	−150	−80	−56	−40	−25	−18	−13	−8	−5	0		−2	−5		+1	0
10	14	−290	−150	−95		−50	−32		−16		−6	0		−3	−6		+1	0
14	18																	
18	24	−300	−160	−110		−65	−40		−20		−7	0		−4	−8		+2	0
24	30																	
30	40	−310	−170	−120		−80	−50		−25		−9	0		−5	−10		+2	0
40	50	−320	−180	−130														
50	65	−340	−190	−140		−100	−60		−30		−10	0		−7	−12		+2	0
65	80	−360	−200	−150														
80	100	−380	−220	−170		−120	−72		−36		−12	0		−9	−15		+3	0
100	120	−410	−240	−180														
120	140	−460	−260	−200		−145	−85		−43		−14	0		−11	−18		+3	0
140	160	−520	−280	−210														
160	180	−580	−310	−230														
180	200	−660	−340	−240		−170	−100		−50		−15	0		−13	−21		+4	0
200	225	−740	−380	−260														
225	250	−820	−420	−280														
250	280	−920	−480	−300		−190	−110		−56		−17	0		−16	−26		+4	0
280	315	−1 050	−540	−330														
315	355	−1 200	−600	−360		−210	−125		−62		−18	0		−18	−28		+4	0
355	400	−1 350	−680	−400														
400	450	−1 500	−760	−440		−230	−135		−68		−20	0		−20	−32		+5	0
450	500	−1 650	−840	−480														
500	560					−260	−145		−76		−22	0					0	0
560	630																	
630	710					−290	−160		−80		−24	0					0	0
710	800																	
800	900					−320	−170		−86		−26	0					0	0
900	1 000																	
1 000	1 120					−350	−195		−98		−28	0					0	0
1 120	1 250																	
1 250	1 400					−390	−220		−110		−30	0					0	0
1 400	1 600																	
1 600	1 800					−430	−240		−120		−32	0					0	0
1 800	2 000																	
2 000	2 240					−480	−260		−130		−34	0					0	0
2 240	2 500																	
2 500	2 800					−520	−290		−145		−38	0					0	0
2 800	3 150																	

기준치수의 구분 (mm)		전체의 공차 등급													
		기초가 되는 치수허용차 = 아래 치수 허용차 ei													
		공차역의 위치													
초과	이하	m	n	p	r	s	t	u	v	x	y	z	za	zb	zc
–	3	+2	+4	+6	+10	+14		+18		+20		+26	+32	+40	+60
3	6	+4	+8	+12	+15	+19		+23		+28		+35	+42	+50	+80
6	10	+6	+10	+15	+19	+23		+28		+34		+42	+52	+67	+97
10	14	+7	+12	+18	+23	+28		+33		+40		+50	+64	+90	+130
14	18								+39	+45		+60	+77	+108	+150
18	24	+8	+15	+22	+28	+35		+41	+47	+54	+63	+73	+98	+136	+188
24	30						+41	+48	+65	+64	+75	+88	+118	+160	+218
30	40	+9	+17	+26	+34	+43	+48	+60	+68	+80	+94	+112	+148	+200	+274
40	50						+54	+70	+81	+97	+114	+136	+180	+242	+325
50	65	+11	+20	+32	+41	+53	+66	+87	+102	+122	+144	+172	+226	+300	+405
65	80				+43	+59	+75	+102	+120	+146	+174	+210	+274	+360	+480
80	100	+13	+23	+37	+51	+71	+91	+124	+146	+178	+214	+258	+335	+445	+585
100	120				+54	+79	+104	+144	+172	+210	+254	+310	+400	+525	+690
120	140	+15	+27	+43	+63	+92	+122	+170	+202	+248	+300	+365	+470	+620	+800
140	160				+65	+100	+134	+190	+228	+280	+340	+415	+535	+700	+900
160	180				+68	+108	+146	+210	+252	+310	+380	+465	+600	+780	+1 000
180	200	+17	+31	+50	+77	+122	+166	+236	+284	+350	+425	+520	+670	+880	+1 150
200	225				+80	+130	+180	+258	+310	+385	+470	+575	+740	+960	+1 250
225	250				+84	+140	+196	+284	+340	+425	+520	+640	+820	+1 050	+1 350
250	280	+20	+34	+56	+94	+158	+218	+315	+385	+475	+580	+710	+920	+1 200	+1 550
280	315				+98	+170	+240	+350	+425	+525	+650	+790	+1 000	+1 300	+1 700
315	355	+21	+37	+62	+108	+190	+268	+390	+475	+590	+730	+900	+1 150	+1 500	+1 900
355	400				+114	+208	+294	+435	+530	+660	+820	+1 000	+1 300	+1 650	+2 100
400	450	+23	+40	+68	+126	+232	+330	+490	+595	+740	+920	+1 100	+1 450	+1 850	+2 400
450	500				+132	+252	+360	+540	+660	+820	+1 000	+1 250	+1 600	+2 100	+2 600
500	560	+26	+44	+78	+150	+280	+400	+600							
560	630				+155	+310	+450	+660							
630	710	+30	+50	+88	+175	+340	+500	+740							
710	800				+185	+380	+560	+840							
800	900	+34	+56	+100	+210	+430	+620	+940							
900	1 000				+220	+470	+680	+1 050							
1 000	1 120	+40	+66	+120	+250	+520	+780	+1 150							
1 120	1 250				+260	+580	+840	+1 300							
1 250	1 400	+48	+78	+140	+300	+640	+960	+1 450							
1 400	1 600				+330	+720	+1 050	+1 600							
1 600	1 800	+58	+92	+170	+370	+820	+1 200	+1 850							
1 800	2 000				+400	+920	+1 350	+2 000							
2 000	2 240	+68	+110	+195	+440	+1 000	+1 500	+2 300							
2 240	2 500				+460	+1 100	+1 650	+2 500							
2 500	2 800	+76	+135	+240	+550	+1 250	+1 900	+2 900							
2 800	3 150				+580	+1 400	+2 100	+3 200							

주 (17) a 및 b축은 기준치수 1mm 이하에는 사용하지 않는다.

(18) 공차역 클래스 js 7～js 11에서는 기본 공차 IT의 수치가 홀수인 경우에는 치수 허용차, 즉, $\pm IT/2$가 마이크로미터 단위의 정수가 되도록, IT의 수치를 바로 아래의 짝수로 맺음한다.

1.4 틈새와 죔새

(1) 최소틈새와 최대틈새

① 틈새: 구멍의 치수가 축의 치수보다 클 때의 구멍과 축의 치수 차.

- 최소틈새 : 구멍의 최소허용치수와 축의 최대허용치수와의 차.
  (헐거운 끼워 맞춤에 적용)
- 최대틈새 : 구멍의 최대허용치수와 축의 최대허용치수와의 차.
  (헐거운 또는 중간 끼워 맞춤에 적용)

보기 : 구멍의 경우 H7, 축의 경우 h7

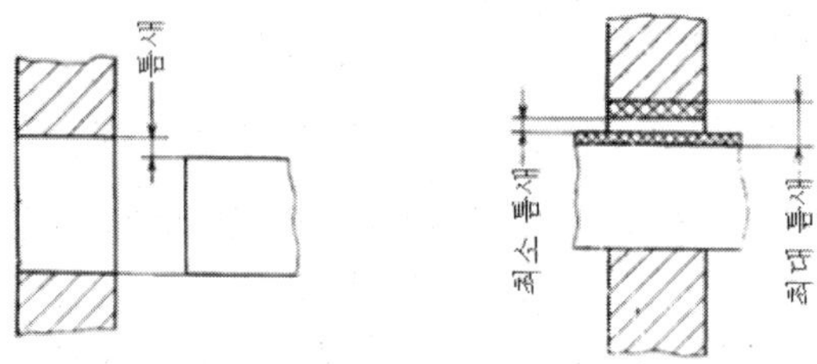

[그림 4-7]

(2) 최소죔새와 최대죔새

① 죔새: 구멍의 치수가 축의 치수보다 작을 때의 조립전의 구멍과 축과의 치수 차

- 최소죔새: 조립전의 구멍의 최대허용치수와 축의 최소허용치수와의 차.
- 최대죔새: 억지 또는 중간 끼워 맞춤에서 조립전의 구멍의 최소허용치수와 축의 최대허용치수와의 차.

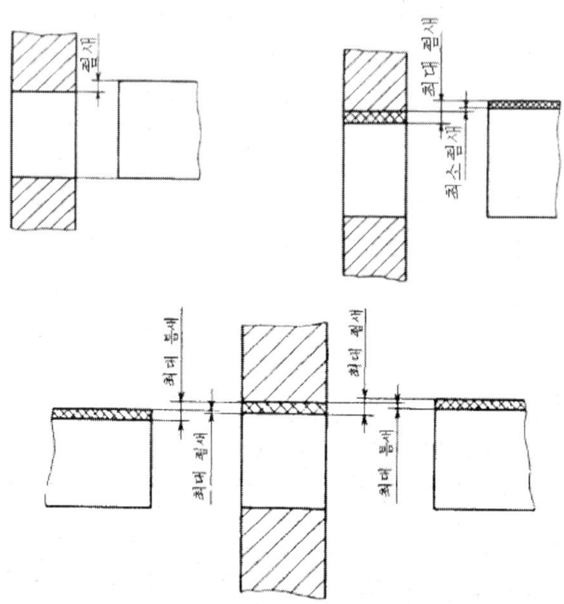

[그림 4-8]

2. 끼워 맞춤

2.1 끼워 맞춤 종류

(1) 헐거운 끼워 맞춤

구멍의 공차역이 완전히 축의 공차역 상측에 있는 틈새를 가진 끼워 맞춤.

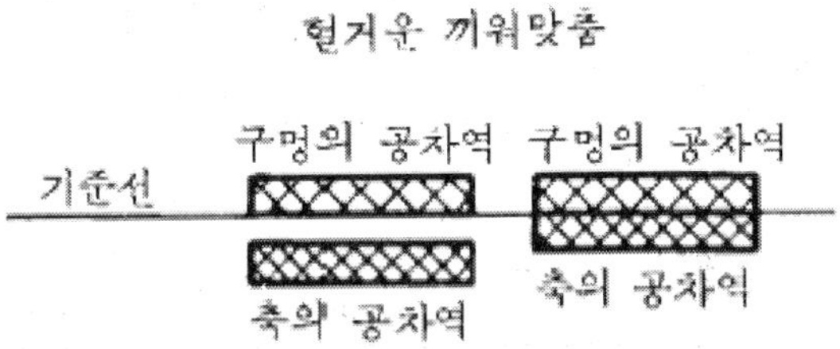

[그림 4-9]

(2) 중간 끼워 맞춤

조립하였을 경우 구멍, 축의 실 치수에 따라 틈새 또는 죔새 중 어느 것인가가 되는 끼워 맞춤으로 틈새, 죔새의 최대값만 존재한다.

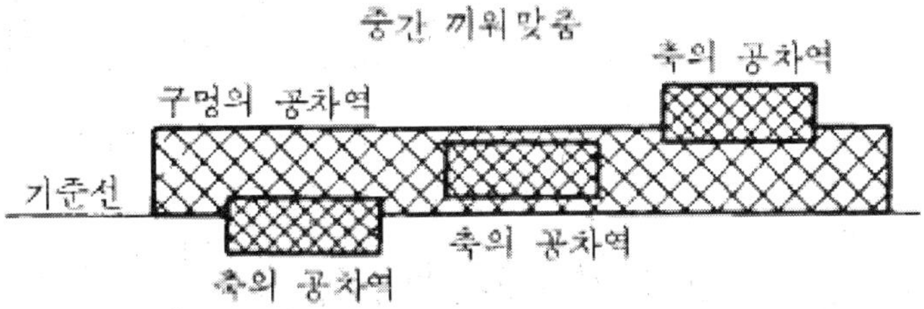

[그림 4-10]

(3) 억지 끼워 맞춤

구멍의 공차역이 완전히 축의 공차역의 하측에 있는 죔새를 가진 끼워 맞춤.

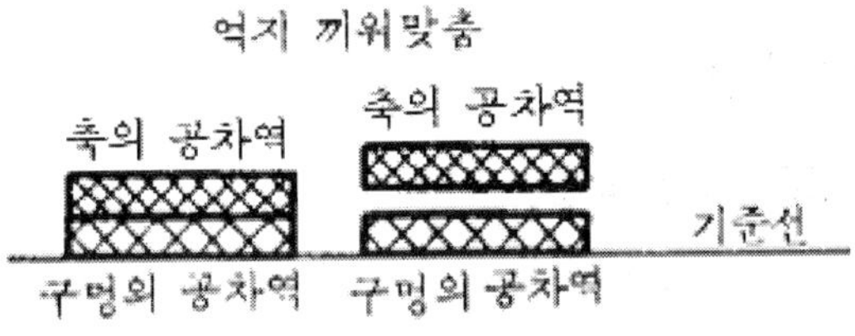

[그림 4-11]

2.2 끼워 맞춤의 방식

(1) 구멍 기준 끼워 맞춤 : 구멍의 최소허용치수가 기준치수와 같다. 즉, 구멍아래치수의 허용차가 0인 끼워 맞춤

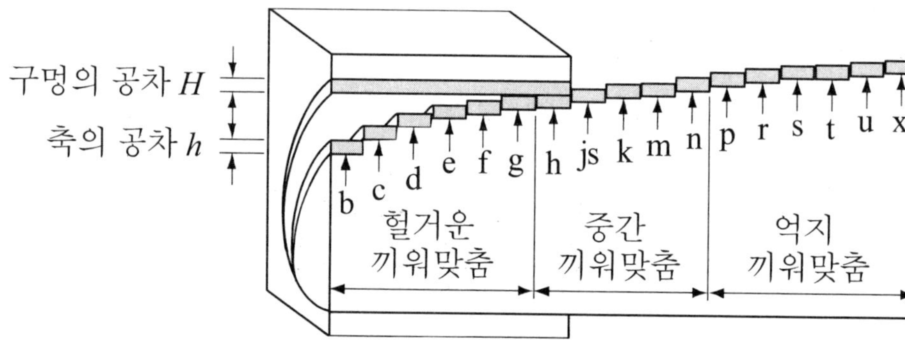

[그림 4-12]

(2) 축 기준 끼워 맞춤 : 축의 최대허용치수가 기준치수와 같다. 즉, 축의 위 치수 허용차가 0인 끼워 맞춤.

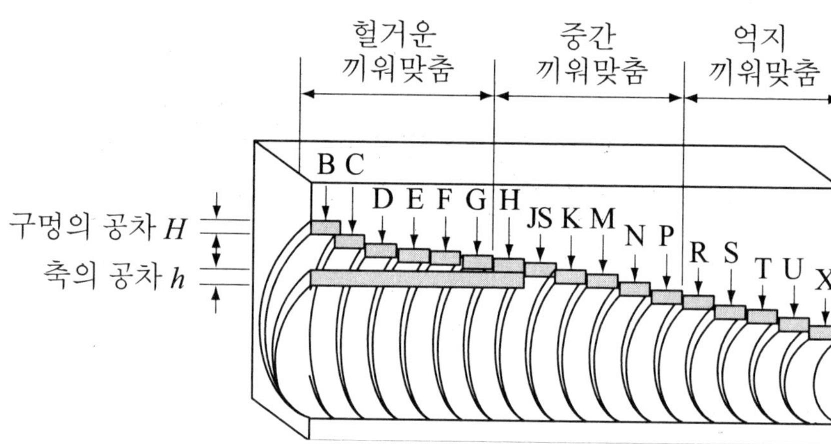

[그림 4-13]

2.3 상용하는 끼워 맞춤

(1) 상용하는 구멍 기준 끼워 맞춤

H 구멍을 기준구멍으로 하고 축을 선택하여 구멍과 축 사이에 필요로 하는 죔새 또는 틈새를 주는 끼워 맞춤.

기준 구멍	축의 공차역 클래스																
	헐거운 끼워 맞춤							중간 끼워 맞춤			억지 끼워 맞춤						
H6						g5	h5	js5	k5	m5							
					f6	g6	h6	js6	k6	m6	n64)	p94)					
H7					f6	g6	h6	js6	k6	m6	n6	p64)	r64)	s6	t6	u6	x6
				e7	f7		h7	js7									
H8					f7		h7										
				e8	f8		h8										
			d9	e9													
H9			d8	e8			h8										
		c9	d9	e9			h9										
H10	b9	c9	d9														

※ 주 4) 이들의 끼워 맞춤은 치수의 구분에 따라 예외가 생긴다.

(2) 상용하는 축 기준 끼워 맞춤

h 축을 기준선으로 하고, 적당한 구멍을 선택하여 필요로 하는 죔새 또는 틈새를 주는 끼워 맞춤

기준 축	구멍의 공차역 클래스																
	헐거운 끼워 맞춤							중간 끼워 맞춤			억지 끼워 맞춤						
h5							H6	JS6	K6	M6	N61)	p6					
h6					F6	G6	H6	JS6	K6	M6	N6	p61)					
					F7	G7	H7	JS7	K7	M7	N7	p71)	R7	S7	T7	U7	X7
h7				E7	F7		H7										
					F8		H8										
h8			D8	E8	F8		H8										
			D9	E9			H9										
h9			D8	E8			H8										
		C9	D9	E9			H9										
	B10	C10	D10														

※ 주 1) 이들의 끼워 맞춤은 치수의 구분에 따라 예외가 생긴다.

《표 4-5》 상용하는 끼워 맞춤 구멍에서 사용하는 구멍의 치수 허용차

단위 : μm

기준치수의 구분 (mm)		구멍의 공차역 클래스															
초과	이하	B 10	C 9	C 10	D 8	D 9	D 10	E 7	E 8	E 9	F 6	F 7	F 8	G 6	G 7	H 6	H 7
−	3	+180 +140	+85 +60	+100 +60	+34 +20	+45 +20	+60 +20	+24 +14	+28 +14	+39 +14	+12 +6	+16 +6	+20 +6	+8 +2	+12 +2	+6 0	+10 0
3	6	+188 +140	+100 +70	+118 +70	+48 +30	+60 +30	+78 +30	+32 +20	+38 +20	+50 +20	+18 +10	+22 +10	+28 +10	+12 +4	+16 +4	+8 0	+12 0
6	10	+208 +150	+116 +80	+138 +80	+62 +40	+76 +40	+98 +40	+40 +25	+47 +25	+61 +25	+22 +13	+28 +13	+35 +13	+14 +5	+20 +5	+9 0	+15 0
10	14	+220 +150	+138 +95	+165 +95	+77 +50	+93 +50	+120 +50	+50 +32	+59 +32	+75 +32	+27 +16	+34 +16	+43 +16	+17 +6	+24 +6	+11 0	+18 0
14	18																
18	24	+244 +160	+162 +110	+194 +110	+98 +65	+117 +65	+149 +65	+61 +40	+73 +40	+92 +40	+33 +20	+41 +20	+53 +20	+20 +7	+28 +7	+13 0	+21 0
24	30																
30	40	+270 +170	+182 +120	+220 +120	+119 +80	+142 +80	+180 +80	+75 +50	+89 +50	+112 +50	+41 +25	+50 +25	+64 +25	+25 +9	+34 +9	+16 0	+25 0
40	50	+280 +180	+192 +130	+230 +130													
50	65	+310 +190	+214 +140	+260 +140	+146 +146	+174 +100	+220 +146	+90 +60	+106 +60	+134 +60	+49 +30	+60 +30	+76 +30	+29 +10	+40 +10	+19 0	+30 0
65	80	+320 +200	+224 +150	+270 +150													
80	100	+360 +220	+257 +170	+310 +170	+174 +120	+207 +120	+260 +120	+107 +72	+126 +72	+159 +72	+58 +36	+71 +36	+90 +36	+34 +12	+47 +12	+22 0	+35 0
100	120	+380 +240	+267 +180	+320 +180													
120	140	+420 +260	+300 +200	+360 +200	+208 +145	+245 +145	+305 +145	+125 +85	+148 +85	+185 +85	+68 +43	+83 +43	+106 +43	+39 +14	+54 +14	+25 0	+40 0
140	160	+440 +280	+310 +210	+370 +210													
160	180	+470 +310	+330 +230	+390 +230													
180	200	+525 +340	+355 +240	+425 +240	+242 +170	−285 −170	+355 +170	+146 +100	+172 +100	+215 +100	+79 +50	+96 +50	+122 +50	+44 +15	+61 +15	+29 0	+46 0
200	225	+565 +380	+375 +260	+445 +260													
225	250	+605 +420	+395 +280	+465 +280													
250	280	+690 +480	+430 +300	+510 +300	+271 +190	+320 +190	+400 +190	+162 +110	+191 +110	+240 +110	+88 +56	+108 +56	+137 +56	+49 +17	+69 +17	+32 0	+52 0
280	315	+750 +540	+460 +330	+540 +330													
315	355	+830 +600	+500 +360	+590 +360	+299 +210	+350 +210	+440 +210	+182 +125	+214 +125	+265 +125	+98 +62	+119 +62	+151 +62	+54 +18	+75 +18	+36 0	+57 0
355	400	+910 +680	+540 +400	+630 +400													
400	450	+1 010 +760	+595 +440	+690 +440	+327 +230	+385 +230	+480 +230	+198 +135	+232 +135	+290 +135	+108 +68	+131 +68	+165 +68	+60 +20	+83 +20	+40 0	+63 0
450	500	+1 090 +840	+635 +480	+730 +480													

기준치수의 구분 (mm)		구멍의 공차역 클래스																	
초과	이하	H 8	H 9	H 10	JS 6	JS 7	K 6	K 7	M 6	M 7	N 6	N 7	P 6	P 7	R 7	S 7	T 7	U 7	X 7
−	3	+14 0	+25 0	+40 0	±3	±5	0 −6	0 −10	−2 −8	−2 −12	−4 −10	−4 −14	−6 −12	−6 −16	−10 −20	−14 −24	−	−18 −28	−20 −30
3	6	+18 0	+30 0	+48 0	±4	±6	+2 −6	+3 −9	−1 −9	0 −12	−5 −13	−4 −16	−9 −17	−8 −20	−11 −23	−15 −27	−	−19 −31	−24 −36
6	10	+22 0	+36 0	+58 0	±4.5	±7	+2 −7	+5 −10	−3 −12	0 −15	−7 −16	−4 −19	−12 −21	−9 −24	−13 −28	−17 −32	−	−22 −37	−28 −43
10	14	+27 0	+43 0	+70 0	±5.5	±9	+2 −9	+6 −12	−4 −15	0 −18	−9 −20	−5 −23	−15 −26	−11 −29	−16 −34	−21 −39	−	−26 −44	−33 −51
14	18																		−38 −56
18	24	+33 0	+52 0	+84 0	±6.5	±10	+2 −11	+6 −15	−4 −17	0 −21	−11 −24	−7 −28	−18 −31	−14 −35	−20 −41	−27 −48	−	−33 −54	−46 −67
24	30																−33 −54	−40 −61	−56 −77
30	40	+39 0	+62 0	+100 0	±8	±12	+3 −13	+7 −18	−4 −20	0 −25	−12 −28	−8 −33	−21 −37	−17 −42	−25 −50	−34 −59	−39 −64	−51 −76	−
40	50																−45 −70	−61 −86	
50	65	+46 0	+74 0	+120 0	±9.5	±15	+4 −15	+9 −21	−5 −24	0 −30	−14 −33	−9 −39	−26 −45	−21 −51	−30 −60	−42 −72	−55 −85	−76 −106	−
65	80														−32 −62	−48 −78	−64 −94	−91 −121	
80	100	+54 0	+87 0	+140 0	±11	±17	+4 −18	+10 −25	−6 −28	0 −35	−16 −38	−10 −45	−30 −52	−24 −59	−38 −73	−58 −93	−78 −113	−111 −146	−
100	120														−41 −76	−66 −101	−91 −126	−131 −166	
120	140	+63 0	+100 0	+160 0	±12.5	±20	+4 −21	+12 −28	−8 −33	0 −40	−20 −45	−12 −52	−36 −61	−28 −68	−48 −88	−77 −117	−107 −147	−	−
140	160														−50 −90	−85 −125	−119 −159		
160	180														−53 −93	−93 −133	−131 −171		
180	200	+72 0	+115 0	+185 0	±14.5	±23	+5 −24	+13 −33	−8 −37	0 −46	−22 −51	−14 −60	−41 −70	−33 −79	−60 −106	−105 −151	−	−	−
200	225														−63 −109	−113 −159			
225	250														−67 −113	−123 −169			
250	280	+81 0	+130 0	+210 0	±16	±26	+5 −27	+16 −36	−9 −41	0 −52	−25 −57	−14 −66	−47 −79	−36 −88	−74 −126	−	−	−	−
280	315														−78 −130				
315	355	+89 0	+140 0	+230 0	±18	±28	+7 −29	+17 −40	−10 −46	0 −57	−26 −62	−16 −73	−51 −87	−41 −98	−87 −144	−	−	−	−
355	400														−93 −150				
400	450	+97 0	+155 0	+250 0	±20	±31	+8 −32	+18 −45	−10 −50	0 −63	−27 −67	−17 −80	−55 −95	−45 −108	−103 −166	−	−	−	−
450	500														−109 −172				

비 고 표 중의 각 단에서 위 측의 수치는 위 치수 허용차, 아래 측의 수치는 아래 치수 허용차를 나타낸다.

≪표 4-6≫ 상용하는 끼워 맞춤 축에서 사용하는 축의 치수 허용차

단위 : μm

기준치수의 구분 (mm)		축의 공차역 클래스																														
초과	이하	b9	c9	d8	d9	e7	e8	e9	f6	f7	f8	g5	g6	h5	h6	h7	h8	h9	js5	js6	js7	k5	k6	m5	m6	n6	p6	r6	s6	t6	u6	x6
—	3	−140 −165	−60 −85	−20 −34	−20 −45	−14 −24	−14 −28	−14 −39	−6 −12	−6 −16	−6 −20	−2 −6	−2 −8	0 −4	0 −6	0 −10	0 −14	0 −25	±2	±3	±5	+4 0	+6 0	+6 +2	+8 +2	+10 +4	+12 +6	+16 +10	+20 +14	—	+24 +18	+26 +20
3	6	−140 −170	−70 −100	−30 −48	−30 −60	−20 −32	−20 −38	−20 −50	−10 −18	−10 −22	−10 −28	−4 −9	−4 −12	0 −5	0 −8	0 −12	0 −18	0 −30	±2.5	±4	±6	+6 +1	+9 +1	+9 +4	+12 +4	+16 +8	+20 +12	+23 +15	+27 +19	—	+31 +23	+36 +28
6	10	−150 −186	−80 −116	−40 −62	−40 −76	−25 −40	−25 −47	−25 −61	−13 −22	−13 −28	−13 −35	−5 −11	−5 −14	0 −6	0 −9	0 −15	0 −22	0 −36	±3	±4.5	±7	+7 +1	+10 +1	+12 +6	+15 +6	+19 +10	+24 +15	+28 +19	+32 +23	—	+37 +28	+43 +34
10	14	−150 −193	−95 −138	−50 −77	−50 −93	−32 −50	−32 −59	−32 −75	−16 −27	−16 −34	−16 −43	−6 −14	−6 −17	0 −8	0 −11	0 −18	0 −27	0 −43	±4	±5.5	±9	+9 +1	+12 +1	+15 +7	+18 +7	+23 +12	+29 +18	+34 +23	+39 +28	—	+44 +33	+51 +40
14	18																															+56 +45
18	24	−160 −212	−110 −162	−65 −98	−65 −117	−40 −61	−40 −73	−40 −92	−20 −33	−20 −41	−20 −53	−7 −16	−7 −20	0 −9	0 −13	0 −21	0 −33	0 −52	±4.5	±6.5	±10	+11 +2	+15 +2	+17 +8	+21 +8	+28 +15	+35 +22	+41 +28	+48 +35	—	+54 +41	+67 +54
24	30																													+54 +41	+61 +48	+77 +64
30	40	−170 −232	−120 −182	−80 −119	−80 −142	−50 −75	−50 −89	−50 −112	−25 −41	−25 −50	−25 −64	−9 −20	−9 −25	0 −11	0 −16	0 −25	0 −39	0 −62	±5.5	±8	±12	+13 +2	+18 +2	+20 +9	+25 +9	+33 +17	+42 +26	+50 +34	+59 +43	+64 +48	+76 +60	—
40	50	−180 −242	−130 −192																											+70 +54	+86 +70	
50	65	−190 −264	−140 −214	−100 −146	−100 −174	−60 −90	−60 −106	−60 −134	−30 −49	−30 −60	−30 −76	−10 −23	−10 −29	0 −13	0 −19	0 −30	0 −46	0 −74	±6.5	±9.5	±15	+15 +2	+21 +2	+24 +11	+30 +11	+39 +20	+51 +32	+60 +41	+72 +53	+85 +66	+106 +87	—
65	80	−200 −274	−150 −224																									+62 +43	+78 +59	+94 +75	+121 +102	
80	100	−220 −307	−170 −257	−120 −174	−120 −207	−72 −107	−72 −126	−72 −159	−36 −58	−36 −71	−36 −90	−12 −27	−12 −34	0 −15	0 −22	0 −35	0 −54	0 −87	±7.5	±11	±17	+18 +3	+25 +3	+28 +13	+35 +13	+45 +23	+59 +37	+73 +51	+93 +71	+113 +91	+146 +124	—
100	120	−240 −327	−180 −267																									+76 +54	+101 +79	+126 +104	+166 +144	
120	140	−260 −360	−200 −300	−145 −208	−145 −245	−85 −125	−85 −148	−85 −185	−43 −68	−43 −83	−43 −106	−14 −32	−14 −39	0 −18	0 −25	0 −40	0 −63	0 −100	±9	±12.5	±20	+21 +3	+28 +3	+33 +15	+40 +15	+52 +27	+68 +43	+88 +63	+117 +92	+147 +122	—	—
140	160	−280 −380	−210 −310																									+90 +65	+125 +100	+159 +134		
160	180	−310 −410	−230 −330																									+93 +68	+133 +108	+171 +146		
180	200	−340 −455	−240 −355	−170 −242	−170 −285	−100 −146	−100 −172	−100 −215	−50 −79	−50 −96	−50 −122	−15 −35	−15 −44	0 −20	0 −29	0 −46	0 −72	0 −115	±10	±14.5	±23	+24 +4	+33 +4	+37 +17	+46 +17	+60 +31	+79 +50	+106 +77	+151 +122	—	—	—
200	225	−380 −495	−260 −375																									+109 +80	+159 +130			
225	250	−420 −535	−280 −395																									+113 +84	+169 +140			
250	280	−480 −610	−300 −430	−190 −271	−190 −320	−110 −162	−110 −191	−110 −240	−56 −88	−56 −108	−56 −137	−17 −40	−17 −49	0 −23	0 −32	0 −52	0 −81	0 −130	±11.5	±16	±26	+27 +4	+36 +4	+43 +20	+52 +20	+66 +34	+88 +56	+126 +94	—	—	—	—
280	315	−540 −670	−330 −460																									+130 +98				
315	355	−600 −740	−360 −500	−210 −299	−210 −350	−125 −182	−125 −214	−125 −265	−62 −98	−62 −119	−62 −151	−18 −43	−18 −54	0 −25	0 −36	0 −57	0 −89	0 −140	±12.5	±18	±28	+29 +4	+40 +4	+46 +21	+57 +21	+73 +37	+98 +62	+144 +108	—	—	—	—
355	400	−680 −820	−400 −540																									+150 +114				
400	450	−760 −915	−440 −595	−230 −327	−230 −385	−135 −198	−135 −232	−135 −290	−68 −108	−68 −131	−68 −165	−20 −47	−20 −60	0 −27	0 −40	0 −63	0 −97	0 −155	±13.5	±20	±31	+32 +5	+45 +5	+50 +23	+63 +23	+80 +40	+108 +68	+166 +126	—	—	—	—
450	500	−840 −995	−480 −635																									+172 +132				

비 고 표 중의 각 단에서, 위 쪽의 수치는 위 치수 허용차, 아래 쪽의 수치는 아래 치수 허용차를 나타낸다.

2.4 끼워 맞춤 상태에 따른 추천 값

Fitting 상태	끼워 맞춤 방식		적 용
	구멍기준	축 기준	
헐거운	H11-c11	C11-h11	(Loose running) 끼워 맞춤 외부 구조재의 광범위한 상용공차나 허용차를 위한 끼워 맞춤
	H9-d9	D9-h9	(Free running) 정밀도가 요구되는 곳에는 사용하지 않는다. 온도변화가 큰 곳, 고속 구동 부분 또는 중압이 작용하는 저널부에 사용
	H8-f7	F8-h7	(Close running) 정밀기계의 구동부분과 중간 정도의 속도와 압력이 작용하는 저널의 정확한 위치선정을 위한 끼워 맞춤
중 간	H7-k6	K6-h6	(Locational transition) 끼워맞춤시 정밀한 위치 선정을 위한 끼워맞춤(틈새와 죔새 사이 절충)
	H7-n6	N7-h6	(Locational transition) 큰 죔새가 가능한 곳의 더 정밀한 곳의 위치 선정을 위한 끼워 맞춤
억 지	H7-p6	P7-h6	(Locational interference) 끼워맞춤 구멍에 특별한 압력 요구없이 매우 정밀한 위치 선정으로 엄밀함과 정렬이 요구되는 부품을 위한 끼워 맞춤
	H7-s6	S7-h6	(Medium drive) 일반적인 철강 부품 또는 얇은 단면의 가열 끼움을 위한 끼워 맞춤으로 주철에서 사용할 수 있는 가장 단단한 끼워 맞춤
	H7-u6	U7-h6	(Force) 큰 응력을 받을 수 있는 부품 또는 요구되는 중압이 비실용적인 곳의 가열끼움에 적합하다.

2.5 끼워 맞춤의 적용

구멍	축	적 용
H6	m5	전동축 (롤링 베어링)
	k5	선반 주축상의 치차륜의 베어링, 볼 베어링의 내륜, 크랭크 축 상의 밸브 전동장치, 편신륜, 기어, 부시
	j5	드릴링 지그, 레버와 기타 부속, 축에 끼우는 볼베어링의 내륜, 스핀들, 피스톤 핀, 전동축, 볼베어링 끼워 맞춤 엔진 및 펌프의 피스톤, 밸브 로드, 측정기, 공기척, 정밀을 요하는 홈 부분, 내부 및 페더 키에 의한 결합부, 볼베어링 외륜을 끼우는 곳, 축에 키로 고정 분리시키는 곳
	p5	전동축 (롤링 베어링)
	n6	밋션, 크랭크, 전동축
	m6	사진기(k6, j6도 동일)
	h6	전동기(g6, f6도 동일)
H7	x6	실린더, 밸브의 가열 끼움
	n6	축 파이프, 실린더의 가열 끼움, 차륜부시 베어링 메탈, 선반의 면판, 피스톤, 밸브 내부, 펌프 로드, 크로스헤드 핀, 롤러 및 운전차륜, 기어부시, 축단의 커플링, 고정용부시
	t6	슬리브, 스핀들, 가버너, 축 파이프
	s6	밋션 (변속기)
	r6	캠축, 플랜지, 핀 압입부, 주 철제 기어와 청동부시, 커넥팅 로드의 메탈 베어링, 프레스 등으로 키 없이 억지 끼워 맞춤으로 다시 분해하지 않는 곳
	m6	H6, K5도 동일
	k6 j6	
		지그, 전동축, 지지점에 고정된 축, 가끔 교환하는 베어링 케이스, 정밀기계용 축의 공구 등 해머를 이용하여 맞추고 뺄 수 있으나 회전방지를 위해서는 키를 사용하는 곳
	h6	기어 축, 이동 축, 실린더, 캠, 수동륜의 레버, 눈금판 지침, 축용 스페이서
	g6	전동부, 스러스트 칼러, 부시, 연결기 부분 선반 및 연삭기의 작은 축 베어링, 크랭크 축, 피스톤 로드 베어링
	f6	방직기 축류, 베어링
	e6	밸브, 베어링, 축
	x7	회전기(r7, p7도 동일)
	j7	기어 축, 리머, 볼트
	h7	기어 축, 이동 축, 피스톤, 기어, 축 이음
	f7	베어링, 부시, 캠 축, 밸브 축, 와셔, 마찰 연결기, 각종 주축의 큰 베어링, 크랭크 축, 크랭크 핀, 연결용 베어링, 베어링, 실린더

구멍	축	적 용
H8	h7	일반 접합부
	f7	기어 축
	h8	유압부, 일반 접합부
	f8	피스톤부, 조작 축 받침, 발전기의 축, 순환펌프 축, 기어펌프 축, 선풍기 베어링, 저속회전 베어링, 크랭크 축 저널 베어링
	e8	밸브, 크랭크 축, 오일펌프 링
	d9	동력 경작기의 베어링, 농업용 기계의 베어링, 기통 덮개 베어링, 피스톤용 틈새
	h9	축 위의 조정나사, 수동 크랭크기어, 일체로 된 마찰 활차 연결기, 쉽게 분리되고 적당히 이동시킬 수 있는 끼워 맞춤 부분
H9	h8	작은 베어링, 조작 축 받침, 베어링
	e9	웜, 슬리브, 피스톤링, 스프링 안내 홈, 축 방향으로 움직이는 기구의 축, 하급품으로 공차는 크게 주지만 틈새는 약간 적고 크게 흔들림 없이 움직이며 맞출 수 있는 것.
	d9	고정 핀, 사진용 작은 축 받침
H10	h9	차륜 축
	c9	키 부분
J6	h5	H6, j5와 동일
N7	h6	H7, n6과 동일
J7	h6	H7, j6과 동일
C7	h6	H7, g6과 동일
F8	h8	H8, f8과 동일
D10	h9	H9, e9와 동일

3. 치수의 허용한계 기입방법

3.1 치수의 허용한계 표시

(1) 치수의 허용한계는 공차역 클래스의 기호(이하 치수공차 기호라 한다) 또는 치수 허용차의 값을 기준 치수에 연이어 표시한다.

보기 32H7 80js15 100g6 100±0.05 $100^{-0.012}_{-0.034}$

(2) 치수의 허용 한계를 허용 한계치수에 따라 나타내는 수가 있다. 이 경우, 최대 허용치수를 위의 위치에, 최소 허용치수를 아래의 위치에 겹쳐서 표시한다.

보기 99.988
99.966

3.2 끼워 맞춤의 표시

끼워 맞춤은 구멍, 축의 공통 기준 치수에 구멍의 치수공차 기호와 축의 치수공차 기호를 연이어 표시한다.

보기 52H7/g6, 52H7-g6 또는 $52\dfrac{H7}{g6}$

3.3 치수의 허용한계 기입방법

(1) 길이 치수의 허용한계 기입방법

치수공차가 있는 치수의 각 요소는 다음 순서로 기입한다.

(ㄱ) 기호에 의한 방법

- 기준 치수 허용 공차 기호

기호에 의한 방법은 그림 4-14 (a)에 따르나 치수 허용차(그림 4-14 (b)), 또는 허용한계치수[그림 4-14 (c)]를 나타낼 필요가 있는 경우에는 그 값을 괄호 안에 덧붙여 사용한다.

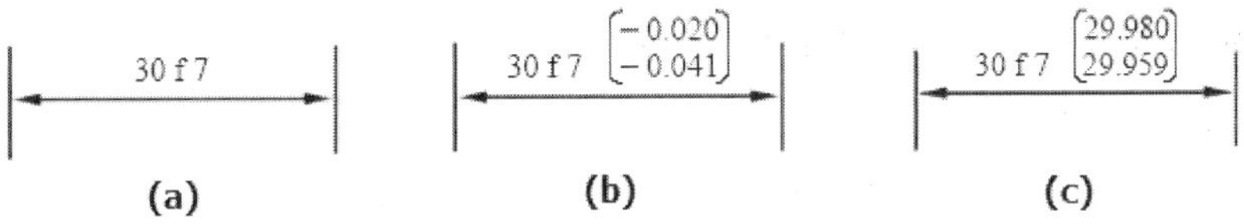

[그림 4-14]

(ㄴ) 치수 허용차에 의한 방법

- 기준 치수 허용차

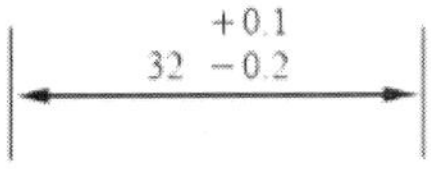

[그림 4-15]

㉠ 어느 한쪽의 치수가 0일 때는 숫자 0으로 나타내야 한다.[그림 4-16]

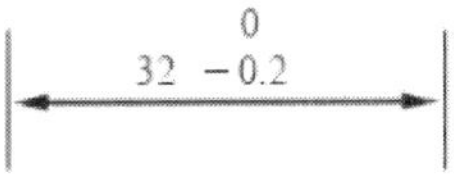

[그림 4-16]

㉡ 위, 아래의 치수 허용차가 기준 치수에 대하여 대칭일 때에는 치수 허용차의 수치를 하나만 나타내고 수치의 앞에 ±의 기호를 붙인다.(그림 4-17)

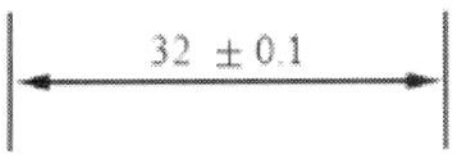

[그림 4-17]

(ㄷ) 허용 한계 치수에 의한 방법

허용 한계 치수를 최대 허용 치수와 최소 허용 치수로 나타내도 좋다.

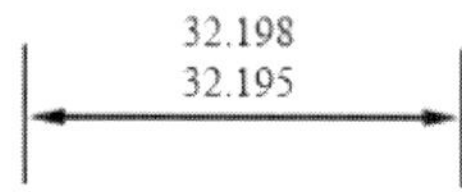

[그림 4-18]

(ㄹ) 한쪽 허용 한계 치수

치수를 최대 또는 최소 중 어느 한쪽만 허용할 필요가 있을 때에는 "min" 또는 "max"를 덧붙여 기입한다.

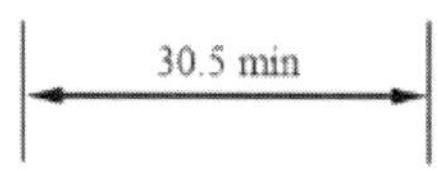

[그림 4-19]

(2) 치수 허용차 및 허용 한계 치수의 기입 순서

구멍 또는 축에 관계없이 위 치수 허용차 및 최대 허용 치수는 위쪽에, 아래 치수 허용차 및 최소 허용 치수를 아래쪽의 위치에 기입한다.

(3) 조립 부품의 치수 허용 한계의 기입 방법

(ㄱ) 기호에 의한 방법

기준 치수 하나만을 기입하고, 구멍 공차 기호 및 축의 공차 기호를 [그림 4-20, 4-21]과 같이 기입한다.

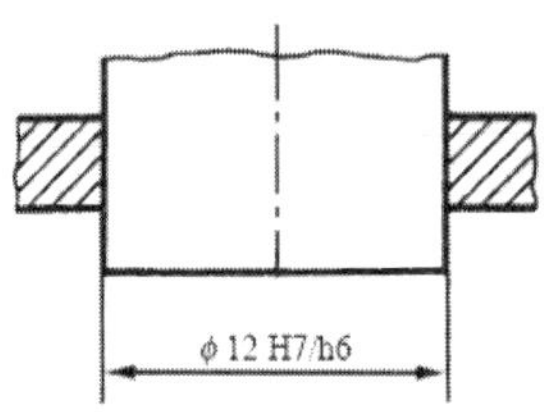

[그림 4-20]

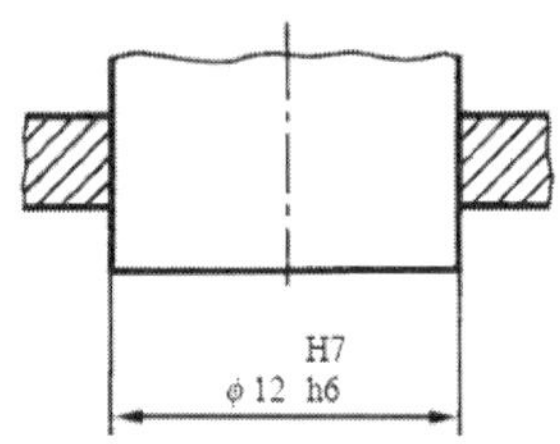

[그림 4-21]

· 치수 허용차 수치를 지시할 필요가 있을 때에는 괄호 안에 치수를 기입한다.[그림 4-22]

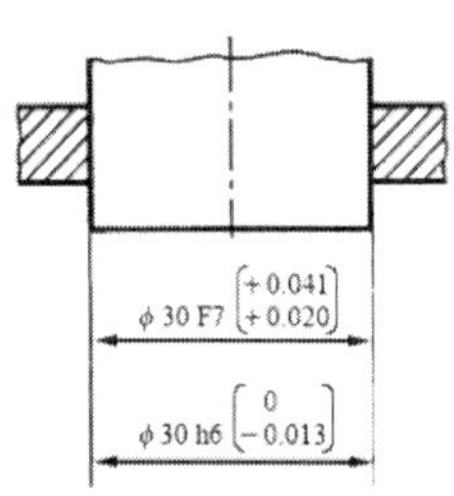

[그림 4-22]

· 간략화를 위해 1개의 치수선만을 사용하여 지시하여도 좋다.[그림 4-23]

(ㄴ) 수치에 의한 치수 허용 한계 기입 방법

조립 부품의 각 구성 부품에 대한 치수는 그 구성 부품의 명칭[그림 4-23] 또는 부품 번호[그림 4-24]로 나타낸다. 어느 경우나 구멍의 치수를 축의 치수의 위쪽에 기입한다.

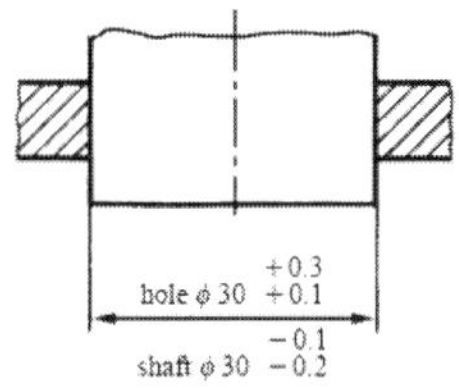

[그림 4-23]

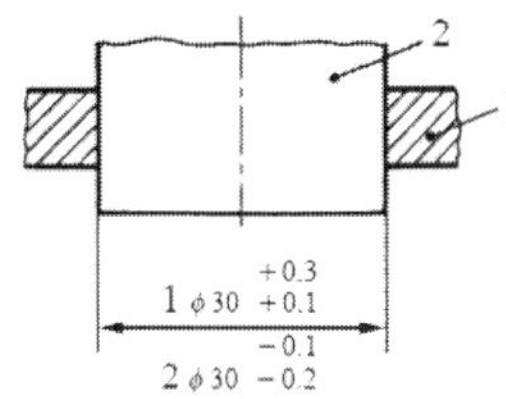

[그림 4-24]

(4) 각도 치수의 허용 한계 기입 방법

길이 치수의 허용 한계 기입 방법과 동일하게 적용한다. 다만, 허용치수에는 각도의 기준 치수와 우수리의 단위의 값(허용차)를 기입하여야 한다.[그림 4-25]

각도 허용차가 분 단위, 분, 초 단위일 때에는 각각 0° 또는 0°0′와 같이 표시한다.

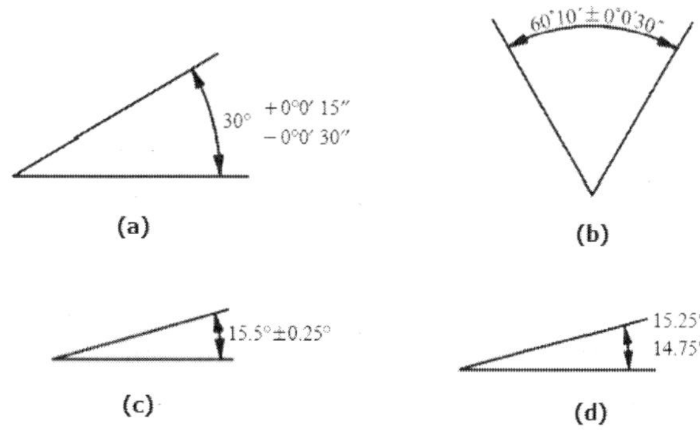

[그림 4-25]

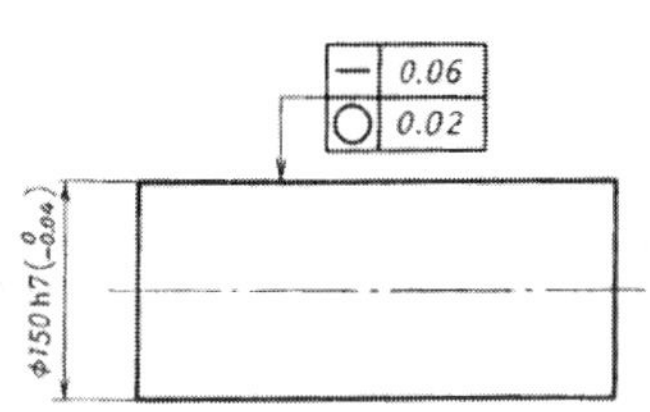

[그림 4-26]

(5) 포락조건의 기입방법

① 기하공차

(ㄱ) 도면 지시

(ㄴ) 도면 해석

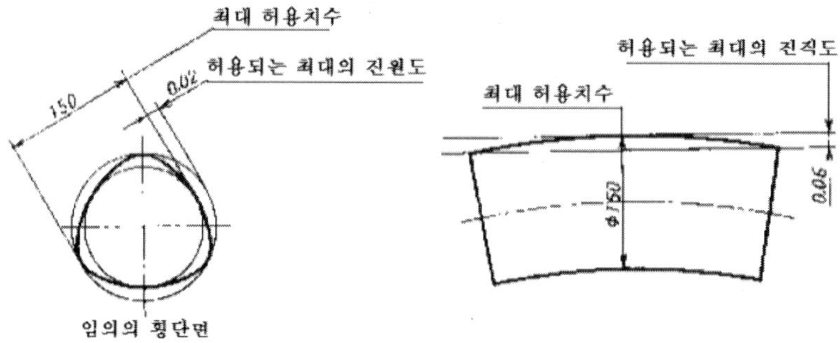

[그림 4-27]

② 치수와 기하특성의 상호 의존성

(ㄱ) 포락의 조건

㉠ 도면 표시

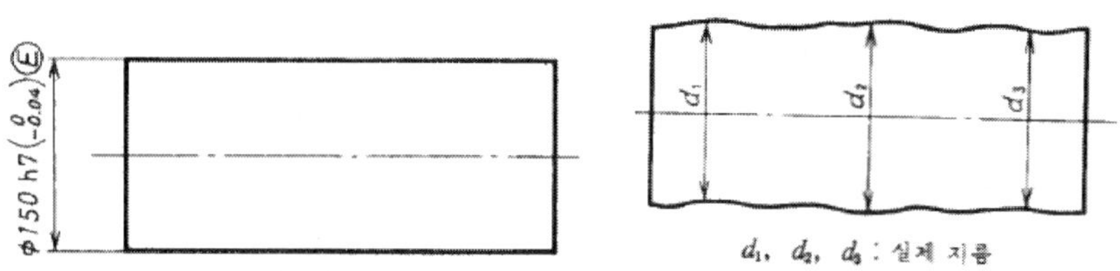

※ d_1, d_2, d_3는 149.96~150이어야 한다.

[그림 4-28]

㉡ 기능상의 요구사항

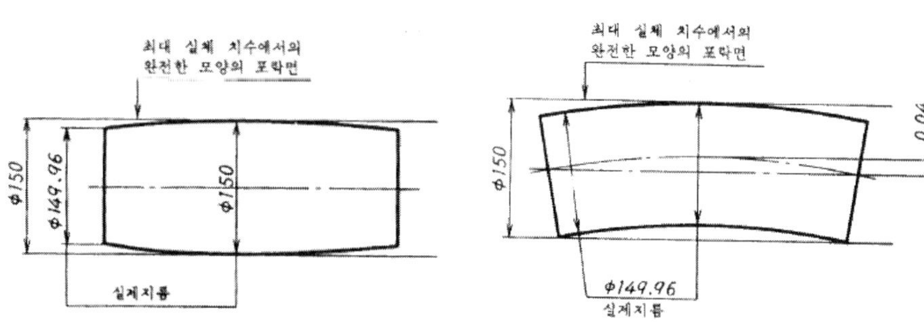

[그림 4-29]

따라서 모든 개개의 실제 지름이 최대 실체 치수 ∅150인 경우에 축은 아래[그림 4-30]과 같이 정확히 원통 모양이어야 한다.

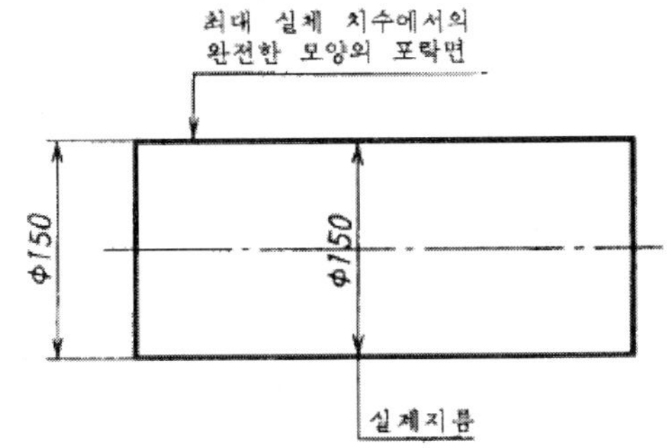

[그림 4-30]

(6) 허용한계를 기입시의 보기 예

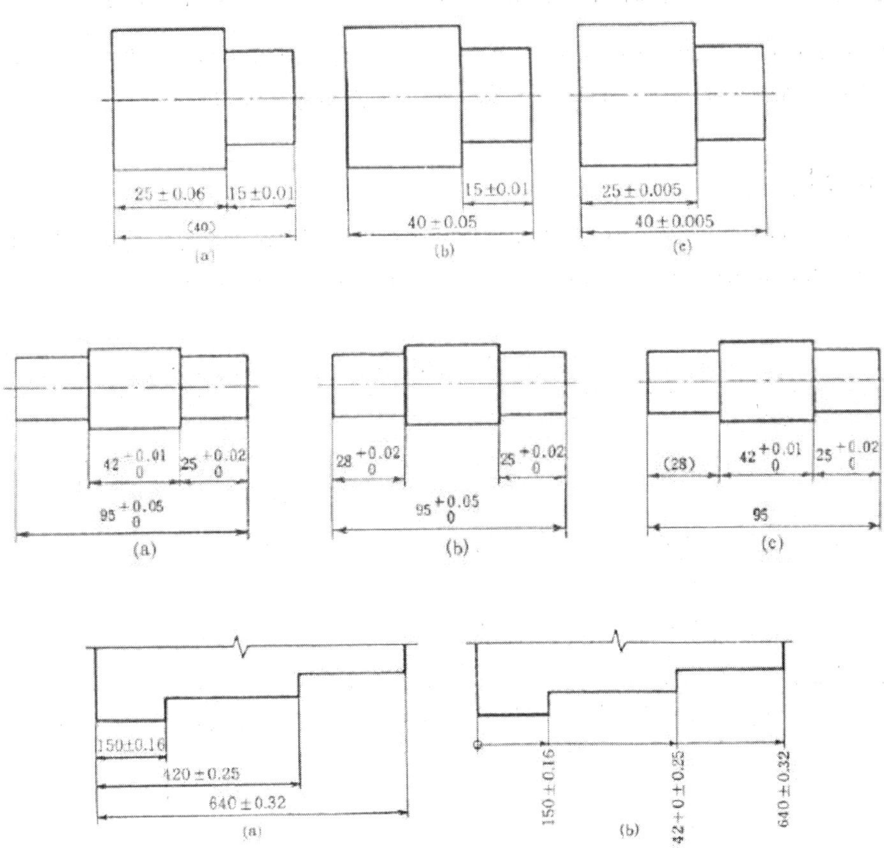

[그림 4-31]

[연습문제] 해당 사항을 구하라.

Fitting상태	구멍치수		축 치수		틈새 또는 죔새		끼워 맞춤의 종류
	최소치수	최대치수	최소치수	최대치수	최소값	최대값	
φ50H6/h5							
φ75K6/h6							
φ100R7/h6							
φ60H6/n6							
φ125H7/k6							
φ80H9/e8							

4. 치수의 보통 허용차

4.1 공차의 지시가 없는 길이 및 각도 치수에 대한 보통공차

KS B 0412에서는 제도의 도시를 단순화할 목적으로 각각의 개별 공차에 대해 지시가 없는 길이 치수와 각도 치수에 대해 4개의 공차 등급의 보통 공차를 규정하고 있다.

(1) 길이 치수

길이 치수에 대한 보통공차는 표 4-7과 4-8에 따른다. 길이 치수란 제품의 바깥쪽 치수, 안쪽 치수, 단차 치수, 지름, 반지름, 간격, 모서리의 둥글기, 모떼기 치수 등을 뜻한다.

≪표 4-7≫ 모떼기 부분을 제외한 길이 치수에 대한 허용차

공차 등급		기준 치수 구분		
기 호	구 분	0.5(1)이상 3이하	3초과 6이하	6초과
		허용차		
f	정밀급	± 0.2	± 0.5	± 1
m	보통급	± 0.4	± 1	± 2
c	거친급			
ν	아주 거친급			

주(1) 0.5mm 미만의 기준 치수에 대해서는 그 기준 치수와 연속하여 허용차를 따로 따로 지시한다.

≪표 4-8≫ 모떼기 부분의 길이 치수에 대한 허용차
(모서리의 둥글기 및 모서리의 모떼기 치수법)

단위 : mm

공차 등급		기준 치수 구분							
기 호	구 분	0.5(²) 이상 3 이하	3 초과 6 이하	6 초과 30 이하	30 초과 120 이하	120 초과 400 이하	400 초과 1000 이하	1000 초과 2000 이하	2000 초과 4000 이하
		허 용 차							
f	정밀급	±0.05	±0.05	±0.1	±0.15	±0.2	±0.3	±0.5	–
m	보통급	±0.1	±0.1	±0.1	±0.3	±0.5	±0.8	±1.2	±2
c	거친급	±0.2	±0.3	±0.5	±0.8	±1.2	±2	±3	±4
v	아주 거친급	–	±0.5	±1	±1.5	±2.5	±4	±6	±8

주(²) 0.5mm 미만의 기준 치수에 대해서는 그 기준 치수와 연속하여 허용차를 따로따로 지시한다.

(2) 각도치수

보통 도면에 표시 않는 각도에 대한 보통 허용차로 표 4-9에 따른다.

≪표 4-9≫ 각도 치수의 허용차

단위 : mm

공차 등급		대상이 되는 각도가 짧은 쪽 변의 길이구분				
기 호	구 분	10 이하	10 초과 50 이하	50 초과 120 이하	120 초과 400 이하	400 초과
		허 용 차				
f	정밀급	±1°	±0° 30′	±0° 20′	±0° 10′	±0° 5′
m	보통급					
c	거친급	±1° 30′	±1°	±0° 30′	±0° 15′	±0° 10′
v	아주 거친급	±3°	±2°	±1°	±0° 30′	±0° 20′

5. 가공품의 허용차

5.1 주강품의 보통 허용차

모래 주형에 의한 주조한 대로의 주강품의 길이 및 덧살 치수의 보통 허용차이다. 보통 공차 등급은 A급(정밀급), B급(중급), C급(보통급)의 3등급으로 한다.

(1) 길이의 보통허용차

단위 : mm

등 급 / 치수의 구분	A 급	B 급	C 급
120 이하	±1.8	±2.8	±4.5
120 초과 315 이하	±2.5	±4	±6
315 초과 630 이하	±3.5	±5.5	±9
630 초과 1250 이하	±5	±8	±12
1250 초과 2500 이하	±9	±14	±22
2500 초과 5000 이하	–	±20	±35
5000 초과 10000 이하	–	–	±63

비 고 **ISO 8062**에서는 모래형 주조 수동 주입 방법에 대한 주강품 공차 등급을 CT11~14로, 모래형 주조 기계 주입 및 셀 모드 방식의 주강품 공차 등급을 CT8~12로 규정하고 있다.

(2) 덧살의 보통허용차

단위 : mm

등 급 / 치수의 구분	A급	B급	C급
18 이하	±1.4	±2.2	±3.5
18 초과 50 이하	±2	±3	±5
50 초과 120 이하	–	±4.5	±7
120 초과 250 이하	–	±5.5	±9
250 초과 400 이하	–	±7	±11
400 초과 630 이하	–	±9	±14
630 초과 1000 이하	–	–	±18

(3) 빠짐 기울기를 주기 위한 치수

빠짐 기울기에 대하여 도면 등의 지정이 없을 때는 주조상의 필요에 따라 표의 치수 A에 의하여 빠짐 기울기를 줄 수 있다.

단위 : mm

치수의 구분 l	치수 A (최대)
18 이하	1.4
18 초과 50 이하	2
50 초과 120 이하	2.8
120 초과 250 이하	3.5
250 초과 400 이하	4.5
400 초과 630 이하	5.5
630 초과 1000 이하	7

비 고 l은 그림의 l_1, l_2를 뜻하며, A는 그림의 A_1, A_2를 뜻한다.

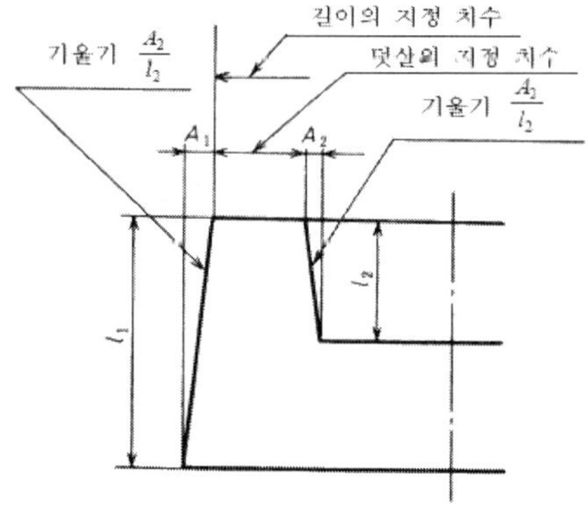

5.2 금속 프레스 가공품의 보통 허용차

(1) 블랭킹의 보통 치수 공차

블랭킹의 보통 치수 공차의 등급은 A, B, C급의 3등급으로 나누고 각각의 치수 허용차는 표 4-10에 따른다.

≪표 4-10 ≫ 블랭킹의 보통 치수 허용차

단위 : mm

기준 치수의 구분	등 급		
	A급	B급	C급
6이하	±0.05	±0.1	±0.3
6초과 30이하	±0.1	±0.2	±0.5
30초과 120이하	±0.15	±0.3	±0.8
120초과 400이하	±0.2	±0.5	±1.2
400초과 1000이하	±0.3	±0.8	±2
1000초과 2000이하	±0.5	±1.2	±3

비 고 A급, B급 및 C급은 각각 **KS B 0412**의 공차 등급 f, m 및 c에 해당한다.

(2) 벤딩 및 드로잉의 보통 치수 공차

벤딩 및 드로잉의 보통 치수 공차의 등급은 A, B, C급의 3등급으로 나누고 각각의 치수 허용차는 표 4-11에 따른다.

≪표 4-11≫ 벤딩 및 드로잉의 보통 치수 허용차

단위 : mm

기준 치수의 구분	등 급		
	A급	B급	C급
6이하	±0.1	±0.3	±0.5
6초과 30이하	±0.2	±0.5	±1
30초과 120이하	±0.3	±0.8	±1.5
120초과 400이하	±0.5	±1.2	±2.5
400초과 1000이하	±0.8	±2	±4
1000초과 2000이하	±1.2	±3	±6

비 고 A급, B급 및 C급은 각각 **KS B 0412**의 공차 등급 f, m 및 c에 해당한다.

5.3 금속 소결품의 보통허용차

이 규격은 금속 소결품 중 소결 부품 및 소결 함유 베어링의 가공치수에 적용하는 보통허용차에 대한 규정이다.(절삭가공 등에 의한 가공은 제외)

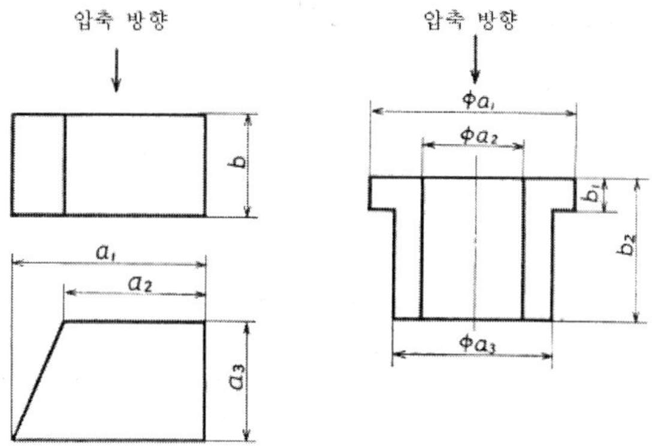

[그림 4-32] 금속 소결품의 나비 및 높이

≪표 4-12≫ 금속 소결품 나비의 보통공차

단위 : mm

등 급 / 치수의 구분	정 밀 급	중 급	보 통 급
6 이하	±0.05	±0.1	±0.2
6 초과 30 이하	±0.1	±0.2	±0.5
30 초과 120 이하	±0.15	±0.3	±0.8
120 초과 315 이하	±0.2	±0.5	±1.2

비 고 정밀급, 중급 및 보통급의 수치는 각각 **KS B 0146, KS B 0412**에 따른다.

5.4 절삭 다듬질 여유

금속재료의 선삭, 보링, 밀링, 평삭, 형삭, 슬로팅, 리머 다듬질에서 치수공차의 등급이 KS B 0401(치수공차 및 끼워 맞춤)의 IT8 및 그것보다 상급을 대상으로 한 최종 절삭 다듬질 여유에 대한 규정이다. 가공별 다듬질 여유는 아래 표 4-13에 따른다.

≪표 4-13≫ 가공별 다듬질 여유 표

가공방법	다듬질 여유 mm	다듬질 여유에 영향을 주는 사항: 고유 사항	다듬질 여유에 영향을 주는 사항: 공통 사항(5. 참조)
선 삭	0.1~0.5 (지름에 대하여)	(1) 끝면 및 내면 절삭에서는 다듬질 여유는 작게 한다. (2) 다듬질에 스프링 툴을 사용하는 경우는 특별히 0.05~0.15 mm로 한다. (3) 다듬질에 다이아몬드 바이트를 사용하는 경우는 특별히 0.05~0.2 mm로 한다.	(1) 공작 기계의 강성 (2) 절삭공구의 재질 (3) 절삭공구의 부착 강성 (4) 피삭재의 재질 (5) 피삭재의 모양 및 치수 (6) 피삭재의 부착 변경 (7) 피삭재의 부착 강성 (8) 치수공차의 등급 (9) 다듬질면의 거칠기 (10) 절삭 속도 (11) 절삭 유제
보 링	0.05~0.4 (지름에 대하여)	(1) 보링 바가 한쪽 지지인 경우는 절삭 저항에 의하여 휠 수가 있으므로 다듬질 여유는 작게 한다. (2) 양끝 지지인 경우는 (1)의 경우보다 크게 할 수 있다. (3) 양날을 사용하는 경우에는 0.1~0.15 mm로 한다.	
밀 링	0.1~0.8	(1) 다듬질에 엔드밀을 사용할 때는 0.05 mm로 하는 경우도 있다. (2) 올려깎기인 경우는 깎기 시작에서 절삭날이 뒤로 미끄러져 소정의 절삭깊이가 되지 않을 수 있으므로 주의를 요한다. (3) 정면 밀링인 경우는 다듬질 여유를 크게 한다.	
평 삭	0.2~0.5	다듬질에 평스트레이트 바이트를 사용하는 경우는 특별히 0.03~0.1 mm로 한다.	
형 삭	0.1~0.25	다듬질에 평스트레이트 바이트를 사용하는 경우는 특별히 0.03~0.05 mm로 한다.	
슬로팅	0.1~0.2	다듬질에 평스트레이트 바이트를 사용하는 경우는 특별히 0.05~0.1 mm로 한다.	
리머 다듬질	다듬질 구멍 지름 mm (초과 / 이하) : 다듬질 여유 (지름에 대하여) — / 10 : 0.1~0.5 10 / 20 : 0.2~0.7 20 / — : 0.2~1.0	(1) 좋은 다듬질면 및 정밀도를 얻기 위하여는 작은 다듬질 여유로 절삭하는 것이 바람직하다. (2) 주철 및 칩 배출이 잘되는 연금속인 경우의 다듬질 여유는 강의 경우보다도 크게 할 수 있다. (3) 많은 홈파기, 따깎기 리머 등에 의한 덧가공을 실시함으로써, 다듬질 여유는 왼쪽 표 수치의 약 1/2 정도로 할 수 있다. (4) 지름에 비하여 길이가 긴 구멍인 경우는 다듬질 여유를 크게 취한다.	

5.5 연삭여유

연삭 다듬질의 연삭여유(원통, 내면, 평면)가 특별히 지정되지 아니한 때의 연삭여유에 대해 규정한다.(KS B 0432로 규정) 이 규격에서 사용하는 용어의 뜻은 다음에 따른다.

- 연삭여유 : 공작물의 소정의 치수, 모양 및 표면 거칠기에 경제적으로 다듬질 되도록, 그 앞 가공에

있어서 공작물에 남겨 둔 여분의 살의 치수.

- 앞 가공 : 공작물을 소정의 연삭여유를 가진 상태까지 절삭하는 작업.

(1) 원통연삭

원통연삭의 앞 가공은 선반으로 한다.

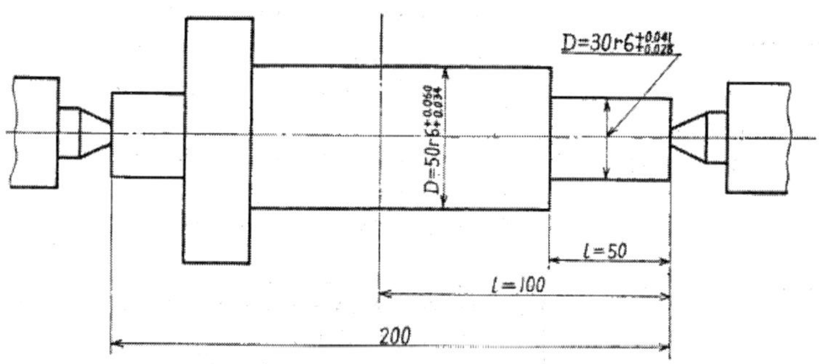

[그림 4-33] 원통 연삭의 보기

① 원통연삭여유

- 선삭 후 열처리를 하지 않고, 연삭 다듬질하는 공작물의 지름마다의 연삭여유는 표 4-14의 (1)에 따른다.

≪표 4-14≫ 원통 지름마다의 연삭여유

(1) 앞 가공 후 열처리를 하지 않는 것

단위 : mm

지름 D \ 끝면으로부터의 거리 l	16이하	16초과 25이하	25초과 40이하	40초과 63이하	63초과 100이하	100초과 160이하	160초과 250이하	250초과 400이하	400초과 630이하	630초과 1000이하	1000초과 1600이하
6초과 10이하	0.1	0.2	0.2	0.3	0.3	–	–	–	–	–	–
10초과 18이하	0.1	0.1	0.2	0.2	0.3	0.3	–	–	–	–	–
18초과 30이하	0.1	0.1	0.2	0.2	0.2	0.3	0.4	–	–	–	–
30초과 50이하	0.2	0.2	0.2	0.2	0.2	0.3	0.4	0.4	–	–	–
50초과 80이하	0.2	0.2	0.2	0.2	0.2	0.2	0.3	0.4	0.5	–	–
80초과 120이하	0.2	0.2	0.2	0.2	0.2	0.2	0.3	0.3	0.5	0.6	–
120초과 180이하	0.2	0.2	0.2	0.2	0.2	0.2	0.3	0.3	0.4	0.6	0.7
180초과 250이하	0.2	0.2	0.2	0.2	0.2	0.2	0.3	0.3	0.4	0.5	0.6
250초과 315이하	0.3	0.3	0.3	0.3	0.3	0.3	0.3	0.3	0.4	0.5	0.6
315초과 400이하	–	0.3	0.3	0.3	0.3	0.3	0.3	0.3	0.3	0.5	0.6
400초과 500이하	–	–	0.3	0.3	0.3	0.3	0.3	0.3	0.3	0.5	0.6

- 선삭 후 담금질, 템퍼링 처리를 한 후 연삭 다듬질하는 공작물의 지름마다의 연삭여유는 표 4-14의 (2)에 따른다.

(2) 앞 가공 후 담금질, 템퍼링을 하는 것

단위 : mm

끝면으로부터의 거리 l / 지름 D	16이하	16초과 25이하	25초과 40이하	40초과 63이하	63초과 100이하	100초과 160이하	160초과 250이하	250초과 400이하	400초과 630이하	630초과 1000이하	1000초과 1600이하
6초과 10이하	0.2	0.2	0.2	0.3	0.5	–	–	–	–	–	–
10초과 18이하	0.2	0.2	0.2	0.3	0.4	0.5	–	–	–	–	–
18초과 30이하	0.2	0.2	0.2	0.3	0.4	0.5	0.6	–	–	–	–
30초과 50이하	0.2	0.2	0.2	0.3	0.3	0.4	0.5	0.7	–	–	–
50초과 80이하	0.2	0.2	0.2	0.3	0.3	0.4	0.4	0.6	0.8	–	–
80초과 120이하	0.3	0.3	0.3	0.3	0.3	0.3	0.4	0.5	0.7	0.9	–
120초과 180이하	0.3	0.3	0.3	0.3	0.3	0.3	0.4	0.5	0.6	0.8	1.1
180초과 250이하	0.3	0.3	0.3	0.3	0.3	0.3	0.4	0.4	0.6	0.8	1.0
250초과 315이하	0.4	0.4	0.4	0.4	0.4	0.4	0.4	0.4	0.6	0.7	0.9
315초과 400이하	–	0.4	0.4	0.4	0.4	0.4	0.4	0.4	0.5	0.7	0.9
400초과 500이하	–	–	0.5	0.5	0.5	0.5	0.5	0.5	0.5	0.7	0.8

비 고 1. 앞가공 치수의 허용차는 다음에 따른다.
연삭 여유 0.2mm 이하의 경우 ±0.05mm
0.3mm 이상의 경우 ±0.1mm

2. D는 연삭면의 지름의 다듬질 기준 치수로 한다.
l은 연삭면이 축방향의 중앙에 걸쳐 있을 때에는 전 길이의 $\frac{1}{2}$을 l로 하고, 기타의 경우는 가까운 쪽의 축 끝에서 측정한 최대 길이를 l로 한다.

② 앞가공 치수

앞가공 치수는 연삭면 지름의 최대 다듬질 치수의 소수 둘째자리를 반올림하여 소숫점 이하 1자리에서 마무리 한 수치에 앞의 연삭여유를 더한 값으로 한다.

(2) 내면연삭

내면연삭의 앞가공은 선반, 보링머신으로 한다.

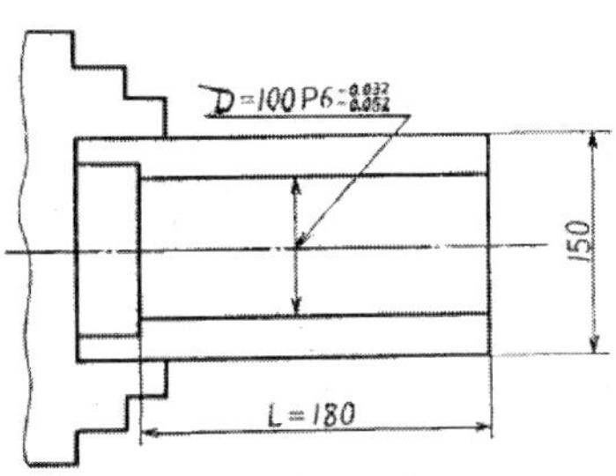

[그림 4-34] 내면 연삭의 보기

① 내면연삭여유

•앞가공 후 열처리를 하지 않고 연삭 다듬질하는 공작물의 지름마다의 연삭여유는 표 4-15 (1)에 따른다.

•앞가공 후 담금질, 템퍼링 처리를 한 후 연삭 다듬질하는 공작물의 지름마다의 연삭여유는 표 4-15 (2)에 따른다.

이 경우에는 반지름 방향의 살 두께는 안지름의 1/10 이상인 것으로 하고, 1/10 미만의 것은 연삭여유를 표 4-15 (2)의 2배까지 크게 할 수 있다.

≪표 4-15≫ 내면의 지름마다의 연삭여유

(1) 앞가공 후 열처리를 하지 않는 것

단위 : mm

지름 D \ 길이 L	10이하	10초과 16이하	16초과 25이하	25초과 40이하	40초과 63이하	63초과 100이하	100초과 160이하	160초과 250이하	250초과 400이하	400초과 630이하	630초과 1000이하
6초과 10이하	0.1	0.2	0.2	–	–	–	–	–	–	–	–
10초과 18이하	0.2	0.2	0.2	0.2	–	–	–	–	–	–	–
18초과 30이하	0.2	0.2	0.2	0.2	0.2	–	–	–	–	–	–
30초과 50이하	0.2	0.2	0.2	0.2	0.2	0.3	–	–	–	–	–
50초과 80이하	0.2	0.2	0.2	0.2	0.2	0.3	0.3	–	–	–	–
80초과 120이하	0.3	0.3	0.3	0.3	0.3	0.3	0.3	0.3	–	–	–
120초과 180이하	0.3	0.3	0.3	0.3	0.3	0.3	0.3	0.3	0.4	–	–
180초과 250이하	–	0.3	0.3	0.3	0.3	0.3	0.3	0.3	0.4	0.4	–
250초과 315이하	–	0.4	0.4	0.4	0.4	0.4	0.4	0.4	0.4	0.5	0.5
315초과 400이하	–	–	0.4	0.4	0.4	0.4	0.4	0.4	0.4	0.5	0.5
400초과 500이하	–	–	–	0.5	0.5	0.5	0.5	0.5	0.5	0.5	0.6

(2) 앞가공 후 담금질, 템퍼링을 하는 것

단위 : mm

지름 D \ 길이 L	10이하	10초과 16이하	16초과 25이하	25초과 40이하	40초과 63이하	63초과 100이하	100초과 160이하	160초과 250이하	250초과 400이하	400초과 630이하	630초과 1000이하
6초과 10이하	0.2	0.2	0.2	–	–	–	–	–	–	–	–
10초과 18이하	0.2	0.2	0.3	0.3	–	–	–	–	–	–	–
18초과 30이하	0.3	0.3	0.3	0.3	0.3	–	–	–	–	–	–
30초과 50이하	0.3	0.3	0.3	0.3	0.3	0.4	–	–	–	–	–
50초과 80이하	0.4	0.4	0.4	0.4	0.4	0.4	0.4	–	–	–	–
80초과 120이하	0.4	0.4	0.4	0.4	0.4	0.4	0.4	0.5	–	–	–
120초과 180이하	0.5	0.5	0.5	0.5	0.5	0.5	0.5	0.5	0.6	–	–
180초과 250이하	–	0.5	0.5	0.5	0.5	0.5	0.5	0.5	0.6	0.7	–
250초과 315이하	–	0.6	0.6	0.6	0.6	0.6	0.6	0.6	0.6	0.7	0.8
315초과 400이하	–	–	0.6	0.6	0.6	0.6	0.6	0.6	0.6	0.7	0.8
400초과 500이하	–	–	–	0.7	0.7	0.7	0.7	0.7	0.7	0.7	0.8

비 고 1. 앞가공 치수의 허용차는 다음에 따른다.
연삭 여유 0.2mm 이하의 경우 ±0.05mm
0.3mm 이상의 경우 ±0.1mm

2. D는 연삭면의 지름의 다듬질 기준 치수로 한다.
L은 연삭면의 전 길이로 한다.

② 앞가공 치수

앞가공 치수는 연삭면 지름의 최소 다듬질 치수의 소수 두 자리를 반올림하여 소숫점 이하 한자리로 마무리한 수치에 연삭여유를 뺀 값으로 한다.

(3) 평면연삭

앞가공은 세이퍼, 플레이너, 밀링머신 등으로 한다.

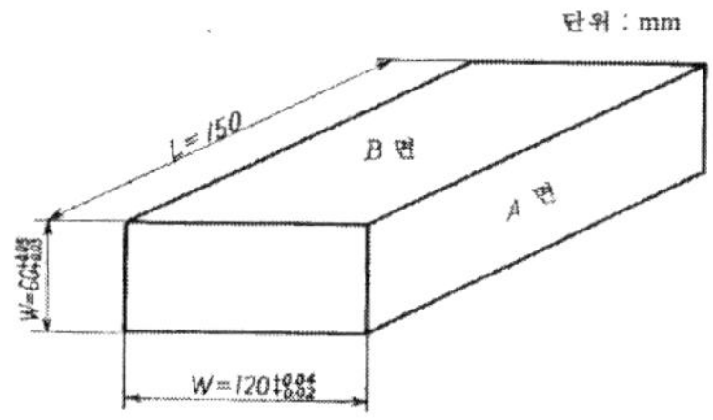

[그림 4-35] 평면연삭의 보기

① 평면연삭여유

•앞가공후 열처리를 하지 않고 연삭 다듬질하는 공작물의 양쪽 면 여유를 합한 연삭여유는 표 4-17의 (1)에 따른다.

•앞가공후 담금질, 템퍼링처리를 한 후 연삭 다듬질하는 공작물의 양쪽 면을 합한 연삭여유는 표 4-17의 (2)에 따른다. 이 경우에는 살 두께는 폭의 1/10이상인 것으로 하고, 1/10미만의 것은 연삭여유를 표 4-17의 (2)에 2배 이내로 할 수 있다.

≪표 4-17≫

(1) 앞가공 후 열처리하지 않는 것

단위 : mm

길이 L / 나비 W	40이하	40超과 63이하	63超과 100이하	100超과 160이하	160超과 250이하	250超과 400이하	400超과 630이하	630超과 1000이하	1000超과 1600이하	1600超과 2500이하	2500超과 4000이하
20이하	0.2	0.2	0.3	0.3	0.3	0.3	—	—	—	—	—
20超과 36이하	0.2	0.2	0.3	0.3	0.3	0.4	0.4	—	—	—	—
36超과 60이하	0.3	0.3	0.3	0.3	0.3	0.4	0.4	0.5	—	—	—
60超과 100이하	—	0.3	0.3	0.3	0.3	0.4	0.4	0.5	0.5	—	—
100超과 160이하	—	—	—	0.4	0.4	0.4	0.4	0.5	0.5	0.6	—
160超과 240이하	—	—	—	—	0.4	0.4	0.4	0.5	0.6	0.6	0.7
240超과 360이하	—	—	—	—	0.5	0.5	0.5	0.5	0.6	0.7	0.8
360超과 500이하	—	—	—	—	—	0.5	0.5	0.5	0.6	0.7	0.8
500超과 630이하	—	—	—	—	—	—	0.6	0.6	0.6	0.7	0.8
630超과 800이하	—	—	—	—	—	—	—	0.6	0.6	0.7	0.8
800超과 1000이하	—	—	—	—	—	—	—	0.7	0.7	0.7	0.8

(2) 앞가공 후 담금질, 템퍼링을 하는 것

단위 : mm

길이 L / 나비 W	40이하	40超과 63이하	63超과 100이하	100超과 160이하	160超과 250이하	250超과 400이하	400超과 630이하	630超과 1000이하	1000超과 1600이하	1600超과 2500이하	2500超과 4000이하
20이하	0.3	0.3	0.4	0.4	0.5	0.5	—	—	—	—	—
20超과 36이하	0.3	0.3	0.4	0.4	0.5	0.5	0.6	—	—	—	—
36超과 60이하	0.4	0.4	0.4	0.4	0.5	0.5	0.6	0.7	—	—	—
60超과 100이하	—	0.4	0.4	0.4	0.5	0.5	0.6	0.8	0.8	—	—
100超과 160이하	—	—	—	0.5	0.5	0.5	0.6	0.8	0.8	1.0	—
160超과 240이하	—	—	—	—	0.6	0.6	0.6	0.8	0.9	1.0	1.2
240超과 360이하	—	—	—	—	0.7	0.7	0.7	0.8	0.9	1.0	1.2
360超과 500이하	—	—	—	—	—	0.8	0.8	0.8	0.9	1.0	1.2
500超과 630이하	—	—	—	—	—	—	0.8	0.9	0.9	1.0	1.2
630超과 800이하	—	—	—	—	—	—	—	0.9	0.9	1.0	1.2
800超과 1000이하	—	—	—	—	—	—	—	1.0	1.0	1.0	1.3

비 고 1. 앞가공 치수의 허용차는 다음에 따른다.
연삭 여유 0.2mm의 경우 ±0.05mm
0.3mm 이상의 경우 ±0.1mm

2. W는 공작물의 나비의 기준 치수로 한다.
L은 공작물의 전길이로 한다.

② **앞가공 치수**

앞가공 치수는 살 두께의 최대 다듬질 치수의 소수 두 자리를 반올림하여 소숫점 이하 한자리로 마무리한 수치에 연삭여유를 더한 값으로 한다.

5.6 중심거리 허용차

기계부분의 두 구멍 간, 두 축간, 두 홈 간, 구멍과 축간, 구멍과 홈 간, 축과 홈 간의 중심거리 허용차이다.

≪표 4-18≫ 중심거리 허용차

(단위 : ㎛)

중심거리 구분(mm)		등 급				
초과	이하	0등급(참고)	1등급	2등급	3등급	4등급
	3	±2	±3	±7	±20	±0.05
3	6	±3	±4	±9	±24	±0.06
6	10	±3	±5	±11	±29	±0.08
10	18	±4	±6	±14	±35	±0.09
18	30	±5	±7	±17	±42	±0.11
30	50	±6	±8	±20	±50	±0.13
50	80	±7	±10	±23	±60	±0.15
80	120	±8	±11	±27	±70	±0.18
120	180	±9	±13	±32	±80	±0.20
180	250	±10	±15	±36	±93	±0.23
250	315	±12	±16	±41	±105	±0.26
315	400	±13	±18	±45	±115	±0.29
400	500	±14	±20	±49	±125	±0.32
500	630	-	±22	±55	±140	±0.35
630	800	-	±25	±63	±160	±0.40
800	1000	-	±28	±70	±180	±0.45
1000	1250	-	±33	±83	±210	±0.53
1250	1600	-	±29	±98	±250	±0.63
1600	2000	-	±46	±120	±300	±0.75
2000	2500	-	±55	±140	±350	±0.88
2500	3150	-	±68	±170	±430	±1.05

5_표면 거칠기

1. 표면 거칠기의 개요

기계가공 과정에서 발생하는 요철을 표면 거칠기라 하며, 이와 관련된 사항은 KS B 0161, 0162에 규정하고 있다.

일반적으로 표면을 매끄럽게 다듬는 것은 비경제적이므로 기계 부품은 반드시 그 사용 목적과 기능에 따라 적절하게 다듬어져야 한다. 따라서 표면 가공정도는 그 사용목적과 다듬질 정도에 따라 아래와 같이 분류한다.

① 정밀 다듬질　　② 상 다듬질
③ 중 다듬질　　④ 거친 다듬질

KS B 0161 규정에서는 표면 거칠기의 표시 방법을 6종류로 규정하고 있으나 도면에는 이중 한 종류의 방법으로 부품의 거칠기 정도(표면 거칠기)를 지시하여야 한다.

도면에 지시되는 거칠기 정도는 다듬면(다듬 여유: 1~4mm)과 흑피면으로 구분하여 도시하고 다듬는 정도를 표시하여야 한다. 조도는 수량으로 나타낸다.

① 최대높이(Ry)　　② 산술 평균 거칠기(Ra)
③ 10점 평균 거칠기(Rz)　　④ 요철의 평균 간격(Sm)
⑤ 국부 산봉우리의 평균 간격(S)　　⑥ 부하 길이율(tp)

✦ 종전에 사용되던 중심선 평균 거칠기($Ra \rightarrow Ra_{75}$ 변경)는 향후 폐지될 예정이다.

1.1 표면 거칠기 용어

(1) 표면 거칠기

대상물의 표면에서 임의로 채취한 각 부분에서의 표면 거칠기를 나타내는 파라미터인 산술 평균 거칠기(Ra), 최대높이(Ry), 10점 평균 거칠기(Rz), 요철의 평균 간격(Sm), 국부 산봉우리의 평균 간격(S), 부하 길이율(tp) 각각의 산술 평균값

(2) 단면곡선(unfiltered profile)

대상물에 직각인 평면으로 대상 면을 절단하였을 때 그 단면에 나타나는 오목, 볼록한 윤곽

(3) 거칠기 곡선

단면곡선에서 소정의 파장보다 긴 표면 굴곡 성분을 위상 보상형 고역 필터로 제거한 곡선

(4) 거칠기 곡선의 컷오프 값(λc)

위상 보상형 고역 휠터의 이득이 50%가 되는 주파수에 대응하는 파장

(5) 거칠기 곡선의 기준길이(l)

거칠기 곡선으로부터 컷오프 값의 길이를 뺀 나머지 부분의 길이

(6) 거칠기 곡선의 평가길이(ln)

표면 거칠기의 평가에 사용하는 기준길이를 하나 이상 포함하는 길이. 표준 값은 기준길이의 5배로 한다.

(7) 여파 굴곡곡선

단면곡선에서 소정의 파장보다 짧은 표면 거칠기의 성분을 위상 보상형 저역 필터로 제거한 곡선.

(8) 거칠기 곡선의 평균선(m)

단면곡선의 표본 부분에서의 여파 굴곡 곡선을 직선으로 바꾼 선

(9) 산

거칠기 곡선에서 기준길이의 시작 및 끝 부분이 평균선의 위쪽에 있는 부분을 산으로 간주한다.

(10) 골

거칠기 곡선에서 기준길이의 시작 및 끝 부분이 평균선의 아래쪽에 있는 부분을 산으로 간주한다.

(11) 봉우리

거칠기 곡선의 산에서 가장 높은 표고점

(12) 골 바닥

거칠기 곡선의 골에서 가장 낮은 표고점

(13) 산봉우리선

거칠기 곡선에서 뽑아낸 기준길이 중 가장 높은 산봉우리를 지나는 평균선에 평행한 선

(14) 골 바닥선

거칠기 곡선에서 뽑아낸 기준길이 중 가장 낮은 골바닥을 지나는 평균선에 평행한 선

(15) 절단 레벨

산봉우리 선과 거칠기 곡선에 교차하는 산봉우리 선에 평행한 선사이의 수직거리

(16) 국부 산

거칠기 곡선의 두 개의 이웃한 극소점 사이에 있는 실체 부분

(17) 국부 골

거칠기 곡선의 두 개의 이웃한 극대점 사이에 있는 실체 부분

(18) 국부 산봉우리

국부 산에서의 가장 높은 표고점

(19) 국부 골바닥

국부 골에서 가장 낮은 표고점

(a)

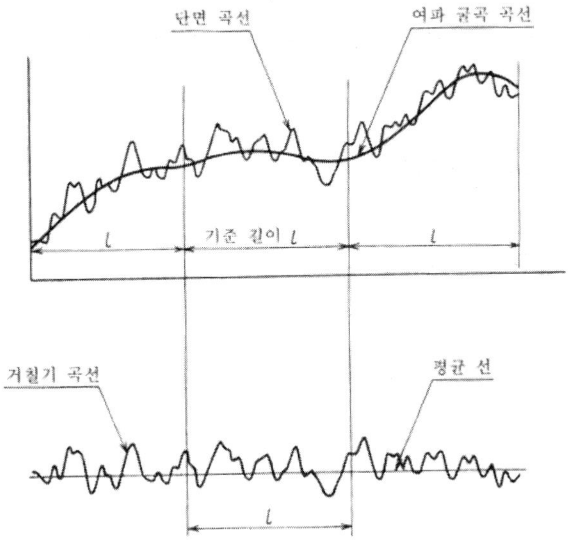

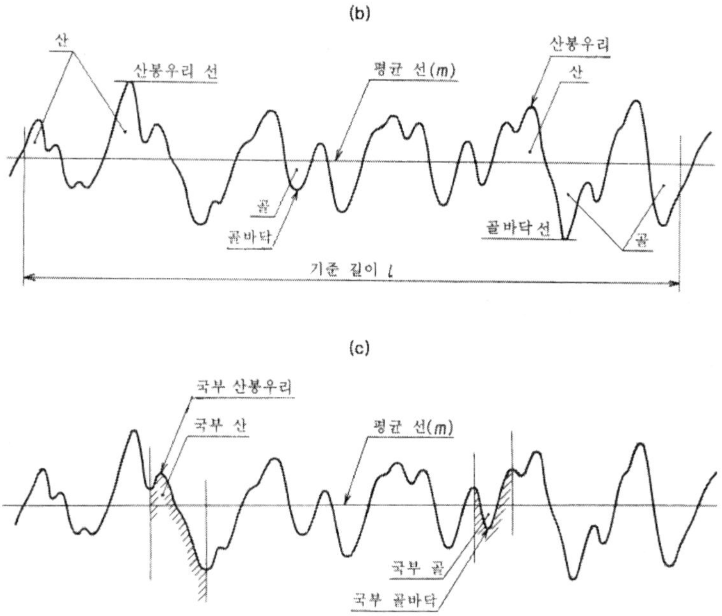

[그림 5-1] 단면곡선, 거칠기 곡선, 평균선, 기준길이, 산, 골, 국부 산 및 국부 골의 설명도

2. 표면 거칠기의 정의와 표시

2.1 산술 평균 거칠기(R_a)

(1) R_a의 정의

R_a는 거칠기 곡선 평균선 방향의 기준길이 l를 표본으로 하였을 경우, 그 표본부분의 평균선 방향에 X축을, 세로 배율 방향에 Y축을 잡아 거칠기 곡선을 $y = f(x)$로 나타냈을 경우 식에 의해 구해지는 R_a의 값을 마이크로미터(㎛) 단위로 나타낸 것을 말한다.

$$R_a = \frac{1}{l}\int_0^l |f(x)|dx \qquad l : \text{기준 길이}$$

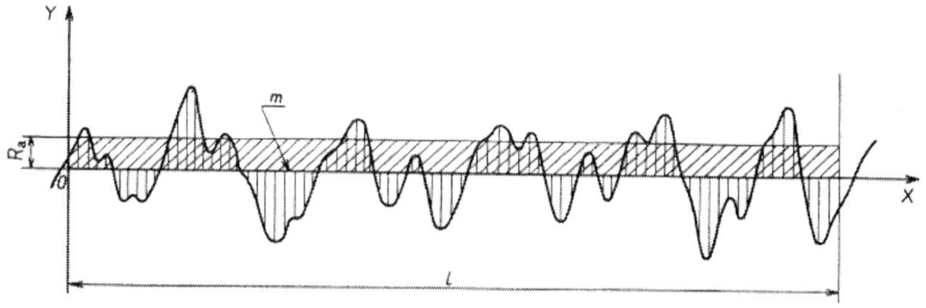

[그림 5-2] R_a를 구하는 방법

① 컷오프값: R_a를 구하는 경우, 컷 오프값은 다음 6종류에서 고른다.

0.08, 0.25, 0.8, 2.5, 8, 25㎜

② 컷오프값의 표준값

R_a를 구하는 경우 R_a의 범위에 대응하는 컷오프값 및 평가길이의 표준값은 표 5-1의 구분에 따른다.

≪표 5-1≫ R_a를 구할 때의 컷오프값 및 평가길이의 표준값

R_a의 범위 (㎛)		컷오프값 λ_c(㎜)	평가 길이 l_n(㎜)
초 과	이 하		
(0.005)	0.02	0.08	0.4
0.02	0.1	0.25	1.25
0.1	2.0	0.8	4
2.0	10.0	2.5	12.5
10.0	80	8	40

비고 : R_a는 먼저 컷 오프값을 설정한 후에 구한다. 표면 거칠기의 값을 표시, 지시하는 경우, 그 때마다 이 값을 지정하는 것은 불편하므로 표 5-1에 나타내는 컷오프값 및 평가길이의 표준값을 사용한다. ( )안은 참고 값이다.

(2) R_a의 표시

① R_a의 호칭 방법

산술 평균 거칠기_____㎛, 컷오프값_____㎜, 평가 길이_____㎜

또는 ______㎛R_a, λ_c_____㎜, l_n_____㎜

② R_a의 표준 수열

R_a에 따라 표면 거칠기를 표시하는 경우에는 표 5-2의 표준 수열을 사용한다.

≪표 5-2≫ R_a의 표준수열

단위 : μm

0.008				
0.010				
0.012	0.125	1.25	**12.5**	125
0.016	0.160	**1.60**	16.0	160
0.020	**0.20**	2.0	20	**200**
0.025	0.25	2.5	**25**	250
0.032	0.32	**3.2**	32	320
0.040	**0.40**	4.0	40	**400**
0.050	0.50	5.0	**50**	
0.063	0.63	**6.3**	63	
0.080	**0.80**	8.0	80	
0.100	1.00	10.0	**100**	

비 고 굵은 글씨로 나타낸 공비 2의 수열을 사용하는 것이 바람직하다.

③ R_a의 구간 표시

R_a를 어느 구간에서 나타내어야 할 경우에는 그 구간의 상한(표시 값의 큰 쪽) 및 하한(작은 쪽)에 상당하는 수치를 표 5-2에서 골라 병기한다.

[보기 1] 상한 및 하한의 컷오프값의 표준값이 같을 경우 : 상한이 6.3㎛R_a, 하한이 3.2㎛R_a일 때의 구간 표시는 (6.3~3.2)㎛R_a로 한다. 이 경우에는 컷오프값으로 2.5㎜를 사용한다.

[보기 2] 상한 및 하한의 컷오프값의 표준값이 다를 경우 : 상한이 12.5㎛R_a 하한이 3.2㎛R_a일 때의 구간표시는 (12.5~3.2)㎛R_a로 한다. 이 경우는 컷오프값을 8㎜로 측정하였을 때의 R_a값이 12.5㎛ R_a이하이고, 컷오프값을 2.5㎜로 측정하였을 때의 R_a의 값이 3.2㎛R_a 이상이라는 것을 의미한다.

[비고 1] 상, 하한에 대응하는 컷오프값을 동일하게 할 경우, 표 5-2의 표준값 이외의 컷오프값을 사용할 경우에는 컷오프값을 병기한다. 보기 2에서 상, 하한에 대응하는 컷오프값을 8㎜로 하였을 경우의 구간 표시는 (12.5~3.2)㎛R_a, λ_c 8㎜로 한다.

[비고 2] 여기서 말하는 상, 하한의 R_a란 지정된 표면으로부터 임의로 뽑아낸 몇 곳의 R_a의 산술평균 값이다. 개개의 R_a의 최대값은 아니다.

2.2 최대높이(R_y)의 정의 및 표시

(1) R_y의 정의

R_y는 거칠기 곡선의 평균선 방향에서 기준길이 l에 대응하는 표본 부분의 산봉우리 선과 골바닥 선의 간격을 거칠기 곡선의 세로 배율 방향으로 측정한 값을 마이크로미터(㎛)로 나타낸 것이다.(그림 5-3)

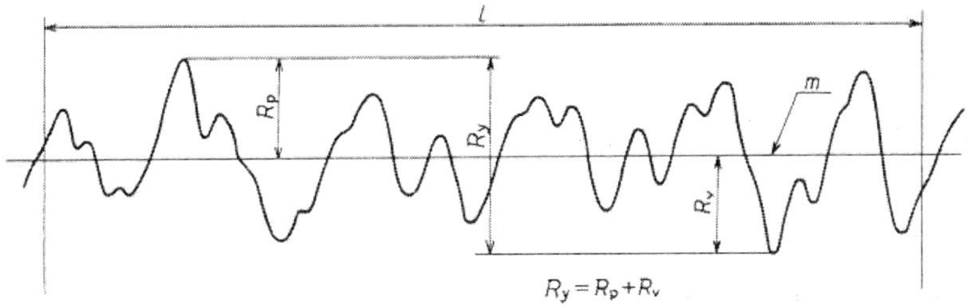

비고 : 위 그림에서 R_p, R_v값은 최대 산봉우리, 국부 골바닥과 평균선(m)과의 차이다.

[그림 5-3] R_y를 구하는 방법

① 기준길이: R_y를 구하는 경우의 기준길이는 다음 6종류에서 고른다.

0.08, 0.25, 0.8, 2.5, 8, 25mm

② 기준길이의 표준 값

R_y를 구하는 경우 R_y의 범위에 대응하는 기준길이 및 평가길이의 표준값은 표 5-3의 구분에 따른다.

≪표 5-3≫ R_y를 구할 때의 기준길이 및 평가 길이의 표준값

R_y의 범위 (㎛)		컷오프값 l (㎜)	평가 길이 l_n (㎜)
초 과	이 하		
(0.005)	0.10	0.08	0.4
0.10	0.50	0.25	1.25
0.50	10.0	0.8	4
10.0	50.0	2.5	12.5
50.0	200.0	8	40

( )안은 참고 값이다.

비고 : R_y는 먼저 기준길이를 설정한 후에 구한다. 표면 거칠기를 표시, 지시하는 경우, 그 때마다 이 값을 지정하는 것은 불편하므로 일반적으로 표 5-3에 나타내는 기준길이 및 평가길이를 표준값으로 사용한다.

(2) R_y의 표시

① R_y의 호칭방법

최대높이____㎛, 기준 길이____㎜, 평가 길이____㎜

또는 _____㎛R_y, l ____㎜, l_n____㎜

[비고 1] 표 5-3에 제시된 기준길이의 표준값을 사용하여 구한 R_y의 값이 표 5-3의 범위에 있는

경우에는 기준길이의 표시를 생략할 수 있다.

평가 길이가 기준길이의 5배, 즉 표 5-3에 제시한 평가 길이의 표준값을 사용하는 경우에는 평가 길이의 표시를 생략할 수 있다.

② R_y의 표준수열

R_y에 따라 표면 거칠기를 표시하는 경우에는 표 5-2의 표준 수열을 사용한다.

≪표 5-4≫ R_y의 표준수열

단위 : μm

	0.125	1.25	**12.5**	125	1 250
	0.160	**1.60**	16.0	160	**1 600**
	0.20	2.0	20	**200**	
0.025	0.25	2.5	**25**	250	
0.032	0.32	**3.2**	32	320	
0.040	**0.40**	4.0	40	**400**	
0.050	0.50	5.0	**50**	500	
0.063	0.63	**6.3**	63	630	
0.080	**0.80**	8.0	80	**800**	
0.100	1.00	10.0	**100**	1 000	

비 고 굵은 글씨로 나타낸 공비 2의 수열을 사용하는 것이 바람직하다.

③ R_y의 구간 표시

R_y를 어느 구간에서 나타내어야 할 경우에는 그 구간의 상한 및 하한에 상당하는 수치를 표 5-4에서 골라 병기한다.

[보기 1] 상한 및 하한의 기준길이의 표준값이 같을 경우 : 상한이 6.3㎛R_y, 하한이 1.60㎛R_y일 때의 구간표시는 (6.3~1.60)㎛R_y로 한다. 이 경우에는 기준 길이로 0.8㎜를 사용한다.

[보기 2] 상한 및 하한의 기준길이의 표준값이 다를 경우 : 상한이 12.5㎛R_y 하한이 1.60㎛R_y일 때의 구간표시는(12.5~1.60)㎛R_y로 한다. 이 경우는 기준길이 2.5㎜로 측정한 R_y의 값은 12.5㎛R_y이하, 기준길이 0.8㎜로 측정한 R_y의 값은 1.60㎛R_y이상이라는 것을 의미한다.

[비고] 1. 상, 하한에 대응하는 기준길이를 동일하게 할 경우, 표 5-3의 표준값 이외의 기준길이를 사용할 경우에는 기준 길이를 병기 한다.

보기 2에서 상, 하한에 대응하는 기준길이를 2.5㎜로 할 때는(12.5~1.60)㎛R_y, l 2.5㎜로 표시한다.

2. 여기서 말하는 상, 하한의 R_y란 지정된 표면으로부터 임의로 뽑아낸 몇 곳의 R_y의 산술 평균값이며, 개개의 R_y의 최대값이 아니다.

2.3 10점 평균 거칠기(R_z)의 정의 및 표시

(1) R_z의 정의

① R_z를 구하는 방법

R_z는 거칠기 곡선 평균선 방향에서 기준길이 l에 대응하는 표본 부분이 평균선(m)으로부터 세로 배율 방향으로 측정한 가장 높은 산봉우리로부터 5번째 산봉우리의 표고(Y_p)의 절대값의 평균값과 가장 낮은 골바닥에서 5번째까지의 골바닥의 표고(Y_v)의 절대값의 평균값과의 합을 구하여, 이 값을 ㎛로 나타낸 것이다.[그림 5-4]

$$R_z = \frac{\left|Y_{p1} + Y_{p2} + Y_{p3} + Y_{p4} + Y_{p5}\right| + \left|Y_{v1} + Y_{v2} + Y_{v3} + Y_{v4} + Y_{v5}\right|}{5}$$

$Y_{p1}, Y_{p2}, Y_{p3}, Y_{p4}, Y_{p5}$: 기준 길이 l에 대응하는 샘플링 부분의, 가장 높은 산봉우리에서 5번째까지의 표고

$Y_{v1}, Y_{v2}, Y_{v3}, Y_{v4}, Y_{v5}$: 기준 길이 l에 대응하는 샘플링 부분의, 가장 낮은 골바닥에서 5번째까지의 표고

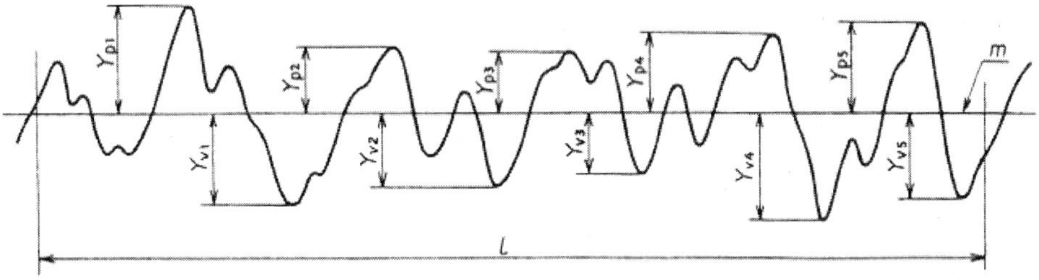

[그림 5-4] 표 5-4 R_z를 구하는 방법

② 기준길이: R_z를 구하는 경우의 기준 길이는 다음 6종류에서 고른다.

0.08, 0.25, 0.8, 2.5, 8, 25㎜

③ 기준길이의 표준값

R_z를 구하는 경우 R_z의 범위에 대응하는 기준길이 및 평가 길이의 표준값은 표 5-5의 구분에 따른다.

≪표 5-5≫ R_z 구할 때의 기준길이 및 평가 길이의 표준값

R_z의 범위 (㎛)		컷오프값 l(㎜)	평가 길이 l_n(㎜)
초 과	이 하		
(0.005)	0.10	0.08	0.4
0.10	0.50	0.25	1.25
0.50	10.0	0.8	4
10.0	50.0	2.5	12.5
50.0	200.0	8	40

(　)안은 참고 값이다.

비고 : R_z는 먼저 기준길이를 설정한 후에 구한다. 표면 거칠기를 표시, 지시를 하는 경우, 그 때마다 이것을 지정하는 것이 불편하므로 일반적으로 표 5-5에 나타내는 기준길이 및 평가길이를 표준값으로 사용한다.

(2) R_z의 표시

① R_z의 호칭방법

10점 평균 거칠기____㎛, 기준 길이____㎜, 평가 길이____㎜

또는 ______㎛R_z, l_____㎜, l_n____㎜

[비고] 1. 표 5-5에 제시된 기준 길이의 표준값을 사용하여 구한 R_z의 값이 표 5-5의 범위에 있는 경우에는 기준 길이의 표시를 생략할 수 있다.

2. 평가 길이가 기준길이의 5배, 즉 표 5-5에 제시한 평가길이의 표준 값을 사용한 경우에는 평가길이의 표시를 생략할 수 있다.

② R_z의 표준수열

R_z에 따라 표준 거칠기를 표시하는 경우에는 표 5-6의 표준 수열을 사용한다.

≪표 5-6≫ R_z의 표준 수열

단위 : μm

	0.125	1.25	**12.5**	125	1250
	0.160	**1.60**	16.0	160	**1600**
	0.20	2.0	20	**200**	
0.025	0.25	2.5	**25**	250	
0.032	0.32	**3.2**	32	320	
0.040	**0.40**	4.0	40	**400**	
0.050	0.50	5.0	**50**	500	
0.063	0.63	**6.3**	63	630	
0.080	**0.80**	8.0	80	**800**	
0.100	1.00	10.0	**100**	1 000	

비 고 굵은 글씨로 나타낸 공비 2의 수열을 사용하는 것이 바람직하다.

③ R_z의 구간 표시

R_z를 어느 구간에서 나타내어야 할 경우에는 그 구간의 상한 및 하한에 상당하는 수치를 표 5-6에서 골라 병기한다.

[보기 1] 상한 및 하한의 기준길이의 표준값이 같을 경우 : 상한이 6.3㎛R_z, 하한이 1.60㎛R_z일 때의 구간표시는 (6.3~1.60)㎛R_z로 한다. 이 경우에는 기준 길이로서 0.8㎜를 사용한다.

[보기 2] 상한 및 하한의 기준 길이의 표준값이 다를 경우 : 상한이 12.5㎛R_z 하한이 1.60㎛R_z일 때의 구간표시는 (12.5~1.60)㎛R_z로 한다. 이 경우, 기준 길이 2.5㎜로 측정한 R_z의 값은 12.5㎛ R_z이하, 기준길이 0.8㎜로 측정한 R_z의 값은 1.60㎛ R_z이상이라는 것을 의미한다.

[비고] 1. 상, 하한에 대응하는 기준 길이를 동일하게 할 경우 : 표 5-5의 표준 값 이외의 기준 길이를 사용할 경우에는 기준 길이를 병기한다. 보기 2.에서 상, 하한에 대응하는 기준 길이를 2.5㎜로 할 경우에는 (12.5~1.60)㎛R_z, l 2.5㎜로 표시한다.

2. 여기서 말하는 상, 하한의 R_z란 지정된 표면으로부터 임의로 뽑아낸 몇 곳의 R_z의 산술 평균값이며, 개개의 R_z의 최대값은 아니다.

2.4 요철의 평균 간격(S_m)의 정의 및 표시

(1) S_m의 정의

① S_m을 구하는 방법

S_m은 거칠기 곡선 평균선의 기준길이 l를 표본으로 하였을 경우, 이 부분에서 하나의 산과 그 것에 이웃한 골에 대응한 평균선의 길이의 합(이하 요철의 간격이라 한다.)를 구하여 이 다수의 요철 간격의 산술 평균값을 mm로 나타낸 것을 말한다.[그림 5-5]

$$S_m = \frac{1}{n}\sum_{i=1}^{n} S_{mi}$$

여기에서, S_{mi} : 요철의 간격

n : 기준 길이 내에서의 요철 간격의 개수

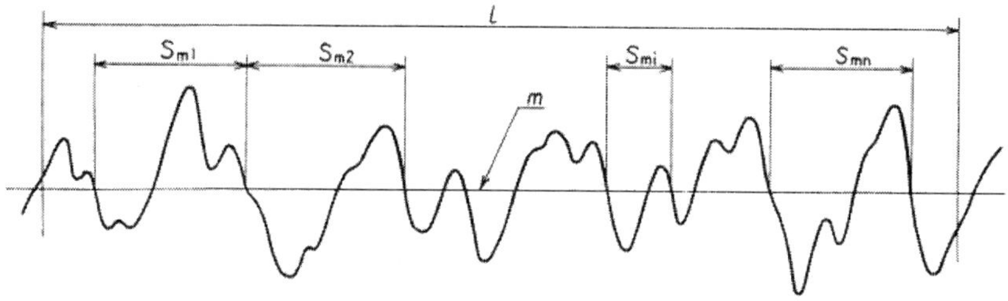

[그림 5-5] S_m을 구하는 방법

② 기준 길이

S_m을 구하는 경우의 기준 길이는 다음 6종류에서 고른다.

0.08, 0.25, 0.8, 2.5, 8, 25mm

③ 기준 길이의 표준값

S_m을 구하는 경우, S_m의 범위에 대응하는 기준길이 및 평가 길이의 표준값은 일반적으로 표 5-7의 구분에 따른다.

≪표 5-7≫ S_m구할 때의 기준길이 및 평가 길이의 표준값

S_m의 범위 (μm)		컷오프값 l(mm)	평가 길이 l_n(mm)
초 과	이 하		
0.013	0.04	0.08	0.4
0.04	0.13	0.25	1.25
0.13	0.4	0.8	4
0.4	1.3	2.5	12.5
1.3	4.0	8	40

비고 : S_m는 먼저 기준길이를 설정한 후에 구한다. 표면 거칠기를 표시, 지시를 하는 경우, 그 때마다 이것을 지정하는 것이 불편하므로 일반적으로 표 5-7에 나타내는 기준길이 및 평가길이를 표준값으로 사용한다.

(2) S_m의 표시

① S_m의 호칭 방법

요철의 평균 간격 ____mm, 기준 길이 ____mm, 평가 길이 ____mm

또는 _____μmS_m, l _______mm, l_n ______mm

[비고] 1. 표 5-7에 제시한 기준 길이의 표준값을 사용하여 구한 S_m의 값이 표에 제시된 S_m의 범위 내에 있는 경우에는 기준 길이의 표시를 생략할 수 있다.

2. 평가 길이가 기준길이의 5배, 즉 표 5-7에 제시한 평가길이의 표준값을 사용한 경우에는 평가길이의 표시를 생략할 수 있다.

② S_m의 표준 수열

S_m에 따라 거칠기를 표시하는 경우에는 표 5-8의 표준 수열을 사용한다.

③ S_m의 구간표시

S_m값을 어느 구간에 나타내야 할 경우에는 그 구간의 상항 및 하한에 상당하는 수치를 표 5-8에서 골라 병기한다.

[보기 1] 상한 및 하한의 기준길이의 표준값이 같을 경우

상한이 0.100mmS_m, 하한이 0.050mmS_m일 때의 구간표시는 (0.100~0.050)mm S_m으로 한다. 이 경우에는 기준 길이로서 0.25mm를 사용한다.

[보기 2] 상한 및 하한의 기준 길이의 표준값이 다를 경우

상한이 0.80mmS_m 하한이 0.20mmS_m일 때의 구간표시는 (0.80~0.20)mm S_m로 한다. 이 경우에는 기준 길이 2.5mm로 측정한 S_m의 값이 0.80mm S_m이하이며, 기준길이 0.8mm로 측정한 S_m의 값이 0.20mm S_m이상이라는 것을 의미한다.

[비고] 1. 상, 하한에 대응하는 기준 길이를 동일하게 할 경우, 표 5-7의 표준값 이외의 기준 길이를 사용할 경우에는 기준 길이를 병기한다. 보기 2에서 상, 하한에 대응하는 기준 길이를 2.5mm로 할 때에는 (0.8~0.20)mmS_m, l 2.5mm로 표시한다.

2. 여기서 말하는 상, 하한의 S_m이란 지정된 표면으로부터 임의로 뽑아낸 몇 곳의 S_m의 산술 평균값이다. 개개의 S_m의 최대값은 아니다.

≪표 5-8≫ S_m 의 표준수열

단위 : mm

	0.0125	0.125	1.25	**12.5**
	0.0160	0.160	**1.60**	
	0.020	**0.20**	2.0	
0.002	**0.025**	0.25	2.5	
0.003	0.032	0.32	**3.2**	
0.004	0.040	**0.40**	4.0	
0.005	**0.050**	0.50	5.0	
0.006	0.063	0.63	**6.3**	
0.008	0.080	**0.80**	8.0	
0.010	**0.100**	1.00	10.0	

비 고 굵은 글씨로 나타낸 공비 2의 수열을 사용하는 것이 바람직하다.

2.5 국부 산봉우리의 평균 간격(S)의 정의 및 표시

(1) S의 정의

① S를 구하는 법

S는 거칠기 곡선 평균선의 기준길이 l를 표본으로 하였을 경우, 이 표본 부분에서 이웃한 국부 산봉우리 사이에 대응하는 평균선의 길이(이하 국부 산봉우리의 간격이라 한다.)를 구하여 이 다수의 국부 산봉우리의 간격의 산술 평균값을 mm로 나타낸 것을 말한다.[그림 5-6]

$$S=\frac{I}{n}\sum_{i=1}^{n}S_i$$

여기에서 S_i : 국부 산봉우리의 간격

n : 기준 길이 내에서의 국부 산봉우리 간격의 개수

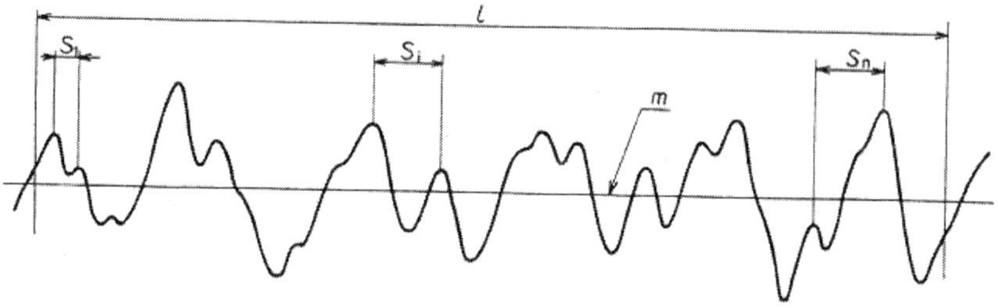

[그림 5-6] S를 구하는 방법

② 기준 길이

S을 구하는 경우의 기준 길이는 다음 6종류에서 고른다.

0.08, 0.25, 0.8, 2.5, 8, 25㎜

③ 기준 길이의 표준값

S을 구하는 경우, S의 범위에 대응하는 기준 길이 및 평가 길이의 표준값은 일반적으로 표 5-9의 구분에 따른다.

≪표 5-9≫ S를 구할 때의 기준길이 및 평가길이

S의 범위 (㎛)		컷오프값 l(㎜)	평가 길이 l_n(㎜)
초 과	이 하		
0.013	0.04	0.08	0.4
0.04	0.13	0.25	1.25
0.13	0.4	0.8	4
0.4	1.3	2.5	12.5
1.3	4.0	8	40

비고 : S는 먼저 기준길이를 설정한 후에 구한다. 표면 거칠기를 표시, 지시하는 경우, 그 때마다 이것을 지정하는 것이 불편하므로 일반적으로 표 5-9에 나타내는 기준길이 및 평가길이를 표준값으로 사용한다.

(2) S의 표시

① S의 호칭 방법

국부 산봉우리의 평균 간격 ___㎜, 기준 길이 ___㎜, 평가 길이 ___㎜

또는 _______㎜S, l _______㎜, l_n ______㎜

비고 1. 표 5-9에 나타내는 기준 길이의 표준값을 사용하여 구한 S값이 표에 제시된 범위에 있을 경우에는 기준 길이의 표시를 생략할 수 있다.

2. 평가 길이가 기준길이의 5배, 즉 표 5-9에 제시한 평가 길이의 표준값을 사용한 경우에는 평가 길이의 표시를 생략할 수 있다.

② S의 표준 수열

S에 의해 표면 거칠기를 표시하는 경우에는 표 5-10의 표준 수열을 사용한다.

≪표 5-10≫ S의 표준수열

단위 : mm

	0.0125	0.125	1.25	**12.5**
	0.0160	0.160	**1.60**	
	0.020	**0.20**	2.0	
0.002	**0.025**	0.25	2.5	
0.003	0.032	0.32	**3.2**	
0.004	0.040	**0.40**	4.0	
0.005	**0.050**	0.50	5.0	
0.006	0.063	0.63	**6.3**	
0.008	0.080	**0.80**	8.0	
0.010	**0.100**	1.00	10.0	

비 고 굵은 글씨로 나타낸 공비 2의 수열을 사용하는 것이 바람직하다.

③ S의 구간표시

S을 어느 구간에 나타내어야 할 경우에는 그 구간의 상항 및 하한에 상당하는 수치를 표 5-10에서 골라 병기한다.

[보기 1] 상한 및 하한의 기준길이의 표준값이 같을 경우:

상한이 0.100㎜S, 하한이 0.050㎜S일 때의 구간표시는 (0.100~0.050)㎜S로 한다. 이 경우에는 기준 길이로서 0.25㎜를 사용한다.

[보기 2] 상한 및 하한의 기준 길이의 표준값이 다를 경우:

상한이 0.80㎜S 하한이 0.20㎜S일 때의 구간표시는 (0.80~0.20)㎜S로 한다. 이 경우에는 기준 길이로서 2.5㎜로 측정한 S의 값이 0.80㎜S이하 이며, 기준길이 0.8㎜로 측정한 S의 값이 0.20㎜S 이상이라는 것을 의미한다.

비고 1. 상, 하한에 대응하는 기준 길이를 동일하게 할 경우

표 5-9의 표준 값 이외의 기준 길이를 사용할 경우에는 기준 길이를 병기한다. 보기 2에서 상, 하한에 대응하는 기준 길이를 2.5㎜로 할 경우에는 (0.8~0.20)㎜S, l 2.5㎜로 표시한다.

2. 여기서 말하는 상, 하한의 S값은 지정된 표면으로부터 임의로 뽑아낸 몇 곳의 S의 산술 평균값이다. 개개의 S의 최대값은 아니다.

2.6 부하 길이율(t_p)의 정의 및 표시

(1) t_p의 정의

① t_p를 구하는 방법

t_p는 거칠기 곡선 평균선 방향의 기준 길이 l을 표본으로 하였을 경우, 이 표본 부분의 거칠기 곡선을 산봉우리 선에 평행한 절단 레벨로 절단하였을 경우에 얻는 절단 길이의 합(부하길이 t_p)을 기준 길이로

나누어 백분율로 표시한 것을 말한다.[그림 5-7]

$$t_p = \frac{\eta_p}{l} \times 100$$

여기서 η_p : $b_1 + b_2 -- + b_n$, l : 기준 길이

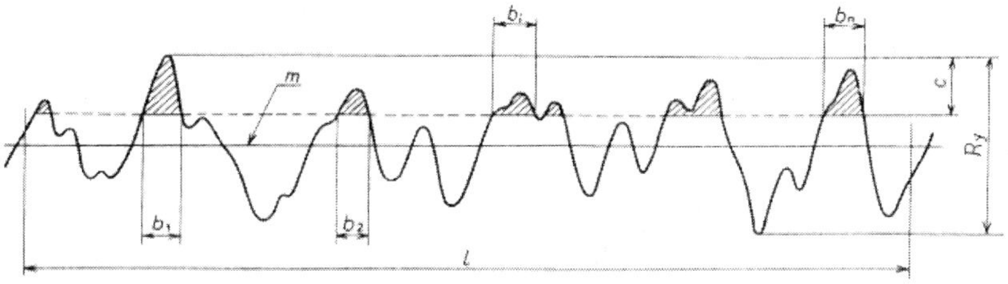

[그림 5-7] t_p를 구하는 방법

② **기준 길이**

t_p을 구하는 경우의 기준 길이는 다음 6종류에서 고른다.

0.08, 0.25, 0.8, 2.5, 8, 25㎜

③ **절단 레벨**

t_p를 구하는 경우의 절단 레벨은 다음 두 가지 방법 중 한 가지에 따른다.

㉠ ㎛ 단위의 수치로 나타낸다.

㉡ R_y에 대한 비를 백분율(%)로 나타낸다. 이 경우, 적용하는 표준 수열은 다음과 같다.

5, 10, 15, 20, 25, 30, 40, 50, 60, 70, 75, 80, 90

비고 : ㉡에 따라 백분율(%)로 c를 나타내는 경우에는 먼저 기준 길이내의 거칠기 곡선에서 R_y를 구하여야 한다.

(2) t_p의 표시

① **t_p의 호칭 방법**

부하 길이율 __%, 절단 레벨 __㎛, 기준 길이 __㎜, 평가 길이 __㎜

또는 ___ %t_p, c __㎛, l ___㎜, l_n ___㎜

또는 부하 길이율 __%, 절단 레벨 __%, 기준 길이 __㎜, 평가 길이 __㎜

또는 ___ %t_p, c __%, l ___㎜, l_n ___㎜

비고 : 기준 길이 및 평가 길이의 표시 생략 방법은 R_y의 경우에 준한다.

② **t_p의 표준 수열**

t_p에 따라 표면 거칠기를 나타내는 경우에는 표 5-11의 표준 수열을 사용한다.

≪표 5-11≫ t_p의 표준 수열

t_p (%)	10	15	20	25	30	40	50	60	70	80	90

③ t_p의 구간 표시

t_p를 어느 구간에 나타내어야 할 경우에는 그 구간의 상항 및 하한에 상당하는 수치를 표 5-11에서 골라 병기한다.

비고 : 상한 및 하한의 기준 길이의 표준값으로서 R_y를 구할 때는 표 5-3에 규정한 값을 이용한다.

[보기 1] 기준 길이가 표준값과 같을 경우

(6.3~1.60)㎛R_y인 경우에는 기준 길이로서 0.8㎜를 사용한다. t_p의 상한이 60%, 하한이 40%일 때의 구간 표시는 (60~40)%t_p, c40%로 한다.

[보기 2] 기준 길이가 다른 경우

t_p의 상한과 하한을 병기함과 동시에 다음과 같이 기준 길이를 부기한다. (60~40)%t_p, c40%, l 2.5㎜

비고 : 여기에서 말하는 상한 및 하한의 t_p란 지정된 표면으로부터 임의로 뽑아낸 몇 곳의 t_p의 산술 평균값이다. 개개의 t_p의 최대값은 아니다.

2.7 중심선 평균 거칠기

국제 규격에 부합하지 않아 향후 폐지될 예정 이다.(종전의 $R_a \rightarrow R_{a75}$로 바뀜)

(ㄱ) R_{a75}를 구하기 위한 거칠기 곡선(75%)

단면 곡선에서 정해진 파장보다 짧은 표면 거칠기의 성분을 감쇠율 -12dB/oct의 고역 필터로 추출한 곡선[이하 거칠기 곡선(75%)라 한다.]

(ㄴ) 거칠기 곡선(75%)의 컷오프값(75%)(λ_{c75})

고역 필터의 이득이 75%가 되는 주파수에 대응하는 파장[이하 컷오프값(75%)이라 한나.

(ㄷ) 거칠기 곡선(75%)의 평균선

거칠기 곡선(75%)의 표본 부분에서 피측정면의 기하학 모양을 가진 직선 또는 곡선으로 거칠기 곡선(75%)까지의 편차의 제곱이 최소가 되도록 설정한 선.

(ㄹ) 거칠기 곡선(75%)의 중심선

거칠기 곡선(75%)의 평균 선에 평행한 직선 또는 곡선과 거칠기 곡선(75%)으로 둘러싸인 면적이 이 직선의 양쪽에서 같아지는 직선 또는 곡선(이하 중심선이라 한다.)

(1) R_{a75}의 정의

① R_{a75}를 구하는 방법

R_{a75}는 거칠기 곡선(75%)으로부터 그 중심선 방향으로 측정 길이(L)의 부분을 뽑아내어 그 표본 부분의 중심선을 X축, 세로축 방향을 Y축으로 하여 거칠기 곡선(75%)을 $y=f(x)$로 나타내었을 때 다음 식에 따라 구해지는 값을 ㎛로 나타낸 것을 말한다.

$$R_{a75}=\frac{1}{L}\int_0^L |f(x)|dr$$

여기에서 L : 측정 길이

② λ_{c75}[컷오프값(75%)]: λ_{c75}는 다음 6종류로 한다.

0.08, 0.25, 0.8, 2.5, 8, 25㎜

③ λ_{c75}의 표준값: λ_{c75}의 표준값은 부속서 표 1의 구분에 따른다.

부속서 표 1 R_{a75}를 구할 때의 λ_{c75}의 표준 값

R_{a75}의 범위 (㎛)		컷오프 값 (75%) λ_{c75} (㎜)
초 과	이 하	
-	12.5	2.5
12.5	100.0	8

비고 : R_{a75}는 먼저 λ_{c75}를 지정한 후에 구한다. 표면 거칠기를 표시, 지시를 하는 경우, 그 때마다 이것을 지정하는 것이 불편하므로 일반적으로 부속서 표 1의 값을 사용한다.

④ 측정 길이: 측정 길이는 λ_{c75}의 3배 이상의 값으로 한다.

(2) R_{a75} 의 표시

① R_{a75}의 호칭 방법

중심선 평균 거칠기(75%)____㎛, 컷오프값(75%)____㎜, 측정길이___㎜

또는 ______㎛R_{a75}, λ_{c75}______㎜, L_____㎜

비고 1. 부속서 표 1에 제시된 λ_{c75}의 표준값을 사용하여 구한 R_{a75}값이 부속서 표 1의 범위에 있는 경우에는 λ_{c75}의 표시를 생략 할 수 있다.

2. 측정 길이가 λ_{c75}의 3배 이상인 경우에는 측정 길이의 표시를 생략할 수 있다.

② R_{a75}의 표준 수열

R_{a75}에 따라 표면 거칠기를 표시하는 경우에는 일반적으로 부속서 표 2의 표준 수열을 사용한다.

부속서 표 2 R_{a75}의 표준수열(㎛)

0.013	0.4	12.5
0.025	0.8	25
0.05	1.6	50
0.1	3.2	100
0.2	6.3	

③ R_{a75}의 구간 표시

R_{a75}를 어느 구간에서 나타내어야 할 때에는 그 구간의 상항 및 하한에 상당하는 수치를 부속서 표 2에서 골라 병기한다.

[보기 1] 상한 및 하한의 λ_{c75}의 표준값이 같을 경우

상한이 6.3㎛R_{a75}, 하한이 1.60㎛R_{a75}일 때의 구간 표시는(6.3~1.60)㎛ R_{a75}로 한다. 이 경우에는 킷오프값(75%)은 0.8㎜를 사용한다.

[보기 2] 상한 및 하한의 λ_{c75}의 표준값이 다를 경우

상한이 25㎛R_{a75} 하한이 6.3㎛R_{a75}일 때의 구간표시는 (25~6.3)㎛R_{a75}로 한다. 이 경우에는 λ_{c75}로서 2.5㎜로 측정한 R_{a75}의 값이 25㎛R_{a75}이하이며, $\mu\lambda_{c75}$ 0.8㎜로 측정한 R_{a75}의 값이 6.3㎛R_{a75} 이상이라는 것을 의미한다.

비고 1. 상, 하한에 대응하는 λ_{c75}를 동일하게 할 경우:

부속서 표 1의 표준 값 이외의 λ_{c75}를 사용할 경우에는 λ_{c75}를 병기한다. 보기 2.에서 상, 하한에 대응하는 λ_{c75}를 2.5㎜로 할 때에는(25~6.3)㎛R_{a75}, λ_{c75} 2.5㎜로 표시한다.

2. 여기서 말하는 상, 하한의 R_{a75}란 지정된 표면으로부터 임의로 뽑아낸 몇 곳의 R_{a75}의 산술 평균 값이다. 개개의 R_{a75}의 최대값은 아니다.

3. 표면 및 거칠기 매개 변수

3.1 진표면

물체를 한정하여 주위의 공간으로부터 그것을 분리한 표면

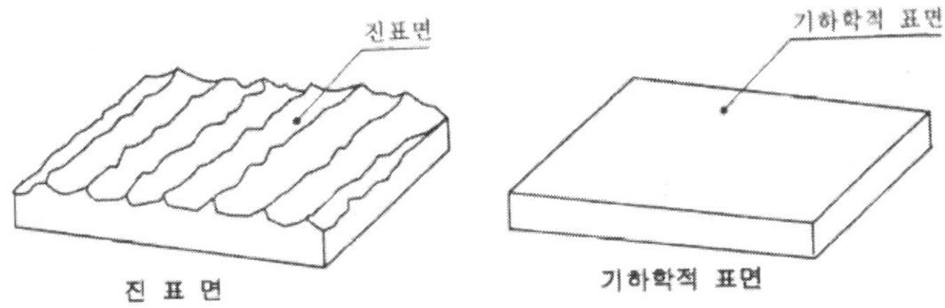

[그림 5-8]

3.2 기하학적 표면

호칭 표면이 도면 또는 기술 문서에 규정된 이상적인 표면

3.3 기준면

표면 거칠기 매개 변수를 결정할 경우 기준으로 하는 면

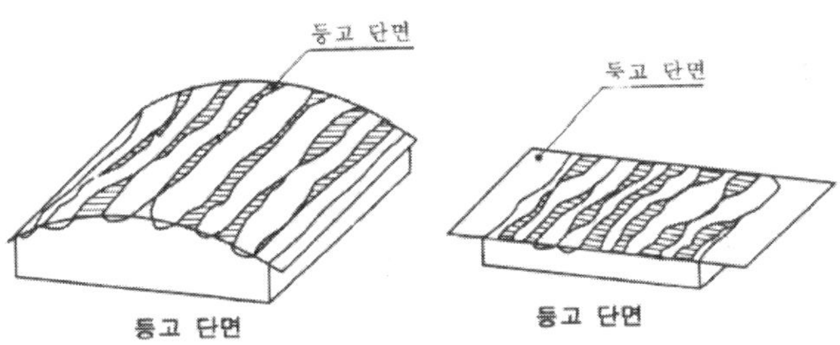

[그림 5-9]

3.4 등고 단면

진표면, 기하학적 표면과 비슷한 모양을 갖고 기준면에 대해 등고의 위치에 있는 등고선도상의 단면.

3.5 표면의 등고선도

어떤 높이에 있는 등고 단면으로 진표면을 절단했을 때의 교선의 선체.

3.6 수직단면

기준면에 대해 사실상 수직인 단면.

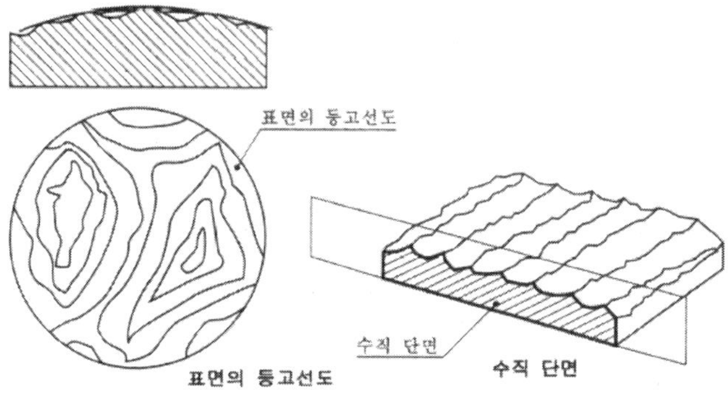

[그림 5-10]

3.7 경사단면

기준면에 대해 경사각을 갖는 단면

3.8 진단면 곡선

진표면과 하나의 평면과의 교선

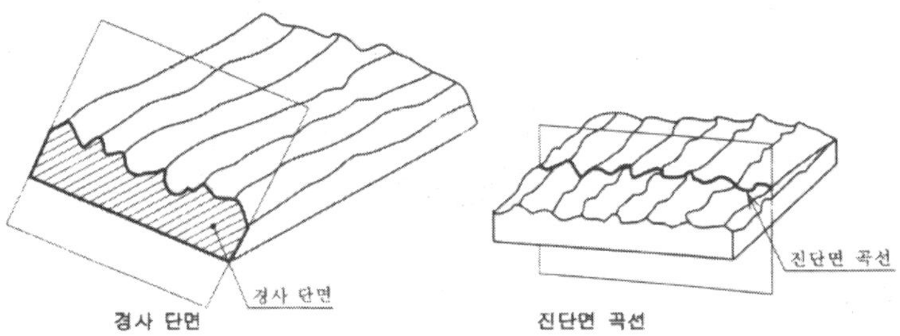

[그림 5-11]

3.9 기하학적 단면곡선

기하학적 표면과 하나의 평면과의 교선

3.10 가로방향의 단면곡선

진표면을 표면 모양의 방향에 대해 수직한 평면으로 절단했을 때 그 절단면에 나타나는 교선

3.11 세로방향의 단면곡선

진표면을 표면의 모양의 방향에 대해 평행한 평면으로 절단했을 때 그 절단면에 나타나는 교선

3.12 기준선

표면 거칠기 매개 변수를 평가할 때 기준으로 주어진 선

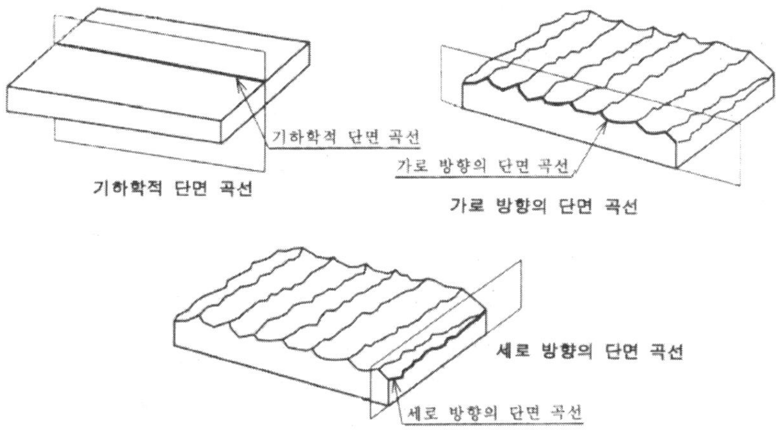

[그림 5-12]

4. 표면의 결 도시방법

공업 분야에서는 기호를 사용하여 도면에 표면의 결에 관한 사항을 지시할 수 있다. 표면의 결 도시방법은 KS B 0617에 규정하고 있다.

4.1 정의 · 기호

(1) 표면의 결

주로 기계 부품, 구조 부재 등의 표면에서의 표면 거칠기, 제거 가공의 필요 여부, 줄무늬 방향, 표면 파상도 등으로 지시한다.

(2) 제거 가공

기계 가공, 또는 이에 준하는 방법에 따라 부품, 부재 등의 표층부를 제거하는 것.

(3) 줄무늬 방향

제거 가공에 의해 생기는 현저한 줄무늬의 방향

4.2 지시사항

표면의 결에 관한 지시는 그 대상물의 표면, 제거 가공의 필요 여부 및 표면 거칠기에 대해 실시한다. 또한, 기능상 필요가 있는 경우에는 그 대상물의 가공 방법, 줄무늬 방향 및 표면 파상도도 지시한다.

4.3 대상면을 지시하는 기호

표면의 결을 지시할 경우에 대상면을 지시하는 기호는 사잇각이 60°인 V자 형상의 꺾인 선으로 한다. (이하 면의 지시 기호라 한다.) 면의 지시 기호는 지시하는 대상면을 나타내는 선에 실체를 향하여 접해서 그린다. [그림 5-13)]

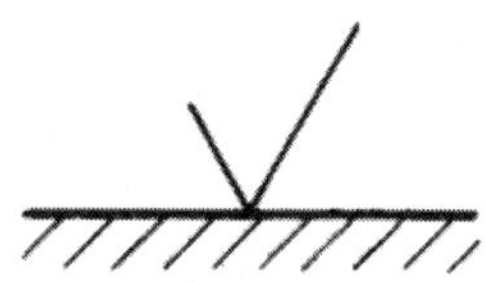

[그림 5-13] 면의 지시기호

4.4 제거가공의 지시방법

(1) 제거 가공을 요하는 것의 지시

면의 지시 기호가 짧은 쪽의 다리 끝에 가로선을 부가한다.[그림 5-14]

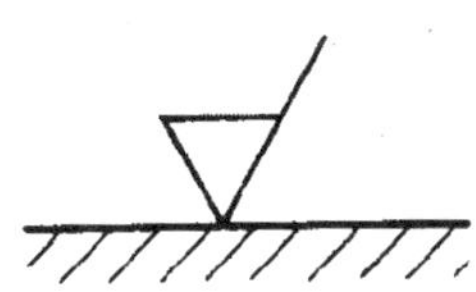

[그림 5-14] 제거 가공을 요하는 면의 지시기호

(2) 제거 가공을 허락하지 않는 것의 지시

면의 지시 기호에 내접하는 원을 부가한다.[그림 5-15]

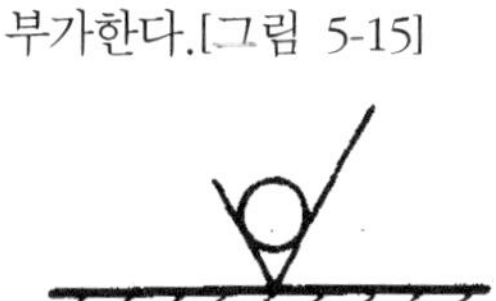

[그림 5-15] 제거 가공을 허락하지 않는 면의 지시기호

비고 : 이 기호는 어느 제작 공정의 공정도에서 이미 다른 방법으로 가공되어 있는 전(前)가공의 상태를 그대로 남기는 것만을 지시하기 위해서 사용하여도 좋다.

(3) 제거 가공의 필요 여부를 묻지 않는 것의 지시

이 경우에는 면의 지시 기호에 표면 거칠기의 지시값 등을 부가하여 사용한다.[그림 5-17 (a)] 다만, 4.8절 (2)의 ②의 도면 기입의 간략한 방법에 따르는 경우는 제외한다.

(4) 가공 방법 등을 기입하기 위한 가로선

가공 방법 등을 기입할 필요가 있을 경우에는 면의 지시 기호가 긴 쪽의 다리에 가로선을 부가한다.[그림 5-16]

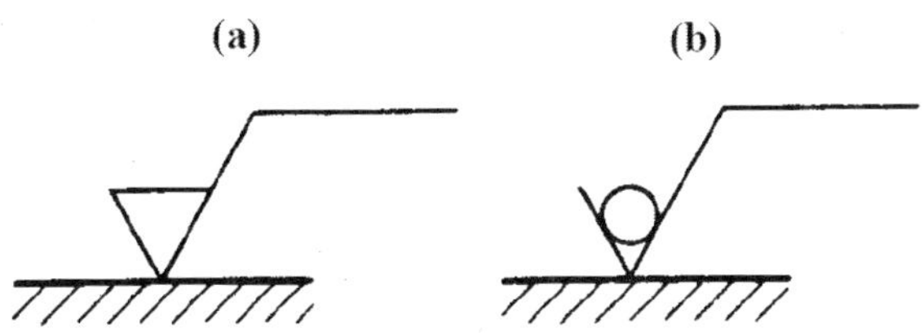

[그림 5-16] 가로선을 부가한 면의 지시기호

4.5 표면 거칠기의 지시 방법

(1) 일반 사항

R_a, R_y, R_z는 ㎛, S_m, S는 mm, t_p는 %로 나타내고, 표면 거칠기의 지시값에는 단위기호의 기입을 생략한다.

비고 : 컷오프값, 기준 길이 등의 단위는 mm이다.

(2) R_a를 지시하는 경우

㈀ 표면 거칠기의 지시값

R_a값은 KS B 0161 참고 표 1에 규정하는 R_a의 표준 수열 중에서 골라 지시한다.

참고 표 1 R_a의 표준 수열(KS B 0161의 표 2)

단위 : μm

	0.012	0.125	1.25	**12.5**	125
	0.016	0.160	**1.60**	16.0	160
	0.020	**0.20**	2.0	20	**200**
	0.025	0.25	2.5	**25**	250
	0.032	0.32	**3.2**	32	320
	0.040	**0.40**	4.0	40	**400**
	0.050	0.50	5.0	**50**	
	0.063	0.63	**6.3**	63	
0.008	0.080	**0.80**	8.0	80	
0.010	**0.100**	1.00	10.0	**100**	

(ㄴ) 표면 거칠기 지시값의 기입 위치

다음 중 하나에 따른다.

㉠ 상한만을 지시하는 경우, 면의 지시 기호의 위쪽 아래 부분에 그 값을 그림 5-17과 같이 기입한다.

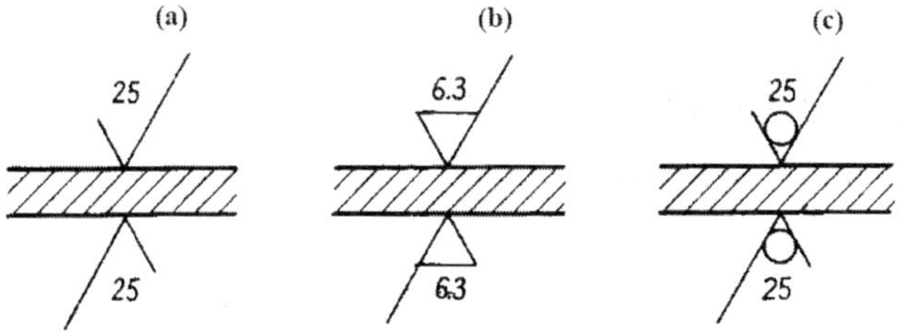

[그림 5-17] R_a의 상한을 지시한 보기

㉡ 상한 및 하한을 지시하는 경우에는 면의 지시 기호의 위쪽[4.8절 (2)의 ②의 도면 기입의 간략 방법에 따를 때에는 아래쪽]에 상한을 위에, 하한을 아래에 나란하게 기입한다.[그림 5-18]

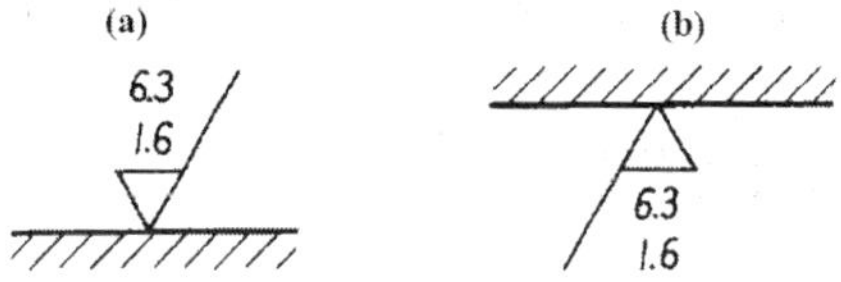

[그림 5-18] R_a의 상한 · 하한을 지시한 보기

(ㄷ) 컷오프값 및 평가 길이의 지시

컷오프값이 표준값이 아닌 경우나 평가길이가 컷오프값의 5배가 아닌 경우, 평가길이를 지시할 필요가 있는 경우에는 면의 지시 기호가 긴 쪽의 가로선 아래에 표면 거칠기의 지시값을 대응시키고, 컷오프값, 평가 길이의 순으로 기입한다.[그림 5-19]

비고 : 아래 KS B 0161의 R_a의 컷오프 값의 표준값 및 평가길이(컷오프값의 5배)를 사용할 때는 컷오프값 및 평가길이의 지시를 생략한다.

R_a를 구할 때의 컷오프값 및 평가길이의 표준값

R_c의 범위 (㎛)		컷오프값 λ_c(㎜)	평가 길이 l_n(㎜)
초 과	이 하		
(0.006)	0.02	0.08	0.4
0.02	0.1	0.25	1.25
0.1	2.0	0.8	4
2.0	10.0	2.5	12.5
10.0	80	8	40

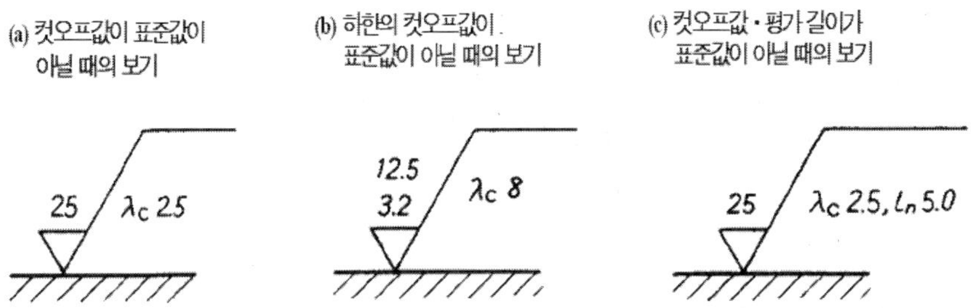

[그림 5-19] 컷오프값 및 평가 길이를 지시한 보기

(3) R_y, R_Z, S_m, S를 지시하는 경우

(ㄱ) 표면 거칠기의 지시값

표면 거칠기의 지시값은 KS B 0161에 규정하는 파라미터의 표준 수열(참고 표 2 및 3 참조)중에서 골라 지시한다.

(ㄴ) 표면 거칠기 지시값 기입 위치

표면 거칠기의 지시값을 면의 지시 기호가 긴 쪽의 가로선 아래쪽에 지시하는 경우, 상한만을 지시하는 경우에는 상한 값만을, 상한 및 하한을 지시하는 경우에는 "상한～하한"과 같이 파라미터의 기호에 연이어서 기입한다.[그림 5-20] (중심선 거칠기의 표면 거칠기 지시값 기입 위치도 동일)

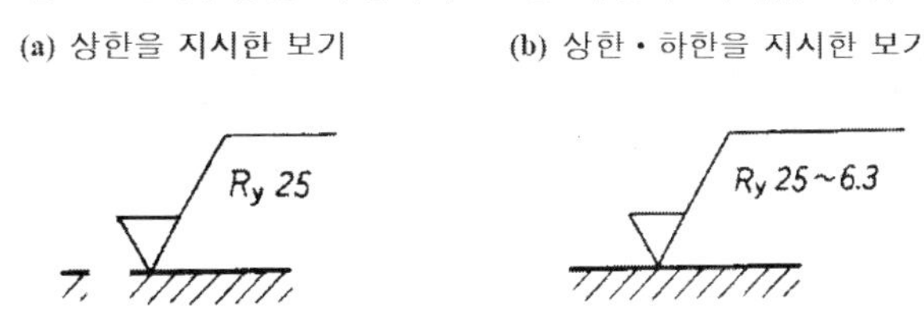

[그림 5-20] R_y를 지시한 보기

(ㄷ) 기준 길이 및 평가길이의 지시

기준 길이 및 평가길이를 지시할 경우에는 표면 거칠기의 지시값의 아래쪽에 그림 5-21과 같이 기입한다. KS B 0161에 규정하는 기준 길이 및 평가 길이를 사용하는 경우에는 일반적으로 이들 길이의 지시는 그림 5-20과 같이 생략한다.

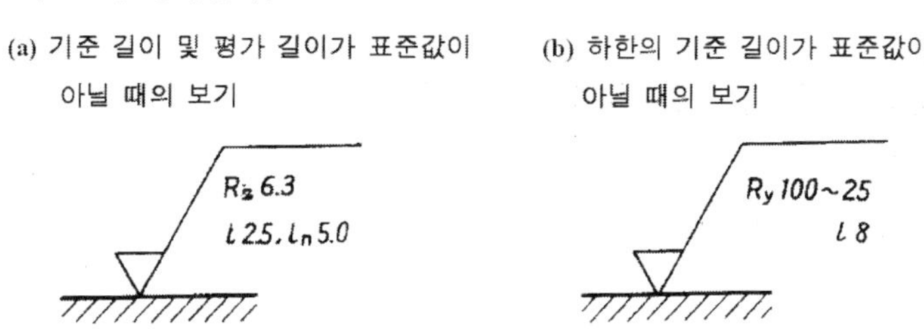

[그림 5-21] 기준길이를 지시한 보기

(4) t_p를 지시하는 경우

㈀ 표면 거칠기의 지시값

KS B 0161 참고 표 4에 규정하는 t_p의 표준 수열 중에서 골라 지시한다.

㈁ 표면 거칠기의 지시값 기입 위치

표면 거칠기의 지시값을 면의 지시 기호가 긴 쪽의 다리 가로선 아래쪽에 하한만을 지시하는 경우에는 하한값만을, 상한 및 하한을 지시하는 경우에는"상한~하한"과 같이 파라미터의 기호에 연이어 그림 5-22과 같이 기입한다.

㈂ 기준 길이 및 평가 길이의 지시

기준 길이 및 평가길이를 지시할 경우에는 표면 거칠기의 지시값의 아래쪽에 기입한다. KS B 0161에 규정하는 기준 길이 및 평가 길이를 사용하는 경우에는 일반적으로 이들 길이의 지시는 생략한다.

㈃ 절단 레벨의 지시

절단 레벨은 어느 한 쪽의 값을 KS B 0161에 규정하는 값 중에서 골라 표면 거칠기의 지시값 뒤에 사선을 그은 후, 기호 c에 연이어 기입한다.

㉠ 산봉우리 선간의 거리 R_y에 대한 비의 값(%), c의 값에 "%"를 부가한다.[그림 5-22 (a) 및 (c)]

㉡ 산봉우리 선간의 거리, ㎛ 단위의 기호는 생략한다.[그림 5-22 (b)]

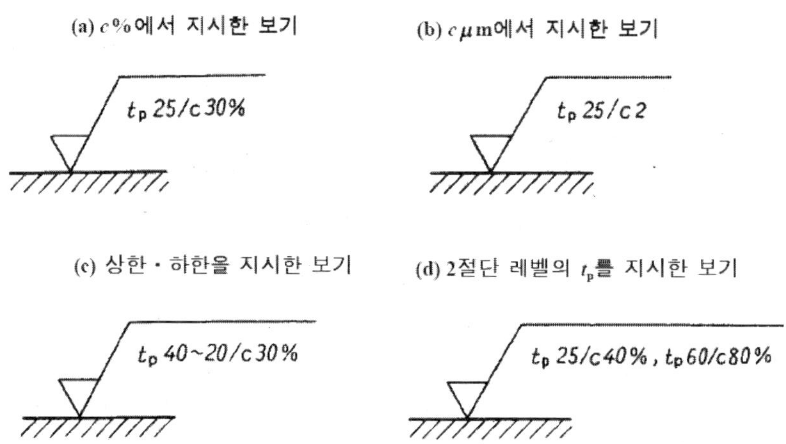

[그림 5-22] t_p를 지시한 보기

(5) 2종류 이사의 파라미터를 지시하는 경우

2종류 이상의 표면 거칠기의 파라미터를 동일 대상면에 지시할 필요가 있는 경우에는, 4.5절의 (2)~(4)에 규정하는 지시 방법을 병용한다.[그림 5-23]

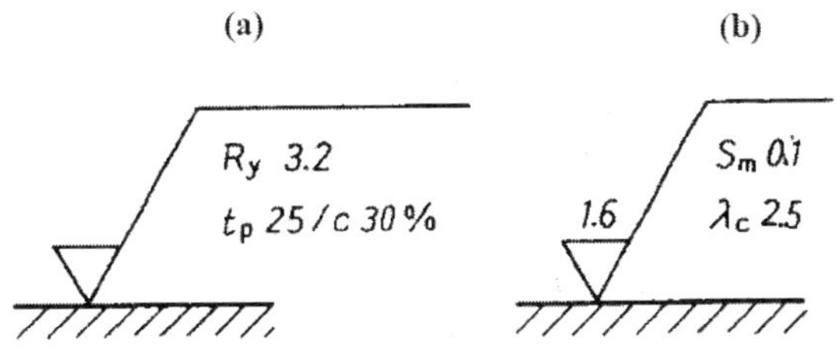

[그림 5-23] 2종류 이상의 파라미터를 지시한 보기

(6) 특수한 지시를 하는 경우

R_y 등의 하한만, t_p 등의 상한만, 특수한 표면 거칠기의 파라미터 등, 4.5절의 (2)~(5)에 따를 수 없는 지시를 할 경우에는 면의 지시 기호가 긴 쪽의 다리에 가로선을 긋고, 그 아래쪽에 참조를 위한 기호를 기입한다. 도면 중의 적절한 개소에 주기를 명기하고, 그림 5-24와 같이 그 기호에 연이어 관련 사항을 지시한다.

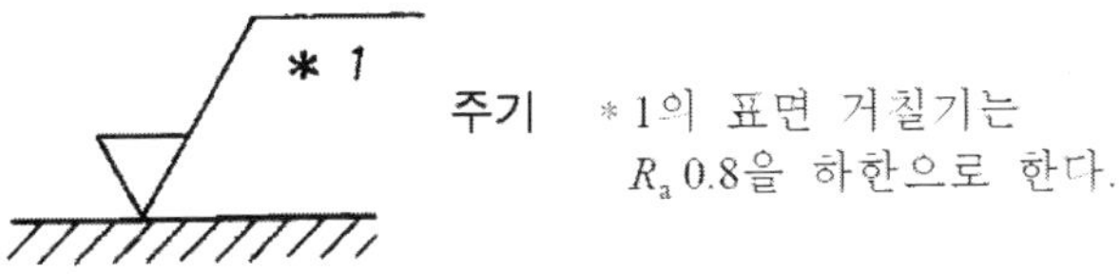

[그림 5-24] 특수한 지시의 보기

4.6 특수한 요구사항의 지시

(1) 가공방법

요구되는 표면의 결을 얻기 위하여 특정 가공 방법(표면 거칠기 포함)을 지시할 필요가 있는 경우에는 면의 지시 기호가 긴 쪽의 다리에 가로선을 긋고 그 위에 문자 또는 KS B 0107 혹은 KS B 0022에서 규정하는 기호로 그림 5-25과 같이 삽입한다. 예로, 표면 처리의 앞과 뒤 양쪽의 표면 거칠기를 지시하는 등, 전(前)가공의 표면 거칠기를 지시할 필요가 있을 경우에는 그림 5-26의 보기에 따르거나 또는 적절한 주기에 따른다.

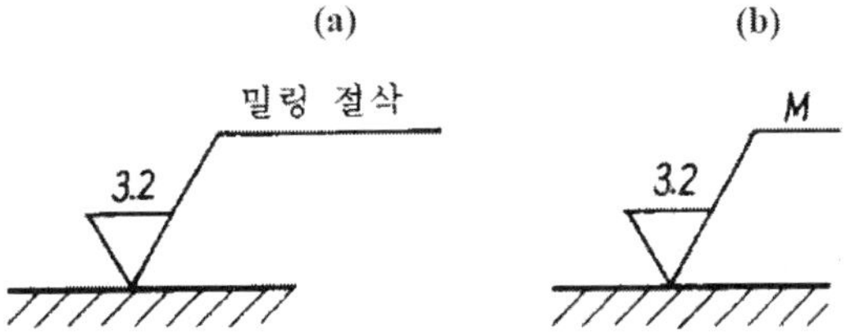

[그림 5-25] 가공방법을 지시한 보기

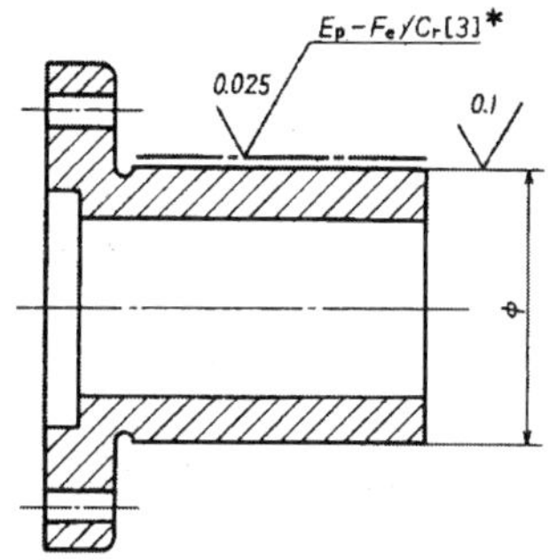

[그림 5-26] 표면처리의 앞 및 뒤의 표면거칠기를 지시한 보기

주* 이 기호는 KS D0022의 표시에 따른다.

(2) 줄무늬 방향

줄무늬 방향을 지시할 필요가 있는 경우에는 표 5-12에 규정하는 기호를 면의 지시 기호의 오른쪽에 부기하여 지시한다.[그림 5-27] 다만, 표 5-12에 규정되어 있지 않은 줄무늬 방향에 대해서는 적절한 주기에 따른다.

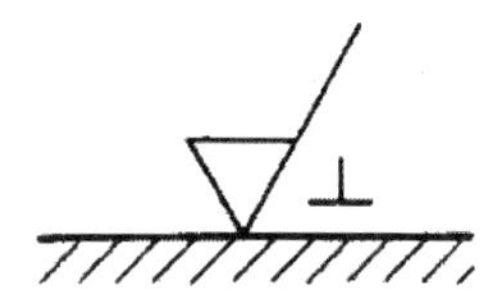

줄무늬 방향을 지시한 보기

[그림 5-27]

4.7 면의 지시 기호에 대한 각 지시 기호의 위치

표면의 결에 관한 지시 기호 중 면의 지시 기호는 그림 5-28과 같이 동일한 위치에 표면 거칠기의 값, 컷오프값 또는 기준 길이, 가공 방법, 줄무늬 방향의 기호, 표면 파상도 등을 나타낸다.

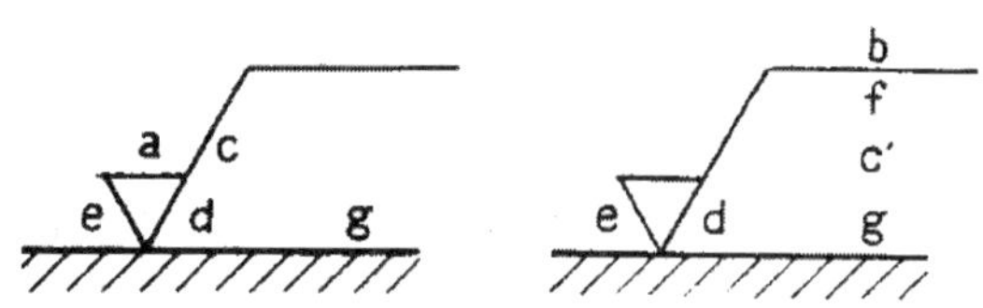

a : R_a의 값

b : 가공 방법

c : 컷오프값 · 평가 길이

c′ : 기준 길이 · 평가 길이

d : 줄무늬 방향의 기호

f : R_a 이외의 파라미터(t_p일 때에는 파라미터/절단 레벨)

g : 표면 파상도(**KS B 0610**에 따른다.)

비 고 a 또는 f 이외는 필요에 따라 기입한다.

☞ 참고 : ISO 1302에서는 그림 16의 e의 개소에 다듬질 여유를 기입한다.

[그림 5-28] 각 지시 기호의 기입 위치

≪표 5-12≫ 줄무늬 방향의 기호

기 호	의 미	설명 그림
=	가공에 의한 컷의 줄무늬 방향이 기호를 기입한 그림의 투영면에 평행 **보 기** 셰이핑면	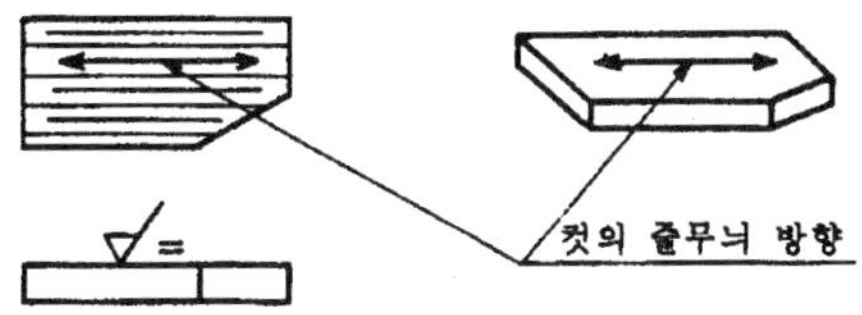
⊥	가공에 의한 컷의 줄무늬 방향이 기호를 기입한 그림의 투영면에 직각 **보 기** 셰이핑면(수평으로 본 상태) 선삭, 원통 연삭면	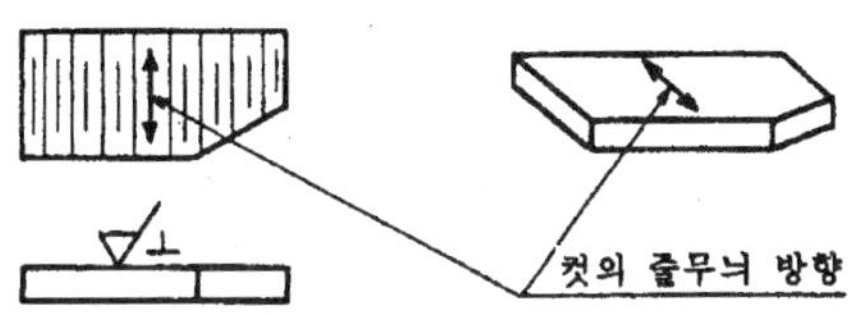
X	가공에 의한 컷의 줄무늬 방향이 기호를 기입한 그림의 투영면에 비스듬하게 2방향으로 교차 **보 기** 호닝 다듬질면	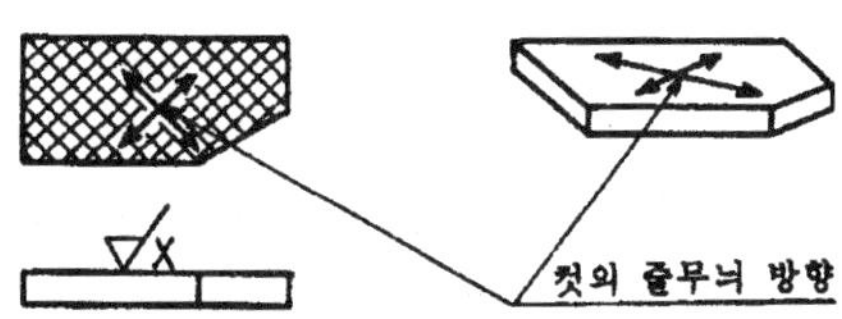
M	가공에 의한 컷의 줄무늬가 여러 방향으로 교차 또는 무방향 **보 기** 래핑 다듬질면, 슈퍼 피니싱면, 가로 이송을 건 정면 밀링 또는 엔드밀 절삭면	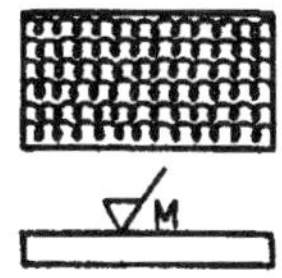
C	가공에 의한 컷의 줄무늬가 기호를 기입한 면의 중심에 대하여 거의 동심원 모양 **보 기** 끝면 절삭면	
R	가공에 의한 컷의 줄무늬가 기호를 기입한 면의 중심에 대하여 거의 방사 모양	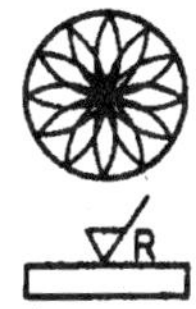

4.8 도면 기입 방법

(1) 도면 기입 방법의 기본

① 기호는 그림 5-29과 같이 도면의 아랫변 또는 오른쪽 변에서 읽을 수 있도록 기입한다.

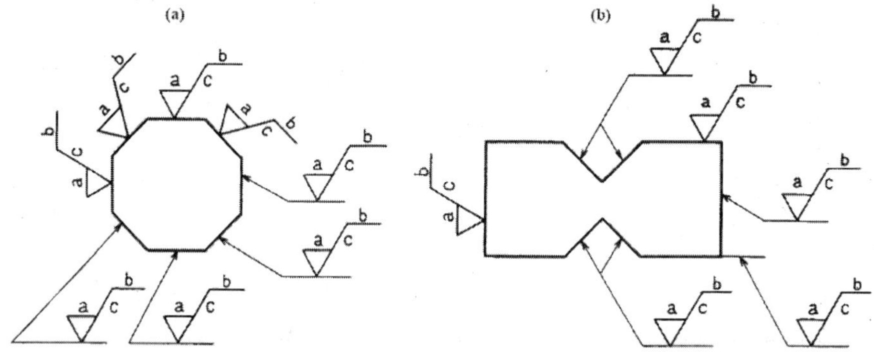

[그림 5-29] 기호의 방향

② R_a의 값만을 지시하는 경우에는 (a)에 따르지 않아도 좋다. 그림 5-30와 같이 표기한다.

③ 면의 지시 기호는 대상면을 나타내는 선, 그 연장선 또는 그것으로부터의 치수보조선에 접하여 실체의 바깥쪽에 기입한다.[그림 5-30 및 5-31]

④ 그림 관계 상, 위 ③에 따를 수 없는 경우에는 대상 면에서 인출한 인출선에 기입하여도 좋다.[그림 5-29의 (b)]

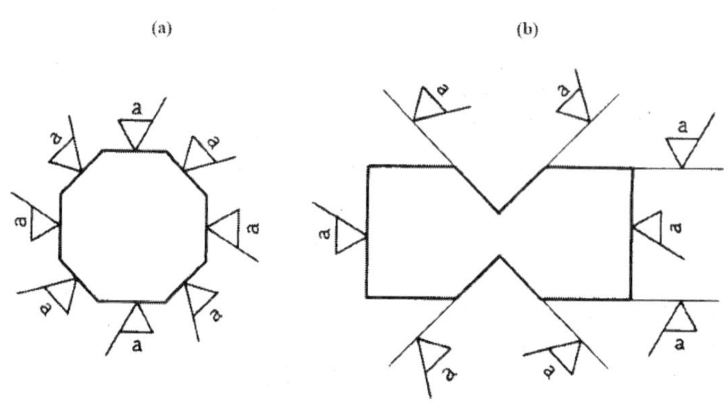

[그림 5-30] R_a만을 지시하는 경우의 기호의 방향

⑤ 둥글기 또는 모떼기에 면의 지시 기호를 기입하는 경우에는 둥글기의 반지름 또는 모떼기를 나타내는 치수선을 연장한 인출선에 기입한다.[그림 5-31]

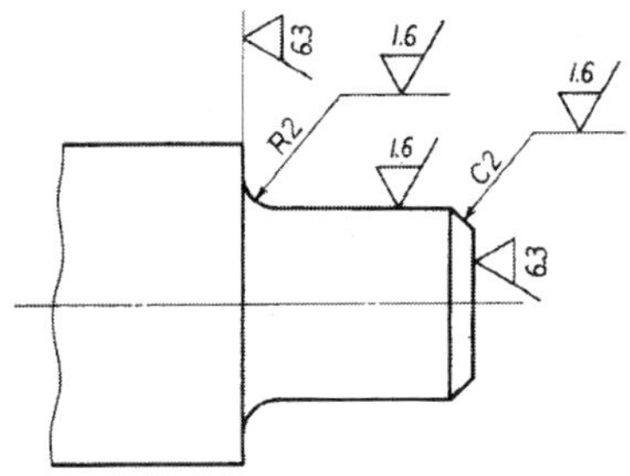

[그림 5-31] 둥글기 · 모떼기에 대한 지시의 보기

⑥ 인출선을 사용하여 구멍의 치수를 나타낼 경우에는 이 지름 치수 다음에 기호를 기입한다.[그림 5-32]

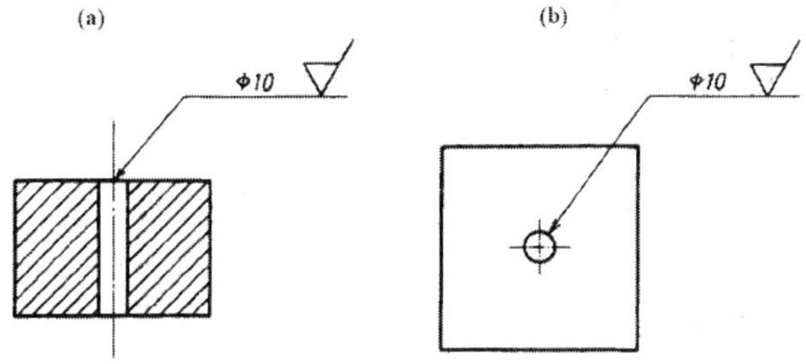

[그림 5-32] 지름 치수의 다음에 기입한 보기

⑦ 표면의 결 기호는 되도록 대상면을 나타내는 치수를 지시한 투영도 위에 기입하고 동일한 면에 대해서는 2개소 이상 기입하지 않는다.[그림 5-33]

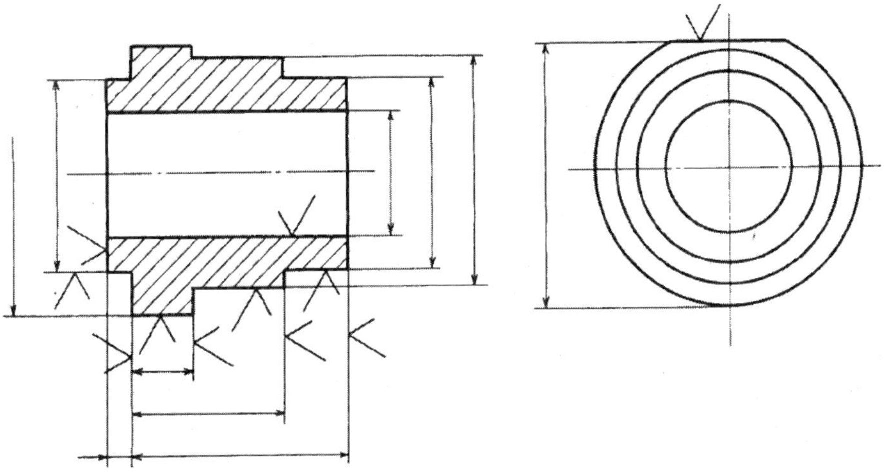

[그림 5-33] 면의 지시 기호의 배치

(2) 도면 기입의 간략한 방법

표면의 결 기호를 도면에 지시하는 경우의 간략한 방법은 다음에 따른다.

① 부품의 전면을 동일한 결로 지정하는 경우에는 결의 기호를 그림 5-34의 (a)와 같이 주 투영도의 곁이나 부품 번호의 곁[그림 5-34 (b)], 또는 표제란의 곁에 기입한다.

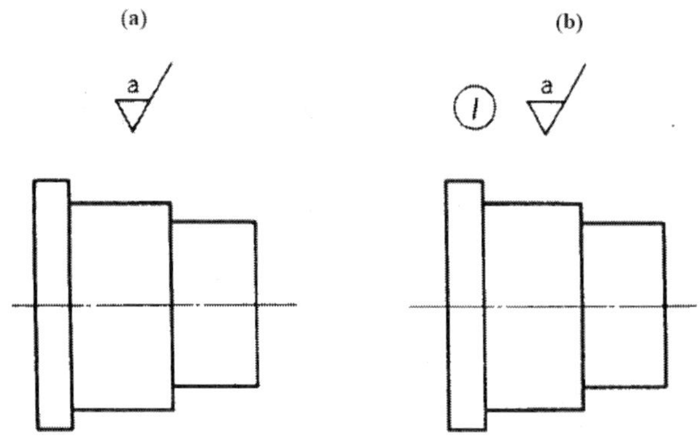

[그림 5-34] 전면 동일한 지시의 간략한 방법의 보기

② 부품의 표면 결 중 일부분만이 다를 경우는, 그 값에 해당하는 기호를 그림과 같이 해당 면 위에 기입하고, 앞 ①의 공통되는 표면의 결 기호 뒤에 괄호를 붙여 면의 지시 기호만을 기입하거나[그림 5-35 (a)], 또는 공통이 아닌 기호를 차례로 기입한다.[그림 5-35 (b)]

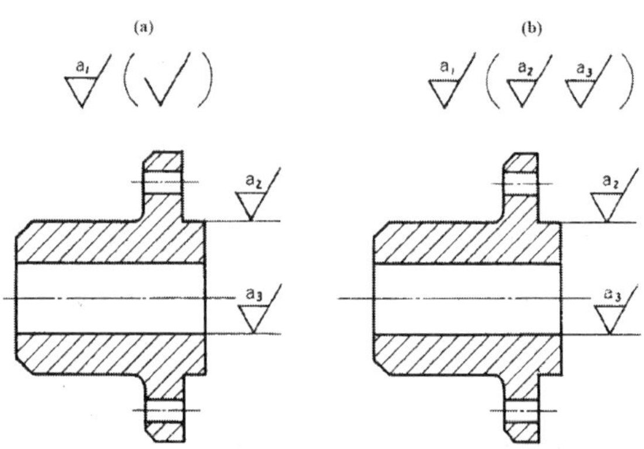

[그림 5-35] 대부분 동일한 지시의 간략한 방법의 보기

③ 표면의 결의 기호가 많은 개소에 반복하여 기입하는 경우나 기입하는 공간이 한정되어 있는 경우에는 그림 5-36과 같이 대상면에 면의 지시 기호와 알파벳의 소문자 부호를 기입하고, 그 의미를 주투상도의 곁이나 부품 번호의 곁 또는 표제란의 곁에 기입한다.

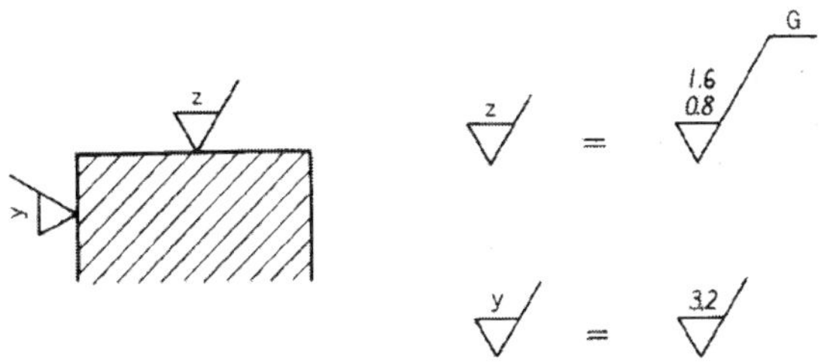

[그림 5-36] 반복 지시의 간략한 방법의 보기

④ 둥글기 또는 모떼기에 면의 지시 기호를 기입하는 경우, 거칠기 값이 접속하는 두 개의 면 중 어느 한쪽의 거친 쪽의 면과 같을 때에는, 이 기호는 생략하여도 좋다.[그림 5-37]

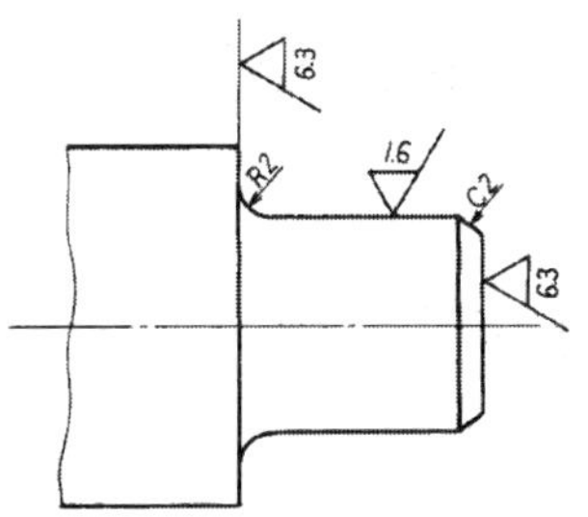

[그림 5-37] 둥글기 · 모떼기에 대한 지시 생략의 보기

🕮 중심선 평균 거칠기(R_{a75})에 따른 표면의 결 도시 방법

1. 정의 · 기호

사용되는 주요 용어의 정의 및 기호는 KS B 0161의 부속서에 따른다.

2. 도시 방법

표면의 결 도시 방법은 다음에 따르는 외에 앞의 4절(KS B 0617 규정)에 따른다.

(1) 표면 거칠기의 지시

R_{a75}에 의한 표면 거칠기의 지시값은 KS B 0161의 부속서에 규정하는 R_{a75}의 표준 수열 중에서 골라 앞의 4.5절 (3)-(ㄴ)에 규정하는 기입 위치에 기입한다. 다만 파라미터의 기호는 "R_{a75}"로 한다.(부속서 그림 1)

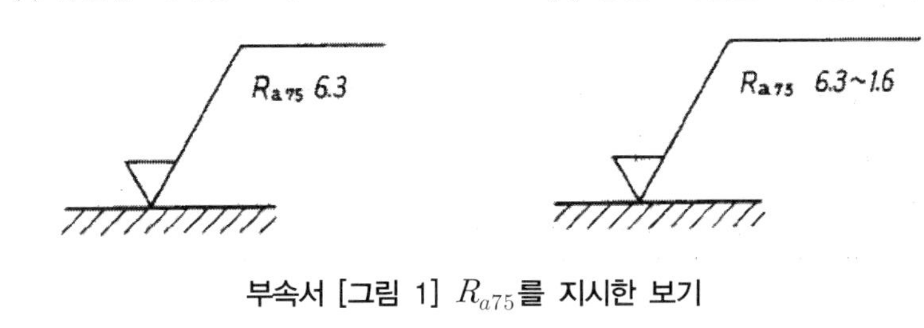

부속서 [그림 1] R_{a75}를 지시한 보기

(2) 컷오프값(75%) · 측정 길이의 지시

컷오프값(75%) · 측정 길이를 지시할 필요가 있는 경우에는 KS B 0161의 부속서에 규정하는 값 중에서 골라 그림 5-21에 따라 기입한다.(부속서 그림 2)

(a) 컷오프값(75%)이 표준값이 아닐 때의 보기

(b) 하한의 컷오프값(75%)이 표준값이 아닐 때의 보기

부속서 그림 2 컷오프값(75%) · 측정길이를 지시한 보기

5. 비교 표면 거칠기 표준편

가공면의 표면 거칠기를 촉각, 시각 등으로 비교 측정할 때의 표준이 되는 비교용 표면 거칠기 표준편(이하 표준편)에 대한 규정(KS B 0507: 2006년 확인)이다.

5.1 용어

(1) 가공모양

기계가공으로 생긴 가공선의 모양

(2) 원형

표준편을 복사·전사 등으로 만들 때의 기본이 되는 면

(3) 표준면

표준편의 표면으로 표면 거칠기를 표시하는 한 면

5.2 표면 거칠기의 범위

표 5.13 최대 높이의 구분치에 따른 비교 표준편의 범위

거칠기 구분치		0.1S	0.2S	0.4S	0.8S	1.6S	3.2S	6.3S	12.5S	25S	50S	100S	200S
표면거칠기의 범위 (μmrmax)	최소치	0.08	0.17	0.33	0.66	1.3	2.7	5.2	10	21	42	83	166
	최대치	0.11	0.22	0.45	0.90	1.8	3.6	7.1	14	28	56	112	224
거칠기 번호		S1	S2	SN3	SN4	SN5	SN6	SN7	SN8	SN9	SN110	SN11	SN12

표 5.14 중심서 평균 거칠기의 구분에 따른 비교 표준편의 범위

거칠기 구분치		0.025a	0.05a	0.1a	0.2a	0.4a	0.8a	1.6a	3.2a	6.3a	12.5a	25a	50a
표면거칠기의 범위 (μmrmax)	최소치	0.02	0.04	0.08	0.17	0.33	0.66	1.3	2.7	5.2	10	21	42
	최대치	0.03	0.06	0.11	0.22	0.45	0.90	1.8	3.6	7.1	14	28	56
거칠기 번호		N1	N2	N3	N4	N5	N6	N7	N8	N9	N10	N11	N12

평균 거칠기 구분치의 경우에는 표 2에 따른다.

비교 1. 표 1 및 표2에 t인 수열은 KSB0106 (표면 거칠기)의 최대높이 및 중심선 평균 거칠기의 범위의 구분치의 표의 공비 2의 수열이다. 표면 거칠기의 범위의 최소치 및 최대치는 다음 식으로 구분한다.

최소치 + 구분치 × 0.83

최대치 + 구분치 × 1.12

유효수치 2자리에서 끝맺음 한다.

2. 다른 구분치의 수열의 표준편이 필요한 경우에는 KS B 0161의 표 2 및 표 5에서 선택하고 이 경우의 표면 거칠기의 범위의 최소치 및 최대치는 비고 1에 따른다.

6. 철강제품의 표면가공 표준

철강제품의 절삭, 연삭, 비절삭, 특수 표면가공에 대해 KS B 0500: 2006년 확인)에 규정한다.

6.1 등급

표면가공의 등급은 KS B 0161에 따라 7등급으로 분류한다.

≪표 5-15≫ 다듬질 기호

등 급	기 호	정 밀 도
0	∼	제거 가공을 하지 않는다.
6	100 S ∼	L8 mm 에서 100 μR_{max} 보다 고운 주조 등의 면
5	50 Z ▽	L8 mm 에서 최대 50μRz 의 제거 가공을 한 면
4	▽▽▽	**KS B 0161** 의 범위에 들어가는 제거 가공을 한 면(약 1.6a)
3	0.8 a ▽▽▽	λc 0.8 mm 에서 최대 0.8 μ Ra 의 제거 가공을 한 면
2	▽▽▽ G	**KS B 0161** 의 범위 내에 들어가는 연삭 가공을 한 면
1	1.6 a ▽▽▽ G 2.5	λc 2.5 mm 에서 최대 1.6 μ Ra 의 연삭 가공을 한 면

다듬질기호	표면 거칠기의 표준 수열		
	중심선 거칠기 R_{a75}	최대높이 Ry	10점 평균 거칠기 Rz
▽▽▽▽	0.2	0.8	0.8
▽▽▽	1.6	6.3	6.3
▽▽	6.3	25	25
▽	25	100	100
～	특별히 규정하지 않음		

6.2 가공 제품

(1) 가공 제품의 종류

가공 제품의 종류는 아래의 표를 원칙으로 한다.

가공의 종류	적용 규격의 보기
절삭 가공	KS B 7012, 7051의 절삭 가공, 기타 절삭 가공품
연삭 가공	KS B 6021의 연삭 가공, 기타 연삭 가공품
비 절삭 가공	KS D 4101, 4105의 비 절삭 가공, 기타 주조, 소성 가공, 용접 등에 따라서 제조된 제품
특수 가공	KS B 3002의 특수 가공, 기타 전조, 전해 연마, 방전 가공, 버니싱 등 초단파 가공에 따라서 제조된 제품

(2) 가공품의 정밀도

㈀ 모양의 정밀도 KS B 0425에 따른다.
㈁ 위치 정밀도 KS B 0420에 따른다.
㈂ 치수 정밀도 KS B 0250, 0413, 0418, 0426, 0427 등에 따른다.
㈃ 표면 거칠기 KS B 0161에 따른다.

(3) 가공법에 따른 표면 거칠기 값

가공 방법	중심선 평균 거칠기(R_{a75})	
	표면 거칠기 값	일반적인 값
주조(Casting)	3.2, 6.3, 12.5, 25, 100	
선삭(Turning)	0.1, 0.2, 0.4(정밀) 0.8, 1.6(상) 3.2, 6.3(중) 12.5, 25, 50, 100(거침)	1.6, 6.3
드릴링(Drilling)	1.6, 3.2, 6.3, 12.5, 25	25
리밍(Reaming)	0.4, 0.8(정밀) 1.6, 3.2, 6.3	1.6
밀링(Milling)	0.8, 1.6(정밀) 3.2, 6.3, 12.5, 25	1.6, 6.3
연삭(Grinding)	0.1(정밀) 0.2, 0.4(상) 0.8, 1.6(중) 3.2, 6.3, 12.5(거침)	0.8, 1.6

✦ 각종 가공법에 따른 거칠기의 범위

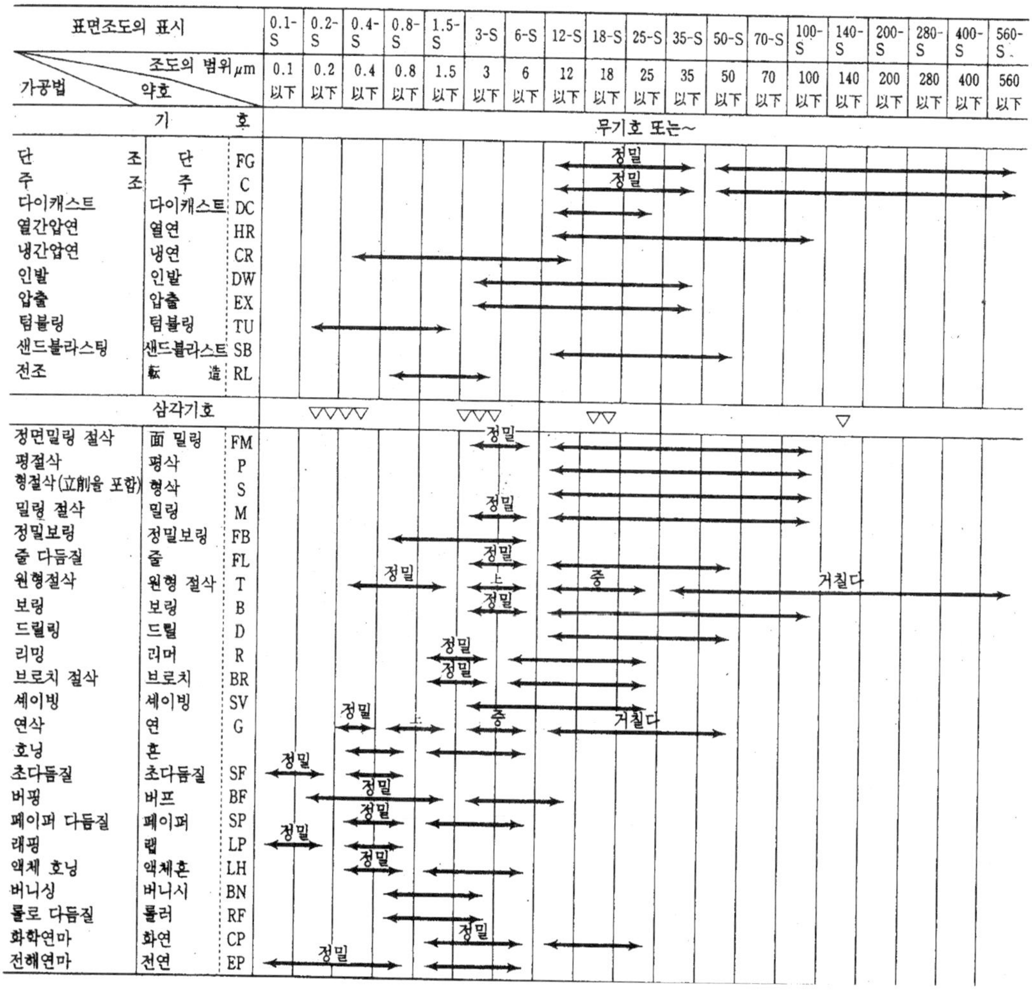

■ 참고: 각종 파라미터의 표준수열

이 참고는 표면 거칠기를 도면에 지시할 때의 편의를 위하여 KS B 0161에 규정하는 각종 파라미터 및 부하 길이율을 위한 절단 레벨의 표준 수열을 재 게재한 것이다. 참고 표 1~3에서 최우선적으로 사용하는 값은 굵은 글씨로 나타내었다.

참고 표 1 R_a의 표준 수열(KS B 0161의 표 2)

단위 : μm

	0.012	0.125	1.25	**12.5**	125
	0.016	0.160	**1.60**	16.0	160
	0.020	**0.20**	2.0	20	**200**
	0.025	0.25	2.5	**25**	250
	0.032	0.32	**3.2**	32	320
	0.040	**0.40**	4.0	40	**400**
	0.050	0.50	5.0	**50**	
	0.063	0.63	**6.3**	63	
0.008	0.080	**0.80**	8.0	80	
0.010	**0.100**	1.00	10.0	**100**	

참고 표 2 R_y 및 R_z의 표준 수열(KS B 0161의 표 4 및 표 6)

단위 : μm

	0.125	1.25	**12.5**	125	1 250
	0.160	**1.60**	16.0	160	**1 600**
	0.20	2.0	20	**200**	
0.025	0.25	2.5	**25**	250	
0.032	0.32	**3.2**	32	320	
0.040	**0.40**	4.0	40	**400**	
0.050	0.50	5.0	**50**	500	
0.063	0.63	**6.3**	63	630	
0.080	**0.80**	8.0	80	**800**	
0.100	1.00	10.0	**100**	1 000	

참고 표 3 S_m 및 S의 표준 수열 (KS B 0161의 표 8 및 표 10)

단위 : mm

	0.012 5	0.125	1.25	**12.5**
	0.016 0	0.160	**1.60**	
	0.020	**0.20**	2.0	
0.002	**0.025**	0.25	2.5	
0.003	0.032	0.32	**3.2**	
0.004	0.040	**0.40**	4.0	
0.005	**0.050**	0.50	5.0	
0.006	0.063	0.63	**6.3**	
0.008	0.080	**0.80**	8.0	
0.010	**0.100**	1.00	10.0	

참고 표 4 t_p의 표준 수열(KS B 0161의 표 11)

t_p(%)	10	15	20	25	30	40	50	60	70	80	90

참고 표 5 t_p의 절단 레벨의 표준 수열[(KS B 0161의 8.1.3 b)] (R_y에 대한 백분율)

c(%)	5	10	15	20	25	30	40	50	60	70	75	80	90

■ 표면 거칠기(KS B 0161) 개정 내용

1. 표면 거칠기 표시 방법이 종전의 3가지에서 7가지로 증가하였다.

2. 1999년 개정에서는 종전(1988)의 최대값 max를 상한으로 바꾸고, 중심선 평균 거칠기 $R_a \rightarrow R_{a75}$로, 거칠기 구분에 따른 표준 수열값에 부가하던 a, s, z를 폐지하였다.

3. 1988년판에서는 $R_{max} = 25S$, $R_z = 100Z$와 같이 기입하도록 되어 있었지만, 이번 개정(1999)에서는 파라미터의 기호 뒤의 등호 및 수치 뒤의 S 또는 Z의 기호를 떼고 단순히 R_y25, R_z100과 같이 기입하기로 하였다.

ISO 1302에서는 ($R_z = 0.4$)와 같이 등호를 사용하고, 괄호를 붙여서 나타내고 있지만, ISO/DIS 1302에서는 괄호 및 번호를 떼고 단순히 $R_z0.4$와 같이 기입하고 있다.

4. 다듬질 기호는 ISO 1302와는 꼭 맞지 않으므로, 아래 표와 같은 면의 지시기호를 사용하는 것이 좋다.

다듬질 기호		표면거칠기 구분값			정 도	사 용 예
		R_a	R_{max}	R_Z		
		특별히 규정하지 않는다			일체의 가공이 없는 자연면	압력에 견뎌야 하는 곳
	～				고운 자연면을 그대로 두고 아주 거친곳만 조금 가공	스패너 자루, 핸들, 휠의 바퀴(주조면, 단조면)
	▽	25a	100S	100Z	가공 흔적이 남을 정도의 막다듬질	드릴가공면, 샤프트의 끝면
	▽▽	6.3a	25S	25Z	가공 흔적이 거의 없는 중다듬질	기어와 크랭크의 측면
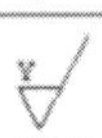	▽▽▽	1.6a	6.3S	6.3Z	가공 흔적이 전혀 없는 상다듬질	게이지의 측정면, 공작기계의 미끄럼면
	▽▽▽▽	0.2a	0.8S	0.8Z	광택이 나는 고급 다듬질	래핑, 버핑에 의한 특수용도의 고급 플랜지면

6_기하공차

기하공차와 관련된 규정은 아래와 같다.

관련 규격	KS B	적용 범위
최대 공차 실체 방식	0242	최대 실체 공차 방식 및 그의 적용에 대해 규정한다. 치수 공차와 기하 공차가 서로 의존하는 부품끼리의 조립을 방해하는 일이 없도록 제조를 용이하게 한다.
기하 공차를 위한 데이텀	0243	기하 공차를 지시할 때에 사용하는 데이텀 및 데이텀계의 도시 방법 및 설정 방법에 대한 규정한다.
기하 편차의 정의 및 표시	0425	대상물의 모양, 자세, 위치 및 흔들림 편차의 정의 및 표시에 대한 규정한다.
기하공차의 도시방법	0608	도면에 있어서 대상물의 모양, 자세, 위치 및 흔들림 공차의 기호에 의한 표시와 그들의 도시 방법에 대한 규정한다.

1. 기하편차

1.1 용어의 정의

(1) 형체의 종류와 정의

① 형체

기하편차의 대상이 되는 점, 선, 축선, 면 또는 중심면.

② 단독 형체

데이텀(datum)에 관계없이 기하편차가 정해지는 형체.

③ 관련 형체

데이텀에 관련하여 기하편차가 정해지는 형체.

④ 데이텀

형체의 자세편차, 위치편차, 흔들림 등을 정하기 위해 설정된 이론적으로 정확한 기하학적 기준. 예를 들어 기하학적 기준이 점, 직선, 축직선, 평면 및 중심평면인 경우에 각각을 데이텀 점, 데이텀 직선, 데이텀 축직선, 데이텀 평면 및 데이텀 중심평면이라 한다.

⑤ 직선 형체

기능상 직선이 되도록 지정된 형체. 예를 들어 평면 형체를 수직인 평면으로 절단하였을 때 절단면에

나타나는 단면 윤곽선, 축선, 원통의 모선, 나이프 에지의 양끝 등

⑥ 축선

직선 형체 중 원통 또는 직방체로 지정된 대상물의 단면 윤곽선의 중심을 연결하는 선.

⑦ 평면 형체

기능상 평면이 되도록 지정된 형체.

⑧ 중심면

평면 형체 중 서로 면대칭이어야 할 두 개의 면 위에서 대응하는 두 개의 점을 연결하는 직선의 중심을 포함하는 면.

⑨ 원형 형체

기능상 원이 되도록 지정된 형체. 예를 들어 평면도형으로서 원이나 회전면의 원형 단면.

⑩ 원통 형체

기능상 원통면이 되도록 지정된 형체.

⑪ 선의 윤곽

기능상 정해진 모양을 갖도록 지정된 표면의 요소로서 외형선.

⑫ 면의 윤곽

기능상 정해진 모양을 갖도록 지정된 표면

(2) 편차의 종류와 표시방법

≪표 6-1≫ 기하편차의 종류와 표시방법

<table>
<tr><th colspan="2">종 류</th><th>적용되는 형체</th><th>비 고</th></tr>
<tr><td rowspan="2">모양편차</td><td>진직도
평면도
진원도
원통도</td><td>단독 형체</td><td rowspan="5">표시방법:
기하편차의 종류
__mm or __㎛

예) 온 흔들림
___mm or __㎛</td></tr>
<tr><td>선의 윤곽도
면의 윤곽도</td><td>단독형체 or
관련형체</td></tr>
<tr><td>자세편차</td><td>평행도
직각도
경사도</td><td rowspan="3">관련형체</td></tr>
<tr><td>위치편차</td><td>위치도
동축도 동심도
대칭도</td></tr>
<tr><td>흔들림</td><td>원주 흔들림
온 흔들림</td></tr>
</table>

→ 편차의 정의는 3.12절의 공차역의 정의을 참고한다.

2. 기하공차를 위한 데이텀

2.1 용어의 뜻

이 규격에서 사용하는 용어의 뜻은 기하공차의 도시방법(KS B 0608), 기하편차의 정의 및 표시(KS B 0425)에 따르는 외에 다음에 따른다.

(1) 데이텀

관련 형체에 기하공차를 지시할 때, 그 공차 영역을 규제하기 위하여 설정한 이론적으로 정확한 기하학적 기준[그림 6-1]이다. 예를 들어 기준이 점, 직선, 축 직선, 평면 및 중심 평면인 경우를 데이텀 점, 데이텀 직선, 데이텀 축 직선, 데이텀 평면 및 데이텀 중심 평면이라고 부른다.

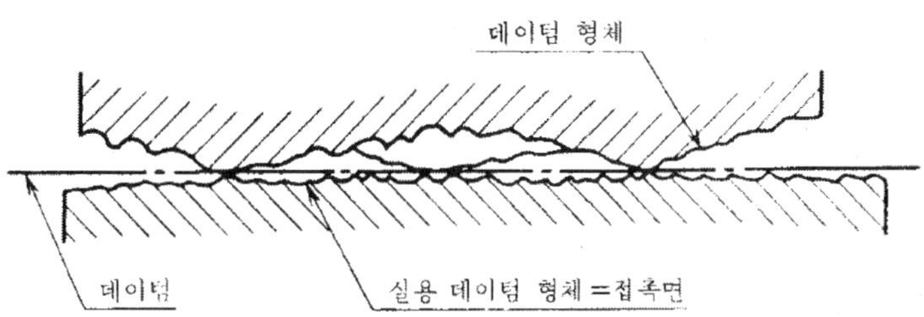

[그림 6-1]

(2) 데이텀 형체

데이텀을 설정하기 위하여 사용하는 대상물의 실제 형체(부품의 표면, 구멍 등).[그림 6-1]

비고 : 데이텀 형체에는 가공 오차 등이 있으므로, 필요에 따라서는 데이텀 형체에 적합한 모양 공차를 지시한다.

(3) 실용 데이텀 형체

데이텀 형체에 접하여 데이텀을 설정할 경우에 사용하는 정밀한 모양을 갖는 실제의 표면(정반, 베어링, 맨드릴 등).[그림 6-1]

비고 : 실용 데이텀 형체는 가공, 측정 및 검사를 할 경우에 지시한 데이텀을 실제로 구체화한 것이다.

(4) 공통 데이텀

2가지의 데이텀 형체에 의해서 설정되는 단일의 데이텀.

(5) 데이텀 시스템(계)

공차를 갖는 형체를 기준으로 하기 위해, 개별로 2가지 이상의 데이텀을 조합시 켜서 사용할 경우의 데이텀 그룹.

(6) 데이텀 표적

데이텀을 설정하기 위해서 가공, 측정 및 검사용 장치, 기구 등에 접촉시키는 대상물 위의 점, 선 또는 한정된 영역.

2.2 기호

데이텀 및 데이텀 표적의 기호는 표 6-2에 따른다.

≪표 6-2≫ 데이텀 및 데이텀 표적의 기호

사 항		기 호 (1)
데이텀을 지시하는 문자 기호		A (사각형 테두리)
데이텀 삼각 기호 (2)		
데이텀 표적 기입 테두리		
데이텀 표적 기호	점	X
	선	X—X
	영 역	

주 (1) 문자 기호 및 수치는 한 보기를 표시한다.
(2) KS B 0608 참조.

2.3 데이텀 또는 데이텀 시스템을 지시할 경우의 기본적 사항

(1) 단일의 데이텀 시스템에 의한 지시

자세 공차, 흔들림 공차 등은 일반적으로 단일의 데이텀과 관련하여 지시한다.

(2) 3평면 데이텀 시스템에 의한 지시

위치 공차는 일반적으로 서로 직교하는 3개의 데이텀 평면과 관련하여 지시한다. 이들 3평면에 의해 구성되는 데이텀 시스템을 3평면 데이텀 시스템이라 한다. 이 경우, 데이텀의 일의성을 고려하여 데이텀의 우선순위를 정해서 지시한다. 3평면 데이텀 시스템을 구성하는 데이텀 평면은 그 우선순위에 따라서 각각 제 1차 데이텀 평면, 제 2차 데이텀 평면 및 제 3차 데이텀 평면이라 한다.[그림 6-4]

이들의 데이텀에 대응하는 실용 데이텀 형체는 각각 제 1 실용 데이텀 평면, 제 2 실용 데이텀 평면 및 제 3 실용 데이텀 평면이라고 한다.[그림 6-3]

비고 : 원통 모양의 대상물에 3평면 데이텀계를 적용할 경우에는 축 직선을 포함하는 서로 직교하는 2 평면과 축 직선에 직교하는 한 평면으로 3평면을 구성한다.[그림 6-4]

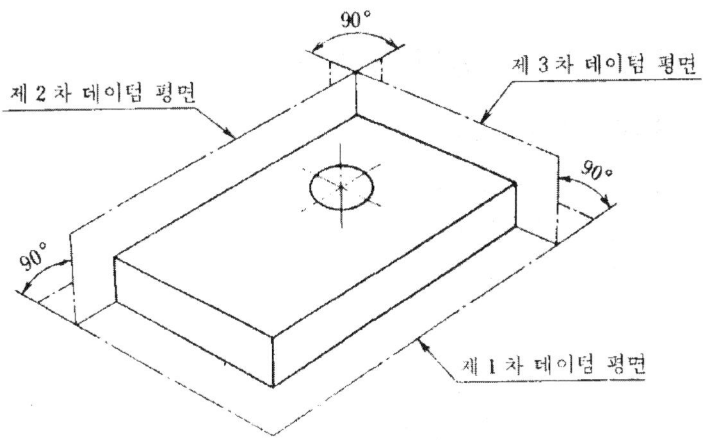

[그림 6-2]

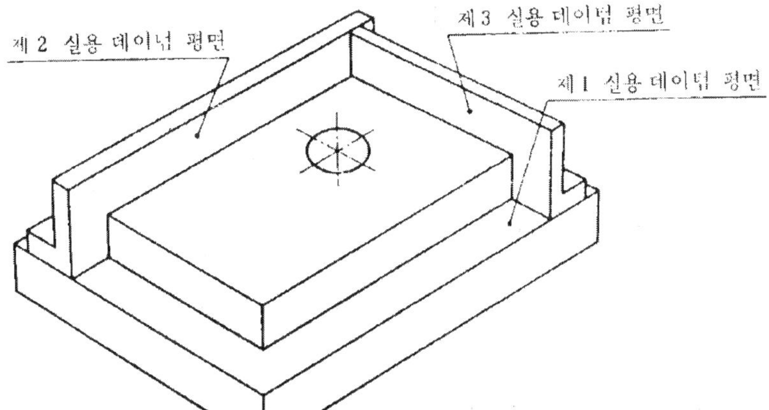

[그림 6-3]

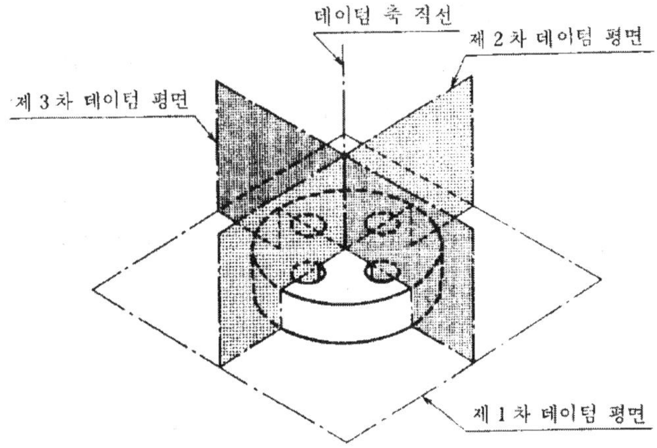

[그림 6-4]

2.4 데이텀 및 데이텀 시스템의 도시방법

(1) 데이텀을 지시하기 위한 도시방법

데이텀을 지시하기 위한 데이텀 기호의 표시방법은 다음에 따른다.

① 데이텀 삼각 기호를 붙이는 방법

데이텀 삼각 기호를 붙이는 방법의 상세는 KS B 0608에 따른다.[그림 6-5, 6]

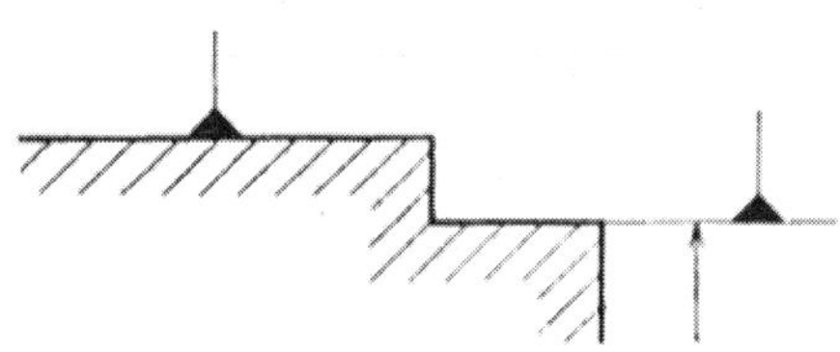

[그림 6-5]

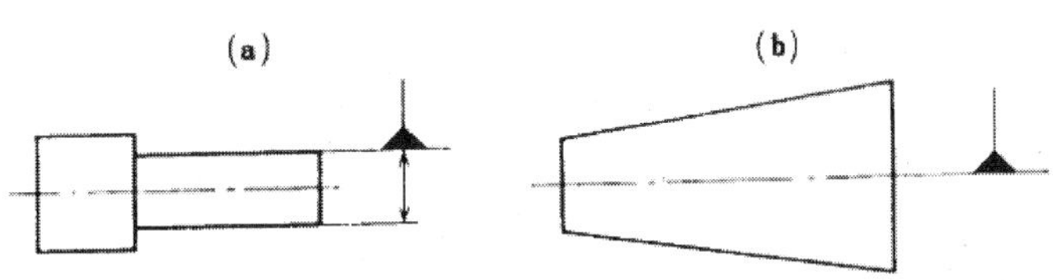

[그림 6-6]

② 문자 기호에 의한 데이텀의 표시방법

문자 기호에 의한 데이텀의 상세 표시방법은 KS B 0608에 따른다.[그림 6-7]

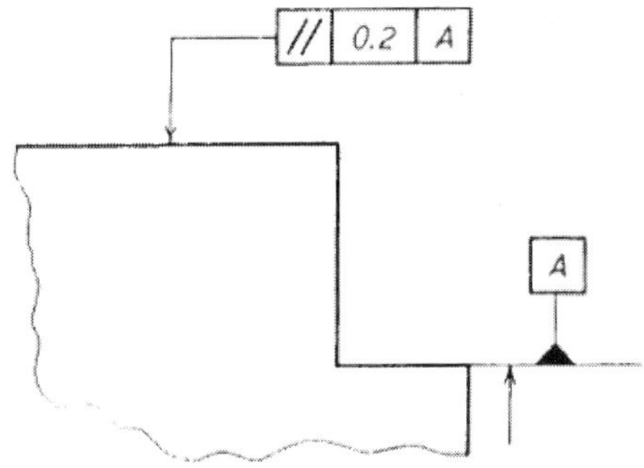

[그림 6-7]

(2) 공차 기입 테두리에 데이텀 문자 기호의 기입방법

데이텀 기호에 의해서 지시한 데이텀과 공차와의 관련을 나타내기 위해서 공차 기입 테두리에 데이텀 문자 기호를 기입하는 방법은 다음에 따른다.

① 하나의 데이텀 형체에 의해서 설정하는 데이텀

데이텀을 하나의 형체에 의하여 설정할 경우에는 그 데이텀은 공차 기입 테두리의 왼쪽에서 세 번째 구획 속에 지시한다.[그림 6-8]

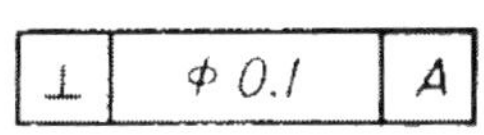

[그림 6-8]

② 2가지의 데이텀 형체에 의해서 설정하는 공통 데이텀

하나의 데이텀을 2가지의 형체에 의해서 설정할 경우에는, 그 데이텀은 하이픈으로 연결한 2개의 문자 기호에 의해서 공차 기입 테두리의 왼쪽에서 세번째 구획 속에 지시한다.[그림 6-9] 도시 보기를 [그림 6-10]에 나타낸다.

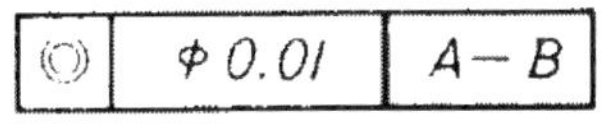

[그림 6-9]

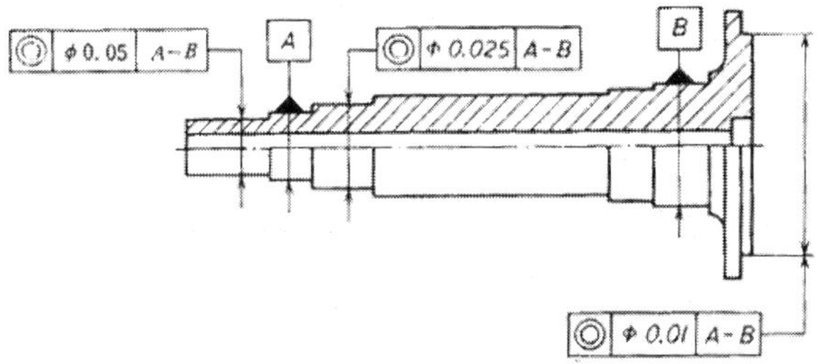

[그림 6-10]

③ 2개 이상의 데이텀에 의해서 설정하는 데이텀계

2개 이상의 데이텀을 조합하여 설정하는 데이텀 시스템인 경우, 이들의 데이텀은 공차 기입 테두리의 왼쪽에서 세 번째 이후의 구획 속에 우선순위에 따라 기입한다.[그림 6-11] 도시 보기를 [그림 6-12]의 (a), (b)에 나타낸다.

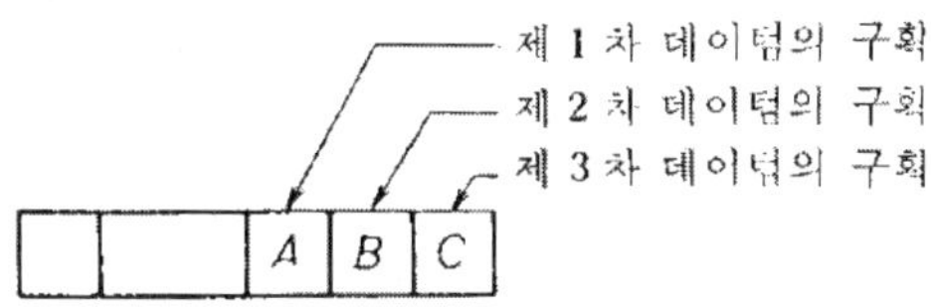

[그림 6-11]

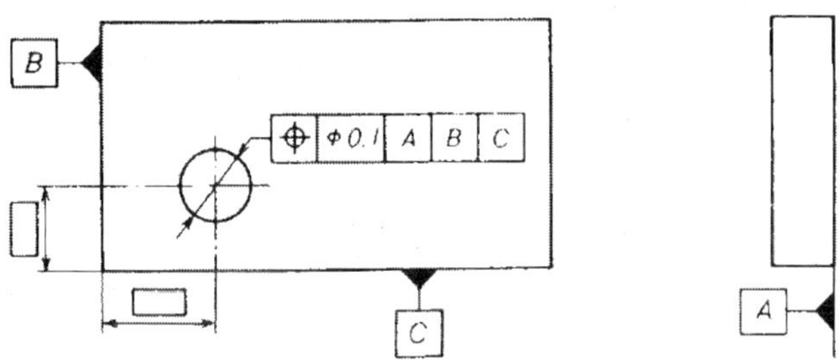

[그림 6-12의 (a)]

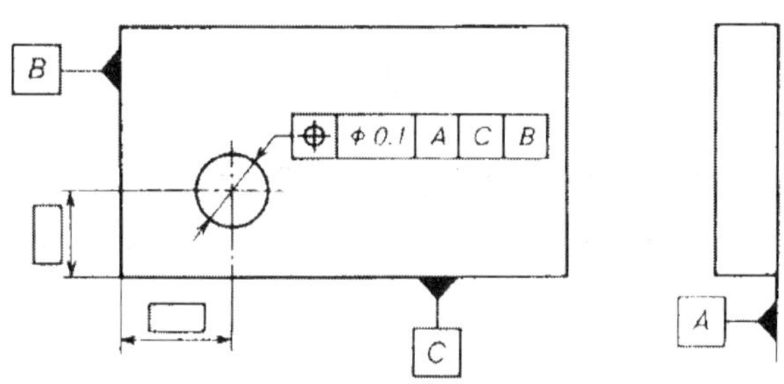

[그림 6-12의 (b)]

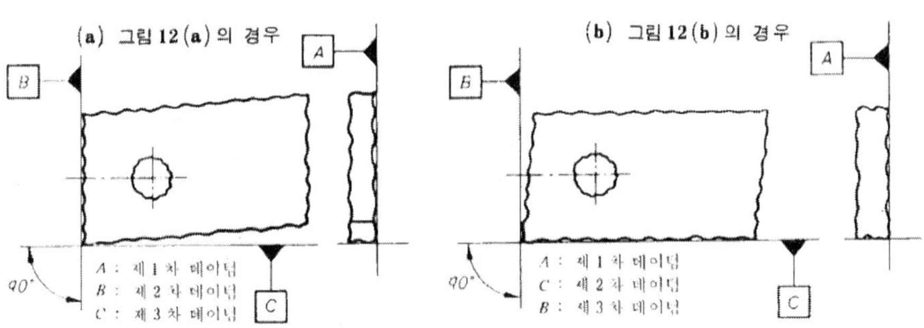

[그림 6-13]

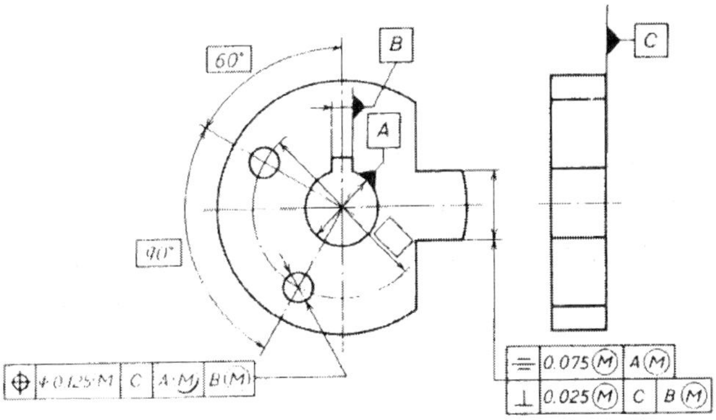

[그림 6-14]

2.5 데이텀 표적의 도시방법

(1) 데이텀 표적을 지시할 경우의 기본적 사항

데이텀 형체가 면인 경우에는 그 면이 이상적인 모양과 크게 다를 경우가 있다. 이 경우, 온 표면을 데이텀 형체로서 지시하면 가공, 검사 등을 할 때 측정에 큰 오차가 생기거나 반복성, 재현성이 나빠지는 경우가 있다.[그림 6-15, 6-16] 이들을 방지하기 위해서 데이텀 표적을 지시한다.

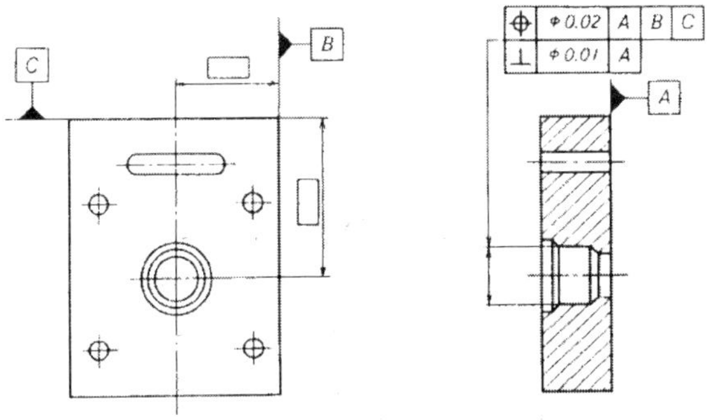

[그림 6-15]

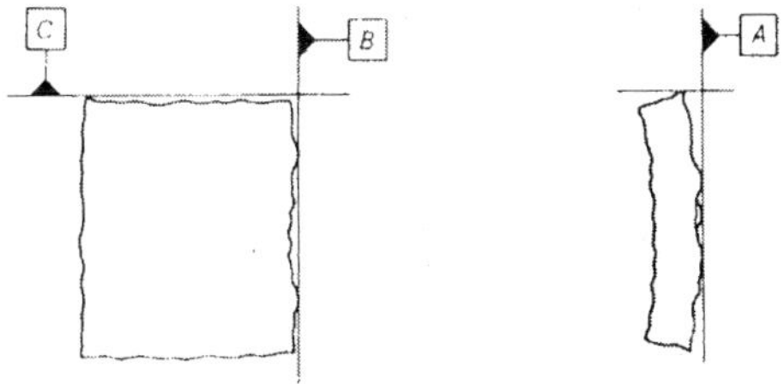

[그림 6-16]

(2) 데이텀 표적을 도시할 경우에 사용하는 기호

데이텀 표적의 도시는 다음의 데이텀 표적 기입 테두리, 문자기호 및 데이텀 표적기호에 따른다.

① 데이텀 표적 기입 테두리 및 문자기호

데이텀 표적은 가로선으로 2개 구분한 외형의 테두리(데이텀 표적 기입 테두리)에 의해 도시한다. 데이텀 표적 기입 테두리 하단에는 형체의 데이텀을 지시하는 문자 기호 및 데이텀 표적의 번호를 나타내는 숫자를 기입한다. 상단에는 보조사항(예: 표적의 크기)을 기입한다.[그림 6-17 (a)] 보조사항을 데이텀 표적기입 테두리 속에 다 기입할 수 없는 경우에는 테두리의 바깥쪽에 표시하고, 인출선을 그어 테두리와 연결한다.[그림 6-17 (b)]

데이텀 표적 기입 테두리는 화살표를 붙인 인출선을 그어 데이텀 표적을 지시하는 기호(이하 데이텀 표적기호라고 한다.)와 연결한다. 도시의 보기를 [그림 6-21, 22]에 나타낸다.

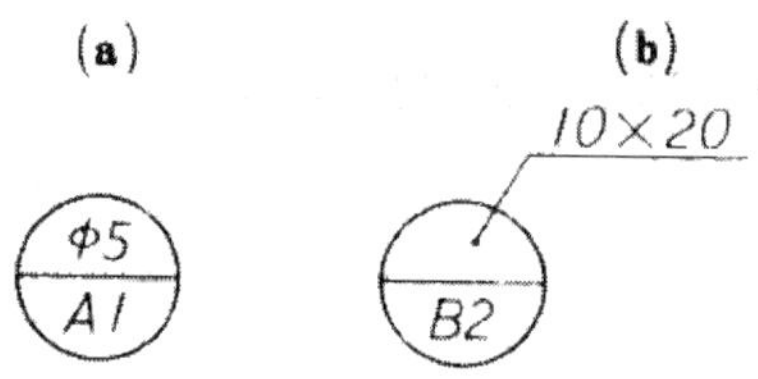

[그림 6-17]

② 데이텀 표적 기호

데이텀 표적 기호는 표 6-3에 따른다.

≪표 6-3≫ 데이텀 표적 기호

용도		기호	비고
데이텀 표적이 점일 때			굵은 실선인 ×표로 한다.
데이텀 표적이 선일 때			2개의 ×표시를 가는 실선으로 연결한다.
데이텀 표적이 영역일 때	원인 경우		원칙적으로 가는 2점쇄선으로 둘러싸고 해칭을 한다. 다만, 도시하기 곤란한 경우에는 2점쇄선 대신에 가는 실선을 사용해도 좋다.
	직사각형인 경우		

비 고 1. 데이텀 표적 기호는 데이텀 표적을 도시한 표면을 알기 쉬운 투영도로 표시한다.
2. 데이텀 표적의 위치는 주 투영도에 도시하는 것이 좋다(그림 6-18, 그림 6-19, 그림 6-20).

점의 데이텀 표적

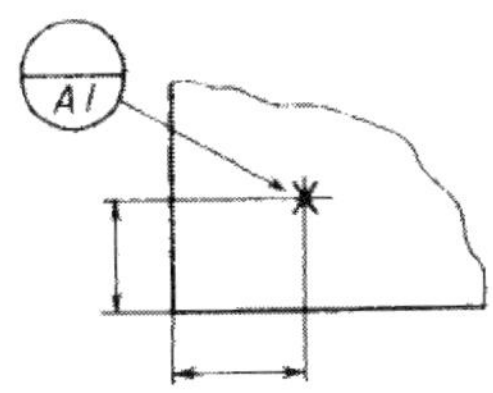

[그림 6-18]

영역의 데이텀 표적

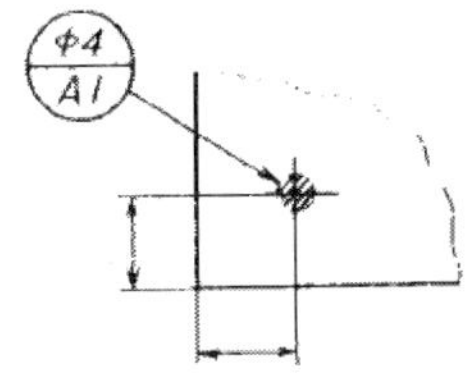

[그림 6-19]

(a)
전체가 보이도록 도시한 선의 데이텀 표적

(b)
측면의 가장자리에 도시한 선의 데이텀 표적

[그림 6-20]

(3) 데이텀 표적의 보기

데이텀 표적의 도시 보기를 [그림 6-21]과 [그림 6-22]에 나타낸다.

비고 : 데이텀 표적 $A1, A2, A3$에 의해 데이텀 A를 설정한다.
데이텀 표적 $B1, B2$에 의해 데이텀 B를 설정한다.
데이텀 표적 $C1$에 의해 데이텀 C를 설정한다.

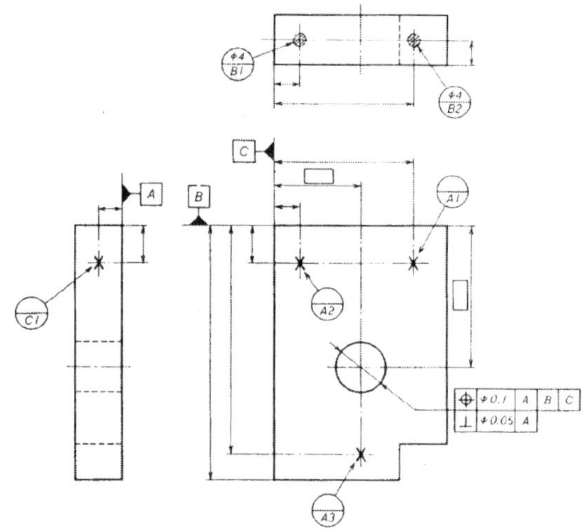

[그림 6-21]

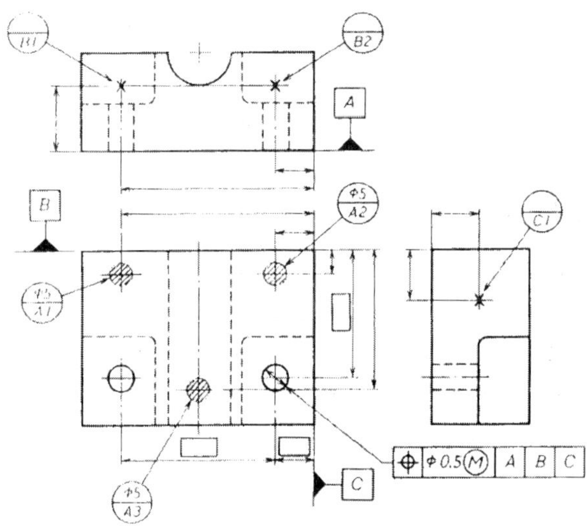

비 고 데이텀 표적 A1, A2, A3에 의해 데이텀 A를 설정한다.
데이텀 표적 B1, B2에 의해 데이텀 B를 설정한다.
데이텀 표적 C1에 의해 데이텀 C를 설정한다.

[그림 6-22]

2.6 형체 그룹을 데이텀으로 하는 지시

복수의 구멍과 같은 형체 그룹의 실제의 위치를 다른 형체 또는 형체 그룹의 데이텀으로서 지시할 경우는, [그림 6-23]과 같이 공차 기입 테두리에 데이텀 삼각 기호를 붙인다.

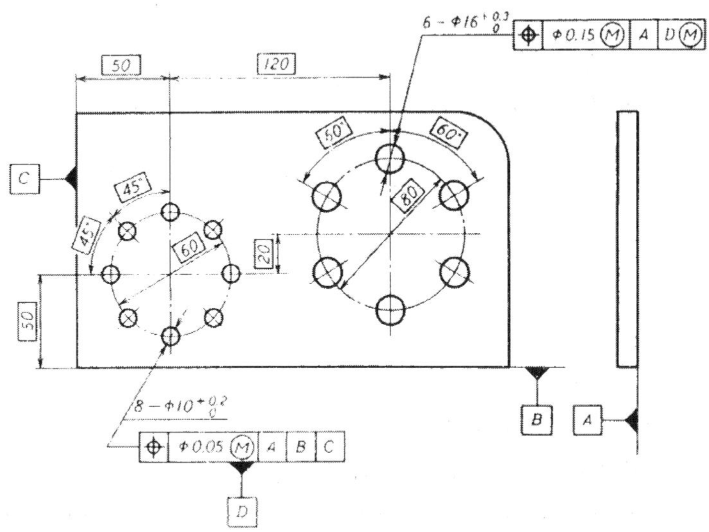

비 고 1. 이 도시 보기는 8개의 구멍을 "데이텀 D"로서 지정하고 있다.
2. 6개 구멍의 위치도 공차는 기능 게이지를 사용하여 검사하면 좋다.

[그림 6-23]

2.7 데이텀의 설정

데이텀 형체로서 지정된 형체에는 가공 공정에서 어느 정도의 오차가 발생하며, 그 형체는 볼록면 모양, 오목면 모양, 원추 모양과 같은 경우가 있다. 이와 같은 모양에 대한 데이텀을 설정하는 방법의 보기를 들면 아래와 같다.

(1) 직선 또는 평면의 데이텀

직선 또는 평면을 데이텀으로서 지시한 경우, 이 데이텀은 데이텀 형체와 실용 데이텀 형체의 간격은 가능한 한 작아지도록 설치하여 설정한다. 데이텀 형체가 실용 데이텀 형체에 대하여 안정되어 있을 경우에는 그대로의 상태에서 데이텀을 설정한다.[그림 6-1의 (a)]

데이텀 형체가 실용 데이텀 형체에 대하여 불안정한 경우에는, 이 틈새가 안정되도록 간격을 적당히 잡고 받침을 놓아 데이텀을 설정한다. 이 경우, 선의 데이텀 형체에 대해서는 2개의 받침[그림 6-24의 (b)]을, 평면의 데이텀 형체에 대해서는 3개의 받침을 사용한다.

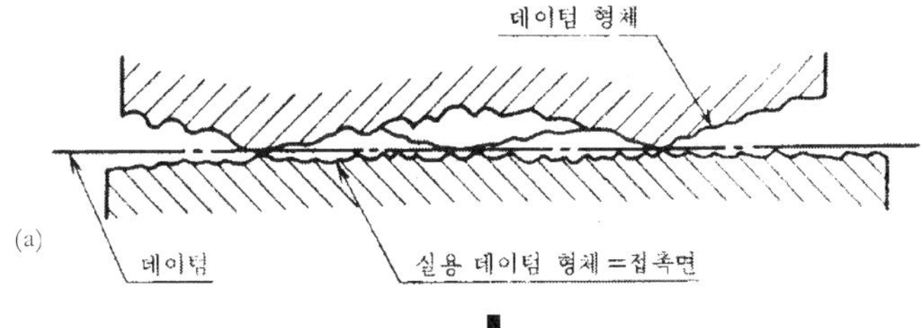

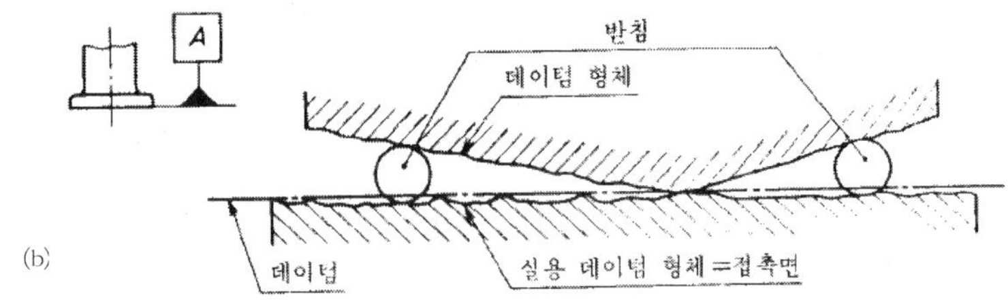

[그림 6-24]

(2) 원통 축선의 데이텀

원통의 구멍 또는 축의 축선을 데이텀으로 지시한 경우, 이 데이텀은 구멍의 최대 내접 원통의 축 직선 또는 축의 최소 외접 원통의 축 직선에 의해서 설정한다.

데이텀 형체가 실용 데이텀 형체에 대하여 불안정한 경우에는 이 원통을 어느 방향으로 움직여도 이동량이 같아지는 자세가 되도록 설정한다.[(그림 6-25]

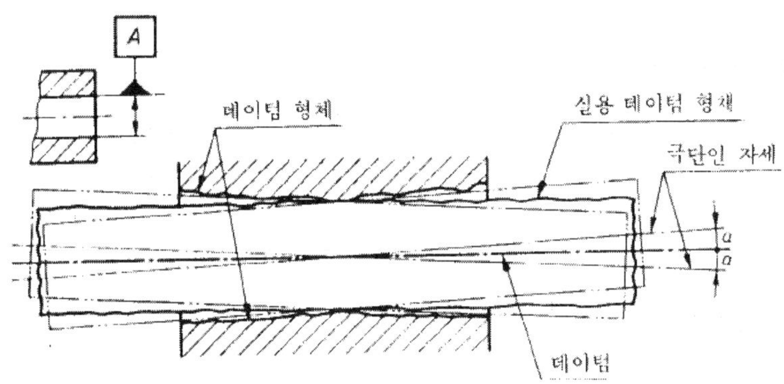

[그림 6-25]

(3) 공통 데이텀

공통 축직선 또는 공통 중심 평면의 데이텀은 개개의 데이텀 형체에서 공통의 실용 데이텀 형체로부터 데이텀을 설정한다. 그림 6-26은 실용 데이텀 형체인 2개의 최소 외접 동축 원통의 축선에 의해서 설정한 공통 축 직선의 데이텀의 보기를 도시한 것이다.

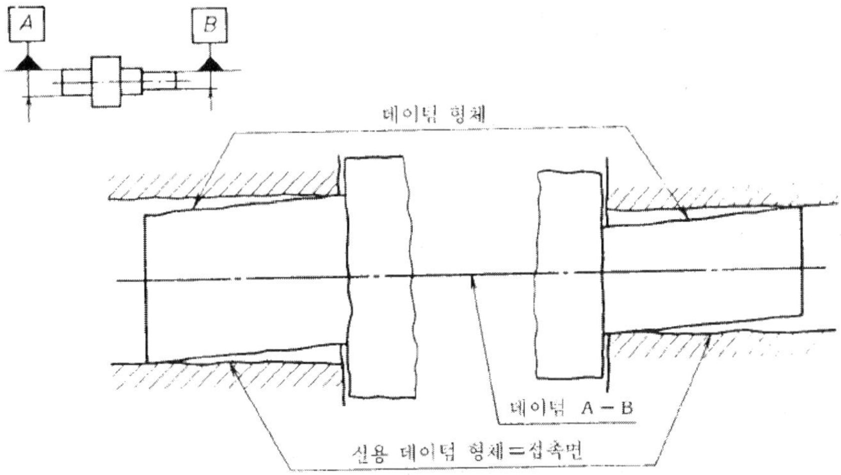

[그림 6-26]

(4) 원통의 축선에서 평면에 수직인 데이텀

데이텀 A는 데이텀 형체 A에 접하는 평탄한 평면에 의해서 설정한다. 데이텀 B는 데이텀 A에 수직하며, 데이텀 형체 B에 내접하는 최대 원통의 축 직선에 의해 설정한다.[그림 6-27]

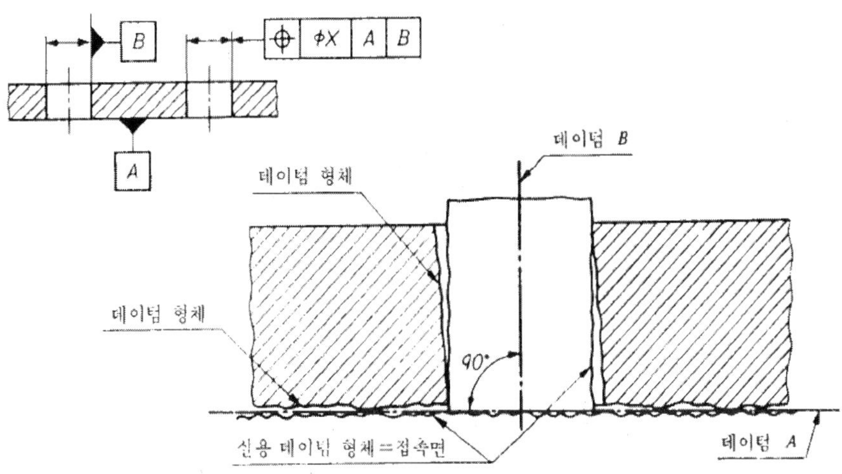

비 고 이 보기에서는 데이텀 A가 제 1 차 데이텀, 데이텀 B가 제 2 차 데이텀이다.

[그림 6-27]

3. 기하공차의 도시방법

도면에 있어 대상물의 모양, 자세, 위치 및 흔들림 공차(이하 기하공차라 한다)의 기호표시와 도시방법은 한국공업규격 KS B 0608에서 규정한다.

3.1 용어의 뜻

이 규격에서 사용하는 주요한 용어의 뜻은 KS B 0243(기하공차를 위한 데이텀) 및 기하편차의 정의 및 표시(KS B 0425)에 따르는 외에 다음에 따른다.

(1) 기하공차

기하 공차는 형체의 치수에 관계없이 그 형체가 이론적으로 정확한 "모양, 자세, 위치"에서의 편차를 가지는가를 규제하는 기하편차의 허용값이다. 따라서 기하 공차는 각각의 형체의 국부 실제치수와는 독립적으로 적용한다. 기하 편차는 그 형체의 가로 단면이 최대 실체 치수인지의 여부와 관계없이 최대치를 채택할 수가 있다.

(보기)

어떤 임의의 가로 단면에서 최대 실체 치수를 갖는 원통 축은 진원도 공차 내에서 변형된 형태의 편차를 가질 수 있고 또 진직도 공차의 크기만큼 굽은 것도 허용된다.[그림 (a) 및 (b) 참조]

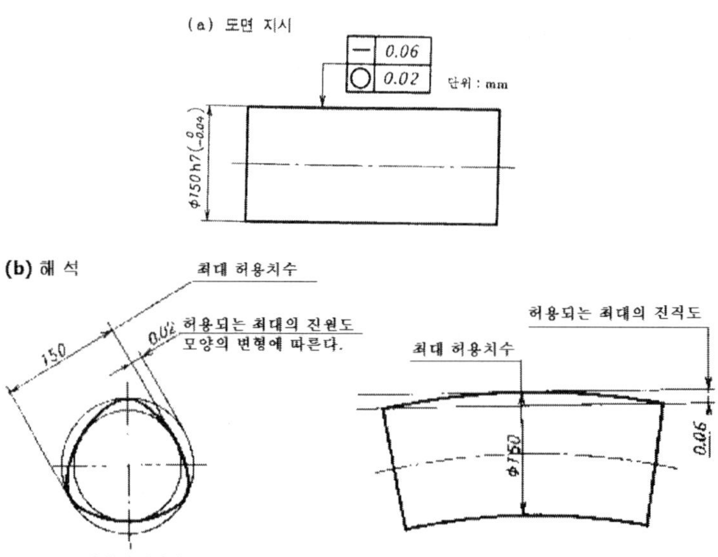

(2) 공차역

기하공차에 의해 규제되는 형체(이하 공차붙이 형체라 한다)에 있어, 그 형체가 기하학적으로 옳은 모양, 자세 또는 위치로부터 벗어나는 것을 허용하는 영역이다.

3.2 일반사항

기하공차를 지정할 때의 일반사항은 다음에 따른다.

(1) 도면에 지정하는 대상물의 모양, 자세 및 위치의 편차, 그리고 흔들림의 허용값은 원칙적으로 기하공차에 의해 도시한다.

(2) 형체에 부여한 치수의 허용한계는 특별한 지시가 없는 한, 기하공차를 규제하지 않는다.

(3) 기하공차는 기능상의 요구, 호환성 등에 의거하여 불가결한 곳에만 지정한다.

(4) 기하공차의 지시는 생산 방식, 측정 방법 또는 검사 방법을 특정한 것에 한정하지 않는다. 다만, 특정한 경우에는 별도로 지시한다.

3.3 기하 공차의 종류와 그 기호

기하공차의 종류와 그 기호는 표 6-4에, 또, 기하공차에 부수하여 사용하는 부가기호는 표 6-5에 따른다.

3.4 공차역에 관한 일반사항

공차붙이 형체가 포함되어 있어야 할 공차역은 다음에 따른다.

(1) 형체(점, 선, 축선, 면 또는 중심면)에 적용하는 기하공차는 그 형체가 포함되어야 할 공차역을 정한다.

(2) 공차의 종류와 그 공차값의 지시방법에 의하여 공차역을 표시하는 경우에는 표 6-6에 나타내는 공차역 중 어느 한 가지로 표시한다.

(3) 공차역이 원 또는 원통인 경우에는 그림 6-30과 같이 공차값 앞에 ϕ를 붙이고, 공차역이 구인 경우에는 공차값 앞에 $S\phi$를 붙여서 나타낸다.

(4) 기능상의 이유로 공차붙이 형체에는 그림 6-32와 같이 두 개 이상의 기하공차를 지정할 수 있다. 또, 기하공차 중에는 다른 종류의 기하편차를 동시에 규제하는 경우도 있다. 예로서 평행도를 규제하면, 그 공차역 내에서 선의 경우에는 진직도, 면의 경우에는 평면도도 규제한다. 반대로 다른 종류의 기하편차를 규제 하지 않는 경우도 있다. 예로서 진직도 공차는 평면도를 규제하지 않는다.

(5) 공차붙이 형체는 공차역 내에서는 어떠한 모양이나 자세라도 좋다. 다만, 그림 6-69, 70과 같이 형체의 성질을 보충하는 주기나 그림 6-68과 같이 엄격한 공차역을 지정하여 제한을 가할 경우에는 그 제한에 따른다.

(6) 지정된 공차는 대상으로 하는 형체의 온 길이 또는 온면에 대해 적용된다. 다만, 그림 6-66, 73과 같이 그 공차를 적용하는 범위가 지정되어 있는 경우에는 그것에 따른다.

(7) 관련 형체에 대해 지정한 기하공차는 데이텀 형체 자신의 모양 편차를 규정하지 않으나 필요로 하는 경우에는 데이텀 형체에 대하여 모양 공차를 지시하여야 한다.

≪표 6-4≫ 기하공차의 종류와 그 기호

적용하는 형체	공차의 종류		기 호
단독 형체	형상 공차 (모양 공차)	진 직 도	⏤
		평 면 도	▱
		진 원 도	○
		원 통 도	⌭
단독 형체 또는 상호 관련 형체		선의 윤곽도	⌒
		면의 윤곽도	⌓
상호 관련 형체	자세 공차	경 사 도	∠
		직 각 도	⊥
		평 행 도	//
	위치 공차	위 치 도	⌖
		동축도(동심도)	◎
		대 칭 도	⌯
	흔들림 공차	원주흔들림(흔들림)	↗
		온 흔들림	⌰

≪표 6-5≫ 부가 기호

표시하는 내용		기 호 (1)	비고(참조 항목)
공차붙이 형체	직접 표시하는 경우	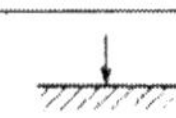	5.(3)
	문자기호에 의하여 표시하는 경우	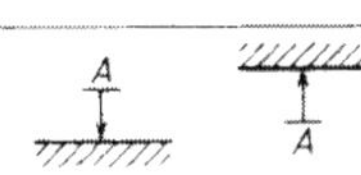	5.(3)-(ㄹ)
데 이 텀	직접 표시하는 경우	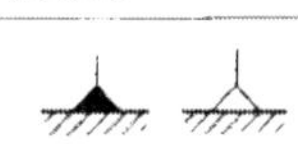	7.(2)-(ㄹ)
	문자기호에 의하여 표시하는 경우	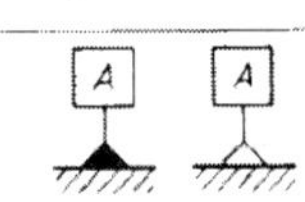	7.(2)
데이텀 타깃 기입틀		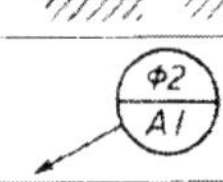	KS B 0243
이론적으로 정확한 치수		50	9.
돌출 공차역		Ⓟ	10.
최대 실체 공차 방식		Ⓜ	11.

주 (1) 기호란 중의 문자기호 및 수치는 P, M을 제외하고 한 보기를 나타낸다.

≪표 6-6≫ 공차역과 공차값

	공 차 역	공 차 값
(1)	원 안의 영역	원의 지름
(2)	두개의 동심원 사이의 영역	동심원의 반지름의 차
(3)	두개의 등간격의 선 또는 두개의 평행한 직선 사이에 끼인 영역	두선 또는 두 직선의 간격
(4)	구 안의 영역	구의 지름
(5)	원통 안의 영역	원통의 지름
(6)	두개의 동축 원통 사이에 끼인 영역	동축 원통의 반지름의 차
(7)	두개의 등거리의 면 또는 두개의 평행한 평면사이에 끼인 영역	두 면 또는 두 평면의 간격
(8)	직 6면체 안의 영역	직 6면체의 각 변의 길이

3.5 공차의 도시 방법

(1) 일반적인 도시방법

도시방법에 관한 일반적인 사항은 다음에 따른다.

① 단독 형체에 대한 기하공차의 지시는 공차의 종류와 공차값을 기입한 직사각형의 틀(이하 공차 기입틀이라 한다)과 그 형체를 지시선으로 연결하여 도시한다.

② 관련 형체에 기하공차를 지시하기 위하여 데이텀에 삼각 기호(직각 이등변 삼각형)를 붙이고, 공차 기입틀과 관련시켜서 (1)에 준하여 도시한다.

(2) 공차 기입틀에의 표시 사항

① 공차에 대한 표시사항은 공차 기입틀을 두 구획 또는 그 이상으로 구분하여, 그 안에 기입한다. 이들 구획에는 각각 다음의 내용을 ㉠~㉢ 순서로 왼쪽에서 오른쪽으로 기입한다.[그림 6-28, 29, 30]

㉠ 공차의 종류를 나타내는 기호[그림 6-28, 29, 30]

㉡ 공차 값 [그림 6-28, 29, 30]

㉢ 데이텀을 지시하는 문자기호[그림 6-29, 30]

다만, 규제하는 형체가 단독 형체인 경우에는 문자기호를 붙이지 않는다.[그림 6-28]

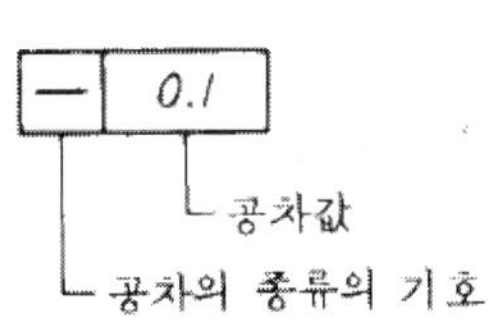

[그림 6-28]

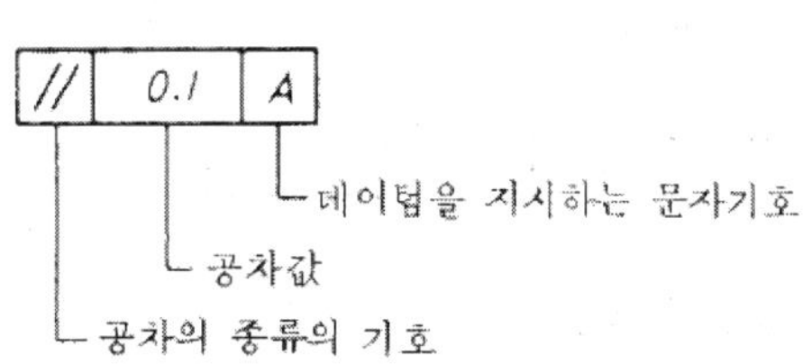

[그림 6-29]

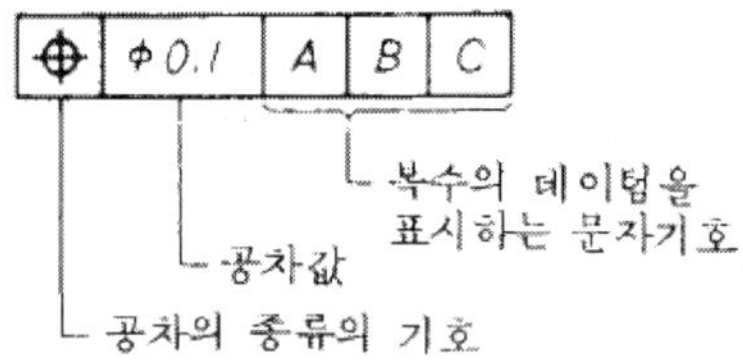

[그림 6-30]

② "6구멍", "4면"과 같은 주기를 공차붙이 형체에 연관시켜서 지시하는 경우에는 공차 기입 틀의 위쪽에 쓴다.[그림 6-31]

③ 한 개의 형체에 두 종류 이상의 공차를 지시할 필요가 있을 때에는 공차 기입 틀을 상하로 겹쳐서 기입한다.[그림 6-32]

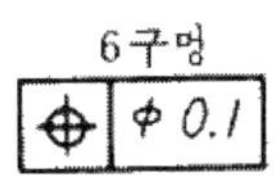

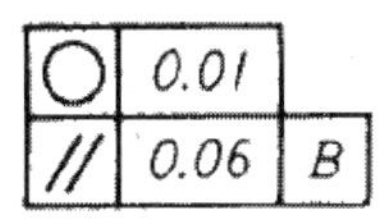

[그림 6-31] [그림 6-32]

(3) 공차에 의해 규제되는 형체의 표시방법

공차로 규제되는 형체는 공차 기입 틀에서 끝에 화살표를 붙인 지시선을 끌어내어 다음의 규정에 의해 형체에 연결하여 나타낸다.

① 선 또는 면 자체에 공차를 지정하는 경우에는 형체의 외형선 위 또는 외형선의 연장선 위에 그림 6-33, 34와 같이 지시선의 화살표를 수직으로 한다. 다만, 3.6절의 (3)의 경우는 제외한다.

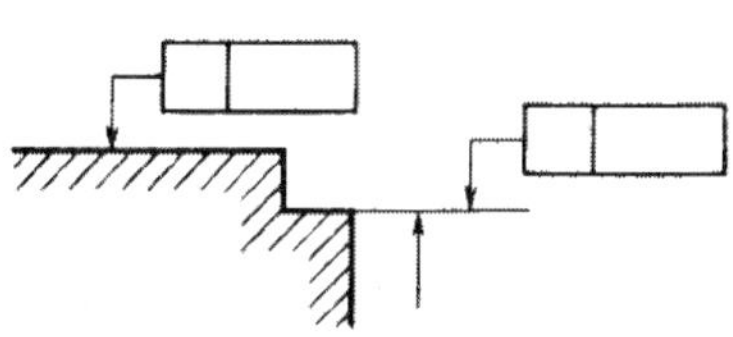

[그림 6-33]

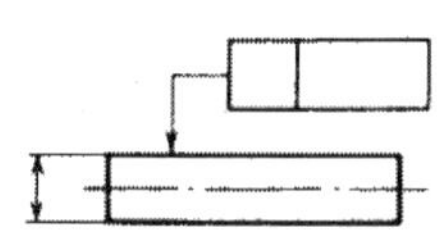

[그림 6-34]

② 치수가 지정되어 있는 형체의 축선 또는 중심 면에 공차를 지정하는 경우에는 그림 6-35, 36, 37와 같이 치수선의 연장선이 공차 기입 틀로부터의 지시선이 되도록 한다.

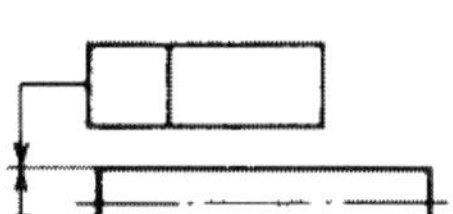

[그림 6-35]

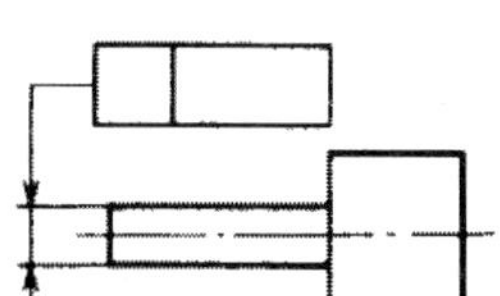

[그림 6-36]

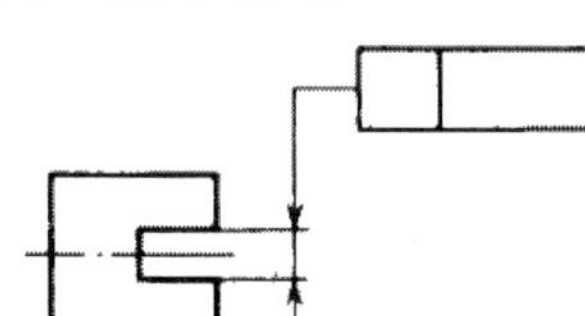

[그림 6-37]

③ 축선 또는 중심면이 공통인 모든 형체의 축선 또는 중심면에 공차를 지정하는 경우에는 그림 6-38, 39, 40과 같이 축선 또는 중심면을 나타내는 중심선에 수직으로, 공차 기입 틀로부터의 지시선의 화살표를 댄다.

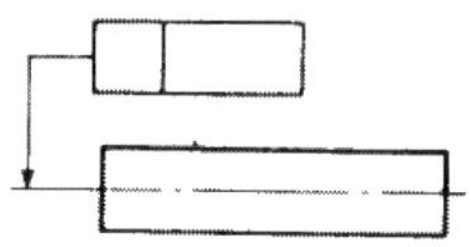

[그림 6-38]

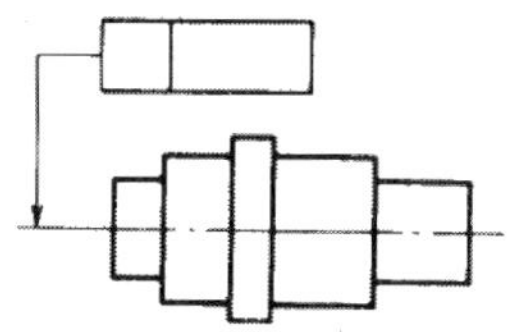

[그림 6-39]

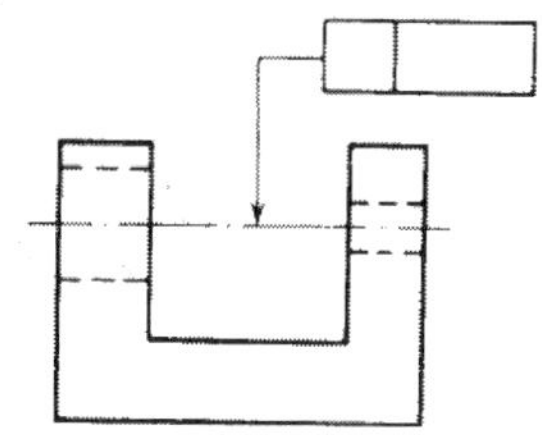

[그림 6-40]

㈃ 떨어져 있는 여러 형체에 같은 공차를 지정하는 경우에는 그림 6-41과 같이 공통의 공차 기입 틀로부터 끌어낸 지시선을 각각의 형체에 분기(2)해서 대거나, 그림 6-42와 같이 각각의 형체를 문자기호로 나타낼 수 있다.

주(2) 지시선의 분기점에는 둥근 흑점을 붙인다.

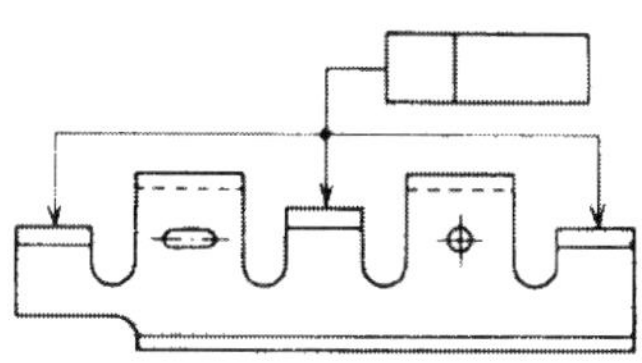

[그림 6-41]

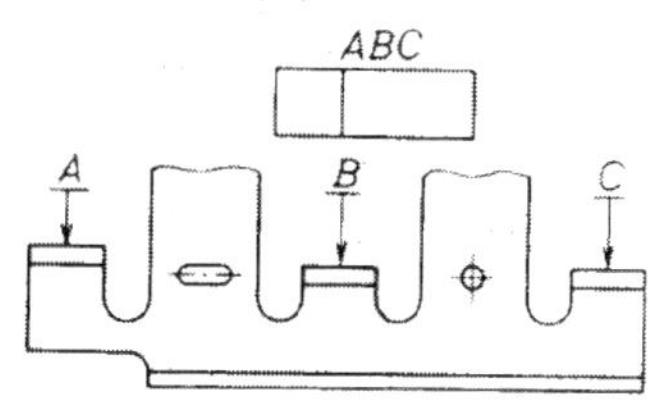

[그림 6-42]

3.6 도시 방법과 공차역의 관계

⑴ 공차값 앞에 기호 ϕ가 없는 공차역의 경우에는 그림 6-43과 같이 공차 기입틀과 공차붙이 형체를 연결하는 지시선의 화살 방향에 공차역이 존재하는 것으로 취급한다. 기호 ϕ가 부가되어 있는 경우에 있어 공차역은 원 또는 원통의 내부에 존재하는 것으로 취급한다.[그림 6-44]

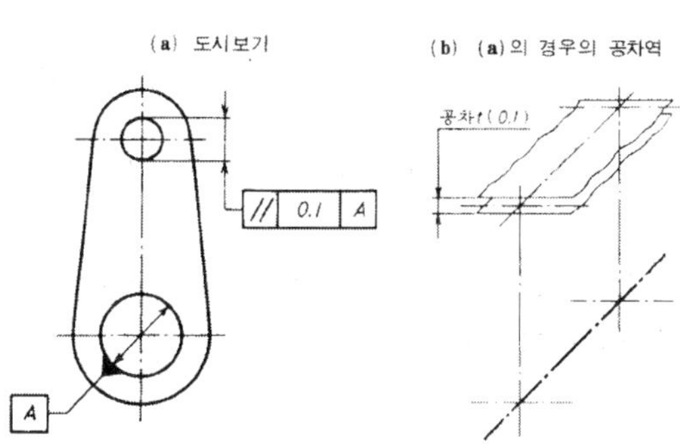

[그림 6-43]

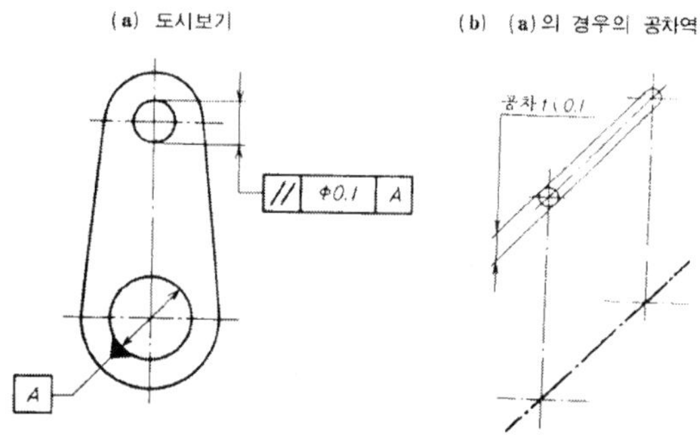

[그림 6-44]

(2) 공차역의 나비는 원칙적으로 규제되는 면에 대하여 법선 방향에 존재하는 것으로 취급한다.[그림 6-45]

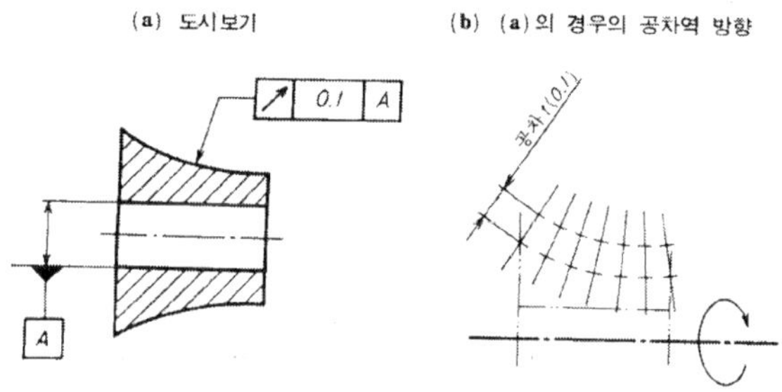

[그림 6-45]

(3) 공차역을 면의 법선 방향이 아닌 특정한 방향에 지정하고 싶을 경우에는, 그 방향을 그림 6-46와 같이 지정한다.

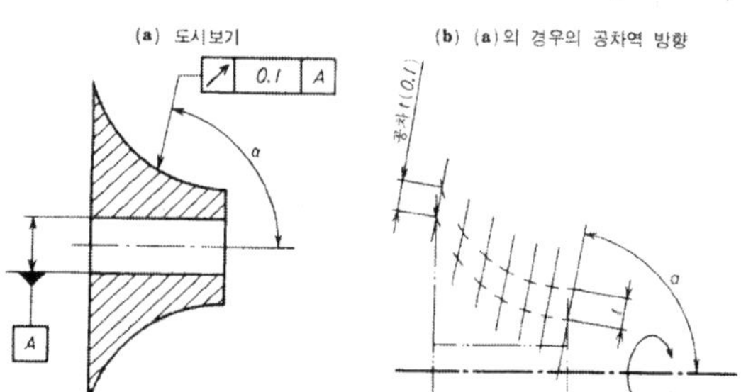

[그림 6-46]

(4) 여러 개의 떨어져 있는 형체에 같은 공차를 공통인 공차 기입틀을 사용하여 지정하는 경우에는 특별히 지정하지 않는 한 각각의 형체마다 지정하는 공차역을 그림 6-47, 48과 같이 적용한다.

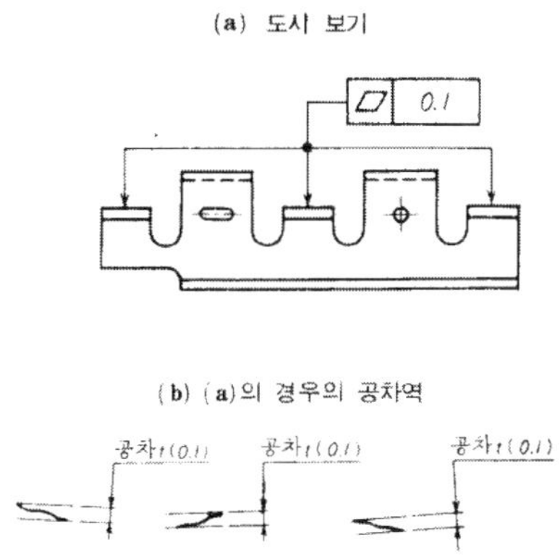

[그림 6-47]

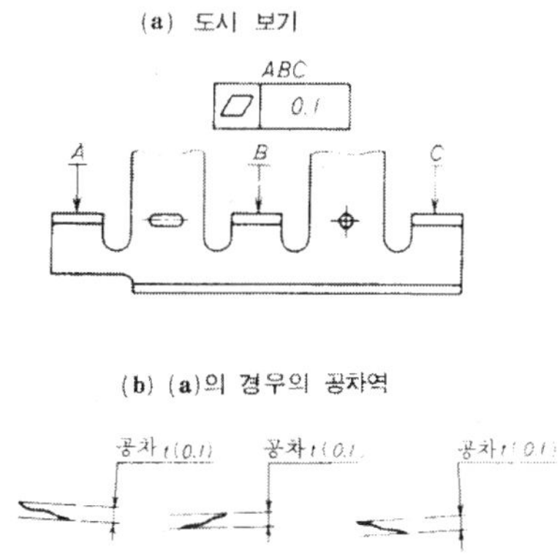

[그림 6-48]

(5) 여러 개의 떨어져 있는 형체에 공통의 영역을 갖는 공차값을 지정하는 경우에는 공통의 공차 기입틀의 위쪽에 그림 6-49, 50와 같이 "공통 공차역"이라고 기입한다.

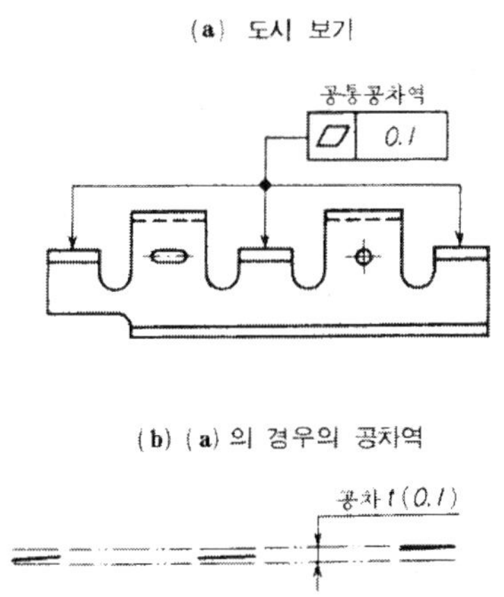

[림 6-49]

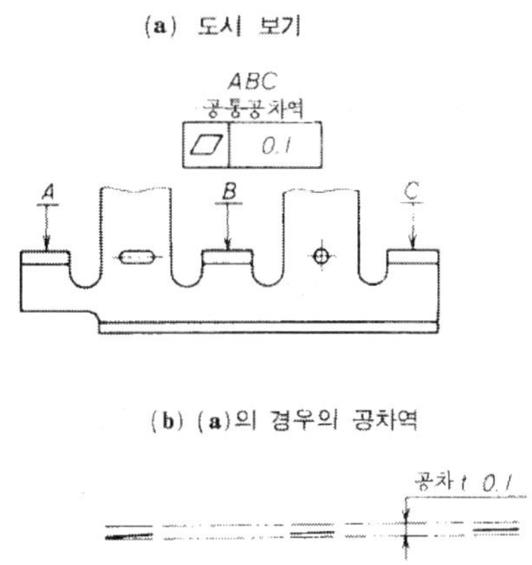

[그림 6-50]

3.7 데이텀의 도시방법

(1) 형체에 지정하는 공차가 데이텀과 관련되는 경우의 데이텀은 지시하는 문자 기호에 의해 나타낸다. 데이텀은 영어의 대문자를 정사각형으로 둘러싸고, 이것과 데이텀이라는 것을 나타내는 데이텀 삼각 기호를 지시선을 사용하여 연결해서 나타낸다. 데이텀 삼각 기호는 빈틈없이 칠해도 좋고, 칠하지 않아도 좋다.[그림 6-51, 52]

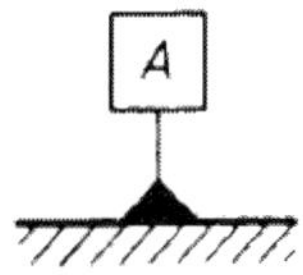

[그림 6-51]

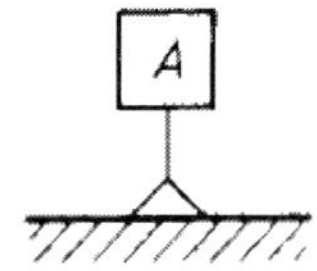

[그림 6-52]

(2) 데이텀을 지시하는 문자에 의한 데이텀의 표시방법은 다음에 따른다.

① 선 또는 면 자체가 데이텀 형체인 경우에는 형체의 외형선 위 또는 외형선을 연장한 가는 실선 위에 데이텀 삼각 기호를 붙인다.[그림 6-53]

② 치수가 지정되어 있는 형체의 축직선 또는 중심 평면이 데이텀인 경우에는 치수선의 연장선을 데이텀의 지시선으로 사용하여 나타낸다.[그림 6-54 (a), (b), 그림 6-55]

비고 : 치수선의 화살표를 치수 보조선 또는 외형선의 바깥쪽으로부터 기입한 경우에는 그 한쪽을 데이텀 3각 기호로 대용한다.[그림 6-55, 56]

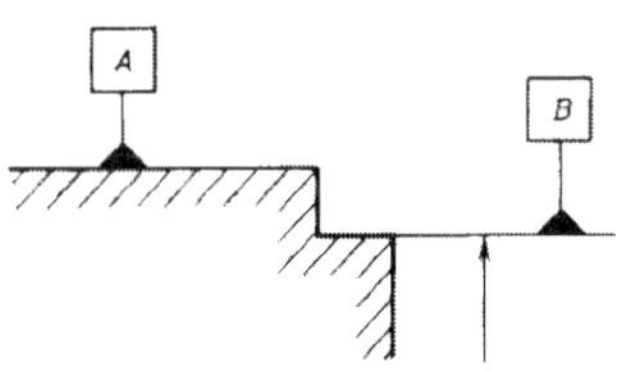

[그림 6-53]

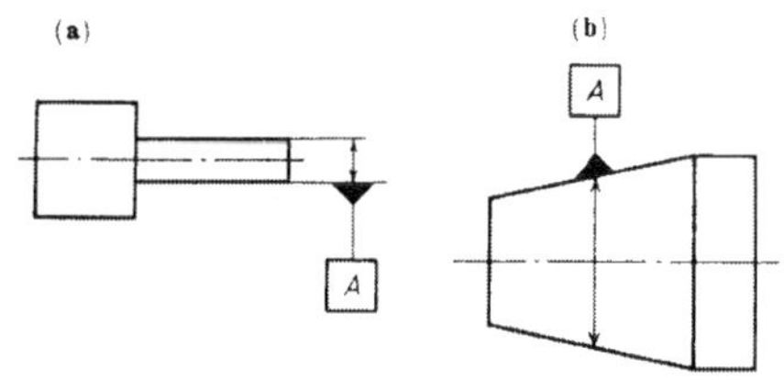

[그림 6-54]

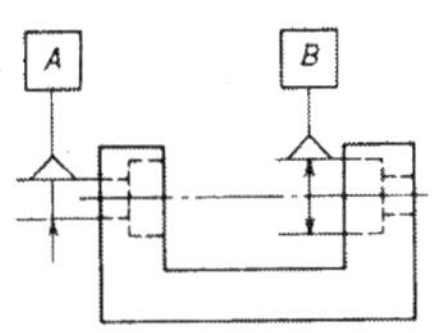

[그림 6-55]

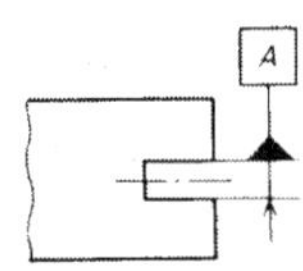

[그림 6-56]

③ 축 직선 또는 중심 평면이 공통인 모든 형체의 축 직선 또는 중심 평면이 데이텀인 경우에는 축 직선 또는 중심평면을 나타내는 중심선에 데이텀 삼각 기호를 붙인다.[그림 6-57, 58, 59]

비고 : 다른 형체가 3개 이상 연속하는 경우에는 그 공통 축 직선을 데이텀으로 지정하지 않는 것이 좋다.

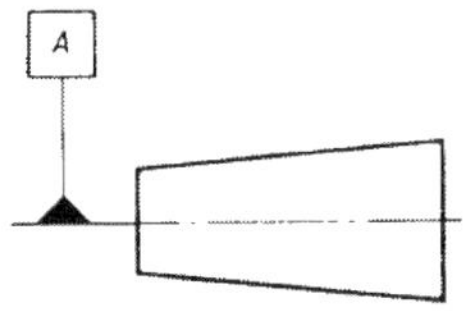

[그림 6-57]

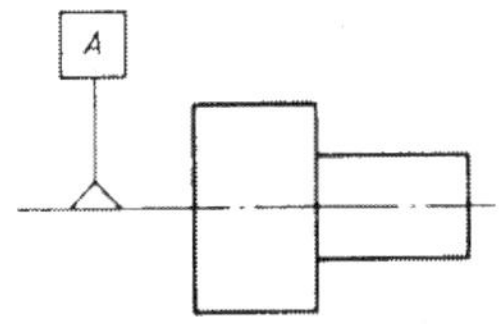

[그림 6-58]

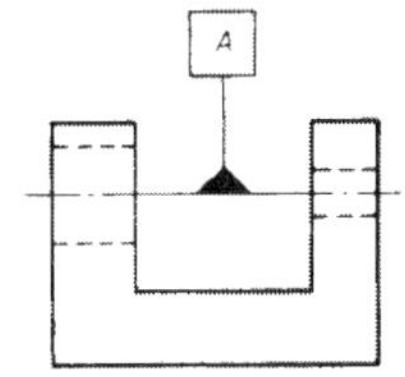

[그림 6-59]

④ 잘못 볼 염려가 없는 경우에는 공차 기입틀과 데이텀 삼각 기호를 직접 지시선에 의해 연결할 수 있다. 이 경우, 그림 6-60, 61과 같이 데이텀을 지시하는 문자 기호를 생략할 수 있다.

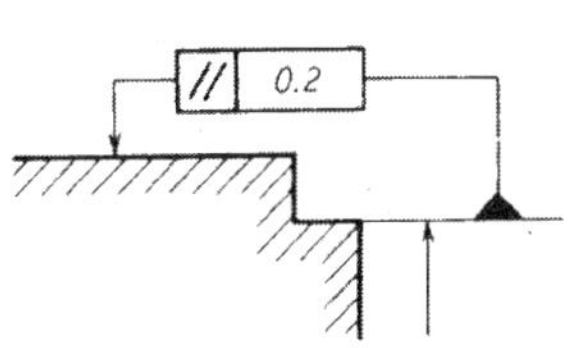

[그림 6-60]

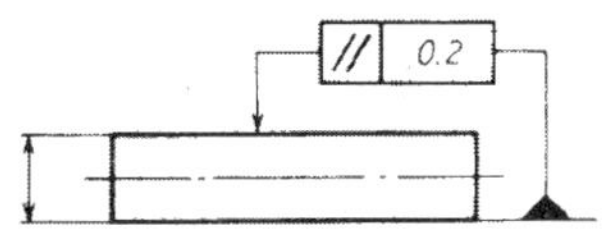

[그림 6-61]

(3) 데이텀을 지시하는 문자기호를 공차 기입틀에 기입할 때에는 다음에 따른다.

① 한 개의 형체에 의해 설정하는 데이텀은 그 데이텀을 지시하는 한 개의 문자기호로 나타낸다.[그림 6-62]

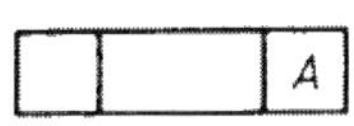

[그림 6-62]

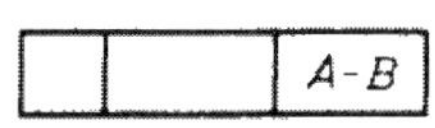

[그림 6-63]

② 2개의 데이텀 형체에 의해 설정하는 공통 데이텀은 데이텀을 지시하는 2개의 문자기호를 하이픈으로 연결한 기호로 나타낸다.[그림 6-63]

③ 2개 이상의 데이텀이 있고, 그들 데이텀에 우선순위를 지정할 때에는 우선순위가 높은 순서로 왼쪽에서 오른쪽으로 데이텀을 지시하는 문자기호를 각각 다른 구획에 기입한다.[그림 6-64]

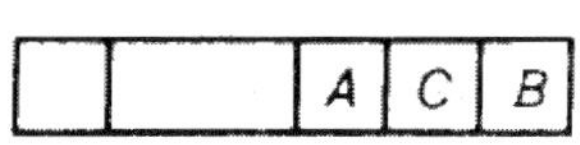

[그림 6-64]

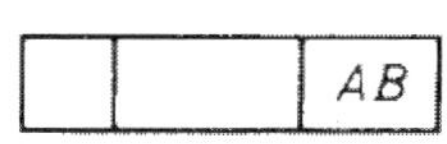

[그림 6-65]

④ 2개 이상의 데이텀이 있고 그들 데이텀의 우선순위를 문제 삼지 않을 경우에는 데이텀을 지시하는 문자기호를 같은 구획 내에 나란히 기입한다.[그림 6-65]

3.8 공차 적용의 한정

(1) 선 또는 면의 어느 한정된 범위에만 공차값을 적용할 경우에는, 선 또는 면에 따라 그린 굵은 1점 쇄선으로 한정하는 범위를 나타내고 도시한다.[그림 6-66]

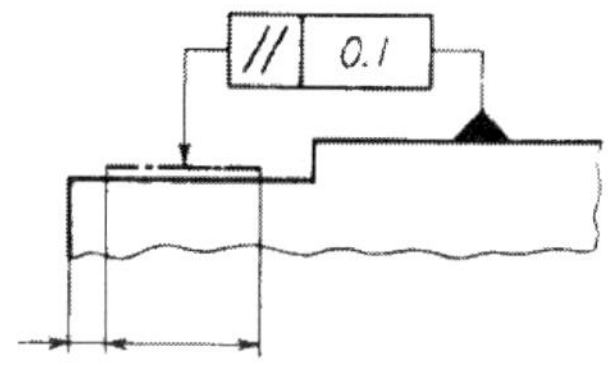

[그림 6-66]

(2) 대상으로 한 형체의 임의 위치에서 특정한 길이마다에 공차를 지정하는 경우에는 공차값 뒤에 사선을 긋고 그 길이를 기입한다.[그림 6-67]

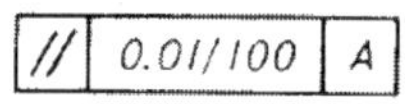

[그림 6-67]

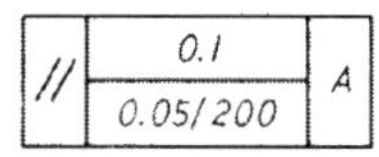

[그림 6-68]

(3) 대상으로 한 형체의 전체에 대한 공차값과 그 형체의 어느 길이마다에 대한 공차 값을 동시에 지정할 때에는 전자를 위쪽, 후자를 아래쪽에 겹쳐서 기입하고 상하를 가로선으로 그어 구획을 짓는다.[그림 6-68]

(4) 공차역 내에서 형체의 성질을 특별히 지시할 경우에는 공차 기입틀 근처에 요구사항을 기입하거나 [그림 6-69], 그림 6-70과 같이 인출선으로 연결한다.

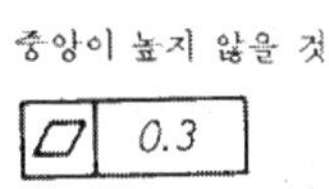

[그림 6-69]

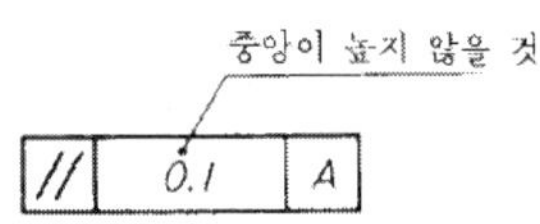

[그림 6-70]

3.9 이론적으로 정확한 치수의 도시 방법

형체에 위치도, 윤곽도, 경사도의 공차를 지정하는 경우에는 이론적으로 정확한 위치, 윤곽 또는 각도를 정하는 치수를 그림 6-71의 30 과 같이 4각형 틀로 둘러싸서 나타낸다.[그림 6-71, 72]

비고 : 이와 같은 4각형 틀 내에 나타내는 치수를 이론적으로 정확한 치수라 하고, 그 자체는 허용치수를 갖지 않는다.

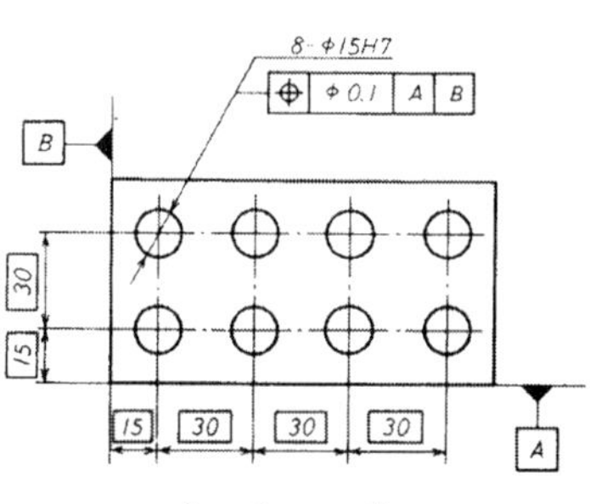

[그림 6-71]

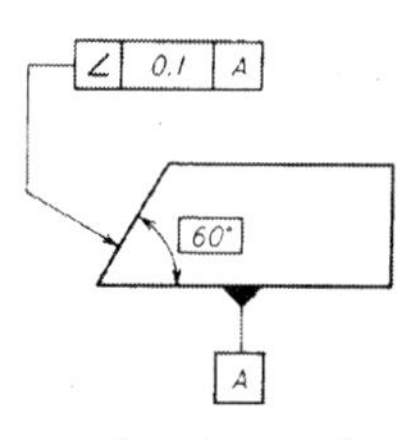

[그림 6-72]

3.10 돌출 공차역의 지시방법

공차역을 그 형체 자체의 내부가 아닌 외부에 지정할 경우에는 그 돌출부를 가는 2점 쇄선으로 표시하고, 그림 6-73과 같이 치수 숫자 앞 및 공차값 뒤에 기호 Ⓟ를 기입한다.

비고 : 이와 같은 지시에 의해 정해지는 공차역을 돌출 공차역이라 하고, 이것은 자세공차 및 위치공차에 적용할 수 있다.

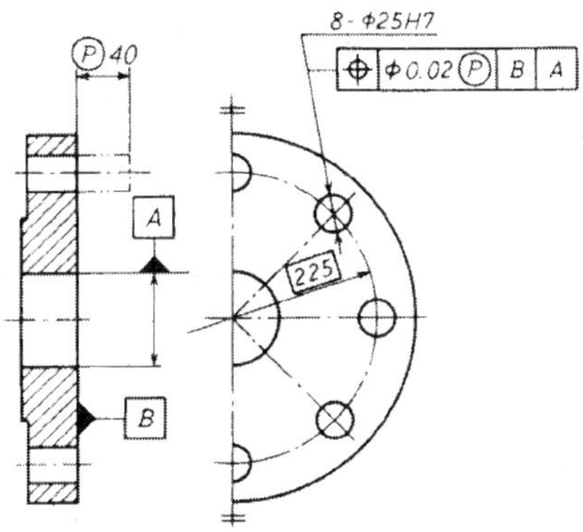

[그림 6-73]

3.11 최대 실체 공차방식의 지시방법

(1) 관련 용어의 정의(관련 규격 KS B 0242)

㉠ MMC(최대 실체 상태) : 형체의 실체가 최대가 되는 허용한계치수. 예를 들면 최소 지름의 구멍과 최대 지름의 축의 상태.[그림 (ㄱ) 참조]

㉡ LMC(최소실체상태) : 형체의 실체가 최소가 되는 허용한계치수. 예를 들면 최대 지름의 구멍과 최소 지름의 축의 상태.[그림 (ㄱ) 참조]

㉢ 실효 상태 : 도면상의 데이터에 의해 그 형체에 허용되는 완전 형상의 한계 상태이다. 그 상태는 최대실체치수와 기하공차를 합한 효과에 의해 생긴다. 최대 실체 공차방식을 적용하는 경우, 기호 Ⓜ을 부기한 경우에만 생각한다.[그림 (ㄱ) 참조]

㉣ MMS(최대실체치수) : 형체의 최대 실체 상태를 정의하는 치수.[그림 (ㄱ) 참조]

㉤ LMS(최소실체치수) : 형체의 최소 실체 상태를 정의하는 치수.[그림 (ㄱ) 참조]

㉥ 실효 치수 : 형체의 실효 상태를 정의하는 치수.

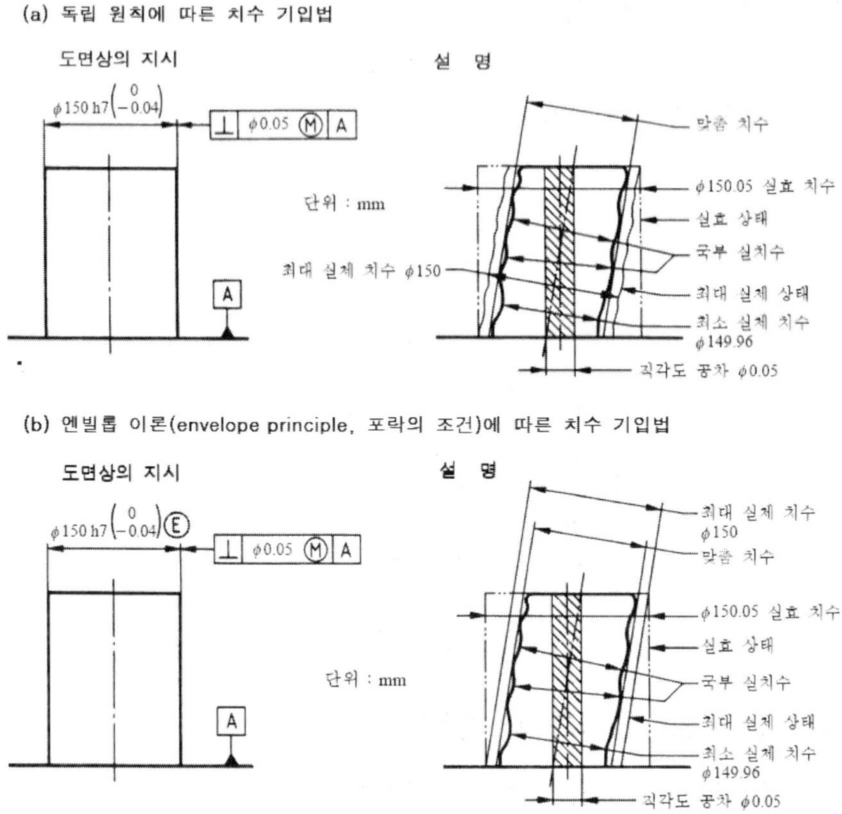

[그림 (ㄱ)]

(2) 최대 실체 공차방식의 적용을 지시하는 방법

① 최대 실체 공차방식을 적용하여 지시하려면 최대 실체 공차방식을 공차의 대상으로 한 형체, 데이텀 형체 또는 그 양자에 적용되는가에 따라 Ⓜ을 사용하여 각각 다음과 같이 나타낸다.

㉠ 공차붙이 형체에 적용하는 경우에는 공차값 뒤에 Ⓜ을 기입한다.[그림 6-74]

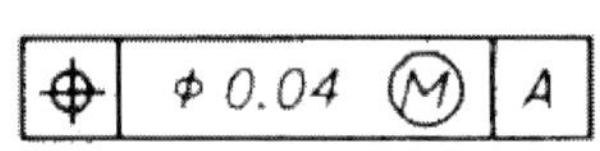

[그림 6-74]

㉡ 데이텀 형체에 적용하는 경우에는 데이텀을 나타내는 문자기호 뒤에 Ⓜ을 기입한다.[그림 6-75]

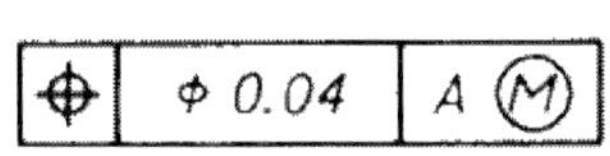

[그림 6-75]

ⓒ 공차붙이 형체와 그 데이텀 형체의 양자에 적용되는 경우에는 공차값 뒤와 데이텀을 나타내는 문자기호 뒤에 Ⓜ을 기입한다.[그림 6-76]

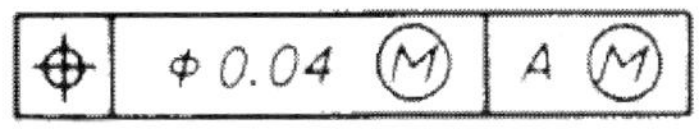

[그림 6-76]

② 데이텀이 데이텀을 지시하는 문자기호에 의하여 표시되어 있지 않은 경우에 최대 실체 공차방식을 적용하려면 공차 기입틀의 세 번째 구획에 Ⓜ을 기입한다.[그림 6-77, 78]

비고 : 최대 실체 공차방식의 적용에 대하여는 KS B 0242에 따른다.

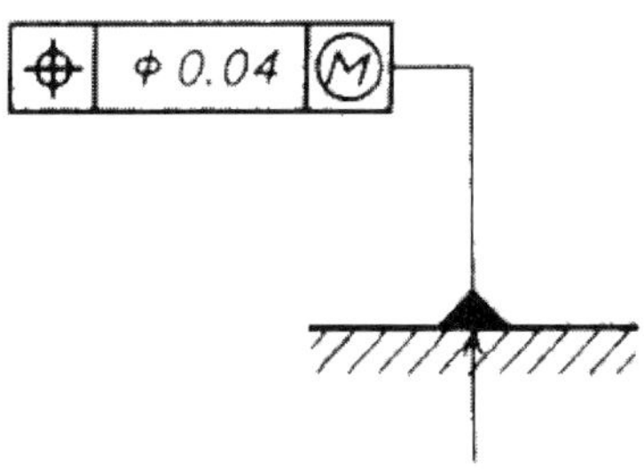

[그림 6-77]

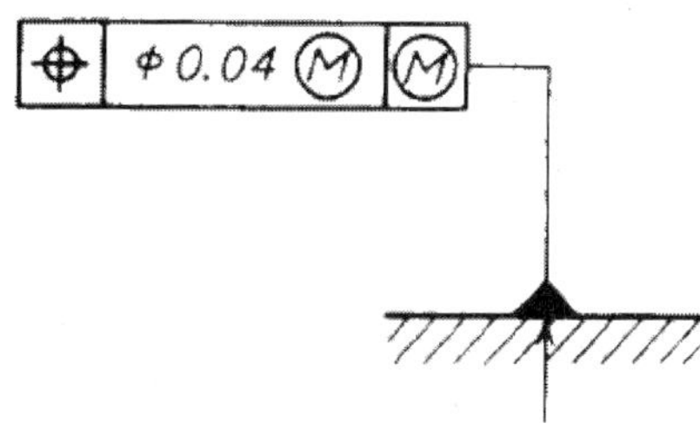

[그림 6-78]

3.12 공차역의 정의, 도시 보기와 그 해석

기하공차의 공차역의 정의 도시 보기 및 그 해석을 부표에 나타낸다.

비고 1. 부표는 기하공차의 공차역 정의를 나타냄과 동시에 대표적인 도시 보기와 그 해석을 설명도와 함께 도시 하였다. 설명도에서는 그 공차가 취급하고 있는 편차에 대해서만 나타낸다.

2. 한 방향만의 선 또는 축선의 진직도의 공차역은 설명도에서 다음의 어느 한 가지에 의해 나타낸다.

(1) 공차 t만큼 떨어진 2개의 평행 평면에 의함. [그림 6-79]

(2) 공차 t만큼 떨어진 2개의 평행 직선에 의함. [그림 6-80]

[그림 6-79]는 3차원 도시방법이며 그림 6-80은 그것을 평면에 투상한 그림이다.

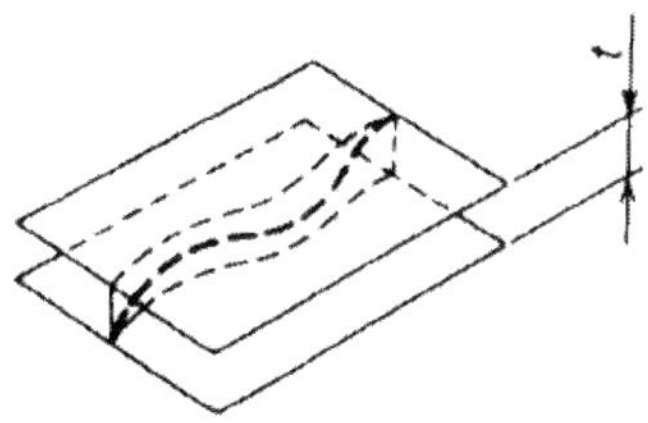

[그림 6-79]

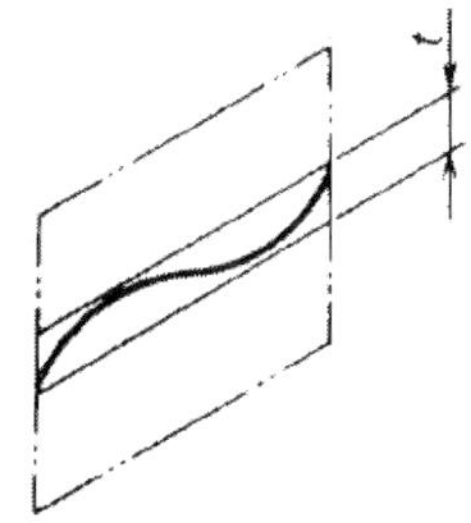

[그림 6-80]

3. 부표 중의 도시 보기에서 치수선에 ϕ를 붙인 것은 원 또는 원통이라는 것을 표시한다.

■ 부표 : 기하공차의 공차역의 정의 및 도시보기와 그 해석 (KS B 0608 기하공차 도시방법의 부표)

▣ 공차역의 정의에서 사용하고 있는 선의 뜻

•굵은 실선 또는 파선: 형태
•굵은 1점 쇄선: 데이텀
•가는 실선 또는 파선: 공차역
•가는 1점 쇄선: 중심선
•가는 2점 쇄선: 보충하는 투상면 또는 절단면
•굵은 2점 쇄선: 보충하는 투상면 또는 절단면에의 형체의 투상
•보충하는 투상면 또는 절단면

공차역의 정의	도시보기와 해석
1. 진직도 공차 1.1 선의 진직도 공차	
한 개의 평면에 투상되었을 때에는 t만큼 떨어진 2개의 평행한 직선 사이에 끼인 영역 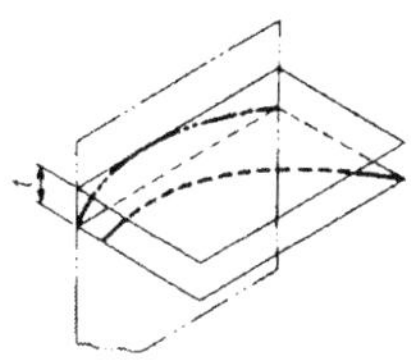	화살표가 가리키는 직선은 화살표 방향으로 t=0.1mm 만큼 떨어진 2개의 평행한 평면사이에 있어야 한다. 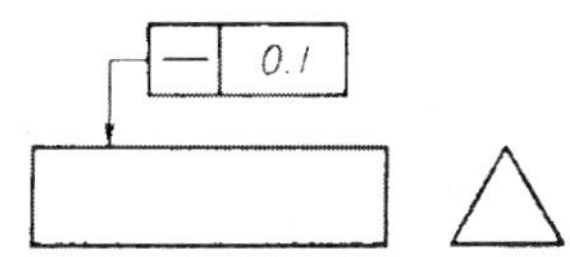
1.2 표면의 요소로서의 선의 진직도 공차	
지정된 방향의 절단면 내에서 t 만큼 떨어진 2개의 평행한 직선 사이에 끼인 영역 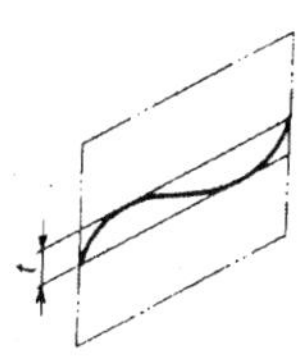	화살표가 가리키는 면을 투상면에 평행한 임의의 평면으로 절단했을 때 절단면에 나타난 선이 화살표 방향으로 t=0.1mm만큼 떨어진 2개의 평행한 직선 사이에 있어야 한다. 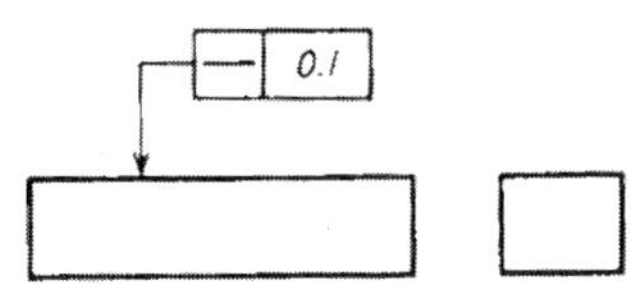
축 대칭물의 형체에 대하여는, 그 축선을 포함하는 평면위에 있는 영역 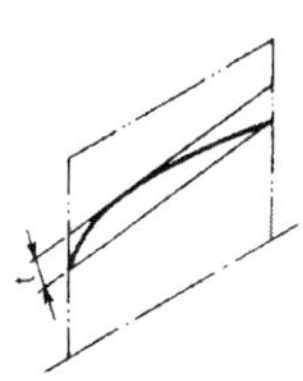	화살표가 가리키는 원통면 위의 임의의 모선은 그 원통의 축선을 포함하는 평면 내에 있어서 0.1mm만큼 떨어진 2개의 평행한 직선 사이에 있어야 한다. 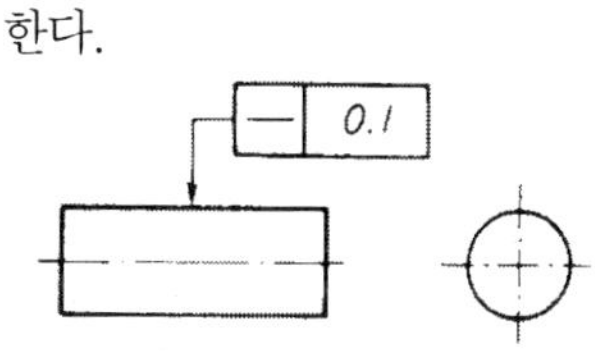 화살표가 가리키는 원통면 위의 임의의 모선 위에서 임의로 선택한 길이 200mm의 부분은 축선을 포함하는 평면내에 있어서 0.1mm만큼 떨어진 2개의 평행한 직선 사이에 있어야 한다. 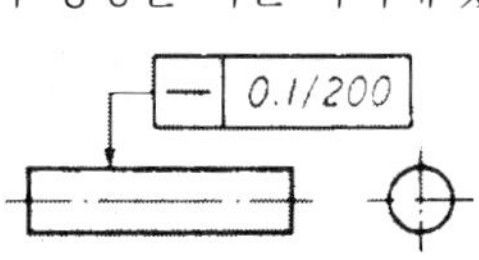

공차역의 정의	도시보기와 해석
1.3 축선의 진직도 공차	
공차역의 지정이 서로 직각인 2방향에서 실시되고 있는 경우에는 , 이 공차역은 단면 t1×t2의 직육면체안의 영역이다. 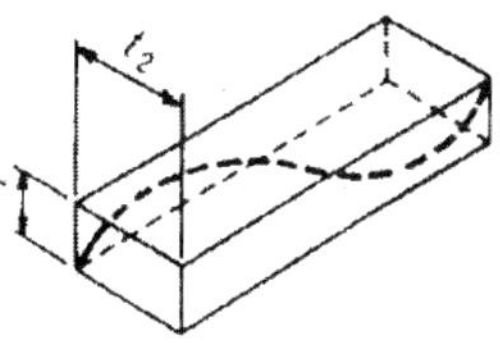	이 각봉의 축선은, 지시선의 화살표가 가리키는 방향으로 각각 0.1, 0.2mm의 나비를 갖는 직육면체 내에 있어야 한다. 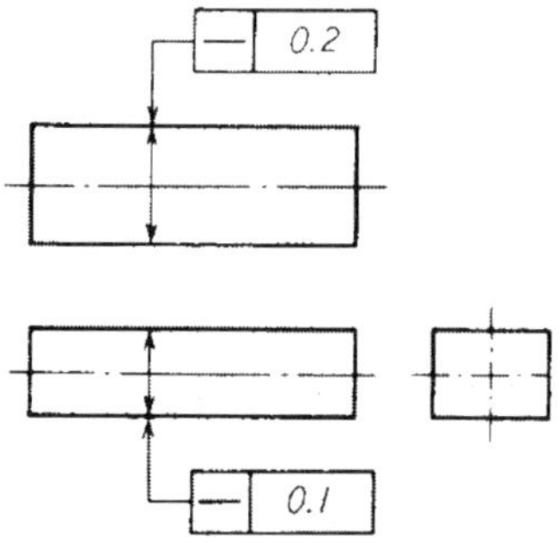
공차역을 표시하는 수치 앞에 기호 Ø가 붙어있는 경우에는 이 공차역은 지름 t의 원통안의 영역이다. 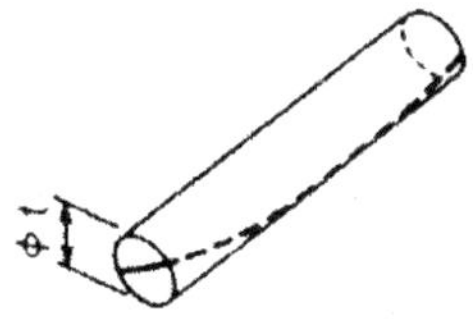	원통의 지름을 나타내는 치수에 공차 기입틀이 연결되어 있는 경우에는, 그 원통의 축선은 지름 0.08mm의 원통 내에 있어야 한다. 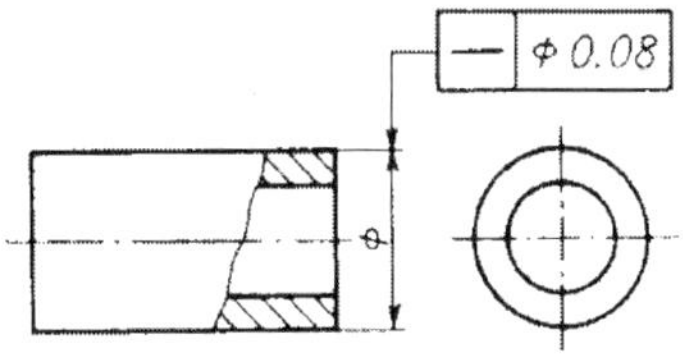
2. 평면도 공차	
공차역은 t만큼 떨어진 2개의 평행한 평면 사이에 끼인 영역이다. 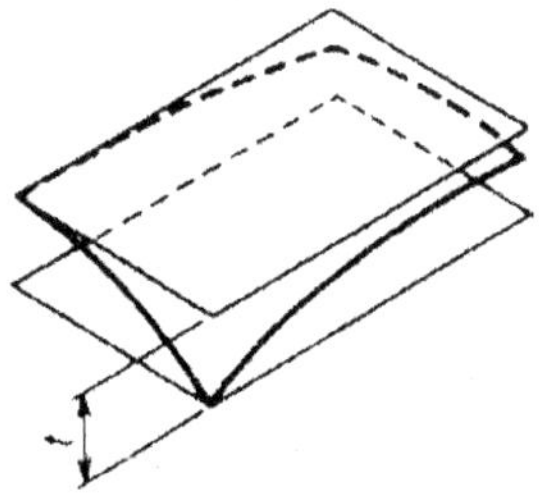	이 표면은 0.08mm만큼 떨어진 2개의 평행한 평면 사이에 있어야 한다. 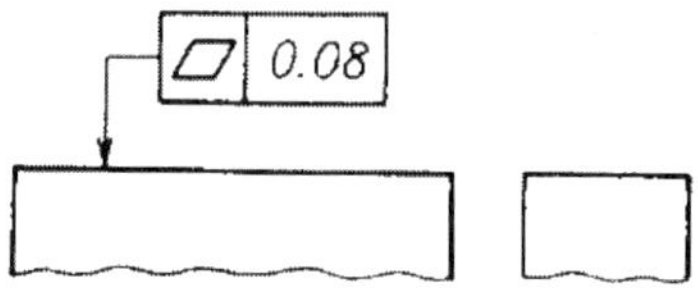
3. 원통도 공차	
공차역은 t만큼 떨어진 2개의 동축 원통면 사이의 영역이다. 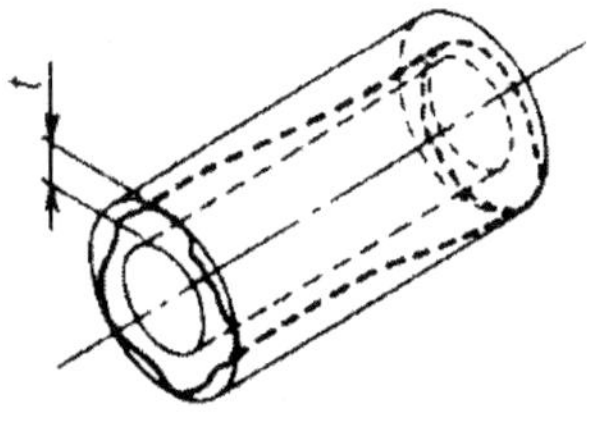	대상으로 하고 있는 면은, 0.1mm만큼 떨어진 2개의 동축 원통면 사이에 있어야 한다. 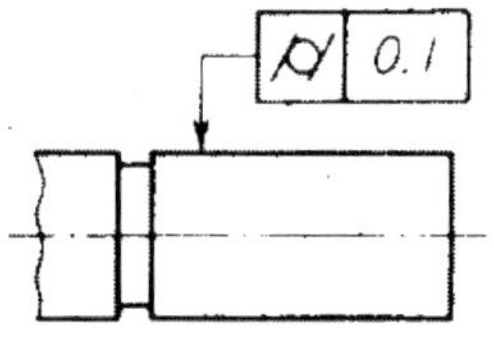

공차역의 정의	도시보기와 해석
4. 진원도 공차	
대상으로 하고 있는 평면 내에서의 공차역은 t만큼 떨어진 2개의 동심원 사이의 영역이다. 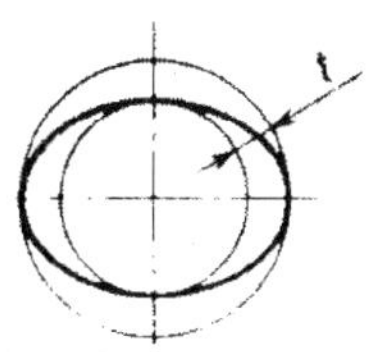	바깥 지름면의 임의의 축 직각 단면에 있어서의 바깥 둘레는, 동일 평면 위에서 0.03mm만큼 떨어진 2개의 동심원 사이에 있어야 한다. 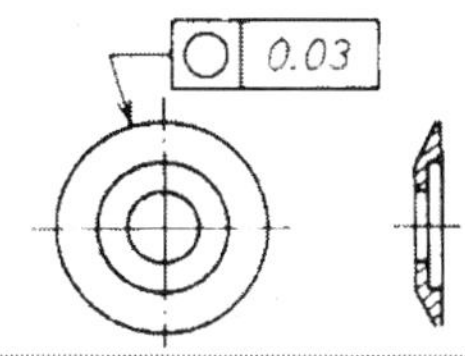 임의의 축 직각 단면에 있어서의 바깥 둘레는 동일 평면 위에서 0.1mm만큼 떨어진 2개의 동심원 사이에 있어야 한다. 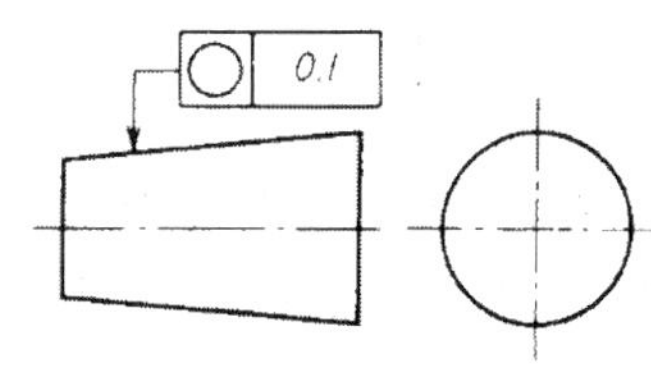
5. 선의 윤곽도 공차 5.1 단독 형체의 선의 윤곽도 공차	
이론적으로 정확한 윤곽선 위에 중심을 두는 지름 t의 원이 만드는 2개의 포락선 사이에 끼인 영역 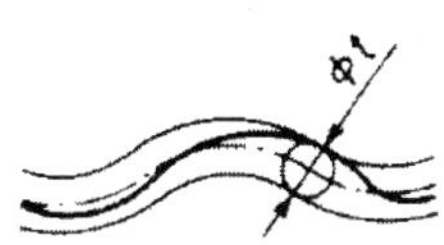	투상면에 평행한 임의의 단면에서 대상으로 하고 있는 윤곽은, 이론적으로 정확한 윤곽을 갖는 선 위에 중심을 두는 지름 0.04mm의 원이 만드는 2개의 포락선 사이에 있어야 한다. 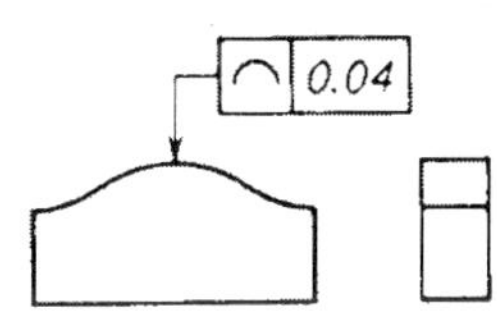
5.2 관련 형체의 선의 윤곽도 공차	
데이텀에 관련하여 이론적으로 정확한 윤곽선 위에 중심을 두는 지름 t의 원이 만드는 2개의 포락선 사이에 끼인 영역 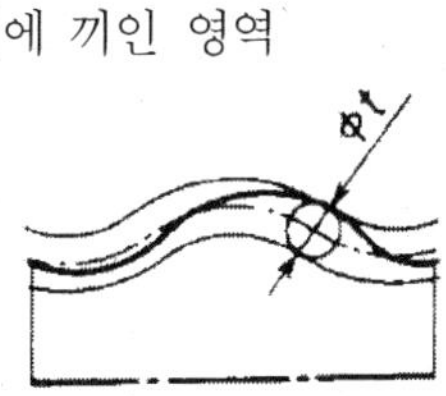	투상면에 평행한 임의의 단면에서 대상으로 하고 있는 윤곽은, 데이텀 평면 A에 관련하여 이론적으로 정확한 윤곽을 갖는 선 위에 중심을 두는 지름 0.04mm의 원이 만드는 2개의 포락선 사이에 있어야 한다. 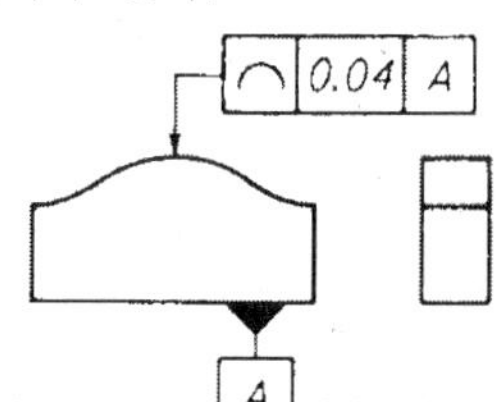

공차역의 정의	도시보기와 해석
6. 면의 윤곽도 공차	
6.1 단독 형체의 면의 윤곽도 공차	
이론적으로 정확한 윤곽면 위에 중심을 두는 지름 t의 구가 만드는 2개의 포락면 사이에 끼인 영역 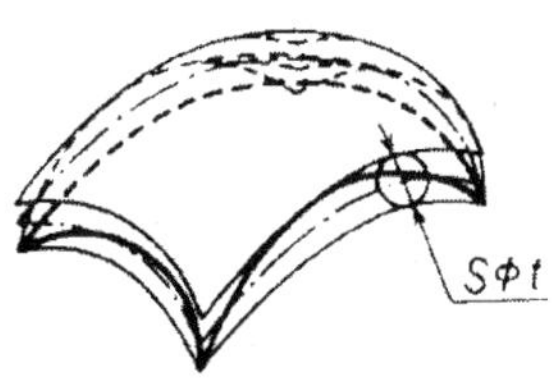	대상으로 하고 있는 면은, 이론적으로 정확한 윤곽을 갖는 면 위에 중심을 두는 지름 0.02mm의 구가 만드는 2개의 포락면 사이에 있어야 한다. 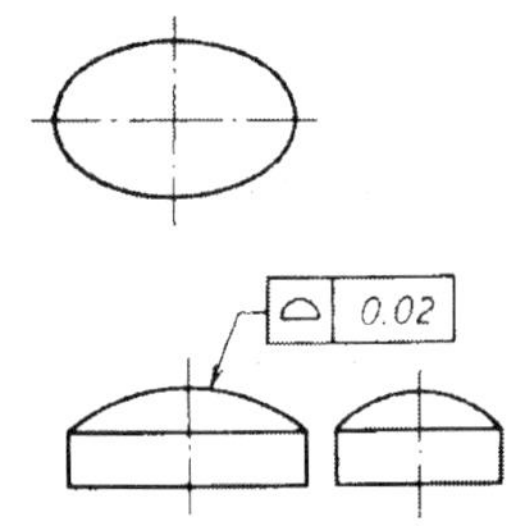
6.2 관련 형체의 면의 윤곽도 공차	
데이텀에 관련하여 이론적으로 정확한 윤곽면 위에 중심을 두는 지름 t의 구가 만드는 2개의 포락면 사이에 끼인 영역 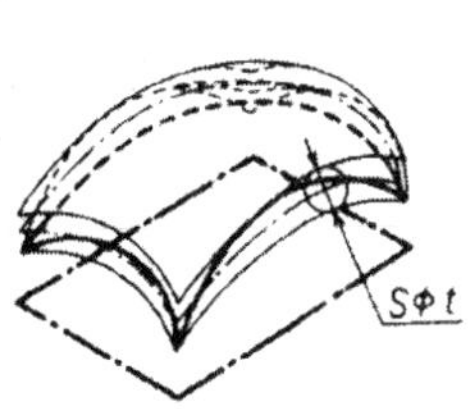	대상으로 하고 있는 면은, 데이텀 A에 관련하여 이론적으로 정확한 윤곽을 갖는 면 위에 중심을 두는 지름 0.02 mm의 구가 만드는 2개의 포락면 사이에 있어야 한다. 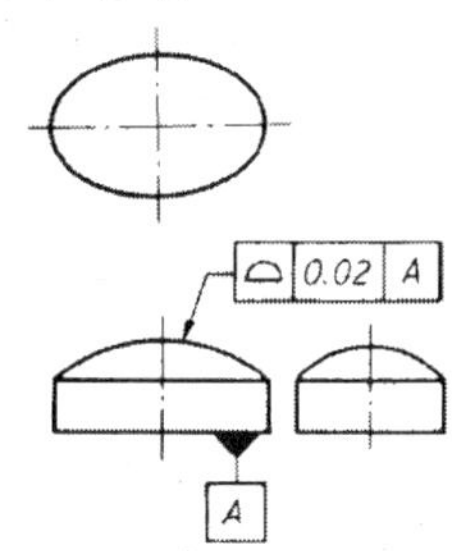
7. 평행도 공차	
7.1 데이텀 직선에 대한 선의 평행도 공차	
한 개의 평면에 투상되었을 때에는 데이텀 직선에 평행하고 t만큼 떨어진 2개의 평행한 직선 사이에 끼인 영역 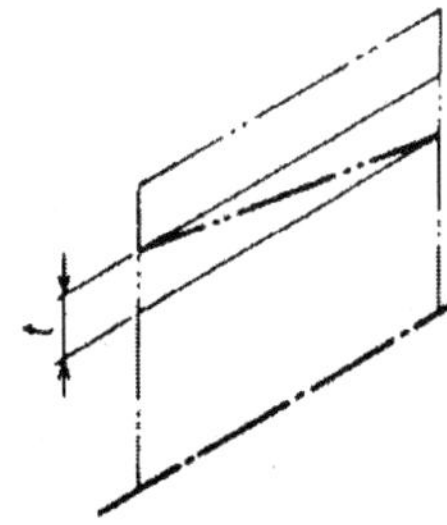	지시선의 화살표로 나타내는 축선은, 데이텀 축직선 A에 평행하고 또한, 지시선의 화살표 방향(수직한 방향)에 있는 0.1mm만큼 떨어진 2개의 평면사이에 있어야 한다. 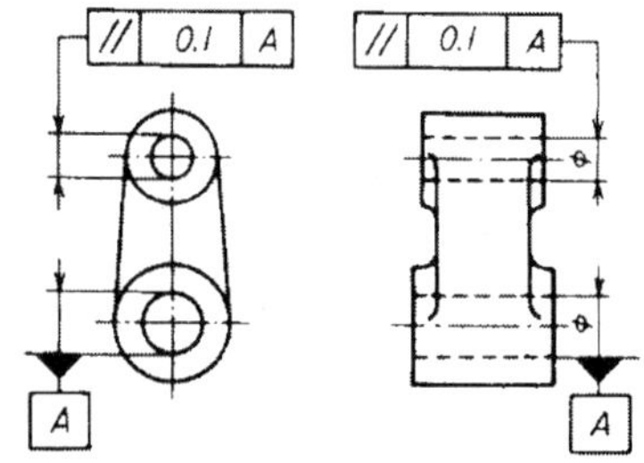

공차역의 정의	도시보기와 해석
7.1 데이텀 직선에 대한 선의 평행도 공차(계속)	
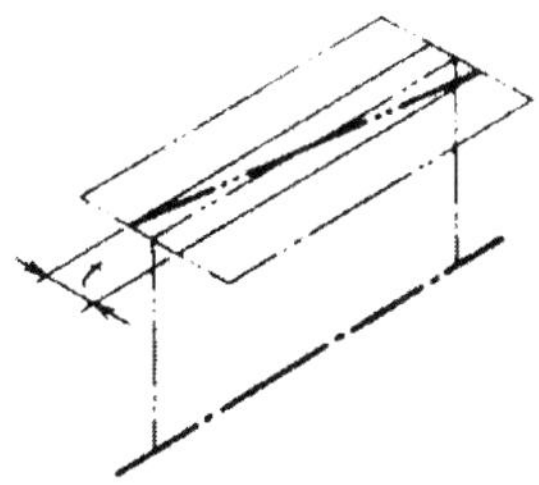	지시선의 화살표로 나타내는 축선은, 데이텀 축 직선 A에 평행하고 또한, 지시선의 화살표 방향(수평 방향)에 있는 0.1mm만큼 떨어진 2개의 평면사이에 있어야 한다. 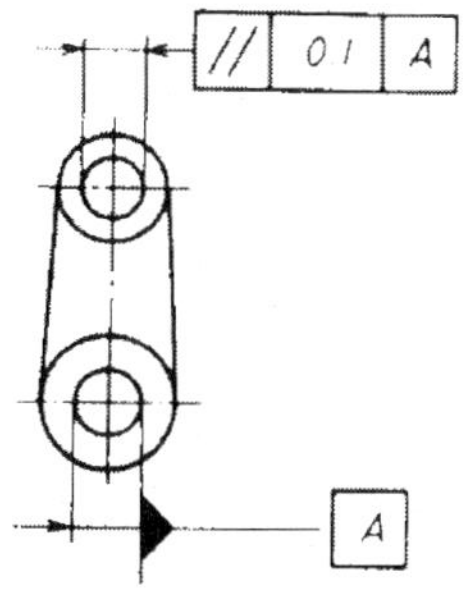
공차역의 지정이 서로 직각인 2방향에서 실시되고 있는 경우에는, 이 공차역은 단면 t1×t2이고, 데이텀 직선에 평행한 직육면체 안의 영역이다. 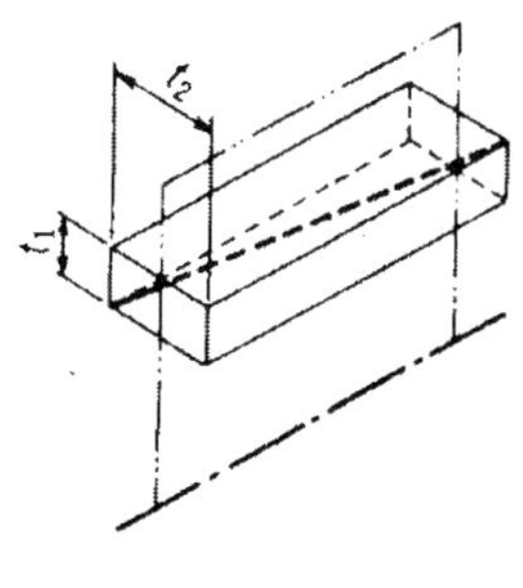	지시선의 화살표로 나타내는 축선은 각각의 지시선의 화살표 방향, 즉 수평방향으로 0.2, 수직방향으로 0.1mm의 나비를 갖고 데이텀 축 직선 A에 평행한 직육면체 내에 있어야 한다. 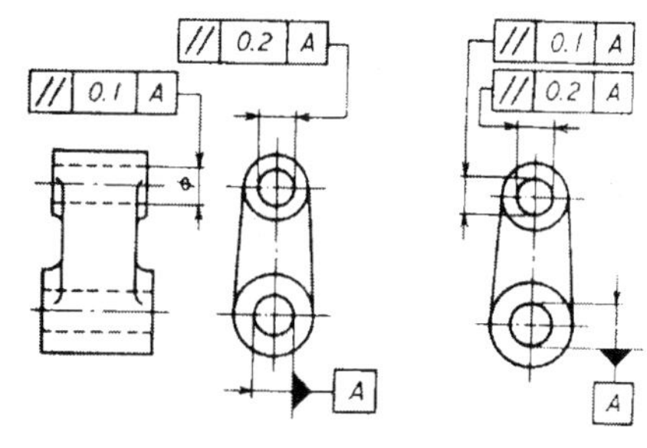
공차를 나타내는 수치 앞에 기호 **Φ**가 붙어있는 경우에는 이 공차역은 데이텀 직선에 평행한 지름 t의 원통안의 영역이다. 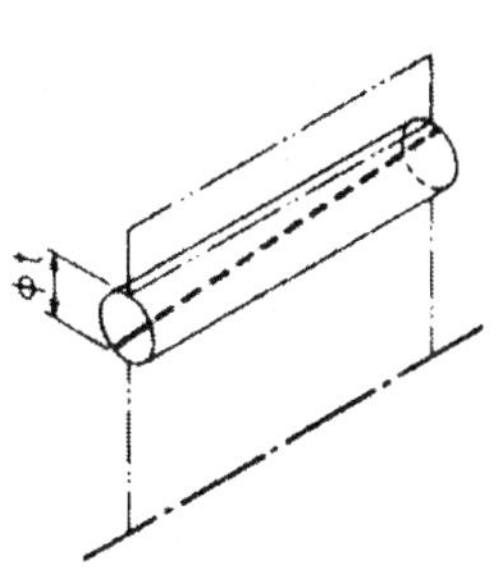	지시선의 화살표로 나타내는 축선은 데이텀 축 직선 A에 평행한 지름 0.03mm의 원통 내에 있어야 한다. 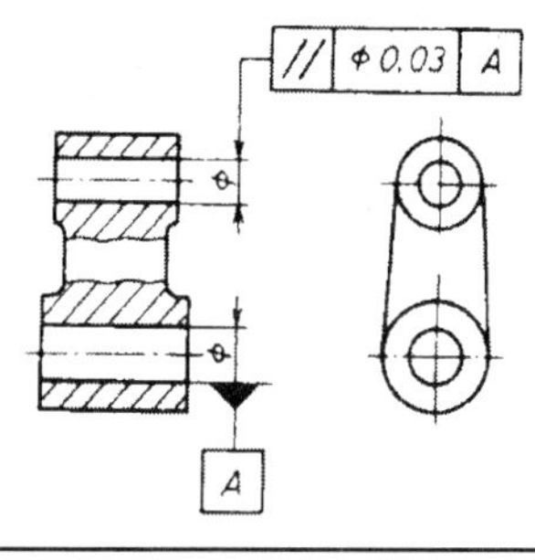

공차역의 정의	도시보기와 해석
7.2 데이텀 평면에 대한 선의 평행도 공차	
공차역은 데이텀 평면에 평행하고 서로 t만큼 떨어진 2개의 평행한 평면 사이에 끼인 영역 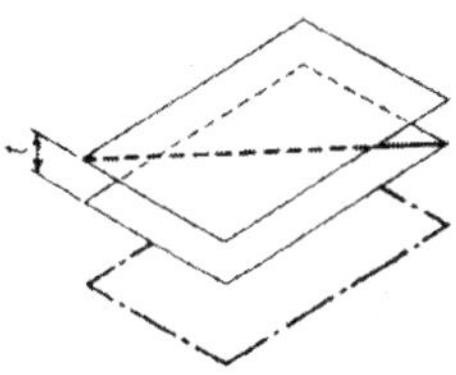 	지시선의 화살표로 나타내는 축선은 데이텀 평면 B에 평행하고, 또한 지시선의 화살표 방향으로 0.01mm만큼 떨어진 2개의 평면사이에 있어야 한다. 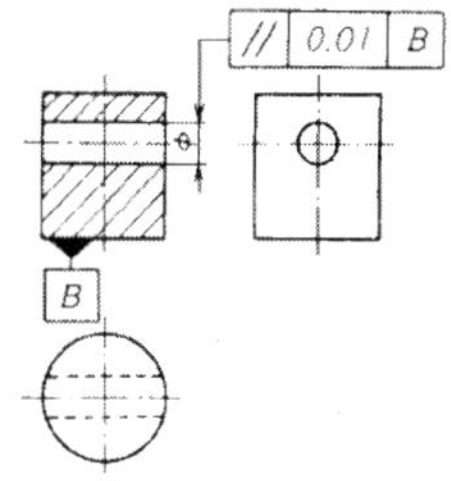
7.3 데이텀 직선에 대한 면의 평행도 공차	
공차역은 데이텀 직선에 평행하고 t만큼 떨어진 2개의 평행한 평면 사이에 끼인 영역 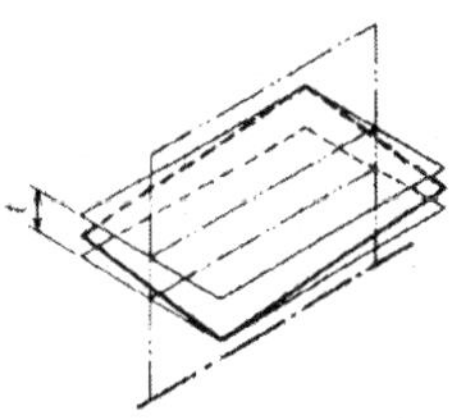 	지시선의 화살표로 나타내는 면은 데이텀 축 직선 C에 평행하고 또한 지시선의 화살표 방향으로 0.1mm만큼 떨어진 2개의 평면 사이에 있어야 한다. 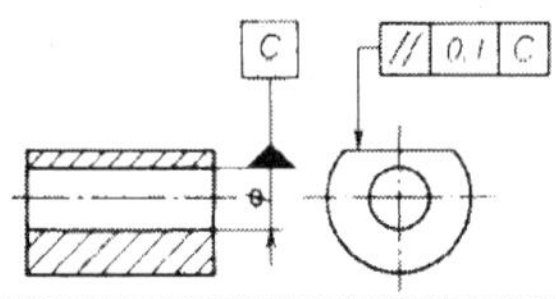
7.4 데이텀 평면에 대한 면의 평행도 공차	
공차역은 데이텀 평면에 평행하고 t만큼 떨어진 2개의 평행한 평면 사이에 낀 영역 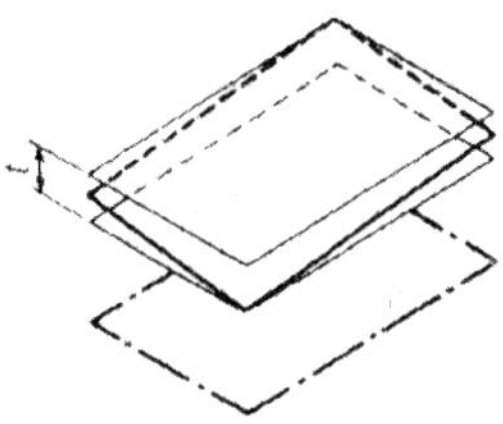 	지시선의 화살표로 나타내는 면은 데이텀 평면 A에 평행하고 또한, 지시선의 화살표 방향으로 0.01mm만큼 떨어진 2개의 평면 사이에 있어야 한다. 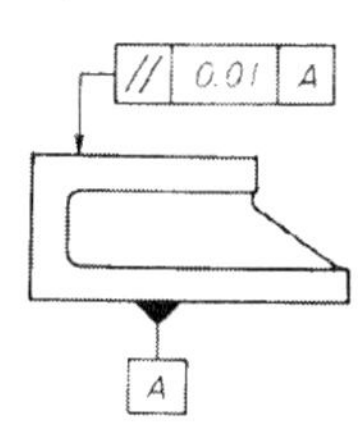 지시신의 화살표로 나타내는 면 위에서 임의로 선택한 길이 100mm 위의 모든 점은 데이텀 평면 A에 평행하고 또한, 지시선의 화살표 방향으로 0.01mm만큼 떨어진 2개의 평면 사이에 있어야 한다. 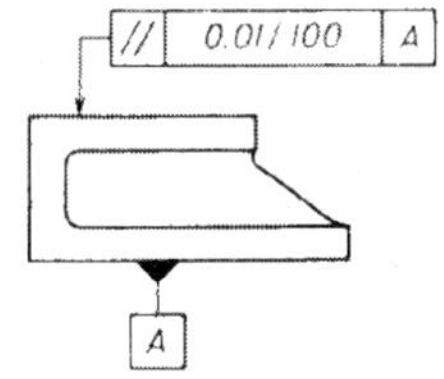

공차역의 정의	도시보기와 해석
8. 직각도 공차 8.1 데이텀 직선에 대한 선의 직각도 공차	
공차역은 한 평면에 투상되었을 때에는 데이텀 직선에 수직하고 t만큼 떨어진 2개의 평행한 직선 사이에 끼인 영역 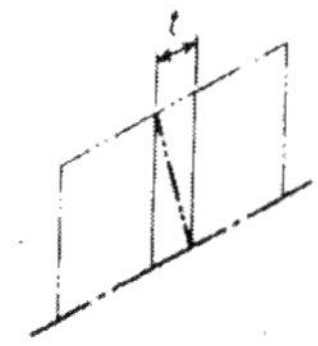	지시선의 화살표로 나타내는 경사진 구멍의 축선은, 데이텀 축 직선 A에 수직하고 또한 지시선의 화살표 방향으로 0.06mm만큼 떨어진 2개의 평행한 평면사이에 있어야 한다. 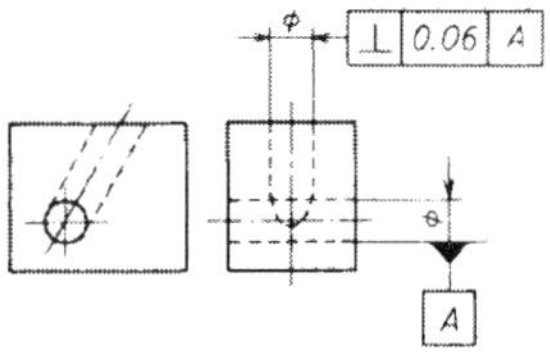
8.2 데이텀 평면에 대한 선의 직각도 공차	
공차의 지정이 한 방향에만 실시되어 있는 경우에는, 한 평면에 투상된 공차역은 데이텀 평면에 수직하고 t만큼 떨어진 2개의 평행한 직선 사이에 끼인 영역이다. 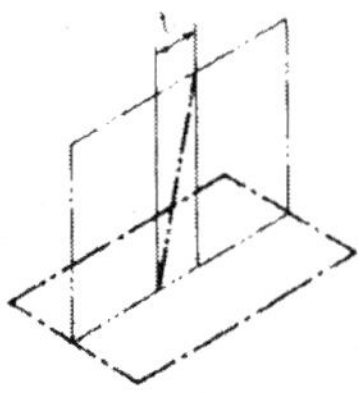	지시선의 화살표로 나타내는 원통의 축선은 데이텀 평면에 수직하고 또한, 지시선의 화살표 방향으로 0.2mm만큼 떨어진 2개의 평행한 평면 사이에 있어야 한다. 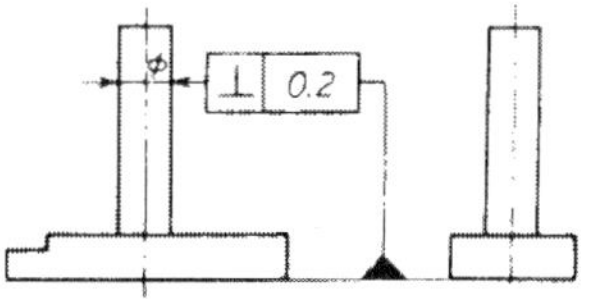
공차역의 지정이 서로 직각인 2방향으로 실시되어 있는 경우에는, 이 공차역은 단면 t1×t2이고, 데이텀 평면에 수직한 직육면체 안의 영역이다. 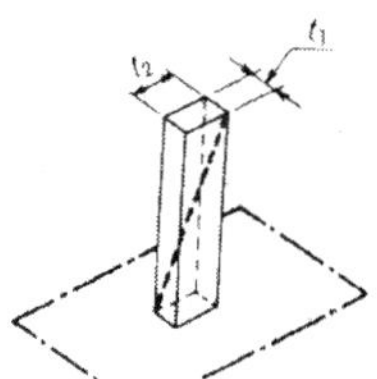	지시선의 화살표로 나타내는 원통의 축선은, 각각의 지시선의 화살표 방향으로 각각 0.2, 0.1mm의 나비를 갖고 데이텀 평면에 수직한 직육면체 내에 있어야 한다. 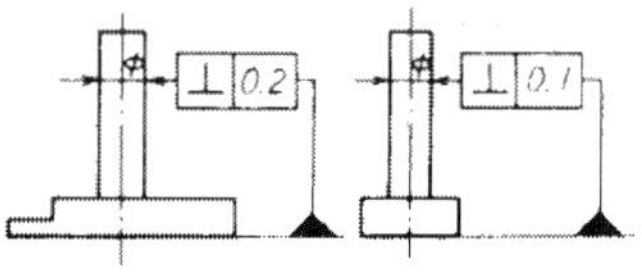
공차를 나타내는 수치 앞에 기호 *Φ*가 붙어있는 경우에는 이 공차역은 데이텀 평면에 수직한 지름 t의 원통안의 영역이다. 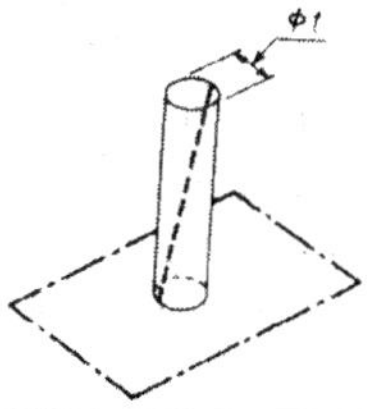	지시선의 화살표로 나타내는 원통의 축선은 데이텀 평면 A에 수직한 지름 0.01mm의 원통 내에 있어야 한다. 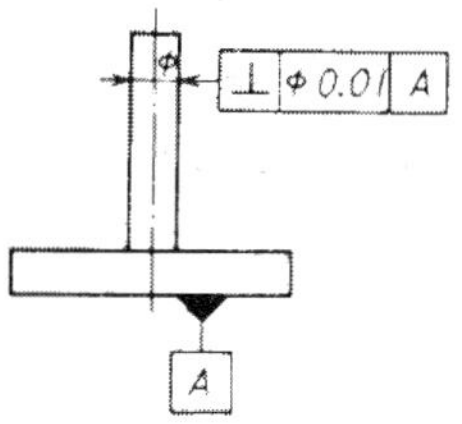

공차역의 정의	도시보기와 해석

8.3 데이터 직선에 대한 면의 직각도 공차

공차역은 데이텀 직선에 수직하고 t만큼 떨어진 2개의 평행한 평면 사이에 끼인 영역이다.

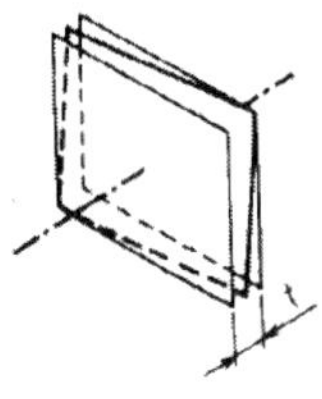

지시선의 화살표로 나타내는 면은 데이텀 축 직선 A에 수직하고 또한, 지시선의 화살표 방향으로 0.08mm만큼 떨어진 2개의 평행한 평면 사이에 있어야 한다.

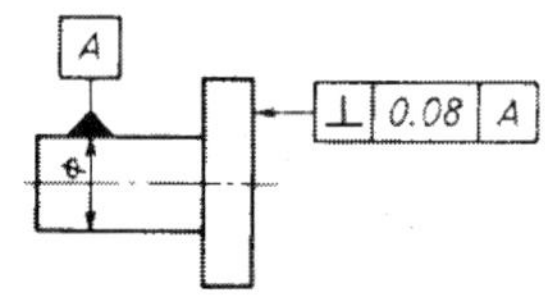

8.4 데이텀 평면에 대한 면의 직각도

공차역은 데이텀 평면에 수직하고 t만큼 떨어진 2개의 평행한 평면 사이에 끼인 영역이다.

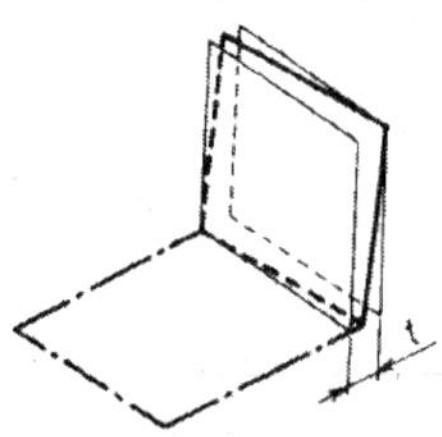

지시선의 화살표로 나타내는 면은, 데이텀 평면 A에 수직하고 또한, 지시선의 화살표 방향으로 0.08mm만큼 떨어진 2개의 평행한 평면 사이에 있어야 한다

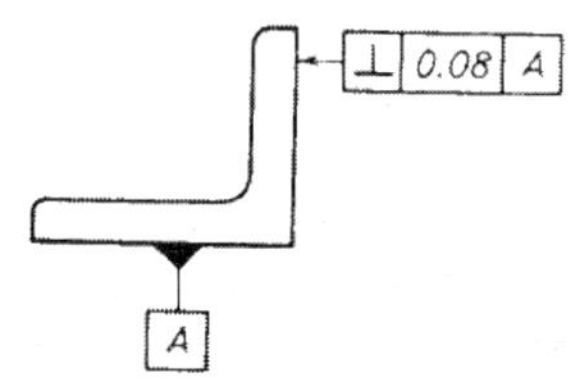

9. 경사도 공차

9.1 데이텀 직선에 대한 선의 경사도 공차

(a) 동일 평면내의 선과 데이텀 직선

한 평면에 투상되었을 때의 공차역은 데이텀 직선에 대하여 지정된 각도로 기울고, t만큼 떨어진 2개의 평행한 직선 사이에 끼인 영역이다.

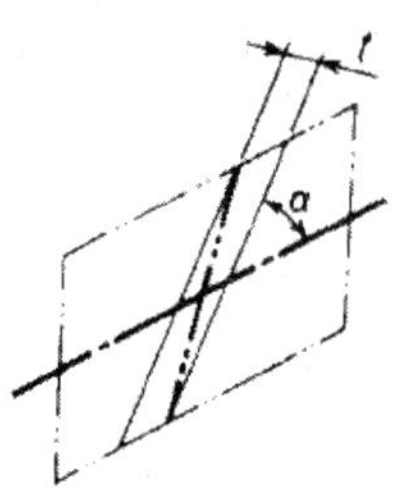

지시선의 화살표로 나타낸 구멍의 축선은, 데이텀 축 직선 A-B에 대하여 이론적으로 정확하게 60°기울고, 지시선의 화살표 방향으로 0.08mm만큼 떨어진 2개의 평행한 평면 사이에 있어야 한다.

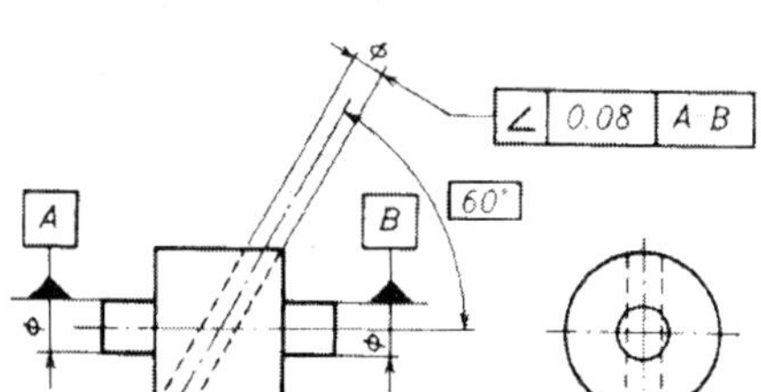

9.1 데이텀 직선에 대한 선의 경사도 공차(계속)

(b) 동일 평면 내에 있지 않는 선과 데이텀 직선

대상으로 하고 있는 선과 데이텀 직선이 동일 평면위에 있지 않는 경우에는, 이 공차역은 데이텀 직선을 포함하고 대상으로 하고 있는 선에 평행한 평면에 대상으로 하고 있는 선을 투상했을 때, 데이텀 직선에 대하여 지정된 각도로 기울고, t만큼 떨어진 2개의 평행한 직선 사이에 끼인 영역이다.

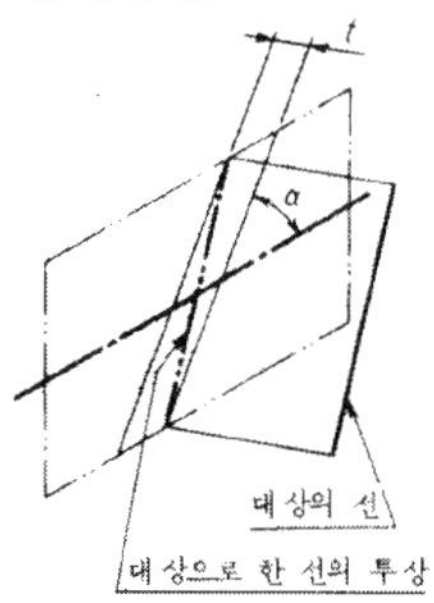

데이텀 축 직선 A-B를 포함하고 지시선의 화살표로 나타낸 구멍의 축선에 평행한 평면에의 구멍의 축선의 투상은, 데이텀 축 직선 A-B에 대하여 이론적으로 정확하게 60°기울고, 지시선의 화살표 방향으로 0.08mm만큼 떨어진 2개의 평행한 직선 사이에 있어야 한다.

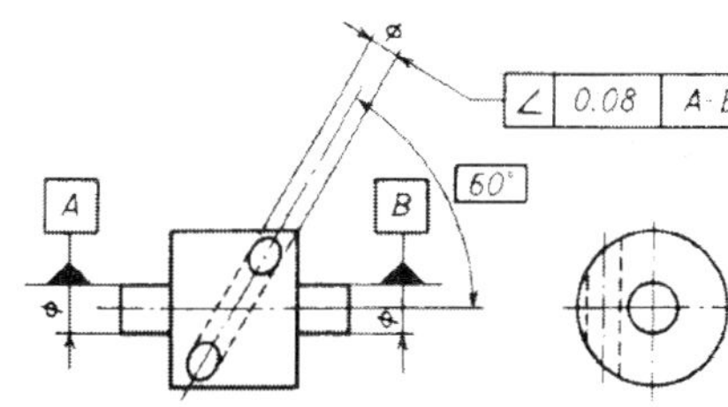

9.2 데이텀 평면에 대한 선의 경사도 공차

한 평면에 투상된 공차역은, 데이텀 평면에 대하여 지정된 각도로 기울고, t만큼 떨어진 2개의 평행한 직선사이에 끼인 영역이다.

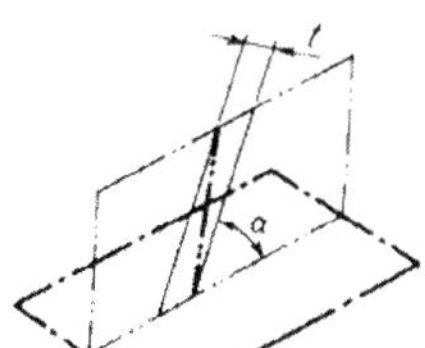

지시선의 화살표로 나타내는 원통의 축선은, 데이텀 평면에 대하여 이론적으로 정확하게 80°기울고, 지시선의 화살표 방향으로 0.08mm 만큼 떨어진 2개의 평행한 평면 사이에 있어야 한다.

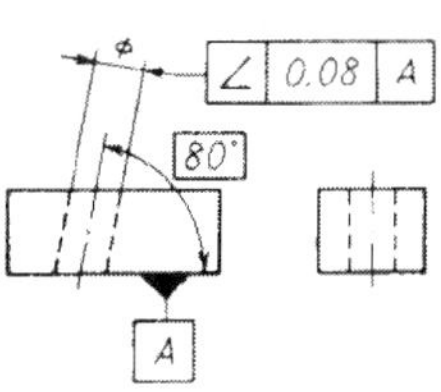

9.3 데이텀 직선에 대한 면의 경사도 공차

공차역은, 데이텀 직선에 대하여 지정된 각도로 기울고, t만큼 덜어진 2개의 평행한 평면사이에 끼인 영역이다.

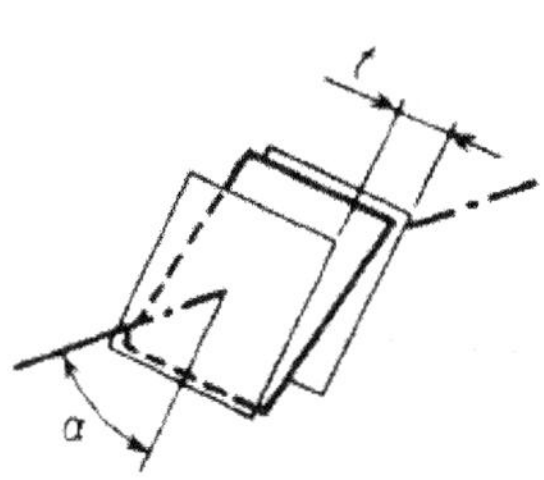

지시선의 화살표로 나타내는 면은 데이텀 축 직선 A에 대하여 이론적으로 정확하게 75° 기울고, 지시선의 화살표 방향으로 0.1mm만큼 떨어진 2개의 평행한 평면사이에 있어야 한다.

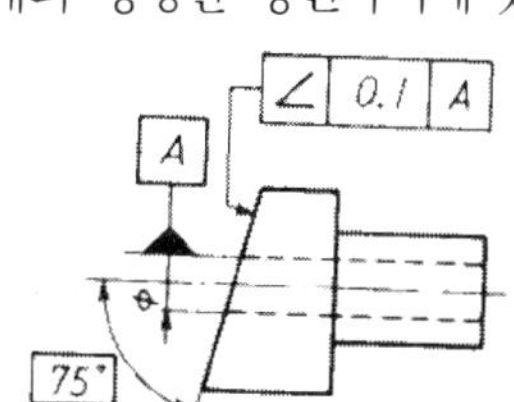

공차역의 정의	도시보기와 해석
9.4 데이텀 평면에 대한 면의 경사도 공차	
공차역은, 데이텀 평면에 지정된 각도로 기울고, 서로 t만큼 떨어진 2개의 평행한 평면사이에 끼인 영역이다. 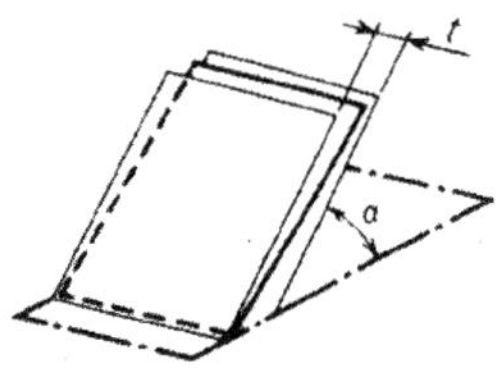	지시선의 화살표로 나타내는 면은, 데이텀 평면A에 대하여 이론적으로 정확하게 40° 기울고, 지시선의 화살표 방향으로 0.08mm만큼 떨어진 2개의 평행한 평면 사이에 있어야 한다. 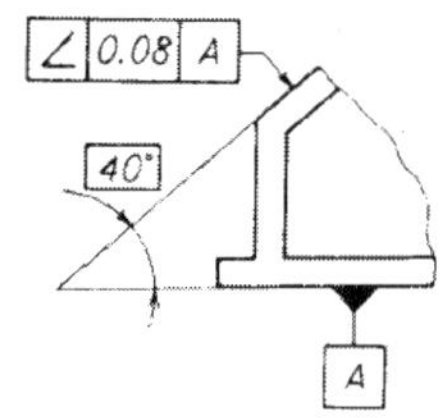
10. 위치도 공차 10.1 점의 위치도 공차	
공차역은 대상으로 하고 있는 점의 이론적으로 정확한 위치(이하 진위치라 한다)를 중심으로 하는 지름 t의 원 안 또는 구 안의 영역이다 비고 : 그림에 나타나 있는 면에 수직 방향의 두께를 고려할 때에는 여기에서 설명한→ 원은 원통이 되고, 점은 선이 된다. 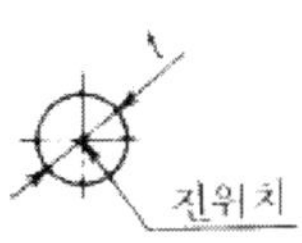 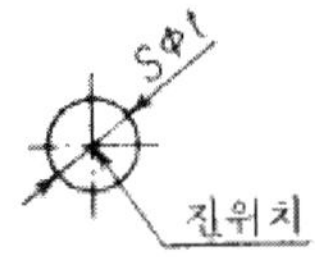	지시선의 화살표로 나타내는 점은, 데이텀직선 A로부터 60mm, 데이텀직선 B로부터 100mm 떨어진 진위치를 중심으로 하는 지름 0.03mm의 원 안에 있어야 한다. 또한, 이 그림 보기의 경우는 데이텀직선 A, B의 우선순위는 없다. 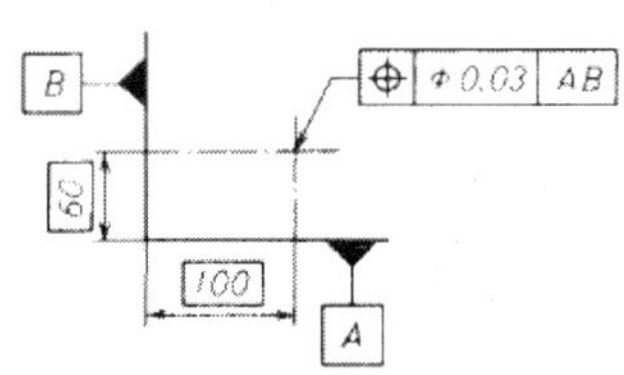 지시선의 화살표로 나타낸 구의 중심은, 데이텀 축직선 A의 선위에서 데이텀 평면 B로부터 14mm 떨어진 진위치에 중심을 갖는 지름 0.3mm의 구안에 있어야 한다. 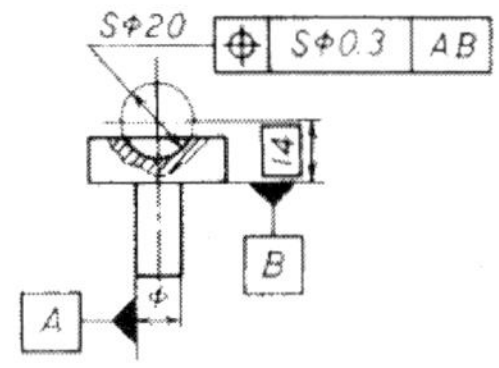

공차역의 정의	도시보기와 해석
10.2 선의 위치도 공차	
공차의 지정이 한 방향에만 실시되어 있는 경우의 선의 위치도의 공차역은, 진위치에 대하여 대칭으로 배치하고 t만큼 떨어진 2개의 평행한 직선사이 또는 2개의 평행한 평면사이에 끼인 영역이다.	지시선의 화살표로 나타내는 각각의 선은, 그들 직선의 진위치로서 지정된 직선에 대하여 대칭으로 배치되고 0.05mm의 간격을 갖는 2개의 평행한 직선 사이에 있어야 한다.
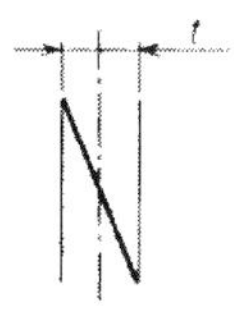	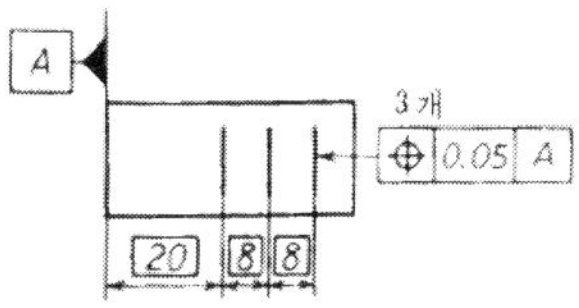
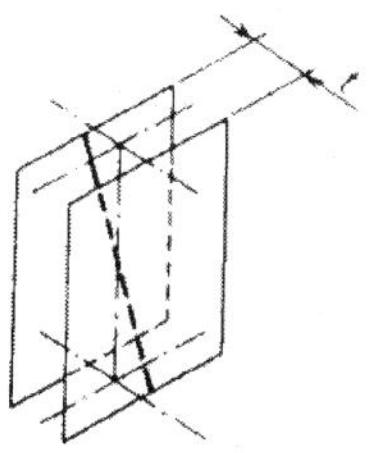	지시선의 화살표로 나타내는 축선은, 데이텀 평면 A로부터 100mm만큼 떨어진 진위치에 있어서 지시선의 화살표로 나타낸 방향에 대칭으로 0.08mm의 간격을 갖는 평행한 2개의 평면사이에 있어야 한다. 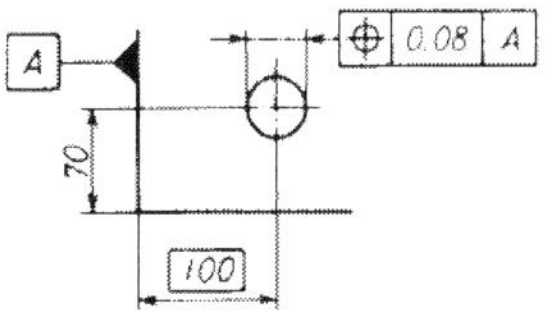
공차역의 지정이 서로 직각인 두 방향으로 실시되어 있는 경우의 선의 위치도의 공차역은, 진위치를 축선으로 하는 단면 t1 X t2인 직6면체 안의 영역이다.	지시선의 화살표로 나타내는 축선은 데이텀 평면 A로부터 100mm, 데이텀평면 B로부터 85mm 떨어진 진위치에 있어서 지시선의 화살표로 나타낸 방향에 대칭으로 0.05mm, 및 0.02mm의 간격을 갖는 2쌍의 평행한 2개의 평면으로 둘러싸인 직육면체 안에 있어야 한다.
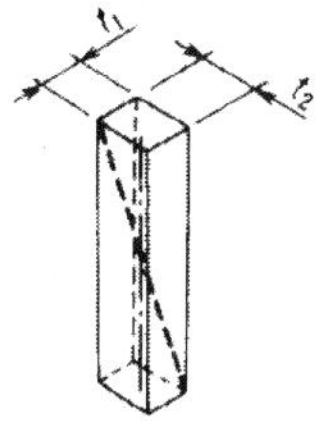	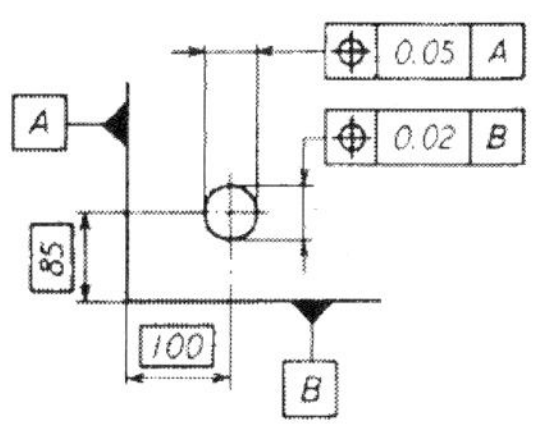

공차역의 정의	도시보기와 해석

10.2 선의 위치도 공차(계속)

공차를 나타내는 수치 앞에 기호 *Φ*가 붙어있는 경우의 선의 위치도의 공차역은 진위치를 축선으로 하는 지름 t인 원통안의 영역이다.

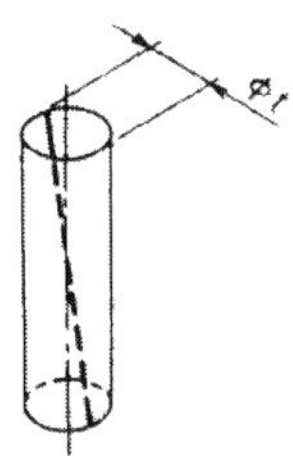

지시선의 화살표로 나타내는 축선은 데이텀 평면 A위에 있어서, 데이텀 평면 B로부터 85mm, 데이텀 평면 C로부터 100mm의 진위치를 지나고, 데이텀 평면 A에 수직한 직선을 축선으로 하는 지름 0.08mm인 원통안에 있어야 한다.

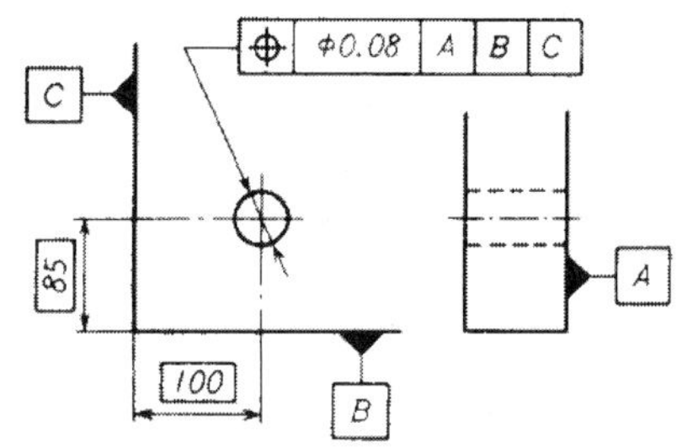

지시선의 화살표로 나타낸 8개의 구멍의 축선 상호간의 관계위치는 서로30mm 떨어진 진위치를 축선으로 하는 지름 0.08mm인 원통 안에 있어야 한다.

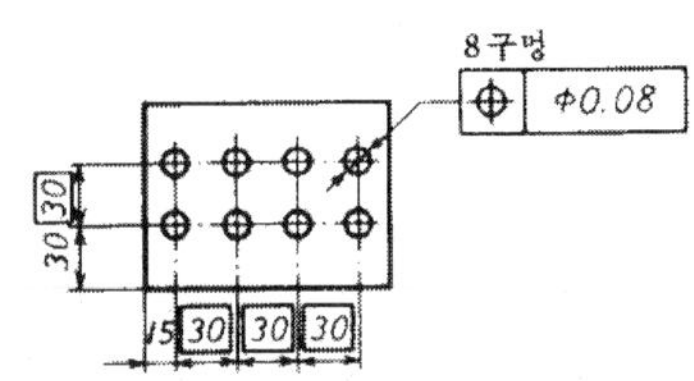

10.3 면의 위치도 공차

공차역은 대상으로 하고 있는 면의 진 위치에 대하여 대칭으로 배치되고, t만큼 떨어진 2개의 평행한 평면사이에 끼인 영역이다.

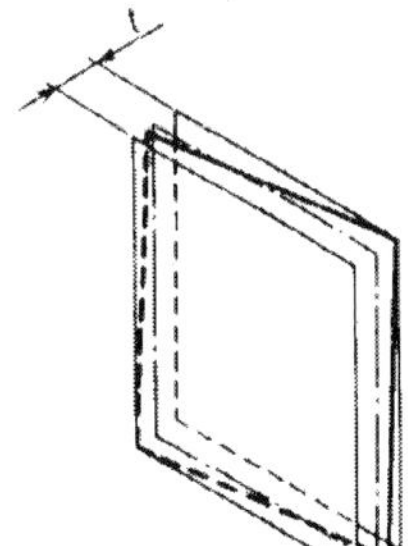

지시선의 화살표로 나타낸 평면은, 데이텀 축 직선 B의 선 위에서 데이텀 평면 A로부터 35mm 떨어진 위치에 있어서, 데이텀 축 직선 B에 대하여 105°기울어진 진 위치에 대하여 지시선의 화살표 방향에 대칭으로 0.05mm의 간격을 갖는 평행한 2개의 평면사이에 있어야 한다.

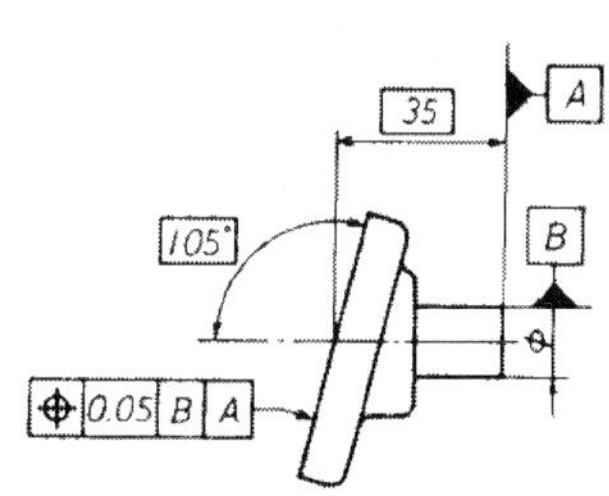

공차역의 정의	도시보기와 해석
11. 동축도 공차 및 동심도 공차	
11.1 동축도 공차	
공차를 나타내는 수치 앞에 기호Φ가 붙어있는 경우에는 이 공차역은 데이텀 축 직선과 일치한 축선을 갖는 지름 t인 원통안의 영역이다. 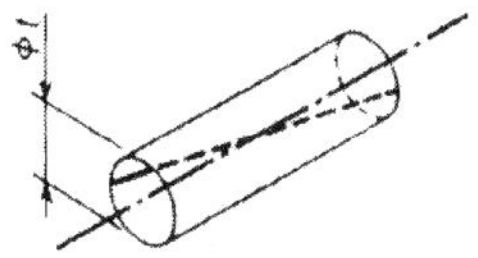	지시선의 화살표로 나타낸 축선은 데이텀 축 직선 A-B를 축선으로 하는 지름 0.08mm인 원통 안에 있어야 한다. 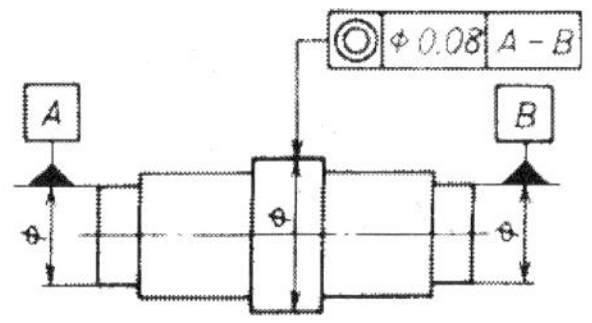
11.2 동심도 공차	
공차역은 데이텀점과 일치하는 점을 중심으로 한 지름 t인 원안의 영역이다. 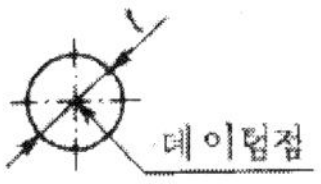 	지시선의 화살표로 나타낸 원의 중심은 데이텀 점 A를 중심으로 하는 지름 0.01mm인 원안에 있어야 한다. 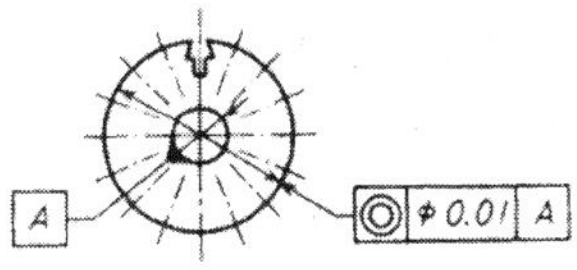
12. 대칭도 공차	
12.1 데이텀 중심 평면에 대한 면의 대칭도 공차	
공차역은 데이텀 중심 평면에 대하여 대칭으로 배치되고, 서로 t만큼 떨어진 2개의 평행한 평면사이에 끼인 영역이다. 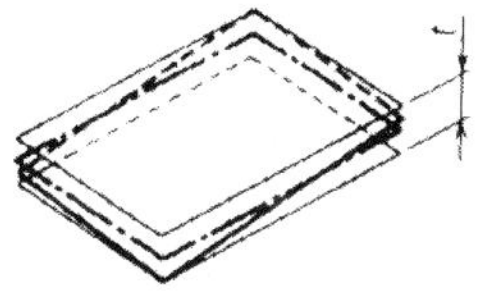	지시선의 화살표로 나타낸 중심면은 데이텀 중심 평면A에 대칭으로 0.08mm의 간격을 갖는 평행한 2개의 평면 사이에 있어야 한다. 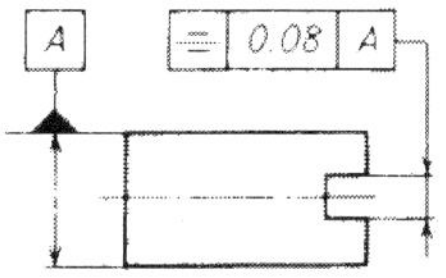
12.2 데이텀 중심 평면에 대한 선의 대칭도 공차	
공차의 지정이 한 방향에만 실시되어 있는 경우에는, 이 공차역은 데이텀 중심 평면에 대하여 대칭으로 배치되고 서로 t만큼 떨어진 2개의 평행한 평면 사이에 끼인 영역이다. 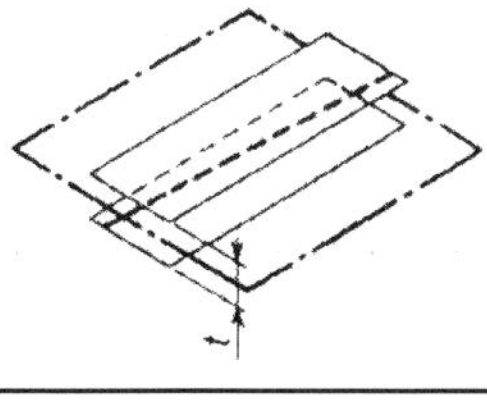	지시선의 화살표로 나타낸 축선은 데이텀 중심 평면 A-B에 대칭으로 0.08 mm의 간격을 갖는 평행한 2개의 평면 사이에 있어야 한다. 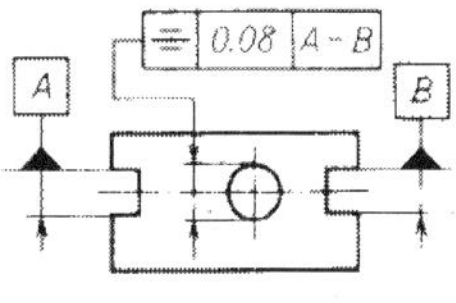

공차역의 정의	도시보기와 해석
12.3 데이텀 직선에 대한 면의 대칭도 공차	
공차역은 데이텀 직선에 대하여 대칭으로 배치되고, t만큼 떨어진 2개의 평행한 평면사이에 끼인 영역이다. 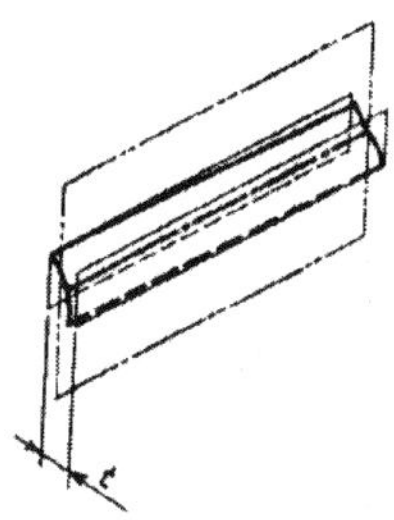	지시선의 화살표로 나타낸 중심면은, 데이텀 축 직선 A에 대칭으로 0.1mm의 간격을 갖는 평행한 2개의 평면사이에 있어야 한다. 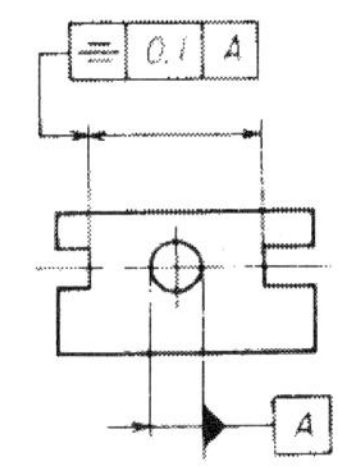
12.4 데이텀 직선에 대한 선의 대칭도 공차	
공차의 지정이 서로 직각인 두 방향으로 실시되어 있는 경우에는, 이 공차역은 데이텀 직선(보기를 들면 2개의 데이텀 평면의 교선)과 일치하는 선을 축선으로 한 단면 t1 X t2의 직6면체안의 영역이다. 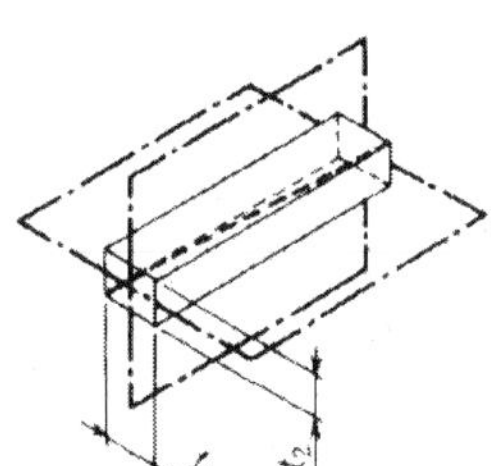	지시선의 화살표로 나타낸 축선은 데이텀 중심 평면 A-B에 대칭으로 0.08 mm, 데이텀 중심 평면 C에 대칭으로 0.1mm의 간격을 갖는 2쌍의 평행한 2개의 평면으로 둘러싸인 직6면체 안에 있어야 한다. 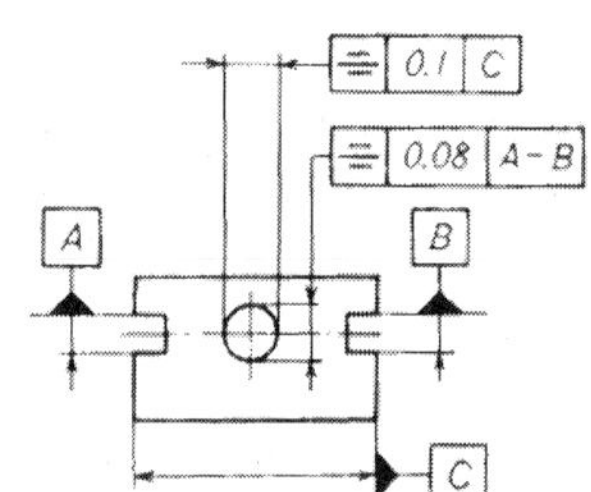
13. 원주 흔들림 공차	
13.1 축 방향의 원주 흔들림 공차	
공차역은 임의의 반지름 방향의 위치에 있어서 데이텀 축 직선과 일치하는 축선을 갖는 측정 원통위에 있고, 축 방향으로 t만큼 떨어진 2개의 원 사이에 끼인 영역이다. 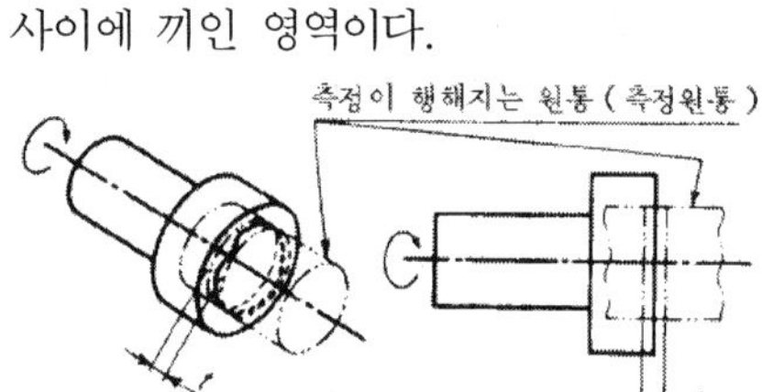	지시선의 화살표로 나타내는 원통측면의 축방향의 흔들림은, 데이텀 축 직선 D에 관하여 1회전 시켰을 때, 임의의 측정위치(측정 원통면)에서 0.1mm를 초과해서는 안된다. 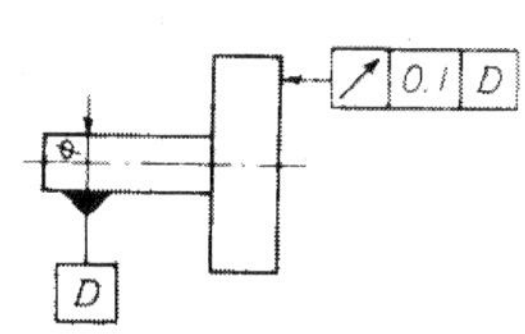

공차역의 정의	도시보기와 해석
13.2 반지름 방향의 원주 흔들림 공차	
공차역은 데이텀 축 직선에 수직한 임의의 측적 평면 위에서 데이텀 축 직선과 일치하는 중심을 갖고, 반지름 방향으로 t만큼 떨어진 2개의 동심원사이의 영역이다. 흔들림은 일반으로는 축선의 둘레의 완전한 1회전에 대하여 적용되나, 1회전 중의 일부분에 적용을 한정할 수도 있다. 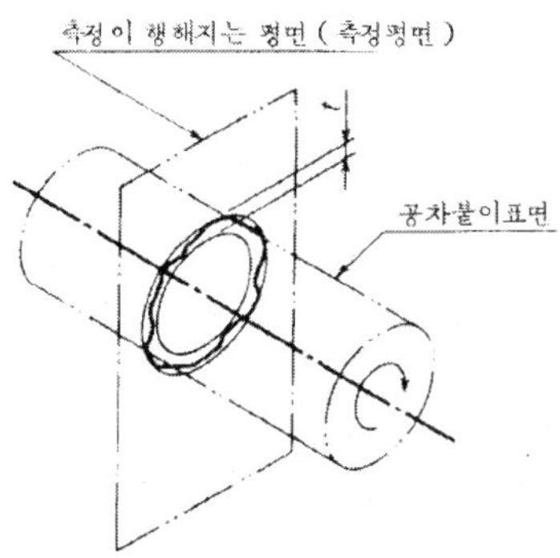 	지시선의 화살표로 나타내는 원통면의 반지름 방향의 흔들림은, 데이텀 축 직선 A-B에 관하여 1회전 시켰을 때, 데이텀 축 직선에 수직한 임의의 측정 평면위에서 0.1mm를 초과해서는 안 된다. 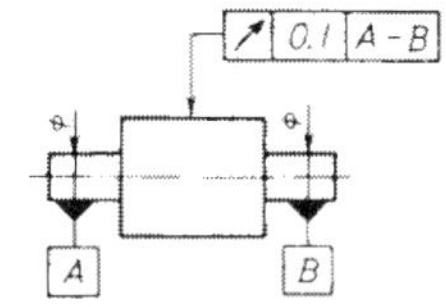 지시선의 화살표로 나타내는 원통면의 일부분 [그림(a)에서는 굵은 1점 쇄선으로 나타내는 범위, 그림(b)에서는 부채꼴의 원통부분]의 반지름 방향의 흔들림은, 공차붙이 형체부분을 데이텀 축 직선 A에 관하여 회전시켰을 때, 데이텀 축 직선에 수직한 임의의 측정 평면 위에서 0.2mm를 초과해서는 안 된다. 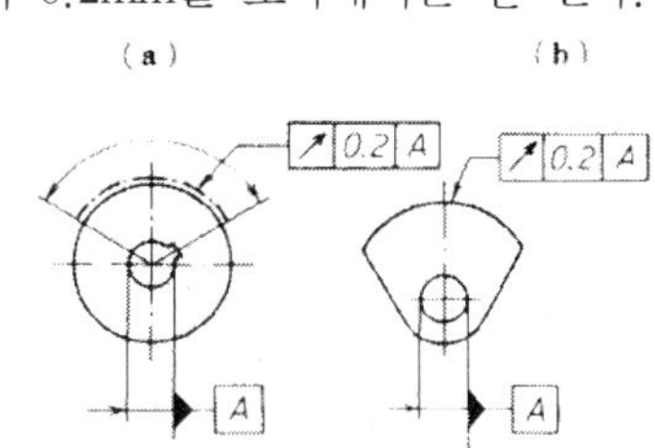
13.3 경사진 법선방향의 원주 흔들림 공차	
공차역은 데이텀 축 직선과 일치하는 축선을 가지며, 그 원추면이 공차붙이 형체면과 직교하는 임의의 측정 원추면위에 있고, 면에 따라 t만큼 떨어진 2개의 원 사이에 끼인 영역이다. 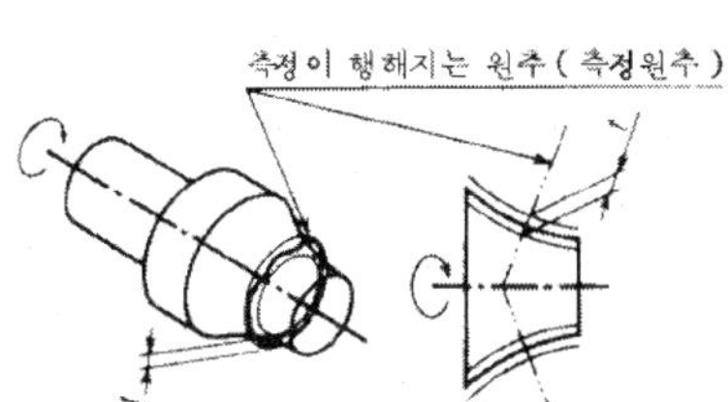 비고 특별히 지시선에 의하여 측정방향의 지정이 없는 경우에 적용하며, 측정 방향은 표면에 대하여 수직방향이다.	지시선의 화살표로 나타내는 방향의 이 원추면의 흔들림은, 데이텀 축 직선 C에 관하여 1회전 시켰을 때, 임의의 측정 원추면 위에서 0.1mm를 초과해서는 안 된다. 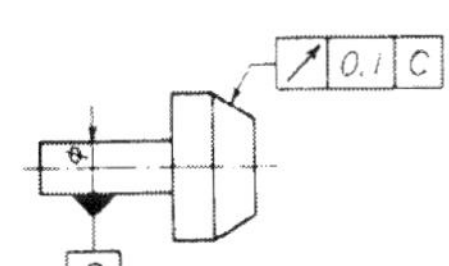 곡면 위의 모든 점의 접선에 수직한 방향의 이 곡면의 흔들림은 데이텀 축 직선 C에 관하여 1회전 시켰을 때, 임의의 측정 원추면 위에서 0.1mm를 초과해서는 안 된다. 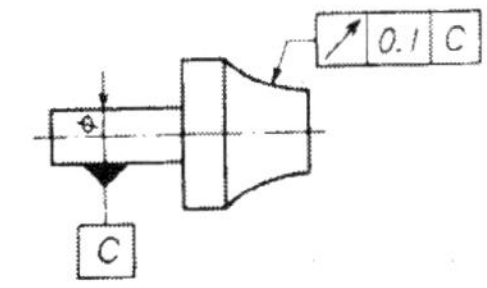

공차역의 정의	도시보기와 해석
13.4 지정 방향의 원주 흔들림 공차	
공차역은 데이텀 축 직선과 일치하는 축선을 가지며, 그 원추면이 지정된 방향을 갖는 임의의 측정 원추면 위에 있고, 면에 따라 t만큼 떨어진 2개의 원 사이에 끼인 영역이다.	데이텀 축 직선과 α의 각도를 이루는 방향의 이 곡면의 흔들림은 데이텀 축 직선 C에 관하여 1회전 시켰을 때, 임의의 측정 원추면 위에서 0.1mm를 초과해서는 안 된다. 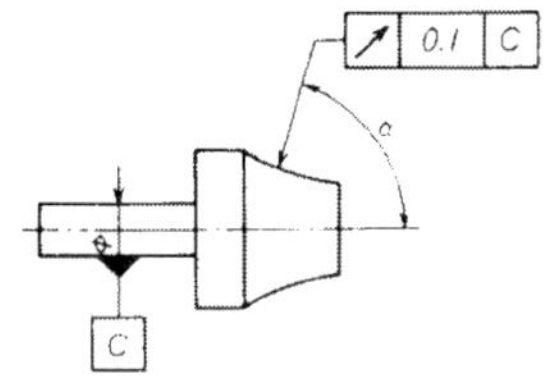
14. 온 흔들림 공차 14.1 반지름 방향의 온 흔들림 공차	
공차역은 데이텀 축 직선과 일치하는 축선을 갖고, 반지름 방향으로 t만큼 떨어진 2개의 동축 원통사이의 영역이다. 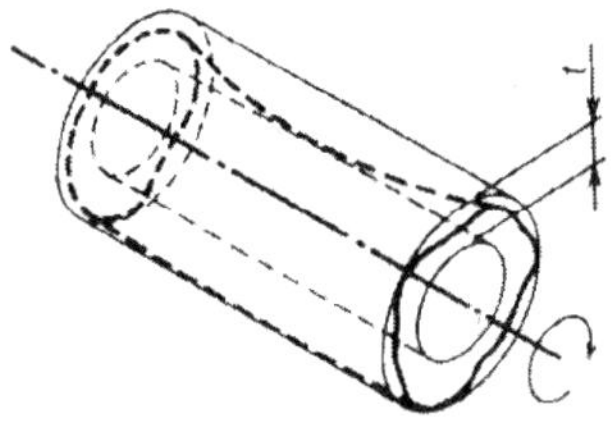	지시선과 화살표로 나타낸 원통면의 반지름 방향의 온 흔들림은, 이 원통부분과 측정기구 사이에서 축선 방향으로 상대 이동시키면서, 데이텀 축 직선 A-B에 관하여 원통 부분을 회전시켰을 때, 원통 표면위의 임의의 점에서 0.1mm를 초과해서는 안 된다. 측정기구 또는 대상물의 상대 이동은, 이론적으로 정확한 윤곽선에 따르고, 데이텀 축 직선에 대하여 정확한 위치에서 실시되어야 한다. 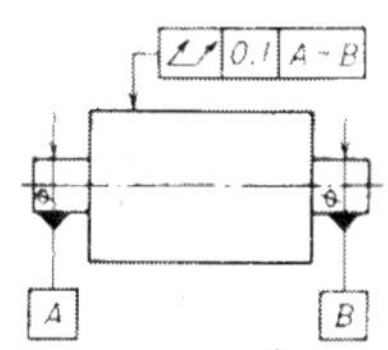
14.2 축방향의 온 흔들림 공차	
공차역은 데이텀 축 직선에 수직하고, 데이텀 축 직선 방향으로 t만큼 떨어진 2개의 평행한 평면사이에 끼인 영역이다. 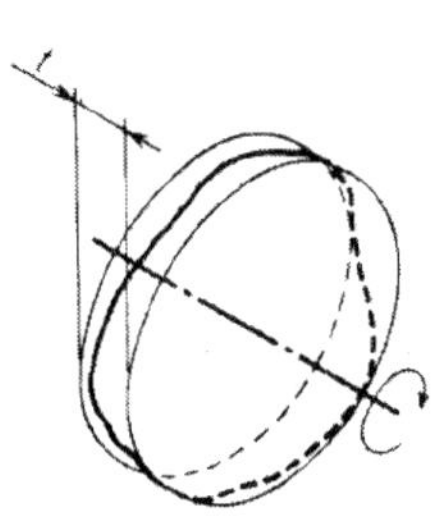	지시선의 화살표로 나타낸 원통 측면의 축방향의 온 흔들림은, 이 측면과 측정기구 사이에서 반지름 방향으로 상대 이동시키면서, 데이텀 축 직선 D에 관하여 원통 측면을 회전시켰을 때, 원통 측면위의 임의의 점에서 0.1mm를 초과해서는 안 된다. 측정기구 또는 대상물의 상대 이동은 이론적으로 정확한 윤곽선에 따르고, 데이텀 축 직선에 대하여 정확한 위치에서 실시되어야 한다. 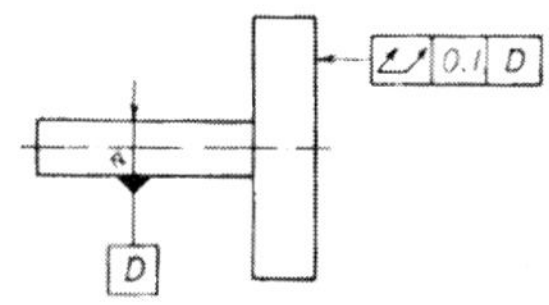

7_재료기호와 기계재료

기계 부품의 재료에는 금속 재료와 비금속 재료가 있다. KS D에서 규정하는 철강 및 비철금속의 종류를 나타내기 위해 재료에 재료 기호를 각인(刻印)하거나 도면에 도시된 부품의 재료를 지정할 경우에는 부품란에 재료 기호를 기입한다. 이들 관계는 규정으로 제정되어 있으며, 규정으로 제정되어 있지 않은 재료에 대해서는 재료 명을 문자로 기입한다.

1. 기계재료의 규격

1.1 재료 기호의 구성

재료기호는 보통 3개의 문자로 표시하나 때로는 다섯 개의 문자로도 표시한다.

(1) 제1위 기호

재질을 표시하는 기호로서 영어표기의 머리문자나 원소 기호로 표시한다.

① 철강계

기 호	재 질	기 호	재 질
CaSi	Calcium Silicon(D 3720)	FTi	Ferro Titanium(D 2316)
FB	Ferro Boron(D 3726)	FV	Ferro Vanadium(D 3719)
FCr	Ferro Chromium(D 3714)	FW	Ferro Tungsten(D 3715)
Fe	Ferrum(철)	M Mn E	Metal Manganese(D 2312)
FMn	Ferro Manganese(D 3712)	MCr	Metallic Chromium(D 2306)
FMo	Ferro Molybdenum(D 3716)	MSi	Silicon Metal(D 2313)
FNb	Ferro Niobium(D 3727)	NCF	내식 내열 초합금재
FNi	Ferro Nickel(D 3718)	S	Steel(강)
FP	Ferro Phosphorus(D 3725)	SiCr	Silicon-Chromium(D 3721)
FSi	Ferro Silicon(D 3713)	SiMn	Silicon-Manganese(D 3717)

② 비철계

기 호	재 질	기 호	재 질
A	알루미늄 및 알루미늄 합금	CAC	구리 및 구리 합금 주물
AC	주물용 알루미늄 합금 잉곳	NiCuC	니켈동합금 주물
Ag	은 지금	PCu	인동지금
Al	알루미늄 지금	WM	화이트메탈
C	구리(동) 및 구리(동) 합금	Zn	아연 잉곳

(2) 제2위 기호

규격명과 제품명, 합금 기호를 표시하는 기호로 판재, 봉재, 관재, 선재, 주조품 등의 제품의 형상별 종류와 용도를 표시한다.

① 철강계

기 호	재 질	기 호	재 질
A	자동차 구조용 열간 압연재	PW	배관용 아아크 용접 강관
B	압력용기용 강관	QV	압력용기용 합금강
BC	체인용 원형강	RS	강관용 탄소 강대
BP	PC 강봉	S	일반구조용 압연재
BV	압력용기용 조질형 합금강	SC	냉간성형 형강, 스테인리스강 주강품
C	주강, 주조품	SD	이형 봉강
CP	강판	SR	원형봉강, 재생(Rerolled)강재
CS	강대	T	관
CW	용접구조용 주강품	TB	베어링 강재
G	가스용기용 강판	TBH	보일러 및 열교환기용 강관
GH	아연강판	TC	탄소공구강재
GV	중, 상온 압력용기용 강판	TK	구조용 탄소강 강관
KC	중공강	TR	내열강재
KH	고속도 공구강	TS	스테인리스강, 합금공구강
M	기계구조용 강재	UM	쾌삭강
MA	용접구조용 내후성강	V	리벳용재
P	박판	W	선(Wire)
PC	냉간압연강판 및 강대	WO	오일템퍼선
PH	열간압연강판 및 강대	WO-V	밸브 스프링용 오일템퍼선
PP	배관용 강관	WR	선재(Wire Rod)
PPV	압력용기용 강판	WRM	연강선재
PPW	수도용 아연도금 강관	WP	피아노선
PS	스프링강	WW	용접용 심선

② 비철계

기 호	재 질	기 호	재 질
A	합금(Alloy)	P	판(Plate)
B	봉(Bar)	PP	인쇄용
BB	버스바(Bus Bar)	R	띠(Strip)
C	주조품(Casting)	S	Shape
DC	다이캐스팅(Die casting)	T	관(Tube)
F	단조품(Forging)	TH	열교환기용 관
FD	형단조(Die)	TW	용접관
FH	자유단조(Hand)	W	선(Wire)
H	박(箔: Foil)		

(3) 제3위 기호

금속 종별의 기호로 재료의 종류, 번호의 숫자, 최저 인장강도 및 탄소 함유량을 표시한다.

<table>
<tr><th>구 분</th><th>기 호</th><th colspan="2">기호의 의미</th></tr>
<tr><td rowspan="2">종별에 의한 기호</td><td>A~E</td><td colspan="2">갑~무
A: A종 또는 A호</td></tr>
<tr><td>1~7</td><td colspan="2">1~7종
2A: 2종 A급</td></tr>
<tr><td rowspan="3">가공방법, 용도, 형상 등에 의한 기호</td><td>D
E
CK</td><td colspan="2">냉간 인발
열간 압출
표면 경화용</td></tr>
<tr><td>C
D
H</td><td>일반용
가공용
경질용</td><td>아연 도금 강판 및 강대</td></tr>
<tr><td>C
D
E</td><td>일반용
드로잉용
딥 드로잉용</td><td>열간 및 냉간 압연 강판 및 강대</td></tr>
<tr><td>구리 및 알루미늄 합금의 조질 기호</td><td>F
O
1/2H
H
EH</td><td colspan="2">제조한 그대로의 것
연질(어닐링한 것)
반경질
경질(가공 경화한 재질: H1~H3)
특경질</td></tr>
<tr><td>알루미늄 합금의 열처리 기호</td><td>T
T2
T4
T5
T6
W</td><td colspan="2">열처리 한 것(T1~T10)
풀림 처리한 재료(주물용)
용체화 처리
시효경화 처리
용체화 처리 후 시효경화 처리
담금질한 후 시효경화가 진행 중의 재료</td></tr>
</table>

예시는 아래와 같다.

① 종류의 번호 숫자를 사용하는 경우 : 특수 용도강, 공구강, 비철금속 등
(예) STC 5, STD 8, SKH 3

② 최저 인장강도를 나타내는 경우 : 일반 강재, 주철, 주강 및 탄소강, 단강품 등
(예) SS 400, GC 250, SF 340 A

③ 탄소 함유량의 100배가 되는 수치를 사용하는 경우 : 기계구조용 강재 등
(예) SM 20 C

(4) 제 4위 기호

재료의 제조 방법을 지시할 경우에 사용한다.

기 호	제 조 방 법	기 호	제 조 방 법
Oh	평로강(Open Hearth Steel)	D	인발
Oa	산성(Acidic) 평로강	E	압출
Ob	염기성(Basic) 평로강	F	단조
Bes	전로강(Bessemer Steel)	G	연삭
E	전기로강(Electric Steel)	R	압연
Cc	도가니강(Crucible Steel)	T	절삭
A	어닐링	P	산세척
B	쇼트 가공	S	고용화 처리

(5) 제 5위 기호

재료의 형상을 지시할 경우에 사용한다.

기호	재료명	기호	재료명	기호	재료명
P	강 판	□	각 재	I	I 형강
●	둥근강	[8]	8각 강		
◎	파이프	□	평 강		

(6) 재료 기호의 예

① SF 340 A(탄소강 단강품)

S: 탄소강, F: 단조품, 340: 최저 인장강도, A: 열처리(어닐링 또는 불림), B: 열처리(퀜칭 또는 템퍼링)

② SC 360(탄소강 주강품)

S: 탄소강, C: 주조품, 360: 최저 인장강도

③ S1(초경합금 1종)

S: 초경합금, 1: 1종

④ **SPHC(열간압연강판 및 강대)**

S: 강, P: 압연 강판, H: 열간 가공품(C: 냉간 가공품), C: 일반용

⑤ **SM20C(기계 구조용 탄소 강재)**

SM: 기계구조용, 20C: 탄소 함유량 0.20%

⑥ **PW-1(피아노선 1종)**

PW: 피아노선, 1: 1종

⑦ **SKH 4(고속도 공구강 4종)**

S: 강, KH: 고속도강, 4: 4종

⑧ **S60C-CSPA(스프링용 냉간 압연 강대)**

S: 강, 60C: 탄소함유량 0.55~0.65, CSP: 강대, A: 조질 기호

조질 기호			
A	어닐링 한 것	H	퀜칭, 템퍼링 한 것
R	냉간 압연한 그대로의 것	B	오스템퍼 한 것

1.2 재료기호의 표시법

한국 공업 규격(KS)					일본 규격(JIS)	
규격번호	규격 명	KS 기호	기호 설명 및 영문		JIS 번호	JIS 기호
원재료 D 2301	형동	C 1011 CB C 1100 CC C 1201 CB	무산소 (C 10--CX) 터프피치(C 11--CX) 인탈산 (C 12--CX)	X는 B or C임. B-Billet, C-Cake	H 2123	B-Tcu, C-Tcu
〃 2302	연 지금	Pb	Pb-Lead, ☞ 종류: Pb 1~Pb 6		H 2105	종별
〃 2304	알루미늄 지금	Al	Al-Aluminium ☞ 종류: 특종 A, B와 1, 2, 3		H 2102	종별
〃 2305	주석 잉곳	-	☞ 종류: 특종 A, B와 1, 2, 3		H 2108	종별
〃 2306	금속 크로뮴	MCr	M-MetallIc Cr-Chromium		G 2313	Mcr
〃 2307	정련 니켈	N	N-Nickel, ☞ 종류: N0, N1, N2		H 2104	N
〃 2308	은 지금	Ag	Ag-Silver ☞ 종류: Ag1 Ag2		H 2141	종별
〃 2310	인동 지금	PCu	P-Phosphor Cu-Copper, ☞ 종류: 1~3종		H 2501	Pcu
〃 2312	금속 망간	M Mn E	M-Metallic Mn-Mangnese E-Electric		G 2311	MMn E
〃 2313	금속 규소	MSi	M-Metal Si-Silicon		G 2312	MSn
〃 2316	페로 티타늄	FTiL	F-Ferro Ti-Titanium L-Low		G 2309	FTiH, FTiL
〃 2320	주물용 동합금 잉곳	CACIn	C-Copper, A-Alloy C-Casting In-Ingot		H 2202	YBs Cln
〃 2326	주물용 마그네슘 합금 잉곳	MCI	M-Magnesium, C-Casting I-Ingot		H 2221	MCIn
〃 2330	주물용 알루미늄 합금 잉곳	ACx A(~D)x	Al-Aluminium C-Casting A-Alloy		H 2211	Cx V
〃 2331	다이캐스팅용 알루미늄 합금 잉곳	ALDC	AL-Aluminium, D-Die C-Casting		H 2212	Dx V
〃 2333	다이캐스팅용 마그네슘 합금 잉곳	MD	M-Magnesium D-Die casting Magnesium alloy ingots for die		H 2222	MDCIn

			castings		
〃 2351	아연 잉곳	Zn	Zn-Zinc, ☞ 종류: 6종(1E~3E, 4D~6D)	H 2107	종별
〃 2353	스펀지 티탄	TS-xM	T-Titanium S-Sponge	H 2151	TS
강재 〃 3501	열간 압연 연강판 및 강대	SPH	S-Steel P-Plate H-Hat	G 3131	SPHC,SPHD SPHE
〃 3503	일반 구조용 압연 강재	SS	S-Steel S-Sturucture	〃 3101	SS
〃 3504	철근 콘크리트용 봉강	SR, SD	S-Steel R-reinforcement	〃 3112	SR,SD,SDC
〃 3505	PC 강봉	SBPR, SBPD	Steel bars for prestressed concrete	〃 3109	SBPR, SBPD
〃 3506	용융 아연 도금 강판 및 강대	SGH	S-Steel G-Galvanized H-Hot	〃 3302	SPG
〃 3507	배관용 탄소 강관	SPP	S-Steel P-Pipe P-Piping	〃 3452	SGP
〃 3508	피복 아아크 용접봉 심선재	SWR	S-Steel W-Wire R-Rod	〃 3503	SWRY
〃 3509	피아노 선재	SWRS	S-Steel W-Wire R-Rod	〃 3502	SWRS
〃 3510	경강선	SW	S-Steel W-Wire	〃 3521	SW
〃 3511	재생 강재	SRB	S-Steel R-Rerolled B-보통(일반)	〃 3111	SRB
〃 3512	냉간 압연 강판 및 강대	SPC	Cold-Reduced Carbon Steel Sheets and Strip	〃 3141	SPCC,SPCD SPCE
〃 3515	용접구조용 압연 강재	SMxxxA	Rolled Steels for Welded Structure	〃 3106	SM
〃 3516	주석도금 강판 및 원판	SPB, ET	E-Electric T-Tin	〃 3303	SPTE, SPTH
〃 3517	기계구조용 탄소 강관	STKM	Carbon Steel Tubes for Machine Structural Purposes	〃 3445	STKM
〃 3519	자동차 구조용 열간 압연 강판 및 강대	SAPH	S-Steel, A-Autombbile P-Plate, H-Hot	〃 3113	SAPH
〃 3520	도장 용융 아연도금 강판 및 강대	CGC	Prepainted Hot-dip Zinc-coated Steel Sheet and Coils	〃 3312	SCG
〃 3521	압력 용기용 강판	SPPV	S-Steel P-Plate P-Pressure V-Vessel	〃 3115	SPV
〃 3522	고속도 공구강 강재	SKH	S-Steel K-공구 H-high Sppd	〃 4403	SKH
〃 3523	중공강 강재	SKC	S-Steel K-공구 C-Chisel	〃 4410	SKC
〃 3525	고탄소 크로뮴 베어링 강재	STB	ST-Stainless B-Bearing	〃 4805	SUJ

규격번호	규격 명	KS 기호	기호 설명 및 영문	JIS 번호	JIS 기호
〃 3526	마봉강용 일반 강재	SGD	S-Steel G-General D-Dawn	〃 3108	SGD
〃 3527	철근 콘크리트용 재생 봉강	SBCR	S-Steel B-Bar C-Concrete R-Reinforcement	〃 3117	SRR, SDR
〃 3528	전기 아연도금 강판 및 강대	SEHC, D, E SECC, D, E SEPH, SEFC	S-Steel E-Electrolyic H-Hot C-Commercial C-Cold, D-Deep Drawn Extra	〃 3313	SEHC,SECC SEHE,SEHD SECD,SECE
〃 3529	용접구조용 내후성 열간 압연 강재	SMA	S-Steel, M-Marine, A-Atmospheric	〃 3314	SMA
〃 3530	일반구조용 경량 형강	SSC	S-Steel S-Structure C-Coldfoming	〃 3350	SSC
〃 3531	내식 내열 초합금봉	NCF	Corrosion-resisting and heat-resisting superalloy bars	〃 4901	NCF
〃 3532	내식 내열 초합금판	NCF	Corrosion−resisting and heat−resisting superalloy plates and sheets	〃 4902	NCF
〃 3533	고압가스 용기용 강판 및	SG	Steel sheets, Plates and strip for Gas	G 3116	SG

	강대		cylinders		
〃 3534	스프링용 스테인리스 강대	STSxxxGSP	Cold rolled stainless steel strip for springs	〃 4313	SUS
〃 3535	스프링용 스테인리스 강선	STS	Stainless steel wires for springs	〃 4314	SUS
〃 3536	기계구조용 스테인리스 강관	STSxxxTK	Stainless steel pipes for machine and srructural purposes	〃 3446	SUS
〃 3537	수도용 아연도 강관	SPPW	S-Steel, P-Pipe, P-Piping, W-Water	〃 3442	SGPW
〃 3538	보일러 및 압력 용기용 망간 몰리브덴강 및 망간 몰리브덴 니켈강 강판	SBV	S-Steel, B-Boiler, V-Vessel	〃 3119	SBV
〃 3539	압력용기용 조질형 망간 몰리브덴강 및 망간 몰리브덴 니켈강 강판	SQV	S-Steel, Q-Quenching, V-Vessel	〃 3120	SQV
〃 3540	중,상온 압력용기용 탄소 강판	SGV	Carbon steel plates for pressure vessels for intermediate and moderate temperature services	〃 3118	SGV
〃 3541	저온 압력 용기용 탄소강 강판	SLAl	Carbon steel plates for pressure vessels for low temperature service	〃 3126	SLA
〃 3542	고 내후성 압연 강재	SPA-H, C	Superior atmospheric corrosion resisting rolled steels	〃 3125	SPA-H, C
〃 3543	보일러 및 압력 용기용 크롬 몰리브덴강 강판	SCMV	S-Steel, C-Chromium, M-Molybdenum V-Vessels	〃 4109	SCMV
〃 3544	용융 알루미늄 도금 강판 및 강대	SA	S-Steel, A-Aluminium	〃 3314	SA
〃 3546	체인용 원형강	SBC	Steel bars for chains	〃 3105	SBC
〃 3550	피복아아크 용접봉 심선	SWW	S-Steel W-Wire W-Welding	〃 3523	SWY
〃 3551	특수 마대강(냉연 특수 강대)	S xx CM, SK x M SKS x M 등	Cold Rolled Special Steel Strip	〃 3311	S xx CM, SK x M SKS x M 등
〃 3552	철선	SWM	M-Mild S-Steel W-Wire	〃 3532	SWH
〃 3554	연강 선재	SWRM	M-Mild S-Steel W-wire R-Rod	〃 3505	SWRM
〃 3555	강관용 열간 압연 탄소 강대	HRS	H-Hot R-Rolled S-Steel	〃 3132	SPHT
〃 3556	피아노선	PW	P-Piano W-Wire	〃 3522	SWP
〃 3557	리벳용 원형강	SV	S-Steel V-Revet Steel bars for rivet	〃 3104	SWRH
〃 3559	경강 선재	HSWR	H-Hard S-Steel W-Wire R-Rod	〃 3506	SWRH
〃 3560	보일러 및 압력용기용 탄소강 및 몰리부덴강 강판	SB	S-Steel B-Boiler	〃 3103	SB
〃 3561	마봉강	SGD xx-D	Cold finished Carbon and Alloy Steel Bar	〃 3123	SGD xx-D
〃 3562	압력배관용 탄소 강관	SPPS	S-Steel P-Pipe P-Pressure S-Service	〃 3454	STPG
〃 3563	보일러 및 열 교환기용 탄소 강관	STBH	S-Steel, T-Tube, B-Boiler, H-Heat	〃 3458	STB
〃 3564	고압 배관용 탄소 강관	SPPH	S-Steel P-Pipe P-Pressure H-High	〃 3455	STS
〃 3565	상수도용 도복장 강관	STWW	S-Steel T-Tube P-Pipe W-Water A-Aspalt C-Coaltar	〃 3443	STW

규격번호	규격 명	KS 기호	기호 설명 및 영문	JIS 번호	JIS 기호
D 3566	일반 구조용 탄소 강관	STK	Carbon steel tubes for general structural purposes	〃 3444	STK
〃 3567	황 및 황 복합 쾌삭 강재	SUM	Free cutting carbon steels	〃 4804	SUM
〃 3568	일반 구조용 각형 강관	SPSR	Carbon steel square pipes for general structural purposes	〃 3466	STKR
〃 3569	저온 배관용 강관	SPSR	S-Steel P-Pipe S-Structural R-Rectanguler	〃 3460	STPL
〃 3570	고온 배관용 탄소 강관	SPHT	S-Steel P-Pipe H-High T-Temperature	〃 3456	STPT
〃 3571	저온 열교환기용 강관	STLT	S-Steel T-Tube L-Low T-Temperature	〃 3464	STBC
〃 3572	보일러 열교환기용 합금강 강관	STHA	S-Steel T-Tube H-Heat A-Alloy	〃 3462	STBA
〃 3573	배관용 합금강 강관	SPA	Alloy steel pipes	〃 3458	STPA
〃 3574	기계구조용 합금강 강관	SCr xxx TK SCM xxx TK	Alloy steel tubes for machine purposes	〃 3441	STKS
〃 3575	고압가스 용기용 이음매 없는 강관	STHG	S-Steel T-Tube H-High G-Gas	〃 3429	STH
〃 3576	배관용 스테인리스 강관	STS xxx TP	Stainless steel pipes	G 3459	SUSxxxTP
〃 3577	보일러 열교환기용 스테인리스 강관	STS xxx TB	ST-Stainless S-Steel T-Tube	〃 3463	SUSxxxTB
〃 3579	스프링용 오일 템퍼선	SWO	S-Spring W-Wire O-Oil	〃 3560	SWO
〃 3580	밸브 스프링용 오일 템퍼선	SWO-V	S-Spring W-Wire O-Oil V-Valve	〃 3561	SWO-V
〃 3583	배관용 아크 용접 탄소강 강관	SPW	S-Steel Pipe W-Welding	〃 3457	STPY
〃 3585	스테인리스강 위생관	STS xxx TBS	STS-Stainless, TB-Tube, S-Sanitary	〃 3439	SUSxxxTBS
〃 3592	냉간 압조용 탄소강 선재	SWRCHxxR 〃xxA, 〃xxK	Carbon steel wire rods for cold heading and cold forging	〃 3507	-
〃 3595	일반 배관용 스테인리스 강관	STS xxx TPD	Light gauge stainless steel pipes for ordinary piping	〃 3448	SUS xxx TPD
〃 3596	착색 도장 아연 도금 철선	SWMCGS SWMCGH	Precoated color zinc - coated steel wires	-	-
〃 3597	스프링용 냉간 압연 강대	SxxC-CSP	Cold-rolled steel strips for springs	-	-
〃 3602	강제 갑판	SDP	S-Steel D-Decle, P-Plate	〃 3352	SDP
〃 3617	자동차 냉간 압연 고장력 강판 및 강대	SPFC	Cold rolled high strength steel for automobile uses	ISO 14590	-
〃 3618	실린더 튜브용 탄소 강관	STC	Carbon steel tubes for cylinder barrels	-	-
〃 3691	스테인리스 단강품용 강편	STS xxx FB	Stainless Steel Blooms and Billets for Forgings	〃 4319	-
〃 3692	냉간가공 스테인리스 강봉	STS	Cold finished stainless steel bars	-	-
〃 3696	용접용 스테인리스강 선재	STSY	STS-Stainless, Y-용접	〃 4316	SUSY
〃 3697	냉간 압조용 스테인리스 강선	STS	Stainless steel wires for cold heading and cold forging	G 4315	SUS
〃 3698	냉간 압연 스테인리스 강판 및 강대	STS	Cold rolled stainless steel plates, sheets and strip	〃 4305	SUS

〃 3701	스프링 강재	SPS	SP-SPring S-Steel	〃 4801	SUP
〃 3702	스테인리스 강선재	STS xxx-WR	ST-Stainless S-Steel W-Wire R-Rod	〃 4308	SUS
〃 3703	스테인리스 강선	STS xxx-W	ST-Stainless S-Steel W-Wire	〃 4309	SUB
〃 3705	열간 압연 스테인리스 강판 및 강대	STS xxx-HP STS xxx-HS	ST-Stainless S-Steel H-Hot P-Plate	〃 4304	SUS
〃 3706	스테인리스 강봉	STS xxx-B	ST-Stainless S-Steel B-Bar	〃 4303	SUS
〃 3707	크롬 강재	SCr	S-Steel Cr-Chromium	〃 4104	SCR
〃 3708	니켈 크롬강 강재	SNC	S-Steel N-Nickel C-Chromium	〃 4102	SNC
〃 3709	니켈 크롬 몰리브덴 강재	SNCM	S-Steel N-Nickel C-Chromium M-Molybdenum	〃 4103	SNCM
〃 3710	탄소강 단강품	SF xxx A, B	S-Steel F-Forging A-어닐링, 노머라이징, 템퍼림 B-퀜칭, 템퍼링	〃 3201	SF
〃 3711	크롬 몰리브덴 강재	SCM H(M,L)	S-Steel C-Chromiun M-Molybdenum	〃 4105	SCM
〃 3712	페로 망간	FMn	F-Ferro Mn-Manganese H-고탄소, M-중탄소 L-저탄소	〃 2301	FMn
〃 3713	페로 실리콘	Fsi	F-Ferro Si-Silicon	〃 2302	FSi

규격번호	규격 명	KS 기호	기호 설명 및 영문	JIS 번호	JIS 기호
〃 3714	페로 크르뮴	Fcr H(M,L)	F-Ferro Cr-Chromium H-고탄소, M-중탄소 L-저탄소	〃 2303	FCr
〃 3715	페로 텅스텐	FW1	F-Ferro W-Wolfarm(Tungstern)	〃 2306	FW
〃 3716	페로 몰리브데넘	FMo H, L	F-Ferro M-Molybdenum H-고탄소, L-저탄소	〃 2307	FMo
〃 3717	실리콘 망가니즈	SiMn	Si-Silicon Mn-Manganese	〃 2304	Si Mn
〃 3718	페로 니켈	FNi H, L	F-Ferro Ni-Nickel H-고탄소, L-저탄소	〃 2316	FNi
〃 3723	특수 볼트용 합금 봉강	SNB	Alloy steel bars for special application bolting materials	〃 4108	SNB
〃 3724	기계 구조용 망간강 강재 및 망간 크롬강 강재	SMn, SMnC	Manganese steels and manganese chromium steels for machine structural	G 4106	SMn, SMnC
〃 3731	내열강봉	STR, STS	Stainless Steel for Heat Resisting Steel STRx-B에서 B는 봉재를 뜻함	〃 4311	SUH
〃 3732	내열강판	STR, STS	Stainless Steel for Heat Resisting Steel STR 309-CP에서 체는 냉간압연강판을 뜻함	〃 4312	SUH
〃 3751	탄소 공구 강재	STC	S-Steel T-Tool C-Carbon	〃 4401	SK
〃 3752	기계구조용 탄소 강재	SMxxC	S-Steel M-Machine	〃 4051	SxxC
〃 3753	합금 공구 강재	STS, STD	S-Steel T-Tool S-Special	〃 4404	SKS, SKD, SKT
〃 3755	고온용 합금강 볼트재	SNB	Alloy stell bolting materials for high temperature service	〃 4107	SNB
〃 3756	알루미늄 크롬 몰리브덴 강재	S Al Cr Mo1	Aluminium chromium molybdenum steels	〃 4202	SACM
〃 3757	열교환기용 이음매 없는	NCF xxx TB	Seamless Neckel-Chromium-iron	〃 4904	NCFxxxTB

	니켈 - 크로뮴 - 철합금관		alloy heat exchanger tubes		
〃 3758	배관용 이음매 없는 니켈 - 크로뮴 - 철합금 관	NCF xxx TP	Seamless Neckel-Chromium-iron alloy pipes	〃 4903	NCFxxxTP
〃 3780	철탑용 고장력강 강관	STKT	High tensile strength steel tubes for tower structural purposes	-	-
〃 3781	철탑용 고장력강 강재	SH xxx P, S	High tensile strength steel for tower structural purposes P-Plate, S-ㄱ형강	C 2551	S xx F
〃 3853	압력용기용 강판	SPV	Steel plates for pressure vessels for intermediate temperature service -part 1 : thicker plates	-	-
〃 3860	고피로 강도 기어용 강재	SCMxxxNbH SNCMxxxNbH	High fatigue strength steels for gears	-	-
주강/주철 〃 4101	탄소강 주강품	SC	S-Steel C-Casting	G 5101	SC
〃 4102	구조용 고장력 탄소강 및 저 합금강 주강품	SSC, SCMn SCCrM 등	High tensile strength carbon steel castings and low alloy steel castings for structural purposes	〃 5111	SSC, SCMn SCCrM 등
〃 4103	스테인리스강 주강품	SSC	S-Steel S-Stainless C-Casting	〃 5121	SCS
〃 4104	고망간강 주강품	SCMnH	S-Steel C-Casting Mn-Manganese H-High	〃 5131	SCMnH
〃 4105	내열강 주강품	HRSC	H-Heat R-Resistant S-Steel C-Casting	〃 5122	SCH
〃 4106	용접 구조용 주상품	SCW	S-Steel C-Casting W-Welded	〃 5102	SCW
〃 4107	고온 고압용 주강품	SCPH	Steel castings for high temperature and high pressure service	〃 5151	SCPH
〃 4111	저온 고압용 주강품	SCPL	Steel castings for low temperature and high pressure service	〃 5152	SCPL
〃 4114	크롬 몰리브덴강 단강품	SFCM	Chromium molybdenum steel forgings for general use	〃 3221	SFCM
〃 4115	압력용기용 스테인리스강 단강품	STS F xxx	Stainless steel forgings for pressure vessels	〃 3214	SFHV
〃 4116	탄소강 단간품용 강편	SFB	Carbon steel blooms and billets for forgings	G 3251	SFB
〃 4117	니켈-크롬 몰리브덴강 단강품	SFNCM	Nickel chromium molybdenum steel forgings for general use	G 3222	SFNCM
〃 4122	압력용기용 탄소강 단강품	SFVC	Carbon steel forgings for pressure vessels	G 3202	-
〃 4123	고온 압력 용기용 합금강 단강품	SFVA F	Alloy steel forgings for pressure vessels for high temperature service	G 3203	-
〃 4124	압력용기용 조질형 합금강 단강품	SFVQ	Quenched and tempered alloy steel forgings for pressure vessels	G 3205	-
〃 4125	저온 압력용기용 단강품	SFL	Carbon and alloy steel forgings for pressure vessels for low-temperature service	G 3205	-
〃 4129	고온 압력용기용 고강도 크롬 몰리브덴강 단강품	SFVCM	High strength chromium-molybdenum alloy steel forgings for pressure vessels under high-temperature service	-	-

규격번호	규격 명	KS 기호	기호 설명 및 영문	JIS 번호	JIS 기호
〃 4301	회 주철품	GC	G-Gray C-Casting	〃 5501	FC
〃 4302	구상흑연 주철품	GCD	G-Graphite C-Casting D-Ductle	〃 5502	FCD
〃 4318	오스템퍼 구상 흑연 주철품	GCAD	Austempered spheroidal graphite iron castings	-	-
〃 4319	오스테나이트 주철품	GCA	Austenitic iron castings	-	-
〃 4320	철탑 플랜지용 고장력강 단강품	SFT	High tensile strength steel forgings for tower flanges	-	-
〃 4321	철(합금)계 저열팽창 주조품	SCLE, FCLE FCDLE	Low thermal expansive FE-alloy castings	-	-
〃 4322	저온용 두꺼운 페라이트 구상 흑연 주철품	GCD 300LT	Heavy-walled ferritic spheroidal graphite iron casting for low temp	-	-
신동품 D 5101	구리 및 구리 합금봉	C xxxx BX (예: C 2700 BD)	Copper and copper alloy-rods and bars	H 3250	C xxxx BX
〃 5102	베릴륨동, 인청동 및 양백의 봉 및 선	C xxxx X (C 5111 B)	Copper beryllium alloy, phosphor bronze and nickel silver rods, bars and wires	H 3270	C xxxx X
〃 5103	동 및 동합금 선	C xxxx W (C 2700 W)	Copper and copper alloy wires	H 3260	C xxxx W
〃 5201	동 및 동합금의 판 및 띠	C xxxx X (C 2600 P)	Copper and copper alloy sheets, plates and strips	H 3100	C xxxx X
〃 5202	스프링용 베릴륨동, 인청동 및 양백의 판 및 조	C xxxx P or R (C 1700 R)	Copper beryllium alloy, Phosphor bronze and nickel silver sheets, plates and strips for spring	H 3130	C xxxx X
〃 5401	전자관용 무산소 동의 판, 조, 이음매없는 관, 봉 및 선	C xxxx P (or R,T,B,W) (C 1011 P)	Oxygen free copper sheet, plate, strip, seamless pipe and tube, rod, bar and wire for electron devices	H 3510	C xxxx X
〃 5506	인청동 및 양백 판 및 띠	C xxxx P, R (C 5111 P)	Phosphor bronze and nickel silver sheets plates and strips	H 3110	C xxxx P, R
〃 5530	동 버스바	C xxxx BB (C 1100 BB)	C-Copper B-Bus B-Bar	H 3140	C xxxx BB
〃 5539	이음매 없는 니켈 동합금 관	NWxxxx	Ni-Nickel Cu-Copper	H 4552	NCuT
〃 5545	구리 및 구리 합금 용접관	C xxxx TW (or TWS) (C 1200 TWS)	Copper and copper alloy welded pipes and tubes	H 3671	C xxxx TW
〃 5590	티탄 합금판	TAP	Steets and plates of titanium alloys	H 4607	TAP
〃 5591	티타늄 합금 봉 및 단조품	TAB TAF	Rods, bars and forgings of titanium alloys	H 4657	TAB TAF
〃 5604	티탄봉	TB	Titanium and titanium alloy rods and bars	H 4650	TB
주물 〃 6000	티타늄 및 티타늄합금의 판 및 띠	TP xxx H or C TR xxx H or C	Titanium sheets, plates and strips	H 4600	TP TR
〃 6003	화이트 메탈	WM	W-White M-Metal	H 5401	WJ
〃 6005	아연 합금 다이캐스팅	ZDC	Z-Zinc D-Die C-Casting ☞ 종류: 1, 2종	H 5301	ZDC
〃 6006	알루미늄 합금 다이캐스팅	ALDC	Al-Aluminium D-Die C-Casting	H 5302	ADC
〃 6008	알루미늄 합금 주물	ACxA, B	Aluminium alloy castings	H 5202	AC

규격번호	규격 명	KS 기호	기호 설명 및 영문	JIS 번호	JIS 기호
〃 6013	초경 합금	S, G, D	Cemented carbide alloy tip	H 5501	SGD
〃 6018	경연 주물	HPbC 8, 10	H-Hard Pb-Lead C-Casting	H 5601	HPbC
〃 6019	크롬-니켈 합금 주물	CNC	Chromium-nickel alloy castings	-	-
〃 6020	니켈-동 합금 주물	NiCuC	Nickel-Copper alloy casting	-	-
〃 6023	니켈 및 니켈합금 주물	NXxC 예: NCuC	Nickel and nickel alloy castings	-	-
〃 6024	구리 및 구리합금 주물	CAC	Copper and copper alloy castings	-	-
신재 〃 6701	알루미늄 및 알루미늄 합금의 판 및 조	A xxxx P, R	Aluminium and aluminium alloy sheets and plates, strips and coiled sheets	H 4000	A xxxx P, R
〃 6702	일반 공업용 납 및 납합금 관	PbT	Pb-Lead T-Tube	H 4311	PbT
〃 6703	수도용 폴리에틸렌 라이닝 납관	PbTW	Pb-Lead T-Tube W-Water	H 4312	PbTW
〃 6705	알루미늄 및 알루미늄 합금 박	A xxxx H	Aluminium and aluminium alloy foils	H 4160	A xxxx H
〃 6713	알루미늄 및 알루미늄 합금 용접관	A xxxx TW, TWA, TWS	A-Aluminium T-Tube W-Welded	H 4090	A xxxx TW, TWA, TWS
〃 6720	니켈 및 니켈 합금 봉	NW xxxx	Nickel and nickel alloy bars	II 4562	NNCB
〃 6723	마그네슘 합금 압출 형재	MS	Magnesium alloy extruded shapes	H 4204	MS
〃 6724	마그네슘 합금 봉	MB	Magnesium alloy bars	H 4203	MB
〃 6759	알루미늄 및 알루미늄 합금 압출 형재	A xxxx S, A xxxx SS	Aluminium and aluminium alloy extruded shapes	H 4110	A xxxx S, SS
〃 6761	이음매없는 알루미늄 및 알루미늄 합금관	A xxxx TE A xxxx TD	Aluminium and aluminium alloy seamless pipes and tubes	H 4080	A xxxx TE, TD
〃 6762	알루미늄 및 알루미늄합금의 판 및 관의 도체	A xxxx PB, SB, SBC, SBSC	Aluminium and Aluminium alloy bus conductors	H 4180	A xxxx PB, SB, SBC, SBSC
〃 6763	알루미늄 및 알루미늄 합금 봉 및 선	A xxxx BE, BD, W, BES	A-Al B-Bar E-Extrusion D-Drawing S-Special	H 4040	A xxxx BE, BD W
〃 6770	알루미늄 및 알루미늄 합금 단조품	A xxxx FD, FH	A-Aluminium F-Forging D-Die H-Hand	H 4140	A xxxx FD, FH
2차제품 〃 7002	PC강선 및 PC 강연선	SWPC	S-Steel W-Wire P-Prestressed	G 3536	SWPR, SWPD
〃 7009	PC 경강선	SWCD SWCR	S-Steel W-wire C-Concrete D-Defomed R-Round	G 3538	SWCR SWCD
〃 7033	냉긴 압조용 탄소 강선	SWCH	Carbon steel wires for cold heading and cold forging	G 3539	SWCH
〃 7046	기계구조 부품용 소결 재료	SMF, SMS, SMK	Sintered materials for structural parts	-	-
가공방법 〃 8302	니켈 및 니켈-크롬 도금	SN, SNC	S-Steel N-Nicke	H 8617	FNM, FGM

〃 8304	전기 아연 도금	Ep-Fe/Zn	Electroplated coatings of zinc	H 8619	ZM, ZMC
〃 8308	용융 아연 도금	HDZ	H-Hot, D-Dipped,Z-Zinc	H 8641	HDZ
〃 8309	용융 알루미늄 도금	HDA	H-Hot, D-Dipped, Al-Aluminium	H 8642	HDA
기타 〃 9005	포장용 대강	SSP	S-Steel, S-Strip, P-Packing	H 3141	SPCC, SPCD SPCE

2. 기계요소별 기계재료의 사용 예

2.1 Bolt와 Screw

□ 강제 Bolt 및 작은 나사의 기계적 성질

기계적 및 물리적 성질		강도 구분										
		3.6	4.6	4.8	5.6	5.8	6.8	8.8(1) d<16(3) mm	8.8(1) d>16(3) mm	9.8(2)	10.9	12.9
최저인장강도, Rm.mim(4.5) N/㎟		330	400	420	500	520	600	800	830	900	1040	1220
브리넬 경도, HB	최 소	90	114	124	147	152	181	238	242	276	304	366
F=30D2	최 대	209(6)					238	304	318	342	361	414
로크웰 경도, HR	최소 HRB	52	67	71	79	82	89	-	-	-	-	-
	HRC	-	-	-	-	-	-	22	23	28	32	39
	최대 HRB	95.0(6)					99.5	-	-	-	-	-
	HRC	-					-	32	34	37	39	44

(1) Bolt

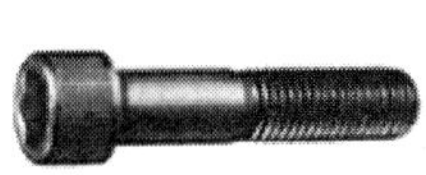
육각렌치볼트

육각렌치프랜지볼트

접시머리 렌치볼트

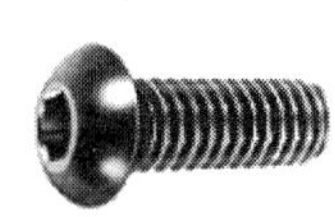
둥근머리 렌치볼트

무두볼트

테이퍼 플러그

4각머리 테이퍼 플러그

아이볼트

기초볼트

세트 앙카

종 류		재 료			특기 사항
B 1002 6각 Bolt B 1003 6각 구멍 붙이 볼트 B 1017 접시 머리 볼트		SM17C~45C SWCH xR	기계구조용 탄소강재 냉간압조용 탄소 강선	D 3752 D 7033	•B 1002, 1017는 강도 구분 4.6 이상인 재료, B 1017은 8.8 이상인 재료를 사용한다. [BOLT 공통사항] •강재: 최저인장강도 400 N/mm^{2}이상 •비철금속: 최저인장강도 280 N/㎟ 이상
		SCM 440	크롬 몰리브덴 강재	D 3711	
		STS 304, 316	스테인리스 강봉 스테인리스 강선	D 3692 D 3697	
		C 2700-W	황동(동 및 동합금 선)	D 5103	•C 2700 W: 295 N/mm^2 이상
B 1040 와셔 조립 6각 볼트					•강도구분 4.8 이상인 강재
B 1004 4각 볼트		SM17C~45C	기계구조용 탄소강재	D 3752	•4.8 이상, SM 17C: 441N/mm^2 이상
B 1016 기초 볼트		SS 400	일반구조용 압연강재	D 3503	•4.6 이상
B 1031 4각목 둥근 머리 볼트		SM17C~45C NCF 600	기계구조용 탄소강재	D 3752	•4.6 이상
			내식 내열 초합금 봉	D 3531	•550 N/mm^{2}이상
B 1033 아이 볼트		SS 400	일반구조용 압연강재	D 3503	•SS 400은 킬드강으로 하고 단조 성형한다.
		SM17C, 20C	기계구조용 압연강재	D 3752	
B 1005 나비 볼트	종류	머리 부의 재료			축 부의 재료
	1종 ~ 2종	SS 400	일반구조용 압연강재	D 3503	•보증 토크의 구분이 A인 경우 SS 400, SWRM 8, 10
		SWRM 8, 10	연강 선재	D 3554	
		W 35	흑심 가단주철	D ISO 5922	
		GC 200	회주철	D 4301	•보증 토크의 구분이 B인 경우 SS 400, SWRM 8, 10 C 2700 BD(D 5101) C 2700 W(D 5103)
		CAC203	황동주물	D 6004	
		ZDC 1, 2	아연합금 다이캐스팅	D 6005	
	3종	SPCC, SPCD	냉간압연 강판 및 강대	D 3512	SS 400, SWRM 8, 10
B 1037 스터디 볼트		SM 17C~45C	기계구조용 탄소강	D 3752	•4.6 이상
B 1038 T홈 볼트		SNB 21-5	특수 볼트용 합금 봉강	D 3723	•강도 구분 6.8 이상의 재료 •SNB 21-5: 790 N/mm^2 이상
B 1042 플랜지 붙이 6각 볼트		SNB 5	고온용 합금강 볼트재	D 3755	•강도 구분 4.8 이상의 재료 •SNB 5: 690 N/mm^2 이상
B 1061 6각 구멍붙이 둥근머리 볼트		SM 45C	기계구조용 탄소강	D 3752	•강도 구분 12.9 이상의 재료 즉, 1220 N/㎟ 이상인 재료
B 1104 6각 구멍붙이 숄더 볼트					•강도 구분 12.9 이상의 재료
B 1067 6각 구멍붙이 버튼 볼트		SM 45C	기계구조용 탄소강	D 3752	•강도 구분 12.9 이상의 재료

(2) Screw

종 류		재 료			특기 사항
B 1021 홈붙이 작은 나사		SM17C～45C	기계구조용 탄소 강재	D 3752	•강도구분 4.8 이상
		SCM 440	크롬 몰리브덴 강재	D 3503	•SCM 440: 1000 N/mm^2 이상
		STS 305	스테인리스 강	D 3706	•500 N/mm^2 이상
		C 2700	황동	D 5103	
B 1022 정밀기기용 홈붙이 작은 나사	절삭인 경 우	SGD30-D SGD41-D	마봉강	D 3526	
		SM10C-D ～SM15C-D	기계구조용 탄소 강재	D 3752	
		STS 304, 316	스테인리스 강봉	D 3706	
		C3601～C3604 C 3501	쾌삭 황동	D 5101 D 5103	
	압조인 경 우	SWRM 10, 15	연강 선재	D 3554	
		SWRCH 10R, 10A～15A 10K～15K	냉간 압조용 탄소강 선재	D 3592	
		STS 430	냉간 압조용 스테인리스 강선	D 3697	•마르텐사이트계
		C 2700	황동	D 5103	
B 1025 홈붙이 멈춤 나사		SM 12C～20C	기계구조용 탄소 강재	D 3752	•침탄과 템퍼링 처리
		SWCH 12K～20K	냉간 압조용 탄소 강선	D 7033	•담금질과 템퍼링 처리
		STS 304-B STS 316-B	스테인리스 강봉	D 3706	•500 N/mm^2 이상
		STS 304-WS STS 316-WS	냉간 압조용 스테인리스 강선	D 3697	
B 1024 태핑 나사		SM 12C～22C	기계구조용 탄소 강재	D 3752	
		SWCH 12K～22K 12A～22A	냉간 압조용 탄소 강선	D 7033	
		STS304-WS STS305-WS	냉간 압조용 스테인리스 강선	D 3697	•A, B 2종이 있다. (표시: STS304-WSA)

2.2 Nut

□ 강제 Nut의 기계적 성질

강도 구분		4T	5T	6T	8T	10T	12T
실제 보증 하중 응력(2) N/㎟		392	490	588	785	981	1177
브리넬 경도 HB		90	110	140	170	225	270
경도(최대)	브리넬 HB	302				353	
	로크웰 HRC	30				36	

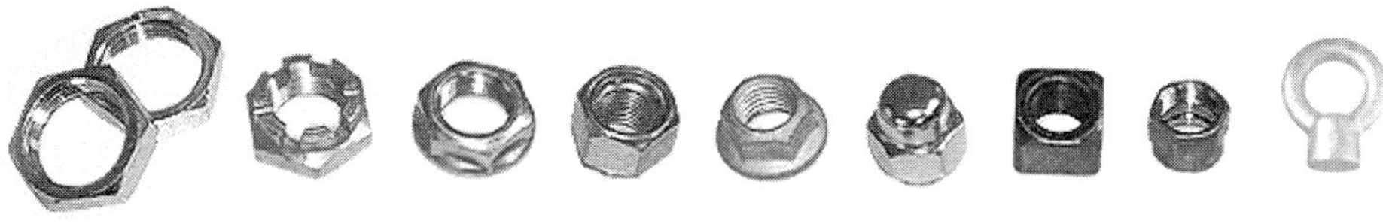

종 류	재 료			특기 사항
B 1012 육각 너트	SS 400 SM45C	일반구조용 압연강재 기계구조용 탄소강재	D 3503 D 3752	•강제 6각 너트의 재료는 강도구분 4T 이상 •스테인리스: 최저인장강도 500 N/㎟ 이상 •비철금속: 최저인장강도 280 N/㎟ 이상
	STS 304-WSA STS 316-WSB	냉간 압조용 스테인리스 강선	D 3697	
	STS 305-B	스테인리스 강봉	D 3706	
	C2700W, C3501W	동 및 동 합금선(황동)	D 5103	
	C 3601 BD ~ C 3604 BD	구리 및 구리 합금 봉	D 5101	
B 1015 홈붙이 육각너트	SM17C~45C	기계구조용 탄소강재	D 3752	•강제 너트 기계적 성질의 강도구분 4T~6T에 따른다.
	STS 305-B	스테인리스 강봉	D 3706	•최저인장강도 500 N/㎟ 이상
	C 2700 W C 3501 W	구리 및 구리합금 선	D 5103	•W: 선
B 1043 플랜지붙이 6각 너트	SM 45C	기계구조용 탄소강재	D 3752	•강제 너트 기계적 성질의 강도구분 8T~12T에 따른다.
	STS 305-B	스테인리스 강봉 등	D 3706	•최저인장강도 700 N/㎟ 이상
B 1026 6각 캡 너트	SPCC	냉간압연 강판 및 강대	D 3512	•강제 너트 기계적 성질의 강도구분 4T~6T에 따른다.
	STS 305-WSA	냉간 압조용 스테인리스 강선	D 3697	•최저인장강도 500 N/㎟ 이상 •WS: 강선을 뜻하며, A, B 2종이 있다.
	STS 304, 316	스테인리스 강봉	D 3706	•B: 봉을 의미
	C 2700 W C 3501 W	구리 및 구리합금 선	D 5103	
B 1013 4각 너트	SM17C~45C	기계구조용 탄소강재	D 3752	•강제 너트 기계적 성질의 강도구분 4T~6T에 따른다.
B 1014 나비 너트	SS 400	일반구조용 압연강재	D 3503	•나비 너트 1, 2종 재료
	SWRM 8, 10	연강 선재	D 3554	
	GC 200	회주철	D 4301	
	CAC203	황동주물	D 6024	
	W 35	흑심가단주철	D ISO 5922	
	ZDC 1, 2	아연 합금 다이캐스팅	D 6005	•나비 너트 2종, 4종 재료
	SPCC, SPCD	냉간 압연 강판 및 강대	D 3512	•나비 너트 3종 재료
B 1034 아이 너트	SS 400	일반구조용 압연강재	D 3503	•SS 400은 킬드강으로 하고 단조 성형한다.
	SM 17C~20C	기계구조용 탄소강재	D 3752	

B 1039 T홈 너트	SM 45C	기계구조용 탄소강재	D 3752	•T홈 너트 재료는 B 0234의 강도 구분 6T, 8T에 따른다. •인수 당사자 간의 합의에 따른다.
		합금강		
B 1035 지그 및 부착구용 6각 너트	SM45C	기계구조용 탄소강재	D 3752	•SM 45C 또는 동등 이상의 재료
B 2004 베어링 로크 너트	SS 400	일반구조용 압연강재	D 3503	
	SM 45C	기계구조용 탄소강재	D 3752	
	STS 304, 316	스테인리스 강봉(-B)	D 3706	
	SUM 25, 31	황 및 황 복합 쾌삭 강재	D 3567	

2.3 PIN, RIVET, 와셔, 멈춤링

(1) PIN

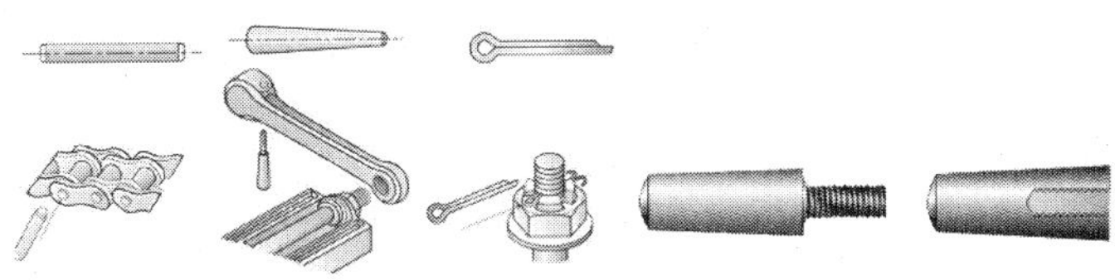

종 류	재 료			특기 사항
B 1320 평행핀	STS 303-B	스테인리스 강봉	D 3706	•오스테나이트계로 HV 210~280
	SUM 21~24L	황 및 황 복합 쾌삭 강재	D 3567	•HV 125~245인 강 및 합금강재
	SGD 41-D SM20C~45C	마봉강 기계 구조용 탄소 강재	D 3561 D 3752	
B 1322 테이퍼 핀	SUM 22~24L-D	황 및 황 복합 쾌삭 강재	D 3567	•HV 125~245인 쾌삭강
	SM 20C~45C	기계 구조용 탄소 강재	D 3752	
B 1321 분할핀	SWRM 8, 10	연강 선재	D 3354	
	SWCH xR	냉간 압조용 탄소 강선	D 7033	
	C 2700W	동 및 동합금선	D 5103	
	STS 304-WS STS 316-WS	냉간 압조용 스테인리스강선	D 3697	•A, B 2종이 있다. (표시: STS 304-WSA)
B 1339 스프링 핀	S70C-CSP	스프링용 냉간 압연 강대	D 3597	•C〉0.65%, HV 30~560인 강재
	STS 305	스프링용 스테인리스강선	D 3535	•인장강도 500N/㎟ 이상, HV 30~560
B 1345 나선형 핀	STS 303-B	스테인리스 강봉	D 3706	•HV 416~524
	SM20C~45C	기계 구조용 탄소 강재	D 3752	

B 1319 지그 및 부착구용 위치결정핀	SNC 415 SCr 420 STC 5	니켈 크롬강 강재 크롬 강재 탄소 공구 재	D 3708 D 3707 D 3751	•핀의 종류 둥근형, 마름모형, 칼라붙은 둥근형, 칼라붙은 마름모형

(2) RIVET

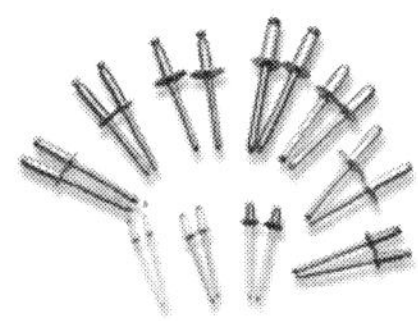

블라인드 리벳

블라인드 너트 리벳

종 류		재 료			특기 사항
B 1101 냉간 성형 리벳	강 리벳	SWCH6R~17R	냉간 압조용 탄소 강선	D 7033	•인장강도 343 N/㎟ 이상
		SV 330	리벳용 원형강	D 3557	•인장강도 34~41kg/mm2
		SV 400			•인장강도 41~50kg/mm2)
	황동 리벳	C 2600W ~2800W	동 및 동 합금 선	D 5103	•인장강도 275 N/㎟ 이상
	구리 리벳	C 1100W			•인장강도 198 N/㎟ 이상
	알루미늄 리벳	A 5052 A 5N02 A 6061	알루미늄 및 알루미늄 합금 봉 및 선	D 6763	•인장강도 78 N/㎟ 이상 •BE: 압출봉, BD: 인발선 W: 인발선 예) A 5052 BE
B 1102 열간 성형 리벳	둥근 머리	SV 330	리벳용 원형강	D 3557	•일반용
	접시 머리				
	납작 머리				
	둥근 접시 머리				
	보일러용 둥근 머리	SV 400			•보일러용
	〃 둥근 접시 머리				
	선박용 둥근 접시 머리				•선박용

(3) 와셔

평와셔

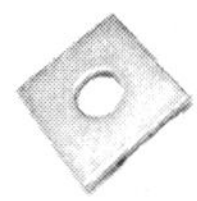
사각와셔

스프링 와셔

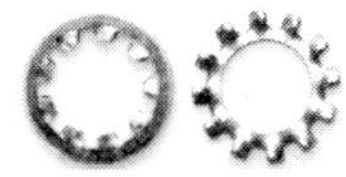
이붙이 와셔

접시스프링와셔

<table>
<tr><th colspan="2">종 류</th><th colspan="3">재 료</th><th>특기 사항</th></tr>
<tr><td rowspan="9">B 1326
평와셔</td><td rowspan="6">소형원형
광택원형</td><td rowspan="3">SS 400
SPCC
SM 10C~35C</td><td>일반구조용 압연 강재</td><td>D 3503</td><td></td></tr>
<tr><td>냉간 압연 강판 및 강대</td><td>D 3512</td><td>•C, D, E 3종이 있다</td></tr>
<tr><td>기계구조용 탄소 강재</td><td>D 3752</td><td></td></tr>
<tr><td rowspan="2">STS 304-CP
STS 304-HP</td><td>냉간 압연 스테인리스 강판 및 강대</td><td>D 3698</td><td>•C: Cold P: Plate</td></tr>
<tr><td>열간 압연 스테인리스 강판 및 강대</td><td>D 3705</td><td>•H: Hot P: Plate</td></tr>
<tr><td>C 2600P
~2801P</td><td>동 및 동합금의 판 및 띠</td><td>D 5201</td><td></td></tr>
<tr><td rowspan="3">보통원형
소형 4각
대형 4각</td><td rowspan="3">SS 400
SPHC
SM 10C~35C</td><td>일반구조용 압연 강재</td><td>D 3503</td><td></td></tr>
<tr><td>열간 압연 연강판 및 강대</td><td>D 3501</td><td>•C, D, E 3종이 있다.</td></tr>
<tr><td>기계구조용 탄소 강재</td><td>D 3752</td><td></td></tr>
<tr><td colspan="2" rowspan="3">B 1324 스프링 와셔</td><td>HSWR57(A,B)
~77(A, B)</td><td>경강 선재</td><td>D 3559</td><td></td></tr>
<tr><td>STS 304-WR,
305-WR,
316-WR</td><td>스테인리스 강선재</td><td>D 3702</td><td>•WR : 선재</td></tr>
<tr><td>C 5191 W</td><td>인청동</td><td>D 5102</td><td></td></tr>
<tr><td colspan="2" rowspan="3">B 1325 이붙이 와셔</td><td>S50CM~70CM</td><td>특수 마대강</td><td>D 3551</td><td>•HRC 40~50</td></tr>
<tr><td>C 5191 P-H
C 5212 P-H</td><td>인청동 및 양백의 판 및 조</td><td>D 5506</td><td rowspan="2">•인청동 계는 HRB 85 이상</td></tr>
<tr><td>C 5210-EH
C 5210 S-H</td><td>스프링용 베릴륨동·인청동 및 양백의 판 및 조</td><td>D 5202</td></tr>
<tr><td colspan="2">B 1329
접시 스프링 와셔</td><td>S50CM~70CM</td><td>특수 마대강</td><td>D 3551</td><td></td></tr>
<tr><td colspan="2">B 1327
지그 및 부착구용
와셔</td><td>SM 45C</td><td>기계구조용 탄소 강재</td><td>D 3752</td><td>•동등 이상의 재료</td></tr>
</table>

(4) 멈춤 링(스냅 링)

E형 G형 C형 STW형

종 류		재 료			특기 사항
B 1336 C형 멈춤 링		SM 60CM~70CM SK5M	특수 마대강	D 3551	•HRC 44~53
		HSWR 8~12	경강 선재	D 3559	
B 1338 C형 동심 멈춤 링		HSWR 7~12	경강 선재	D 3559	•HRC 40~50
B 1337 E형 멈춤 링		SM 60CM~70CM SK 5M	특수 마대강	D 3551	•HRC 44~53
B 1069 그립 멈춤 링					•HRC 46~51 축용 멈춤 링임
B 1030 지그용 부시 및 그 부속품	부 시	SCM 415	크롬 몰리브덴 강재	D 3711	
		STC 3	탄소 공구 강재	D 3751	
		STS 3, STS 21	합금 공구 강재	D 3753	
		STB 2	고탄소 크롬 베어링 강재	D 3525	•어닐링 경도 HB 207 이하
	멈춤 쇠	SM 45C	기계구조용 탄소 강재	D 3752	
	멈춤 나사	SCM 435	크롬 몰리브덴 강재	D 3711	

2.4 축 관련 부품

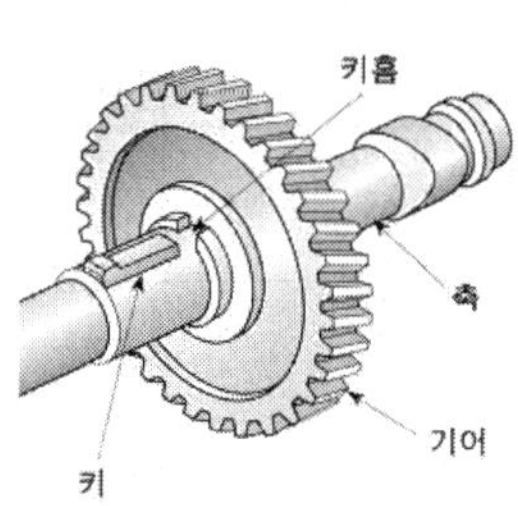

(1) Key

재 료			특기 사항
S20MC-D, S45CM-D	마봉강	D 3561	•B 1313 미끄럼 키에 적용 •B 1312 반달 키에 적용
SF 540 A	탄소강 단강품	D 3710	
SM 35C, SM 45C	기계구조용 탄소강재	D 3752	

(2) Shaft

종 류	재 료			특기사항			
				탄성한도 kg/㎟			연신율 %
				인장	압축	전단	
축 C0.1~0.5%의 탄소강	SPCC, D, E	냉간 압연강	D 3512	21~25	21~25	10.5~12.5	35
	SPHC, D, E SF 540 A	열간 압연강 탄소강 단강품	D 3501 D 3710	25~35	25~35	11.5~14	20~26
	SNC 415	니켈 크롬 강	D 3708	38~42	38~42	15~16	25~26
크랭크 Shaft	SF 540 A	탄소강 단강품	D 3710	•이와 동등, 그 이상의 재료			
B 1422 레이디얼 볼 스프라인	SM 50C	기계구조용 탄소강재	D 3752				
B 2007 인벌류트 세레이션	SFCM 640S	크롬몰리브덴강 단강품	D4114				
B 2006 원통형 축의 각형 스프라인	SM 50C	기계구조용 탄소강재	D 3752				
B 3284 인벌류트 스프라인 브로치	SKH 55, 51	고속도 공구 강재	D 3522				

(3) Coupling

torque limiter coupling

jaw coupling

flange coupling

muff coupling

gear coupling

chain coupling

disk coupling

rubber coupling
micro coupling

① B 1551 플랜지형 고정축 커플링

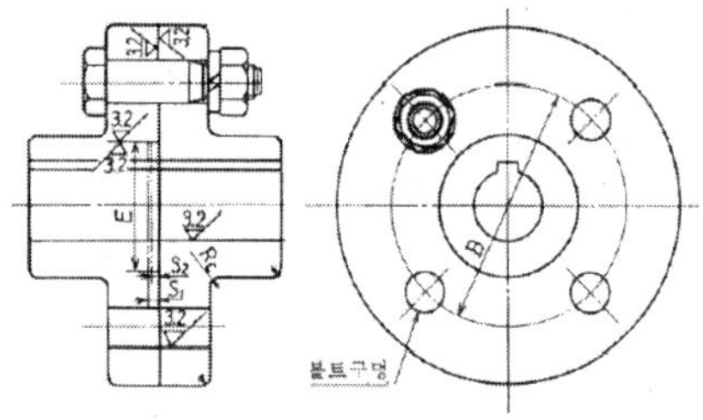

부품명	재료	
커플링 몸체	GC 200	D 4301
	SC 400	D 4101
	SF 440A	D 3710
	SM 25C	D 3752
볼트	SS 400	D 3503
너트	SS 400	D 3503
스프링 와셔	HSWR62(A, B)	D 3559

② B 1552 플랜지형 플렉시블 축 커플링

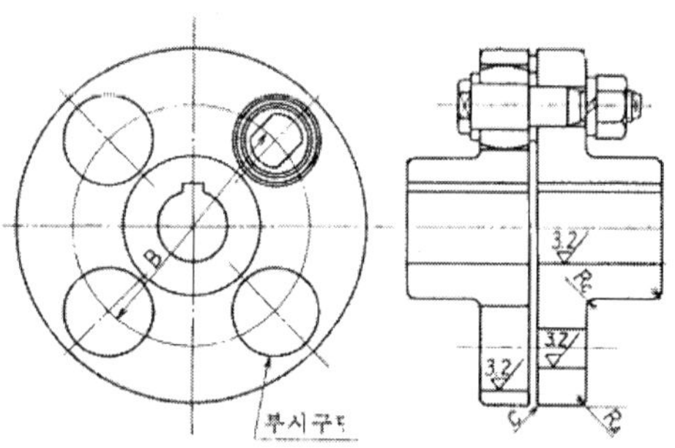

부품명	재료	
커플링 몸체	GC 200	D 4301
	SC 410	D 4101
	SF 440A	D 3710
	SM 25C	D 3752
볼트	SS 400	D 3503
너트	SS 400	D 3503
와셔	SS 400	D 3503
스프링 와셔	HSWR62(A, B)	D 3559
부시	B(12)	M 6617

③ B 1553 기어형 축이음

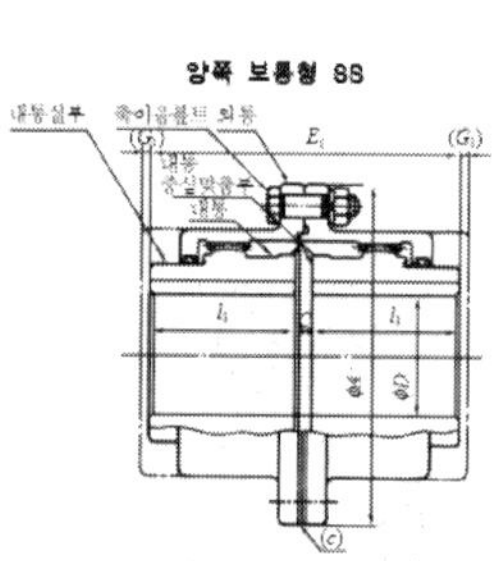

부품		재료	
이음 몸체	외통	SM 45C SF 540(A, B)	D 3752 D 3710
	내통		
	고정 플랜지		
	사이드 커버	SS 400	D 3503
이음 볼트	볼트	SCM 435	D 3711
	너트	강도 구분 4T 이상의 강재	인장강도 400N/㎟ 이상
	스프링 와셔	HSWR62(A, B)	D 3559

④ B 1554 유니버셜

Yoke Joints

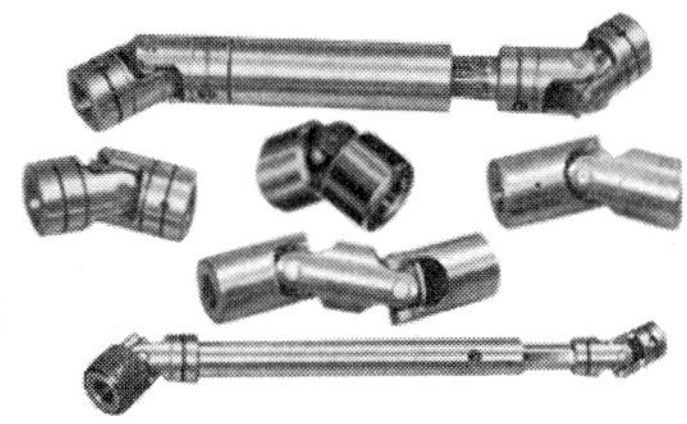

Ball Joints

•볼 조인트

A 형

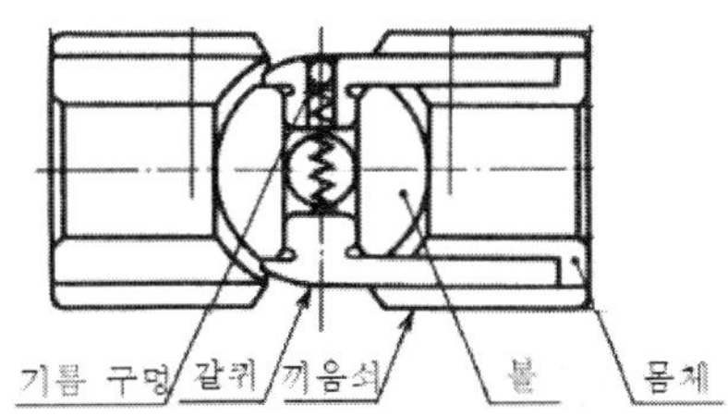

AA 형

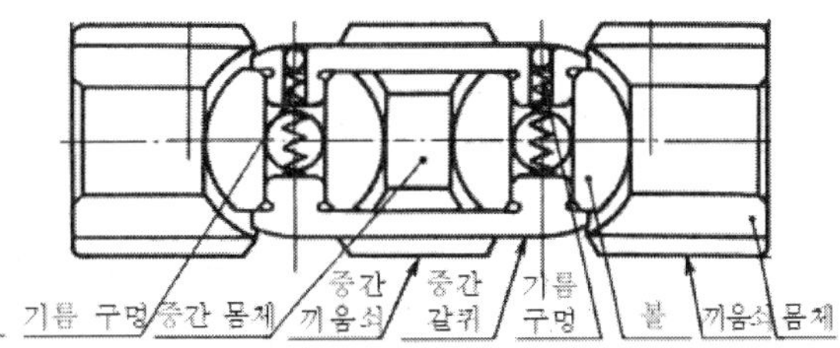

재료 종류의 기호 / 부품	재 료		
	A, AA	B, BB	C, CC
몸체•중간 몸체	KS D 3752의 SM 20C		SM 45C
갈퀴•중간 갈퀴	KS D 3752의 SM 45C	-	
끼움쇠 및 중간 끼움쇠	KS D 3752의 SM 20C	-	
	KS D 3562의 SPPS 38	-	
볼	KS D 3752의 SM 45C		
핀	-	KS D 3751의 STC 4	

⑤ B 1555 고무 축이음

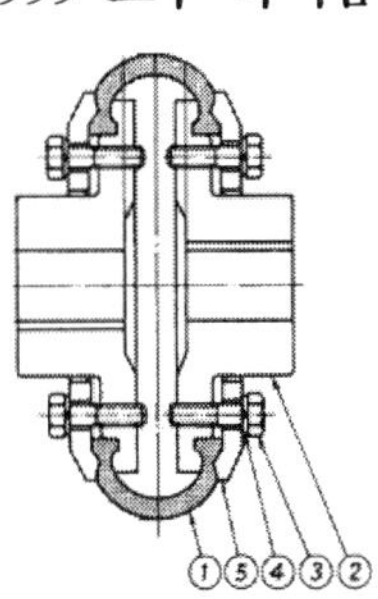

품 번	부 품 명	사용 재료	
①	고무부		KS M 6617
②	플랜지 및 압력링	GC 200	KS D 4301
		SM 20C	KS D 3752
③	볼트, 너트 및 와셔	SS 400	KS D 3503
④	스프링 와셔	HSWR 62A, 62B	KS D 3559

⑥ B 1556 롤러체인 축이음

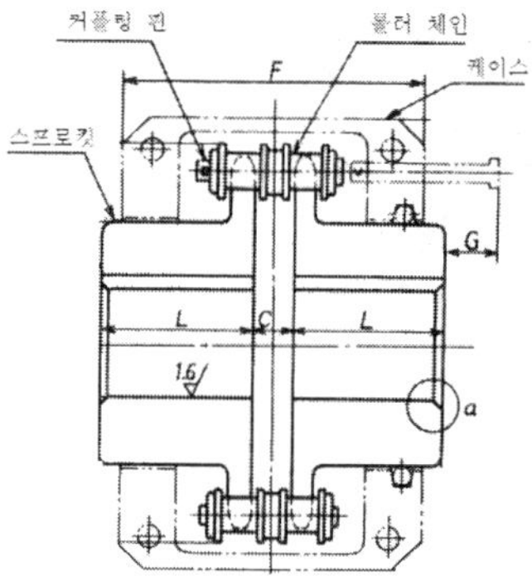

주요 부품	재 료	
스프로킷	SM 35C	KS D 3752
롤러 체인	SBC 31, 50, 70	KS D 3546
커플링 핀	KS B 1407의 규정을 만족한 재료	
케이스	-	

⑦ B 1557 그리드형 플랙시블 축이음

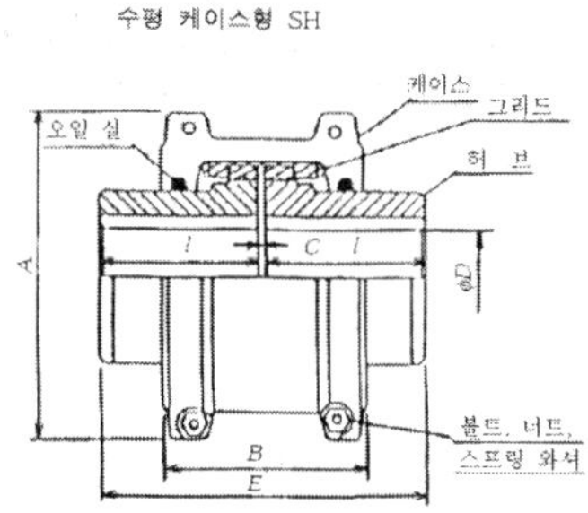

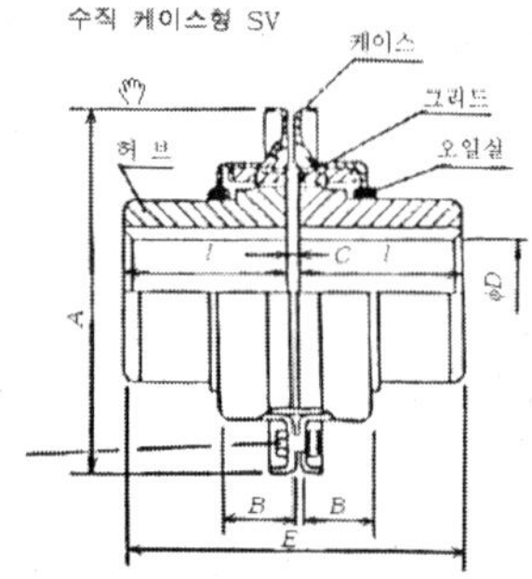

주요 부품(2) \ 축 이음 호칭	20~140(3)	150~200(4)
허 브	KS D 3752의 SM 45C 또는 KS D 3710의 SF440A	KS D 3752의 SM 45C 또는 KS D 4101의 SC 450
그리드	KS D 3559의 HSWR 72B	
볼 트	KS D 3711의 SCM 435	
너 트	KS D 3503의 SS 400	
스프링 와셔	KS D 3559의 HSWR 62A 또는 HSWR 62 B	
수평 케이스 형	KS D 6006의 ALDC 7	KS D 6008의 AC 8 B
수직 케이스 형	KS D 3512의 SPCC	KS D 3503의 SS 400
오일 실	KS M 6617의 B(12)-J1a1, NBR(Hs=70)	

(4) Clutch

① B 4080 기계식 다판 클러치(습식)

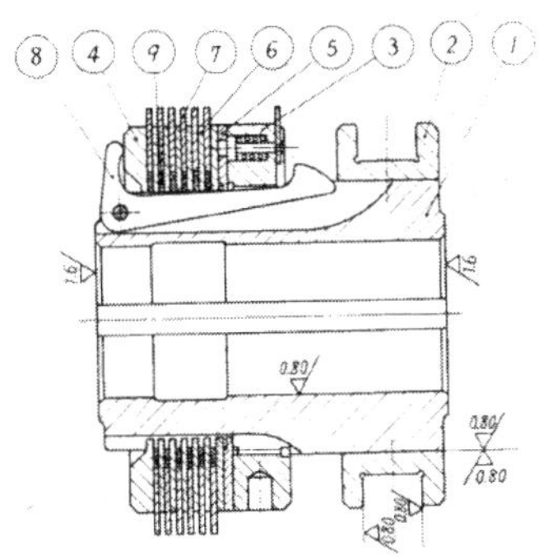

번호	명 칭	재 료
1	몸 체	KS D 3752의 SM 45C
2	시프터 폴리	KS D 3752의 SM 15C
3	너 트	KS D 3752의 SM 45C
4	프레셔 플레이트	KS D 3752의 SM 15C
5	조정판	KS D 3551의 SK 5M
6	내 판	KS D 3551의 SK 5M
7	외 판	KS D 5506의 C5191P-H
8	레 버	KS D 3711의 SCM 430
9	릴리스 스프링	KS D 3701의 SPS 3

② B 4081 유압식 다판 클러치(습식)

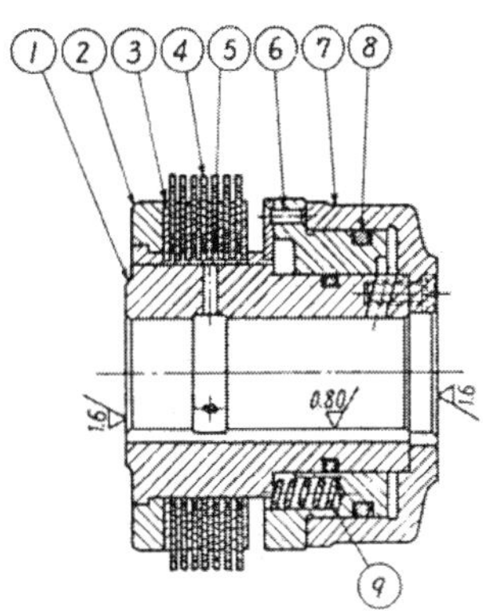

번호	명 칭	재 료
1	몸 체	KS D 3752의 SM 45C
2	스러스트 플레이트	KS D 3752의 SM 45C
3	내 관	KS D 3551의 SK 5M
4	외 관	KS D 5506의 C5191P-H
5	릴리스 스프링	KS D 3701의 SPS 3
6	피스톤	KS D 3752의 SM 45C
7	실린더	KS D 3752의 SM 45C KS D 4304의 PMC 45C
8	O 링	KS D 2805의 1종 1A
9	코일 스프링	KS D 3556의 PW-1

☞ 몸체의 홈 측면, 내관 및 피스톤의 미끄럼 면에는 열처리를 한다.

2.5 베어링용 부품

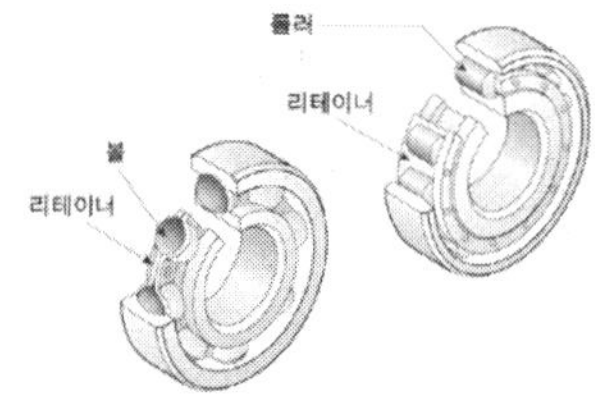

Ball bearing과 Roller bearing

Oilless bearing

미끄럼용 베어링 부시

<table>
<tr><th colspan="2">종 류</th><th colspan="3">재 료</th><th>특기사항</th></tr>
<tr><td colspan="2">B 2001
볼 베어링용 강구</td><td>STB 1~5</td><td rowspan="2">고탄소 크롬 베어링 강재</td><td rowspan="2">D 3525</td><td>볼 베어링용</td></tr>
<tr><td colspan="2">B 2002
롤러 베어링의 롤러</td><td>STB 1~5</td><td>롤러 베어링용</td></tr>
<tr><td colspan="2">B 2003
소결 함유 베어링</td><td colspan="3">순철계, 철-동계, 철-탄소계, 철-탄소-동계,
철-동-연계, 청동계, 연청동계</td><td>슬리브 형</td></tr>
<tr><td rowspan="8">B 2004
구름 베어링용</td><td rowspan="4">로 크
너 트</td><td>SS 400</td><td>일반구조용 압연강재</td><td>D 3503</td><td rowspan="8">또는 이것과 동등
이상의 합금강</td></tr>
<tr><td>SUM 25, 31</td><td>황 및 황 복합 쾌삭 강재</td><td>D 3567</td></tr>
<tr><td>STS 304, 316</td><td>스테인리스 강봉</td><td>D 3706</td></tr>
<tr><td>SM 45C</td><td>기계구조용 탄소 강재</td><td>D 3752</td></tr>
<tr><td rowspan="2">와 셔</td><td>SS 400</td><td>일반구조용 압연강재</td><td>D 3503</td></tr>
<tr><td>SPCC</td><td>냉간압연 강판 및 강대</td><td>D 3512</td></tr>
<tr><td rowspan="2">멈춤쇠</td><td>SS 400</td><td>일반구조용 압연강재</td><td>D 3503</td></tr>
<tr><td>SM 45C</td><td>기계구조용 탄소 강재</td><td>D 3752</td></tr>
</table>

<table>
<tr><th colspan="2">종 류</th><th colspan="3">재 료</th><th>특기사항</th></tr>
<tr><td colspan="2" rowspan="2">B 2005
미끄럼 베어링용 부시</td><td>WM5</td><td>화이트 메탈</td><td>D 6003</td><td>슬리브 형</td></tr>
<tr><td>CAC402</td><td>구리 및 구리합금 주물</td><td>D 6024</td><td>슬리브 형</td></tr>
<tr><td colspan="2" rowspan="4">B 2043
구름베어링용 어댑터
슬리브</td><td rowspan="4">-</td><td>일반구조용 압연강재</td><td>D 3503</td><td rowspan="4">또는 이것과 동등
이상의 합금강</td></tr>
<tr><td>압력배관용 탄소강관</td><td>D 3562</td></tr>
<tr><td>황 및 황 복합 쾌삭 강재</td><td>D 3567</td></tr>
<tr><td>기계구조용 탄소 강재</td><td>D 3752</td></tr>
<tr><td colspan="2" rowspan="4">B 2044
구름베어링용 어댑터
및 어댑터 슬리브</td><td rowspan="4">-</td><td>일반구조용 압연강재</td><td>D 3503</td><td rowspan="4">또는 이것과 동등
이상의 합금강</td></tr>
<tr><td>기계구조용 탄소 강관</td><td>D 3517</td></tr>
<tr><td>황 및 황 복합 쾌삭 강재</td><td>D 3567</td></tr>
<tr><td>기계구조용 탄소 강재</td><td>D 3752</td></tr>
<tr><td colspan="2">B 2046
구름 베어링 유닛</td><td>GC 200
SS 400</td><td>회주철
일반구조용 압연강재</td><td>D 4301
D 3503</td><td>슬리브 형</td></tr>
<tr><td colspan="2" rowspan="2">B 2047
구름 베어링용 스냅링</td><td>HSWR 57(A·B)
~
HSWR 82(A·B)</td><td>경강 선재</td><td>D 3559</td><td>슬리브 형</td></tr>
<tr><td>HSW 2, HSW 3</td><td>경강선</td><td>D 3510</td><td></td></tr>
<tr><td rowspan="7">B 2048
구름 베어링용</td><td rowspan="4">빼니기
슬리브</td><td rowspan="4">-</td><td>일반구조용 압연강재</td><td>D 3503</td><td rowspan="10">또는 이것과 동등
이상의 합금강</td></tr>
<tr><td>기계구조용 탄소 강관</td><td>D 3517</td></tr>
<tr><td>황 및 황 복합 쾌삭 강재</td><td>D 3567</td></tr>
<tr><td>기계구조용 탄소 강재</td><td>D 3752</td></tr>
<tr><td rowspan="3">너트</td><td rowspan="3">-</td><td>일반구조용 압연강재</td><td>D 3503</td></tr>
<tr><td>황 및 황 복합 쾌삭 강재</td><td>D 3567</td></tr>
<tr><td>기계구조용 탄소 강재</td><td>D 3752</td></tr>
<tr><td colspan="2" rowspan="3">B 2050 구름 베어링
유닛용 하우징</td><td rowspan="3">-</td><td>열간압연 강판 및 강대</td><td>D 3501</td></tr>
<tr><td>냉간압연 강판 및 강대</td><td>D 3512</td></tr>
<tr><td>회주철</td><td>D 4301</td></tr>
<tr><td rowspan="2">B 2052
구름 베어링용</td><td>플러머
블 록</td><td>GC 200</td><td>회주철</td><td>D 4301</td><td rowspan="2">슬리브 형</td></tr>
<tr><td>너 트
볼 트</td><td>SS 400</td><td>일반구조용 압연강재</td><td>D 3503</td></tr>
</table>

2.6 기어

spur gear

helical gear

straight bevel gear

spiral bevel gear

spur gear

helical gear

재 료	KS 규격		경도(HB)	인장강도 N/㎟ 이상	특기사항
SM 35C	기계구조용 탄소 강재	D 3752	160/240	536	고주파 담금질 용
SM 45C			200/260	670	
SM 55C			240/280	796	
SF 490A	탄소강 단강품	D 3710	-	490	보통 치차용 어닐링 풀림강
SF 540A			-	540	
SF 590A			-	590	
SMn 438	기계구조용 망간강 강재	D 3724	280	935	
SCr 420	크롬 강재	D 3707	231/235	-	표면 담금질용(침탄용)
SNC2	니켈 크롬 강재	D 3708	248/302	-	
SNC3			269/321	-	
SNC21			217/321	-	표면 담금질용(침탄용)
SNC22			285/388	-	
SCM 435	크롬 몰리브덴 강재	D 3711	300	995	
SCM 415, 420			〃	〃	
SNCM 240	니켈크롬 몰리브덴 강재	D 3709	293/352	-	강력 기어용
SNCM 439			293/352	-	
SNCM 447			302/363	-	
SNCM 625			269/321	-	
SNCM 630			302/352	-	

SNCM 220			249/341	-	표면경화용
SNCM 415			255/341	-	
SNCM 420			293/395	-	
SNCM 616			341/388	-	
SNCM 815	니켈크롬 몰리브덴 강재	D 3709	311/375	1060	
GC 200~ GC 350	회주철품	D 4301	-	200	경하중용
GCD 400	구상흑연 주철품	D 4302	121/201	392	
GCD 500			170/241	490	
GCD 600			229/302	588	
GCD 800			248/35	780	
SC 450	탄소강 단강품	D 4101	-	450	대형 기어용
SC 480			-	480	
SCMnM 3	구조용 고장력 탄소강 및 저 합금강 주강품	D 4102	197	683	구조용, 강인재용
STS 304	스테인리스 강봉	D 3706	187	520	내식용
SM15CK	기계구조용 탄소 강재	D 3752	HrC 55이상	450	치면경도 값임
CAC301, 303	구리 및 구리 합금 주물	D 6024	-	430, 636	내식, 내마모용
CAC304			-	755	웜 및 웜어 기어에 이용

2.7 체인과 스프로킷

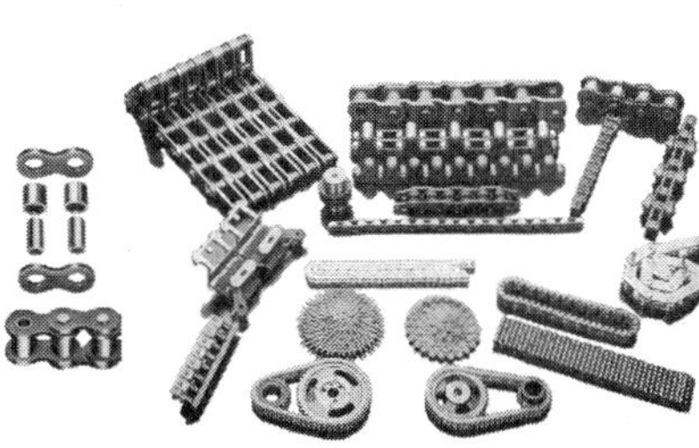

재 료			HV	특기 사항
SBC 300, 490, 690	체인용 원형강	D 3546	160~220	열간압연 원형강
SCr 420 M~SCr 440 M	특수 마대강	D 3551	180~270	크롬강
SNCM 220 M, SNCM 415 M			180~240	니켈크롬몰리브덴강
SCM 415M~SCM 440M			170~280	크롬몰리브덴강
SMn 438M, SMn 443M			220~290	망간강
S 50 CM			200~290	탄소강

2.8 벨트 풀리

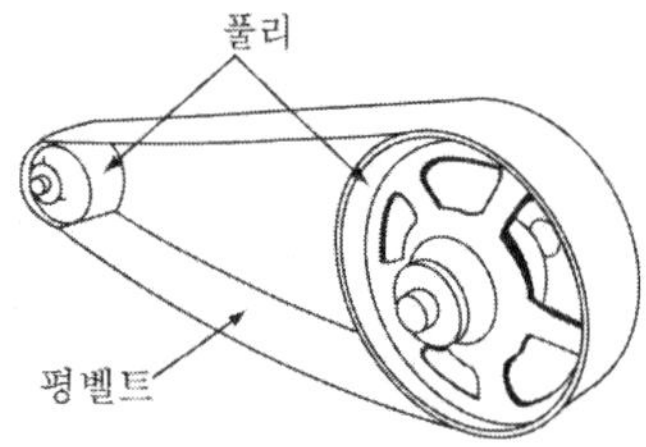

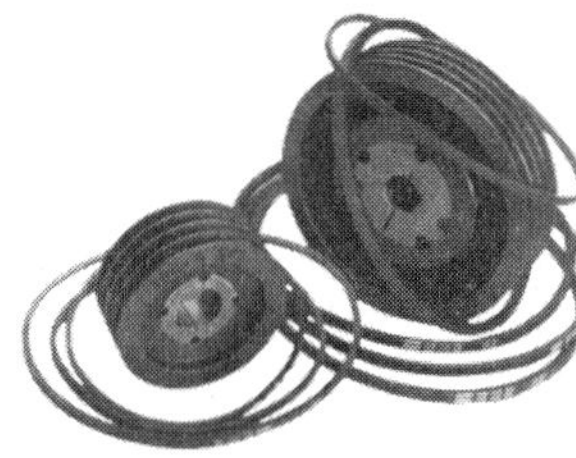

종 류	재 료			특기 사항
B 1400 V 벨트 풀리	GC 200	회 주철품	D 4301	
B 1401 가는 나비 V 벨트 풀리				
	GCD 450	구상 흑연 주철품	D 4302	
B 1402 평 벨트 풀리	GC 200	회 주철품	D 4301	일체형
	SC 360	탄소강 주강품	D 4101	분리용
B 1420 이붙이 풀리	SS 400	일반구조용 압연강재	D 3503	인장강도 200N/㎟ 이상인 재료
	SM 20C	기계구조용 탄소 강재	D 3752	
	SC 360	탄소 주강품	D 4101	
	GC 200	회 주철품	D 4301	
	GCD 400	구상 흑연 주철품	D 4302	
	A 2024 BE	알루미늄 및 알루미늄 합금 봉 및 선	D 6763	

2.9 스프링

압축 코일 스프링

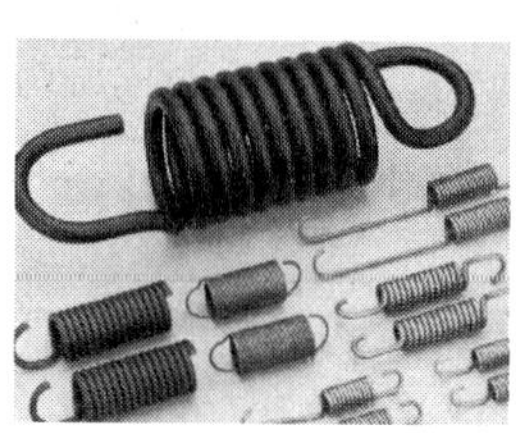

인장 코일 스프링

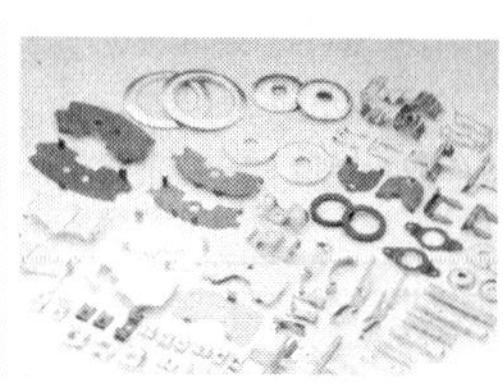

판 스프링

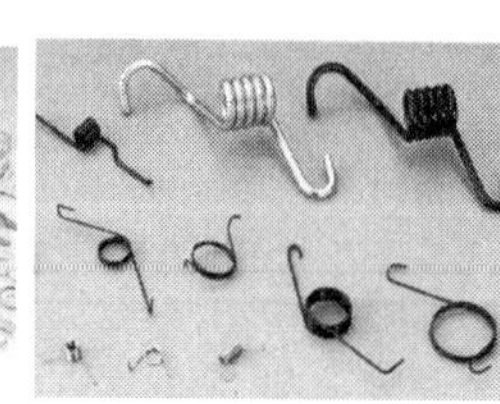

비틀림 코일 스프링

<table>
<tr><th>종 류</th><th colspan="4">재 료</th><th>용도 및 특기사항</th></tr>
<tr><td rowspan="19">B 2399, 2400
비틀림, 압축,
인장 코일 스프링
공통</td><td>SW-B, C</td><td colspan="2">경강선</td><td>D 3510</td><td>냉간성형 스프링에 사용</td></tr>
<tr><td>PW-1,2</td><td colspan="2" rowspan="2">피아노 선</td><td rowspan="2">D 3556</td><td>동하중용, 〃</td></tr>
<tr><td>PW-3</td><td>밸브 스프링용, 〃</td></tr>
<tr><td>SWO-A, B</td><td colspan="2" rowspan="3">스프링용 오일 템퍼선</td><td rowspan="3">D 3579</td><td rowspan="3">냉간성형 스프링에 사용</td></tr>
<tr><td>SWOSC-B</td></tr>
<tr><td>SWOSM-A, B, C</td></tr>
<tr><td>SWO-V</td><td colspan="2">밸브 스프링용 탄소강 오일 템퍼선</td><td rowspan="3">D 3580</td><td rowspan="3">〃</td></tr>
<tr><td>SWOCV-V</td><td colspan="2">밸브 스프링용 크롬 바나듐강 오일 템퍼선</td></tr>
<tr><td>SWOSC-V</td><td colspan="2">밸브 스프링용 실리콘 크롬강 오일 템퍼선</td></tr>
<tr><td>STS 302, 304, 304N1</td><td colspan="2" rowspan="2">스프링용 스테인리스 강선</td><td rowspan="2">D 3535</td><td rowspan="2">〃</td></tr>
<tr><td>STS 316, 631J1</td></tr>
<tr><td>C 2600W ~2800W</td><td colspan="2">황동선</td><td>D 5103</td><td>〃</td></tr>
<tr><td>C 7521W ~7701W</td><td colspan="2">양백선</td><td rowspan="4">D 5102</td><td rowspan="4">〃</td></tr>
<tr><td>C 5102W ~5212W</td><td colspan="2">인청동선</td></tr>
<tr><td>C 1720W</td><td colspan="2">베릴륨동선</td></tr>
<tr><td colspan="5"></td></tr>
</table>

<table>
<tr><th>종 류</th><th colspan="4">재 료</th><th>용도 및 특기사항</th></tr>
<tr><td rowspan="6">B 2400
압축 및 인장용
원통 코일 스프링</td><td>SPS 3, 4</td><td colspan="2">실리콘 망간 강재</td><td rowspan="6">D 3701</td><td rowspan="6">열간성형 스프링에 사용</td></tr>
<tr><td>SPS 5, 5A</td><td colspan="2">망간 크롬 강재</td></tr>
<tr><td>SPS 6</td><td colspan="2">크롬 바나듐 강재</td></tr>
<tr><td>SPS 7</td><td colspan="2">망간 크롬 보론 강재</td></tr>
<tr><td>SPS 8</td><td colspan="2">실리콘 크롬 강재</td></tr>
<tr><td>SPS 9</td><td colspan="2">크롬 몰리브덴 강재</td></tr>
<tr><td rowspan="5">B 2401
겹판 스프링</td><td>SPS 1</td><td>고탄소 강</td><td rowspan="5">스프링 강재</td><td rowspan="5">D 3701</td><td>철도 차량용</td></tr>
<tr><td>SPS 3, 4</td><td>Si-Mn 강</td><td>자동차용</td></tr>
<tr><td>SPS 5, 5A</td><td>Mn-Cr 강</td><td>자동차용</td></tr>
<tr><td>SPS 7</td><td>Mn-Cr-B 강</td><td>重차량용</td></tr>
<tr><td>SPS 9</td><td>Cr-Mo 강재</td><td>대형 겹판 스프링 용</td></tr>
<tr><td>B 3239
토션 바아</td><td>SPS 3~9</td><td colspan="2">스프링 강재</td><td>D 3701</td><td>인장강도 1226N/㎟ 이상</td></tr>
<tr><td>B 2404
접시 스프링</td><td>SK5M,
S60CM~70CM</td><td colspan="2">특수 마대강</td><td>D 3551</td><td>HV 200~280</td></tr>
</table>

2.10 관이음과 밸브

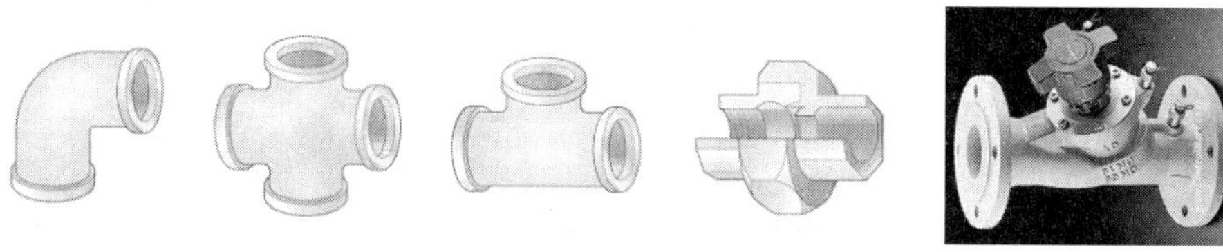

종 류	재 료			특기사항
B 1426 강제 플랜지	SS400	일반구조용 압연강재	D 3503	
	SF390A, 440A	탄소강 단강품	D 3710	
	SFVC1, SFVC2A	압력용기용 탄소강 단강품	D 4122	
	SFVAF1, SFVAF11A	고온 압력용기용 합금강 단강품	D 4123	
	SM20C, SM25C	기계구조용 탄소 강재	D 3752	
	SC410, SC480	탄소강 주강품	D 4101	
	SCPH1, 2, 11, 21	고온 고압용 주강품	D 4107	
B 0429 주철제 플랜지	GC 200, 250	회 주철품	D 4301	
	GCD 350-22	구상 흑연 주철품	D 4302	
	GCD 400-5			
	GCD 400-15			
	GCD 500-7			
	GCD 600-3			
	B 32-12	흑심 가단 주철품	D ISO 5922	인장강도 320N/㎟
	B 35-10			인장강도 350N/㎟
B 1521 유압용 플랜지	SS400	일반구조용 압연강재	D 3503	
	SM20C, 22C, 25C	기계구조용 탄소 강재	D 3752	열처리 요함

(1) 청동밸브(KS B 2301)

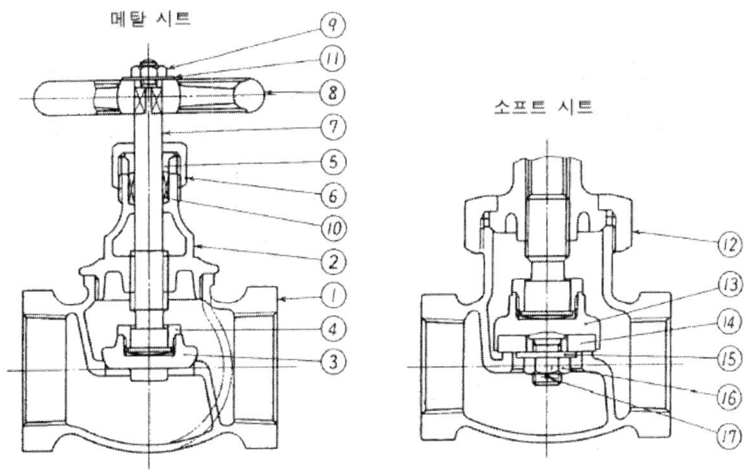

부 품		재 료		특기 사항
1	밸브 몸통	CAC406	D 6024	덮개 및 디스크는 D 5101의 C3771BD, BE, C3604BD, BE 중 어느 것을 선택하여도 좋다.
2	덮개			
3	밸브 디스크			
4	밸브 누르개	C3604BD, BE	D 5101 D 6024	
5	패킹 누름링	C3711BD, BE		
6	패킹 누름 너트	CAC406		
7	밸브대	C3711BD, BE	D 5101	
8	핸드휠	GC200	D 4301	
		SPCD	D 3512	
		ZDC1, ZDC2	D 6005	
		ADC12	D 6006	
9	6각 너트	C3604BD, BE	D 5101	
10	패킹	개스킷은 석면 or 합성수지를 사용		무기질 or 유기질에 윤활제를 혼합한 것을 사용한다.
11	명판	A1050P	D 6701	
12	유니온 너트	C3604BD, BE	D 5101 D 6024	
13	디스크 홀더	C3711BD, BE CAC406		
14	소프트 시트	폴리테트라플루오르화에틸렌 수지	M 3523	M 3345, M 3352의 수지
15	시트 누르개	C2600P C3604BD, BE C3711BD, BE	D 5201 D 5101	
16	6각 너트	C3604BD, BE	D 5101	
17	분할핀	C2600W, 2700W	D 5103	

(2) 주철밸브(KS B 2350)

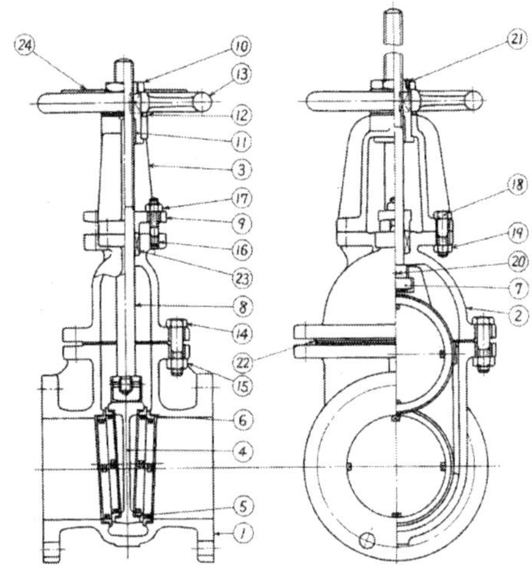

부 품		재 료		부 품		재 료	
1	밸브 몸통	GC 200	D 4301	13	핸드 휠	GC 200	D 4301
2	덮개			14	덮개 볼트	SS400	D 3503
3	요크			15	덮개 볼트용 너트		
4	밸브 디스크			16	패킹 누름 너트		
5	밸브 디스크붙이 밸브 시트	CAC406 CAC406C	D 6024 D 6025	17	패킹 누름 볼트용 너트		
6	밸브 몸통붙이 밸브 시트			18	덮개 요크 너트		
7	걸리개	CAC406	D 6024	19	덮개 요크 볼트용 너트		
8	밸브대	C3771BD, BE	D 5101	20	테이퍼 핀	SS490	
9	패킹 누르개	GC 200	D 4301	21	멈춤 나사	SS400	
10	패킹 누름 너트	SS400	D 3503	22	개스킷	용도에 따라 선정	
11	요크 슬리브	CAC406	D 6024	23	패킹		
12	와셔			24	명판	A1050P	D 6701

2.11 핸들과 손잡이(KS)

종 류	형 상	재 료		
B 1331 핸드 휠	1호~6호	GC 200 GCD 400, 450 B 30-06	회 주철품 구상흑연 주철품 흑심가단 주철품	D 4301 D 4302 D ISO 5922
B 1332 핸들	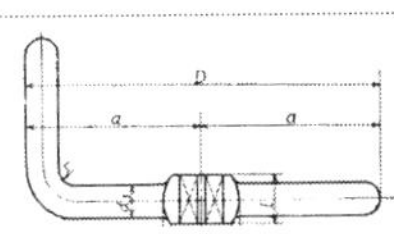	SM 20 C SUM 22	기계구조용 탄소 강재 황 및 황 복합 쾌삭 강재	D 3752 D 3567
	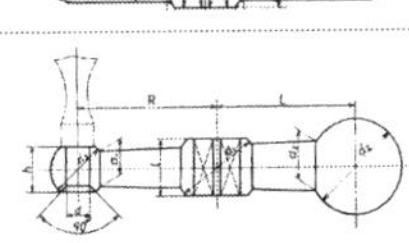			
	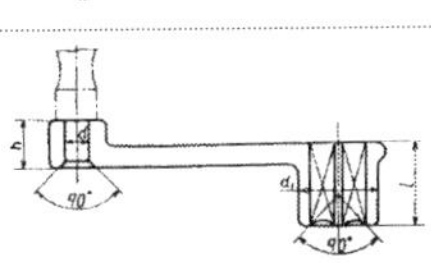	SM 20 C GCD 400, 450 B 30-06	기계구조용 탄소 강재 구상 흑연 주철품 흑심 가단 주철품	D ISO 5922
	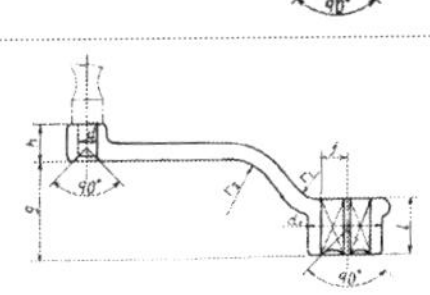			
B 1334 손잡이	1호~4호	SS 400 SUM 22	일반 구조용 압연 강재 황 및 황 복합 쾌삭 강재	D 3503 D 3567

2.12 급유기, 실과 패킹

Mechanical seal

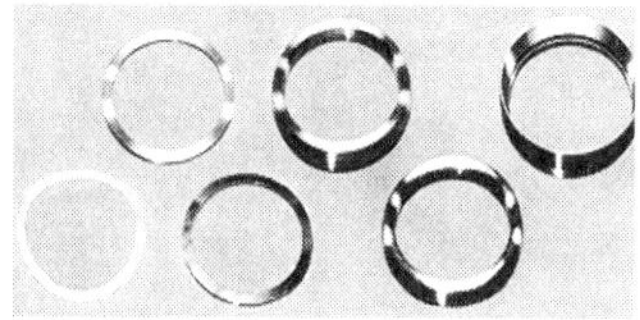
Metal Gasket

Robber Gasket

Valve용 Packing

Merallic Packing

종 류		재 료			특기 사항
B 1566 메커니컬 실	고무재료	A, B, C 형 D 형	니트릴 고무 계통 불소 계통		메캐니컬 실 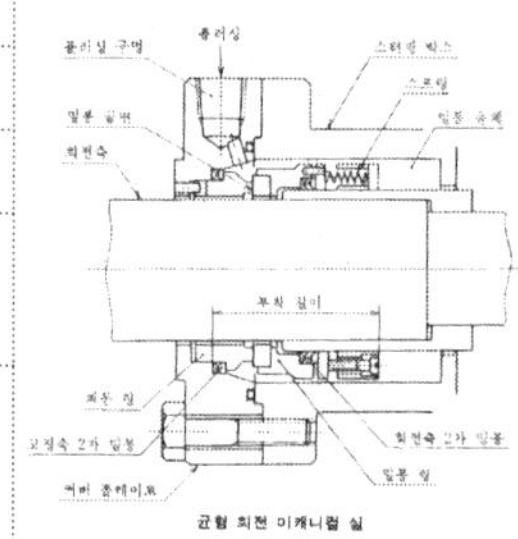
	금속링 재료	STS 304	열간 압연 스테인리스 강판	D 3705	
	스프링 재료	STS 302, 304	스프링용 스테인리스 강선	D 3535	
B 2801 그리스 니플		SM15C, 20C SM15CK	기계구조용 탄소 강재	D 3752	
		C2600~ 2800	구리와 구리 합금봉	D 5101	
B 2802 오일 컵	몸 체	C2600~ 2800	구리와 구리 합금봉	D 5101	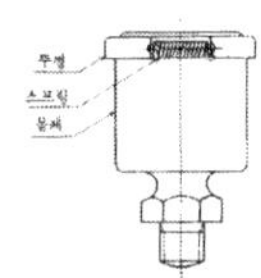
	뚜 껑	C2600~ 2720	동 및 동합금의 판 및 띠	D 5201	
	스프링	C4250R			
B 2803 그리스 컵		C2600~ 2800	구리와 구리 합금봉	D 5101	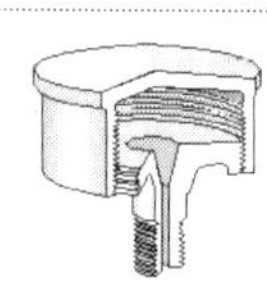
		SPCC, D SPHC, D	냉간 압연 강판 및 강대 열간 압연 강판 및 강대	D 3512 D 3501	
B 2804 오일 실	고무재료				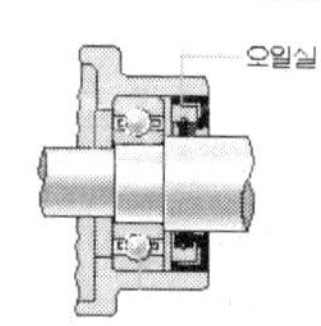
	금속링 재료	SPCC, D	냉간 압연 강판 및 강대	D 3512	
	스프링 재료	SW-B, C PW-1, 2, 3	경강선 피아노 선	D 3510 D 3556	

B 2805 O링	1~4종	합성고무, 천연고무, 합성수지		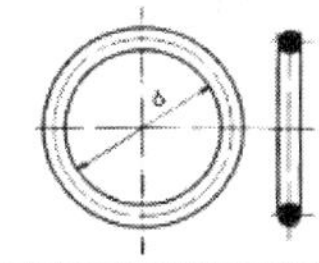
B 2806 V 패킹	-	고무 V 패킹		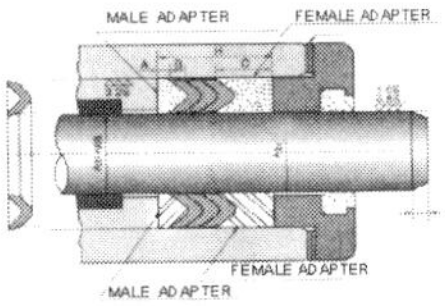
		직물들이 고무 V 패킹		
B 2807 오일니플	SM20C	기계구조용 탄소 강재	D 3752	몸체 및 밸브의 재료
B 2809 O링용 백업링	-	폴리테트라플루오르화에틸렌 수지	M 3033	충전제 함유 수지

MEMO

2

기계요소의 제도

1_나사

기계는 수없이 많은 부품으로 구성되며, 이 부품들은 서로 연관되고 결합되어 여러 가지 복잡한 상호 운동을 한다. 기계를 구성하는 이 하나 하나의 부품들을 기계요소(機械要素)라 하고 나사, 키, 핀, 코터, 리벳 등이 이에 속한다.

1. 나사

나사는 기계부품을 결합하거나 위치를 조정 또는 힘을 전달하는데 사용되며, 표준 규격품으로 규정되어 있다. 나사 각부의 명칭은 그림 1-1과 같다.

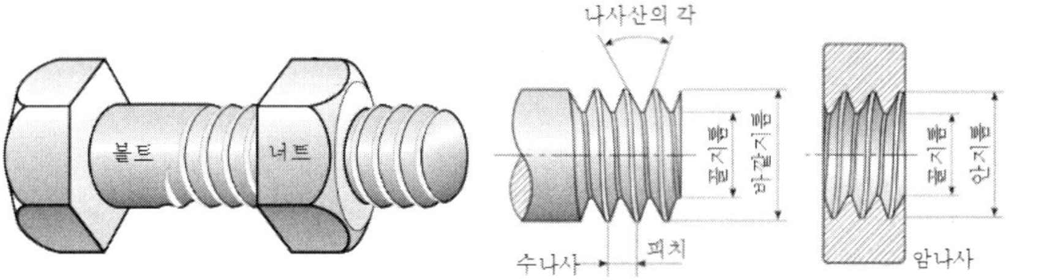

[그림 1-1] 나사 각부의 명칭

나사는 수나사(external thread)와 암나사(internal thread)의 조합으로 되어 있고, 나사의 크기는 수나사의 바깥지름으로 나타낸다. 나사에는 오른나사(right-hand thread)와 왼나사(left-hand thread)가 있으며, 오른나사는 나사를 시계방향으로, 왼나사는 반시계방향으로 회전시킬 때 축 방향으로 전진한다.

나사 축을 중심으로 1회전 시킬 때 축 방향으로 이동한 거리를 리드(lead)라 하고, 서로 이웃한 나사산과 산 사이를 축 방향으로 측정한 거리를 피치(pitch) p라 한다. 나사산 수를 n라 하면 리드 ℓ = n·p가 되고, 1리드 내에 몇 개의 나사선이 들어있는가에 따라 한줄 나사, 두줄나사 또는 다(多)줄 나사로 분류한다.

형상에 따른 나사의 종류는 다음과 같다.[그림 1-2]

구분 나사의 종류	나사의 형상		용도
삼각나사	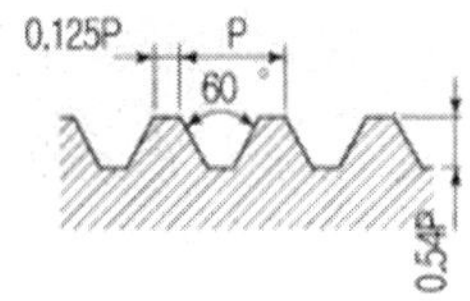		체결용
사각나사	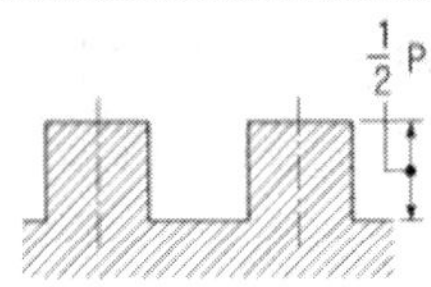	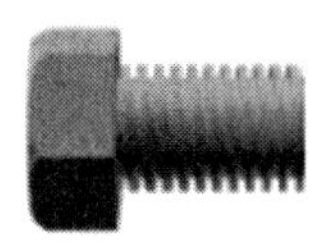	운동전달용
사다리꼴나사	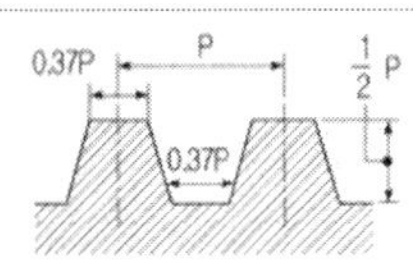		운동전달용 프레스, 나사잭
톱니나사	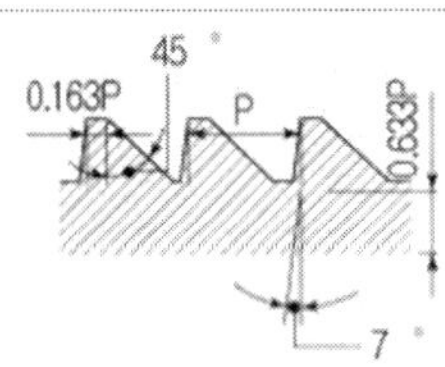	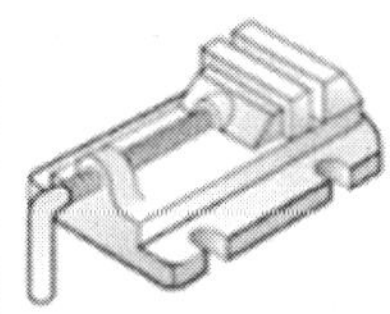	밀링 바이스 등
둥근나사	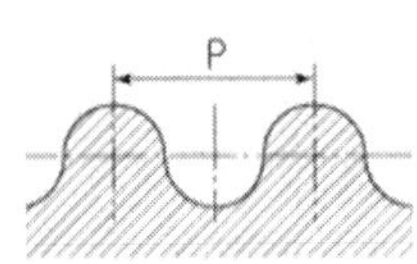		전구 등
볼나사	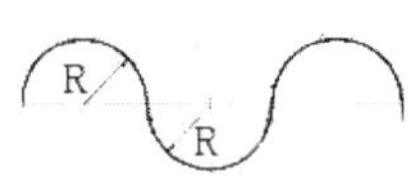		자동차, 항공기, 공작기계 등

[그림 1-2] 나사의 종류

나사의 용도는 다음과 같다.

① 체결용 : 기계부품 및 구조물, 기구, 기기 등을 조립할 때 체결하여 고정한다.

② 전동용 : 동력 및 운동을 전달한다.

③ 계측조정용 : 나사의 회전과 축방향의 이동거리와의 관계를 이용하여 치수의 측정이나 위치를 조정한다.

삼각나사는 주로 체결용이나 계측조정용으로 사용한다. 미터 보통나사는 기계부품의 체결용(締結用)에 많이 사용하고, 유니파이 보통나사는 항공기, 자동차 등 인치 단위를 사용하는 국가에서 사용한다. 미터나사, 유니파이 나사에는 보통나사 외에 피치가 작은 가는 나사(fine thread)가 있어 정밀기기 등에 사용한다.

관용나사(pipe thread)는 파이프를 잇기 위해 파이프에 깎은 나사로 파이프의 강도를 해치지 않도록 가공한다.

4각나사, 사다리꼴나사, 톱니나사는 프레스, 잭 등 힘이나 운동을 전달하는데 사용한다.

둥근나사(round thread)는 너클나사(knuckle thread)라고도 하며, 산봉우리와 골 모양이 둥글게 되어 있다. 전구나 쇠붙이, 먼지, 모래 등이 들어가기 쉬운 곳에 사용한다.

볼나사(ball thread)는 축과 구멍에 홈을 만들어 홈 사이에 강철 볼을 넣고, 암 나사 측에 설치된 통로(ball guide)를 통해 볼이 순환하도록 되어 있어, 마찰이 극히 작아 공작기계의 위치결정, 자동차의 조향장치(stearing gear), 항공기 등에 널리 사용된다. 또 이 나사는 효율이 높고, 마멸이 적어 장시간 사용할 수 있는 등 우수한 특성이 있으나 가격이 고가인 것이 단점이다.

2. 나사의 제도

나사 및 나사 부품의 도시방법과 도면에 기입하는 나사 표시방법은 한국공업규격 KS B ISO 6410으로 규정하고, 이 규격에 규정되어 있지 않은 사항에 대해서는 기계제도에 따른다.

2.1 도시방법

① 수나사는 그림 1-3에 표시한 바와 같이 약도(略圖)로 표시한다.

바깥지름은 굵은실선, 골 부분은 가는 실선으로 표시한다. 완전 나사부와 불완전나사부의 경계는 굵은 실선으로 표시하고, 불완전나사부의 골밑 표시 선은 축선에 30°의 가는 실선으로 표시한다. 측면도의 경우, 가는 실선으로 12시 방향은 조금 넘치게, 3시 방향은 조금 모자라게 표시한다.

② 암나사는 그림 1-3에 표시한 바와 같이 약도(略圖)로 표시한다. 안지름은 굵은실선, 골 지름은 가는 실선으로 나타낸다. 관통된 구멍의 암나사의 경우는 해칭을 골 지름까지 해칭한다. 관통되지 않는 암나사는 드릴구멍의 120° 되게 긋고, 드릴구멍의 나사부까지는 충분한 여유를 둔다. (그림 1-3)

2.2 표시 방법

① 나사의 표시방법은 나사의 호칭, 나사의 등급, 나사산의 감김 방향 및 나사산의 줄 수에 대하여 수나사의 산봉우리 또는 암나사의 골밑을 표시하는 선에서 지시선을 긋고, 그 끝에 수평선을 그어 KS B 0200(나사의 표시방법)에 규정한 방법을 사용하여 다음과 같이 구성한다.

단, 오른 나사의 경우는 나사산 감김 방향, 한 줄 나사의 경우는 나사산의 줄 수를 기입하지 않는다. 나사의 등급을 필요로 하지 않는 경우에는 생략하여도 좋다.

나사산의 감김 방향	나사산의 줄 수	나사의 호칭	-	나사의 등급

② 나사면의 표면거칠기를 나타내는 경우는 KS B 0161(표면거칠기)에 규정된 표면 거칠기 기호 또는 다듬질 기호를 사용하여 나사 표시의 마지막에 기입한다.

③ 여러 줄 나사의 리드를 표시할 때에는 나사의 호칭 뒤에 괄호를 넣어 기입한다. 단, 미터, 사다리꼴 나사는 제외한다.

④ 나사인 것을 명확히 나타내야 할 경우에는 "나사"의 글자를 나사 등급 뒤에 부기한다.

⑤ 관용 테이퍼나사의 기준 지름 위치를 나타내야 할 때에는 기준 지름의 위치에 그 호칭을 기입한다.

⑥ 암나사가 관용 평행나사, 수나사가 관용 테이퍼나사의 조합일 때에는 지시선의 끝부분에 그은 수평선의 위쪽에 암나사, 수나사의 순으로 표시한다.

2.3 미터 사다리꼴나사의 표시방법

미터 사다리꼴나사의 표시방법은 나사의 종류에 표시하는 기호, 나사의 호칭지름, 리드, 피치, 나사산의 감김 방향 및 나사의 등급에 대하여 수나사의 산봉우리 또는 암나사의 골밑을 표시하는 선에서 지시선을 긋고, 그 끝에 수평선을 그어 KS B 0200의 규정에 따른다.

[그림 1-3] 암· 수나사의 약도법(KS B0003)

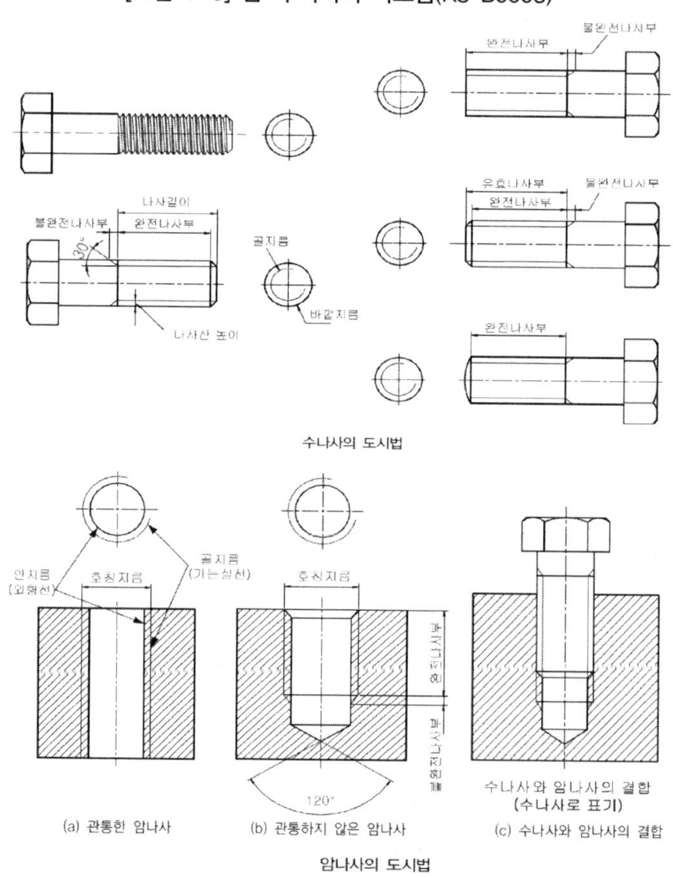

3. 나사의 표시방법

한국공업규격은 제도, 시방서, 제품 등에 사용하는 나사의 표시방법에 대해 KS B 0200으로 규정한다.

3.1 나사의 표시방법

(1) 나사의 호칭

나사의 호칭은 나사의 종류를 표시하는 기호, 나사의 지름을 표시하는 숫자 및 피치 또는 25.4mm에 대한 나사산의 수(이하 산의 수라 한다)를 사용하여 구성한다. 또한, 표 1-1에 나사의 종류를 표시하는 기호 및 나사의 호칭에 대한 표시방법의 보기에 따른다.

① 피치를 mm로 표시하는 나사

나사의 종류를 표시하는 기호	나사의 호칭 지름을 표시하는 숫자	×	피 치

단, 미터 보통 나사와 같이 동일한 지름에 대하여 피치가 하나만 규정되어 있는 나사에서는 피치를 생략한다.

② 피치를 산의 수로 표시하는 나사

나사의 종류를 표시하는 기호	나사의 지름을 표시하는 숫자	산	산의 수

단, 관용나사와 동일한 지름에 대하여 산의 수가 하나만 규정되어 있는 나사에는 산의 수를 생략한다. 또한, 혼동될 우려가 없을 때에는 "산" 대신에 하이픈을 사용할 수 있다.

③ 유니파이 나사

나사의 지름을 표시하는 숫자 또는 번호	-	산의 수	나사의 종류를 표시하는 기호

(2) 나사의 등급

나사의 등급은 나사의 등급을 표시하는 숫자와 문자와의 조합 또는 문자로서 표 1-2과 같이 표시한다. 이 경우, 나사의 종류에 대한 등급의 구분은 규정에 따른다. 또한, 나사의 등급을 필요로 하지 않는 경우에는 생략하여도 좋다.

(3) 나사산의 감김 방향

나사산의 감김 방향은 왼나사의 경우에는 "좌"의 글자로 표시하고, 오른나사의 경우에는 표시하지 않는다. 또한 "좌" 대신에 "L"을 사용할 수 있다.

(4) 나사산의 줄의 수

나사산의 줄의 수가 여러 줄 나사의 경우에는 "2줄", "3줄" 등과 같이 표시하고, 한 줄 나사의 경우에는 표시하지 않는다. 또한 "줄" 대신에 "N"을 사용할 수 있다.

≪표 1-1≫ 나사의 기호 및 호칭에 대한 표시방법

구 분		나사의 종류		종류 표시 기호	호칭에 대한 표시방법 보기	관련 규격
일반용	ISO 규격에 있는것	미터 보통 나사 2)		M	M8	KS B 0201
		미터 가는 나사 3)			M8×1	KS B 0204
		미니어처 나사		S	S 0.5	KS B 0228
		유니파이 보통 나사		UNC	3/8-16 UNC	KS B 0203
		유니파이 가는 나사		UNF	No. 8-36 UNF	KS B 0206
		미터 사다리꼴 나사		Tr	Tr 10×2	KS B 0229의 본문
		관용 테이퍼 나사	테이퍼 수나사	R	R 3/4	KS B 0222의 본문
			테이퍼 암나사	Rc	Rc 3/4	
			평행 암나사4)	Rp	Rp 3/4	
	ISO 규격에 없는것	관용 평행 나사		G	G 1/2	KS B 0221의 본문
		29도 사다리꼴나사		TW	TW 20	KS B 0226
		관용 테이퍼 나사	테이퍼 나사	PT	PT 7	KS B 0222의 부속서
			평행 암나사5)	PS	PS 7	
		관용 평행 나사		PF	PF 7	KS B 0221
특수용		후강 전선관 나사		CTG	CTG 16	KS B 0223
		박강 전선관 나사		CTC	CTC 19	
		자전거 나사	일반용	BC	BC 3/4	KS B 0224
			스포크용		BC 2.6	
		미싱 나사		SM	SM 1/4 산 40	KS B 0225
		전구 나사		E	E 10	KS C 7702
		자동차용 타이어 밸브 나사		TV	TV 8	KS R 4007의 부속서
		자전거용 타이어 밸브 나사		CTV	CTV 8 산 30	KS R 8044의 부속서

주 1) 지름이 밀리미터(mm)의 단순수를 기초로 하여 규정되어 있는 나사에서는, 호칭 지름에 해당한다.

2) 미터 보통 나사 중 M 1.7, M 2.3 및 M 2.6은 ISO 규격에 규정되어 있지 않다.

3) 가는 나사임을 특별히 명확하게 나타낼 필요가 있을 때에는 피치 다음에 "가는 눈"의 글자를 ( )안에 넣어서 기입할 수 있다.

보기 M8×1 (가는 눈)

4) 이 평행 암나사는 Rp는 테이퍼 수나사 R에 대해서만 사용한다.

5) 이 평행 암나사 PS는 테이퍼 수나사 PT에 대해서만 사용한다.

≪표 1-2≫ 나사의 등급 표시방법

<table>
<tr><th>구분</th><th>나사의 종류</th><th colspan="2">암나사수나사의 구별</th><th>나사의 등급을 표시하는 보기</th><th>관련 규격</th></tr>
<tr><td rowspan="11">ISO규격에 있는 등급</td><td rowspan="4">미터 나사</td><td>암나사</td><td>유효 지름과 안지름의 등급이 같은 경우</td><td>6H</td><td>KS B 0235</td></tr>
<tr><td rowspan="2">수나사</td><td>유효 지름과 바깥지름의 등급이 같은 경우</td><td>6g</td><td rowspan="2">KS B 0211의 본문</td></tr>
<tr><td>유효 지름과 바깥지름의 등급이 다른 경우</td><td>5g 6g</td></tr>
<tr><td colspan="2">암나사와 수나사를 조합한 것6)</td><td>6H/6g, 5H/5g 6g</td><td>KS B 0214의 본문</td></tr>
<tr><td rowspan="3">미니어처 나사</td><td colspan="2">암 나 사</td><td>3G6</td><td rowspan="3">KS B 0228</td></tr>
<tr><td colspan="2">수 나 사</td><td>5h3</td></tr>
<tr><td colspan="2">암나사와 수나사를 조합한 것</td><td>3G6/5h3</td></tr>
<tr><td rowspan="3">미터 사다리꼴 나사</td><td colspan="2">암 나 사</td><td>7H</td><td>KS B 0237</td></tr>
<tr><td colspan="2">수 나 사</td><td>7e</td><td rowspan="2">KS B 0219</td></tr>
<tr><td colspan="2">암나사와 수나사를 조합한 것7)</td><td>7H/7e</td></tr>
<tr><td>관용평행 나사</td><td colspan="2">수 나 사</td><td>A</td><td>KS B 0221의 본문</td></tr>
<tr><td rowspan="6">ISO규격에 없는 등급</td><td rowspan="2">미터 나사</td><td>암나사 수나사</td><td>암나사와 수나사의 등급 표시가 같은 것</td><td>2급, 혼동될 우려가 없을 경우에는 "급"의 문자를 생략해도 좋다.</td><td>KS B 0211의 부속서
KS B 0214의 부속서</td></tr>
<tr><td colspan="2">암나사와 수나사를 조합한 것8)</td><td>3급/2급, 혼동될 우려가 없을 경우에는 3/2로 해도 좋다.</td><td>-</td></tr>
<tr><td rowspan="2">유니파이 나사</td><td colspan="2">암 나 사</td><td>2B</td><td rowspan="2">KS B 0213
KS B 0216</td></tr>
<tr><td colspan="2">수 나 사</td><td>2A</td></tr>
<tr><td rowspan="2">관용 평행나사</td><td colspan="2">암 나 사</td><td>B</td><td rowspan="2">KS B 0221의 부속서</td></tr>
<tr><td colspan="2">수 나 사</td><td>A</td></tr>
</table>

주 6) 조합에 대한 등급의 표시 방법은 KS B 0235에 따른다.

7) 조합에 대한 등급의 표시 방법은 KS B 0237에 따른다.

8) 조합에 대한 등급의 표시 방법은 KS B 0235에 의거 "암나사의 등급/수나사의 등급"으로 한다.

(5) 나사 표시방법의 보기

나사 표시방법의 보기는 아래의 "예"와 같다. 나사 호칭이 다른 암나사와 수나사의 조합을 표시하는 경우에는 다음 순서로 나사의 호칭을 병행, 그 사이에 "/"를 넣어서 표시한다.

【예】 좌 2줄 미터 가는 나사 M 50×2 암나사 등급 6 공차위치 H

좌 2줄 M 50×2 - 6H

- 좌 : 나사산의 감김 방향
- 2줄 : 나사산의 줄수
- M 50× 2 : 나사의 호칭
- - 6H : 나사의 등급

3.2 미터 사다리꼴나사의 표시방법

(1) 한줄 나사의 표시방법

한줄 미터 사다리꼴나사의 호칭은 나사의 종류를 표시하는 기호 Tr, 나사의 호칭지름 및 피치를 표시하는 숫자를 보기 1과 같이 조합해서 표시하고, 나사의 등급은 하이픈을 붙여서 보기 2와 같이 표시한다.

【보기】 1. 호칭 지름 40mm, 피치 7mm의 경우

Tr 40×7

2. 호칭 지름 40mm, 피치 7mm 암나사의 등급이 7H인 경우

Tr 40×7-7H

(2) 여러 줄 나사의 표시방법

여러 줄 미터 사다리꼴나사의 호칭은 나사를 표시하는 기호 Tr, 나사의 호칭 지름, 리드 및 피치를 표시하는 숫자를 보기 1과 같이 조합해서 표시하고, 나사의 등급은 하이픈을 붙여서 보기 2와 같이 표시한다. 이 경우, 피치는 그 숫자의 앞에 P문자를 붙이고, 리드 다음에 ( )를 붙여 표시한다.

또한, 나사의 등급을 필요로 하지 않는 경우에는 생략해도 좋다.

【보기】 1. 호칭 지름 40mm, 리드 14mm, 피치 7mm의 경우

Tr 40×14(P7)

2. 호칭 지름 40mm, 리드 40mm, 피치 7mm 수나사의 등급이 7e인 경우

Tr 40×14(P7)-7e

(3) 왼나사의 표시방법

미터 사다리꼴 왼나사의 표시방법은 호칭 다음에 LH의 기호를 붙여서 보기와 같이 표시한다.

【보기】

Tr 40×7LH　　Tr 40×14(P7)LH

Tr 40×7LH-7H　　Tr 40×14(P7)LH-7e

4. 각종 나사의 기준치수

4.1 미터 보통 나사의 기준치수

(1) 적용 범위

이 규격은 일반적으로 사용하는 미터 보통 나사의 기준 산 모양, 공식 및 기준 치수에 대하여 규정한다.

비고 : 이 규격의 기준 산 모양, 나사의 호칭계열 기준 치수는 다음의 ISO규격과 일치하고 있다.

- 기준산 모양 : ISO 68
- 나사의 호칭 : ISO 261에 규정한 보통의 계열 나사
- 기준치수 : ISO 724에 규정한 보통 나사의 기준치수

(2) 기준 산 모양, 공식 및 기준 치수

① 기준산 모양을 그림에 도시한 것과 같이 굵은 실선으로 표시한다.

② 공식

기준치수 산출에 사용하는 공식은 다음에 따른다.

$$H = 0.866025P \quad d_2 = d - 0.649519P \quad D = d$$

$$H_1 = 0.541266P \quad d_1 = d - 1.082532P \quad D_2 = d_2 \quad D_1 = d_1$$

③ 기준치수

기준치수는 표 1-3에 따른다.

(3) 표시방법

이 규격의 나사의 표시방법은 KS B 0200에 따른다.

≪표 1-3≫ 미터 보통나사의 기준 산 모양과 기준치수(KS B 0201)

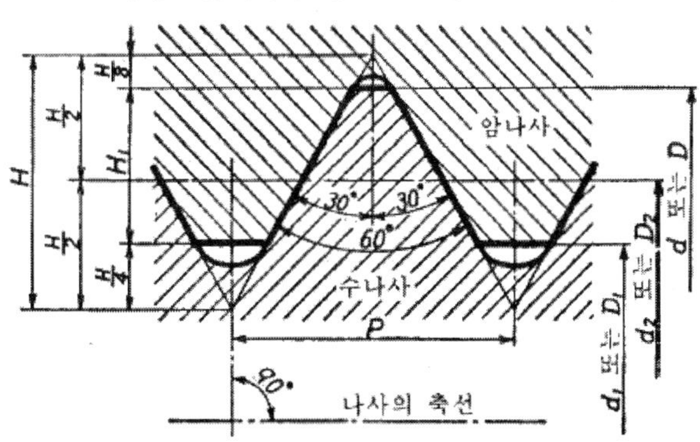

나사의 호칭*			피 치	접촉높이	암 나 사		
					골지름 D	유효지름 D2	안지름 D1
					수 나 사		
1	2	3	P	H1	바깥지름 d	유효지름 d2	골지름 d1
M 1			0.25	0.135	1.000	0.838	0.729
	M 1.1		0.25	0.135	1.100	0.938	0.829
M 1.2			0.25	0.135	1.200	1.038	0.929
	M 1.4		0.3	0.162	1.400	1.205	1.075
M 1.6			0.35	0.189	1.600	1.373	1.221
	M 1.8		0.35	0.189	1.800	1.573	1.421
M 2			0.4	0.217	2.000	1.740	1.567
	M 2.2		0.45	0.244	2.200	1.908	1.713
M 2.5			0.45	0.244	2.500	2.208	2.013
M 3			0.5	0.217	3.000	2.675	2.459
	M 3.5		0.6	0.325	3.500	3.110	2.850
M 4			0.7	0.379	4.000	3.545	3.242
M 5			0.75	0.406	4.500	4.013	3.688
	M 4.5		0.8	0.433	5.000	4.480	4.134
M 6			1	0.541	6.000	5.350	4.917
		M 7	1	0.541	7.000	6.350	5.917
M 8			1.25	0.677	8.000	7.188	6.647
		M 9	1.25	0.677	9.000	8.188	7.647
M 10			1.5	0.812	10.000	9.026	8.376
		M 11	1.5	0.812	11.000	10.026	9.376
M 12			1.75	0.937	12.000	10.863	10.106
	M 14		2	1.083	14.000	12.701	11.835
M 16			2	1.083	16.000	14.701	13.835
	M 18		2.5	1.353	18.000	16.376	15.294
M 20			2.5	1.353	20.000	18.376	17.294
	M 22		2.5	1.353	22.000	20.376	19.294
M 24			3	1.624	24.000	22.051	20.752
	M 27		3	1.624	27.000	25.051	23.752
M 30			3.5	1.894	30.000	27.727	26.211
	M 33		3.5	1.894	33.000	30.727	29.211
M 36			4	2.165	36.000	33.402	31.670
	M 39		4	2.165	39.000	36.402	34.670
M 42			4.5	2.435	42.000	39.077	37.129
	M 45		4.5	2.436	45.000	42.077	40.129
M 48			5	2.706	48.000	44.752	42.587
	M 52		5	2.706	52.000	48.752	46.587

※ 주 * 1란을 우선적으로, 필요에 따라 2란, 3란의 순으로 선정한다.

4.2 미터 가는 나사의 기준치수

(1) 적용 범위(KS B 0204)

이 규격은 일반적으로 사용되는 미터 가는 나사의 지름과 피치와의 조합, 작은 나사류, 볼트, 너트용 가는 나사의 선택기준, 기준 산 모양, 공식 및 기준 치수에 대하여 규정한다.

비고 : 이 규격의 지름과 피치의 조합, 작은 나사 류, 볼트, 너트용 가는 나사의 선택 기준, 기준 산 모양 및 기준 치수는 다음의 ISO 규격과 일치하고 있다.

- 지름과 피치의 조합 : ISO 261에 규정되어 있는 가는 나사
- 가는 나사의 선택 기준 : ISO 68
- 기준 치수 : ISO 724에 규정되어 있는 가는 나사의 기준 치수

(2) 표시방법

이 규격에 따른 나사의 표시방법은 KS B 0200에 따른다.

보기 : M 6×0.75

(3) 작은 나사류, 볼트 및 너트용 가는 나사의 선택 기준

호칭 지름의 범위 8~39mm에서 작은 나사 류, 볼트 및 너트용 가는 나사의 선택은 표 1-4에 따른다.

(4) 기준 산 모양, 공식 및 기준 치수

① 기준 산 모양 (그림 1-4)

기준 산 모양은 그림의 굵은 실선으로 표시한다.

② 공식

기준 치수의 산출에 사용하는 공식은 다음에 따른다.

$$H = 0.866025P \qquad d_2 = d - 0.649519P \qquad D = d$$

$$H_1 = 0.541266P \quad d_1 = d - 1.082532P \quad D_2 = d_2 \quad D_1 = d_1$$

≪표 1-4≫ 가는 나사의 선택 기준

호칭 지름(4)		피 치
1난	2난	
8		1
10		1.25
12		1.25
	14	1.5
16		1.5
	18	1.5
20		1.5
	22	1.5
24		2
	27	2
30		2
	33	2
36		3
	39	3

주 (4) 1난을 우선적으로 하고, 필요에 따라 2난을 선택한다. 또한, 이 1난 및 2난은 ISO 262의 선택 기준에 일치하고 있다.

[그림 1-4] 미터 가는 나사의 기준 산 모양

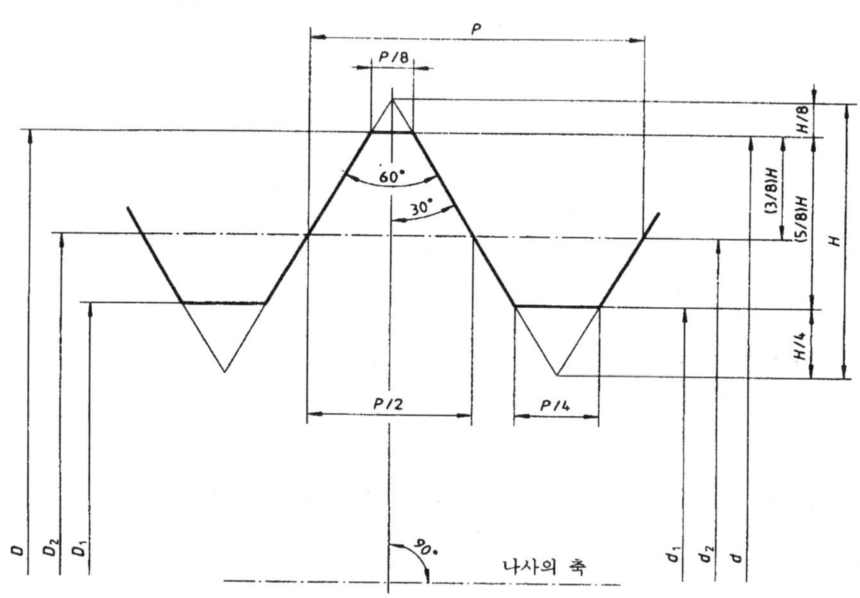

≪표 1-5≫ 미터 가는 나사의 기준치수(KS B 0204)

단위 : mm

나사의 호칭	피 치 P	접촉 높이 H_1	암 나 사		
			골 지 름 D	유효 지름 D_2	안 지 름 D_1
			수 나 사		
			바깥지름 d	유효 지름 d_2	골 지 름 d_1
M 1	0.2	0.108	1.000	0.870	0.783
M 1.1×0.2	0.2	0.108	1.100	0.970	0.883
M 1.2×0.2	0.2	0.108	1.200	1.070	0.983
M 1.4×0.2	0.2	0.108	1.400	1.270	1.183
M 1.6×0.2	0.2	0.108	1.600	1.470	1.383
M 1.8×0.2	0.2	0.108	1.800	1.670	1.583
M 2×0.25	0.25	0.135	2.000	1.838	1.729
M 2.2×0.25	0.25	0.135	2.200	2.038	1.929
M 2.5×0.35	0.35	0.189	2.500	2.273	2.121
M 3×0.35	0.35	0.189	3.000	2.773	2.621
M 3.5×0.35	0.35	0.189	3.500	3.273	3.121
M 4×0.5	0.5	0.271	4.000	3.675	3.459
M 4.5×0.5	0.5	0.271	4.500	4.175	3.959
M 5×0.5	0.5	0.271	5.000	4.675	4.459
M 5.5×0.5	0.5	0.271	5.500	5.175	4.959
M 6×0.75	0.75	0.406	6.000	5.513	5.188
M 7×0.75	0.75	0.406	7.000	6.513	6.188
M 8×1	1	0.541	8.000	7.350	6.917
M 8×0.75	0.75	0.406	8.000	7.513	7.188
M 9×1	1	0.541	9.000	8.350	7.917
M 9×0.75	0.75	0.406	9.000	8.513	8.188
M 10×1.25	1.25	0.677	10.000	9.188	8.647
M 10×1	1	0.541	10.000	9.350	8.917
M 10×0.75	0.75	0.406	10.000	9.513	9.188
M 11×1	1	0.541	11.000	10.350	9.917
M 11×0.75	0.75	1.406	11.000	10.513	10.188
M 12×1.5	1.5	0.812	12.000	11.026	10.376
M 12×1.25	1.25	0.677	12.000	11.188	10.647
M 12×1	1	0.541	12.000	11.350	10.917
M 14×1.5	1.5	0.812	14.000	13.026	12.376
M 14×1.25	1.25	0.677	14.000	13.188	12.647
M 14×1	1	0.541	14.000	13.350	12.917
M 15×1.5	1.5	0.812	15.000	14.026	13.376
M 15×1	1	0.541	15.000	14.350	13.917
M 16×1.5	1.5	0.812	16.000	15.026	14.376
M 16×1	1	0.541	16.000	15.350	14.917
M 17×1.5	1.5	0.812	17.000	16.026	15.376
M 17×1	1	0.541	17.000	16.350	15.917
M 18×2	2	1.083	18.000	16.701	15.835
M 18×1.5	1.5	0.812	18.000	17.026	16.376
M 18×1	1	0.541	18.000	17.350	16.917
M 20×2	2	1.083	20.000	18.701	17.835
M 20×1.5	1.5	0.812	20.000	19.026	18.376
M 20×1	1	0.541	20.000	19.350	18.917
M 22×2	2	1.083	22.000	20.701	19.835
M 22×1.5	1.5	0.812	22.000	21.026	20.376
M 22×1	1	0.541	22.000	21.350	20.917

≪표 1-5≫ 미터 가는 나사의 기준치수 (계속)

단위 : mm

나사의 호칭	피 치 P	접촉 높이 H_1	암 나 사		
			골 지 름 D	유효 지름 D_2	안 지 름 D_1
			수 나 사		
			바깥지름 d	유효 지름 d_2	골 지 름 d_1
M 24×2	2	1.083	24.000	22.701	21.835
M 24×1.5	1.5	0.812	24.000	23.026	22.376
M 24×1	1	0.541	24.000	23.350	22.917
M 25×2	2	1.083	25.000	23.701	22.835
M 25×1.5	1.5	0.812	25.000	24.026	23.376
M 25×1	1	0.541	25.000	24.350	23.917
M 26×1.5	1.5	0.812	26.000	25.026	24.376
M 27×2	2	1.083	27.000	25.701	24.835
M 27×1.5	1.5	0.812	27.000	26.026	25.376
M 27×1	1	0.541	27.000	26.350	25.917
M 28×2	2	1.083	28.000	26.701	25.835
M 28×1.5	1.5	0.812	28.000	27.026	26.376
M 28×1	1	0.541	28.000	27.350	26.917
M 30×3	3	1.624	30.000	28.051	26.752
M 30×2	2	1.083	30.000	28.701	27.835
M 30×1.5	1.5	0.812	30.000	29.026	28.376
M 30×1	1	0.541	30.000	29.350	28.917
M 32×2	2	1.083	32.000	30.701	29.835
M 32×1.5	1.5	0.812	32.000	31.026	30.376
M 33×3	3	1.624	33.000	31.051	29.752
M 33×2	2	1.083	33.000	31.701	30.835
M 33×1.5	1.5	0.812	33.000	32.026	31.376
M 35×1.5	1.5	0.812	35.000	34.026	33.376
M 36×3	3	1.624	36.000	34.051	32.752
M 36×2	2	1.083	36.000	34.701	33.835
M 36×1.5	1.5	0.812	36.000	35.026	34.376
M 38×1.5	1.5	0.812	38.000	37.026	36.376
M 39×3	3	1.624	39.000	37.051	35.752
M 39×2	2	1.083	39.000	37.701	36.835
M 39×1.5	1.5	0.812	39.000	38.026	37.376
M 40×3	3	1.624	40.000	38.051	36.752
M 40×2	2	1.083	40.000	38.701	37.835
M 40×1.5	1.5	0.812	40.000	39.026	38.376
M 42×4	4	2.165	42.000	39.402	37.670
M 42×3	3	1.624	42.000	40.051	38.752
M 42×2	2	1.083	42.000	40.701	39.835
M 42×1.5	1.5	0.812	42.000	41.026	40.376
M 45×4	4	2.165	45.000	42.402	40.670
M 45×3	3	1.624	45.000	43.051	41.752
M 45×2	2	1.083	45.000	43.701	42.835
M 45×1.5	1.5	0.812	45.000	44.026	43.376
M 48×4	4	2.165	48.000	45.402	43.670
M 48×3	3	1.624	48.000	46.051	44.752
M 48×2	2	1.083	48.000	46.701	45.835
M 48×1.5	1.5	0.812	48.000	47.026	46.376
M 50×3	3	1.624	50.000	48.051	46.752
M 50×2	2	1.083	50.000	48.701	47.835
M 50×1.5	1.5	0.812	50.000	49.026	48.376

4.3 유니파이 보통 나사

(1) 적용 범위

이 규격(KS B 0203)은 항공기 그밖에 필요한 경우에 한하여 사용하는 유니파이 보통 나사의 기준 산 모양, 공식 및 기준 치수에 대해 규정한다.

☞ 참고 이 규격의 유니파이 보통 나사는 ISO 263에 규정되어 있는 ISO 인치나사의 보통 나사계열의 나사와 일치하고 있다.

(2) 기준 산 모양, 공식 및 기준 치수

① 기준 산 모양을 그림의 굵은 실선으로 표시한다.(그림 1-5)

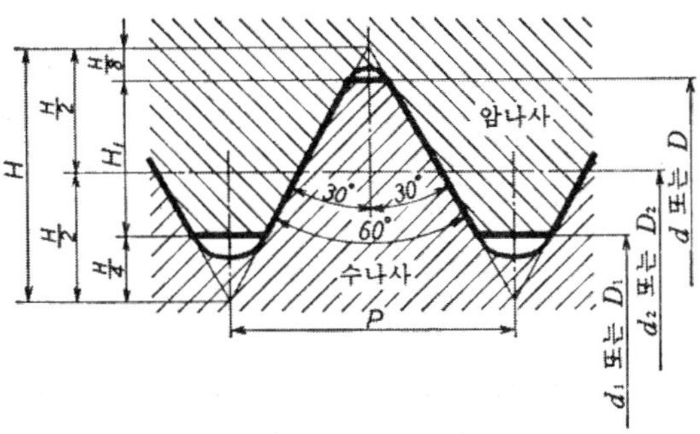

[그림 1.5] 유니파이 보통 나사의 기준 산 모양

② 공식 및 기준 치수

기준 치수 산출 공식은 다음과 같으며, 기준치수는 표 1-6에 따른다.

$$P=25.4/n \qquad H=\frac{0.866025}{n}\times 25.4 \qquad d=(d)\times 25.4 \qquad D=d$$

$$H=\frac{0.541266}{n}\times 25.4 \qquad d=(d-\frac{0.649519}{n})\times 25. \qquad D_1=d_1$$

$$d=(d-\frac{1.082532}{n})\times 25. \qquad D_2=d_2$$

n: 25.4mm에 대한 나사산의 수

( )안의 수치는 0.0001 인치로 끝맺음한 값

≪표 1-6≫ 유니파이 보통 나사의 기준 치수(KS B 0203)

단위 : mm

나사의 호칭(1)			나사산수 (25.4 mm에 대한) n	피치 P (참고)	접촉높이 H	암나사 골지름 D	암나사 유효지름 D_2	암나사 안지름 D_1
1	2	(참고)				수나사 바깥지름 d	수나사 유효지름 d_2	수나사 안지름 d_1
No.2-56 UNC	No.1-64 UNC	0.0730-64 UNC	64	0.3969	0.215	1.854	1.598	1.425
		0.0860-56 UNC	56	0.4536	0.246	2.184	1.890	1.694
	No.3-48 UNC	0.0990-48 UNC	48	0.5292	0.286	2.515	2.172	1.941
No. 4-40 UNC		0.1120-40 UNC	40	0.6350	0.344	2.845	2.433	2.156
No. 5-40 UNC		0.1250-40 UNC	40	0.6350	0.344	3.175	2.764	2.487
No. 6-32 UNC		0.1380-32 UNC	32	0.7938	0.430	3.505	2.990	2.647
No. 8-32 UNC		0.1640-32 UNC	32	0.7938	0.430	4.166	3.650	3.307
No.10-24 UNC		0.1900-24 UNC	24	1.0583	0.573	4.826	4.138	3.680
	No.12-24 UNC	0.2160-24 UNC	24	1.0583	0.573	5.486	4.798	4.341
1/4-20 UNC		0.2500-20 UNC	20	1.2700	0.687	6.350	5.524	4.976
5/16-18 UNC		0.3125-18 UNC	18	1.4111	0.764	7.938	7.021	6.411
3/8-16 UNC		0.3750-16 UNC	16	1.5875	0.859	9.525	8.494	7.805
7/16-14 UNC		0.4375-14 UNC	14	1.8143	0.982	11.112	9.934	9.149
1/2-13 UNC		0.5000-13 UNC	13	1.9538	1.058	12.700	11.430	10.584
9/16-12 UNC		0.5625-12 UNC	12	2.1167	1.146	14.288	12.913	11.996
5/8-11 UNC		0.6250-11 UNC	11	2.3091	1.250	15.875	14.376	13.376
3/4-10 UNC		0.7500-10 UNC	10	2.5400	1.375	19.050	17.399	16.299
7/8- 9 UNC		0.8750-9 UNC	9	2.8222	1.528	22.225	20.391	19.169
1- 8 UNC		1.0000-8 UNC	8	3.1750	1.719	25.400	23.338	21.963
1 1/8-7 UNC		1.1250-7 UNC	7	3.6286	1.964	28.575	26.218	24.648
1 1/4-7 UNC		1.2500-7 UNC	7	3.6286	1.964	31.750	29.393	27.823
1 3/8-6 UNC		1.3750-6 UNC	6	4.2333	2.291	34.925	32.174	30.343
1 1/2-6 UNC		1.5000-6 UNC	6	4.2333	2.291	38.100	35.349	33.518
1 3/4-5 UNC		1.7500-5 UNC	5	5.0800	2.750	44.450	41.151	38.951
2-4 1/2UNC		2.0000-4.5 UNC	4 1/2	5.6444	3.055	50.800	47.135	44.689
2 1/4-4 1/2UNC		2.2500-4.5 UNC	4 1/2	5.6444	3.055	57.150	53.485	51.039
2 1/2-4 UNC		2.5000-4 UNC	4	6.3500	3.437	63.500	59.375	56.627
2 3/4- 4 UNC		2.7500-4 UNC	4	6.3500	3.437	69.850	65.725	62.977
3- 4UNC		3.0000-4 UNC	4	6.3500	3.437	76.200	72.075	69.327
3 1/4-4 UNC		3.2500-4 UNC	4	6.3500	3.437	82.550	78.425	75.677
3 1/2-4 UNC		3.5000-4 UNC	4	6.3500	3.437	88.900	84.775	82.027
3 3/4-4 UNC		3.7500-4 UNC	4	6.3500	3.437	95.250	91.125	88.377
4-4 UNC		4.0000-4 UNC	4	6.3500	3.437	101.600	97.475	94.727

注(1) 1란을 우선적으로 택하고 필요에 따라 2란을 택한다. 참고란은 나사의 호칭을 10진법으로 표시한 것이다.

4.4 관용 평행나사의 기준치수

(1) 적용 범위

이 규격(KS B 0221)은 관용 평행나사에 대하여 규정하는 것으로 관, 관용부품, 유체기기 등의 접속에 있어서 기계적 결합을 목적으로 하는 나사에 적용한다.

비고 1. 이 규격에 규정하는 나사는 ISO 228/1에 따른 관용나사와 일치한다.
2. 나사부의 내밀성을 주목적으로 하는 관용나사는 KS B 0222(관용 테이퍼 나사)에 따른다.

(2) 종류·등급

관용 평행나사의 종류는 관용 평행 수나사 및 관용 평행 암나사로 하고, 관용 평행 수나사의 등급은 유효지름의 치수허용차에 따라 A급과 B급으로 구분한다.

보기 : 수나사의 경우 $G\,1\frac{1}{2}A$, $G\,1\frac{1}{2}B$

암나사의 경우 $G\,1\frac{1}{2}$

≪표 1-7≫ 관용 평행 나사의 기준 산 모양과 기준 치수

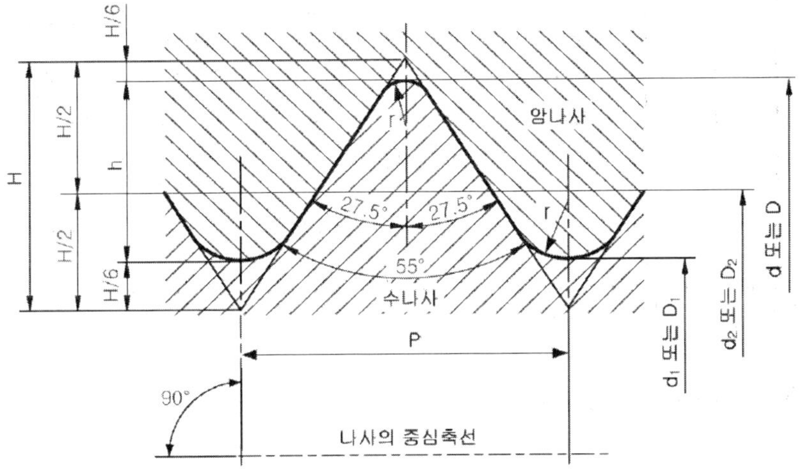

굵은 실선은 기준산 모양 표시.

$P = 25.4/n,\quad H = 0.960491P$
$h = 0.640327P,\quad r = 0.137329P$
$d_2 = d - h\quad D_2 = d_2$
$d_1 = d - 2h\quad D_1 = d_1$

나사의 호칭	나사 산수 25.4mm에 대하여 n	피치 P (참 고)	나사산의 높이 h	산의 봉우리 및 골의둥글기 r	수나사		
					바깥지름 d	유효지름 d_2	골지름 d_1
					암나사		
					골지름 D	유효지름 D_2	안지름 D_1
G 1/16	28	0.9071	0.581	0.12	7.723	7.142	6.561
G 1/8	28	0.9071	0.581	0.12	9.728	9.147	8.566
G 1/4	19	1.3368	0.856	0.18	13.157	12.301	11.445
G 3/8	19	1.3368	0.856	0.18	16.662	15.806	14.950
G 1/2	14	1.8143	1.162	0.25	20.955	19.793	18.631
G 5/8	14	1.8143	1.162	0.25	22.911	21.749	20.587
G 3/4	14	1.8143	1.162	0.25	26.441	25.279	24.117
G 7/8	14	1.8143	1.162	0.25	30.201	29.039	27.877
G 1	11	2.3091	1.479	0.32	33.249	31.770	30.291
G 1 1/8	11	2.3091	1.479	0.32	37.897	36.418	34.939
G 1 1/4	11	2.3091	1.479	0.32	41.910	40.431	38.952
G 1 1/2	11	2.3091	1.479	0.32	47.803	46.324	44.845
G 1 3/4	11	2.3091	1.479	0.32	53.746	52.267	50.788
G 2	11	2.3091	1.479	0.32	59.614	58.135	56.656
G 2 1/4	11	2.3091	1.479	0.32	65.710	64.231	62.752
G 2 1/2	11	2.3091	1.479	0.32	75.184	73.705	72.226
G 2 3/4	11	2.3091	1.479	0.32	81.534	80.055	78.576
G 3	11	2.3091	1.479	0.32	87.884	86.405	84.926
G 3 1/2	11	2.3091	1.479	0.32	100.330	98.851	97.372
G 4	11	2.3091	1.479	0.32	113.030	111.551	110.072
G 4 1/2	11	2.3091	1.479	0.32	125.730	124.251	122.772
G 5	11	2.3091	1.479	0.32	138.430	136.951	135.472
G 5 1/2	11	2.3091	1.479	0.32	151.130	149.651	148.172
G 6	11	2.3091	1.479	0.32	163.830	162.351	160.872

비 고 표 중의 관용 평행나사를 표시하는 기호G는, 필요에 따라 생략하여도 좋다.

4.5 관용 테이퍼나사의 기준치수

(1) 적용 범위

이 규격(KS B 0222)은 관, 관용 부품, 유체기계 등의 접속에 있어 나사부의 내밀성을 주목적으로 하는 나사에 대하여 적용한다.

비고 : 이 규격에 규정하고 있는 나사는 ISO 7/1에 따른 관용나사와 일치한다.

(2) 종류

관용 테이퍼나사의 종류는 관용 테이퍼 수나사, 관용 테이퍼 암나사 및 관용 평행 암나사로 한다.

(3) 표시방법

나사의 표시방법은 부표에 나타낸 나사의 호칭에 따른다. 단, 기호 R은 테이퍼 수나사를 나타내며, 테이퍼 암나사는 R_C, 평행 암나사는 R_P의 기호를 사용하여 표시한다.

보기 : 테이퍼 수나사의 경우 R, $1\frac{1}{2}$

테이퍼 암나사의 경우 R_C, $1\frac{1}{2}$

평행암나사의 경우 R_P, $1\frac{1}{2}$

(4) 기준 산 모양, 기준 치수 및 치수허용차(KS B 0222)

테이퍼 수나사 및 테이퍼 암나사에 대하여 적용하는 기본 산모양

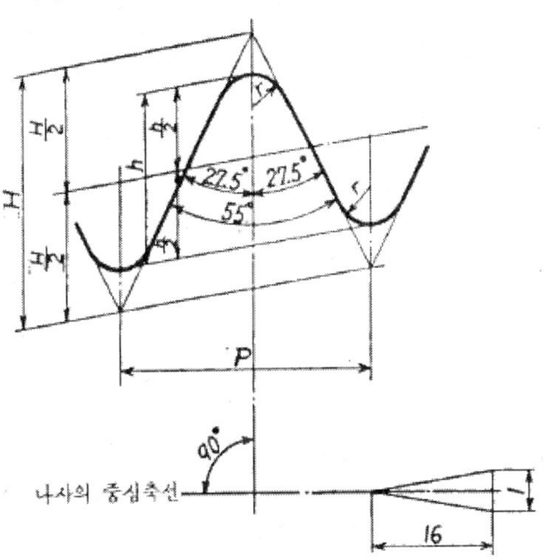

굵은 실선은 기본 산모양을 나타낸다.

$$P=\frac{25.4}{n}$$

$$H=0.960237\,P$$

$$h=0.640327\,P$$

$$r=0.137278\,P$$

평행 암나사에 대하여 적용하는 기본 산모양

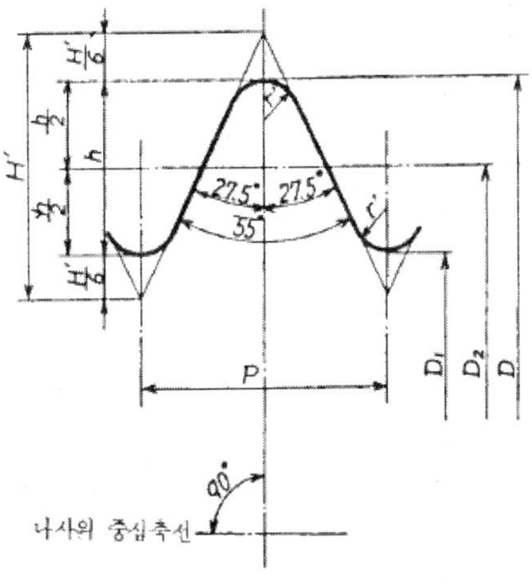

굵은 실선은 기본 산모양을 나타낸다.

$$P=\frac{25.4}{n}$$

$$H'=0.960491\,P$$

$$h=0.640327\,P$$

$$r'=0.137329\,P$$

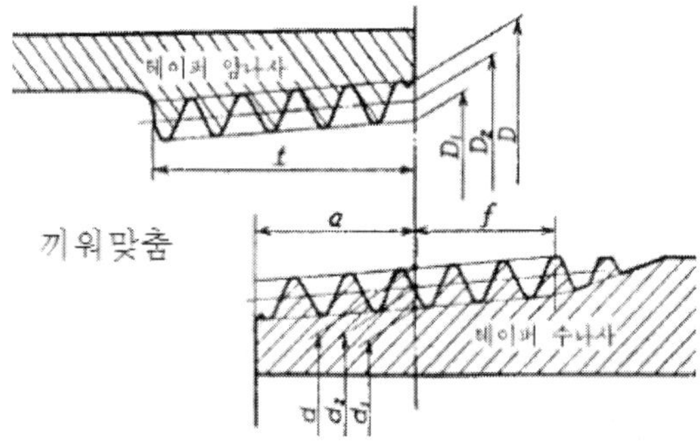

단위 : mm

(3) 나사의 호칭	나사산: 나사산수 (25.4 mm에 대한) n	나사산: 피치 P (참고)	나사산: 산의 높이 h	나사산: 둥글기 r 또는 r′	기본지름 수나사: 바깥지름 d / 암나사: 골지름 D	기본지름 수나사: 유효지름 d_2 / 암나사: 유효지름 D_2	기본지름 수나사: 골지름 d_1 / 암나사: 안지름 D_1	기본지름의 위치 수나사 (관끝으로부터): 기본길이 a	기본지름의 위치 수나사 (관끝으로부터): 축선방향의 허용차 ± b	기본지름의 위치 암나사 (관끝부분): 축선방향의 허용차 ± c	평행암나사의 D, D_2 및 D_1의 허용차 ±	유효 나사의 길이(최소) 수나사: 기본지름의 위치로부터 큰지름쪽으로 f	유효 나사의 길이(최소) 암나사 (불완전 나사부가 있는 경우) 테이퍼암나사: 기본지름의 위치로부터 작은지름쪽으로 l	유효 나사의 길이(최소) 암나사 (불완전 나사부가 있는 경우) 평행암나사: 관 또는 관이음의 끝으로부터 l′ (참고)	유효 나사의 길이(최소) 암나사 (불완전 나사부가 없는 경우) 테이퍼암나사, 평행암나사: 기본지름 또는 관·관이음의 끝으로부터 t	배관용 탄소 강관의 치수 (참고): 바깥지름	배관용 탄소 강관의 치수 (참고): 두께
R 1/16	28	0.9071	0.581	0.12	7.723	7.142	6.561	3.97	0.91	1.13	0.071	2.5	6.2	7.4	4.4	-	-
R 1/8	28	0.9071	0.581	0.12	9.728	9.147	8.566	3.97	0.91	1.13	0.071	2.5	6.2	7.4	4.4	10.5	2.0
R 1/4	19	1.3368	0.856	0.18	13.157	12.301	11.445	6.01	1.34	1.67	0.104	3.7	9.4	11.0	6.7	13.8	2.3
R 3/8	19	1.3368	0.856	0.18	16.662	15.806	14.950	6.35	1.34	1.67	0.104	3.7	9.7	11.4	7.0	17.3	2.3
R 1/2	14	1.8143	1.162	0.25	20.955	19.793	18.631	8.16	1.81	2.27	0.142	5.0	12.7	15.0	9.1	21.7	2.8
R 3/4	14	1.8143	1.162	0.25	26.411	25.279	24.117	9.53	1.81	2.27	0.142	5.0	14.1	16.3	10.2	27.2	2.8
R 1	11	2.3091	1.479	0.32	33.249	31.770	30.291	10.39	2.31	2.89	0.181	6.4	16.2	19.1	11.6	34.0	3.2
R 1 1/4	11	2.3091	1.479	0.32	41.910	40.431	38.952	12.70	2.31	2.89	0.181	6.4	18.5	21.4	13.4	42.7	3.5
R 1 1/2	11	2.3091	1.479	0.32	47.830	46.324	44.845	12.70	2.31	2.89	0.181	6.4	18.5	21.4	13.4	48.6	3.5
R 2	11	2.3091	1.479	0.32	59.614	58.135	56.656	15.88	2.31	2.89	0.181	7.5	22.8	25.7	16.9	60.5	3.8
R 2 1/2	11	2.3091	1.479	0.32	75.184	73.705	72.226	17.46	3.46	3.46	0.216	9.2	26.7	30.1	18.6	76.3	4.2
R 3	11	2.3091	1.479	0.32	87.884	86.405	84.926	20.64	3.46	3.46	0.216	9.2	29.8	33.3	21.1	89.1	4.2
R 4	11	2.3091	1.479	0.32	113.030	111.551	110.072	25.40	3.46	3.46	0.216	10.4	35.8	39.3	25.9	114.3	4.5
R 5	11	2.3091	1.479	0.32	138.430	136.951	135.472	28.58	3.46	3.46	0.216	11.5	40.1	43.5	29.3	139.8	4.5
R 6	11	2.3091	1.479	0.32	163.830	162.351	100.872	28.58	3.46	3.46	0.216	11.5	40.1	43.5	29.3	165.2	5.0

4.6 미터 사다리꼴나사의 기준치수

(1) 적용 범위

이 규격은 일반적으로 쓰이는 미터 사다리꼴나사의 호칭 지름과 피치의 조합, 호칭 표시방법, 기준 산 모양, 공식 및 기준 치수에 대하여 규정한다.

(2) 미터 사다리꼴나사의 표시방법

① 한줄 나사의 호칭 표시방법

한줄 미터 사다리꼴나사의 호칭은 나사의 종류를 나타내는 기호 Tr, 나사의 호칭 지름 및 피치를 나타내는 숫자를 조합하여 표시한다.

② 여러 줄 나사의 호칭 표시방법

여러 줄 미터 사다리꼴나사의 호칭은 나사의 종류를 나타내는 기호 Tr, 나사의 호칭 지름, 리드 및 피치를 나타내는 숫자를 조합하여 표시한다.

또한, 이 경우의 피치는 그 숫자 앞에 P의 문자를 붙이고, 리드 뒤에 괄호를 붙여서 표시한다.

보기 : 호칭 지름 40mm, 리드 14mm, 피치 7mm의 경우
Tr 40×14(P7)

③ 왼나사의 표시방법

왼 미터 사다리꼴나사의 호칭은 호칭의 뒤에 LH의 기호를 붙여서 표시한다.

보기 : Tr 40×7LH, Tr 40×14(P7)LH

(3) 기준 산 모양, 공식 및 기준 치수

① 기준 산 모양

미터 사다리꼴나사의 기준 산 모양을 그림의 굵은 실선으로 나타낸다.(그림 1-8)

🗁 29도 사다리꼴나사는 향후 미터 사다리꼴나사로 일원화될 예정임.

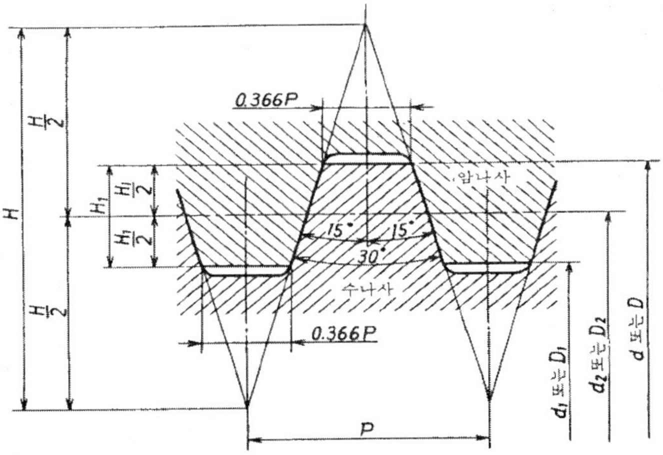

[그림 1-8] 미터 사다리꼴 나사의 기준 산모양

② 공식

미터 사다리꼴나사의 기준치수의 산출에 쓰이는 공식은 다음에 따른다.

$$H = 1.866P \qquad d_2 = d - 0.5P \qquad D = d$$

$$H_1 = 0.5P \qquad d_1 = d - P \qquad D_2 = d_2 \qquad D_1 = d_1$$

③ 기준 치수

미터 사다리꼴나사의 기준 치수는 표 1-11에 따른다.

≪표 1-11≫ 미터 사다리꼴나사의 기준치수(KS B 0229)

단위 : mm

나사의 호칭(3)	피치	접촉 높이	암나사		
			골지름 D	유효지름 D_2	안지름 D_1
			수나사		
	P	H_1	바깥지름 d	유효지름 d_2	골지름 d_1
Tr 8× 1.5	1.5	0.75	8.000	7.250	6.500
Tr 9× 2	2	1	9.000	8.000	7.000
Tr 9× 1.5	1.5	0.75	9.000	8.250	7.500
Tr 10× 2	2	1	10.000	9.000	8.000
Tr 10× 1.5	1.5	0.75	10.000	9.250	8.500
Tr 11× 3	3	1.5	11.000	9.500	8.000
Tr 11× 2	2	1	11.000	10.000	9.000
Tr 12× 3	3	1.5	12.000	10.500	9.000
Tr 12× 2	2	1	12.000	11.000	10.000
Tr 14× 3	3	1.5	14.000	12.500	11.000
Tr 14× 2	2	1	14.000	13.000	12.000
Tr 16× 4	4	2	16.000	14.000	12.000
Tr 16× 2	2	1	16.000	15.000	14.000
Tr 18× 4	4	2	18.000	16.000	14.000
Tr 18× 2	2	1	18.000	17.000	16.000
Tr 20× 4	4	2	20.000	18.000	16.000
Tr 20× 2	2	1	20.000	19.000	18.000
Tr 22× 8	8	4	22.000	18.000	14.000
Tr 22× 5	5	2.5	22.000	19.500	17.000
Tr 22× 3	3	1.5	22.000	20.500	19.000
Tr 24× 8	8	4	24.000	20.000	16.000
Tr 24× 5	5	2.5	24.000	21.500	19.000
Tr 24× 3	3	1.5	24.000	22.500	21.000
Tr 26× 8	8	4	26.000	22.000	18.000
Tr 26× 5	5	2.5	26.000	23.500	21.000
Tr 26× 3	3	1.5	26.000	24.500	23.000
Tr 28× 8	8	4	28.000	24.000	20.000
Tr 28× 5	5	2.5	28.000	25.500	23.000
Tr 28× 3	3	1.5	28.000	26.500	25.000
Tr 30×10	10	5	30.000	25.000	20.000
Tr 30× 6	6	3	30.000	27.000	24.000
Tr 30× 3	3	1.5	30.000	28.500	27.000
Tr 32×10	10	5	32.000	27.000	22.000
Tr 32× 6	6	3	32.000	29.000	26.000
Tr 32× 3	3	1.5	32.000	30.500	29.000
Tr 34×10	10	5	34.000	29.000	24.000
Tr 34× 6	6	3	34.000	31.000	28.000
Tr 34× 3	3	1.5	34.000	32.500	31.000
Tr 36×10	10	5	36.000	31.000	26.000
Tr 36× 6	6	3	36.000	33.000	30.000
Tr 36× 3	3	1.5	36.000	34.500	33.000
Tr 38×10	10	5	38.000	33.000	28.000
Tr 38× 7	7	3.5	38.000	34.500	31.000
Tr 38× 3	3	1.5	38.000	36.500	35.000

≪표 1-11≫ 미터 사다리꼴나사의 기준치수(KS B 0229) (계속)

단위 : mm

나사의 호칭(3)	피 치	접촉 높이	암나사 골지름 D	암나사 유효지름 D_2	암나사 안지름 D_1
	P	H_1	수나사 바깥지름 d	수나사 유효지름 d_2	수나사 골지름 d_1
Tr 40×10	10	5	40.000	35.000	30.000
Tr 40× 7	7	3.5	40.000	36.500	33.000
Tr 40× 3	3	1.5	40.000	38.500	37.000
Tr 42×10	10	5	42.000	37.000	32.000
Tr 42× 7	7	3.5	42.000	38.500	35.000
Tr 42× 3	3	1.5	42.000	40.500	39.000
Tr 44×12	12	6	44.000	38.000	32.000
Tr 44× 7	7	3.5	44.000	40.500	37.000
Tr 44× 3	3	1.5	44.000	42.500	41.000
Tr 46×12	12	6	46.000	40.000	34.000
Tr 46× 8	8	4	46.000	42.000	38.000
Tr 46× 3	3	1.5	46.000	44.500	43.000
Tr 48×12	12	6	48.000	42.000	36.000
Tr 48× 8	8	4	48.000	44.000	40.000
Tr 48× 3	3	1.5	48.000	46.500	45.000
Tr 50×12	12	6	50.000	44.000	38.000
Tr 50× 8	8	4	50.000	46.000	42.000
Tr 50× 3	3	1.5	50.000	48.500	47.000
Tr 52×12	12	6	52.000	46.000	40.000
Tr 52× 8	8	4	52.000	48.000	44.000
Tr 52× 3	3	1.5	52.000	50.500	49.000
Tr 55×14	14	7	55.000	48.000	41.000
Tr 55× 9	9	4.5	55.000	50.500	46.000
Tr 55× 3	3	1.5	55.000	53.500	52.000
Tr 60×14	14	7	60.000	53.000	46.000
Tr 60× 9	9	4.5	60.000	55.500	51.000
Tr 60× 3	3	1.5	60.000	58.500	57.000
Tr 65×16	16	8	65.000	57.000	49.000
Tr 65×10	10	5	65.000	60.000	55.000
Tr 65× 4	4	2	65.000	63.000	61.000
Tr 70×16	16	8	70.000	62.000	54.000
Tr 70×10	10	5	70.000	65.000	60.000
Tr 70× 4	4	2	70.000	68.000	66.000
Tr 75×16	16	8	75.000	67.000	59.000
Tr 75×10	10	5	75.000	70.000	65.000
Tr 75× 4	4	2	75.000	73.000	71.000
Tr 80×16	16	8	80.000	72.000	64.000
Tr 80×10	10	5	80.000	75.000	70.000
Tr 80× 4	4	2	80.000	78.000	76.000
Tr 85×18	18	9	85.000	76.000	67.000
Tr 85×12	12	6	85.000	79.000	73.000
Tr 85× 4	4	2	85.000	83.000	81.000
Tr 90×18	18	9	90.000	81.000	72.000
Tr 90×12	12	6	90.000	84.000	78.000
Tr 90× 4	4	2	90.000	88.000	86.000

4.7 정밀기기용 홈붙이 작은 나사

(1) 적용 범위

이 규격은 광학기기, 계측기기 등의 정밀기기에 사용하는 강제의 홈붙이 작은 나사(이하 강제 작은 나사라 한다), 황동제의 홈붙이 작은 나사(이하 황동제 작은 나사라 한다) 및 스테인리스 강제의 홈붙이 작은 나사(이하 스테인리스 작은 나사라 한다)에 대하여 규정한다.

(2) 종류

작은 나사의 종류는 머리부의 모양 및 크기에 따라 구분하고 표 1-12와 같다.

≪표 1-12≫

종 류		적 요
접시 작은 나사	1종	1종은, 머리부 지름이 작고, 머리부 높이가 낮은 계열 2종은, 머리부 지름이 1종과 같으며, 머리부 높이가 높은 계열 3종은, 머리부 지름이 1종, 2종 보다 큰 계열
	3종	
둥근 접시 작은 나사	1종	
	3종	
납작 작은 나사	1종	
	2종	
	3종	
둥근 납작 작은 나사	1종	
	2종	
	3종	

(3) 모양 및 치수

작은 나사의 모양 및 치수는 표 1-13에 따른다.

≪표1-13≫

종 류		적 요
접시 작은 나사	1 종	부표 1
	3 종	
둥근 접시 작은 나사	1 종	부표 2
	3 종	
납작 작은 나사	1 종	부표 3
	2 종	
	3 종	
둥근 납작 작은 나사	1 종	부표 4
	2 종	
	3 종	

(4) 재료

작은 나사의 재료는 원칙적으로 표 1-14에 따른다.

≪표 1-14≫

구 분		재 료
절삭인 경우	강제 작은 나사	KS D 3561(마봉강)의 SGD30-D, SGD41-D 또는 SM10C-D~SM15C-D
	황동제 작은 나사	KS D 5101(동 및 동 합금봉)의 C3601~C3604 또는 KS D 5103(동 및 동 합금선)의 C 3501
	스테인리스제 작은 나사	KS D 3706(스테인리스 강봉)
압조인 경우	강제 작은 나사	KS D 3554(연강 선재)의 MSWR 10~15 또는 KS D 3592(냉간 압조용 탄소강 선재)의 SWRCH 10R, 10A~15A 혹은 10K~15K
	황동제 작은 나사	KS D 5103의 C 2700
	스테인리스제 작은 나사	KS D 3697(냉간 압조용 스테인리스 강선)

(5) 표면 처리

작은 나사에는 원칙으로 표면처리를 하지 않는다. 도금 이외의 표면처리를 필요로 하는 경우에는 사용자가 지정한다. 또한, 전기도금을 실시한 강제 작은 나사는 풀림 처리를 한다.

(6) 제품의 호칭방법

작은 나사의 호칭방법은 규격번호, 종류, 나사의 호칭(d)×호칭 길이(l), 재료 및 지정사항에 따른다. 또한, 나사부가 부분적인 경우에는 그 길이의 뒤에 ( )를 붙여 표시한다. 또한, 나사의 등급을 표시할 필요가 있는 경우에는 표시한다.

보기

KS B 1022	납작 작은 나사 1종 정밀기기용 접시작은나사 3종	M2×8(5) M 1.2	× 3-6h	MSWR10(침탄) STS 304	표면 처리 산화철피막
‖	‖	‖	‖	‖	‖
(규격 번호)	(종류)	(d×l)	(나사의 등급)	(재료)	(지정 사항)

≪부표 1≫ 접시 작은 나사

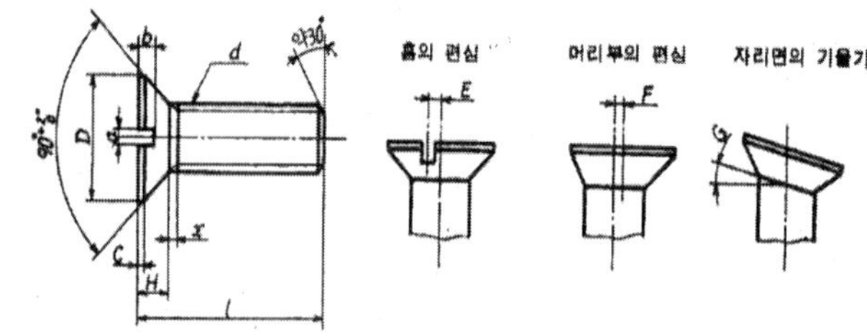

단위 : mm

종류	나사의 호칭 (d)	D 기준치수	D 허용차	H 기준치수	H 허용차	C 약	a 기준치수	a 허용차	b 기준치수	b 허용차	E(*) 최대	F(*) 최대	C 최대
1 종	M 1.2	1.8	+0.05 −0.1	0.4	0 −0.05	0.1	0.32	+0.08 0	0.25	±0.05	0.05	0.03	1°
	M 1.4	2		0.45		0.15	0.32		0.3				
	M 1.6	2.3		0.5		0.15	0.32		0.3				
	※ M 1.7	2.5		0.5		0.1	0.32		0.3				
	M 2	3	+0.05 −0.2	0.6	0 −0.08	0.1	0.4	+0.1 0	0.3	±0.08	0.08		
	M 2.2	3.3		0.7		0.15	0.4		0.4				
	※ M 2.3	3.5		0.7		0.1	0.4		0.4				
	M 2.5	3.8		0.8		0.15	0.6		0.4				
	※ M 2.6	4		0.8		0.1	0.6		0.4				
3 종	M 1	1.8	+0.05 −0.1	0.5	0 −0.05	0.1	0.32	+0.08 0	0.3	±0.05	0.05	0.03	1°
	M 1.2	2		0.5		0.1	0.32		0.3				
	M 1.4	2.5		0.7		0.15	0.32		0.4				
	M 1.6	2.8		0.8		0.2	0.32		0.4				
	※ M 1.7	3		0.8		0.15	0.32		0.4				
	M 2	3.5	+0.05 −0.2	0.9	0 −0.08	0.15	0.4	+0.1 0	0.5	±0.08	0.08		
	M 2.2	3.8		1		0.2	0.4		0.6				
	※ M 2.3	4		1		0.15	0.4		0.6				
	M 2.5	4.3		1.1		0.2	0.6		0.6				
	※ M 2.6	4.5		1.1		0.15	0.6		0.6				

주 (*) E 및 F는 축심에 대한 편심이다.

비 고 1. 표중 ※표를 붙인 나사는 **KS B 0201**의 부속서에 따른 것으로 장래 폐지토록 되어 있기 때문에 새로운 설계의 기기 등에는 사용하지 않는 것이 좋다.

2. 길이(l)은 부표 5에 따른다.
3. 나사 끝은 30도 모떼기 또는 이에 상당하는 모떼기를 한다. 다만, 30도 모떼기의 경우에는 모떼기를 한 끝의 지름은, 나사의 골의 지름보다도 약간 작게 한다.

   또한, 전삭나사로서 특히 지정된 경우 및 전조나사의 경우는 끝의 가공을 생략하여도 좋다.
4. 홈의 깊이(b)는 가장 낮은 부분에서 측정하여 그 값이 허용한계 내에 있어야 한다.
5. 나사는 턱밑까지 가공한다. 다만, 특히 필요가 있을 경우에는 나사부의 길이를 지정할 수 있다.
6. 불완전 나사부의 길이 (x)는, 1.5산 이하로 한다. 다만, 특히 필요가 있는 경우에는 x를 지정할 수 있다.
7. C의 부분의 각에는 둥근기가 있어도 좋다.

≪부표 2≫ 둥근접시 작은나사

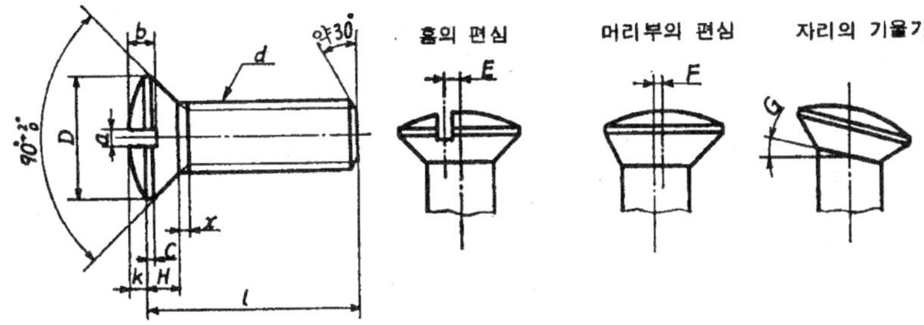

단위 : mm

종류	나사의 호칭 (d)	D 기준치수	D 허용차	H 기준치수	H 허용차	C 약	k 약	H + k 기준치수	H + k 허용차	a 기준치수	a 허용차	b 기준치수	b 허용차	E(6) 최대	F(6) 최대	G 최대
1 종	M 1.2	1.8		0.4		0.1	0.2	0.6		0.32		0.4				
	M 1.4	2	+0.05 −0.1	0.4		0.1	0.2	0.6		0.32	+0.08 0	0.4				
	M 1.6	2.3		0.5	0 −0.05	0.15	0.3	0.8	±0.08	0.32		0.5	±0.05	0.05		
	※ M 1.7	2.5		0.5		0.1	0.3	0.8		0.32		0.5			0.03	1°
	M 2	3		0.6		0.1	0.3	0.9		0.4		0.6				
	M 2.2	3.3	+0.05 −0.2	0.7		0.15	0.4	1.1		0.4		0.7				
	※ M 2.3	3.5		0.7	0 −0.08	0.1	0.4	1.1	±0.1	0.4	+0.1 0	0.7	±0.08	0.08		
	M 2.5	3.8		0.8		0.15	0.4	1.2		0.6		0.8				
	※ M 2.6	4		0.8		0.1	0.4	1.2		0.6		0.8				
3 종	M 1	1.8		0.5		0.1	0.2	0.7		0.32		0.4				
	M 1.2	2		0.5		0.1	0.2	0.7		0.32		0.4				
	M 1.4	2.5	+0.05 −0.1	0.7	0. −0.05	0.15	0.3	1	±0.08	0.32	+0.08 0	0.5	±0.05	0.05		
	M 1.6	2.8		0.8		0.2	0.3	1.1		0.32		0.6				
	※ M 1.7	3		0.8		0.15	0.3	1.1		0.32		0.6			0.03	1°
	M 2	3.5		0.9		0.15	0.4	1.3		0.4		0.7				
	M 2.2	3.8		1		0.2	0.4	1.4		0.4		0.7				
	※ M 2.3	4	+0.05 −0.2	1	0 −0.08	0.15	0.4	1.4	±0.1	0.4	+0.1 0	0.7	±0.08	0.08		
	M 2.5	4.3		1.1		0.2	0.5	1.6		0.6		0.8				
	※ M 2.6	4.5		1.1		0.15	0.5	1.6		0.6		0.8				

주 (6) E 및 F는 축심에 대한 편심이다.

비 고
1. 표중 ※표를 붙인 나사는 **KS B 0201**의 부속서에 따른 것으로 장래 폐지토록 되어 있기 때문에 새로운 설계의 기기 등에는 사용하지 않는 것이 좋다.
2. 길이 (l)은 **부표 5**에 따른다.
3. 나사 끝은 30도 모따기 또는 이에 상당하는 모따기를 한다. 다만, 30도 모따기의 경우에는 모따기를 한 끝의 지름은 나사의 골의 지름보다도 약간 작게 한다.
   또한, 절삭나사로서 특히 지정된 경우 및 전조나사의 경우는 끝의 가공을 생략하여도 좋다.
4. 홈의 깊이 (b)는 가장 낮은 부분에서 측정하여 그 값이 허용한계내에 있어야 한다.
5. 나사는 턱밑까지 가공한다. 다만, 특히 필요가 있을 경우에는 나사부의 길이를 지정할 수 있다.
6. 불완전 나사부의 길이 (x)는 1.5산 이하로 한다. 다만, 특히 필요가 있는 경우에는 x를 지정할 수 있다.
7. C의 부분의 각에는 둥글기가 있어도 좋다.

≪부표 3≫ 납작 작은 나사

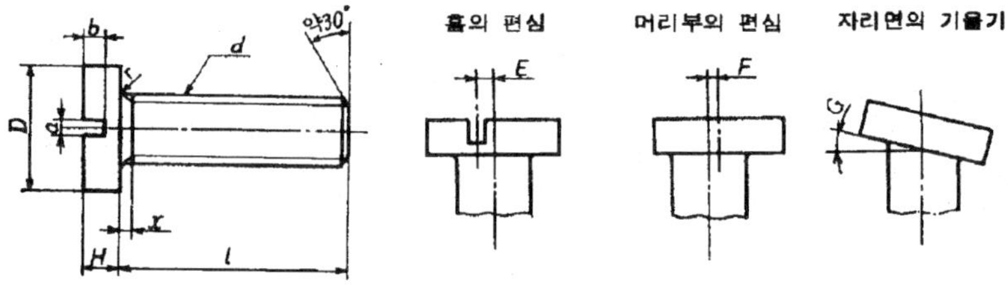

단위 : mm

종류	나사의 호칭 (d)	D 기준치수	D 허용차	H 기준치수	H 허용차	a 기준치수	a 허용차	b 기준치수	b 허용차	r 최대	E(6) 최대	F(6) 최대	G 최대
1 종	M 1.2	1.8	+0.05 −0.1	0.5	±0.05	0.32	+0.08 0	0.3	±0.05	0.05	0.05	0.03	1°
	M 1.4	2		0.5		0.32		0.3					
	M 1.6	2.3		0.5		0.32		0.3					
	※ M 1.7	2.5		0.5		0.32		0.3					
	M 2	3	+0.05 −0.2	0.6	±0.08	0.4	+0.1 0	0.3	±0.08		0.08		
	M 2.2	3.3		0.7		0.4		0.4					
	※ M 2.3	3.5		0.7		0.4		0.4					
	M 2.5	3.8		0.8		0.6		0.4					
	※ M 2.6	4		0.8		0.6		0.4					
2 종	M 1.2	1.8	+0.05 −0.1	0.8	±0.05	0.32	+0.08 0	0.4	±0.05	0.05	0.05	0.03	1°
	M 1.4	2		0.9		0.32		0.5					
	M 1.6	2.3		1		0.32		0.6					
	※ M 1.7	2.5		1.1		0.32		0.6					
	M 2	3	+0.05 −0.2	1.2	±0.08	0.4	+0.1 0	0.7	±0.03		0.08		
	M 2.2	3.3		1.3		0.4		0.7					
	※ M 2.3	3.5		1.4		0.4		0.8					
	M 2.5	3.8		1.5		0.6		0.8					
	※ M 2.6	4		1.5		0.6		0.8					
3 종	M 1	1.8	+0.05 −0.1	0.6	±0.05	0.32	+0.08 0	0.3	±0.05	0.05	0.05	0.03	1°
	M 1.2	2		0.7		0.32		0.4					
	M 1.4	2.5		0.8		0.32		0.4					
	M 1.6	2.8		0.8		0.32		0.4					
	※ M 1.7	3		0.9		0.32		0.5					
	M 2	3.5	+0.05 −0.2	1	±0.08	0.4	+0.1 0	0.6	±0.08		0.08		
	M 2.2	3.8		1.1		0.4		0.6					
	※ M 2.3	4		1.1		0.4		0.6					
	M 2.5	4.3		1.2		0.6		0.7					
	※ M 2.6	4.5		1.2		0.6		0.7					

주 (6) E 및 F는 축심에 대한 편심이다.

비 고
1. 표중 ※표를 붙인 나사는 **KS B 0201**의 부속서에 따른 것으로 장래 폐지토록 되어 있기 때문에 새로운 설계의 기기 등에는 사용하지 않는 것이 좋다.
2. 길이 (l)은 부표 5에 따른다.
3. 나사 끝은 30도 모따기 또는 이에 상당하는 모따기를 한다. 다만, 30도 모따기의 경우에는 모따기를 한 끝의 지름은 나사의 골의 지름보다도 약간 작게 한다.
   또한, 절삭나사로서 특히 지정된 경우 및 전조나사의 경우는 끝의 가공을 생략하여도 좋다.
4. 홈의 깊이 (b)는 가장 낮은 부분에서 측정하여 그 값이 허용 한계내에 있어야 한다.
5. 나사는 턱밑까지 가공한다. 다만, 특히 필요가 있을 경우에는 나사부의 길이를 지정할 수 있다.
6. 불완전 나사부의 길이 x는 1.5산 이하로 한다. 다만, 특히 필요가 있는 경우에는 x를 지정할 수 있다.

≪부표 4≫ 둥근 납작 나사

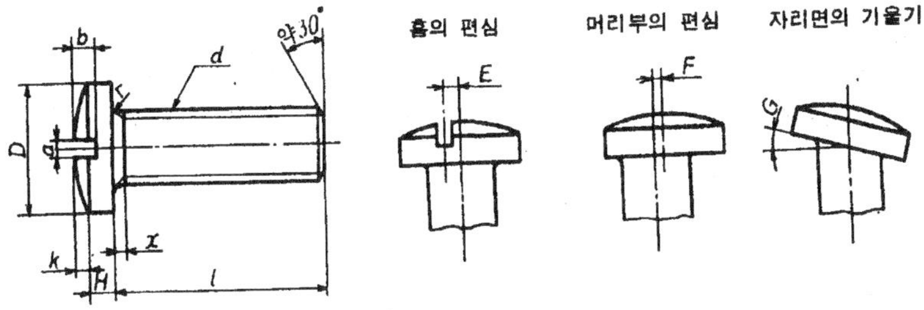

단위 : mm

종류	나사의 호칭 (*d*)	*D* 기준치수	*D* 허용차	*H* 기준치수	*H* 허용차	*K* 약	*H*+*k* 기준치수	*H*+*k* 허용차	*a* 기준치수	*a* 허용차	*b* 기준치수	*b* 허용차	*r* 최대	*E*(6) 최대	*F*(6) 최대	*G* 최대
1 종	M 1.2	1.8	+0.05 −0.1	0.4	±0.05	0.2	0.6	±0.1	0.32	+0.08 0	0.4	±0.05	0.05	0.05	0.03	1°
	M 1.4	2		0.4		0.2	0.6		0.32		0.4					
	M 1.6	2.3		0.4		0.3	0.7		0.32		0.5					
	※ M 1.7	2.5		0.4		0.3	0.7		0.32		0.5					
	M 2	3	+0.05 −0.2	0.5	±0.08	0.3	0.8	±0.15	0.4	+0.1 0	0.5	±0.08		0.08		
	M 2.2	3.3		0.5		0.4	0.9		0.4		0.6					
	※ M 2.3	3.5		0.5		0.4	0.9		0.4		0.6					
	M 2.5	3.8		0.6		0.4	1		0.6		0.6					
	※ M 2.6	4		0.6		0.4	1		0.6		0.6					
2 종	M 1.2	1.8	+0.05 −0.1	0.7	±0.05	0.2	0.9	±0.1	0.32	+0.08 0	0.5	±0.05	0.05	0.05	0.03	1°
	M 1.4	2		0.8		0.2	1		0.32		0.6					
	M 1.6	2.3		0.8		0.3	1.1		0.32		0.6					
	※ M 1.7	2.5		0.9		0.3	1.2		0.32		0.7					
	M 2	3	+0.05 −0.2	1	±0.08	0.3	1.3	±0.15	0.4	+0.1 0	0.7	±0.08		0.08		
	M 2.2	3.3		1		0.4	1.4		0.4		0.8					
	※ M 2.3	3.5		1.1		0.4	1.5		0.4		0.8					
	M 2.5	3.8		1.2		0.4	1.6		0.6		0.9					
	※ M 2.6	4		1.2		0.4	1.6		0.6		0.9					
3 종	M 1	1.8	+0.05 −0.1	0.5	±0.05	0.2	0.7	±0.1	0.32	+0.08 0	0.4	±0.05	0.05	0.05	0.03	1°
	M 1.2	2		0.6		0.2	0.8		0.32		0.4					
	M 1.4	2.5		0.6		0.3	0.9		0.32		0.5					
	M 1.6	2.8		0.6		0.3	0.9		0.32		0.5					
	※ M 1.7	3		0.7		0.3	1		0.32		0.5					
	M 2	3.5	+0.05 −0.2	0.7	±0.08	0.4	1.1	±0.15	0.4	+0.1 0	0.6	±0.08		0.08		
	M 2.2	3.8		0.8		0.4	1.2		0.4		0.6					
	※ M 2.3	4		0.8		0.4	1.2		0.4		0.6					
	M 2.5	4.3		0.8		0.5	1.3		0.6		0.7					
	※ M 2.6	4.5		0.8		0.5	1.3		0.6		0.7					

주 (6) *E* 및 *F*는 축심에 대한 편심이다.

비 고 1. 표중 ※표를 붙인 나사는 **KS B 0201**의 부속서에 따른 것으로 장래 폐지토록 되어 있기 때문에 새로운 설계의 기기 등에는 사용하지 않는 것이 좋다.

2. 길이 (*l*)은 **부표 5**에 따른다.

3. 나사 끝은 30도 모따기 또는 이에 상당하는 모따기를 한다. 다만, 30도 모따기의 경우에는 모따기를 한 끝의 지름은 나사의 골의 지름보다도 약간 작게 한다.

   또한, 절삭나사로서 특히 지정된 경우 및 전조나사의 경우는 끝의 가공을 생략하여도 좋다.

4. 홈의 깊이 (*b*)는 가장 낮은 부분에서 측정하여 그 값이 허용한계내에 있어야 한다.

5. 나사는 턱밑까지 가공한다. 다만, 특히 필요가 있을 경우에는 나사부의 길이를 지정할 수 있다.

6. 불완전 나사부의 길이 *x*를 1.5 산 이하로 한다. 다만, 특히 필요가 있는 경우에는 *x*를 지정할 수 있다.

4.8 홈 붙이 멈춤 나사의 기준 치수

(1) 적용 범위

이 규격은 일반적으로 사용하는 강제 홈 붙이 멈춤 나사(이하 강제 멈춤 나사라 한다) 및 스테인리스 강제 멈춤 나사(이하 스테인리스 멈춤 나사라 한다)에 대하여 규정한다.

(2) 종류

멈춤 나사의 종류는 나사 끝 모양에 따라 납작 끝, 둥근 끝, 막대 끝, 뾰족끝 및 오목 끝의 5종류로 한다.

(3) 모양 및 치수

멈춤 나사의 모양 및 치수는 KS B 1025에 따른다.

(4) 재료

멈춤 나사의 재료는 표 1-15에 따른다.

≪표 1-15≫

재료에 따른 구분	열처리에 따른 구분	재 료
강제 멈춤 나사	열처리를 하지 않은 것	KS D 3752(기계 구조용 탄소 강재)의 SM12C~SM20C KS D 3567(황 및 황 복합 쾌삭 강재)의 FCS 31 냉간 압조용 탄소 강선
	침탄 담금질, 템퍼링을 실시하는 것	KS D 3752의 SM12C~SM 20C 냉간 압조용 탄소 강선
	담금질, 템퍼링을 실시하는 것	KS D 3752의 SM40~SM45C 냉간 압조용 탄소 강선
스테인리스 멈춤 나사	-	KS D 3706(스테인리스 강봉) 또는 KS D 3697(냉간 압조용 스테인리스 강선)

(5) 표면 처리

강제 멈춤 나사로서 열처리를 한 것은 흑색 산화 피막을 입히고, 열처리를 하지 않은 것은 표면 처리를 하지 않는다. 다만, 도금 이외의 표면 처리가 필요할 경우 또는 표면 처리가 필요 없는 경우에는 사용자가 지정한다.

또한, 스테인리스 멈춤 나사는 표면 처리를 실시하지 않은 것으로 하고, 강제 멈춤 나사로서 전기 도금을 한 것은 풀림 처리를 한다.

(6) 제품의 호칭방법

멈춤 나사의 호칭방법은 규격번호 또는 명칭, 종류, 나사의 호칭(d)×호칭 길이(l), 재료 및 지정사항에 따른다. 또한, 나사부의 등급을 표시할 필요가 있을 경우에는 이를 표시한다. 강제 멈춤 나사로서 침탄 담금질, 템퍼링을 실시한 것은 재료 뒤에 (침탄) 또는 (템퍼링)을 표시한다.

보기

KS B 1025 (홈붙이 멈춤나사)	뾰족끝 납작끝	M8×12- M6×10	6g	SM 45C- STS 305	QT	MFZnIIH-C
‖	‖	‖	‖	‖	‖	‖
(규격 번호 또는 규격)	(종류)	(d×l)	(나사의 등급)	(재료)	(담금질,템퍼링 등)	(지정 사항)

≪부표 1≫ 홈 붙이 멈춤 나사 · 둥근 끝의 모양 · 치수

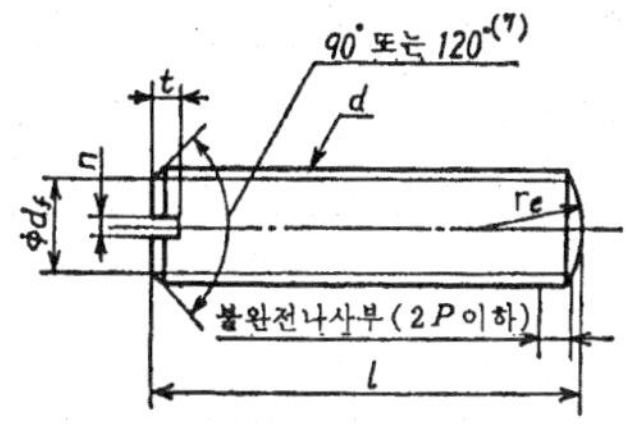

단위 : mm

나사의 호칭 d			M1	M1.2	(M1.4)	M1.6	†M1.7	M2	†M2.3	M2.5	†M2.6	M3	(M3.5)	M4	M5	M6	M8	M10	M12
피치	P		0.25	0.25	0.3	0.35	0.35	0.4	0.4	0.45	0.45	0.5	0.6	0.7	0.8	1	1.25	1.5	1.75
d_f	약		수나사의 골지름																
r_e	약		1.4	1.7	2	2.2	2.2	2.8	3.1	3.5	3.5	4.2	4.9	5.6	7	8.4	11	14	17
n	호칭 (*)		0.2	0.2	0.25	0.25	0.25	0.25	0.4	0.4	0.4	0.4	0.5	0.6	0.8	1	1.2	1.6	2
	최소		0.26	0.26	0.31	0.31	0.31	0.31	0.46	0.46	0.46	0.46	0.56	0.66	0.86	1.06	1.26	1.66	2.06
	최대		0.4	0.4	0.45	0.45	0.45	0.45	0.6	0.6	0.6	0.6	0.7	0.8	1	1.2	1.51	1.91	2.31
t	최소		0.3	0.4	0.4	0.56	0.56	0.64	0.64	0.72	0.72	0.8	0.96	1.12	1.28	1.6	2	2.4	2.8
	최대		0.42	0.52	0.52	0.74	0.74	0.84	0.84	0.95	0.95	1.05	1.21	1.42	1.63	2	2.5	3	3.6
l (10)																			
호칭길이 (기준치수)	최소	최대																	
2	1.8	2.2																	
2.5	2.3	2.7																	
3	2.8	3.2																	
4	3.7	4.3																	
5	4.7	5.3																	
6	5.7	6.3																	
8	7.7	8.3																	
10	9.7	10.3																	
12	11.6	12.4																	
(14)	13.6	14.4																	
16	15.6	16.4																	
20	19.6	20.4																	
25	24.6	25.4																	
30	29.6	30.4																	
35	34.5	35.5																	
40	39.5	40.5																	
45	44.5	45.5																	
50	49.5	50.5																	
55	54.4	55.6																	
60	59.4	60.6																	

≪부표 2≫ 홈 붙이 멈춤 나사 · 오목 끝의 모양 · 치수

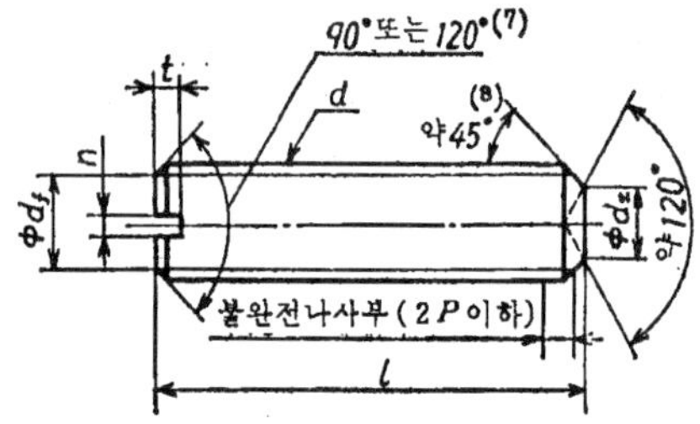

단위 : mm

나사의 호칭 d		M1.6	M2	M2.5	M3	(M3.5)	M4	M5	M6	M8	M10	M12
피 치 P		0.35	0.4	0.45	0.5	0.6	0.7	0.8	1	1.25	1.5	1.75
d_f	약	수나사의 골지름										
d_z	최 소	0.55	0.75	0.95	1.15	1.45	1.75	2.25	2.75	4.7	5.7	6.64
	최대(기준치수)	0.8	1	1.2	1.4	1.7	2	2.5	3	5	6	7
n	호칭 (9)	0.25	0.25	0.4	0.4	0.5	0.6	0.8	1	1.2	1.6	2
	최 소	0.31	0.31	0.46	0.46	0.56	0.66	0.86	1.06	1.26	1.66	2.06
	최 대	0.45	0.45	0.6	0.6	0.7	0.8	1	1.2	1.51	1.91	2.31
t	최 소	0.56	0.64	0.72	0.8	0.96	1.12	1.28	1.6	2	2.4	2.8
	최 대	0.74	0.84	0.95	1.05	1.21	1.42	1.63	2	2.5	3	3.6

l (10) 호칭길이 (기준치수)	최소	최대	M1.6	M2	M2.5	M3	(M3.5)	M4	M5	M6	M8	M10	M12
2	1.8	2.2											
2.5	2.3	2.7											
3	2.8	3.2											
4	3.7	4.3											
5	4.7	5.3											
6	5.7	6.3											
8	7.7	8.3											
10	9.7	10.3											
12	11.6	12.4											
(14)	13.6	14.4											
16	15.6	16.4											
20	19.6	20.4											
25	24.6	25.4											
30	29.6	30.4											
35	34.5	35.5											
40	39.5	40.5											
45	44.5	45.5											
50	49.5	50.5											
55	54.4	55.6											
60	59.4	60.6											

주 (9) n의 호칭은 그 최대 · 최소를 정할 때 기준치수로서 사용한다.

(10) l의 최대 · 최소는 KS B 0238에 따르고 있는데, 소수점 이하 1자리까지 끝맺음하고 있다.

비 고 1. 나사의 호칭에 ( )를 붙인 것은 되도록 사용하지 않는다.

2. 나사의 호칭에 대하여 권장하는 호칭길이 (l)는 굵은 선의 틀내로 한다. 다만, l에 ( )를 붙인 것은 되도록 사용하지 않는다.

또한, 이 표 이외의 l을 특별히 필요로 하는 경우는 주문자가 지정한다.

3. 나사끝의 모양 · 치수는 KS B 0231에 따르고 있다.

참 고 이 표의 모양 · 치수는 ISO 7436에 따르고 있다.

5. 나사끝 모양 및 치수

한국공업규격은 일반적으로 사용하는 수나사의 나사 끝 모양 및 치수에 대하여 KS B 0231로 규정하고 있다.

5.1 용어의 의미

이 규격에서 사용되는 용어는 (KS B 0101)에 따른다.

5.2 종류 및 모양·치수

나사 끝의 종류는 모양에 따라 거친 끝, 모따기 끝, 둥근 끝, 납작 끝, 반막대 끝, 막대 끝, 온뾰족 끝, 뾰족끝, 오목 끝 및 날 끝의 10종류로 하고 그 모양 및 치수는 표 1-16에 따른다.

≪표 1-16≫ 나사 끝의 모양 및 치수

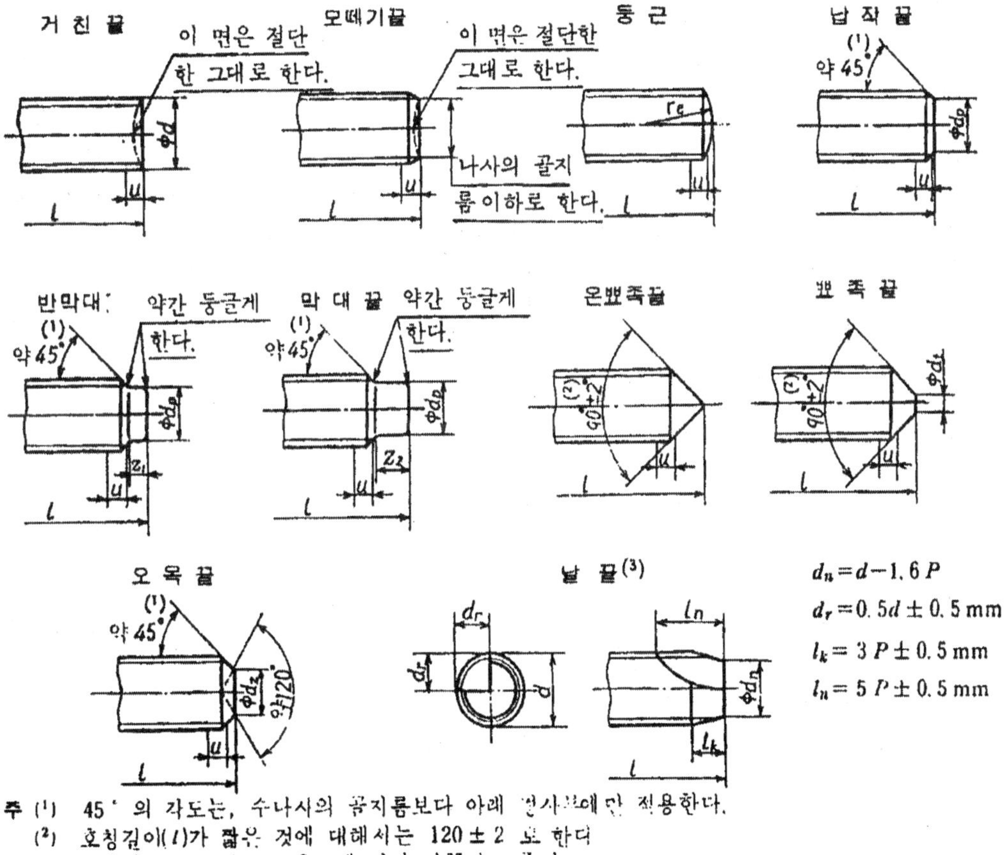

$d_n = d - 1.6P$

$d_r = 0.5d \pm 0.5$ mm

$l_k = 3P \pm 0.5$ mm

$l_n = 5P \pm 0.5$ mm

주 (1) 45° 의 각도는, 수나사의 골지름보다 아래 경사부에만 적용한다.
(2) 호칭길이(l)가 짧은 것에 대해서는 120±2°로 한다
(3) 날끝의 모양 · 치수는 용도에 따라 바꾸어도 좋다.

단위 : mm

나사의 호칭 지름 d	dp		dl		dz		z1		z2		re
	기준 치수	허용차 (h14)	기준 치수	허용차 (h16)	기준 치수	허용차 (h14)	기준 치수	허용차 (+IT140)	기준 치수	허용차 (+IT140)	약
1	0.5		0.1		-		-		-		1.4
1.2	0.6		0.12		-		-		-		1.7
1.4	0.7		0.14		0.7		0.35		0.7		2
1.6	0.8		0.16		0.8		0.4		0.8		2.2
1.8	0.9		0.18		0.9		0.45		0.9		2.5
2	1	0 / -0.25	0.2	4)	1	0 / -0.25	0.5		1		2.8
2.2	1.2		0.22		1.1		0.55		1.1	+0.25 / 0	3.1
2.5	1.5		0.25		1.2		0.63		1.25		3.5
3	2		0.3		1.4		0.75	+0.25 / 0	1.5		4.2
3.5	2.2		0.35		1.7		0.88		1.75		4.9
4	2.5		0.4		2		1		2		5.6
4.5	3		0.45		2.2		1.12		2.25		6.3
5	3.5		0.5		2.5		1.25		2.5		7
6	4	0 / -0.30	1.5		3	0 / -0.30	1.5		3		8.4
7	5		2	0 / -0.60	4		1.75		3.5		9.8
8	5.5		2		5		2		4		11
10	7	0 / -0.36	2.5		6	0 / -0.36	2.5		5	+0.30 / 0	14
12	8.5		3		7		3		6		17
14	10		4		8.5		3.5		7		20
16	12		4		10		4		8	+0.36 / 0	22
18	13	0 / -0.43	5	0 / -0.75	11	0 / -0.43	4.5	+0.30 / 0	9		25
20	15		5		13		5		10		28
22	17		6		15		5.5		11		31
24	18		6		16		6		12	+0.43 / 0	34
27	21		8		-	-	6.7		13.5		38
30	23	0 / -0.52	8	0 / -0.90	-	-	7.5		15		42
33	26		10		-	-	8.2	+0.36 / 0	16.5		46
36	28		10		-	-	9		18		50
39	30		12		-	-	9.7		19.5		55
42	32		12		-	-	10.2		21		59
45	35	0 / -0.62	14	0 / -1.1	-	-	11.2		22.5	+0.52 / 0	63
48	38		14		-	-	12	+0.43 / 0	24		67
52	42		16		-	-	13		26		73

※ 주 1) 45°의 각도는, 수나사의 골 지름보다 아래 경사부에만 적용한다.

2) 호칭길이(l)가 짧은 것에 대해서는 120±2°로 한다.

3) 날 끝의 모양치수는 용도에 따라 바꾸어도 좋다.

6. 수나사 부품의 머리 밑, 둥글기

한국공업규격은 일반적으로 사용하는 볼트, 작은 나사, 태핑 나사 등의 머리 붙이 수나사 부품에 적용하는 머리밑 둥글기 반지름(이하 둥글기 반지름이라 한다) 및 둥글기 이행원지름(이하 이행원지름이라 한다)에 대하여 KS B 0244로 규정한다.

6.1 둥글기 반지름 및 이행원지름

수나사 부품의 나사의 호칭지름에 대한 둥글기 반지름 및 이행원지름의 값은 다음 표 1-17에 따른다.

≪표 1-17≫

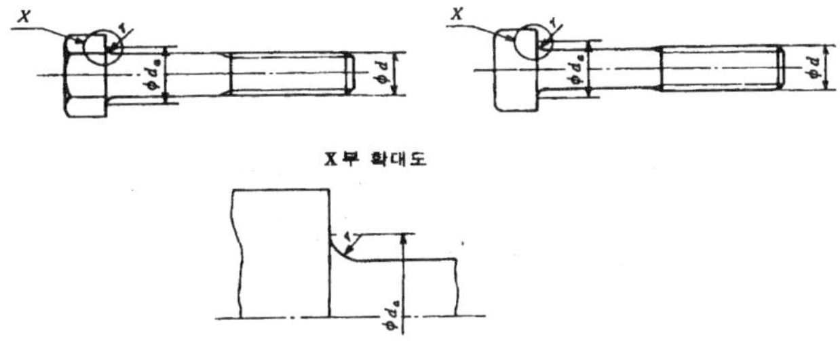

단위 : mm

나사의 호칭 지름 d	둥글기의 반지름 r (최소)	이행원지름 d_a (최대) [1]		나사의 호칭지름 d	둥글기의 반지름 r (최소)	이행원지름 d_a (최대) [1]	
		1 란	2 란			1 란	2 란
1.6	0.1	2	–	39	1	42.4	45.4
2	0.1	2.6	–	42	1.2	45.6	48.6
2.2	0.1	2.8	–	45	1.2	48.6	52.6
2.5	0.1	3.1	–	48	1.6	52.6	56.6
3	0.1	3.6	–	52	1.6	56.6	62.6
3.5	0.1	4.1	–	56	2	63	67
4	0.2	4.7	–	60	2	67	71
4.5	0.2	5.2	–	64	2	71	75
5	0.2	5.7	6.0	68	2	75	79
6	0.25	6.8	7.2	72	2	79	83
7	0.25	7.8	8.2	76	2	83	87
8	0.4	9.2	10.2	80	2	87	92
10	0.4	11.2	12.2	85	2	92	97
12	0.6	13.7	14.7	90	2.5	97	102
14	0.6	15.7	16.7	95	2.5	102	108
16	0.6	17.7	18.7	100	2.5	108	113
18	0.6	20.2	21.2	105	2.5	113	118
20	0.8	22.4	24.4	110	2.5	118	123
22	0.8	24.4	26.4	115	2.5	123	128
24	0.8	26.4	28.4	120	2.5	128	133
27	1	30.4	32.4	125	2.5	133	138
30	1	33.4	35.4	130	2.5	138	145
33	1	36.4	38.4	140	2.5	148	156
36	1	39.4	42.4	150	2.5	159	166

주[1] 원칙적으로 d_a의 1란은 KS B 0238 (나사 부품의 공차 방식)에 규정하는 부품 등급 A 및 B에 속하는 것에, 2란은 부품 등급 C에 속하는 것을 적용한다.

7. 불완전 나사부의 길이 및 나사 틈새

한국공업규격은 일반적으로 사용하는 수나사 부품의 나사부에 적용하는 불완전 나사부의 길이 및 나사 틈새의 모양, 치수에 대하여 KS B 0245로 규정한다.

나사의 절단 끝부에 있어서 불완전 나사부 길이(χ)

절삭나사의 경우 전조 나사의 경우

(원통부 지름=수나사바깥지름) (원통부 지름≒수나사 유효지름) (원통부 지름=수나사 바깥지름)

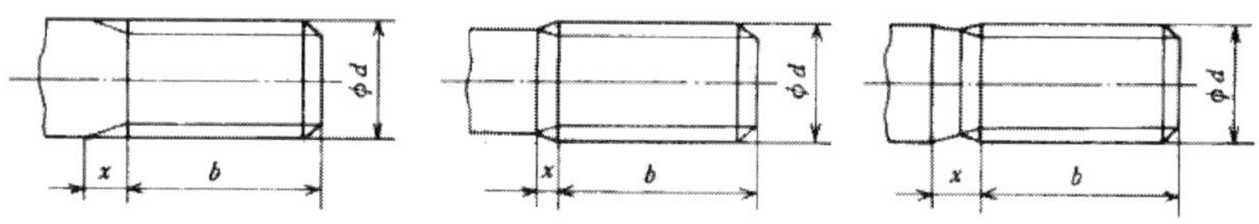

비 고 그림 중의 b는 나사부 길이를 표시한다.

온나사에 있어서 불완전 나사부의 길이(a)

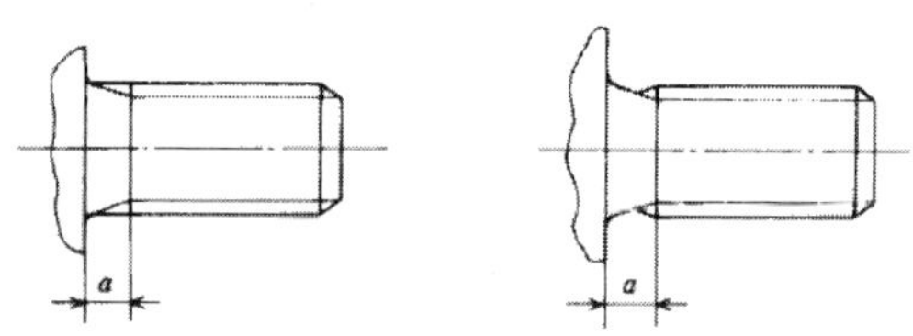

7.1 불완전 나사부의 길이

나사의 피치에 대응하는 불완전 나사부의 길이는 표 1-18에 따른다.

≪표 1-18≫ 불완전 나사의 길이

단위 : mm

나사의 피치 P	x (최대) [1]		a (최대) [2]			(참 고) 피치에 대응하는 미터나사의 호칭지름 (d)	
	보통것	짧은것	보통것	짧은것	긴 것	보통나사의 경우	가는나사의 경우[3]
0.2	0.5	0.25	0.6	0.4	0.8	–	–
0.25	0.6	0.3	0.75	0.5	1	1, 1.2	–
0.3	0.75	0.4	0.9	0.6	1.2	1.4	–
0.35	0.9	0.45	1.05	0.7	1.4	1.6, 1.8	–
0.4	1	0.5	1.2	0.8	1.6	2	–
0.45	1.1	0.6	1.35	0.9	1.8	2.2, 2.5	–
0.5	1.25	0.7	1.5	1	2	3	–
0.6	1.5	0.75	1.8	1.2	2.4	3.5	–
0.7	1.75	0.9	2.1	1.4	2.8	4	–
0.75	1.9	1	2.25	1.5	3	4.5	–
0.8	2	1	2.4	1.6	3.2	5	–
1	2.5	1.25	3	2	4	6, 7	8
1.25	3.2	1.6	4	2.6	5	8	10, 12
1.5	3.8	1.9	4.5	3	6	10	14, 16, 18, 20, 22
1.75	4.3	2.2	5.3	3.5	7	12	–
2	5	2.5	6	4	8	14, 16	24, 27, 30, 33
2.5	6.3	3.2	7.5	5	10	18, 20, 22	–
3	7.5	3.8	9	6	12	24, 27	36, 39
3.5	9	4.5	10.5	7	14	30, 33	–
4	10	5	12	8	16	36, 39	–
4.5	11	5.5	12.5	9	18	42, 45	–
5	12.5	6.3	15	10	20	48, 52	–
5.5	14	7	16.5	11	22	56, 60	–
6	15	7.5	18	12	24	64, 68	–

7.2 나사의 틈새

나사의 피치에 대한 나사 틈새의 모양, 치수는 표 1-19에 따른다.

《표 1-19》 나사의 틈새

부표 2 나사의 틈새

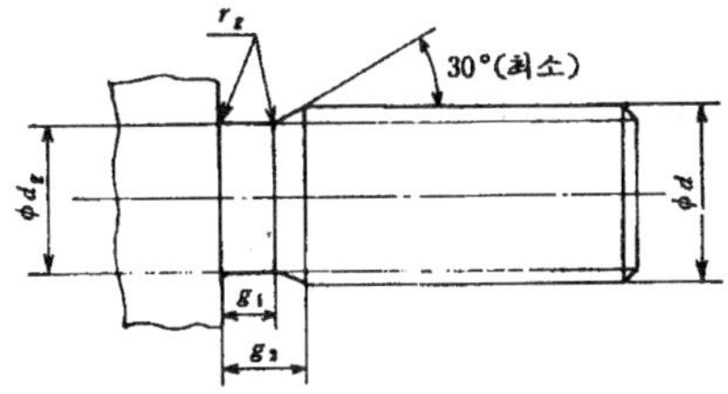

단위 : mm

나사의 피치 P	d_g 기준 치수(4)	d_g 허용차	g_1 최소(6)	g_2 최대(7)	r_g 약
0.25	d − 0.4		0.4	0.75	0.12
0.3	d − 0.5		0.5	0.9	0.16
0.35	d − 0.6		0.6	1.05	0.16
0.4	d − 0.7		0.6	1.2	0.2
0.45	d − 0.7		0.7	1.35	0.2
0.5	d − 0.8		0.8	1.5	0.2
0.6	d − 1		0.9	1.8	0.4
0.7	d − 1.1		1.1	2.1	0.4
0.75	d − 1.2		1.2	2.25	0.4
0.8	d − 1.3		1.3	2.4	0.4
1	d − 1.6		1.6	3	0.6
1.25	d − 2	주(5)	2	3.75	0.6
1.5	d − 2.3		2.5	4.5	0.8
1.75	d − 2.6		3	5.25	1
2	d − 3		3.4	6	1
2.5	d − 3.6		4.4	7.5	1.2
3	d − 4.4		5.2	9	1.6
3.5	d − 5		6.2	10.5	1.6
4	d − 5.7		7	12	2
4.5	d − 6.4		8	13.5	2.5
5	d − 7		9	15	2.5
5.5	d − 7.7		11	16.5	3.2
6	d − 8.3		11	18	3.2

주(4) d_g의 기준 치수는 나사 피치에 대응하는 나사의 호칭 지름 (d)에서 이 난에 규정하는 수치를 뺀 것으로 한다 (보기 : $P = 0.25$, $d = 1.2$에 대한 d_g의 기준 치수는 $d - 0.4 = 1.2 - 0.4 = 0.8$mm).

(5) 나사의 호칭 지름 (d)이 3mm 이하인 것에는 KS B 0401 (치수 공차 및 끼워 맞춤)의 h 12, d가 3mm를 초과한 것에는 h 13을 적용한다.

(6) g_1 (최소)의 값은, d_g부에서 d부에 이행하는 각도를 30°(최소)로 한 것이다.

(7) g_2 (최대)의 값은, $3P$로 한 것이다.

8. 6각 볼트

한국공업규격은 일반적으로 사용하는 강제, 스테인리스 강제 및 비철금속제의 6각 볼트에 대하여 KS B 1002로 규정한다.

8.1 종류 및 등급

볼트의 종류는 표1-20의 3종류로서 등급은 부품 등급 및 기계적 성질의 강도 구분을 조합한 것으로 한다. 단, 비철금속 볼트의 등급은 부품 등급에 따른다.

8.2 부품등급

볼트의 부품등급 A, B 및 C는 KS B 0238의 일반용 나사부품의 부품 등급에 따른다.

≪표 1-20≫ 종류 및 등급

<table>
<tr><th rowspan="2">볼트의 종류1)</th><th rowspan="2">재료 구분</th><th colspan="2">등 급</th><th rowspan="2">대응 국제 규격4)</th></tr>
<tr><th>부품 등급2)</th><th>강도 구분</th></tr>
<tr><td rowspan="7">호칭지름 6각 볼트</td><td rowspan="3">강</td><td>A</td><td rowspan="2">8.8</td><td rowspan="2">ISO 4014 (A 및 B)</td></tr>
<tr><td>B</td></tr>
<tr><td>C</td><td>4.6, 4.8</td><td>ISO 4016 (C)</td></tr>
<tr><td rowspan="2">스테인리스강</td><td>A</td><td rowspan="2">A2-70</td><td rowspan="4">ISO 4014 (A 및 B)</td></tr>
<tr><td>B</td></tr>
<tr><td rowspan="2">비철금속</td><td>A</td><td rowspan="2">-</td></tr>
<tr><td>B</td></tr>
<tr><td rowspan="3">유효지름 6각 볼트</td><td>강</td><td rowspan="3">B</td><td>5.8, 8.8</td><td rowspan="3">ISO 4015 (B)</td></tr>
<tr><td>스테인리스강</td><td>A2-70</td></tr>
<tr><td>비철금속</td><td>-</td></tr>
<tr><td rowspan="7">온나사 6각 볼트</td><td rowspan="3">강</td><td>A</td><td rowspan="2">8.8</td><td rowspan="2">ISO 4017 (A 및 B)</td></tr>
<tr><td>B</td></tr>
<tr><td>C</td><td>4.6, 4.8</td><td>ISO 4018(C)</td></tr>
<tr><td rowspan="2">스테인리스강</td><td>A</td><td rowspan="2">A2-70</td><td rowspan="4">ISO 4017 (A 및 B)</td></tr>
<tr><td>B</td></tr>
<tr><td rowspan="2">비철금속</td><td>A</td><td rowspan="2">-</td></tr>
<tr><td>B</td></tr>
</table>

8.3 모양 및 치수

볼트의 종류 및 그 부품 등급에 대한 모양 및 치수는 표 1-21에 따른다.

≪표 1-21≫ 볼트의 종류 및 등급

볼트의 종류	부품 등급	모양·치수	나사의 호칭범위
호칭지름 6각볼트	A	부표 1에 따른다.	M3~M24[5)]
	B	부표 2에 따른다.	M5~M36
	C	부표 3에 따른다.	M5~M36
유효지름 6각볼트	B	부표 4에 따른다.	M3~M20
온나사 6각볼트	A	부표 5에 따른다.	M3~M24[5)]
	B	부표 6에 따른다.	M5~M36
	C	부표 7에 따른다.	M5~M36

주 5) M5~M24인 것으로서, 호칭길이(l)가 나사의 호칭지름 (d) 의 10배(10d) 또는 150mm중 어느 것이라도 넘는 것은 부품등급 B에 따른다.

8.4 볼트의 호칭방법

볼트의 호칭방법은 규격번호, 볼트의 종류, 부품등급, 나사의 호칭×호칭길이, 기계적 성질의 강도구분, 재로 및 지정사항에 따른다. 단, 강제볼트 및 스테인리스 볼트인 경우에는 재료, 비철금속 볼트인 경우에는 기계적 성질의 강도구분을 제외한다.

(강제 볼트의 경우)	KS B 1002	호칭지름 6각 볼트	A	M12×80-8.8			MFZnII-C
(스테인리스 볼트인 경우)		유효지름 6각 볼트	B	M12×80-A2-70			
(비철금속 볼트인 경우)		온나사 6각 볼트	A	M12×50		C2700	둥근 끝
	‖	‖	‖	‖	‖	‖	‖
	(규격번호)	(종류)	(부품 등급)	(l×p)	(강도 구분또는 성상구분)	(재료)	(지정사항)

≪부표≫ 호칭지름 6각볼트(부품등급 A)의 모양 · 치수

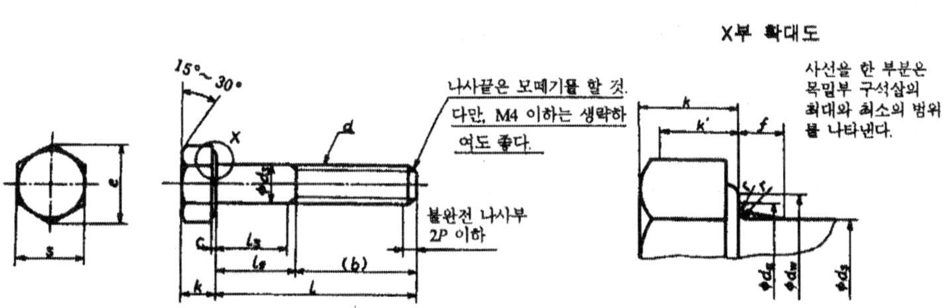

단위 : mm

나사의 호칭	d	M 3	M 4	M 5	M 6	M 8	M 10	M 12	(M 14)	M 16	M 20	M 24
피 치	P	0.5	0.7	0.8	1	1.25	1.5	1.75	2	2	2.5	3
b(참고)	([20])	12	14	16	18	22	26	30	34	38	46	54
	([21])	–	–	–	–	–	–	–	40	44	52	60
c	최 소	0.15	0.15	0.15	0.15	0.15	0.15	0.15	0.15	0.2	0.2	0.2
	최 대	0.4	0.4	0.5	0.5	0.6	0.6	0.6	0.6	0.8	0.8	0.8
d_a	최 대	3.6	4.7	5.7	6.8	9.2	11.2	13.7	15.7	17.7	22.4	26.4
d_s	최대(기준 치수)	3	4	5	6	8	10	12	14	16	20	24
	최 소	2.86	3.82	4.82	5.82	7.78	9.78	11.73	13.73	15.73	19.67	23.67
d_w	최 소	4.6	5.9	6.9	8.9	11.6	14.6	16.6	19.6	22.5	28.2	33.6
e	최 소	6.07	7.66	8.79	11.05	14.38	17.77	20.03	23.35	26.75	33.63	39.98
f	최 대	1	1.2	1.2	1.4	2	2	3	3	3	4	4
k	호칭(기준 치수)	2	2.8	3.5	4	5.3	6.4	7.5	8.8	10	12.5	15
	최 소	1.88	2.68	3.35	3.85	5.15	6.22	7.32	8.62	9.82	12.28	14.78
	최 대	2.12	2.92	3.65	4.15	5.45	6.58	7.68	8.98	10.18	12.72	15.22
k'	최 소	1.3	1.9	2.28	2.63	3.54	4.28	5.05	5.96	6.8	8.5	10.3
r	최 소	0.1	0.2	0.2	0.25	0.4	0.4	0.6	0.6	0.6	0.8	0.8
s	최대(기준 치수)	5.5	7	8	10	13	16	18	21	24	30	36
	최 소	5.32	6.78	7.78	9.78	12.73	15.73	17.73	20.67	23.67	29.67	35.38

l			l_s 및 l_g																					
호칭 길이 (기준 치수)	최 소	최 대	l_s 최소	l_g 최대	l_s 최소	l_g 최대	l_s 최소	l_g 최대	l_s 최소	l_g 최대	l_s 최소	l_g 최대	l_s 최소	l_g 최대	l_s 최소	l_g 최대	l_s 최소	l_g 최대	l_s 최소	l_g 최대	l_s 최소	l_g 최대	l_s 최소	l_g 최대
20	19.58	20.42	5.5	8																				
25	24.58	25.42	10.5	13	7.5	11	5	9								l이 이 구역에 있는 볼트는 부표 5에 따른다.								
30	29.58	30.42	15.5	18	12.5	16	10	14	7	12														
35	34.5	35.5			17.5	21	15	19	12	17	6.75	13												
40	39.5	40.5			22.5	26	20	24	17	22	11.75	18	6.5	14										
45	44.5	45.5					25	29	22	27	16.75	23	11.5	19	6.25	15								
50	49.5	50.5					30	34	27	32	21.75	28	16.5	24	11.25	20	6	16						
55	54.4	55.6							32	37	26.75	33	21.5	29	16.25	25	11	21	7	17				
60	59.4	60.6							37	42	31.75	38	26.5	34	21.25	30	16	26	12	22				
65	64.4	65.6									36.75	43	31.5	39	26.25	35	21	31	17	27	6.5	19		
70	69.4	70.6									41.75	48	36.5	44	31.25	40	26	36	22	32	11.5	24		
80	79.4	80.6									51.75	58	46.5	54	41.25	50	36	46	32	42	21.5	34	11	26
90	89.3	90.7											55.5	64	51.25	60	46	56	42	52	31.5	44	21	36
100	99.3	100.7											66.5	74	61.25	70	56	66	52	62	41.5	54	31	46
110	109.3	110.7													71.25	80	66	76	62	72	51.5	64	41	56
120	119.3	120.7					l이 10d(d는 나사의 호칭 지름)를 초과한다.								81.25	90	76	86	72	82	61.5	74	51	66
130	129.2	130.8					M5 이상의 볼트는 부표 2에 따른다.										80	90	76	86	65.5	78	55	70
140	139.2	140.8															90	100	86	96	75.5	88	65	80
150	149.2	150.8																	96	106	85.5	98	75	90

注([20]) 이 b치수는 호칭 길이(l)가 125mm 이하인 것에 적용한다.

([21]) 이 b치수는 호칭 길이가 125mm를 초과, 150mm 이하인 것에 적용한다.

비 고 1. 나사의 호칭에 ( )를 붙인 것은 될 수 있는 한 사용하지 않는다.

2. 나사의 호칭에 대하여 추천하는 호칭 길이(l)는 굵은 선의 틀레 안으로 한다.

또한, 굵은 선의 틀레의 호칭 길이(최소)에 미달되는 짧은 볼트는 부표 5의 "온나사 6각 볼트(부품 등급 A)"에 따른다.

또한, M5 이상의 볼트에서 굵은 선의 틀레 안의 호칭 길이(최대)를 초과하는 길이의 것은 부표 2의 "호칭 지름 6각 볼트(부품 등급 B)"에 따른다.

3. 이 표에서 규정하는 c, d, d_w, e, k, k', s 및 l의 값은 KS B 0238의 부표 1의 부품 등급 A에 따르고 있다.

4. l_g최대 및 l_s최소는 다음 공식에 따른다.

l_g최대 = 호칭 길이(l) − b, l_s최소 = l_g최대 − 5P

참 고 이 표에서 규정하는 d_a 및 r의 값은 ISO 885의 다듬질 제품(finished products)의 목밑부 둥글기에 따르고 있다.

≪부표≫ 온나사 6각 볼트(부품등급 A)의 모양 · 치수

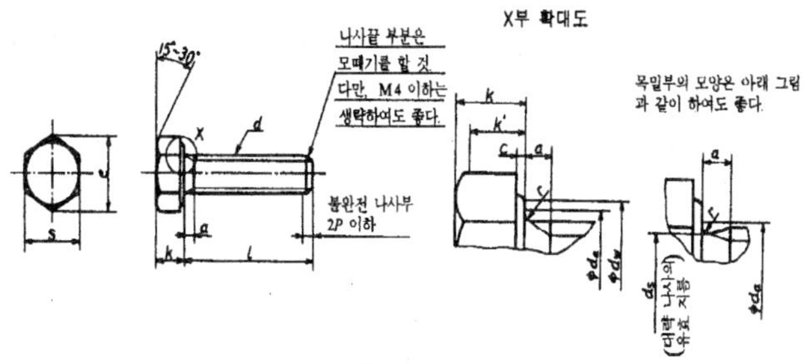

단위 : mm

나사의 호칭	d		M3	M4	M5	M6	M8	M10	M12	(M14)	M16	M20	M24
피 치	P		0.5	0.7	0.8	1	1.25	1.5	1.75	2	2	2.5	3
a(25)	최 대		1.5	2.1	2.4	3	3.75	4.5	5.25	6	6	7.5	9
c	최 소		0.15	0.15	0.15	0.15	0.15	0.15	0.15	0.15	0.2	0.2	0.2
	최 대		0.4	0.4	0.5	0.5	0.6	0.6	0.6	0.6	0.8	0.8	0.8
d_a	최 대		3.6	4.7	5.7	6.8	9.2	11.2	13.7	15.7	17.7	22.4	26.4
d_w	최 소		4.6	5.9	6.9	8.9	11.6	14.6	16.6	19.6	22.5	28.2	33.6
e	최 소		6.01	7.66	8.79	11.05	14.38	17.77	20.03	23.35	26.75	33.53	39.98
k	호칭(기준 치수)		2	2.8	3.5	4	5.3	6.4	7.5	8.8	10	12.5	15
	최 소		1.88	2.68	3.35	3.85	5.15	6.22	7.32	8.62	9.82	12.28	14.78
	최 대		2.12	2.92	3.65	4.15	5.45	6.58	7.68	8.98	10.18	12.72	15.22
K'	최 소		1.3	1.9	2.28	2.63	3.54	4.28	5.05	5.96	6.8	8.5	10.3
r	최 소		0.1	0.2	0.2	0.25	0.4	0.4	0.6	0.6	0.6	0.8	0.8
s	최대(기준 치수)		5.5	7	8	10	13	16	18	21	24	30	36
	최 소		5.32	6.78	7.78	9.78	12.73	15.73	17.73	20.67	23.67	29.67	35.38
l													
호칭 길이(기준 치수)	최 소	최 대											
6	5.76	6.24	O										
8	7.71	8.29	O	O									
10	9.71	10.29	O	O	O								
12	11.65	12.35	O	O	O	O							
16	15.65	16.35	O	O	O	O	O						
20	19.58	20.42	O	O	O	O	O	O					
25	24.58	25.42	O	O	O	O	O	O	O				
30	29.58	30.42	O	O	O	O	O	O	O	O			
35	34.5	35.5		O	O	O	O	O	O	O	O		
40	39.5	40.5		O	O	O	O	O	O	O	O	O	O
45	44.5	45.5			O	O	O	O	O	O	O	O	O
50	49.5	50.5			O	O	O	O	O	O	O	O	O
55	54.4	55.6				O	O	O	O	O	O	O	O
60	59.4	60.6				O	O	O	O	O	O	O	O
65	64.4	65.6	이 구역에 있는 볼트는 부표 6에 따른다.			O	O	O	O	O	O	O	O
70	69.4	70.6					O	O	O	O	O	O	O
80	79.4	80.6						O	O	O	O	O	O
90	89.3	90.7							O	O	O	O	O
100	99.3	100.7								O	O	O	O

주(25) a의 최소는 1P 보다 작아서는 안 된다.

비 고 1. 나사의 호칭에 ( )를 붙인 것은 될 수 있는 한 사용하지 않는다.

2. 나사의 호칭에 대하여 추천할 호칭 길이는 굵은 선의 둘레 내(○표를 붙인 것.)로 한다.

또한, M 5~M 8의 볼트에서 호칭 길이가 10d(d는 나사의 호칭 지름) 초과, 100mm의 이하인 것은 부표 6의 "온나사 6각 볼트(부품 등급 B)"에 따른다.

3. 이 표에서 규정하는 c, d_w, e, k, K', s 및 l의 값은 KS B 0238의 부표 1의 부품 등급 A에 따르고 있다.

참 고 이 표에서 규정하는 d_a 및 r의 값은 ISO 885의 다듬질 제품부 목밑부 둥글기에 따르고 있다.

9. 6각 너트

한국공업규격은 일반적으로 사용하는 6각 너트에 대하여 KS B 1012로 규정한다.

9.1 종류, 형식 및 등급

너트의 종류는 표 1-22의 2종류로서 형식은 스타일 및 모따기의 유무에 따라 구분하고, 등급은 부품등급 및 기계적 성질의 강도구분을 조합한 것으로 한다.

≪표 1-22≫

<table>
<tr><th rowspan="2">너트의 종류1)</th><th colspan="2">형 식</th><th colspan="2">등 급</th><th rowspan="2">대응 국제규격6)</th></tr>
<tr><th>스타일에 의한 구분2)</th><th>모따기 유무에 의한 구분3)</th><th>부품 등급4)</th><th>강도 구분5)</th></tr>
<tr><td rowspan="5">6각 너트</td><td rowspan="2">스타일 1</td><td rowspan="2">-</td><td>A</td><td rowspan="2">6, 8, 10</td><td rowspan="2">ISO 4032 (A 및 B)</td></tr>
<tr><td>B</td></tr>
<tr><td rowspan="2">스타일 2</td><td rowspan="2">-</td><td>A</td><td rowspan="2">9, 12</td><td rowspan="2">ISO 4033 (A 및 B)</td></tr>
<tr><td>B</td></tr>
<tr><td>-</td><td>-</td><td>C</td><td>4, 5</td><td>ISO 4034(C)</td></tr>
<tr><td rowspan="3">6각 저너트</td><td rowspan="2">-</td><td rowspan="2">양 모따기</td><td>A</td><td rowspan="2">04, 05</td><td rowspan="2">ISO 4035 (A 및 B)</td></tr>
<tr><td>B</td></tr>
<tr><td>-</td><td>모따기 없음</td><td>B</td><td>-</td><td>ISO 4036(B)</td></tr>
</table>

9.2 부품등급

너트의 부품등급 A, B 및 C는 일반용 나사부품의 부품등급에 따른다.

9.3 모양 및 치수

너트의 종류, 형식 및 그 부품등급에 대한 모양 및 치수는 표 1-23에 따른다.

9.4 너트의 호칭방법

너트의 호칭방법은 규격번호, 종류, 형식, 부품등급, 나사의 호칭, 기계적 성질의 강도구분, 재료 및 지정사항에 따른다. 단, 6각 너트의 모따기가 없는 경우는 강도구분과 지정사항을 제외한다.

	(규격번호)	(종류)	(형식)	부품 등급	(호칭)	(강도)	(재료)	(지정사항)
[6각 너트, 스타일 1의 경우]	KS B 1012	6각너트	스타일 1	A	M12	-8		MFZnII-C 자리붙이
[6각 너트, 스타일 2의 경우]		6각너트	스타일 2	B	M20	-12		
[6각 너트, 모따기 없는 경우]		6각 저너트	모따기 없음	B	M8		S20C	

≪표 1-23≫

너트의 종류	형 식	부품 등급	강도 구분	모양·치수	나사의 호칭 범위
6각 너트	스타일 1	A	6, 8, 10	부표 1에 따른다	M 1.6~M 16
		B		부표 2에 따른다	M 20~M 36
	스타일 2	A	9, 12	부표 3에 따른다	M 5~M 16
		B		부표 4에 따른다	M 20~M 36
	-	C	4, 5	부표 5에 따른다	M 5~M 36
6각 저너트	양 모따기	A	04, 05	부표 6에 따른다	M 1.6~M 16
		B		부표 7에 따른다	M 20~M 36
	모따기 없음	B	-	부표 8에 따른다	M 1.6~M 10

≪부표 1≫ 6각 너트 스타일 1(부품등급 A)의 모양 및 치수

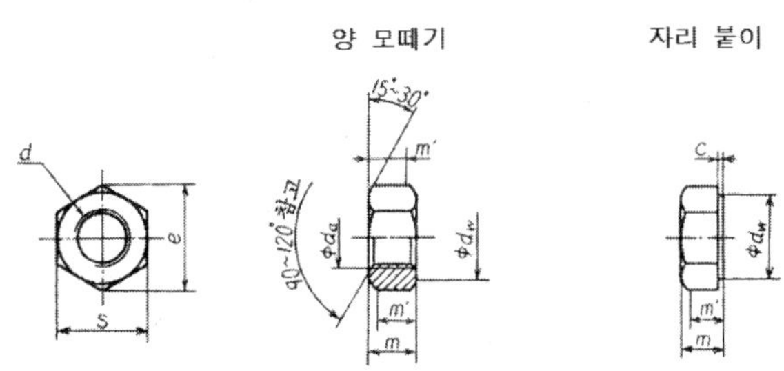

나사의 호칭 d		M1.6	M2	M2.5	M3	(M3.5)	M4	M5	M6	M8	M10	M12	(M14)	M16
피 치 P		0.35	0.4	0.45	0.5	0.6	0.7	0.8	1	1.25	1.5	1.75	2	2
da	최소(기준치수)	1.6	2	2.5	3	3.5	4	5	6	8	10	12	14	16
	최대	1.84	2.3	2.9	3.45	4	4.6	5.75	6.75	8.75	10.8	13	15.1	17.3
dw	최소	2.4	3.1	4.1	4.6	5.1	5.9	6.9	8.9	11.6	14.6	16.6	19.6	22.5
e	최소	3.41	4.32	5.45	6.01	6.58	7.66	8.79	11.05	14.38	17.77	20.03	23.35	26.75
m	최대(기준치수)	1	1.2	1.6	1.8	2	2.2	2.7	3.2	4	5	6	7	8
	최소	0.75	0.95	1.35	1.55	1.75	1.95	2.45	2.9	3.7	4.7	5.7	6.42	7.42
m'	최소	0.6	0.76	1.08	1.24	1.4	1.56	1.96	2.32	2.96	3.76	4.56	5.14	5.94
s	최대(기준치수)	3.2	4	5	5.5	6	7	8	10	13	16	18	21	24
	최소	3.02	3.82	4.82	5.32	5.82	6.78	7.78	9.78	12.73	15.73	17.73	20.67	23.67

비고 1. 나사의 호칭에 ( )를 붙인 것은 될 수 있는 한 사용하지 않는다.
2. 이 표에서 규정하는 dw, e, m, m' 및 s의 값은 KS B 0238의 부표의 부품등급 A에 따르고 있다.
3. 나사의 호칭 M20 이상의 6각 저너트·양모따기의 모양치수는 부표의 "6각너트·양모따기 (부품등급 B)" 에 따른다.

≪부표 2≫ 6각 저너트 모따기 없는(부품등급 B)의 모양 및 치수

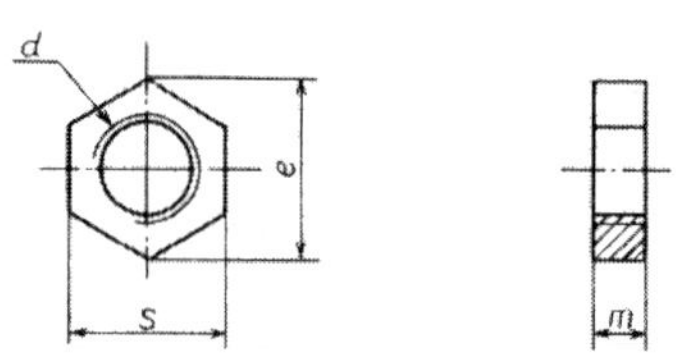

나사의 호칭 d		M1.6	M2	M2.5	M3	(M3.5)	M4	M5	M6	M8	M10
피 치 P		0.35	0.4	0.45	0.5	0.6	0.7	0.8	1	1.25	1.5
e	최소	3.28	4.18	5.31	5.87	6.44	7.50	8.63	10.89	14.20	17.59
m	최대(기준치수)	1	1.2	1.6	1.8	2	2.2	2.7	3.2	4	5
	최소	0.6	0.8	1.2	1.4	1.6	1.8	2.3	2.72	3.52	4.52
s	최대(기준치수)	3.2	4	5	5.5	6	7	8	10	13	16
	최소	2.9	3.7	4.7	5.2	5.7	6.64	7.64	9.64	12.57	15.57

비고 1. 나사의 호칭에 ( )를 붙인 것은 될 수 있는 한 사용하지 않는다.
2. 이 표에서 규정하는 dw, e, m, m' 및 s의 값은 KS B 0238의 부표의 부품등급 B에 따르고 있다.

10. 볼트의 종류

일반적으로 사용되는 볼트는 다음 3종이 있다.

(1) 관통볼트(through bolt)

맞뚫린 구멍에 끼워 너트로 죄어 붙인다.

(2) 탭 볼트(tap bolt)

한쪽 부품에 암나사를 내고, 이것을 너트대신 사용하여 죄어 붙인다.

(3) 스텃 볼트(stud bolt)

볼트의 양끝에 나사를 내어 한쪽은 부품의 나사에 끼우고, 다른 쪽은 너트로 죈 것으로 조립을 할 경우가 많거나 나사부가 파손하기 쉬운 장소에 사용한다.

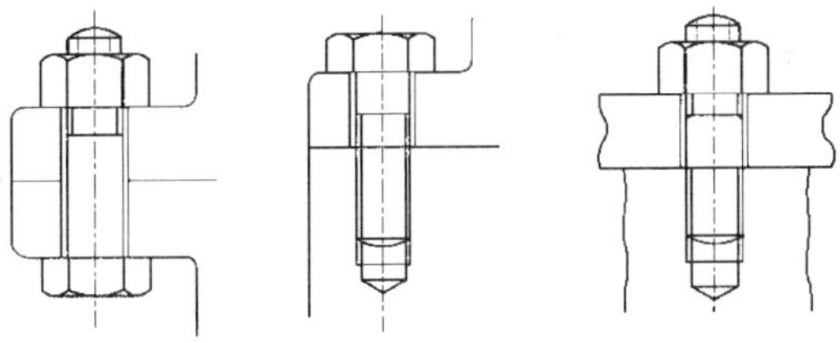

관통볼트 탭 볼트 스텃 볼트

≪표 1-26≫ 6각(角) 볼트 보통나사 ■상(上)

주 강	주 철	경합금 청동
H=1~0.8d	1.5d	2~1.5d
l=d	1.5d~1.3d	2d
$l_1 = l+2\sim10$		
$l = 2mm$		

11. 특수볼트

11.1 아이 볼트(eye bolt)

커버의 손잡이, 무거운 물건을 들어 올리는데 쓰인다.

11.2 T 볼트(T-bolt)

공작기계의 테이블에 공작물을 고정시키거나, 위치결정을 시킬 때 쓰인다.

11.3 기초 볼트(Foundation bolt)

기계구조물을 콩크리트에 설치 할 때 기초용으로 쓰인다.

11.4 스테이 볼트(Stay bolt)

2개의 부품사이의 거리를 일정하게 유지하는데 쓰인다.

11.5 충격 볼트(Impact bolt)

볼트의 길이 방향에 충격하중이 걸릴 때 쓰인다.

11.6 리머 볼트(Reamer bolt)

리머로 다듬질한 구멍에 꼭 끼워, 전단력이나 두 부품의 관계 위치를 정확하게 유지할 필요가 있을 때 쓰인다.

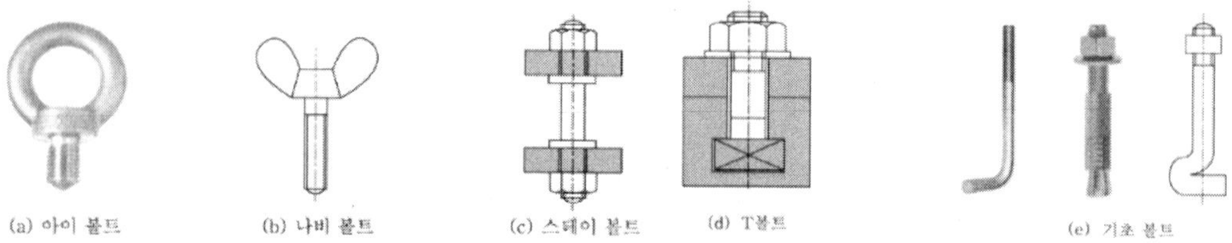

[그림 1-9] 특수볼트]

12. 특수나사

12.1 세트 스크루(set screw)

나사 끝을 이용하여 기계부품사이의 미끄럼을 막기 위해 사용하는 작은 나사로서 키(key)의 대용으로 쓰이기도 한다.

12.2 작은 나사(machine screw)

축의 지름이 1~8 mm로 작은 부품을 고정하는데 쓰인다. 일명 캡 나사(cap screw)라고도 한다.

12.3 나사못

기계의 부품을 나무에 고정시킬 때 쓰인다.

13. 너트(nut)

축 심부(軸心部)에 암나사를 낸 것을 총칭하여 너트라고 하며, 볼트나 작은 나사와 함께 사용된다. 그 모양, 기능 ,재료, 용도 등에 따라 종류가 다양하며 보통 사용되는 것은 외형이 6각형인 너트이다.

13.1 6각 너트(hexagon nut)

가장 대표적인 6각 너트(KS B 1012)는 볼트와 한 쌍이 되어 기계, 자동차, 건축물 등에 널리 사용된다. 이 규격에 의해 6각 너트 상(上)의 모양 및 치수가 표 1-27과 같이 규정되어 있다. 강(鋼) 너트의 등급은 6각 볼트와 같이 표시되며, 강 이외의 재료(황동, 스테인리스 등)를 사용할 때에는 이것을 지정한다. 특히 기계적 성질이 요구될 때에는 너트의 기계적 성질(KS B 0234)을 적용한다.

≪표 1-27≫ 6각 너트 · 스타일 1(부품등급 A)의 모양 및 치수

양 모떼기 자리붙이

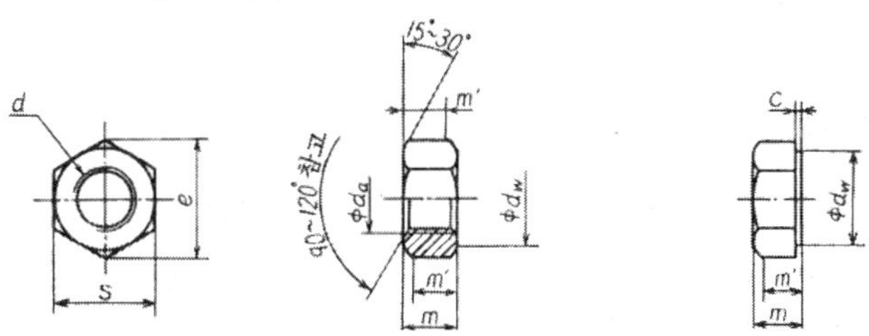

단위 : mm

나사의 호칭 d		M 1.6	M 2	M 2.5	M 3	(M 3.5)	M 4	M 5	M 6	M 8	M 10	M 12	(M 14)	M 16
피 치 P		0.35	0.4	0.45	0.5	0.6	0.7	0.8	1	1.25	1.5	1.75	2	2
c	최 대	0.2	0.2	0.3	0.4	0.4	0.4	0.5	0.5	0.6	0.6	0.6	0.6	0.8
	최 소([15])	–	–	–	0.15	0.15	0.15	0.15	0.15	0.15	0.15	0.15	0.15	0.2
d_a	최 소(기준 치수)	1.6	2	2.5	3	3.5	4	5	6	8	10	12	14	16
	최 대	1.84	2.3	2.9	3.45	4	4.6	5.75	6.75	8.75	10.8	13	15.1	17.3
d_w	최 소	2.4	3.1	4.1	4.6	5.1	5.9	6.9	8.9	11.6	14.6	16.6	19.6	22.5
e	최 소	3.41	4.32	5.45	6.01	6.58	7.66	8.79	11.05	14.38	17.77	20.03	23.35	26.75
m	최 대(기준 치수)	1.3	1.6	2	2.4	2.8	3.2	4.7	5.2	6.8	8.4	10.8	12.8	14.8
	최 소	1.05	1.35	1.75	2.15	2.55	2.9	4.4	4.9	6.44	8.04	10.37	12.1	14.1
m'	최 소	0.84	1.08	1.4	1.72	2.04	2.32	3.52	3.92	5.15	6.43	8.3	9.68	11.28
s	최 대(기준 치수)	3.2	4	5	5.5	6	7	8	10	13	16	18	21	24
	최 소	3.02	3.82	4.82	5.32	5,82	6.78	7.78	9.78	12.73	15.73	17.73	20.67	23.67

주([15]) 나사의 호칭 M 2.5 이하의 c(최소)는 생산자의 임의로 한다.

비 고 1. 나사의 호칭에 ( )를 붙인 것은 될 수 있는 한 사용하지 않는다.

2. 너트의 모양은 지정이 없는 한 양 모떼기로 하고, 자리 붙이는 주문자의 지정에 따른다. 또한, 자리 붙이 나사부의 모떼기는 "양 모떼기"에 준한다.

3. 이 표에서 규정하는 c, d_w, e, m, m' 및 s의 값은 **KS B 0238**의 **부표** 1의 부품 등급 A에 따르고 있다.

4. 나사의 호칭 M 20 이상의 6각 너트 · 스타일 1의 모양 · 치수는 **부표 2**의 6각 너트 · 스타일 1(부품 등급 B)의 모양 · 치수에 따른다.

6각 저너트 양 모떼기(등급 A)의 모양과 치수

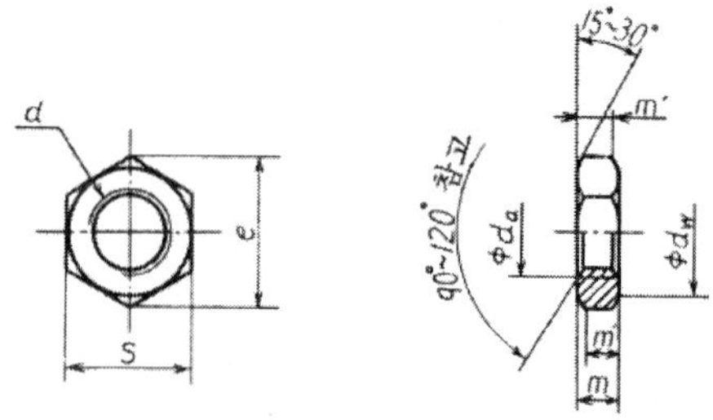

단위 : mm

나사의 호칭 d		M 1.6	M 2	M 2.5	M 3	(M 3.5)	M 4	M 5	M 6	M 8	M 10	M 12	(M 14)	M 16
피 치 P		0.35	0.4	0.45	0.5	0.6	0.7	0.8	1	1.25	1.5	1.75	2	2
d_a	최 소(기준 치수)	1.6	2	2.5	3	3.5	4	5	6	8	10	12	14	16
	최 대	1.84	2.3	2.9	3.45	4	4.6	5.75	6.75	8.75	10.8	13	15.1	17.3
d_w	최 소	2.4	3.1	4.1	4.6	5.1	5.9	6.9	8.9	11.6	14.6	16.6	19.6	22.5
e	최 소	3.41	4.32	5.45	6.01	6.58	7.66	8.79	11.05	14.38	17.77	20.03	23.35	26.75
m	최 대(기준 치수)	1	1.2	1.6	1.8	2	2.2	2.7	3.2	4	5	6	7	8
	최 소	0.75	0.95	1.35	1.55	1.75	1.95	2.45	2.9	3.7	4.7	5.7	6.42	7.42
m'	최 소	0.6	0.76	1.08	1.24	1.4	1.56	1.96	2.32	2.96	3.76	4.56	5.14	5.94
s	최 대(기준 치수)	3.2	4	5	5.5	6	7	8	10	13	16	18	21	24
	최 소	3.02	3.82	4.82	5.32	5.82	6.78	7.78	9.78	12.73	15.73	17.73	20.67	23.67

비 고 1. 나사의 호칭에 ( )를 붙인 것은 될 수 있는 한 사용하지 않는다.

2. 이 표에서 규정하는 d_w, e, m, m' 및 s의 값은 **KS B 0238**의 **부표** 1의 부품 등급 A에 따르고 있다.

3. 나사의 호칭 M 20 이상의 6각 저너트 · 양 모떼기의 모양 · 치수는 **부표** 7의 6각 저너트 · 양 모떼기(부품 등급 B)의 모양 · 치수에 따른다.

13.2 4각 너트(square nut)

외형이 4각 형인 4각 너트(KS B 1013)는 나사의 호칭이 M3에서 M24까지 정해져 있다. 등급은 다듬질 정도 나사의 정밀도 및 기계적 성질의 강도 구분을 조합한 것으로 한다. 재료는 강이 주로 사용되며 필요에 따라 다른 재료를 지정 할 수 있다.

4각 너트의 호칭 방법은 다음 보기에 따른다.

【보기】

KS B 1013 4각 너트	상 중	M10 M20	6H 3	5T 4T	(m=20)
↓	↓	↓	↓	↓	↓
(규격번호 또는 규격명칭)	(다듬질 정도)	(나사의 호칭)	(나사의 등급)	(강도구분)	(지정사항)

≪표 1-28≫ 4각 너트의 모양과 치수

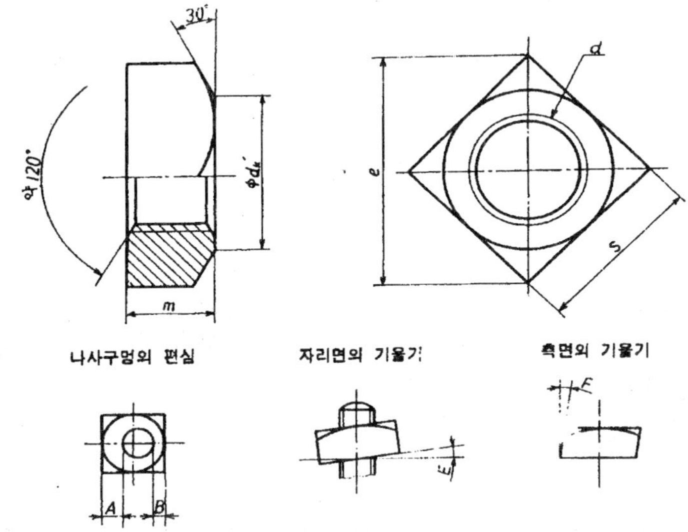

(단위 : mm)

<table>
<tr><th rowspan="3">나사의 호칭 (d)</th><th rowspan="3">수나사의 바깥지름</th><th colspan="4">m</th><th colspan="4">s</th><th>e</th><th>d'k</th><th colspan="2">A − B</th><th colspan="3">E</th><th colspan="3">F</th></tr>
<tr><th rowspan="2">기준치수</th><th colspan="3">허용차</th><th rowspan="2">기준치수</th><th colspan="3">허용차</th><th rowspan="2">약</th><th rowspan="2">약</th><th colspan="2">최대</th><th colspan="3">최대</th><th colspan="3">최대</th></tr>
<tr><th>상</th><th>중</th><th>보통</th><th>상</th><th>중</th><th>보통</th><th>상·중</th><th>보통</th><th>상</th><th>중</th><th>보통</th><th>상</th><th>중</th><th>보통</th></tr>
<tr><td>M 3</td><td>3</td><td>2.4</td><td>0
−0.25</td><td>0
−0.4</td><td rowspan="3">—</td><td>5.5</td><td rowspan="4">0
−0.2</td><td>0
−0.5</td><td rowspan="3">—</td><td>7.8</td><td>5.3</td><td rowspan="2">0.2</td><td rowspan="3">—</td><td rowspan="13">1°</td><td rowspan="3">2°</td><td rowspan="3">—</td><td rowspan="13">1°</td><td rowspan="13">2°</td><td rowspan="3">—</td></tr>
<tr><td>M 4</td><td>4</td><td>3.2</td><td rowspan="3">0
−0.3</td><td rowspan="3">0
−0.48</td><td>7</td><td rowspan="3">0
−0.6</td><td>9.9</td><td>6.8</td></tr>
<tr><td>M 5</td><td>5</td><td>4</td><td>8</td><td>11.3</td><td>7.8</td><td rowspan="2">0.3</td></tr>
<tr><td>M 6</td><td>6</td><td>5</td><td>±0.6</td><td>10</td><td>0
−0.6</td><td>14.1</td><td>9.6</td><td>0.5</td><td rowspan="10">1°</td><td rowspan="10">2°</td><td rowspan="10">2°</td></tr>
<tr><td>M 8</td><td>8</td><td>6.5</td><td rowspan="3">0
−0.36</td><td rowspan="3">0
−0.58</td><td rowspan="3">±0.8</td><td>13</td><td rowspan="2">0
−0.25</td><td rowspan="2" colspan="2">0
−0.7</td><td>18.4</td><td>12.5</td><td>0.4</td><td>0.6</td></tr>
<tr><td>M 10</td><td>10</td><td>8</td><td>17</td><td>24.0</td><td>16.5</td><td rowspan="2">0.5</td><td>0.7</td></tr>
<tr><td>M 12</td><td>12</td><td>10</td><td>19</td><td rowspan="5">0
−0.35</td><td rowspan="5" colspan="2">0
−0.8</td><td>26.9</td><td>18</td><td>0.8</td></tr>
<tr><td>(M 14)</td><td>14</td><td>11</td><td rowspan="5">0
−0.43</td><td rowspan="5">0
−0.7</td><td rowspan="5">±0.9</td><td>22</td><td>31.1</td><td>21</td><td>0.7</td><td>1.0</td></tr>
<tr><td>M 16</td><td>16</td><td>13</td><td>24</td><td>33.9</td><td>23</td><td rowspan="2">0.8</td><td>1.1</td></tr>
<tr><td>(M 18)</td><td>18</td><td>15</td><td>27</td><td>38.2</td><td>26</td><td>1.2</td></tr>
<tr><td>M 20</td><td>20</td><td>16</td><td>30</td><td>42.4</td><td>29</td><td rowspan="2">0.9</td><td>1.4</td></tr>
<tr><td>(M 22)</td><td>22</td><td>18</td><td>32</td><td rowspan="2">0
−0.4</td><td rowspan="2" colspan="2">0
−1</td><td>45.3</td><td>31</td><td>1.5</td></tr>
<tr><td>M 24</td><td>24</td><td>19</td><td>0
−0.52</td><td>0
−0.84</td><td>±1</td><td>36</td><td>50.9</td><td>34</td><td>1.1</td><td>1.6</td></tr>
</table>

비 고 1. 나사의 호칭에 ( )를 붙인 것은 되도록 사용하지 않는다.

2. 나사부의 구멍 모떼기는 그 지름이 암나사의 골지름보다 약간 큰 정도로 한다. 다만, 주문자의 지정에 따라 나사의 등급 7H 및 3급의 너트는 이 구멍 모떼기를 생략하여도 좋다.

3. 나사의 호칭 M10 이하의 너트는 특별한 지정이 없는 한, 4각부의 모떼기는 생략하여도 좋다.

4. 특별히 필요가 있는 경우에는 지정에 따라 높이(m)를 수나사 바깥지름의 치수를 취할 수 있다. 또한, 이 경우 m의 허용차는 다음에 따른다.

13.3 나비너트(fly nut, wing nut)

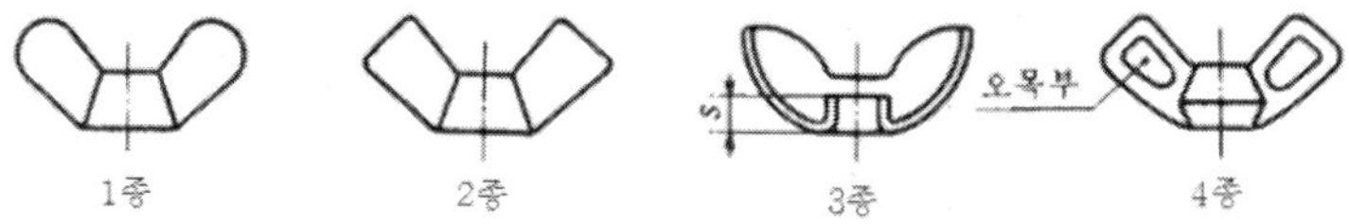

나비너트 1종

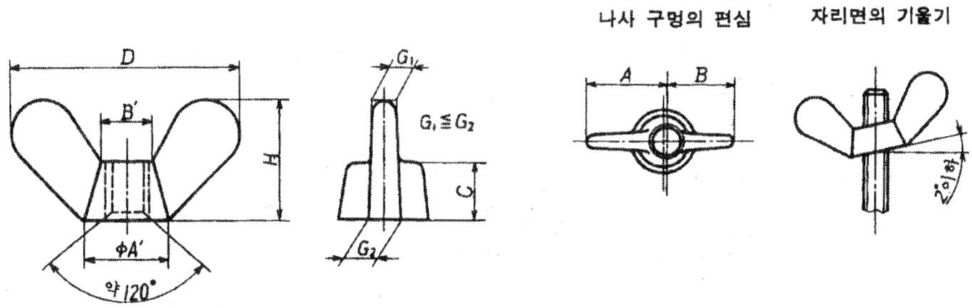

단위 : mm

나사의 호칭 (*d*)	*A′*	*B′*	*C*	*D*		*H*		G_1	G_2	*A−B*
	최소	약	최소	기준 치수	허용차	기준 치수	허용차	최대	최대	최대
M 2	4	3	2	12	±1.5	6	±1.5	2.5	3	0.3
M 2.2										
M 2.5	5	4	3	16		8		2.5	3	
M 3										0.4
M 4	7	6	4	20		10		3	4	
M 5	8.5	7	5	25		12		3.5	4.5	0.5
M 6	10.5	9	6	32	±2	16		4	5	
M 8	14	12	8	40		20		4.5	5.5	0.6
M10	18	15	10	50		25		5.5	6.5	0.7
M12	22	18	12	60		30		7	8	1
(M14)	26	22	14	70		35	±2	8	9	1.1
M16										1.2
(M18)	30	25	16	80		40		8	10	1.4
M20	34	28	18	90	±2.5	45		9	11	1.5
(M22)	38	32	20	100		50		10	12	1.6
M24	43	36	22	112		56		11	13	1.8

비 고 1. 나사의 호칭에 괄호를 붙인 것은 되도록 사용하지 않는다.

2. 자리면쪽의 나사부 모떼기는 그 지름이 나사의 골지름보다 약간 큰 정도로 한다. 다만 이 모떼기는 주문자의 지정에 따라 생략할 수 있다.

3. 큰 날개를 필요로 하는 경우는 한 단 위의 치수(*A′*, *B′*, *C*, *D*, *H*, G_1 및 G_2)를 사용할 수 있다.

13.4 홈 붙이 너트(castle nut, KS B 1015)

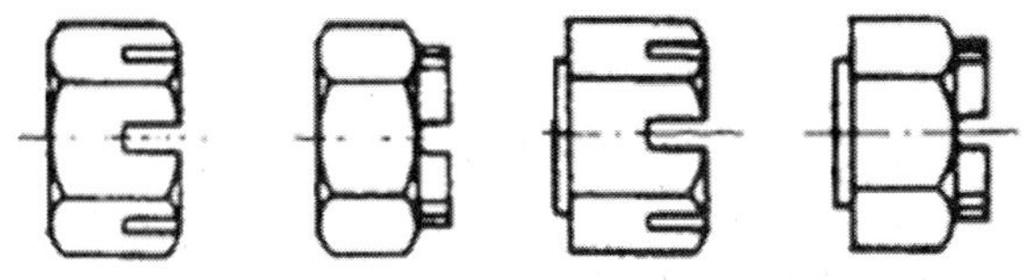

13.5 캡 너트(cap nut, KS B 1026)

6각 캡 너트 및 소형 6각 캡 너트의 모양과 치수는 다음과 같다.

부표 6각 갭 너트및 소형 너트의 모양 · 치수

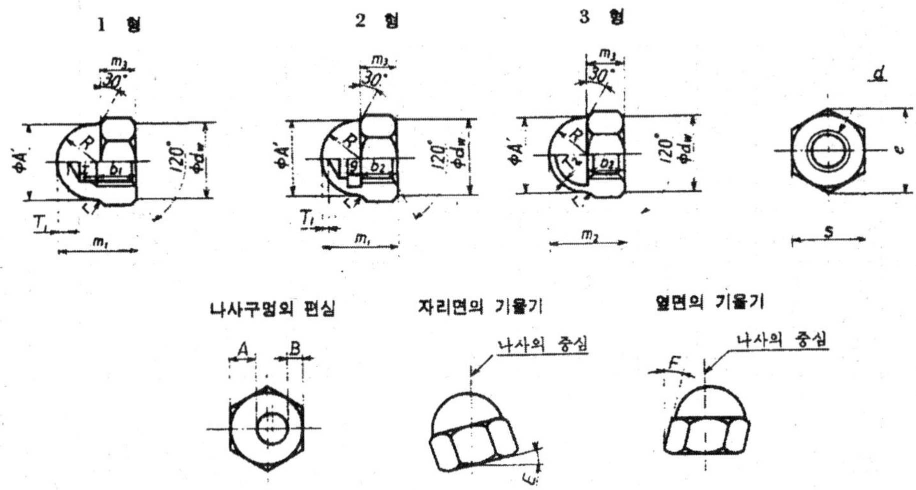

부 표 (계 속)

단위 : mm

구분	나사의 호칭 (d)		m_1		m_2		m_3		S		b_1	b_2		g	A'	T_1	T_2	e	d_w	R	r	A-B	E 및 F
	보통나사	가는나사	기준치수	허용차	기준치수	허용차	기준치수	허용차	기준치수	허용차	최소	기준치수	허용차	약	최소	최소	최소	약	약	약	약	최대	최대
6각 캡 너트	M 4	—	9.5		6.2		3.2		7		4	3.2		2	5.6	0.5	0.6	8.1	6.8	3		0.2	
	M 5	—	11	±0.25	7.5	±0.25	4	$^{0}_{-0.30}$	8	$^{0}_{-0.2}$	5	4		2	6.6	0.5	0.6	9.2	7.8	3.5		0.3	
	M 6	—	12		9.5		5		10		6	5		2.5	8.5	0.5	0.6	11.5	9.8	4.5	0.5	0.3	
	M 8	M 8×1	15		12.5		6.5		13	$^{0}_{-0.25}$	8	6.5		3	11.5	0.5	0.8	15.0	12.5	6.5		0.4	
	M 10	M 10×1.25	18	±0.3	15.5	±0.3	8	$^{0}_{-0.36}$	17		10	8		3.5	14.5	0.5	1.0	19.6	16.5	7.5		0.5	
	M 12	M 12×1.25	22		18.5		10		19		12	10		4	16.5	1.0	1.2	21.9	18	8.0		0.7	
	(M 14)	(M 14×1.5)	24		21.0		11		22		14	11		5	19.5	1.0	1.6	25.4	21	10		0.7	
	M 16	M 16×1.5	28		24		13		24	$^{0}_{-0.35}$	16	13		5	21.5	1.0	1.6	27.7	23	11		0.8	
	(M 18)	(M 18×1.5)	31		27		15	$^{0}_{-0.43}$	27		18	15		6	23.5	1.0	1.6	31.2	26	12	1.0	0.9	
	M 20	M 20×1.5	34	±0.4	29.0	±0.4	16		30		20	16		6	26.5	1.0	1.6	34.6	29	13.5		0.9	
	(M 22)	(M 22×1.5)	38		32.5		18		32		22	18		6	28.5	1.0	2.0	37.0	31	14.5		1.1	
	M 24	M 24×2	41		35.5		19		36		24	19		8	32.5	1.0	2.0	41.6	34	16.5		1.2	
	(M 27)	(M 27×2)	46		41		22		41	$^{0}_{-0.4}$	27	22	주 (*)	8	37.5	1.0	2.0	47.3	39	19		1.3	1°
	M 30	M 30×2	50		45		24	$^{0}_{-0.52}$	46		30	24		9	41.5	1.0	2.0	53.1	44	21		1.5	
	(M 33)	(M 33×2)	54	±0.5	49	±0.5	26		50		33	26		9	45.5	1.0	2.0	57.7	48	23	1.5	1.6	
	M 36	M 36×3	59		54.5		29		55	$^{0}_{-0.45}$	36	29		10	50.5	1.0	2.0	63.5	53	25.5		1.8	
	(M 39)	(M 39×3)	64		59		31	$^{0}_{-0.62}$	60		39	31		10	55.5	1.0	2.0	69.3	57	28		2	
소형 6각 캡 너트	M 8	M 8×1	15		12		6.5		12		8	6.5		3.5	10.5	0.5	0.6	13.9	11.5	5.5		0.4	
	M 10	M 10×1.25	18		14.5		8	$^{0}_{-0.36}$	14	$^{0}_{-0.25}$	10	8		4	12.5	0.5	0.8	16.2	13.5	6.5	0.5	0.4	
	M 12	M 12×1.25	22	±0.3	17.5	±0.3	10		17		12	10		5	14.5	0.5	1.0	19.6	16.5	7.5		0.5	
	(M 14)	(M 14×1.5)	24		19.5		11		19		14	11		6	16.5	1.0	1.2	21.9	18	8.5		0.7	
	M 16	M 16×1.5	28		23.0		13		22		16	13		6	19.5	1.0	1.6	25.4	21	10		0.7	
	(M 18)	(M 18×1.5)	31		26		15	$^{0}_{-0.43}$	24	$^{0}_{-0.35}$	18	15		7	21.5	1.0	1.6	27.7	23	11		0.8	
	M 20	M 20×1.5	34	±0.4	26	±0.4	16		27		20	16		7	23.5	1.0	1.6	31.2	26	12	1.0	0.9	
	(M 22)	(M 22×1.5)	38		31.5		18		30		22	18		7	26.5	1.0	1.6	34.6	29	13.5		0.9	
	M 24	M 24×2	41		33.5		19	$^{0}_{-0.52}$	32	$^{0}_{-0.4}$	24	19		9	28.5	1.0	2.0	37.0	31	14.5		1.0	

주 (*) b_2는 나사부 길이로서, $b_2 \geq m_3$ (최소치)이면 좋다.

비 고 1. 나사의 호칭에 ( )를 붙인 것은 되도록 사용하지 않는다.

2. x는 불완전 나사부의 길이이며 약 1.5산으로 한다.

3. 나사부의 모떼기는 그 지름이 나사의 골밑보다도 약간 큰 정도로 한다. 다만, 주문자의 지정에 따라 이 모떼기를 생략할 수 있다.

13.6 아이너트(eye nut KS B 1034)

아이 너트의 모양과 치수, 사용하중은 아래 표와 같다.

부표 1 아이 너트의 모양·치수 및 사용 하중

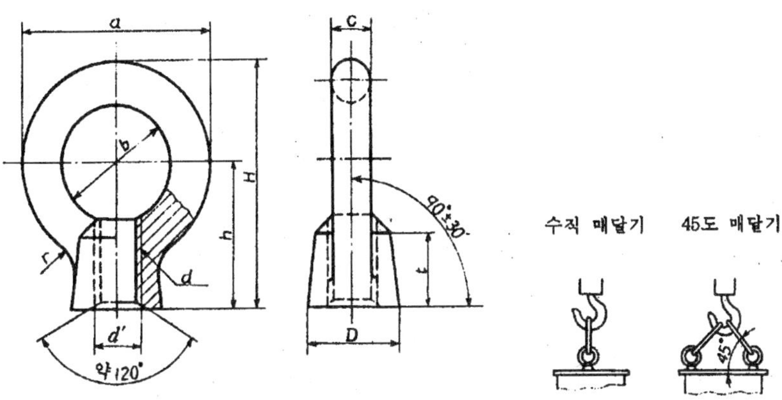

단위 : mm

나사의 호칭 (*d*)	*a*	*b*	*c*	*D*	*t*	*h*	*H* (참고)	*r* (약)	*d'*	사용 하중 수직매달기 kN	사용 하중 45도 매달기([9]) (2개에 대한) kN
M 8	32.6	20	6.3	16	12	23	39.3	8	8.5	0.785	0.785
M 10	41	25	8	20	15	28	48.5	10	10.6	1.47	1.47
M 12	50	30	10	25	19	36	61	12	12.5	2.16	2.16
M 16	60	35	12.5	30	23	42	72	14	17	4.41	4.41
M 20	72	40	16	35	28	50	86	16	21.2	6.18	6.18
M 24	90	50	20	45	38	66	111	25	25	9.32	9.32
M 30	110	60	25	60	46	80	135	30	31.5	14.7	14.7
M 36	133	70	31.5	70	55	95	161.5	35	37.5	22.6	22.6
M 42	151	80	35.5	80	64	109	184.5	40	45	33.3	33.3
M 48	170	90	40	90	73	123	208	45	50	44.1	44.1
M 64	210	110	50	110	90	151	256	50	67	88.2	88.2
M80×6	266	140	63	130	108	184	317	60	85	147	147

주([9]) 45 도 매달기의 사용 하중은 너트의 자리면이 상대와 밀착하고 2 개의 너트 링의 방향이 위의 그림과 같이 동일 평면 내에 있을 경우에 적용한다.

비 고 *a*, *b*, *c*, *D*, *t* 및 *h* 의 허용차는 KS B 0426 의 보통급, *d'*의 허용차는 KS B 0412 의 거친급으로 한다.

13.7 플랜지 너트(flange nut)

플랜지 너트의 모양과 치수는 아래 표와 같다.

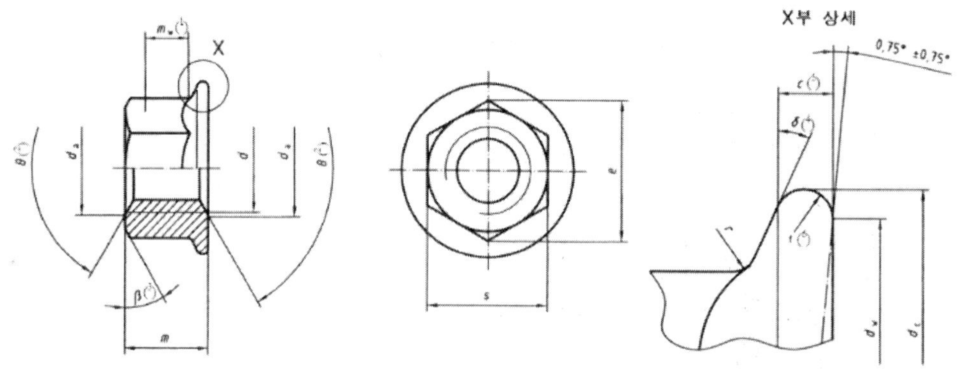

치 수

단위 mm

나 사(d)		M5	M6	M8	M10	M12	(M14) ([1])	M16	M20
P([2])		0.8	1	1.25	1.5	1.75	2	2	2.5
c	최소	1	1.1	1.2	1.5	1.8	2.1	2.4	3
d_a	최소	5.00	6.00	8.00	10.0	12	14.0	16.0	20.0
	최대	5.75	6.75	8.75	10.8	13	15.1	17.3	21.6
d_c	최대	11.8	14.2	17.9	21.8	26.0	29.9	34.5	42.8
d_w	최소	9.8	12.2	15.8	19.6	23.8	27.6	31.9	39.9
e	최소	8.79	11.05	14.38	16.64	20.03	28.36	26.75	32.95
m	최대	5.0	6.0	8.00	10.00	12.00	14.0	16.0	20.0
	최소	4.7	5.7	7.64	9.64	11.57	13.3	15.3	18.7
m_w	최소	2.5	3.1	4.6	5.6	6.8	7.7	8.9	10.7
s	최대	8.00	10.00	13.00	15.00	18.00	21.0	24.00	30.00
	최소	7.78	9.78	12.73	14.73	17.73	20.67	23.67	29.16
r([3])	최대	0.3	0.4	0.5	0.6	0.7	0.9	1	1.2

비 고 제품이 **부속서** A에 주워진 게이지 검사를 통과하면 치수 e, c 및 m_w에 대한 요구 조건이 만족된다.

주([1]) ( ) 안의 호칭은 되도록 사용하지 않는다.

([2]) P는 나사의 피치이다.

([3]) 반지름 r은 모퉁이와 6각형의 평면부에 똑같이 적용된다.

13.8 T홈 너트(KS B 1039)

보 기 **KS B 1039**	M 8	8T		
T홈 너트	M42		SM45C	Ep-Fe/Zn 5/CM2
‖	‖	‖	‖	‖
(규격 번호 또는 규격 명칭)	(나사의 호칭)	(강도 구분)	(재료)	(지정 사항)

T 홈 너트의 모양과 치수

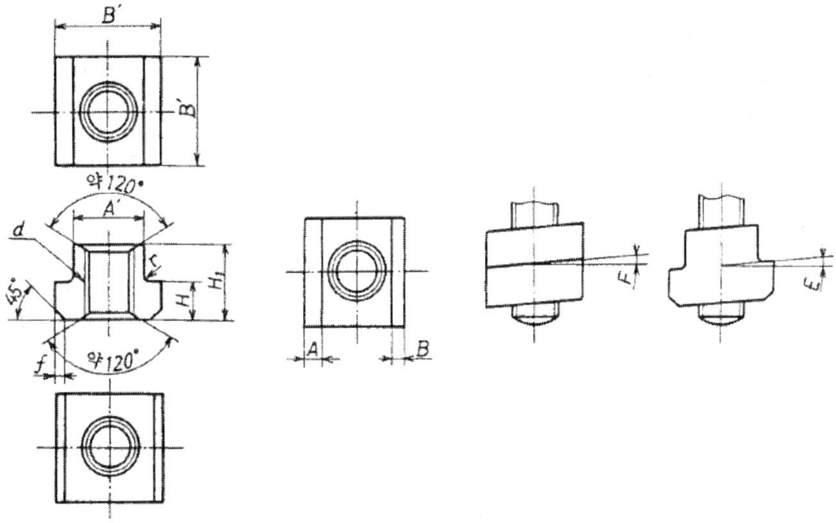

단위 : mm

T홈의 호칭 치수	d	A′		B′		H		H_1		f	r	A−B	E 및 F
	나사의 호칭	기준 치수	허용차	기준 치수	허용차	기준 치수	허용차	기준 치수	허용차	최대값	최대값	허용값	최대
5	M 4	5	−0.3 −0.5	9	±0.29	2.5	±0.2	6.5	±0.29	1	0.3	0.2	1°
6	M 5	6		10		4	±0.24	8		1.6		0.3	
8	M 6	8		13	±0.35	6	±0.29	10				0.3	
10	M 8	10		15		6		12	±0.35			0.4	
12	M10	12	−0.3 −0.6	18		7		14		2.5	0.4	0.5	
14	M12	14		22	±0.42	8		16				0.7	
18	M16	18		28		10		20	±0.42			0.8	
22	M20	22		34	±0.5	14	±0.35	28			0.5	0.9	
28	M24	28		43		18		36	±0.5	4		1.2	
36	M30	36	−0.4 −0.7	53	±0.6	23	±0.42	44		6		1.5	
42	M36	42		64		28		52	±0.6		0.8	1.8	
48	M42	48		75		32	±0.5	60				2.1	
54	M48	54		85	±0.7	36		70				2.4	
(3) 참고 16	M14	16	−0.3 −0.6	25	±0.42	9	±0.29	18	±0.35	2.5	0.4	0.7	1°
20	M18	20		32	±0.5	12	±0.35	24	±0.42			0.9	
24	M22	24		40		16		32	±0.5	4	0.5	1.1	
32	M27	32	−0.4 −0.7	50		20	±0.42	40				1.3	

13.9 지그 및 부착구용 6각 너트(KS B 1035)

너트의 종류는 머리 모양에 따라 자리없음, 평면 자리붙이 및 구면 자리붙이 3종류로 한다.

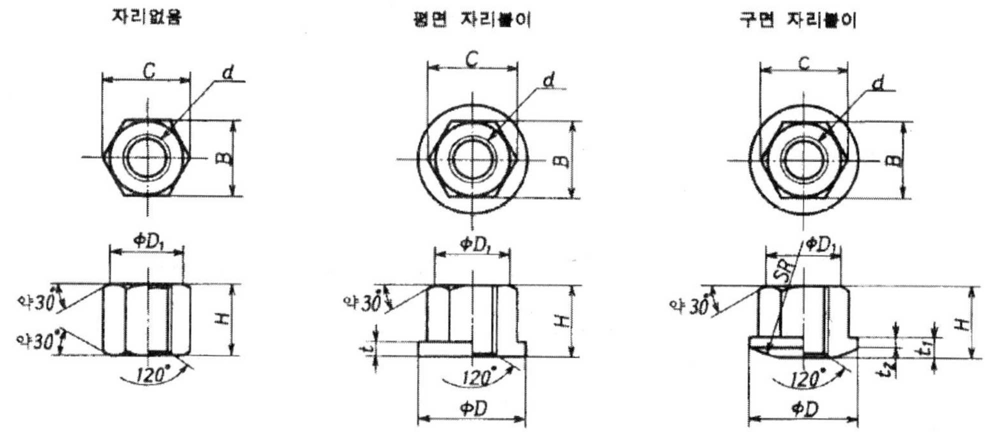

단위 : mm

너트의 호칭	d	H	B	C (약)	D_1 (약)	D	t	SR	t_1	t_2
6	M 6	9	10	11.5	9.8	13	2	15	2.3	1.4
8	M 8	12	13	15	12.5	17	2.5	20	3.1	1.9
10	M 10	15	17	19.6	16.5	23	3	25	4.1	2.1
12	M 12	18	19	21.9	18	25	3.5	30	4.5	2.8
(14)	M 14	21	22	25.4	21	29	4	35	5.3	3.3
16	M 16	24	24	27.7	23	32	4.5	40	6	3.9
(18)	M 18	27	27	31.2	26	36	5	45	6.8	4.4
20	M 20	30	30	34.6	29	40	5.5	50	7.6	4.9
(22)	M 22	33	32	37	31	43	6	55	8.4	5.5
24	M 24	36	36	41.6	34	48	6.5	60	9.3	5.9
(27)	M 27	41	41	47.3	39	54	7.5	68	10.4	6.7

13.10 록 너트(lock nut)

너트의 풀림을 막기 위해 2개의 너트를 겹치거나 또는 특수한 너트를 말한다.

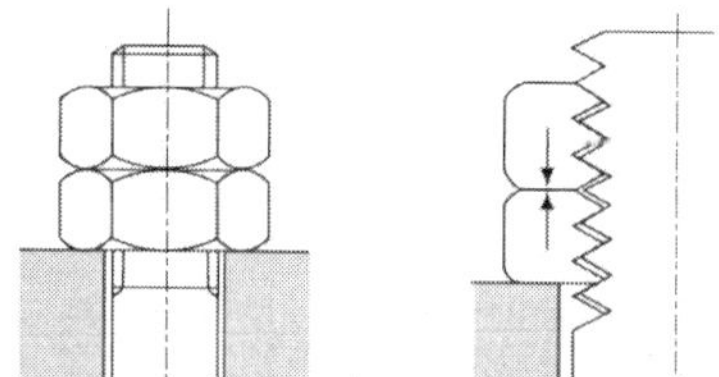

13.11 볼트와 너트의 제도법

(1) 일반적으로 볼트와 너트의 표준부품을 쓸 경우 도형과 치수를 적지 않고 호칭법을 부품난에 기입한다.

(2) 작은 나사 및 나사못의 도시는 표준 부품이므로 조립도 외에는 도시할 필요가 없으며, 호칭 방법만

부품난에 기입하면 된다.

(3) 관용나사의 도시에서 테이퍼는 그리거나 그리지 않아도 좋다. 테이퍼를 그리는 경우는 주의를 하도록 크게 표시한다.

볼트 · 너트 간략도시방법(KS B 0003-3)

No.	명 칭	간략 도시	No.	명 칭	간략 도시
1	6각 볼트	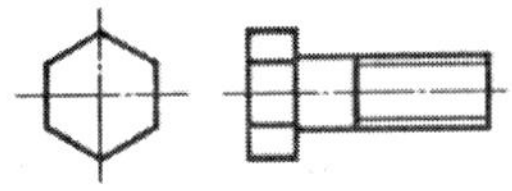	9	십자 구멍붙이 접시머리 작은 나사	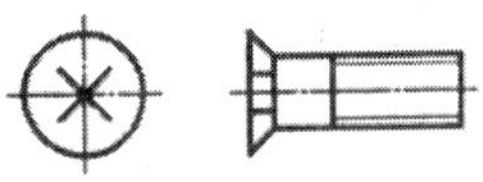
2	4각 볼트	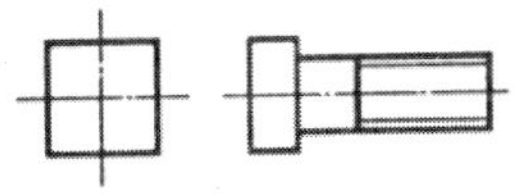	10	홈붙이 멈춤 나사	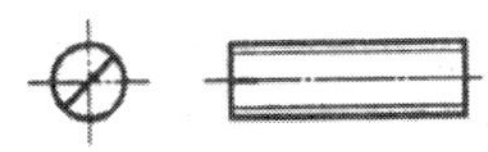
3	6각 구멍붙이 볼트	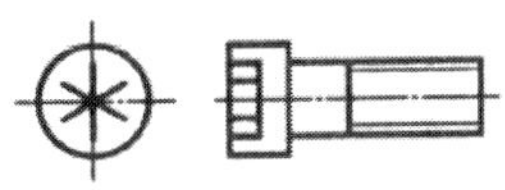	11	홈붙이 나사 못 및 태핑 나사	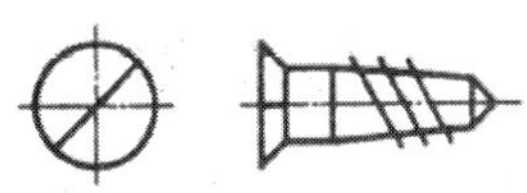
4	홈붙이 납작머리 작은 나사(치즈 머리)	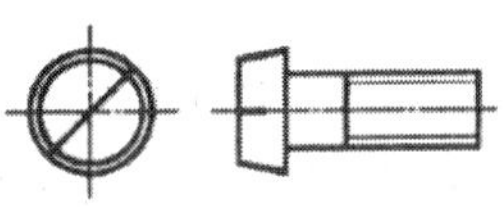	12	나비 볼트	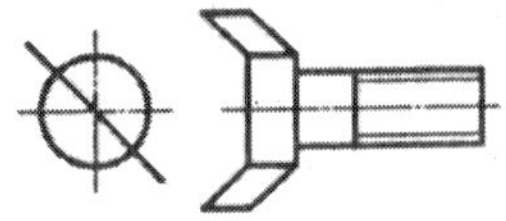
5	십자 구멍붙이 납작머리 작은 나사	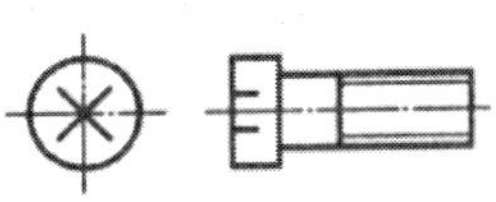	13	6각 너트	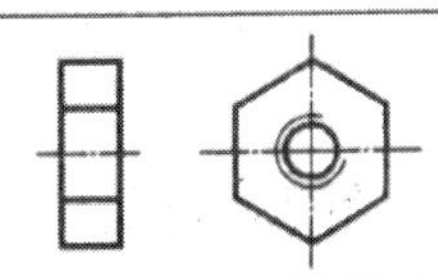
6	홈붙이 둥근 접시머리 작은 나사	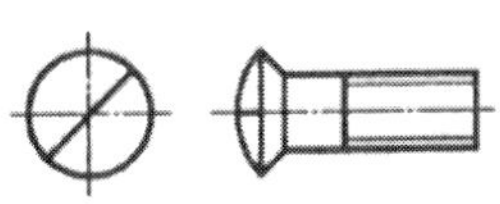	14	홈붙이 6각 너트	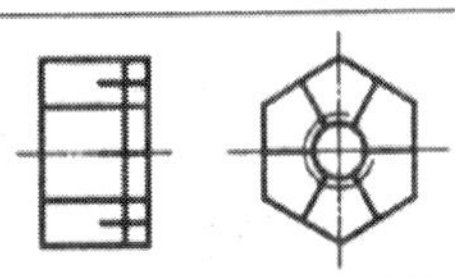
7	십자 구멍붙이 둥근 접시머리 작은 나사	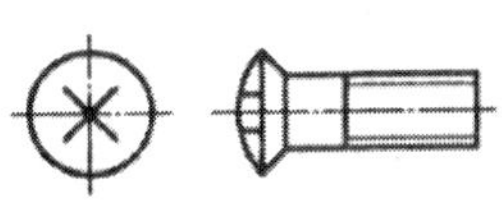	15	4각 너트	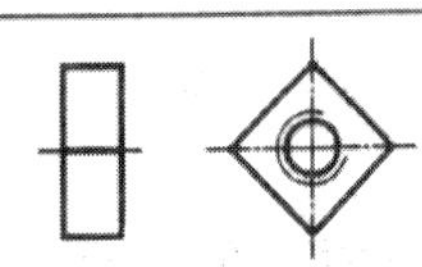
8	홈붙이 접시머리 작은 나사	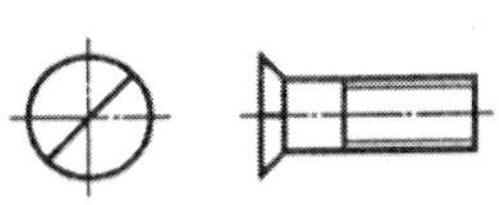	16	나비 너트	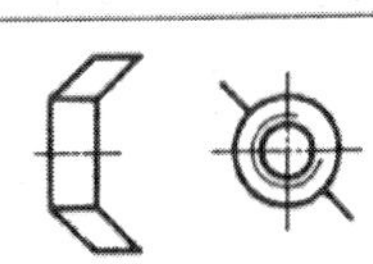

2_용접

1. 용접

금속 재료를 접합할 때 접합부를 국부적(局部的)으로 가열하여 용융(溶融) 또는 반용융(半溶融)이 되도록 접합하는 방법을 용접(溶接, welding)이라 한다.

용접 이음은 리벳 조인트에 비하여 중량의 경감, 가공비 절감, 가공 공정의 시간 단축 등 많은 이점이 있다.

1.1 용접 이음의 종류

용접 이음은 접합시키는 방법에 의하여 융접(fusion welding), 압접(pressure welding), 납땜(soldering)등 크게 세 가지로 나눌 수 있다.

융접은 모재(母材, base metal)의 접합부를 가열하여 모재와 용가재를 융합하여 금속을 접합시키는 방법이며 압접은 이음부를 가열하여 큰 소성 변형(塑性 變形)을 주어 접합시키는 방법이다. 납땜은 모재를 용융시키지 않고, 융점이 낮은 금속 첨가재(添加材)를 용융시켜 모재를 접합하는 방법이다.

1.2 용접 기호

용접 기호는 KS B 0052에 따른다.

(1) 적용 범위

이 규격은 용접부의 기호 및 표시방법에 대하여 규정한다.

(2) 용접부의 기호

① 용접부의 기호는 기본 기호 및 보조 기호로 한다.

② 기본 기호는 두 부재 사이의 용접 부 모양을 표시한다.

(3) 용접부의 기호 표시방법

용접 시공 내용의 기호

ⓐ 기본 기호

S : 용접부의 단면치수 또는 강도 [홈 깊이, 필렛의 다리 길이, 플러그 구멍의 지름, 슬로트 홈의 나비, 시임(seam)의 나비, 점 용접의 너깃지름(nugget diameter)또는 단접(鍛接)의 강도 등]

R : 루트(root) 간격

A : 홈 각도

L : 단속 필렛용접의 용접 길이, 슬로트 용접의 홈 길이 또는 필요할 경우에는 용접 길이

n : 단속 필렛용접, 플러그용접, 슬로트용접, 점용접 등의 수

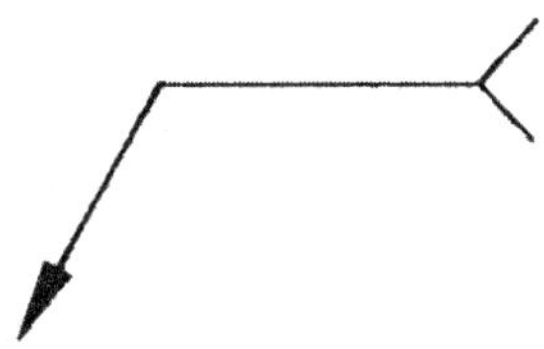

[그림 3-1] 기본기호

≪표 3-1≫ 용접 기호(KS B0052)

번 호	명 칭	도 시	기 호
1	양면 플랜지형 맞대기 이음 용접 1)	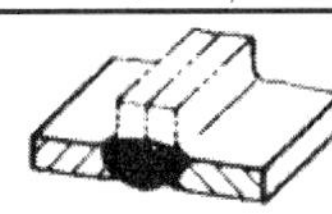	
2	평면형 평행 맞대기 이음 용접	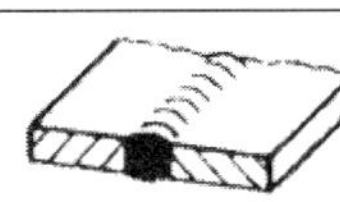	
3	한쪽면 V형 홈 맞대기 이음 용접	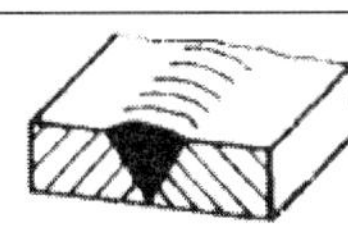	
4	한쪽면 K형 맞대기 이음 용접	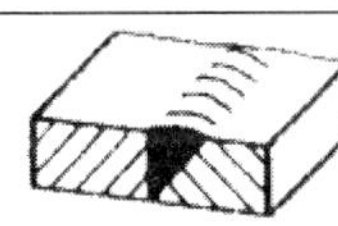	
5	부분 용입 한쪽면 V형 맞대기 이음 용접	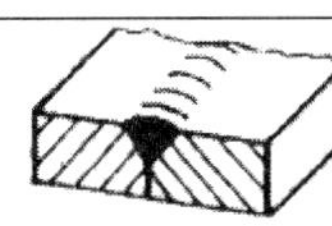	
6	부분 용입 한쪽면 K형 맞대기 이음 용접	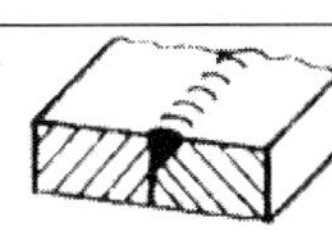	

번 호	명 칭	도 시	기 호
7	한쪽면 U형 홈 맞대기 이음 용접 (평행면 또는 경사면)		
8	한쪽면 J형 맞대기 이음 용접		
9	뒷면 용접		
10	필릿 용접	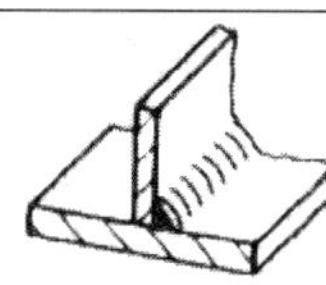	
11	플러그 용접 : 플러그 또는 슬롯 용접	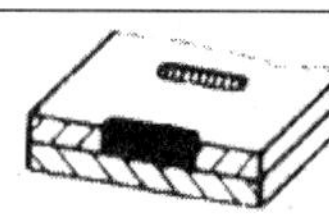	
12	스폿 용접		
13	심 용접	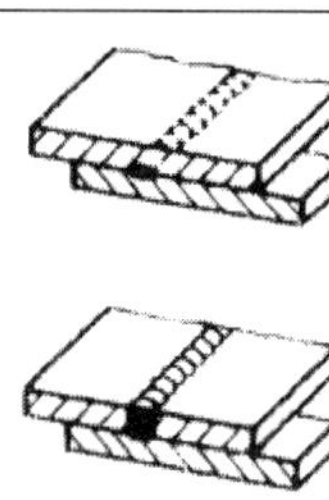	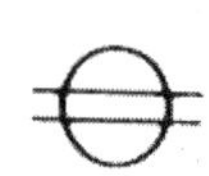
14	급경사면(스팁 플랭크) 한쪽면 V형 홈 맞대기 이음 용접		
15	급경사면 한쪽면 K형 맞대기 이음 용접	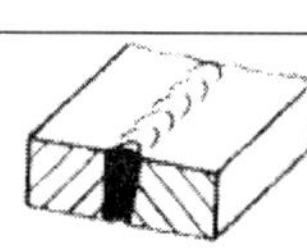	

번 호	명 칭	도 시	기 호
16	가장자리 용접		|||
17	서페이싱		
18	서페이싱 이음	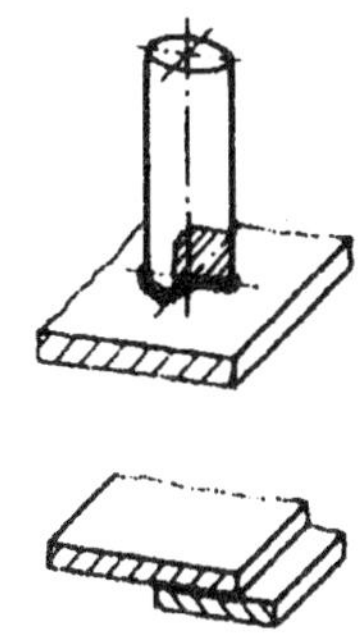	=
19	경사 이음	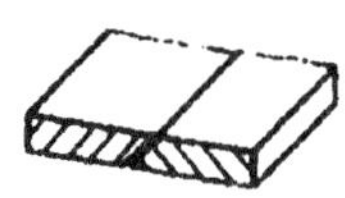	//
20	겹침 이음		
1) 판의 맞대기 이음 용접에서 완전히 용입되지 않는 경우에는 표 5와 같이 용입 깊이 S를 지시한 2번과 같은 기호로 표시한다.			

P : 단속 필렛용접, 플러그용접, 슬로트용접, 점용접 등의 피치

T : 특별 지시 사항(J형, U형 등의 루트 반지름, 용접 방법, 기타)

— : 표면 모양의 보조 기호 G : 다듬질 방법의 보조 기호

▶ : 온 둘레 현장 용접의 보조 기호 ○ : 온 둘레 용접의 보조 기호

ⓑ 기본 기호는 필요한 경우에는 결합하여 사용할 수 있다.

ⓒ 홈 용접의 단면 치수는 특별한 지정이 없는 한 다음과 같이 표시한다.

S : 홈 깊이 S로서 부분 용입 홈 용접

ⓓ 필렛 용접의 단면 치수는 다리 길이로 한다.

등변 필렛 용접일 경우에는 한쪽 다리 깊이만을 기재한다. 부등변 필렛 용접일 경우에는 작은 쪽 다리 길이(S_1)를 앞, 큰 쪽 다리 길이(S_2)를 뒤로 하여 ($S_1 \times S_2$)로 기입한다.

ⓔ 플러그 용접, 슬로트 용접의 단면 치수 및 용접선 방향의 치수는 구멍 바닥의 치수로 한다. 단면 치수만을 기재할 경우에는 충전 용접을 표시하는 것으로 하고, 부분 충전 용접일 경우에는 단면 치수인 구멍 바닥의 지름 또는 넓이를 앞, 용접 깊이를 뒤로 하여 기입한다.

ⓕ 점 용접 및 프로젝션 용접의 단면 치수는 너깃(nugget)의 지름으로 한다.

ⓖ 기선의 상하 양쪽에 기재할 치수가 같을 경우에는 위쪽에만 기입하여도 좋다.

ⓗ 용접 방법 등 지정할 필요가 있는 사항은 꼬리 부분에 기입한다.

3_키

1. 키(Key)

키는 기어, 벨트 풀리 등을 축에 고정(固定)시킬 때 사용하며, 회전력을 전달할 때는 기울기가 없는 키를 사용한다.

키는 하나의 쐐기로 된 체결용(締結用) 기계요소이므로 체결할 때 축 및 보스의 구멍에 키 홈(key way)을 파려면 측면커터(side milling cutter) 및 엔드밀(end mill) 등으로 가공하며 응력집중(應力集中)을 피하기 위하여 라운딩(rouding)처리를 한다.

키는 모서리를 담금질하고 키 재료는 축에 대하여 약간 단단한 강재(鋼材)로 제작하든지 열처리하여 연삭(硏削)한다. 체결 시 키와 홈의 측면에는 틈새가 없어야 한다.

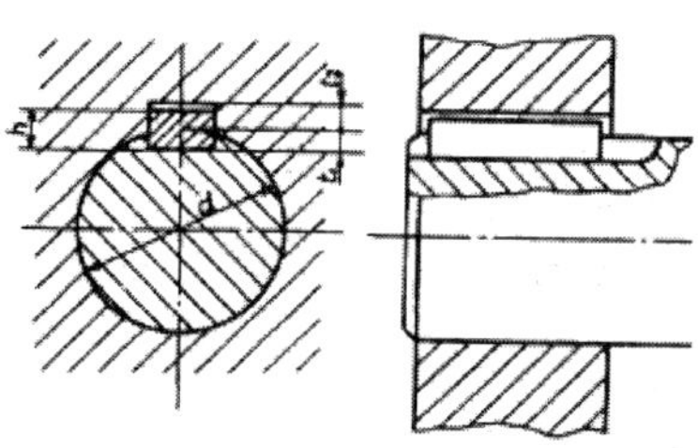

[그림 4-1] 키 이음

1.1 키의 종류

키의 종류에는 새들 키(saddle key), 평행 키(parallel key), 납작 키(flat key), 사각 키 또는 묻힘 키(sunk key), 접선 키(tangential key), 미끄럼 키(sliding key), 반달 키(woodruff key), 핀 키(pin key) 등이 있다.

(1) 새들 키(saddle key)

축에 홈을 만들지 않고, 보스에만 경사진 키 홈을 만들어서 키를 때려 박아 사용한다. 키의 뒷면은 축과 완전히 밀착되도록 가공하고 밀착면의 마찰력으로 동력을 전달하므로 큰 동력은 전달할 수 없다. 단, 축의 강도를 저하시키지 않고 임의의 위치에 보스를 고정할 수 있다는 이점이 있다.

(2) 납작 키(flat key)

보스에는 기울기가 1/100인 키 홈을 만드나 축에는 단지 키의 폭만큼 평평하게 깎아서 키를 때려 박는다. 안장키 보다 큰 동력을 전달할 수 있으나 동력의 회전방향이 교대로 변화하는 경우에는 헐거워질 염려가 있다.

(3) 묻힘 키(sunk key)

가장 널리 사용되는 키로서 축과 보스 양쪽에 모두 키홈을 가공하여 비틀림 모멘트를 전달하는 키로 윗면에 1/100의 기울기를 가지고 있는 경우가 많다. 단면 형상은 정사각형이거나 직사각형이며, 정사각형인 것은 사각 키(square key)라 하고 축 지름이 작을 때 사용하며, 직사각형의 것은 축 지름이 클 때 사용한다. 성크 키는 키를 축에 붙이는 방법에 따라 평행키와 경사키로 나눈다.

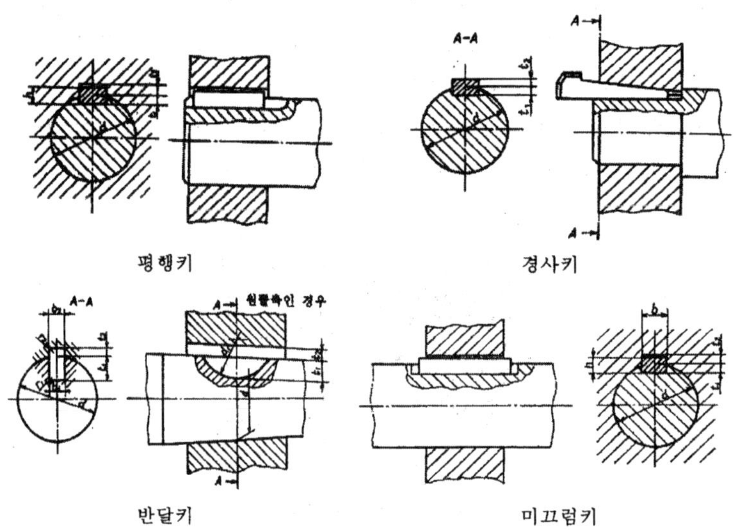

[그림 4-2] 키의 종류

① **평행 키**(parallel key)

평행키는 축의 키 홈에 억지 끼워 맞춤한 후 보스를 조립하거나, screw로 키와 축을 고정하고 보스를 조립하여 보스가 축을 따라 미끄러지는(sliding) 작용을 하고자 할 때 사용한다.

② **경사 키**(driving key)

키의 윗면과 보스의 키 홈에 1/100의 기울기를 주고 제작되며, 축과 풀리에서와 같이 축과 보스 사이에 키를 끼워 사용한다. 자주 해체하지 않는 경우는 머리 없는 경사키를 사용하지만, 해체가 용이해야 하는 경우에는 머리붙이 경사키를 사용한다.

경사키는 축과 보스가 미끄러지는 구조에서는 사용하지 않는다. 축의 키 홈은 주로 밀링 커터나 엔드밀로 가공하며 보스의 키 홈은 브로칭을 사용하여 가공한다. 고급 정밀 기어 등에는 드라이빙 키를 사용하지 않는 것이 좋다.

(4) 접선 키

기울기가 1/100인 2개의 경사키를 한조로 하여 축과 보스에 120도 각도의 접선방향으로 키 홈을 내고 때려 박은 것으로, 키 홈의 깊이가 묻힘 키보다 깊지 않아, 축의 강도를 덜 저하시키면서 묻힘 키보다 큰 토크를 전달할 수 있다. 또한 키가 120도 각도의 접선방향으로 대칭되게 배치되어 있어 아주 큰 회전력이나 힘의 방향이 변하는 곳에 사용한다.

(5) 미끄럼 키

보스가 회전하고 동시에 축 방향을 미끄러지면서 움직일 수 있는 키를 미끄럼 키 혹은 페더 키(feather key)라고 한다. 키와 보스 또는 축과의 사이에 약간의 틈새를 두고 있다. 키에는 경사가 없고 평행으로 되어 있으며 단면은 직사각형이고, 키의 길이와 홈의 길이는 활동하는 범위만큼 취한다.

(6) 반달 키

반달 형상의 얇은 키로서 키 홈은 쉽게 파낼 수 있으나, 축의 홈이 깊기 때문에 축의 강도를 감소시키는 결점이 있다. 일반적으로 60mm이하 작은 축에 사용한다. 자동차의 테이퍼 축, 전동기, 기타 공작기계 등에 사용된다.

(7) 핀 키(round key)

축과 보스를 끼운 상태로 드릴 및 리머로 가공하여 원형 단면의 작은 핀을 끼워 사용한다. 둥근 키는 가공이 쉽고 위치가 정확치 않으므로 호환성을 필요로 하지 않는 곳이나 사용하던 축과 보스가 헐거워졌을 때, 맞춤 상태를 확인하는 개념으로 사용한다. 큰 동력을 전달하는 데는 부적당하다. 원형 단면의 테이퍼핀 또는 평행 핀을 사용할 수 있다.

1.2 키와 키 홈의 형상과 치수

보스의 키 홈을 제도할 때에는 키 홈 부분을 위쪽에 그린다. 그러나 축인 경우는 옆으로 그려도 된다. 또한, 보스 구멍의 지름을 단면도 쪽에 기입할 때에는 KS B 1311에 따른다. KS B 1311에 따른 키와 키 홈의 모양과 치수는 다음과 같다.

키 홈의 종류 및 기호

모 양		기호	키	키 홈
평행키	나사용 구멍 없음	P	부표 1	부표 4
	나사용 구멍 있음	PS		
경사키	머리 없음	T	부표 2	부표 5
	머리 있음	TG		
반달키	둥근 바닥	WA	부표 3	부표 6
	납작 바닥	WB		
미끄럼키	4각형 단면의 키	규격번호	부표 7	부표 8

≪부표 1≫ 평행키의 모양과 치수

키 몸체

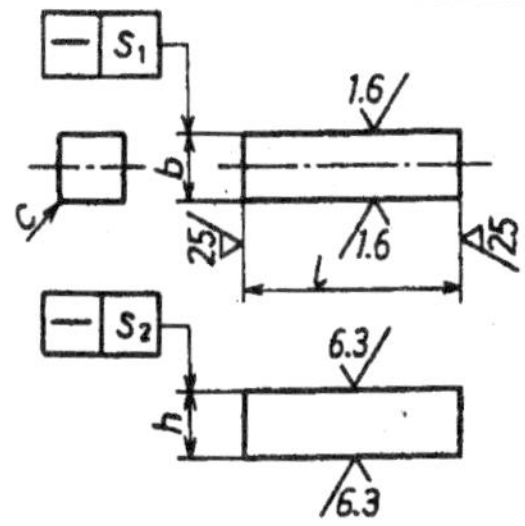

$s_1 = b$의 공차 $\times \frac{1}{2}$

$s_2 = h$의 공차 $\times \frac{1}{2}$

나사용 구멍(구멍 A : 고정 나사용 구멍 구멍 B : 빠짐 나사용 구멍)

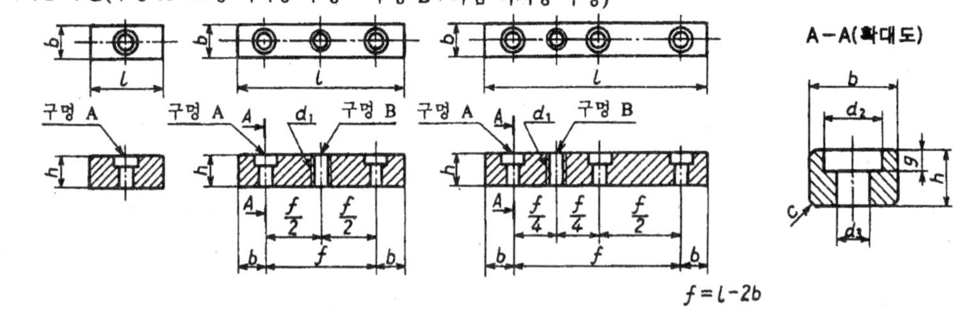

단위 : mm

키의 호칭 치수 b×h	키 몸체							나사용 구멍			
	b		h					나사의 호칭			
	기준 치수	허용차 (h9)	기준 치수	허용차		c[2]	l[1]	d_1	d_2	d_3	g
2× 2	2	0 −0.025	2	0 −0.025	h9	0.16～0.25	6～ 20	—	—	—	—
3× 3	3		3				6～ 36	—	—	—	—
4× 4	4	0 −0.030	4	0 −0.030			8～ 45	—	—	—	—
5× 5	5		5			0.25～0.40	10～ 56	—	—	—	—
6× 6	6		6				14～ 70	—	—	—	—
(7× 7)	7	0 −0.036	7	0 −0.036			16～ 80	—	—	—	—
8× 7	8		7	0 −0.090	h11		18～ 90	M 3	6.0	3.4	2.3
10× 8	10		8			0.40～0.60	22～110	M 3	6.0	3.4	2.3
12× 8	12	0 −0.043	8				28～140	M 4	8.0	4.5	3.0
14× 9	14		9				36～160	M 5	10.0	5.5	3.7
(15×10)	15		10				40～180	M 5	10.0	5.5	3.7
16×10	16		10				45～180	M 5	10.0	5.5	3.7
18×11	18		11	0 −0.110			50～200	M 6	11.5	6.6	4.3
20×12	20	0 −0.052	12			0.60～0.80	56～220	M 6	11.5	6.6	4.3
22×14	22		14				63～250	M 6	11.5	6.6	4.3
(24×16)	24		16				70～280	M 8	15.0	9.0	5.7
25×14	25		14				70～280	M 8	15.0	9.0	5.7
28×16	28		16				80～320	M10	17.5	11.0	10.8
32×18	32	0 −0.062	18				90～360	M10	17.5	11.0	10.8
(35×22)	35		22	0 −0.130		1.00～1.20	100～400	M10	17.5	11.0	10.8

≪부표 2≫ 경사키의 모양과 치수

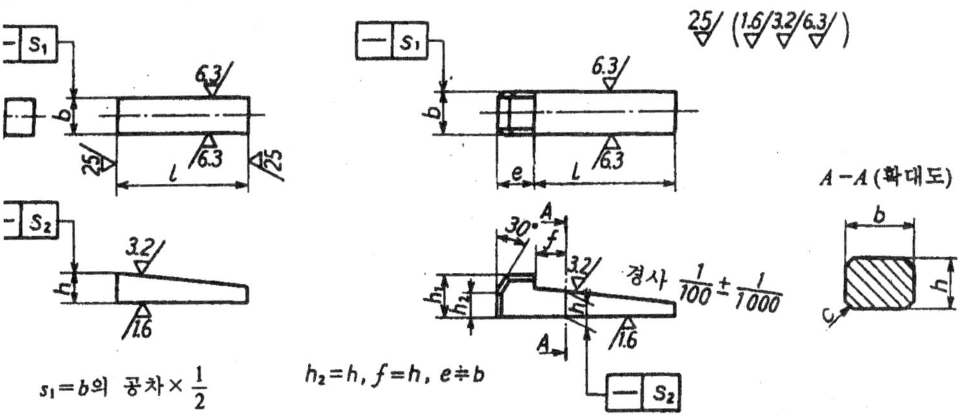

$s_1 = b$의 공차 $\times \frac{1}{2}$

$s_2 = h$의 공차 $\times \frac{1}{2}$

$h_2 = h$, $f = h$, $e \doteqdot b$

단위 : mm

키의 호칭 치수 $b \times h$	키 몸체							
	b		h			h_1	c (2)	l (1)
	기준 치수	허용차 (h9)	기준 치수	허용차				
36×20	36	0 −0.062	20	0 −0.130	h11	32	1.00∼1.20	—
(38×24)	38		24.3	0 −0.084	h10	36		—
40×22	40		22	0 −0.130	h11	36		—
(42×26)	42		26.3	0 −0.084	h10	40		—
45×25	45		25	0 −0.130	h11	40		—
50×28	50		28			45		—
56×32	56	0 −0.074	32	0 −0.160		50	1.60∼2.00	—
63×32	63		32			50		—
70×36	70		36			56		—
80×40	80		40			63	2.50∼3.00	—
90×45	90	0 −0.087	45			70		—
100×50	100		50			80		—

≪부표 3≫ 반달 키의 모양과 치수

둥근 바닥
(기호WA)

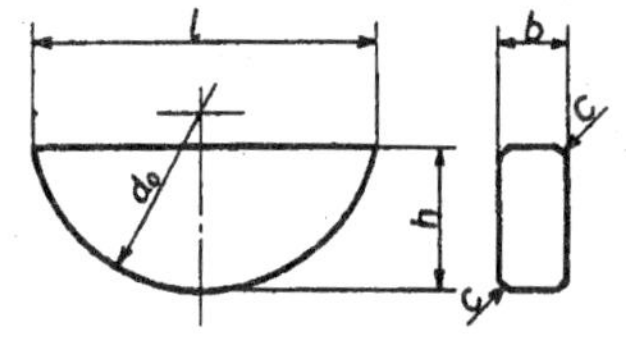

납작 바닥
(기호WB)

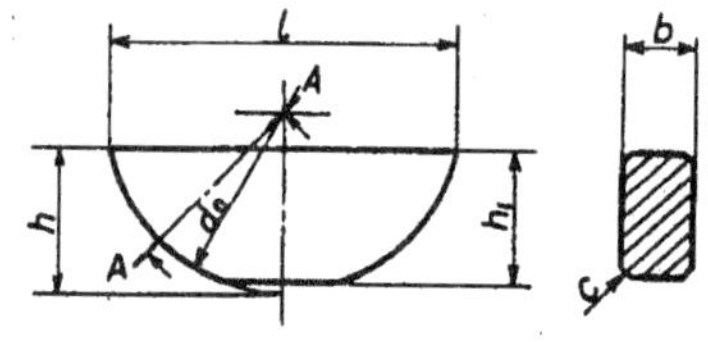

비 고 표면 거칠기는 양쪽면은 1.6μmR_a로 하고 기타는 6.3μmR_a로 한다.

단위 : mm

키의 호칭 치수 $b \times d_0$	키 몸체									참 고
	b		d_0		h		h_1		c(²)	l (계산값)
	기준 치수	허용차 (h9)	기준 치수	허용차	기준 치수	허용차 (h11)	기준 치수	허용차		
1× 4	1	$^{0}_{-0.025}$	4	$^{0}_{-0.120}$	1.4	$^{0}_{-0.060}$	1.1	±0.1	0.16∼0.25	—
1.5× 7	1.5		7	$^{0}_{-0.150}$	2.6		2.1			—
2× 7	2		7		2.6		2.1			—
2×10			10		3.7	$^{0}_{-0.075}$	3.0			—
2.5×10	2.5		10		3.7		3.0			9.6
(3×10)	3		10	$^{0}_{-0.1}$	3.7		3.55			9.6
3×13			13	$^{0}_{-0.180}$	5.0		4.0	±0.2		12.6
3×16			16		6.5	$^{0}_{-0.090}$	5.2			15.7
(4×13)	4	$^{0}_{-0.030}$	13	$^{0}_{-0.1}$	5.0	$^{0}_{-0.075}$	4.75			12.6
4×16			16	$^{0}_{-0.180}$	6.5	$^{0}_{-0.090}$	5.2		0.25∼0.40	15.7
4×19			19	$^{0}_{-0.210}$	7.5		6.0			18.5
5×16	5		16	$^{0}_{-0.180}$	6.5		5.2			15.7
5×19			19	$^{0}_{-0.210}$	7.5		6.0			18.5
5×22			22		9.0		7.2			21.6
6×22	6		22		9.0		7.2			21.6
6×25			25		10.0		8.0			24.4
(6×28)			28	$^{0}_{-0.2}$	11.0	$^{0}_{-0.110}$	10.6			27.3
(6×32)			32		13.0		12.5			31.4
(7×22)	7	$^{0}_{-0.036}$	22	$^{0}_{-0.1}$	9.0	$^{0}_{-0.090}$	8.5			21.6
(7×25)			25	$^{0}_{-0.2}$	10.0		9.5			24.4
(7×28)			28		11.0	$^{0}_{-0.110}$	10.6			27.3
(7×32)			32		13.0		12.5			31.4
(7×38)			38		15.0		14.0			37.1
(7×45)			45		16.0		15.0			43.0
(8×25)	8		25		10.0	$^{0}_{-0.090}$	9.5			24.4
8×28			28	$^{0}_{-0.210}$	11.0	$^{0}_{-0.110}$	8.8		0.40∼0.60	27.3
(8×32)			32	$^{0}_{-0.2}$	13.0		12.5		0.25∼0.40	31.4
(8×38)			38		15.0		14.0			37.1
10×32	10		32	$^{0}_{-0.250}$	13.0		10.4		0.40∼0.60	31.4
(10×45)			45	$^{0}_{-0.2}$	16.0		15.0			43.0
(10×55)			55		17.0		16.0			50.8
(10×65)			65		19.0	$^{0}_{-0.130}$	18.0	±0.3		59.0
(12×65)	12	$^{0}_{-0.043}$	65		19.0		18.0			59.0
(12×80)			80		24.0		22.4			73.3

비 고 괄호를 붙인 호칭 치수의 것은 대응 국제 규격에는 규정되어 있지 않으므로 새로운 설계에는 사용하지 않는다.

≪부표 4≫ 평형키 홈의 키 홈 모양 및 치수

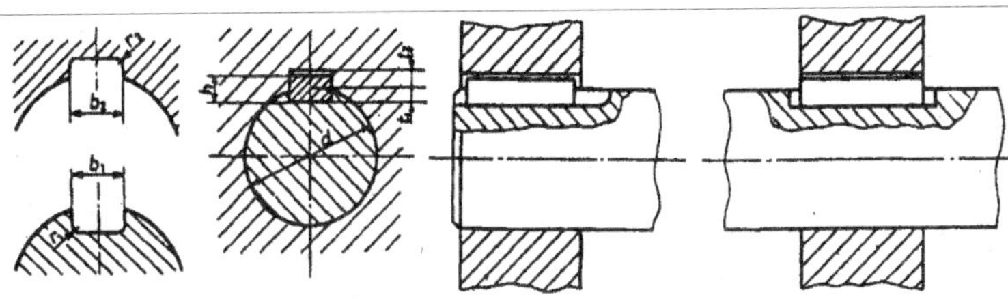

단위 : mm

키의 호칭 치수 $b \times h$	b_1 및 b_2의 기준 치수	활동형 b_1 허용차 (H9)	활동형 b_2 허용차 (D10)	보통형 b_1 허용차 (N9)	보통형 b_2 허용차 (J_s9)	조립형 b_1 및 b_2 허용차 (P9)	r_1 및 r_2	t_1의 기준 치수	t_2의 기준 치수	t_1 및 t_2의 허용차	참고 적용하는 축지름[3] d
2×2	2	+0.025 0	+0.060 +0.020	−0.004 −0.029	±0.012 5	−0.006 −0.031	0.08~0.16	1.2	1.0	+0.1 0	6~ 8
3×3	3							1.8	1.4		8~ 10
4×4	4	+0.030 0	+0.078 +0.030	0 −0.030	±0.015 0	−0.012 −0.042		2.5	1.8		10~ 12
5×5	5						0.16~0.25	3.0	2.3		12~ 17
6×6	6							3.5	2.8		17~ 22
(7×7)	7	+0.036 0	+0.098 +0.040	0 −0.036	±0.018 0	−0.015 −0.051		4.0	3.3	+0.2 0	20~ 25
8×7	8							4.0	3.3		22~ 30
10×8	10						0.25~0.40	5.0	3.3		30~ 38
12×8	12	+0.043 0	+0.120 +0.050	0 −0.043	±0.021 5	−0.018 −0.061		5.0	3.3		38~ 44
14×9	14							5.5	3.8		44~ 50
(15×10)	15							5.0	5.3		50~ 55
16×10	16							6.0	4.3		50~ 58
18×11	18							7.0	4.4		58~ 65
20×12	20	+0.052 0	+0.149 +0.065	0 −0.052	±0.026 0	−0.022 −0.074	0.40~0.60	7.5	4.9		65~ 75
22×14	22							9.0	5.4		75~ 85
(24×16)	24							8.0	8.4		80~ 90
25×14	25							9.0	5.4		85~ 95
28×16	28							10.0	6.4		95~110
32×18	32	+0.062 0	+0.180 +0.080	0 −0.062	±0.031 0	−0.026 −0.088		11.0	7.4		110~130
(35×22)	35						0.70~1.00	11.0	11.4	+0.3 0	125~140
36×20	36							12.0	8.4		130~150
(38×24)	38							12.0	12.4		140~160
40×22	40							13.0	9.4		150~170
(42×26)	42							13.0	13.4		160~180
45×25	45							15.0	10.4		170~200
50×28	50							17.0	11.4		200~230
56×32	56	+0.074 0	+0.220 +0.100	0 −0.074	±0.037 0	−0.032 −0.106	1.20~1.60	20.0	12.4		230~260
63×32	63							20.0	12.4		260~290
70×36	70							22.0	14.4		290~330
80×40	80						2.00~2.50	25.0	15.4		330~380
90×45	90	+0.087 0	+0.260 +0.120	0 −0.087	±0.043 5	−0.037 −0.0124		28.0	17.4		380~440
100×50	100							31.0	19.5		440~500

注[3] 적용하는 축지름은 키의 강도에 대응하는 토크에서 구할 수 있는 것으로 일반 용도의 기준으로 나타낸다. 키의 크기가 전달하는 토크에 대하여 적절한 경우에는 적용하는 축지름보다 굵은 축을 사용하여도 좋다. 그 경우에는 키의 옆면이 축 및 허브에 균등하게 닿도록 t_1 및 t_2를 수정하는 것이 좋다. 적용하

≪부표 5≫ 경사 5 키 홈의 모양과 치수

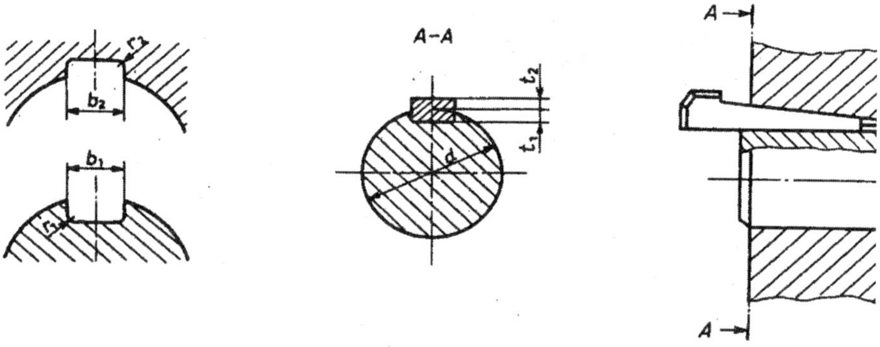

단위 : mm

키의 호칭 치수 $b \times h$	b_1 및 b_2 기준 치수	b_1 및 b_2 허용차 (D10)	r_1 및 r_2	t_1의 기준 치수	t_2의 기준 치수	t_1 및 t_2의 허용차	참고 (5) 적용하는 축지름 d
2×2	2	+0.060 +0.020	0.08～0.16	1.2	0.5	+0.05 0	6～ 8
3×3	3			1.8	0.9		8～ 10
4×4	4	+0.078 +0.030		2.5	1.2	+0.1 0	10～ 12
5×5	5		0.16～0.25	3.0	1.7		12～ 17
6×6	6			3.5	2.2		17～ 22
(7×7)	7	+0.098 +0.040		4.0	3.0		20～ 25
8×7	8			4.0	2.4	+0.2 0	22～ 30
10×8	10		0.25～0.40	5.0	2.4		30～ 38
12×8	12	+0.120 +0.050		5.0	2.4		38～ 44
14×9	14			5.5	2.9		44～ 50
(15×10)	15			5.0	5.0	+0.1 0	50～ 55
16×10	16			6.0	3.4	+0.2 0	50～ 58
18×11	18			7.0	3.4		58～ 65
20×12	20	+0.149 +0.065	0.40～0.60	7.5	3.9		65～ 75
22×14	22			9.0	4.4		75～ 85
(24×16)	24			8.0	8.0	+0.1 0	80～ 90
25×14	25			9.0	4.4	+0.2 0	85～ 95
28×16	28			10.0	5.4		95～110
32×18	32	+0.180 +0.080		11.0	6.4		110～130
(35×22)	35		0.70～1.00	11.0	11.0	+0.15 0	125～140
36×20	36			12.0	7.1	+0.3 0	130～150
(38×24)	38			12.0	12.0	+0.15 0	140～160
40×22	40			13.0	8.1	+0.3 0	150～170
(42×26)	42			13.0	13.0	+0.15 0	160～180
45×25	45			15.0	9.1	+0.3 0	170～200
50×28	50			17.0	10.1		200～230
56×32	56	+0.220 +0.100	1.20～1.60	20.0	11.1		230～260
63×32	63			20.0	11.1		260～290

비고 : 괄호를 붙인 호칭의 치수의 것은 대응 국제 규격에는 규정되어 있지 않으므로 새로운 설계에는 사용하지 않는다.

≪부표 6≫ 반달 키 홈의 키 홈 모양 및 치수

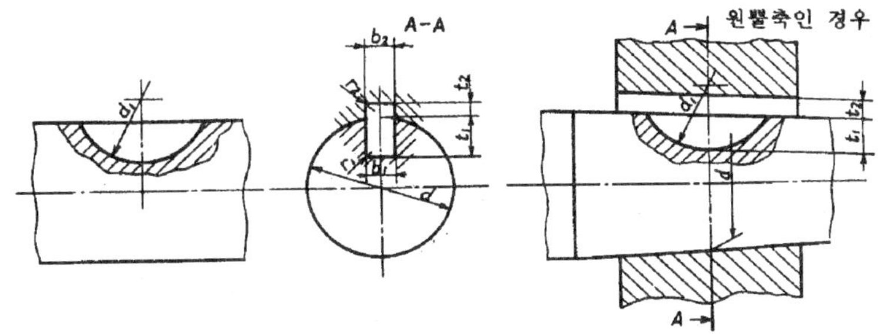

단위 : mm

키의 호칭 치수 $b \times d_0$	b_1 및 b_2의 기준 치수	보통형		조립형	t_1		t_2		r_1 및 r_2	d_1	
		b_1 허용차 (N9)	b_2 허용차 (Js9)	b_1 및 b_2 허용차 (P9)	기준 치수	허용차	기준 치수	허용차		기준 치수	허용차
1×4	1	$^{-0.004}_{-0.029}$	±0.012	$^{-0.006}_{-0.031}$	1.0	$^{+0.1}_{0}$	0.6	$^{+0.1}_{0}$	0.08～0.16	4	$^{+0.1}_{0}$
1.5×7	1.5				2.0		0.8			7	
2×7	2				1.8		1.0			7	
2×10					2.9					10	$^{+0.2}_{0}$
2.5×10	2.5				2.7		1.2			10	
(3×10)	3				2.5		1.4			10	
3×13					3.8	$^{+0.2}_{0}$				13	
3×16					5.3					16	
(4×13)	4	$^{0}_{-0.030}$	±0.015	$^{-0.012}_{-0.042}$	3.5	$^{+0.1}_{0}$	1.7			13	
4×16					5.0	$^{+0.2}_{0}$	1.8		0.16～0.25	16	
4×19					6.0					19	$^{+0.3}_{0}$
5×16	5				4.5		2.3			16	$^{+0.2}_{0}$
5×19					5.5					19	$^{+0.3}_{0}$
5×22					7.0	$^{+0.3}_{0}$				22	
6×22	6				6.5		2.8			22	
6×25					7.5			$^{+0.2}_{0}$		25	
(6×28)					8.6	$^{+0.1}_{0}$	2.6	$^{+0.1}_{0}$		28	
(6×32)					10.6					32	
(7×22)	7	$^{0}_{-0.036}$	±0.018	$^{-0.015}_{-0.051}$	6.4		2.8			22	
(7×25)					7.4					25	
(7×28)					8.4					28	
(7×32)					10.4					32	
(7×38)					12.4					38	
(7×45)					13.4					45	
(8×25)	8				7.2		3.0			25	
8×28					8.0	$^{+0.3}_{0}$	3.3	$^{+0.2}_{0}$	0.25～0.40	28	
(8×32)					10.2	$^{+0.1}_{0}$	3.0	$^{+0.1}_{0}$	0.16～0.25	32	
(8×38)					12.2					38	
10×32	10				10.0	$^{+0.3}_{0}$	3.3	$^{+0.2}_{0}$	0.25～0.40	32	
(10×45)					12.8	$^{+0.1}_{0}$	3.4	$^{+0.1}_{0}$		45	
(10×55)					13.8					55	
(10×65)					15.8					65	$^{+0.5}_{0}$
(12×65)	12	$^{0}_{-0.043}$	±0.022	$^{-0.018}_{-0.061}$	15.2		4.0			65	
(12×80)					20.2					80	

비 고 1. 괄호를 붙인 호칭 치수의 것은 대응 국제 규격에는 규정되어 있지 않으므로 새로운 설계에는 사용하지 않는다.

2. 적용하는 축지름에 대해서는 **참고 표 1** 참조

≪부표 7≫ 미끄럼 키의 모양과 치수(KS B 1313)

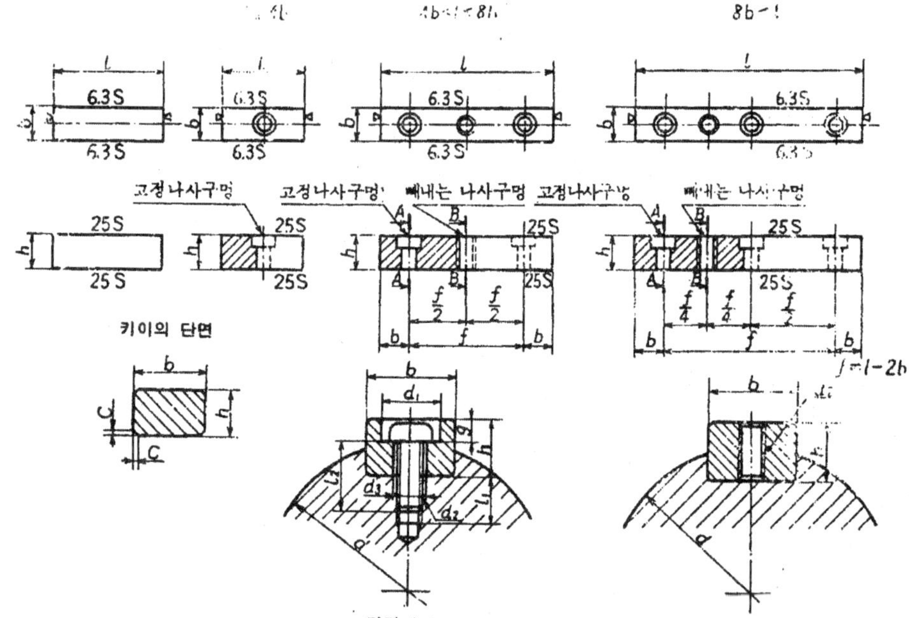

단면 AA　　단면 BB

단위 : mm

키이의 호칭 치수 $b \times h$	키이의 치수											참고		
	b		h			C	l (3)	d_1	나사의 호칭 d_2	d_3	g	고정나사		적용하는(4) 축지름 d
	기준 치수	허용차 (h9)	기준 치수	허용차								l_1	l_2	
2×2	2	0 -0.025	2	0 -0.025	h9	0.16 ~0.25	6~ 20	—	—	—	—	—	—	6초과 8이하
3×3	3		3				6~ 36	—	—	—	—	-	—	8초과 10이하
4×4	4	0 -0.030	4	0 -0.030			8~ 45	—	—	—	—	-	—	10초과 12이하
5×5	5		5			0.25 ~0.40	10~ 56	—	—	—	—	—	-	12초과 17이하
6×6	6		6				14~ 70	—	—	—	—	—	-	17초과 22이하
(7×7)	7	0 -0.036	7	0 -0.036			16~ 80	—	—	—	—	—	-	20초과 25이하
8×7	8		7	0 -0.090	h11		18~ 90	6.0	M3×0.5	3.4	2.3	5	8	22초과 30이하
10×8	10		8			0.40 ~0.60	22~110	6.0	M3×0.5	3.4	2.3	6	10	30초과 38이하
12×8	12	0 -0.043	8				28~140	8.0	M4×0.7	4.5	3.0	7	10	38초과 44이하
14×9	14		9				36~160	10.0	M5×0.8	5.5	3.7	8	12	44초과 50이하
(15×10)	15		10				40~180	10.0	M5×0.8	5.5	3.7	10	14	50초과 55이하
16×10	16		10				45~180	10.0	M5×0.8	5.5	3.7	8	12	50초과 58이하
18×11	18		11	0 -0.110			50~200	11.5	M6	6.5	4.3	10	14	58초과 65이하
20×12	20	0 -0.052	12			0.60 ~0.80	56~220	11.5	M6	6.5	4.3	8	14	65초과 75이하
22×14	22		14				63~250	11.5	M6	6.5	4.3	8	16	75초과 85이하
(24×16)	24		16				70~280	15.0	M8	8.8	5.7	14	20	80초과 90이하
25×14	25		14				70~280	15.0	M8	8.8	5.7	10	16	85초과 95이하
28×16	28		16				80~320	17.5	M10	11.0	10.8	14	16	95초과 110이하
32×18	32	0 -0.062	18				90~360	17.5	M10	11.0	10.8	16	20	110초과 130이하
(35×22)	35		22	0 -0.130		1.00 ~1.20	100~400	17.5	M10	11.0	10.8	16	25	125초과 140이하

≪부표 8≫ 미끄럼 키용의 키 홈의 모양과 치수(KS B 1313)

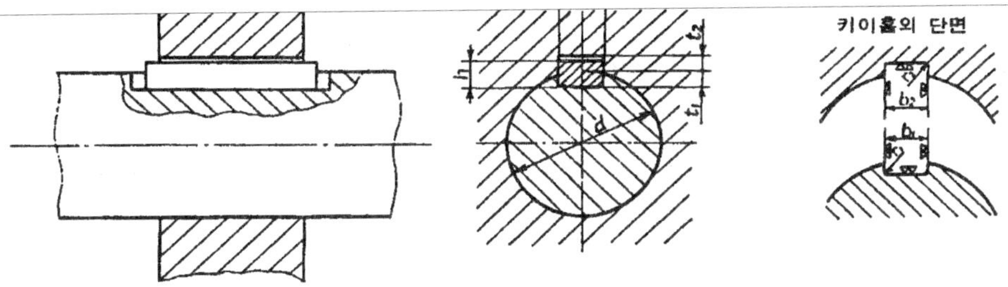

단위 : mm

키이의 호칭 치수 $b \times h$	키이홈의 치수								참 고
	b_1		b_2		r_1 및 r_2	t_1 의	t_2 의	t_1, t_2 의	적용하는 축지름 d
	기준치수	허용차 (H9)	기준치수	허용차 (D10)		기준치수	기준치수	허용차	
2 × 2	2	+0.025 0	2	+0.060 +0.020	0.08 ~ 0.16	1.2	1.0	+0.1 0	6 초과 8 이하
3 × 3	3		3			1.8	1.4		8 초과 10 이하
4 × 4	4	+0.030 0	4	+0.078 +0.030		2.5	1.8		10 초과 12 이하
5 × 5	5		5		0.16 ~ 0.25	3.0	2.3		12 초과 17 이하
6 × 6	6		6			3.5	2.8		17 초과 22 이하
(7 × 7)	7	+0.036 0	7	+0.098 +0.040		4.0	3.5	+0.2 0	20 초과 25 이하
8 × 7	8		8			4.0	3.3		22 초과 30 이하
10 × 8	10		10		0.25 ~ 0.40	5.0	3.3		30 초과 38 이하
12 × 8	12	+0.043 0	12	+0.120 +0.050		5.0	3.3		38 초과 44 이하
14 × 9	14		14			5.5	3.8		44 초과 50 이하
(15 × 10)	15		15			5.0	5.5		50 초과 55 이하
16 × 10	16		16			6.0	4.3		50 초과 58 이하
18 × 11	18		18			7.0	4.4		58 초과 65 이하
20 × 12	20	+0.052 0	20	+0.149 +0.065	0.40~0.60	7.5	4.9		65 초과 75 이하
22 × 14	22		22			9.0	5.4		75 초과 85 이하
(24 × 16)	24		24			8.0	8.5		80 초과 90 이하
25 × 14	25		25			9.0	5.4		85 초과 95 이하
28 × 16	28		28			10.0	6.4		95 초과 110 이하
32 × 18	32	+0.062 0	32	+0.180 +0.080		11.0	7.4		110 초과 130 이하
(35 × 22)	35		35		0.70~1.00	11.0	12.0	+0.3 0	125 초과 140 이하
36 × 20	36		36			12.0	8.4		130 초과 150 이하
(38 × 24)	38		38			12.0	13.0		140 초과 160 이하
40 × 22	40		40			13.0	9.4		150 초과 170 이하
(42 × 26)	42		42			13.0	14.0		160 초과 180 이하
45 × 25	45		45			15.0	10.4		170 초과 200 이하
50 × 28	50		50			17.0	11.4		200 초과 230 이하
56 × 32	56	+0.074 0	56	+0.220 +0.100	1.20~1.60	20.0	12.4		230 초과 260 이하
63 × 32	63		63			20.0	12.4		260 초과 290 이하
70 × 36	70		70			22.0	14.4		290 초과 330 이하
80 × 40	80		80		2.00~2.50	25.0	15.4		330 초과 380 이하
90 × 45	90	+0.087 0	90	+0.260 +0.120		28.0	17.4		380 초과 440 이하
100 × 50	100		100			31.0	19.5		440 초과 500 이하

비 고 ( )표가 있는 호칭 치수는 되도록 사용하지 않는다.

1.3 키의 호칭 방법

(1) 평행키, 경사키, 반달 키의 호칭방법

• 규격번호, 종류(또는 기호) 및 호칭치수×길이(반달 키에서는 호칭치수만)에 따른다. 다만, 나사용 구멍 없는 평행 키 및 머리 없는 경사키의 종류는 각각 단순히 "평행 키" 및 "경사 키"로 기재하여도 좋다. 평행키의 끝부의 모양을 나타낼 필요가 있는 경우에는 종류 뒤에 그 모양(또는 짧은 선을 긋고 그 기호)을 나타낸다.

① KS B 1311 나사용 구멍 없는 평행 키 양쪽 둥근 형 25×14×90 또는 KS B 1311 P-A25×14×90

② KS B 1311 머리붙이 경사 키 20×12×70 또는 KS B 1311 TG20×12×70

③ KS B 1311 둥근 바닥 반달 키 3×16 또는 KS B 1311 WA 3×16

• 평행키의 끝부는 그 모양에 따라 다음의 3종류로 한다. 그리고 지정이 없는 경우에는 네모형으로 한다.

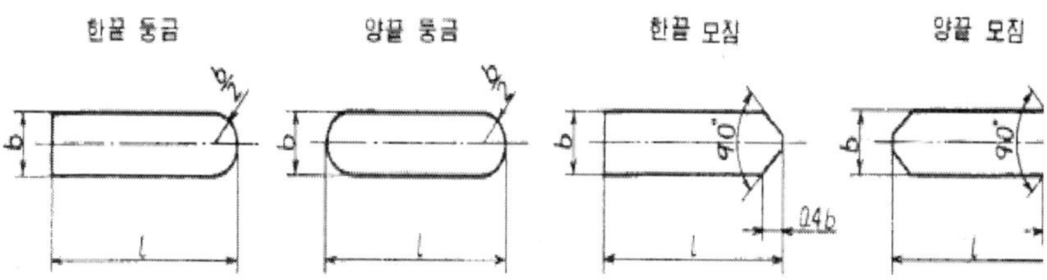

(2) 미끄럼 키

• 규격번호 또는 명칭, 호칭치수×길이. 다만 끝부분의 모양 또는 재료에 대해 특별지정이 있는 경우는 이것을 지정한다.

① KS B 1313 6×6×50

② KS B 1313 36×20×140 양끝둥금 SM 45C-D

③ 미끄럼키 6×6×50 SF 55

• 키의 끝부의 모양은 4각형으로 한다. 다만 경우에 따라서는 아래 도시한 것과 같이 하여도 좋다.

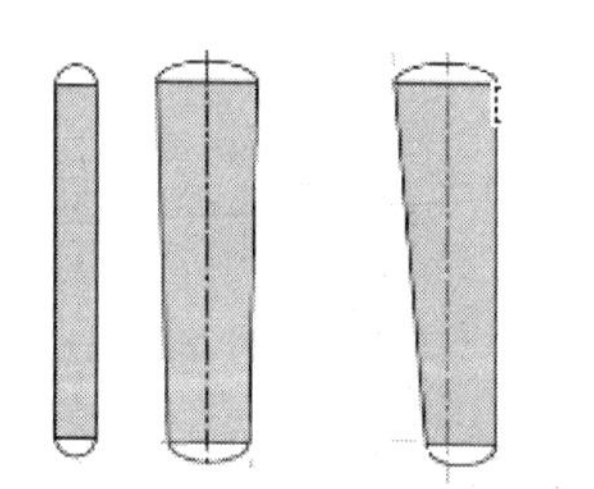

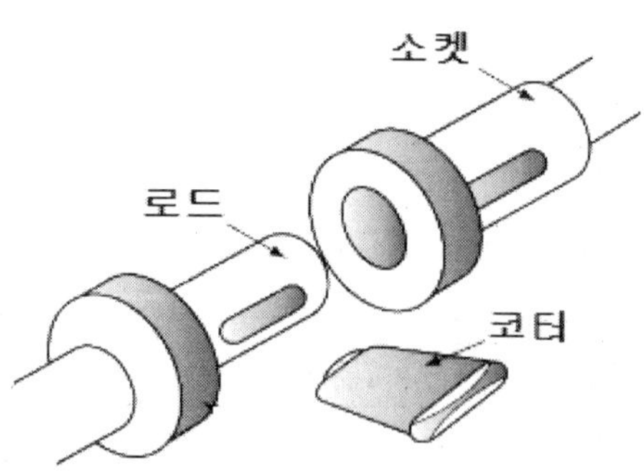

4_기어

1. 기어

기어(gear)는 두 축간 거리가 가까우면서도 강력한 동력을 전달하고, 확실한 회전 속도 비(速度比)로 회전운동(回轉運動)을 전달하기 위하여 사용한다. 서로 물리는 한 쌍의 기어에서 큰 것을 기어(gear), 작은 것을 피니언(pinion), 피치원이 무한대로 커서 직선으로 된 것을 랙(rack)이라 한다.

1.1 기어의 종류

기어는 두 축의 교차(交叉) 각도에 따라 아래 표와 같이 나눈다.

[그림 6-1] 기어의 종류

1.2 기어 각부의 명칭과 이의 크기

(1) 원주피치

원주 피치는 피치원의 둘레를 잇수로 나눈 값으로 다음 식에서 구한다. 맞물리는 한 쌍의 기어의 원주피치는 동일하여야 한다.

$$p = \frac{\text{피치원의둘레}}{\text{잇수}} = \frac{\pi D}{Z}\ (mm)$$

여기서, D는 피치원의 지름이고 Z는 잇수이다.

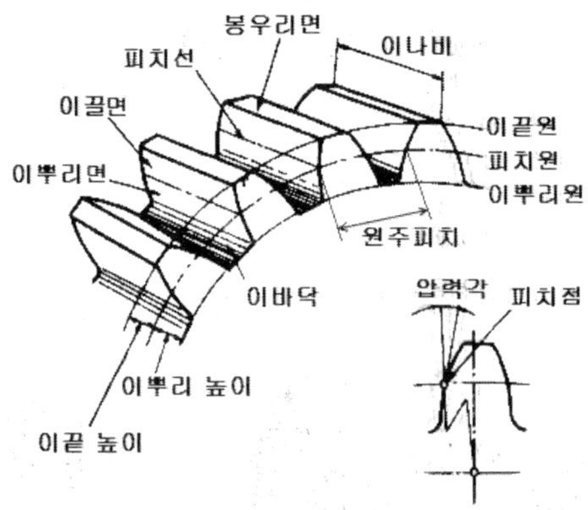

[그림 6–2] 기어 각부의 명칭(KS B 0102)

(2) 모듈

피치원 지름을 잇수로서 나눈 값을 모듈(module)이라 한다.

$$m = \frac{D}{Z}\ (mm)$$

(3) 지름피치

지름피치는 다음 식으로 구한다.

$$P_d = \frac{Z}{D_{(\in)}}\ (mm)$$

일반적으로 이 높이, 이두께 등은 모듈 값의 배수로 나타내므로 이의 크기를 나타내는 데는 모듈을 사용한다.

인벌류트 치형(齒形)의 표준 모듈에 대하여 한국공업규격에서는 표 6-1(KS B 1404)과 같이 표준치를 규정하고 있다. 따라서 원주피치, 모듈, 지름피치 사이에는 다음과 같은 관계가 성립한다.

$$m = \frac{p}{\pi},\quad P_d = \frac{25.4}{m}$$

≪표 6-1≫ 모듈의 표준치수(KS B 1404)

계열	원통모양 기어 치형의 모듈의 표준값										단위 : mm
I	0.3	0.4	0.5	0.6	0.6	0.8	1	1.25	1.5	2	2.5	3
	4	5	6	8	10	12	16	20	25	32	40	50
II	0.35	0.45	0.55	0.7	0.75	0.9	1.125	1.375	1.75	2.25	2.75	3.5
	4.5	5.5	(6.5)	7	8	11	14	18	22	28	36	45

비고 1. 계열의 모듈을 우선 사용하고 필요에 따라 2 계열을 사용한다.

2. 이 모듈 값은 일반 공업 및 중공업용 인벌류트 스퍼 기어 및 헬리컬 기어의 치직각 모듈의 값 및 표준 기준 랙크 치형과 그 치수에 대해 적용한다.

3. 이 모듈 값은 ISO 54에 규정하는 표준 모듈의 기어에 적용하며, 자동차용 기어에는 적용하지 않는다.

1.3 치형곡선

기어에 사용하는 치형곡선(齒形曲線)은 인벌류트 곡선과 사이클로이드 곡선이 있다.

(1) 인벌류트 곡선(involute curve)과 사이클로이드 곡선(cycloid curve)

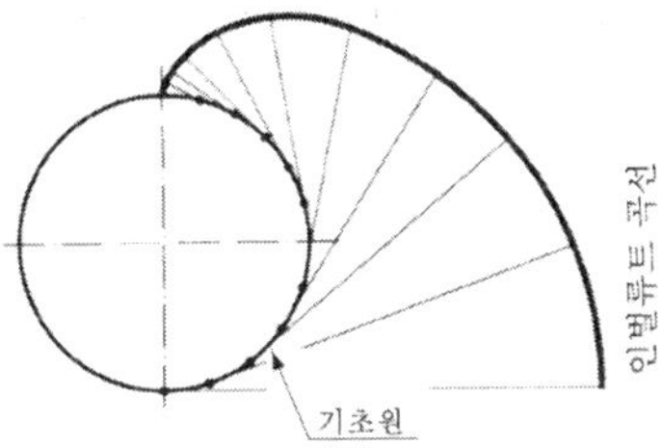

인벌류트 곡선

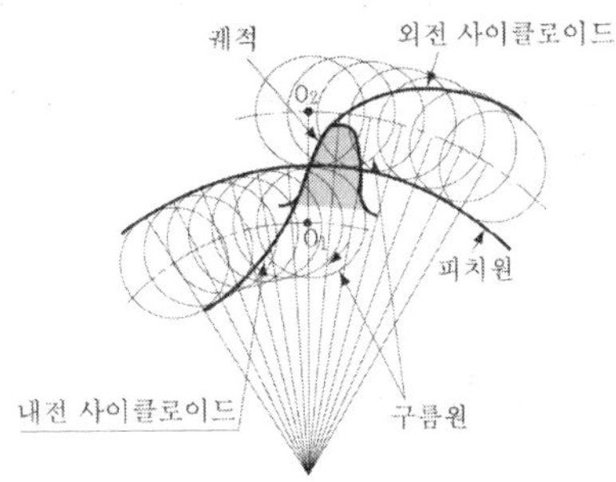

사이클로이드 곡선

[그림 6-3] 치형곡선

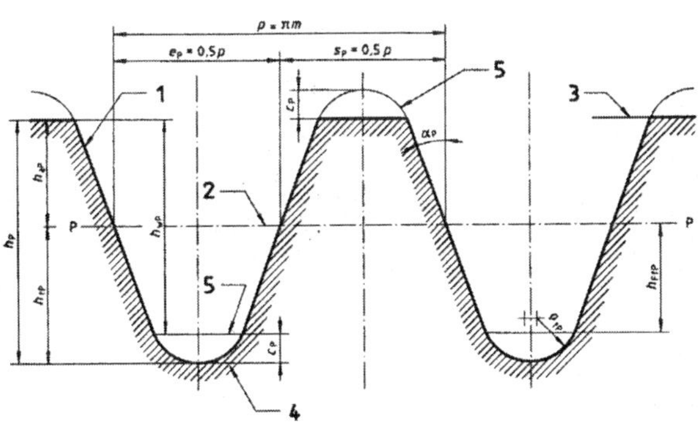

1 표준기준 래크 치현 2 테이텀 선 3 이 끝선 4 이 뿌리선 5 상태 기준 래크 치형

[그림 6-4] 기준 래크의 치형과 기호의 의미

4. 기호 및 단위 이 규격에서 사용되는 기호의 의미 및 단위는 **표 1**에 따른다.

표 1 기호의 의미 및 단위

기 호	의 미	단 위
c_P	이뿌리 틈새 : 표준 기준 래크의 이뿌리와 상대 표준 기준 래크 이끝과의 틈새	mm
e_P	이홈의 폭 : 데이텀선상에서 이홈의 폭	mm
h_{aP}	어 덴 덤 : 데이텀선으로부터 이끝선까지의 거리	mm
h_{fP}	디 덴 덤 : 데이텀선으로부터 이뿌리선까지의 거리	mm
h_{FfP}	표준 기준 래크 치형 디덴덤의 직선 부분 : 상대 표준 기준 래크 치형 디덴덤과 같다.	mm
h_P	이 높 이 : 어덴덤과 디덴덤의 합	mm
h_{wP}	물림 이높이 : 상대 표준 기준 래크와 물리는 직선 치형 부분의 이높이	mm
m	모 듈	mm
p	피 치	mm
s_P	이 두 께 : 데이텀선상에서의 이의 두께	mm
U_{FP}	언더컷 양	mm
α_{FP}	언더컷 각도	도(°)
α_P	압 력 각	도(°)
ρ_{fP}	기준 래크의 이뿌리 필릿부 곡률 반지름	mm

5. 모듈의 표준값 치직각 모듈의 표준값은 **표 2**에 나타낸다. Ⅰ계열의 모듈을 우선 사용하고, 필요에 따라 Ⅱ계열을 사용한다.

2. 기어의 제도

기어의 제도는 나사의 제도와 같이 약도법(略圖法)의해 표시하며, KS B 0002 기계제도 규정에 따른다. 기어의 부품도는 도면과 요목표(要目表)를 병용해서 표시한다. 도면에는 주로 기어 소재를 제작하는데 필요한 치수(이끝원 지름, 보스, 축 구멍, 키홈, 이 나비 등)를 기입하고, 요목표에는 기어 절삭, 조립, 검사 등에 필요한 사항을 기입한다.

(a) 웨브형 (b) 원통형 (c) 입체형

[그림 6-5] 기어의 형태

2.1 기어의 도시(圖示)

(1) 기어의 도시

기어의 부품도는 그림과 표를 병용하여 도시하고 각 기입 사항은 다음과 같다.

① 요목표에는 이 절삭, 조립, 검사 등에 필요한 사항을 기입한다.

② 그림에는 기어 소재를 제작하는데 필요한 치수를 기입한다. 또한, 조립에 중요한 위치 결정면은 필요에 따라 기입하여도 좋다.

③ 재료 · 열처리 · 경도 등에 관한 사항은 필요에 따라 표의 비고란 또는 그림 속에 적당히 기입한다.

④ 도면에는 필요한 치수 허용차를 모두 기입할 필요가 있다.

(2) 도시 방법

(a) 선의 사용 방법

ⓐ 이끝원은 굵은 실선으로 표시한다.

ⓑ 피치원은 가는 1점 쇄선으로 표시한다.

ⓒ 이뿌리원은 가는 실선으로 표시한다. 다만, 축에 직각인 방향에서 본 그림(이하 주 투영도라 한다.)을 단면으로 도시할 때는 이골의 선은 굵은 실선으로 표시한다. 또한, 이골원은 기입을 생략하여도 좋다. 특히 베벨 기어 및 웜 휠의 축 방향에서 본 그림(이하 측면도라 한다.)에서는 원칙적으로 생략한다.

ⓓ 잇줄 방향은 통상 3개의 가는 실선으로 표시한다.

ⓔ 주 투영도를 단면으로 도시할 때는 외접 헬리컬 기어의 잇줄 방향은 지면에서 앞의 이의 잇줄 방향을 3개의 가는 2점 쇄선으로 표시한다. 내접 헬리컬 기어의 잇줄 방향은 3개의 가는 실선으로 표시한다.

(b) 치형의 상세 및 치수 측정 방법을 명시할 필요가 있을 때는 도연 안에 도시한다.

(c) 이의 모떼기에 대하여는 그 보기를 그림 6-8에 표시한다.

(d) 이의 위치를 명시할 필요가 있을 때에는 아래 그림과 같이 도시한다.

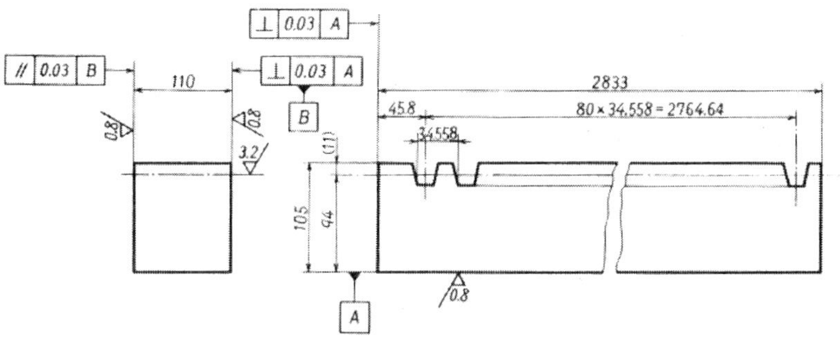

(e) 맞물리는 1쌍의 기어의 도시는 그림 6-6의 보기에 따르며, 간략도로도 표시한다.

맞물림부의 이뿌리원은 모두 굵은 실선으로 표시한다. 주 투영도를 단면으로 도시할 때는 맞물림부의 한쪽 이뿌리원을 표시하는 선은 가는 파선 또는 굵은 파선으로 표시한다.

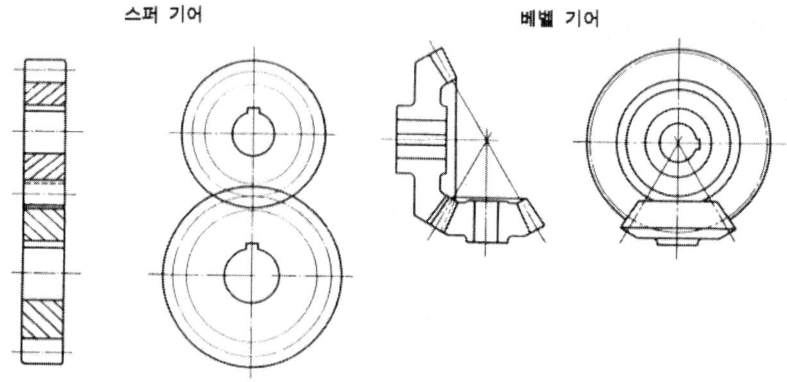

[그림 6-6] 기어의 간략도

(1) 맞물리는 한 쌍의 기어

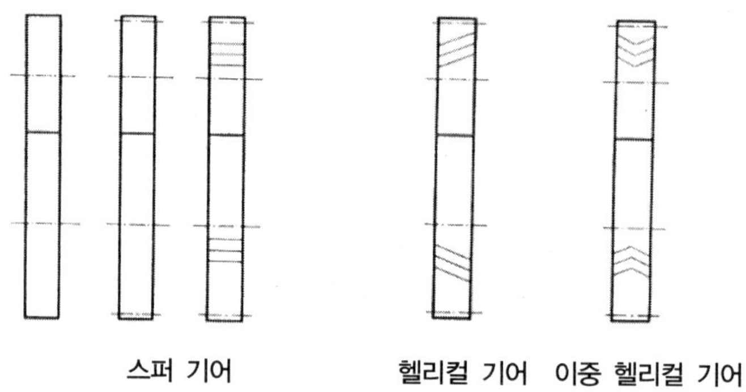

(2) 맞물리는 한쌍의 기어의 간략도

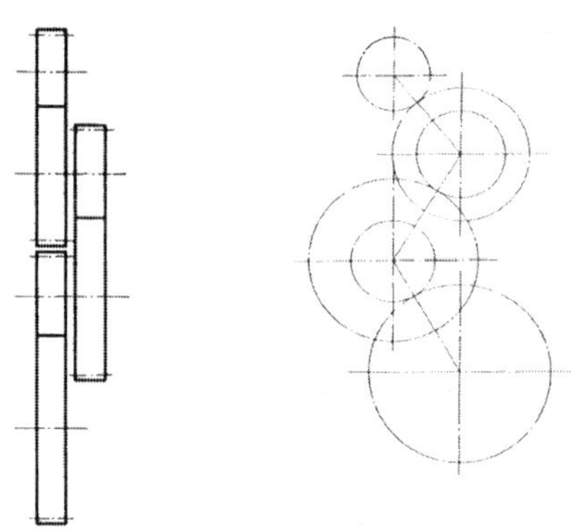

(3) 스퍼 기어열의 간략도

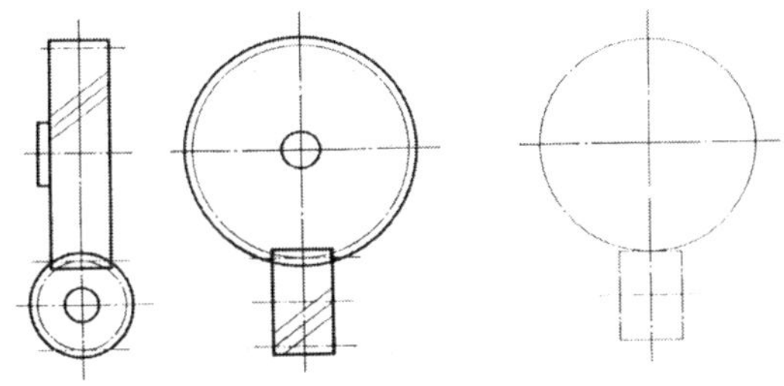

(4) 맞물리는 나사 기어의 간략도

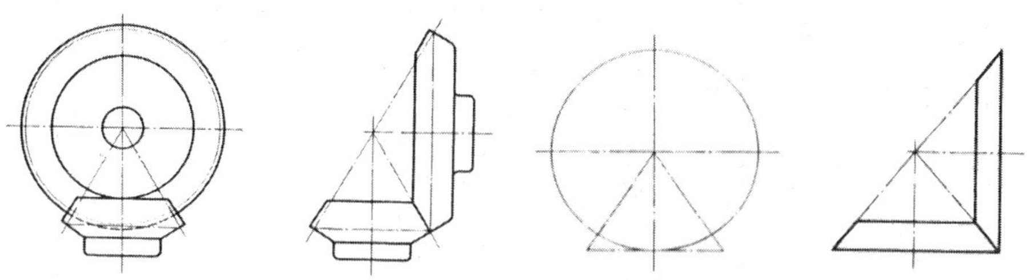

ⓐ 베벨기어

(5) 맞물리는 한 쌍의 베벨기어의 간략도

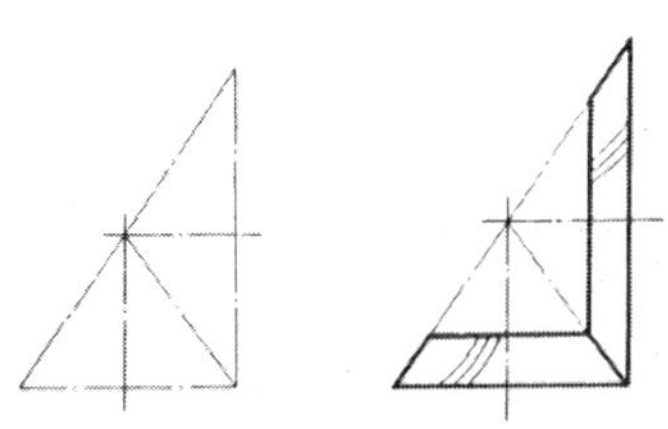

ⓑ 스파이럴 베벨기어

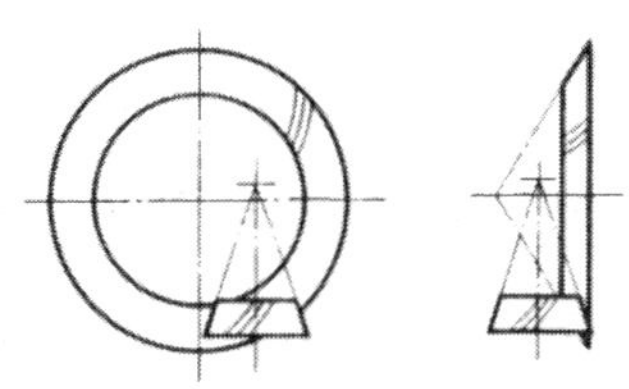

ⓒ 하이포이드 기어

(6) 맞물리는 웜 및 웜 휠의 간략도

a) b)

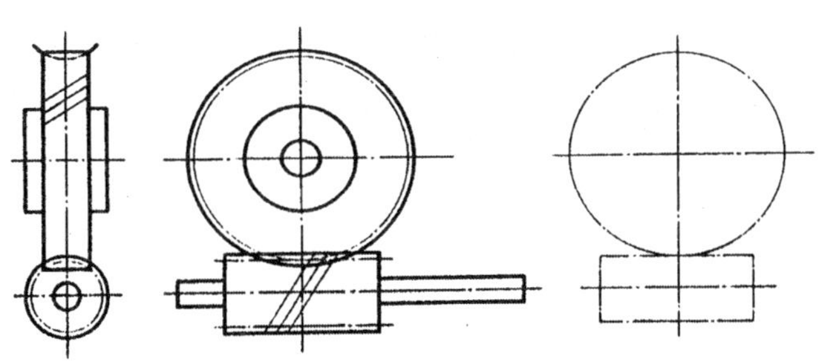

〈부도〉 맞물리는 웜 휠의 간략도

2.2 도면과 요목표

표 6-3은 스퍼기어 요목표(要目表)의 보기이다. 그림의 치수를 정리하여 기어 제작에 필요한 사항인 잇수, 피치원 지름, 벌림 이 두께 등을 요목표에 기입한다.

특히 그림 중에 피치원 지름을 기입할 때는 치수 숫자의 앞에 P.C.D(pitch circle diameter)라 기입하고, 이 끝 높이의 치수도 합쳐서 기입한다.

≪표 6-3≫ 스퍼 기어의 도면과 요목표(기입보기)

단위 : mm

스퍼 기어					
기어 치형		전 위	다듬질 방법		호브 절삭
기준래크	치 형	보 통 이	정 밀 도		KS B 1405 5급
	모 듈	6	비고	상대 기어 전위량	0
	압 력 각	20°		상대 기어 잇수	50
잇 수(개)		18		중심 거리	207
기준 피치원 지름		108		백 래 시	0.20~0.89
전 위 량		+3.16		*재 료	
전체 이높이		13.34		*열 처 리	
이두께	벌림 이두께	$47.96\ ^{-0.08}_{-0.38}$ (벌림 잇수=3)		*경 도	

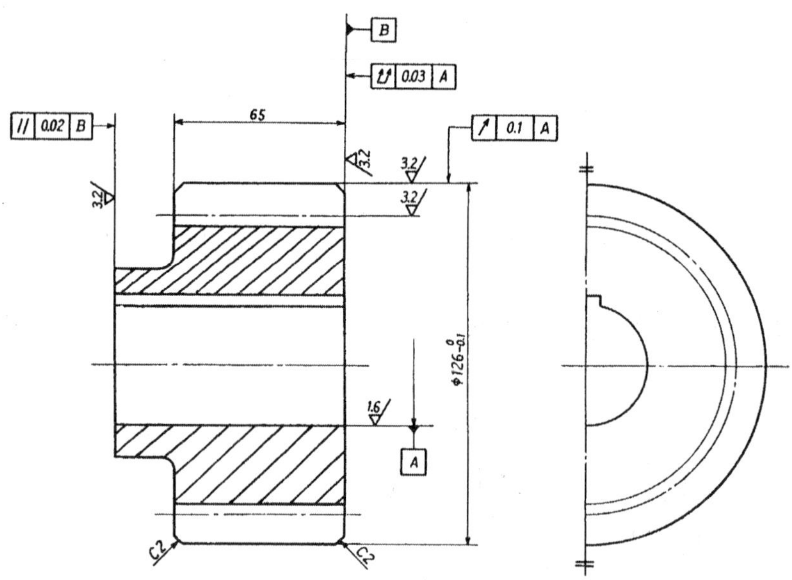

(1) 기어의 치형

기어 치형란에는 표준, 전위 등의 구분을 기입한다.

스퍼 기어는 치형의 절삭방식에 따라 표준기어와 전위기어로 구분한다.

•표준기어: 기준 래크(rack)형 공구의 기준 피치선이 스퍼기어의 기준 피치원과 구름 접촉을 이루며 창성된 기어.

•전위기어: 기준 래크형 공구의 기준 피치선을 스퍼기어의 기준피치원에서 반경 방향으로 xm만큼 이동시켜 절삭한 기어.

•전위계수: 래크 공구가 기준위치에서 전위하는 양. 모듈 m의 x배로서 나타낸다.

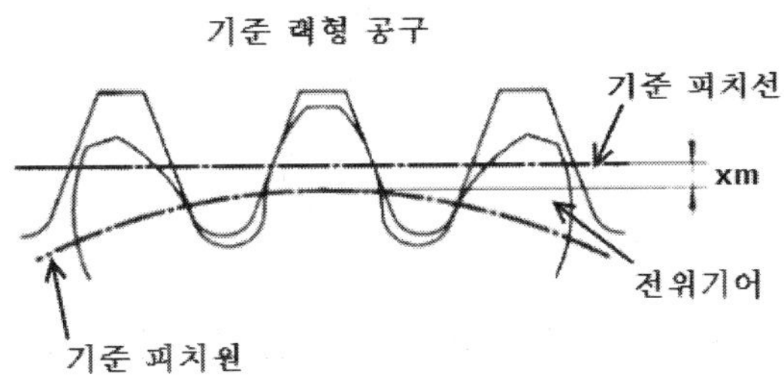

(2) 기준 랙크

① 치형

보통이, 저치(低齒) 등의 구분을 기입한다. 이 높이가 보통 이 보다 낮은 치형(齒形)을 저치(低齒)라 하며, 공구치형수정의 경우에는 비고란에 "수정"이라 기입하고 수정공구 치형을 도시한다.

② 모듈

모듈을 기입한다. 특히 피치로서 이의 크기를 나타낼 때에는 공구의 피치로 한다.

③ 압력각

압력각을 도(度) 단위로 기입한다.

(3) 기준피치원의 지름

잇수 × 모듈의 수치를 기입한다.

단, 치직각 헬리컬 기어에서는 $\frac{\text{잇수} \times \text{모듈}}{\cos\beta}$ 의 수치를 기입한다(β: 비틀림 각)

(4) 이 두께

피치원상에서 측정한 한 이의 피치점간 현의 거리를 말한다. 특히, 이 두께의 치수측정법을 표시할 경우 그림 6-7과 같이 도시한다.

(5) 다듬질 방법

기어의 공작법이나 사용 기계 등의 지시가 필요할 때에 기입한다.

(6) 정밀도

기어의 최종 정밀도를 표시한다. 스퍼기어와 헬리컬 기어의 정밀도는 피치오차, 치형오차 등으로 0~8급의 9등급으로 나누고 KS B 1405로 규정한다.

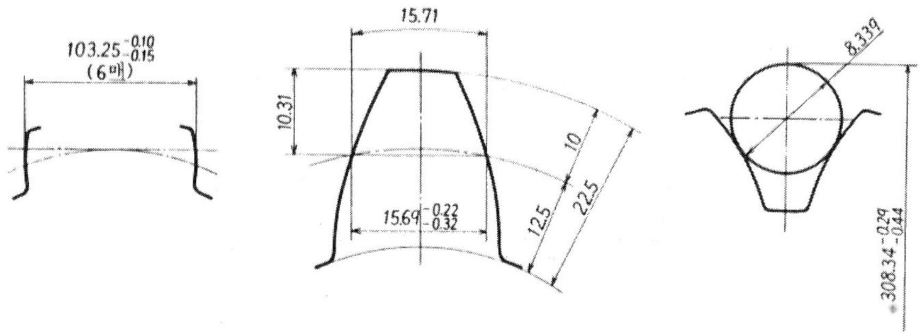

[그림 6-7] 치형의 상세 치수 측정 방법(기입보기)

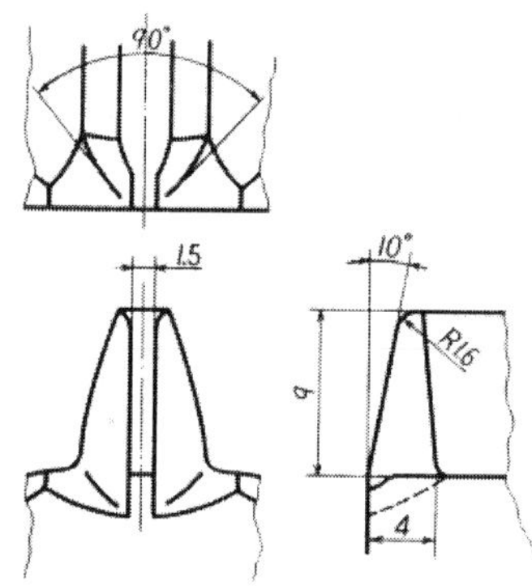

[그림 6-8] 이의 모떼기

3. 스퍼 기어(Spur gear)

스퍼기어는 이(齒, tooth) · 림(rim) · 암(arm) · 보스(boss)로 구성되며, 기어 각부의 치수는 피치나 축 지름을 기준하여 비율로 결정된다. 기어의 외경이 작은 경우에는 암을 만들지 않고 원판(圓板)으로 한다. 스퍼기어는 모듈 표준치의 1계열 1.5~6㎜를 가장 널리 사용한다. 한국공업규격에서는 이 범위의 스퍼 기어를 일반용 스퍼기어의 형상 및 치수(KS B 1414)로 규정하여 설계나 제작시의 편의를 제공한다.

•스퍼기어의 제작도는 기어 가공 작업의 편의상, 기어 소재의 치수가 도면으로 명확하게 알 수 있도록 그린다.

•치형, 이 크기, 잇수, 피치원의 지름 등 이에 관한 요소나 기어 절삭에 필요한 공구 등의 항목은

요목표에 정리하여 기입한다. 요목표는 도면상의 적당한 곳에 위치시킨다.

•기어의 맞물림 면의 다듬질 정도는 정면도의 피치선상에 기입한다.

•스퍼 기어의 도면과 요목표의 기입 보기 예는 표 6-3에 따른다.

(1) 종류

모양에 따라 0A형, 0B형, 0C형, 1A형, 1B형, 1C형의 6종류로 한다.(그림 참조)

(2) 치형

KS B 1404(인벌류트 기어 치형 및 치수)에 규정된 압력각 20°, 이끝 높이가 모듈과 같고, 이뿌리 높이가 모듈의 1.25배와 같은 인벌류트 치형으로 한다.

(3) 모양 및 치수

① 모양: 그림에 따른다.

② 모듈: 1.5, 2, 2.5, 3, 4, 5, 6mm로 한다.

③ 이 나비: 보통 나비(N), 넓은 나비(W)의 2종류로 하며 보통 나비는 모듈의 6배, 넓은 나비는 모듈의 10배로 한다.

잇 수	이 나비 mm									
32이상	10	12	16	20	25	32	36	40	50	60
30이하	12	14	18	22	28	35	40	45	55	65

④ 잇수: 잇수는 아래 표 A에 따르며, 잇수의 범위는 모듈, 종류, 이 나비에 따라 표 B의 범위로 한다.

표 A 잇 수

14	15	16	17	18	19	30	21	22	24	25
26	28	30	32	34	36	38	40	42	45	48
50	52	55	58	60	65	70	75	80	90	100

표 B 잇수 범위

종 류	이 나비	모듈 m						
		1.5	2	2.5	3	4	5	6
OA	보통나비	20~50	16~45	15~45	15~36	14~30	14~30	14~30
	넓은나비	20~50	18~45	18~45	18~36	16~30	14~30	14~30
OB, OC	보통나비	20~50	19~45	18~45	17~36	17~30	16~30	16~30
	넓은나비	20~50	20~45	20~45	20~36	18~30	16~30	16~30
1A	보통나비	-	48~60	48~60	38~60	32~55	32~48	32~48
	넓은나비	-	48~80	48~60	38~60	32~55	32~48	32~48
1B, 1C	보통나비	52~60	48~60	48~60	38~60	32~55	32~48	32~48
	넓은나비	52~80	48~100	48~80	38~100	32~100	32~80	32~65

(4) 각부의 치수

· 각부의 치수는 KS B 1414에 따른다. 다만, 코어 구멍의 수는 4개로 한다.

· 구멍 지름 d는 KS B 0406(축의 지름), 모떼기 C는 KS B 0403(절삭 가공품 둥글기 및 모떼기), 키홈의 치수는 KS B 1311, 1312)에 따른다.

(5) 스퍼기어 각부 치수 계산

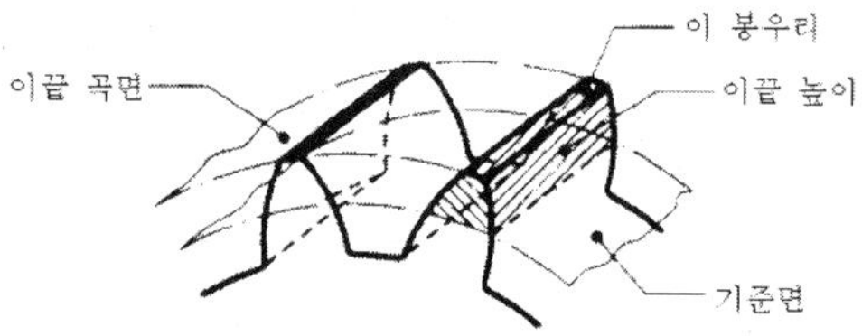

단위 mm

피치원지름	$D_1 = z_1 m, \quad D_2 = z_2 m$	이의 높이	$h \geqq 2.25m$
중심거리	$C = \dfrac{D_1 + D_2}{2} = \dfrac{z_1 + z_2}{2} m$	이끝원 지름 (외 경)	$D_{k1} = D_1 + 2h_k = (z_1 + 2)m$ $D_{k2} = (z_2 + 2)m$
이끝 높이	$h_k = m$	피 치	$t = \pi m$
이뿌리 높이	$h_f = h_k + c_k \geqq 1.25m$	원호이두께	$t/2 = \pi m/2$
꼭대기 틈	$c_k \geqq 0.25m$	압력 각	$\alpha = 20^o$

(6) 스퍼기어의 호칭방법

① 규격번호 또는 규격 명칭

② 종류를 표시하는 기호

③ 모듈

④ 잇수

⑤ 이 나비(보통 나비는 N, 넓은 나비는 W로 표시한다)

⑥ 구멍지름(대응하는 이 나비에 대하여 1종류일 경우에는 1로 표시하고 2종일 경우에는 작은 쪽을 1, 큰 쪽을 2로 표시한다.)

보기 : KS B 1414-0A 3-25 N 1

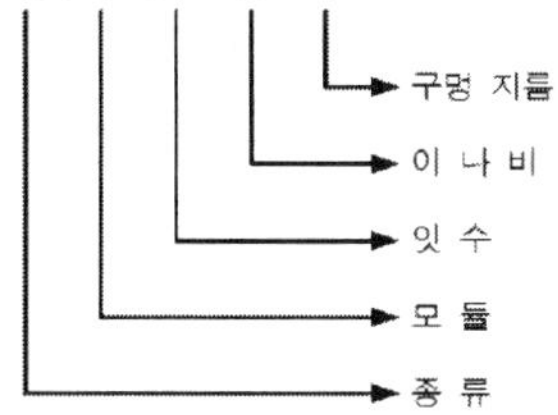

(7) 스퍼기어의 형상과 치수

아래 표는 일반용 스퍼기어의 형상과 치수의 보기이다.

≪표 6-4≫ 일반용 스퍼기어의 형상 및 치수

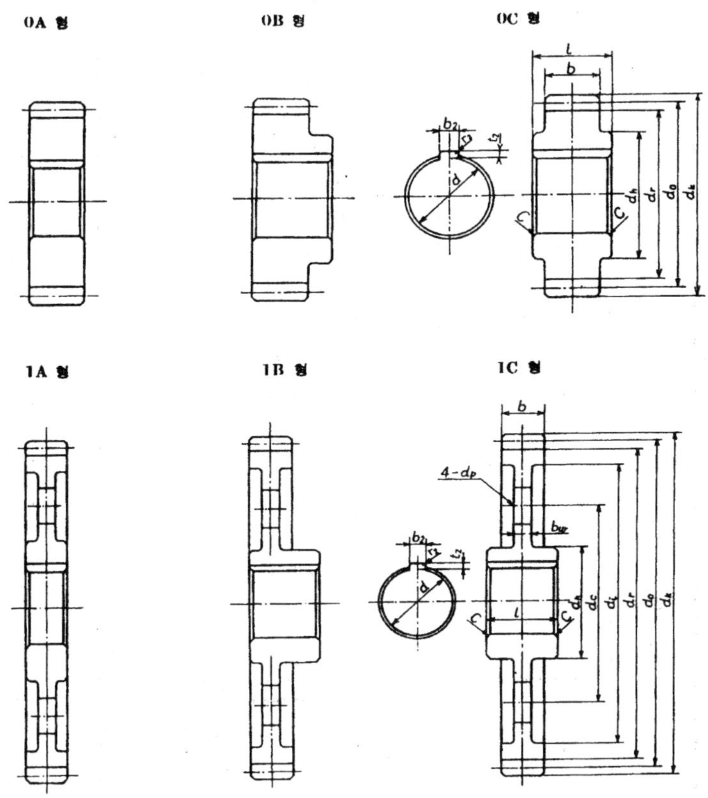

비 고 외곽부분의 모떼기 모양은 한 보기이다.

≪부표 1≫ 모듈 2mm, 0A형 기어의 치수

단위 : mm

기호		잇수	피치원 지름	이뿌리원 지름	이끝원 지름	이나비	구멍지름	모떼기	키홈		
		z	d_0	d_k	d_r	b	d	C	b_2	t_2	r_2
0A2-	16 N 1	16	32	36	27	14	14	0.5	3*	1.4*	0.08 ~0.16
	17 N 1	17	34	38	29	14	14	0.5			
	18 N 1	18	36	40	31	14	16	0.5	4	1.8	
	19 N 1	19	38	42	33	14	16	0.5	4	1.8	0.08 ~0.16
	19 W 1					22	18		5	2.3	0.16 ~0.25
	20 N 1	20	40	44	35	14	16	0.5	4	1.8	0.08 ~0.16
	20 N 2						20	1	5	2.3	0.16 ~0.25
	20 W 1					22	18	0.5			
	21 N 1	21	42	46	37	14	16	0.5	4	1.8	0.08 ~0.16
	21 N 2						20	1	5	2.3	0.16 ~0.25
	21 W 1					22	18	0.5			
	22 N 1	22	44	48	39	14	16	0.5	4	1.8	0.08 ~0.16
	22 N 2						20	1	5	2.3	0.16 ~0.25
	22 W 1					22	18	0.5			
	24 N 1	24	48	52	43	14	16	0.5	4	1.8	0.08 ~0.16
	24 N 2						20	1	5	2.3	0.16 ~0.25
	24 W 1					22					
	25 N 1	25	50	54	45	14	18	0.5	5	2.3	0.16 ~0.25
	25 N 2						22	1	6	2.8	
	25 W 1					22	20		5	2.3	
	25 W 2						25		6	2.8	
	26 N 1	26	52	56	47	14	18	0.5	5	2.3	
	26 N 2						22	1	6	2.8	
	26 W 1					22	20		5	2.3	
	26 W 2						25		6	2.8	
	28 N 1	28	56	60	51	14	18	0.5	5	2.3	
	28 N 2						22	1	6	2.8	
	28 W 1					22	20		5	2.3	
	28 W 2						25		6	2.8	
	30 N 1	30	60	64	55	14	18	0.5	5	2.3	
	30 N 2						22	1	6	2.8	
	30 W 1					22	20		5	2.3	
	30 W 2						25		6	2.8	
	32 N 1	32	64	68	59	12	18	0.5	5	2.3	
	32 N 2						22	1	6	2.8	
	32 W 1					20	20		5	2.3	
	32 W 2						25		6	2.8	
	34 N 1	34	68	72	63	12	18	0.5	5	2.3	

≪부표 2≫ 모듈 2mm, 0B, 0C형 기어의 치수

단위 : mm

기 호		잇 수	피치원 지 름	이봉우리 원지름	이골원 지 름	이 나 비	구멍 지름	모 떼 기	허브 바깥 지름	허브 길이	키 홈		
		z	d_0	d_k	d_r	b	d	C	d_h	l	b_2	t_2	r_2
0B2- 0C2-	19 N 1	19	38	42	33	14	18	0.5	32	20	5	2.3	0.16 ~0.25
	20 N 1	20	40	44	35	14	18	0.5	32	20			
	20 W 1					22	20	1	34	28			
	21 N 1	21	42	46	37	14	18	0.5	32	20			
	21 W 1					22	20	1	34	28			
	22 N 1	22	44	48	39	14	18	0.5	32	20			
	22 W 1					22	20	1	34	28			
	24 N 1	24	48	52	43	14	18	0.5	32	20	5	2.3	
	24 W 1					22	22	1	40	28	6	2.8	
	25 N 1	25	50	54	45	14	20	1	34	20	5	2.3	
	25 W 1					22	22		40	28	6	2.8	
	26 N 1	26	52	56	47	14	20	1	34	20	5	2.3	
	26 W 1					22	22		40	28	6	2.8	
	28 N 1	28	56	60	51	14	20	1	34	20	5	2.3	
	28 W 1					22	22		40	28	6	2.8	
	30 N 1	30	60	64	55	14	20	1	34	20	5	2.3	
	30 W 1					22	22		40	28	6	2.8	
	32 N 1	32	64	68	59	12	20	1	34	18	5	2.3	
	32 W 1					20	22		40	28	6	2.8	
	34 N 1	34	68	72	63	12	20	1	34	18	5	2.3	
	34 W 1					20	22		40	28	6	2.8	
	36 N 1	36	72	76	67	12	20	1	34	18	5	2.3	
	36 W 1					20	25		45	28	6	2.8	
	38 N 1	38	76	80	71	12	20	1	34	20	5	2.3	
	38 W 1					20	25		45	28	6	2.8	
	40 N 1	40	80	84	75	12	22	1	40	20	6	2.8	
	40 W 1					20	28		50	28	8	3.3	
	42 N 1	42	84	88	79	12	22	1	40	20	6	2.8	
	42 W 1					20	28		50	28	8	3.3	
	45 N 1	45	90	94	85	12	22	1	40	20	6	2.8	
	45 W 1					20	28		50	28	8	3.3	

≪부표 3≫ 모듈 3mm, 1A형 기어의 치수

단위 : mm

기 호		잇 수 z	피치원 지름 d_0	이봉우리원지름 d_k	이골원 지름 d_r	이나비 b	구멍 지름 d	모떼기 C	허브 바깥 지름 d_h	허브 길이 l	키 홈 b_2	t_2	r_2	림안 지름 d_i	웨브 두께 b_w	코어 지름 d_p	코어 중심 지름 d_c
1A3-	38 N 1	38	114	120	106.5	20	31.5	1	55	20	8	3.3	0.16~0.25	90	8	—	—
	38 W 1					32				32				86	10		
	38 W 2						42		63		12		0.25~0.40				
	40 N 1	40	120	126	112.5	20	31.5	1	55	20	8	3.3	0.16~0.25	96	8	—	—
	40 W 1					32				32				92	10		
	40 W 2						42		63		12		0.25~0.40				
	42 N 1	42	126	132	118.5	20	31.5	1	55	20	8	3.3	0.16~0.25	102	8	—	—
	42 W 1					32				32				98	10		
	42 W 2						42		63		12		0.25~0.40				
	45 N 1	45	135	141	127.5	20	31.5	1	55	20	8	3.3	0.16~0.25	111	8	—	—
	45 W 1					32				32				107	10		
	45 W 2						42		63		12		0.25~0.40				
	48 N 1	48	144	150	136.5	20	31.5	1	55	20	8	3.3	0.16~0.25	120	8	16	90
	48 W 1					32	35		56	32	10		0.25~0.40	116	10	—	—
	48 W 2						45		70		12						
	50 N 1	50	150	156	142.5	20	31.5	1	55	20	8	3.3	0.16~0.25	126	8	18	90
	50 W 1					32	35		56	32	10		0.25~0.40	122	10	16	
	50 W 2						45		70		12					—	—
	52 N 1	52	156	162	148.5	20	31.5	1	55	20	8	3.3	0.16~0.25	132	8	20	90
	52 W 1					32	35		56	32	10		0.25~0.40	128	10	18	
	52 W 2						45		70		12					—	—
	55 N 1	55	165	171	157.5	20	35	1	56	20	10	3.3	0.25~0.40	141	8	20	100
	55 W 1					32				32				137	10		
	55 W 2						45		70		12					16	
	58 N 1	58	174	180	166.5	20	35	1	56	20	10	3.3		150	8	22.4	100
	58 W 1					32				32				146	10		
	58 W 2						45		70		12					18	112
	60 N 1	60	180	186	172.5	20	35	1	56	20	10	3.3		156	8	25	112
	60 W 1					32				32				152	10	22.4	
	60 W 2						45		70		12					20	

≪부표 4≫ 모듈 3mm, 1B, 1C형 기어의 치수

단위 : mm

기 호		잇 수	피치원 지름	이봉우리원지름	이골원 지름	이나비	구멍 지름	모떼기	허브 바깥지름	허브 길이	키 홈			림 안지름	웨브 두께	코어 지름	코어 중심지름
		z	d_0	d_k	d_r	b	d	C	d_h	l	b_2	t_2	r_2	d_i	b_w	d_p	d_c
1B3- 1C3-	38 N 1	38	114	120	106.5	20	28	1	50	31.5	8	3.3	0.16~0.25	90	8	—	—
	38 N 2						35		56		10		0.25~0.40				
	38 W 1					32				45				86	10		
	40 N 1	40	120	126	112.5	20	28	1	50	31.5	8	3.3	0.16~0.25	96	8	—	—
	40 N 2						35		56		10		0.25~0.40				
	40 W 1					32				45				92	10		
	42 N 1	42	126	132	118.5	20	28	1	50	31.5	8	3.3	0.16~0.25	102	8	—	—
	42 N 2						35		56		10		0.25~0.40				
	42 W 1					32				45				98	10		
	45 N 1	45	135	141	127.5	20	28	1	50	31.5	8	3.3	0.16~0.25	111	8	16	80
	45 N 2						35		56		10		0.25~0.40			—	—
	45 W 1					32				45				107	10		
	48 N 1	48	144	150	136.5	20	28	1	50	31.5	8	3.3	0.16~0.25	120	8	18	90
	48 N 2						35		56		10		0.25~0.40			16	
	48 W 1					32	42		63	45	12			116	10	—	—
	50 N 1	50	150	156	142.5	20	28	1	50	31.5	8	3.3	0.16~0.25	126	8	20	90
	50 N 2						35		56		10		0.25~0.40			16	
	50 W 1					32	42		63	45	12			122	10	—	—
	52 N 1	52	156	162	148.5	20	28	1	50	31.5	8	3.3	0.16~0.25	132	8	20	90
	52 N 2						35		56		10		0.25~0.40			18	100
	52 W 1					32	42		63	45	12			128	10	16	
	55 N 1	55	165	171	157.5	20	31.5	1	55	31.5	8	3.3	0.16~0.25	141	8	22.4	100
	55 N 2						42		63		12		0.25~0.40			18	
	55 W 1					32				45				137	10		
	58 N 1	58	174	180	166.5	20	31.5	1	55	31.5	8	3.3	0.16~0.25	150	8	22.4	100
	58 N 2						42		63		12		0.25~0.40			20	112
	58 W 1					32				45				146	10		
	60 N 1	60	180	186	172.5	20	31.5	1	55	31.5	8	3.3	0.16~0.25	156	8	25	112
	60 N 2						42		63		12		0.25~0.40			22.4	
	60 W 1					32				45				152	10		
	65 W 1	65	195	201	187.5	32	42	1	63	45	12	3.3	0.25~0.40	167	10	25	118
	65 W 2						50		75		14	3.8				22.4	125
	70 W 1	70	210	216	202.5	32	42	1	63	45	12	3.3		182	10	28	125
	70 W 2						50		75		14	3.8				25	
	75 W 1	75	225	231	217.5	32	42	1	63	45	12	3.3		197	10	31.5	125
	75 W 2						50		75		14	3.8				28	140
	80 W 1	80	240	246	232.5	32	42	1	63	50	12	3.3		212	10	35.5	140
	80 W 2						50		75		14	3.8				31.5	
	90 W 1	90	270	276	262.5	32	42	1	63	50	12	3.3		242	10	45	160
	90 W 2						50		75		14	3.8				40	
	100 W 1	100	300	306	292.5	32	42	1	63	50	12	3.3		272	10	50	160
	100 W 2						50		75		14	3.8					180

4. 헬리컬 기어

헬리컬 기어는 스퍼기어의 피치면에 이끝을 나선형으로 만든 원통기어를 말한다. 헬리컬 기어의 제도는 스퍼기어와 같게 그리지만 이 줄기의 비틀림은 도시하여야 한다. 비틀림각 및 방향의 도시는 그림 6-9와 같이하며, 비틀림 각은 이 줄기를 표시하는 세 줄의 평행선 중 중앙의 선을 연장하여, 축선으로 하는 각을 그 방향과 함께 기입한다.

(1) 종류

모양에 따라 0A형, 0B형, 0C형, 1A형, 1B형, 1C형의 6종류로 한다.(그림 참조)

(2) 치형

KS B 1404(인벌류트 기어 치형 및 치수)에 규정된 압력각 20°, 이끝 높이가 이 직각 모듈과 같고, 이뿌리 높이가 이 직각 모듈의 1.25배와 같은 인벌류트 치형으로 한다.

(3) 모양 및 치수

① 모양: 그림에 따른다.

② 모듈: 1.5, 2, 2.5, 3, 4 mm로 한다.

③ 비틀림각: 11° 21‘ 54“, 15° 56‘ 33“, 19° 22‘ 12“의 3종류로 한다.

④ 이 나비: 비틀림각의 대소에 따라 19° 22‘ 12“의 좁은 나비(N), 15° 56‘ 33“의 경우 중간 나비(M), 11° 21‘ 54“의 경우 넓은 나비(W)의 3종류로 하며 좁은 나비는 이직각 모듈의 12배, 중간 나비는 15배, 넓은 나비는 10배에 가까운 값으로 한다.

잇 수	이 나비 mm										
32이상	18	24	30	32	36	38	40	45	50	60	80
30이하	20	26	33	35	39	42	45	50	55	65	85

⑤ 잇수: 잇수와 이직각 모듈, 종류, 비틀림 각, 이 나비에 따른 잇수 범위는 아래 표에 따른다.

잇 수

16	17	18	19	20	21	22	24	25	26	28
30	32	34	36	38	40	42	45	48	50	55
60	65	70	80	90	100					

잇수 범위

종 류	이 나비	모듈 m				
		1.5	2	2.5	3	4
OA	좁은 나비	18~50	18~45	17~45	16~36	16~30
	중간 나비	20~50	17~48	19~45	18~42	17~38
	넓은 나비	22~50	22~50	20~45	19~45	18~45
OB, OC	좁은 나비	20~50	19~45	19~45	18~36	16~30
1A	좁은 나비	-	48~80	48~60	38~60	32~55
	중간 나비	-	50~100	48~60	45~80	40~70
	넓은 나비	-	55~100	48~80	48~90	48~70
1B, 1C	좁은 나비	55~80	48~100	48~80	38~90	32~70

(4) 각부의 치수

· 각부의 치수는 KS B 1415에 따른다.

· 구멍 지름 d는 KS B 0406(축의 지름), 모떼기 C는 KS B 0403(절삭 가공품 둥글기 및 모떼기), 키홈의 치수는 KS B 1311, 1312)에 따른다.

(5) 헬리컬 기어 각부 치수 계산

그림에서는 왼쪽으로 비틀어진 경우를 표시하지만 이것과 맞물리는 기어는 오른쪽 비틀림으로 된다.

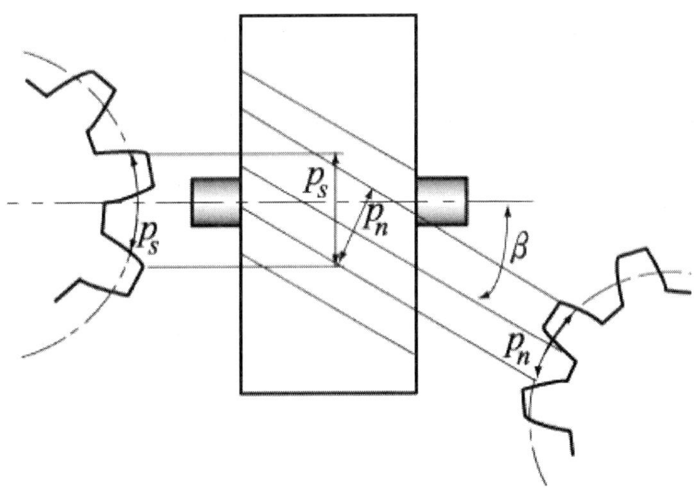

(a) 축직각　　　　(b) 치직각

[그림 6-9] 이의 비틀림 각

기준단면		이직각	축 직각(정면)
기준래크	이높이	h≧2.25 mm	
	모듈	mn	$m_s = \dfrac{m_n}{\cos\beta}$
	정압력	αn	$\tan\alpha_s = \dfrac{\tan\alpha_n}{\cos\beta}$
피치원지름		$d = \dfrac{zm_n}{\cos\beta} = zm_s$	
이끝원지름 (바깥지름)		$d_n = \left(\dfrac{z}{\cos\beta} + 2\right)m_n = d + 2m_n = (z + 2\cos\beta)m_s$	
중심거리		$a = \dfrac{d_1 + d_2}{2} = \dfrac{(z_1 + z_2)m_n}{2\cos\beta} = \dfrac{(z_1 + z_2)m_s}{2}$	
총 이높이		h ≧ 2.25mn	

(6) 헬리컬 기어의 호칭방법

① 규격번호 또는 규격 명칭

② 종류를 표시하는 기호

③ 이직각 모듈

④ 잇수

⑤ 이 나비(보통 나비는 N, 중간 나비는 M, 넓은 나비는 W로 표시한다.)

⑥ 구멍지름(대응하는 이 나비에 대하여 1종류일 경우에는 1로 표시하고 2종일 경우에는 작은 쪽을 1, 큰 쪽을 2로 표시한다.)

⑦ 비틀림 방향: 비틀림 방향이 바른 방향이면 R로, 왼 방향이면 L로 표시한다.

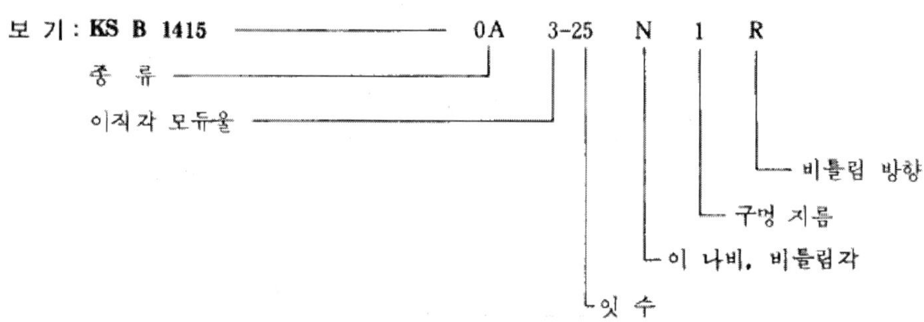

(7) 헬리컬 기어의 도시

(a) 헬리컬 기어

단위 : mm

헬리컬 기어			
기어 치형	표 준	전체 이높이	9.40
치형 기준 평면	치 직 각	이두께 오버핀(볼) 치 수	95.19 $^{-0.17}_{-0.29}$ (볼지름 =7.144)
기준래크 치 형	보 통 이		
기준래크 모 듈	4	다듬질 방법	연삭 다듬질
기준래크 압 력 각	20°	정 밀 도	**KS B 1405** 1급
잇 수(개)	19	비고 상대 기어 잇수	24
비틀림각	26.7° (26°42′)	중심 거리	96.265
		기초 원지름	78.783
비틀림 방향	왼 쪽	*재 료	SNCM 415
* 리 드	531.385	*열 처 리	침탄 퀜칭
기준 피치원 지름	85.071	*경 도(표면)	HRC 55~61
		유효 경화층 깊이	0.8~1.2
		백 래 시	0.15~0.31
		치형 수정 및 크라우닝을 할 것.	

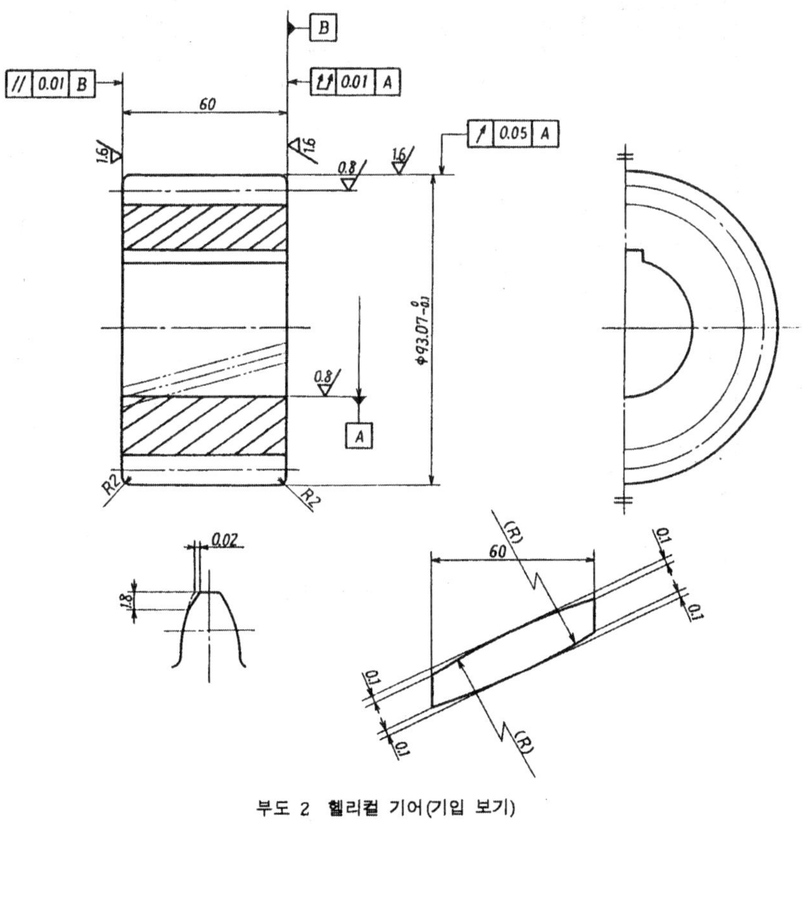

부도 2 헬리컬 기어(기입 보기)

(b) 이중 헬리컬 기어

단위 : mm

<table>
<tr><th colspan="6">내접 헬리컬 기어</th></tr>
<tr><td colspan="2">기어 치형</td><td>표 준</td><td colspan="2" rowspan="2">전체 이높이</td><td rowspan="2">6.75</td></tr>
<tr><td colspan="2">치형 기준 평면</td><td>치 직 각</td></tr>
<tr><td rowspan="3">기준래크</td><td>치 형</td><td>보 통 이</td><td rowspan="2">이두께</td><td rowspan="2">오버핀(볼) 치수</td><td rowspan="2">$283.219^{+0.979}_{+0.221}$ (볼지름 =5.000)</td></tr>
<tr><td>모 듈</td><td>3</td></tr>
<tr><td>압 력 각</td><td>20°</td><td colspan="2">다듬질 방법</td><td>피니언 커터 절삭</td></tr>
<tr><td colspan="2">잇 수(개)</td><td>84</td><td colspan="2">정 밀 도</td><td>KS B 1405 5급</td></tr>
<tr><td colspan="2">비틀림각</td><td>29.6333° (29°38′)</td><td rowspan="4">비고</td><td rowspan="4">백 래 시
*재 료
*열 처 리
*경 도</td><td rowspan="4">0.15~0.69
SCM 435
퀜칭 템퍼링
HB 241~302</td></tr>
<tr><td colspan="2">* 리 드</td><td></td></tr>
<tr><td colspan="2">비틀림 방향</td><td>도 시</td></tr>
<tr><td colspan="2">기준 피치원 지름</td><td>289.918</td></tr>
</table>

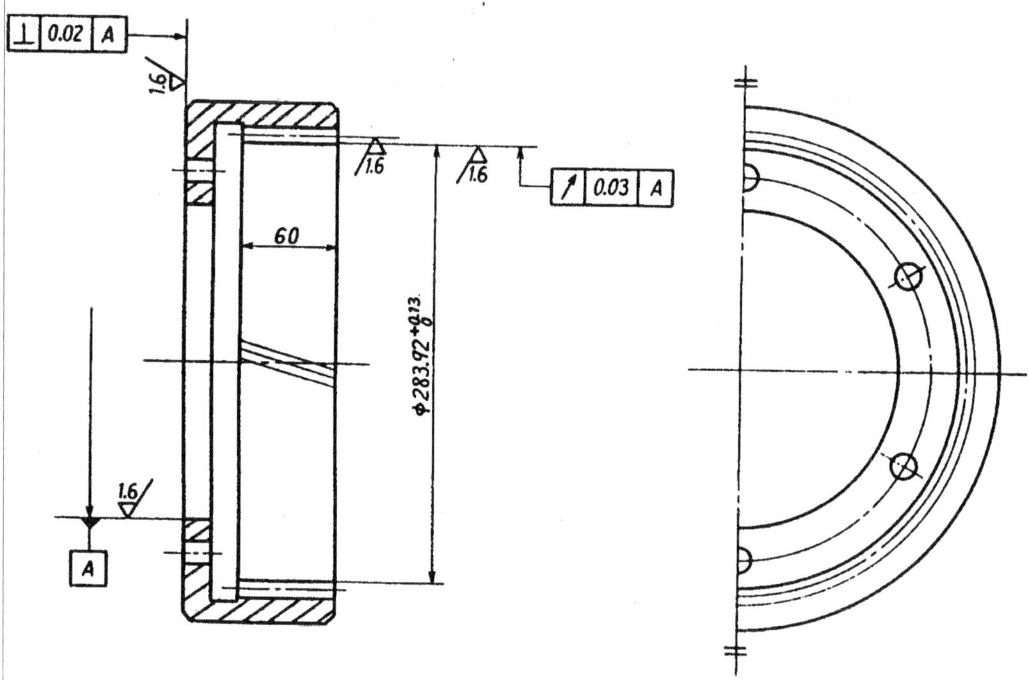

부도 3 내접 헬리컬 기어(기입 보기)

<table>
<tr><th colspan="6">이중 헬리컬 기어</th></tr>
<tr><td colspan="2">기어 치형</td><td>표 준</td><td rowspan="3">이
두
께</td><td rowspan="3">활줄 이두께
(치직각)</td><td rowspan="3">15.71 $^{+0.15}_{-0.50}$
(캘리퍼 이높이=10.05)</td></tr>
<tr><td colspan="2">치형 기준 평면</td><td>치 직 각</td></tr>
<tr><td rowspan="3">기
준
래
크</td><td>치 형</td><td>보 통 이</td></tr>
<tr><td>모 듈</td><td>10</td><td colspan="2">다듬질 방법</td><td>호브 절삭</td></tr>
<tr><td>압 력 각</td><td>20°</td><td colspan="2">정 밀 도</td><td>KS B 1405 4급</td></tr>
<tr><td colspan="2">잇 수(개)</td><td>92</td><td rowspan="6">비
고</td><td>상대 기어 잇수</td><td>20</td></tr>
<tr><td colspan="2">비틀림각</td><td>25°</td><td>중심 거리</td><td>617.89</td></tr>
<tr><td colspan="2">비틀림 방향</td><td>도 시</td><td>백 래 시</td><td>0.3~0.85</td></tr>
<tr><td colspan="2">*리 드</td><td></td><td>*재 료</td><td></td></tr>
<tr><td colspan="2">기준 피치원 지름</td><td>1015.105</td><td>*열 처 리</td><td></td></tr>
<tr><td colspan="2">전체 이높이</td><td>22.5</td><td>*경 도</td><td></td></tr>
</table>

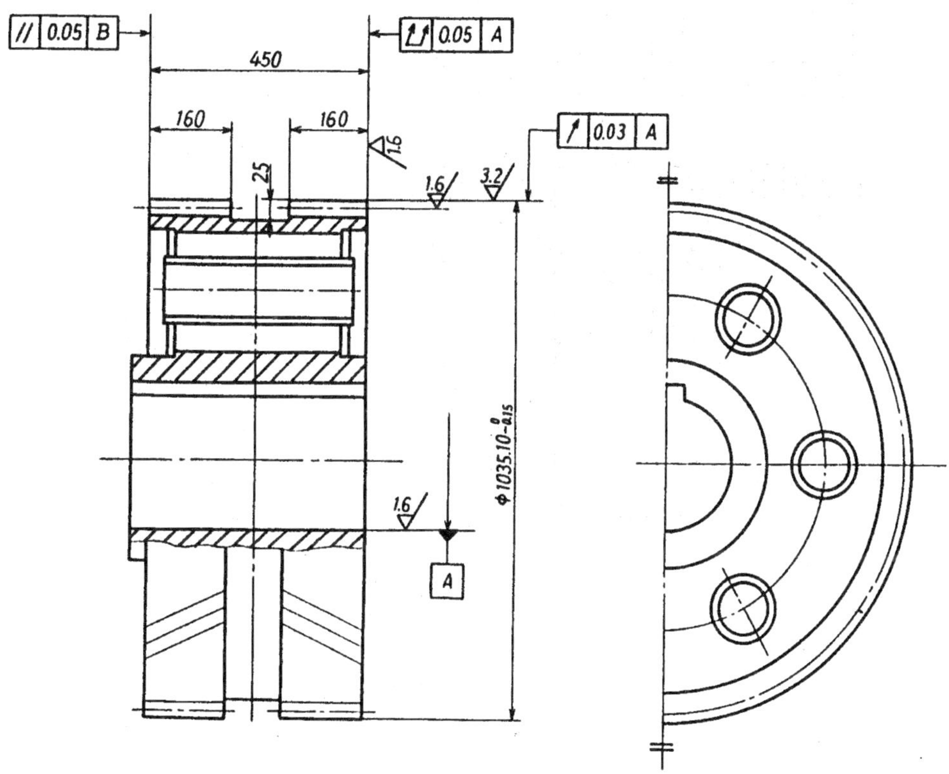

부도 4 이중 헬리컬 기어(기입 보기)

(c) 내접 헬리컬 기어

단위 : mm

나사 기어							
구 별		피 니 언	(기어)	구 별		피니언	(기어)
기어 치형		표 준		이두께	벌림 이두께 (치직각)		
치형 기준 평면		치 직 각			활줄 이두께 (치직각)	3.14 $^{-0.06}_{-0.19}$ (캘리퍼=2.033)	
기준래크	치 형	보 통 이			오버핀 (볼) 치수		
	모 듈	2		다듬질 방법		호브 절삭	
	압 력 각	20°		정 밀 도		**KS B 1405 4급**	
잇 수(개)		13	(26)	비고	백 래 시	0.11~0.4	
축 각		90°					
비틀림각		45°	(45°)				
비틀림 방향		오 른 쪽					
*리 드		115.51					
기준 피치원 지름		36.769	(73.539)				

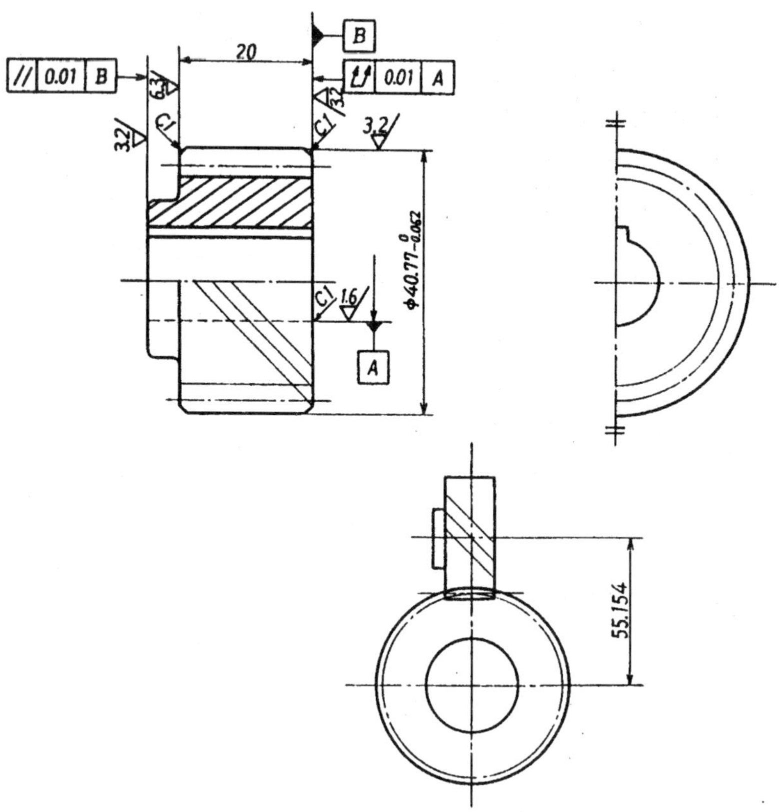

부도 5 나사 기어(기입 보기)

(d) 나사 기어

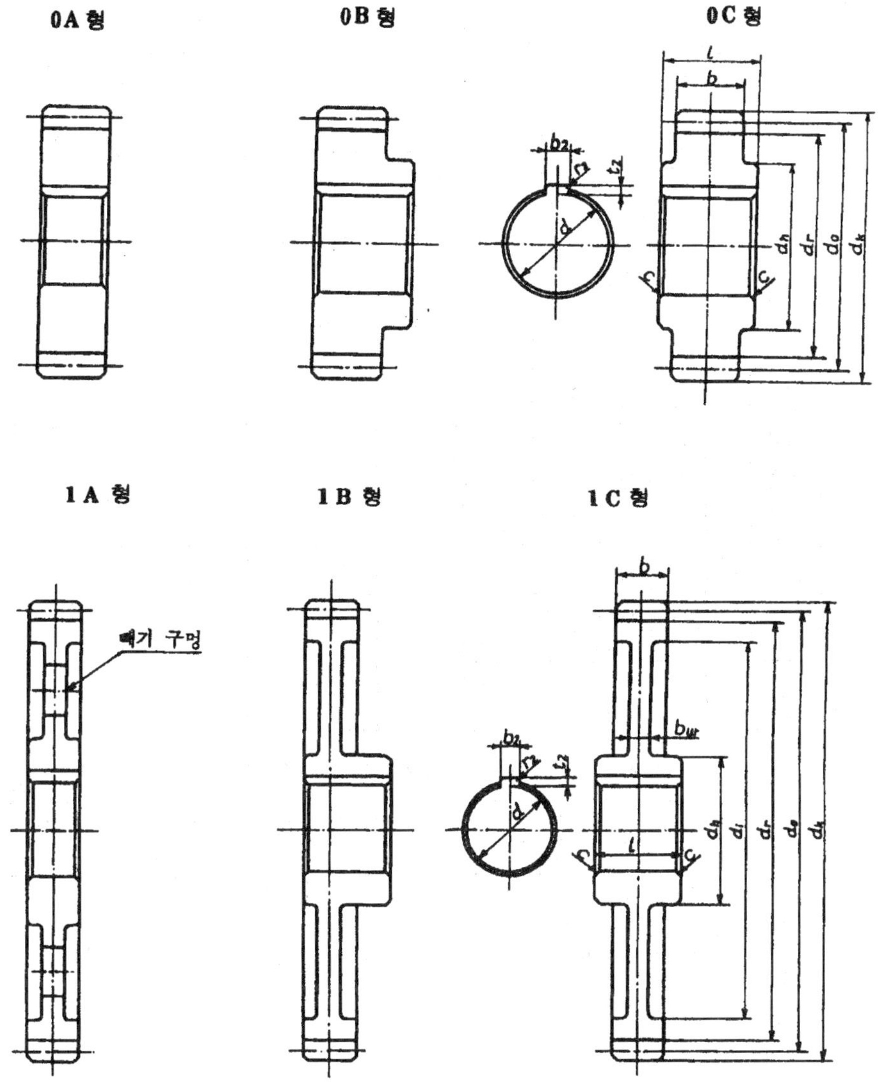

비 고 1. 외곽 부분의 모떼기 모양은 한 보기를 표시한다.
2. 1형에는 적당히 뚫어진 구멍을 두어도 좋다.

(8) 형상과 치수

아래 표는 일반용 헬리컬 기어의 형상과 치수의 보기이다.

부 표 6 이 직각 모듈 2mm 0A형 기어의 치수(비틀림각 19°22′12″)

단위 : mm

<table>
<tr><th colspan="3" rowspan="2">기 호</th><th>잇수</th><th>피 치
원지름</th><th>이 끝
원지름</th><th>이뿌리
원지름</th><th>이 나비</th><th>구 멍
지 름</th><th>모떼기</th><th colspan="3">키 이 홈</th></tr>
<tr><th>z</th><th>d_0</th><th>d_k</th><th>d_r</th><th>b</th><th>d</th><th>c</th><th>b_2</th><th>t_2</th><th>r_2</th></tr>
<tr><td rowspan="17">0A2-</td><td>18N1</td><td rowspan="17">R
또
는
L</td><td>18</td><td>38.16</td><td>42.16</td><td>33.16</td><td rowspan="10">26</td><td rowspan="5">18</td><td rowspan="5">0.5</td><td rowspan="11">5</td><td rowspan="11">2.3</td><td rowspan="17">0.16～0.25</td></tr>
<tr><td>19N1</td><td>19</td><td>40.28</td><td>44.28</td><td>35.28</td></tr>
<tr><td>20N1</td><td>20</td><td>42.40</td><td>46.40</td><td>37.40</td></tr>
<tr><td>21N1</td><td>21</td><td>44.52</td><td>48.52</td><td>39.52</td></tr>
<tr><td>22N1</td><td>22</td><td>46.64</td><td>50.64</td><td>41.64</td></tr>
<tr><td>24N1</td><td>24</td><td>50.88</td><td>54.88</td><td>45.88</td><td rowspan="6">20</td><td rowspan="12">1</td></tr>
<tr><td>25N1</td><td>25</td><td>53.00</td><td>57.00</td><td>48.00</td></tr>
<tr><td>26N1</td><td>26</td><td>55.12</td><td>59.12</td><td>50.12</td></tr>
<tr><td>28N1</td><td>28</td><td>59.36</td><td>63.36</td><td>54.36</td></tr>
<tr><td>30N1</td><td>30</td><td>63.60</td><td>67.60</td><td>58.60</td></tr>
<tr><td>32N1</td><td>32</td><td>67.84</td><td>71.84</td><td>62.84</td><td rowspan="7">24</td></tr>
<tr><td>34N1</td><td>34</td><td>72.08</td><td>76.08</td><td>67.08</td><td rowspan="2">22</td><td rowspan="6">6</td><td rowspan="6">2.8</td></tr>
<tr><td>36N1</td><td>36</td><td>76.32</td><td>80.32</td><td>71.32</td></tr>
<tr><td>38N1</td><td>38</td><td>80.56</td><td>84.56</td><td>75.56</td><td rowspan="4">25</td></tr>
<tr><td>40N1</td><td>40</td><td>84.80</td><td>88.80</td><td>79.80</td></tr>
<tr><td>42N1</td><td>42</td><td>89.04</td><td>93.04</td><td>84.04</td></tr>
<tr><td>45N1</td><td>45</td><td>95.40</td><td>99.40</td><td>90.40</td></tr>
</table>

부 표 7 이 직각 모듈 2mm 0B, 0C형 기어의 치수(비틀림각 19°22′12″)

단위 : mm

<table>
<tr><th colspan="3" rowspan="2">기 호</th><th>잇수</th><th>피 치
원지름</th><th>이 끝
원지름</th><th>이뿌리
원지름</th><th>이
나비</th><th>구 멍
지 름</th><th>모떼기</th><th>허브바
깥지름</th><th>허브
길이</th><th colspan="3">키 이 홈</th></tr>
<tr><th>z</th><th>d_0</th><th>d_k</th><th>d_r</th><th>b</th><th>d</th><th>c</th><th>d_h</th><th>l</th><th>b_2</th><th>t_2</th><th>r_2</th></tr>
<tr><td rowspan="16">0B2-
0C2-</td><td>19N1</td><td rowspan="16">R
또
는
L</td><td>19</td><td>40.28</td><td>44.28</td><td>35.28</td><td rowspan="9">26</td><td rowspan="4">20</td><td rowspan="16">1</td><td>34</td><td rowspan="16">32</td><td rowspan="4">5</td><td rowspan="4">2.3</td><td rowspan="16">0.16～0.25</td></tr>
<tr><td>20N1</td><td>20</td><td>42.40</td><td>46.40</td><td>37.40</td><td rowspan="3">35.5</td></tr>
<tr><td>21N1</td><td>21</td><td>44.52</td><td>48.52</td><td>39.52</td></tr>
<tr><td>22N1</td><td>22</td><td>46.64</td><td>50.64</td><td>41.64</td></tr>
<tr><td>24N1</td><td>24</td><td>50.88</td><td>54.88</td><td>45.88</td><td rowspan="6">22</td><td rowspan="6">42</td><td rowspan="8">6</td><td rowspan="8">2.8</td></tr>
<tr><td>25N1</td><td>25</td><td>53.00</td><td>57.00</td><td>48.00</td></tr>
<tr><td>26N1</td><td>26</td><td>55.12</td><td>59.12</td><td>50.12</td></tr>
<tr><td>28N1</td><td>28</td><td>59.36</td><td>63.36</td><td>54.36</td></tr>
<tr><td>30N1</td><td>30</td><td>63.60</td><td>67.60</td><td>58.60</td></tr>
<tr><td>32N1</td><td>32</td><td>67.84</td><td>71.84</td><td>62.84</td><td rowspan="7">24</td></tr>
<tr><td>34N1</td><td>34</td><td>72.08</td><td>76.08</td><td>67.08</td><td rowspan="2">25</td><td rowspan="2">45</td></tr>
<tr><td>36N1</td><td>36</td><td>76.32</td><td>80.32</td><td>71.32</td></tr>
<tr><td>38N1</td><td>38</td><td>80.56</td><td>84.56</td><td>75.56</td><td rowspan="4">28</td><td rowspan="4">50</td><td rowspan="4">8</td><td rowspan="4">3.3</td></tr>
<tr><td>40N1</td><td>40</td><td>84.80</td><td>88.80</td><td>79.80</td></tr>
<tr><td>42N1</td><td>42</td><td>89.04</td><td>93.04</td><td>84.04</td></tr>
<tr><td>45N1</td><td>45</td><td>95.40</td><td>99.40</td><td>90.40</td></tr>
</table>

부 표 8 이 직각 모듈 2 mm 1A형 기어의 치수(비틀림각 19°22′12″)

단위 : mm

<table>
<tr><th colspan="3" rowspan="2">기 호</th><th>잇수</th><th>피 치 원지름</th><th>이 끝 원지름</th><th>이뿌리 원지름</th><th>이 나비</th><th>구멍 지름</th><th>모떼 기</th><th>허브바 깥지름</th><th>허브 길이</th><th colspan="3">키 이 홈</th><th>림 안 지 름</th><th>웨 브 두 께</th></tr>
<tr><th>z</th><th>d_0</th><th>d_k</th><th>d_r</th><th>b</th><th>d</th><th>c</th><th>d_h</th><th>l</th><th>b_2</th><th>t_2</th><th>r_2</th><th>d_i</th><th>b_w</th></tr>
<tr><td rowspan="7">1A2-</td><td>48 N 1</td><td rowspan="7">R 또는 L</td><td>48</td><td>101.76</td><td>105.76</td><td>96.76</td><td rowspan="7">24</td><td rowspan="3">25</td><td rowspan="7">1</td><td rowspan="3">45</td><td rowspan="7">24</td><td rowspan="3">6</td><td rowspan="3">2.8</td><td rowspan="7">0.16～0.25</td><td>84</td><td rowspan="7">6.3</td></tr>
<tr><td>50 N 1</td><td>50</td><td>106.00</td><td>110.00</td><td>101.00</td><td>88</td></tr>
<tr><td>55 N 1</td><td>55</td><td>116.60</td><td>120.60</td><td>111.60</td><td>99</td></tr>
<tr><td>60 N 1</td><td>60</td><td>127.20</td><td>131.20</td><td>122.20</td><td rowspan="3">28</td><td rowspan="3">50</td><td rowspan="4">8</td><td rowspan="4">3.3</td><td>109</td></tr>
<tr><td>65 N 1</td><td>65</td><td>137.80</td><td>141.80</td><td>132.80</td><td>120</td></tr>
<tr><td>70 N 1</td><td>70</td><td>148.40</td><td>152.40</td><td>143.40</td><td>130</td></tr>
<tr><td>80 N 1</td><td>80</td><td>169.60</td><td>173.60</td><td>164.60</td><td>31.5</td><td>56</td><td>152</td></tr>
</table>

부 표 9 이 직각 모듈 2 mm 1B, 1C형의 치수(비틀림각 19°22′12″)

단위 : mm

<table>
<tr><th colspan="3" rowspan="2">기 호</th><th>잇수</th><th>피 치 원지름</th><th>이 끝 원지름</th><th>이뿌리 원지름</th><th>이 나비</th><th>구멍 지름</th><th>모떼 기</th><th>허브바 깥지름</th><th>허브 길이</th><th colspan="3">키 이 홈</th><th>림 안 지 름</th><th>웨 브 두 께</th></tr>
<tr><th>z</th><th>d_0</th><th>d_k</th><th>d_r</th><th>b</th><th>d</th><th>c</th><th>d_h</th><th>l</th><th>b_2</th><th>t_2</th><th>r_2</th><th>d_i</th><th>b_w</th></tr>
<tr><td rowspan="11">1B2-
1C2-</td><td>48 N 1</td><td rowspan="11">R 또는 L</td><td>48</td><td>101.76</td><td>105.76</td><td>96.76</td><td rowspan="11">24</td><td rowspan="3">28</td><td rowspan="11">1</td><td rowspan="3">50</td><td rowspan="6">32</td><td rowspan="6">8</td><td rowspan="7">3.3</td><td rowspan="6">0.16～0.25</td><td>84</td><td rowspan="11">6.3</td></tr>
<tr><td>50 N 1</td><td>50</td><td>106.00</td><td>110.00</td><td>101.00</td><td>88</td></tr>
<tr><td>55 N 1</td><td>55</td><td>116.60</td><td>120.60</td><td>111.60</td><td>99</td></tr>
<tr><td>60 N 1</td><td>60</td><td>127.20</td><td>131.20</td><td>122.20</td><td rowspan="3">31.5</td><td rowspan="3">56</td><td>109</td></tr>
<tr><td>65 N 1</td><td>65</td><td>137.80</td><td>141.80</td><td>132.80</td><td>120</td></tr>
<tr><td>70 N 1</td><td>70</td><td>148.40</td><td>152.40</td><td>143.40</td><td>130</td></tr>
<tr><td>80 N 1</td><td>80</td><td>169.60</td><td>173.60</td><td>164.60</td><td>35</td><td>60</td><td rowspan="5">36</td><td>10</td><td>0.25～0.40</td><td>152</td></tr>
<tr><td>90 N 1</td><td rowspan="2">90</td><td rowspan="2">190.80</td><td rowspan="2">194.80</td><td rowspan="2">185.80</td><td>31.5</td><td>56</td><td>8</td><td rowspan="4">3.3</td><td>0.16～0.25</td><td rowspan="2">173</td></tr>
<tr><td>90 N 2</td><td>35</td><td>60</td><td>10</td><td>0.25～0.40</td></tr>
<tr><td>100 N 1</td><td rowspan="2">100</td><td rowspan="2">212.00</td><td rowspan="2">216.00</td><td rowspan="2">207.00</td><td>31.5</td><td>56</td><td>8</td><td>0.16～0.25</td><td rowspan="2">194</td></tr>
<tr><td>100 N 2</td><td>35</td><td>60</td><td>10</td><td>0.25～0.40</td></tr>
</table>

5. 베벨 기어

서로 교차하는 두 축 사이의 동력을 전달하는 원추형의 기어를 베벨 기어(bevel gear)라 한다. 이 끝의 모양에 따라 직선 베벨기어, 스큐 베벨기어(skew bevel gear), 스파이럴 베벨기어(spiral bevel gear)가 있으며, 2축이 이루는 각도에 따라 분류한다.

베벨 기어에서의 피치원은 1점 쇄선으로 그리지만, 이뿌리원은 생략하고 그리지 않는다. 또한, 베벨기어의 이 끝 원뿔각과 이뿌리 원뿔각을 표시하는 선은 꼭지점까지 긋지 않는다.

직선 베벨 기어는 이 줄기를 생략하지만 스파이럴 베벨 기어는 이 줄기를 그리고 비틀림각과 그 방향을 기입한다.

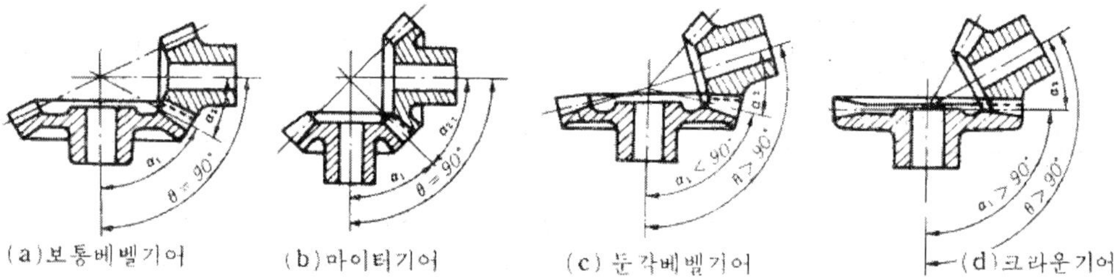

[그림 6-10] 베벨기어의 종류

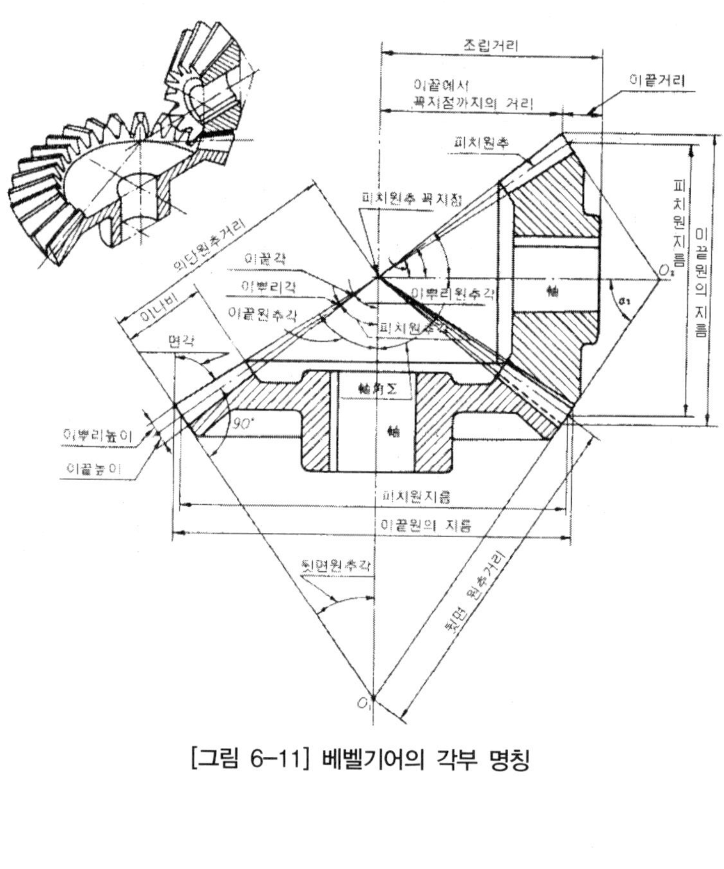

[그림 6-11] 베벨기어의 각부 명칭

(1) 베벨기어 각부의 치수 계산

각부의 명칭	기호	구동기어 (1)	피동기어(2)
피 치 원 뿔 각	δ	$\tan\delta_1 = \dfrac{\sin\Sigma}{\dfrac{z_2}{z_1} + \cos\Sigma}$	$\tan\delta_1 = \dfrac{\sin\Sigma}{\dfrac{z_1}{z_2} + \cos\Sigma}$
뒤 원 뿔 각	α	$\alpha_1 = 90^\circ - \delta_1$	$\alpha_2 = 90^\circ - \delta_2$
축 각	Σ	$\Sigma = \delta_1 + \delta_2$	
피 치 원 지 름	d	$d_1 = \dfrac{n_2}{n_1} d_2 = mz_1$	$d_2 = \dfrac{n_1}{n_2} d_1 = mz_2$
이 끝 원 지 름 (바 깥 지 름)	d_k	$d_{k1} = d_1 + 2h_k\cos\delta_1$	$d_{k2} = d_2 + 2h_k\cos\delta_2$ (h_k : 이끝높이)
외단 원뿔 거리	R_a	$R_a = \dfrac{d_1}{2\sin\delta_1} = \dfrac{d_2}{2\sin\delta_2}$	
이 끝 각	θ_k	$\tan\Theta_k = \dfrac{h_k}{R_a}$	
이 뿌 리 각	θ_f	$\tan\Theta_f = \dfrac{h_f}{R_a}$ (h_f : 이뿌리높이)	
이 끝 원 뿔 각	δ_k	$\delta_{k1} = \delta_1 + \Theta_k$	$\delta_{k2} = \delta_2 + \Theta_k$
이뿌리원뿔각	δ_f	$\delta_{f1} = \delta_1 - \delta_f$	$\delta_{f2} = \delta_2 - \delta_f$

(2) 베벨기어의 도시(KS B0002)

(a) 직선 베벨기어

단위 : mm

직선 베벨 기어						
구 별	기 어	(피니언)	구 별		기 어	(피니언)
치 형	글리손식		기준 피치 원추각		60°39′	(29°21′)
모 듈	6		이골 원추각		57°32′	
압 력 각	20°		잇봉우리 원추각		62°28′	
잇 수(개)	48	(27)	이두께	측정 위치	바깥끝 잇봉우리원부	
축 각	90°			활줄 이두께 (치직각)	$8.08^{-0.10}_{-0.15}$ 캘리퍼 4.14	
기준 피치원 지름	288	(162)	다듬질 방법		절 삭	
이 높 이	13.13		정 밀 도		KS B 1412 4급	
이끝 높이	4.11		비고	백 래 시	0.2~0.5	
이뿌리 높이	9.02			이 접 촉	KS B 1417 구분 B	
원추 거리	165.22			*재 료	SCM 420 H	
				*열 처 리		
				*유효 경화층 깊이	0.9~1.4	
				*경도(표면)	HRC 60±3	

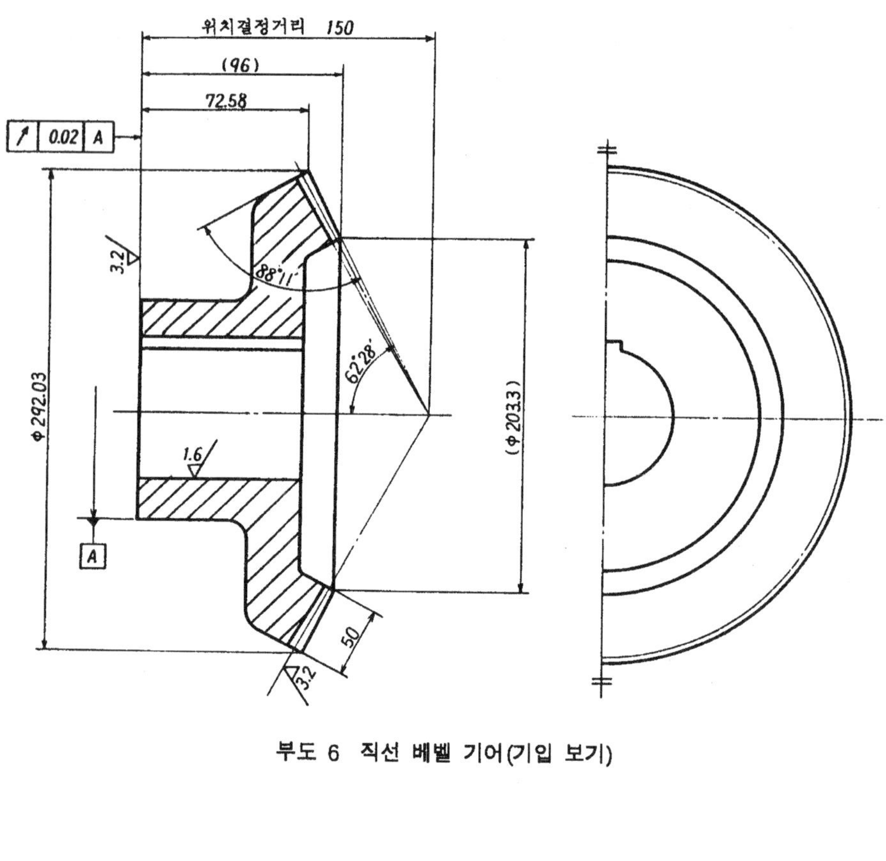

부도 6 직선 베벨 기어(기입 보기)

(b) 스파이럴 베벨기어

단위 : mm

스파이럴 베벨 기어						
구 별	기 어	(피니언)	구 별		기 어	(피니언)
치 형	글리손식		원추 거리		159.41	
이절삭 방법	스프레이드 블레이드법		기준 피치 원추각		62°24′	(29°36′)
커터 지름	304.8		이골 원추각		57°27′	
모 듈	6.3		잇봉우리 원추각		62°09′	
압 력 각	20°		이두께	측정 위치	바깥끝 잇봉우리원부	
잇 수(개)	44	(25)		원호 이두께	8.06	
축 각	90°		다듬질 방법		연 삭	
비틀림각	35°		정 밀 도		KS B 1412 4급	
비틀림 방향	오 른 쪽		비고	백 래 시	0.18~0.23	
기준 피치원 지름	277.2			*재 료	SCM 420 H	
이 높 이	11.89			*열 처 리	침탄 퀜칭 템퍼링	
이끝 높이	3.69			*유효 경화층 깊이	1.0~1.5	
이뿌리 높이	8.20			*경도(표면)	HRC 60±3	

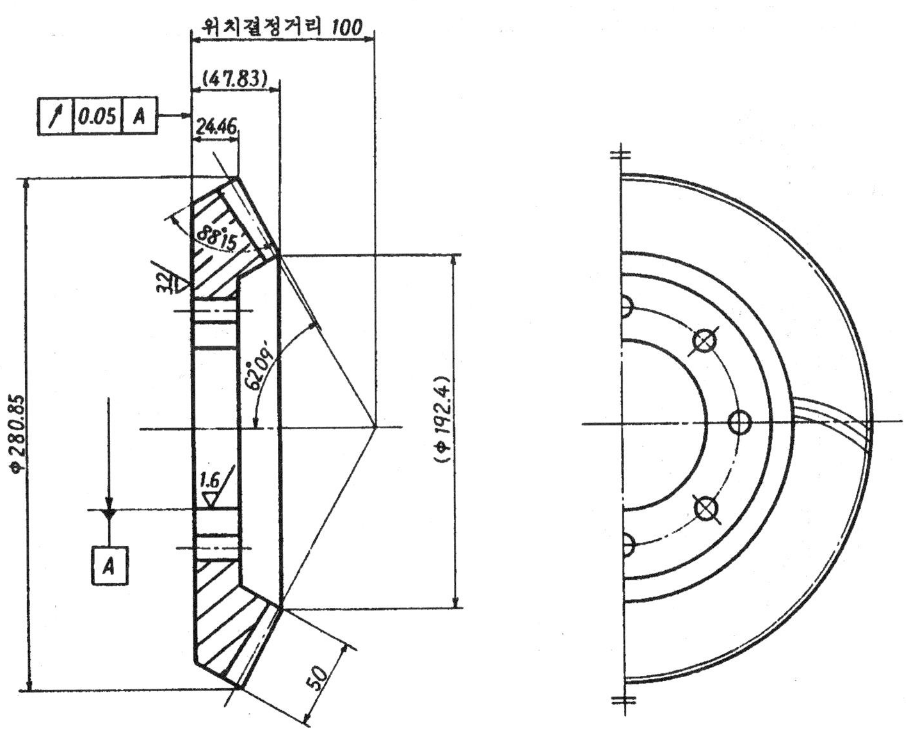

부도 7 스파이럴 베벨 기어(기입 보기)

(c) 하이포이드 기어

단위 : mm

하이포이드 기어					
구 별	기 어	(피니언)	구 별	기 어	(피니언)
치 형	글리손식		원추 거리	108.85	
이절삭 방법	성형 이절삭법		기준 피치 원추각	74°43′	
커터 지름	228.6		이골 원추각	68°25′	
모 듈	5.12		잇봉우리 원추각	76°0′	
평균 압력각	21.15°		이두께 측정 위치	바깥끝 잇봉우리 원부에서 16mm	
잇 수(개)	41		이두께 활줄 이두께 (치직각)	4.148 캘리퍼=1.298	
축 각	90°		다듬질 방법	래핑 다듬질	
비틀림각	26°25′	(50°0′)	정 밀 도	KS B 1412 3급	
비틀림 방향	오 른 쪽		비고 백 래 시	0.15~0.25	
오프셋량	38		이 접 촉	KS B 1417 구분 B	
오프셋 방향	아 래 쪽		*재 료	SCM 420 H	
기준 피치원 지름	210		*열 처 리	침탄 퀜칭 템퍼링	
이 높 이	10.886		*유효 경화층 깊이	0.8~1.3	
이끝 높이	1.655		*경도(표면)	HRC 60±3	
이뿌리 높이	9.231				

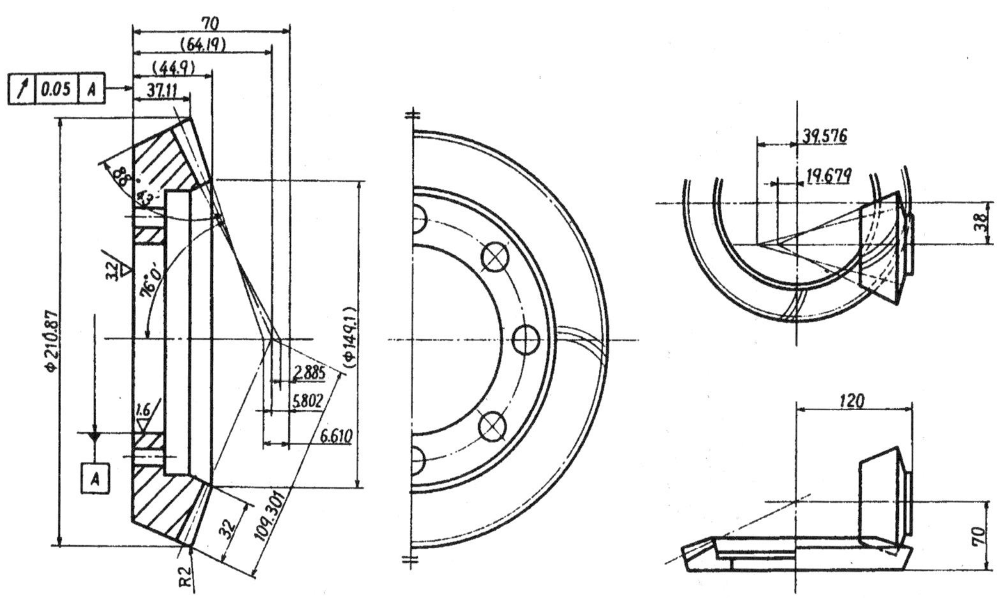

부도 8 하이포이드 기어

6. 웜과 웜휠

웜 기어는 웜과 웜휠(worm & worm wheel)로 되어 있고 그림 6-12와 같이 도시한다.

웜 기어의 이 줄기 방향은 헬리컬 기어와 같이 3줄의 가는 실선으로 나타낸다. 또한, 진입각은 축에 직각인 면과 이 줄기와의 각이다. 웜 휠의 측면도에서 기어의 외경을 굵은 실선으로, 피치원을 가는 1점 쇄선으로 나타내고, 이뿌리원 및 목 부분의 웜 등은 도시하지 않는다. 피치원은 상대 웜 축을 포함한 단면상의 것을 그린다.

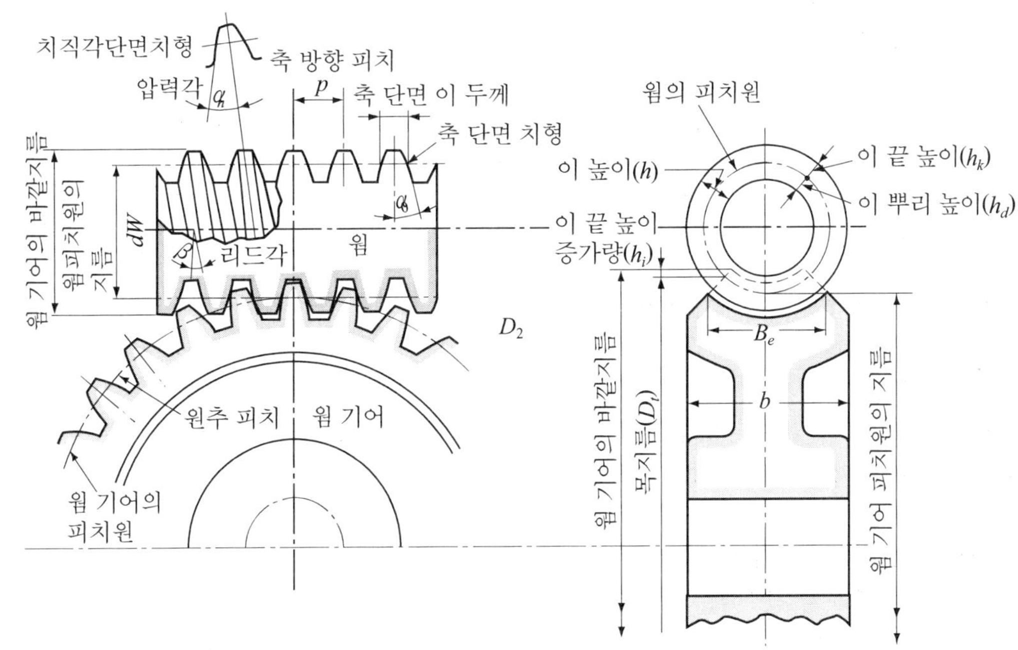

[그림 6-12] 웜 기어의 각부 명칭

(1) 웜과 웜휠의 각부 치수 계산

치직각 방식, 단, [ ]안은 축 직각 방식

정면모듈	$m,\quad \left[m_s = \dfrac{m}{\cos}\right]$
정면피치	$t = \pi m,\quad [t_s = \pi m_s]$
이뿌리 높이	$h_k = m$
압력각	$\alpha = 20^\circ$
축간거리	$\mathrm{a} = \dfrac{1}{2}(d_1 + d_2)$

📖 z1: 웜의 줄 수, z2: 웜휠의 잇수 리드 각 γ에는, 오른나사와 왼나사가 있다.

웜		웜휠	
피치원지름	$d_1 = d_{e1} - 2h_k$	피치원 지름	$d_2 = m_s z_2 = \frac{t_s z_2}{K}$
이끝원지름 (바깥지름)	$d_{k1} = d_1 + 2h_k$	목의 지름	$d_{k2} = d_2 + 2h_k$
리드	$L = t_{z1}$	최대이끝원지름 (바깥지름)	$d_{e2} + 2R\left(1 - \cos\frac{\theta}{2}\right)$
나사부의 길이	$l = \sqrt{d_{k1}^2 - (d_{k1} - 4h_k)^2} \fallingdotseq 2m\sqrt{2z_s}$	목 둥근 반지름	$R = \frac{d_1}{2} - h_k$
리드 각	$R_i\gamma = \frac{mZ_w}{d}, \tan\gamma = \frac{L}{\pi d_1}$	정　　각	θ=60°- 80°
이두께	$\frac{t}{2} = \frac{\pi m}{2}\left[\frac{t_s}{2} = \frac{\pi m_s}{2}\right]$ $S < \frac{t_1}{2}$	이의 폭	$b = 2.4t_s + 6\text{mm}(z_1 = 1.2)$ $b = 2.15t_s + 5\text{mm}(z_1 = 3.4)$ $b = m\sqrt{\frac{7d_1}{m} - 12.25}$

(2) 이의 크기

표준 원통 웜 기어의 크기는 축 방향 모듈 m_a로 표시한다. 전동용으로 보통 원통 웜기어는 축 방향 모듈 1~25mm, 중심거리 40~500가 사용된다.

축 방향 모듈과 중심거리

모 듈	1	3.15	10
	1.25	4	12.5
	1.6	5	16
	2	6.3	20
	2.5	8	25
중심거리	40, 50, 63, 80, 100, 125, 160, 200, 250, 315, 400, 500		

(3) 치형

(a) 나사면: 원통 웜의 나사면은 다음의 4종류로 한다.

1 형	축 평면 위의 치형이 사다리꼴
2 형	이홈 직각 평면 위의 치형이 사다리꼴
3 형	공구축 평면 위의 모양이 사다리꼴인 밀링커터 또는 연삭 숫돌의 축을 웜축에 대하여 리드각 만큼 기울여서 공작한 것
4 형	축 직각 평면 위의 치형이 인벌류트 곡선인 것

(b) 압력각

1 형	축 평면 위의 압력각을 20°	3 형	공구의 압력각을 20°
2 형	공구의 압력각을 20°	4 형	이직각 압력각을 20°

(4) 웜과 웜휠의 도시

(a) 웜

단위 : mm

웜				
치 형	KS B 1416 3형	이두께	활줄 이두께 (치직각)	12.32 $^{0}_{-0.15}$ 캘리퍼 이높이=8
축방향 모듈	8			
줄 수	2		오버핀 치수 핀 지름	
비틀림 방향	오 른 쪽			
기준 피치원 지름	80	비고	백 래 시	0.21~0.35
지름 계수	10.00		중심 거리	200
리 드 각	11°18′36″		이 접 촉	KS B 1417 구분 B
다듬질 방법	연 삭		*재 료	SM 48C
			*열 처 리	치면 고주파 퀜칭
*정 밀 도			*경도(표면)	HRC 50~55

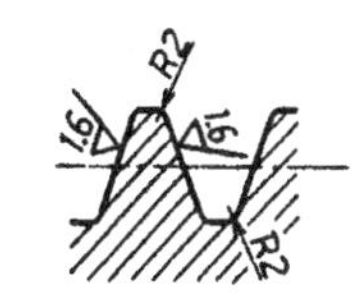

치직각 단면

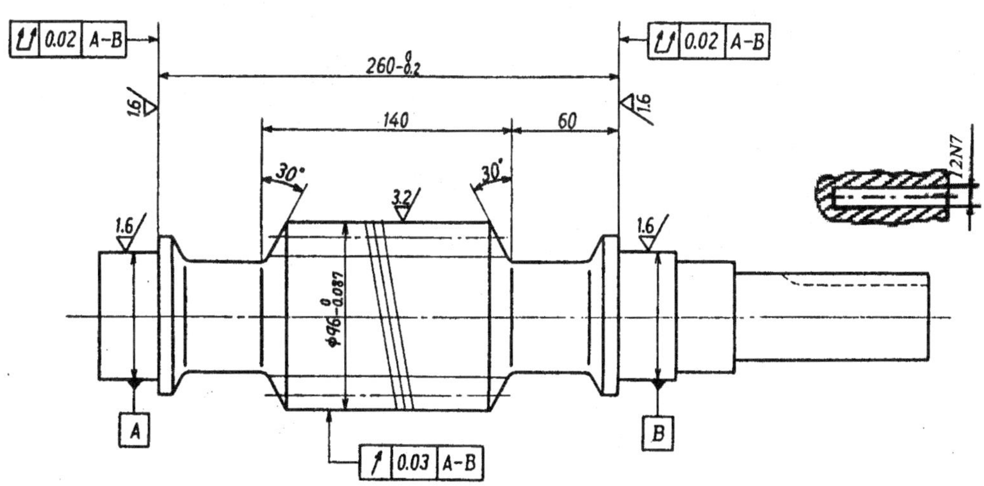

부도 9 웜(기입 보기)

(b) 웜휠

단위 : mm

웜 휠				
상대 웜 치형		KS B 1416 3형	다듬질 방법	호브 절삭
축방향 모듈		8	*정 밀 도	
잇 수(개)		40	백 래 시 (피치 원둘레 방향)	0.21~0.35
기준 피치원 지름		320		
상대웜	줄 수	2	참고 이두께 { 활줄 이두께(치직각) / 캘리퍼 이높이	12.32 / 8.12
	비틀림 방향	오 른 쪽	전 위 량	0
	기준 피치원 지름	80	이 접 촉	KS B 1417 구분 B
	리 드 각	11°18′36″	*재 료	PBC 2 B

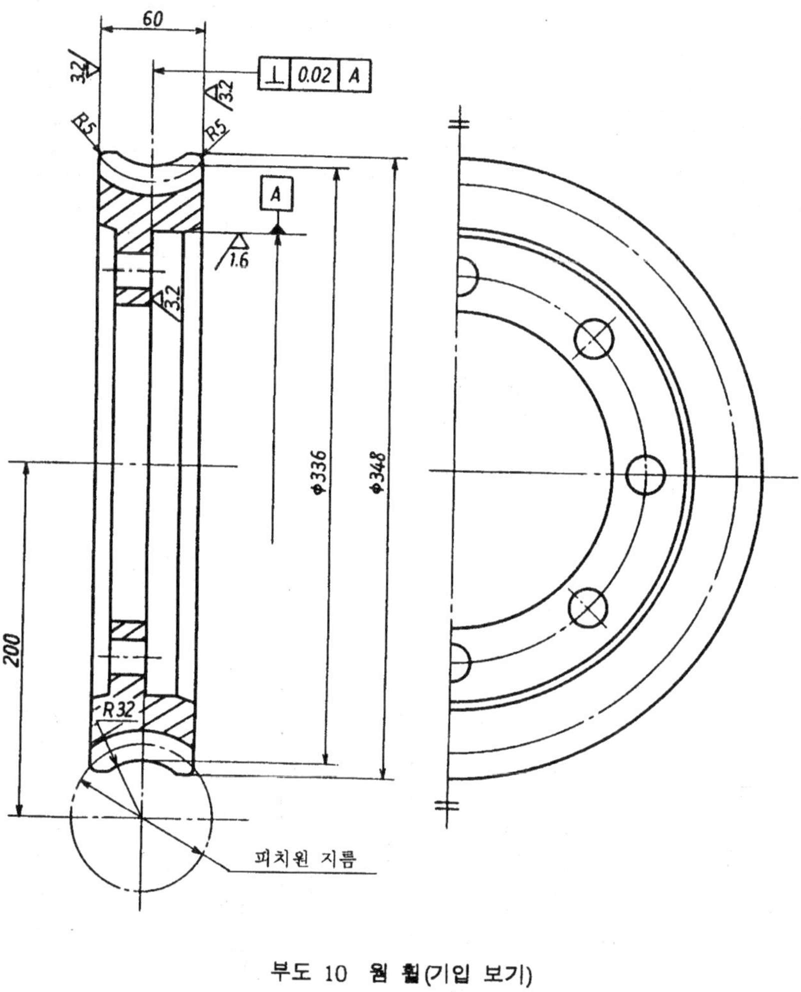

부도 10 웜 휠(기입 보기)

(5) 웜휠의 형상

웜휠의 모양 및 치수 웜 힐의 모양은 그림에 따르며 치수는 부표 1에 따른다.

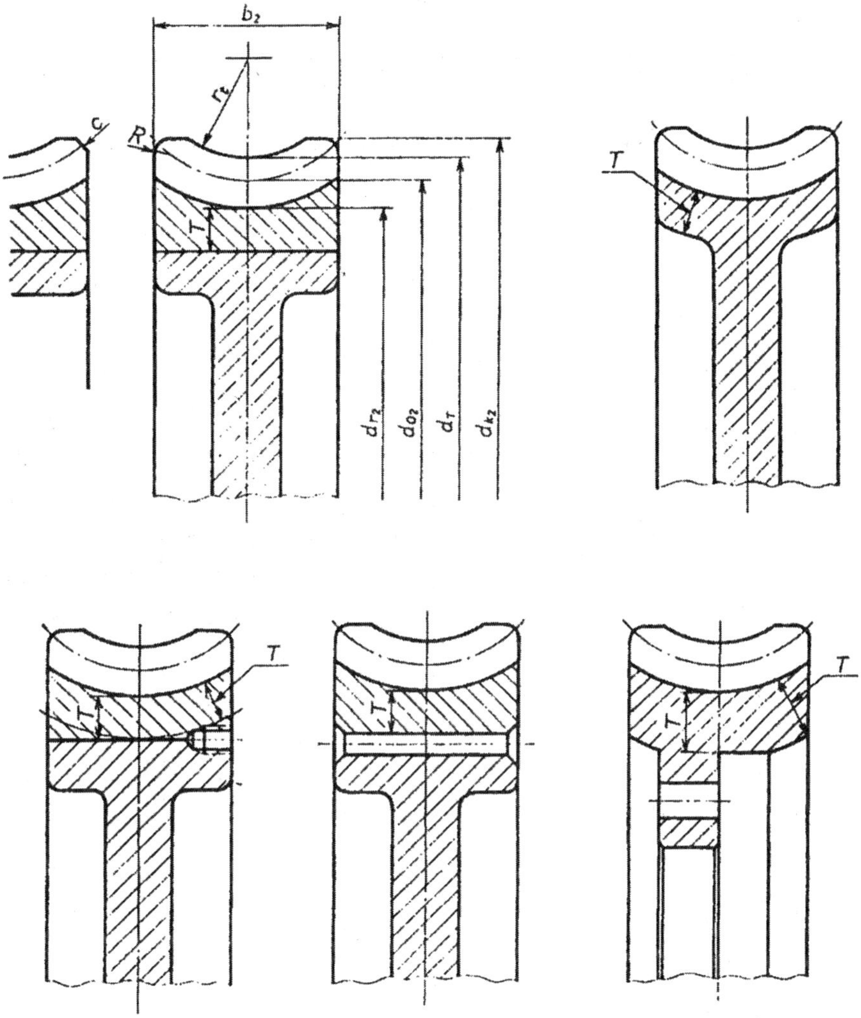

그 림 웜 휠의 모양

(6) 웜휠 및 원통 웜의 치수

(a) 웜휠의 치수

부 표 1 원통 웜 기어의 치수 (1)

단위 : mm

중심거리 a	치수비 i	축방향 모듈 m_a	웜 줄 수 z_w	웜 휠치수 z_2	웜의 피치원 지름 d_{01}	웜 휠의 피치원 지름 d_{02}	지름계수 Q	전위계수 x	리드각 γ_0
40	7	2.00	4	28	25.00	56.00	12.50	−0.250	17°44′41″
	9	1.60	4	36	22.40	57.60	14.00	0	15°56′43″
	12.5	1.25	4	50	18.00	62.50	14.40	−0.200	15°31′27″
	14	2.00	2	28	25.00	56.00	12.50	−0.250	9° 5′25″
	18*	1.60	2	36	22.40	57.60	14.00	0	8° 7′48″
	25	1.25	2	50	18.00	62.50	14.40	−0.200	7°54′26″
	28*	2.00	1	28	25.00	56.00	12.50	−0.250	4°34′26″
	36*	1.60	1	36	22.40	57.60	14.00	0	4° 5′ 8″
	50	1.25	1	50	18.00	62.50	14.40	−0.200	3°58′21″
	64	1.00	1	64	16.00	64.00	16.00	0	3°34′35″
50	7	2.50	4	28	31.50	70.00	12.60	−0.300	17°36′45″
	9.5*	2.00	4	38	25.00	76.00	12.50	−0.250	17°44′41″
	12	1.60	4	48	22.40	76.80	14.00	0.250	15°56′43″
	14	2.50	2	28	31.50	70.00	12.60	−0.300	9° 1′10″
	19*	2.00	2	38	25.00	76.00	12.50	−0.250	9° 5′25″
	24	1.60	2	48	22.40	76.80	14.00	0.250	8° 7′48″
	28*	2.50	1	28	31.50	70.00	12.60	−0.300	4°32′16″
	38*	2.00	1	38	25.00	76.00	12.50	−0.250	4°34′26″
	48	1.60	1	48	22.40	76.80	14.00	0.250	4° 5′ 8″
	66	1.25	1	66	18.00	82.50	14.40	−0.200	3°58′21″
63	7.25	3.15	4	29	35.50	91.35	11.27	−0.135	19°32′28″
	9.5	2.50	4	38	31.50	95.00	12.60	−0.100	17°36′45″
	12.5	2.00	4	50	25.00	100.00	12.50	0.250	17°44′41″
	14.5	3.15	2	29	35.50	91.35	11.27	−0.135	10° 3′47″
	19*	2.50	2	38	31.50	95.00	12.60	−0.100	9° 1′10″
	25	2.00	2	50	25.00	100.00	12.50	0.250	9° 5′25″
	29*	3.15	1	29	35.60	91.25	11.27	−0.135	5° 4′14″
	38*	2.50	1	38	31.50	95.00	12.60	−0.100	4°32′16″
	50	2.00	1	50	25.00	100.00	12.50	0.250	4°34′26″
	65	1.60	1	65	22.40	104.00	14.00	−0.125	4° 5′ 8″

부 표 1 원통 웜 기어의 치수 (2)

단위 : mm

중심거리 a	치수비 i	축방향 모 듈 m_a	웜 줄 수 z_w	웜 휠치수 z_2	웜의 피치원 지름 d_{01}	웜 휠의 피치원 지름 d_{02}	지름계수 Q	전위계수 x	리드각 γ_0
80	7.25	4.00	4	29	45.00	116.00	11.25	-0.125	19°34′23″
	10 *	3.15	4	40	35.50	126.00	11.27	-0.238	19°32′28″
	12.75	2.50	4	51	31.50	127.50	12.60	0.200	17°36′45″
	14.5	4.00	2	29	45.00	116.00	11.25	−0.125	10° 4′50″
	20 *	3.15	2	40	35.50	126.00	11.27	−0.238	10° 3′47″
	25.5	2.50	2	51	31.50	127.50	12.60	0.200	9° 1′10″
	29 *	4.00	1	29	45.00	116.00	11.25	−0.125	5° 4′47″
	40 *	3.15	1	40	35.50	126.00	11.27	−0.238	5° 4′14″
	51	2.50	1	51	31.50	127.50	12.60	0.200	4°32′16″
	68	2.00	1	68	25.00	136.00	12.50	−0.250	4°34′26″
100	7.25	5.00	4	29	56.00	145.00	11.20	-0.100	19°39′14″
	9.75 *	4.00	4	39	45.00	156.00	11.25	−0.125	19°34′23″
	13	3.15	4	52	35.50	163.80	11.27	0.111	19°32′28″
	14.5	5.00	2	29	56.00	145.00	11.20	−0.100	10° 7′29″
	19.5 *	4.00	2	39	45.00	156.00	11.25	- 0.125	10° 4′50″
	26	3.15	2	52	35.50	163.80	11.27	0.111	10° 3′47″
	29 *	5.00	1	29	56.00	145.00	11.20	−0.100	5° 6′ 8″
	39 *	4.00	1	39	45.00	156.00	11.25	−0.125	5° 4′47″
	52	3.15	1	52	35.50	163.80	11.27	0.111	5° 4′14″
	67	2.50	1	67	31.50	167.50	12.60	0.200	4°32′16″
125	7.5	6.30	4	30	63.00	189.00	10.00	-0.159	21°48′ 5″
	9.75	5.00	4	39	56.00	195.00	11.20	-0.100	19°39′14″
	12.75	4.00	4	51	45.00	204.00	11.25	0.125	19°34′23″
	15	6.30	2	30	63.00	189.00	10.00	- 0.159	11°18′36″
	19.5 *	5.00	2	39	56.00	195.00	11.20	−0.100	10° 7′29″
	25.5	4.00	2	51	45.00	204.00	11.25	0.125	10° 4′50″
	30 *	6.30	1	30	63.00	189.00	10.00	−0.159	5°42′38″
	39 *	5.00	1	39	56.00	195.00	11.20	−0.100	5° 6′ 8″
	51	4.00	1	51	45.00	204.00	11.25	0.125	5° 4′47″
	68	3.15	1	68	35.50	214.20	11.27	0.048	5° 4′14″

부 표 1 원통 웜 기어의 치수 (3)

단위 : mm

중심거리 a	치수비 i	축방향 모듈 m_a	웜 줄수 z_w	웜휠 잇수 z_2	웜의 피치원 지름 d_{01}	웜휠의 피치원 지름 d_{02}	지름계수 Q	전위계수 x	리드각 γ_0
160	7.5	8.00	4	30	80.00	240.00	10.00	0	21°48′ 5″
	10.25	6.30	4	41	63.00	258.30	10.00	−0.103	21°48′ 5″
	13.25	5.00	4	53	56.00	265.00	11.20	−0.100	19°39′14″
	15	8.00	2	30	80.00	240.00	10.00	0	11°18′36″
	20.5 *	6.30	2	41	63.00	258.30	10.00	−0.103	11°18′36″
	26.5	5.00	2	53	56.00	265.00	11.20	−0.100	10° 7′29″
	30 *	8.00	1	30	80.00	240.00	10.00	0	5°42′38″
	41 *	6.30	1	41	63.00	258.30	10.00	−0.103	5°42′38″
	53	5.00	1	53	56.00	265.00	11.20	−0.100	5° 6′ 8″
	69	4.00	1	69	45.00	276.00	11.25	−0.125	5° 4′47″
200	7.75	10.00	4	31	90.00	310.00	9.00	0	23°57′45″
	10 *	8.00	4	40	80.00	320.00	10.00	0	21°48′ 5″
	13.25	6.30	4	53	63.00	333.90	10.00	0.246	21°48′ 5″
	15.5	10.00	2	31	90.00	310.00	9.00	0	12°31′44″
	20 *	8.00	2	40	80.00	320.00	10.00	0	11°18′36″
	26.5	6.30	2	53	63.00	333.90	10.00	0.246	11°18′36″
	31 *	10.00	1	31	90.00	310.00	9.00	0	6°20′25″
	40 *	8.00	1	40	80.00	320.00	10.00	0	5°42′38″
	53	6.30	1	53	63.00	333.90	10.00	0.246	5°42′38″
	69	5.00	1	69	56.00	345.00	11.20	−0.100	5° 6′ 8″
250	7.75	12.50	4	31	112.00	387.50	8.96	0.020	24° 3′26″
	10.25 *	10.00	4	41	90.00	410.00	9.00	0	23°57′45″
	13.25	8.00	4	53	80.00	425.00	10.00	−0.250	21°48′ 5″
	15.5	12.50	2	31	112.00	387.50	8.96	0.020	12°34′59″
	20.5 *	10.00	2	41	90.00	410.00	9.00	0	12°31′44″
	26.5	8.00	2	53	80.00	425.00	10.00	−0.250	11°18′36″
	31 *	12.50	1	31	112.00	387.50	8.96	0.020	6°22′ 6″
	41 *	10.00	1	41	90.00	410.00	9.00	0	6°20′25″
	53	8.00	1	53	80.00	425.00	10.00	−0.250	5°42′38″
	69	6.30	1	69	63.00	434.70	10.00	0.183	5°42′38″

(b) 원통 웜의 치수

축 방향 모듈 m_a		1.00	1.25	1.60	2.00	2.50	3.15	4.00	5.00	6.30	8.00	10.00
축 방향 피치 t_a		3.142	3.927	5.027	6.283	7.854	9.896	12.566	15.708	19.792	25.133	31.416
웜 줄 수 z_w		1, 2, 4	1, 2, 4	1, 2, 4	1, 2, 4	1, 2, 4	1, 2, 4	1, 2, 4	1, 2, 4	1, 2, 4	1, 2, 4	1, 2, 4
피치원 지름 d_{01}		16.0	18.0	22.4	25.0	31.5	35.5	45.0	56.0	63.0	80.0	90.0
지름계수 Q		16.00	14.40	14.00	12.50	12.60	11.27	11.25	11.20	10.00	10.00	9.00
이끝원 지름 d_{k1}		18.00	20.50	25.60	29.00	36.50	41.80	53.00	66.00	75.00	96.00	110.00
이뿌리원 지름 d_r^1	1~3 형	13.6	15.0	18.56	20.20	25.50	27.94	35.40	44.00	47.88	60.80	66.00
	4 형	13.61	15.01	18.58	20.23	25.53	27.99	35.47	44.09	48.02	60.97	66.27
		13.63	15.05	18.63	20.31	25.64	28.15	35.67	44.34	48.42	61.48	67.05
		13.73	15.20	18.83	20.62	26.02	28.74	36.42	45.28	49.86	63.32	69.79
축 방향 이 두께 S_a	1~3 형	1.571	1.964	2.513	3.142	3.927	4.948	6.283	7.854	9.896	12.566	15.708
	4 형	1.572	1.966	2.516	3.146	3.933	4.957	6.294	7.868	9.919	12.595	15.753
		1.576	1.972	2.525	3.160	3.950	4.984	6.329	7.912	9.987	12.682	15.886
		1.593	1.998	2.560	3.214	4.016	5.088	6.462	8.079	10.249	13.015	16.359
리드각 γ_0		3° 34′ 35″	3° 58′ 21″	4° 5′ 8″	4° 34′ 26″	4° 32′ 16″	5° 4′ 14″	5° 4′ 47″	5° 6′ 8″	5° 42′ 38″	5° 42′ 38″	6° 20′ 25″
		7° 7′ 30″	7° 54′ 26″	8° 7′ 48″	9° 5′ 25″	9° 1′ 10″	10° 3′ 47″	10° 4′ 50″	10° 7′ 29″	11° 18′ 36″	11° 18′ 36″	12° 31′ 44″
		14° 2′ 10″	15° 31′ 27″	15° 56′ 43″	17° 44′ 41″	17° 36′ 45″	19° 32′ 28″	19° 34′ 23″	19° 39′ 14″	21° 48′ 5″	21° 48′ 5″	23° 57′ 45″

5_베어링

1. 베어링

베어링은 축과 베어링이 접촉하는 방법에 따라 미끄럼 베어링(sliding bearing)과 구름 베어링(rolling bearing)으로 구분하고, 전동체의 종류에 따라 볼 베어링과 롤러 베어링으로, 하중이 작용하는 방향에 따라 레이디얼 베어링(radial bearing)과 스러스트 베어링(thrust bearing)으로 분류한다.

[그림 8-1] 구름 베어링

1.1 미끄럼 베어링

(1) 레이디얼 미끄럼 베어링

미끄럼 베어링은 슬라이딩 베어링(sliding bearing)이라 하며 단체(單體)베어링과 분할(分割)베어링으로 구분한다. 축과 베어링의 접촉면 사이에는 부시(bush: bearing metal)를 끼워 베어링의 수명을 연장시킨다. 일반적으로 베어링은 그림 (b)와 같이 베어링 본체와 베어링 메탈 두 개로 나누어 축과 베어링의 틈을 조정할 수 있도록 한 것이 많이 사용된다.

베어링 메탈로는 청동이 많이 사용되며 주철, 주강, 함유 소결합금(oil retaining)이나 합성수지 등도 사용한다. 미끄럼 면에는 윤활을 활성화하기 위해 기름 홈이 파여져 있다.

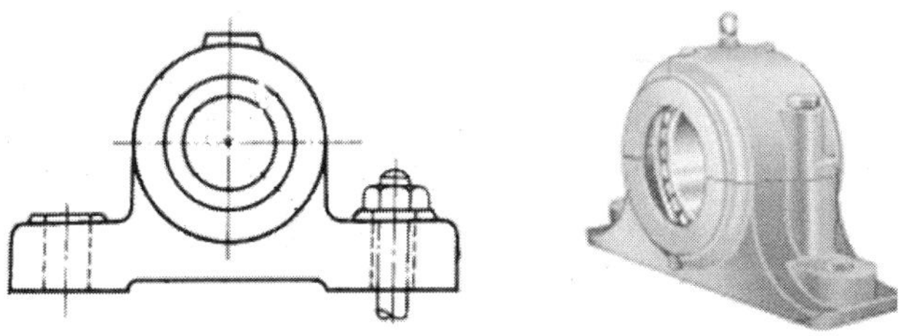

(a) 단체 미끄럼 베어링

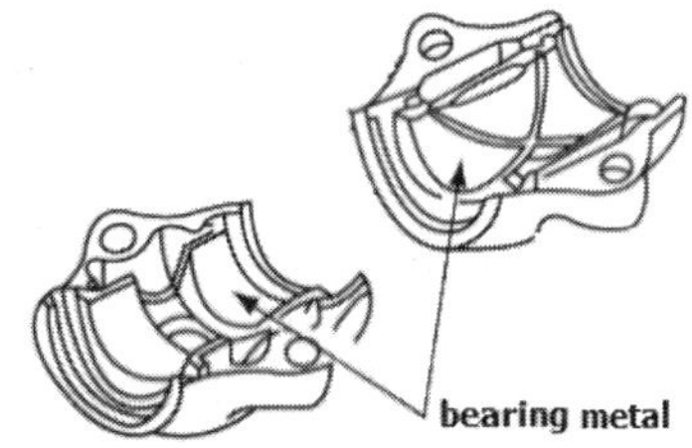

(b) 분할 미끄럼 베어링

[그림 8-2] 레이디얼 슬라이딩 베어링

단체베어링의 주요 치수는 표 8-1를 참조한다.

≪표 8-1≫ 단체베어링의 주요치수

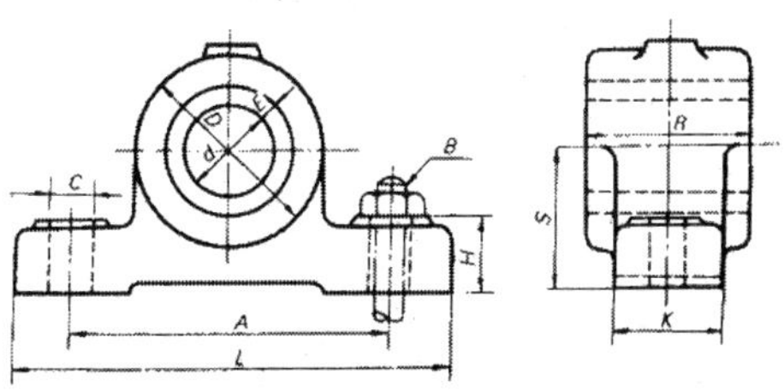

d	A	H	L	K	R	S	C	D	E	B
20	100	25	140	40	60	40	14	60	-	M 10
25, 30	120	25	160	45	80	50	14	80	7	
35, 40	140	30	190	50	90	60	18	90	8	M 12
45, 50	160	35	220	55	100	70	21	100	9	M 16
55, 60	180	35	240	60	120	80	21	120	10	
70	210	45	270	70	140	90	24	140	10	M 20
80	240	45	300	80	160	100	24	160	11	
90	270	45	330	90	180	100	24	180	11	
100, 110	300	50	360	100	200	110	28	200	12	M 24
125	330	55	410	100	220	120	32	220	12	
140	360	60	440	100	240	130	35	240	12	M 30

≪표 8-2≫ 미끄럼용 베어링 부시(KS B 2005)

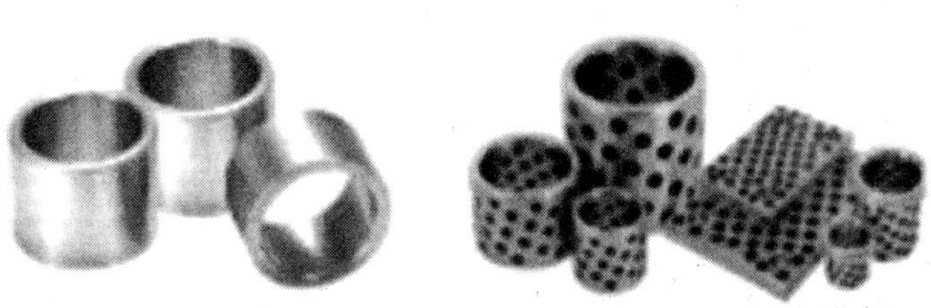

d) 규정되지 않은 세부 사항은 적당히 선택되어야 한다.

C형 F형(1) 축

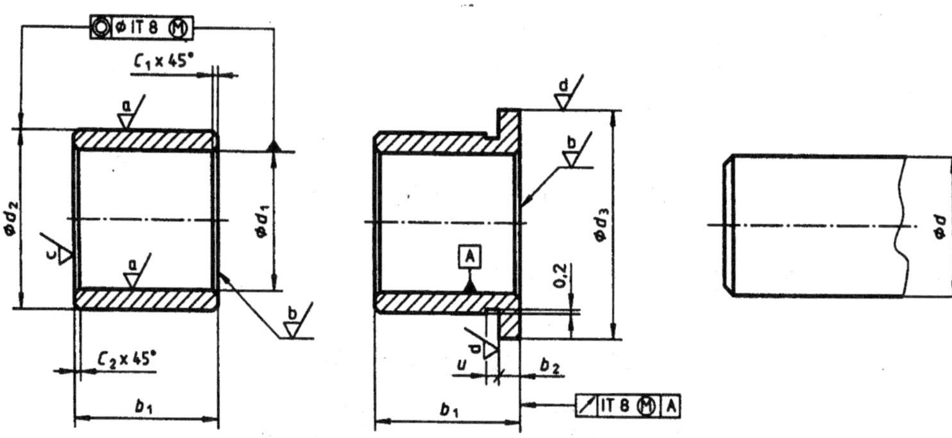

주(1) 기타 치수는 C형 그림 참조

그림 1

표 1 C형

d_1	d_2			b_1			모떼기 45° C_1, C_2 최대	모떼기 15° C_2 최대
6	8	10	12	6	10	–	0.3	1
8	10	12	14	6	10	–	0.3	1
10	12	14	16	6	10	–	0.3	1
12	14	16	18	10	15	20	0.5	2
14	16	18	20	10	15	20	0.5	2
15	17	19	21	10	15	20	0.5	2
16	18	20	22	12	15	20	0.5	2
18	20	22	24	12	20	30	0.5	2
20	23	24	26	15	20	30	0.5	2
22	25	26	28	15	20	30	0.5	2
(24)	27	28	30	15	20	30	0.5	2
25	28	30	32	20	30	40	0.5	2
(27)	30	32	34	20	30	40	0.5	2
28	32	34	36	20	30	40	0.5	2
30	34	36	38	20	30	40	0.5	2
32	36	38	40	20	30	40	0.8	3
(33)	37	40	42	20	30	40	0.8	3
35	39	41	45	30	40	50	0.8	3
(36)	40	42	46	30	40	50	0.8	3
38	42	45	48	30	40	50	0.8	3

표 1 C형(계속)

d_1	d_2			b_1			모떼기 45° C_1, C_2 최 대	모떼기 15° C_2 최 대
40	44	48	50	30	40	60	0.8	3
42	46	50	52	30	40	60	0.8	3
45	50	53	55	30	40	60	0.8	3
48	53	56	58	40	50	60	0.8	3
50	55	58	60	40	50	60	0.8	3
55	60	63	65	40	50	70	0.8	3
60	65	70	75	40	60	80	0.8	3
65	70	75	80	50	60	80	1	4
70	75	80	85	50	70	90	1	4
75	80	85	90	50	70	90	1	4
80	85	90	95	60	80	100	1	4
85	90	95	100	60	80	100	1	4
90	100	105	110	60	80	120	1	4
95	105	110	115	60	100	120	1	4
100	110	115	120	80	100	120	1	4
105	115	120	125	80	100	120	1	4
110	120	125	130	80	100	120	1	4
120	130	135	140	100	120	150	1	4
130	140	145	150	100	120	150	2	5
140	150	155	160	100	150	180	2	5
150	160	165	170	120	150	180	2	5
160	170	180	185	120	150	180	2	5
170	180	190	195	120	180	200	2	5
180	190	200	210	150	180	250	2	5
190	200	210	220	150	180	250	2	5
200	210	220	230	180	200	250	2	5

표 2 F형

d_1	d_2	d_3	b_2	d_2	d_3	b_2	b_1			모떼기		u
	시리즈 1			시리즈 2						45° C_1, C_2 최 대	15° C_2 최 대	
6	8	10	1	12	14	3	–	10	–	0.3	1	1
8	10	12	1	14	18	3	–	10	–	0.3	1	1
10	12	14	1	16	20	3	–	10	–	0.3	1	1
12	14	16	1	18	22	3	10	15	20	0.5	2	1
14	16	18	1	20	25	3	10	15	20	0.5	2	1
15	17	19	1	21	27	3	10	15	20	0.5	2	1
16	18	20	1	22	28	3	12	15	20	0.5	2	1.5
18	20	22	1	24	30	3	12	20	30	0.5	2	1.5
20	23	26	1.5	26	32	3	15	20	30	0.5	2	1.5
22	25	28	1.5	28	34	3	15	20	30	0.5	2	1.5
(24)	27	30	1.5	30	36	3	15	20	30	0.5	2	1.5
25	28	31	1.5	32	38	4	20	30	40	0.5	2	1.5
(27)	30	33	1.5	34	40	4	20	30	40	0.5	2	1.5
28	32	36	2	36	42	4	20	30	40	0.5	2	1.5
30	34	38	2	38	44	4	20	30	40	0.5	2	2
32	36	40	2	40	46	4	20	30	40	0.8	3	2
(33)	37	41	2	42	48	5	20	30	40	0.8	3	2
35	39	43	2	45	50	5	30	40	50	0.8	3	2
(36)	40	44	2	46	52	5	30	40	50	0.8	3	2
38	42	46	2	48	54	5	30	40	50	0.8	3	2
40	44	48	2	50	58	5	30	40	60	0.8	3	2
42	46	50	2	52	60	5	30	40	60	0.8	3	2
45	50	55	2.5	55	63	5	30	40	60	0.8	3	2
48	53	58	2.5	58	66	5	40	50	60	0.8	3	2
50	55	60	2.5	60	68	5	40	50	60	0.8	3	2
55	60	65	2.5	65	73	5	40	50	70	0.8	3	2
60	65	70	2.5	75	83	7.5	40	60	80	0.8	3	2
65	70	75	2.5	80	88	7.5	50	60	80	1	4	2
70	75	80	2.5	85	95	7.5	50	70	90	1	4	2
75	80	85	2.5	90	100	7.5	50	70	90	1	4	3
80	85	90	2.5	95	105	7.5	60	80	100	1	4	3
85	90	95	2.5	100	110	7.5	60	80	100	1	4	3
90	100	110	5	110	120	10	60	80	120	1	4	3
95	105	115	5	115	125	10	60	100	120	1	4	3
100	110	120	5	120	130	10	80	100	120	1	4	3
105	115	125	5	125	135	10	80	100	120	1	4	3
110	120	130	5	130	140	10	80	100	120	1	4	3
120	130	140	5	140	150	10	100	120	150	1	4	3
130	140	150	5	150	160	10	100	120	150	2	5	4
140	150	160	5	160	170	10	100	150	180	2	5	4
150	160	170	5	170	180	10	120	150	180	2	5	4
160	170	180	5	185	200	12.5	120	150	180	2	5	4
170	180	190	5	195	210	12.5	120	180	200	2	5	4
180	190	200	5	210	220	15	150	180	250	2	5	4
190	200	210	5	220	230	15	150	180	250	2	5	4
200	210	220	5	230	240	15	180	200	250	2	5	4

(2) 스러스트 슬라이딩 베어링

축 방향으로 추력(thrust)이 작용할 때 사용하는 베어링으로 축 단면으로 하중을 받는 피벗베어링(pivot bearing)과 축 중간에 칼라(colar)로 하중을 받는 피벗 칼라 베어링(pivot colar bearing)이 있다. 전자는 경하중의 수직축에 후자는 하중이 비교적 큰 경우의 수평축에 사용한다.

압력과 마찰열만을 고려하여 설계하며 축의 접촉면에서의 미끄럼 속도는 중심부에서 바깥쪽으로 갈수록 크게 되고, 마찰(摩擦) 일량과 마멸량(磨滅量)도 바깥쪽으로 갈수록 커진다.

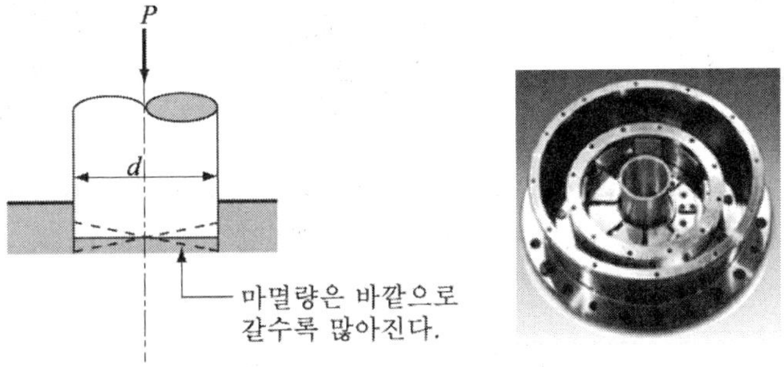

[그림 8-3] 수직형 스러스트 슬라이딩 베어링

1.2 구름 베어링

구름 베어링(rolling bearing)은 축과 베어링이 점 또는 선 접촉에 의해 구름접촉을 하므로 미끄럼 베어링에 비해 마찰이 적어 고속회전이 가능하다.

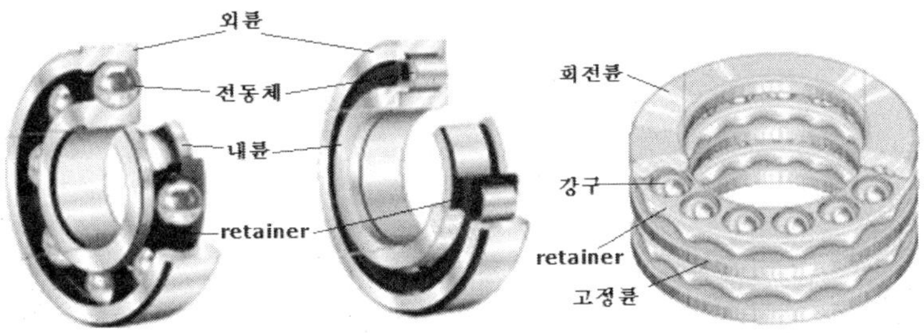

[그림 8-4] 구름 베어링의 구조

래디얼 롤링 베어링(radial rolling bearing)의 설치는 그림 8-4와 같이 축과 내륜(inner race), 리테이너(retainer)와 외륜(outer race)으로 구성되어 있고, 보통 내륜은 고정, 외륜은 축 하우징(housing)에 끼워진다. 궤도면(ring surface)의 형상은 외륜의 안쪽과 내륜의 바깥쪽에 홈이 설치되어 있어, 두 홈 사이에 전동체(轉動體)를 삽입하고 조립한다. 전동체에는 그림과 같이 볼(ball)과 롤러(roller)가 있으며, 구형(球形)인 것을 볼 베어링(ball bearing), 원통인 것을 롤러베어링(roller bearing) 이라 한다.

롤링 베어링을 긴축의 중간에 설치하려면 어댑터 슬리브(adapter sleeve)를 사용하면 좋다. 스러스트 롤링 베어링의 설치는 중앙륜(中央輪)의 내경에 대하여 중간끼워맞춤, 베어링 외경에 대해서도 중간끼워 맞춤 정도의 끼워맞춤으로 한다.

스러스트 롤링 베어링은 단독으로서는 사용하지 않고 반드시 래디얼 롤링 베어링과 함께 사용한다. 롤링베어링 안에 먼지나 수분 등이 침입하는 것을 방지하기 위하여 뚜껑을 덮거나 패킹(packing)을 한다.

(a) 단열 깊은 홈 볼베어링 (b) 앵귤러 콘택트 볼 베어링 (c) 자동 조심 볼 베어링

(가) 레이디얼 구름 베어링

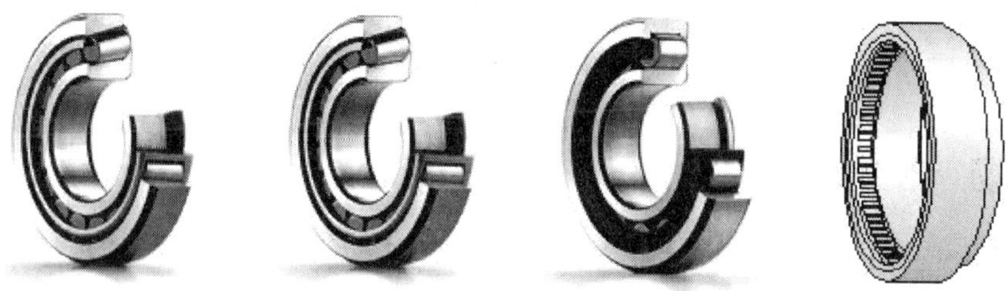

(a) 원통 롤러 (b) 테이퍼 롤러 (c) 자동조심 롤러 (d) 니들 롤러

(나) 롤러 베어링

[그림 8-5] 구름 베어링

[그림 8-6] 구름 베어링용 유닛

(1) 구름베어링의 호칭

구름 베어링의 호칭은 기본 번호(베어링 계열번호, 안지름 번호, 접촉각 기호)와 보조기호(보지기 기호, 실 기호, 궤도륜 형상기호, 조합기호, 틈 기호, 등급 기호) 순서대로 배열한다.

접촉각 기호 또는 보조기호의 일부를 생략할 경우에는 생략하지 않는 보조기호를 차례로 앞 당겨쓴다.

안지름 번호는 베어링의 안지름 치수를 나타내는 것으로 안지름 번호가 04이상인 것은 이 수치를

5배하면 안지름 치수가 얻어진다. 예외로서 1~9까지의 안지름 번호 및 /22, /28, /32, /500과 같이 숫자의 앞에 사선을 붙인 안지름 번호는 그 수치가 안지름 치수를 나타낸다.

안지름 번호가 00, 01, 02, 03은 특별한 경우로 그 안지름 치수는 각각 10, 12, 15, 17㎜이다. 등급기호는 무기호(0급), P6(6급), P5(5급) 및 P4(4급)로 되고 P4의 치수허용차가 가장 작고 정밀도가 높다.

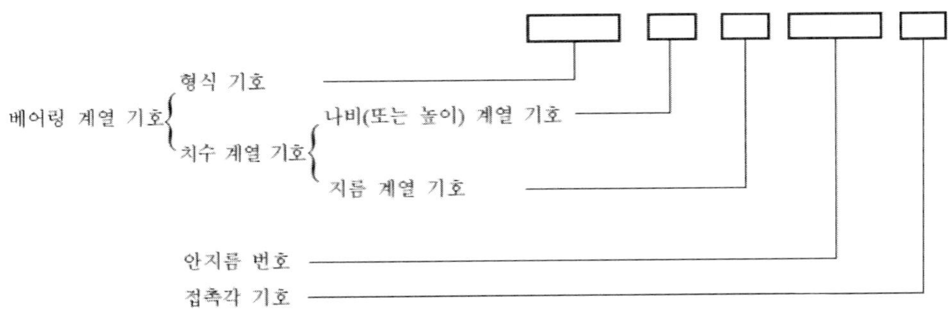

(a) 베어링 계열기호

형식 기호와 치수 계열 기호로 구성된다. 베어링 계열 기호는 부표 1과 같다.

ⓐ 형식기호: 1자의 아라비아 숫자 또는 1자 이상의 라틴 문자로 구성된다.

또한 치수 계열이 22 및 23의 자동 조심 볼 베어링에서는 형식기호가 관례적으로 생략되고 있다.

ⓑ 치수 계열 기호: 나비 계열 기호 및 지름 계열 기호의 2자의 아라비아 숫자로 구성된다. 또한, 나비 계열 0 또는 1의 깊은 홈 볼 베어링, 앵귤러 볼 베어링, 원통 롤러 베어링에서는 나비 계열 기호가 관례적으로 생략되는 경우가 있다.

비고: 테이퍼 롤러 베어링의 치수 계열 22C, 23C 또는 03D의 문자 C 또는 D는 호칭 번호의 구성상 접촉각 기호로 취급된다.

(b) 안지름 번호: 안지름 번호는 부표 2와 같다. 다만, 복식 평면 자리형 스러스트 볼 베어링의 안지름 번호는 같은 지름 계열에서 같은 호칭 바깥지름을 가진 단식 평면 자리형 스러스트 볼베어링의 안지름 번호와 동일하게 한다.

(c) 접촉각 기호: 접촉각은 내외륜과 볼의 접촉점을 연결하는 직선이 레이디얼 방향과 이루는 각도로 이 기호는 아래와 같다.

접촉각 기호

베어링의 형식	호칭 접촉각	접촉각 기호
단열 앵귤러 볼 베어링	10° 초과 22° 이하	C
	22° 초과 32° 이하	A([1])
	32° 초과 45° 이하	B
테이퍼 롤러 베어링	17° 초과 24° 이하	C
	24° 초과 32° 이하	D

주([1]) 생략할 수 있다.

(d) 보조 기호: 보조 기호는 부표 3과 같다. 다만, 유지기, 봉입 그리스, 재료, 열처리 등의 시방을 나타내는 보조 기호는 인수, 인도 당사자 간의 협정에 의한다.

보 기 1. 6204

62 04

- 베어링 계열 기호(나비 계열 0 지름 계열 2의 깊은 홈 볼 베어링) — 62
- 안지름 번호(호칭 베어링 안지름 20mm) — 04

보 기 2. F684C2P6

F 68 4 C2 P6

- 궤도륜 모양 기호(플랜지붙이) — F
- 베어링 계열 기호(나비 계열 1 지름 계열 8의 깊은 홈 볼 베어링) — 68
- 안지름 번호(호칭 베어링 안지름 4mm) — 4
- 레이디얼 내부 틈새 기호(C2 틈새) — C2
- 정밀도 등급 기호(6급) — P6

보 기 3. 6203ZZ

62 03 ZZ

- 베어링 계열 기호(나비 계열 0 지름 계열 2의 깊은 홈 볼 베어링) — 62
- 안지름 번호(호칭 베어링 안지름 17mm) — 03
- 실드 기호(양쪽 실드붙이) — ZZ

보 기 4. 6306NR

63 06 NR

- 베어링 계열 기호(나비 계열 0 지름 계열 3의 깊은 홈 볼 베어링) — 63
- 안지름 번호(호칭 베어링 안지름 30mm) — 06
- 궤도륜 모양 기호(멈춤 링붙이) — NR

보 기 5. 7210CDTP5

72 10 C DT P5

- 베어링 계열 기호(나비 계열 기호 0 지름 계열 2의 앵귤러 볼 베어링) — 72
- 안지름 번호(호칭 베어링 안지름 50mm) — 10
- 접촉각 기호(호칭 접촉 10° 초과 22° 이하) — C
- 조합 기호(병렬 조합) — DT
- 정밀도 등급 기호(5급) — P5

보 기 6. NU318C3P6 NU3 18 C3 P6

베어링 계열 기호(나비 계열 0 지름 계열 3의 원통 롤러 베어링) — NU3

안지름 번호(호칭 베어링 안지름 90mm) — 18

레이디얼 내부 틈새 기호(C3 틈새) — C3

정밀도 등급 기호(6급) — P6

보 기 7. 32007J3P6X 320 07 J3 P6X

베어링 계열 기호(나비 계열 2 지름 계열 0의 테이퍼 롤러 베어링) — 320

안지름 번호(호칭 베어링 안지름 35mm) — 07

주요 치수 및 서브유닛의 치수가 ISO 355의 규격과 일치함을 나타내는 기호 — J3

정밀도 등급 기호(6X급) — P6X

보 기 8. 232/500KC4 232 /500 K C4

베어링 계열 기호(나비 계열 3 지름 계열 2의 자동 조심 롤러 베어링) — 232

안지름 번호(호칭 베어링 안지름 500mm) — /500

궤도륜 모양 기호(기준 테이퍼비 $\frac{1}{12}$의 테이퍼 구멍) — K

레이디얼 내부 틈새기호(C4 틈새) — C4

보 기 9. 51215 512 15

베어링 계열 기호(높이 계열 1 지름 계열 2의 단식 평면 자리 스러스트 볼 베어링) — 512

안지름 번호(호칭 베어링 안지름 75mm) — 15

부표 1 베어링 계열 기호

베어링의 형식		단 면 도	형식 기호	치수 계열 기호	베어링 계열 기호
깊은 홈 볼 베어링	단 열 홈 없음 비분리형	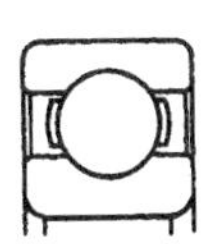	6	17 18 19 10 02 03 04	67 68 69 60 62 63 64
앵귤러 볼 베어링	단 열 비분리형	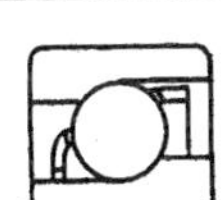	7	19 10 02 03 04	79 70 72 73 74
자동 조심 볼 베어링	복 렬 비분리형 외륜 궤도 구면	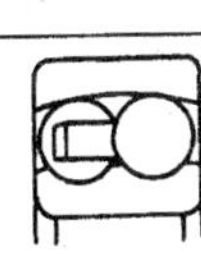	1	02 03 22 23	12 13 22 23

부표 1 베어링 계열 기호(계속)

베어링의 형식		단 면 도	형식 기호	치수 계열 기호	베어링 계열 기호
원통 롤러 베어링	단 열 외륜 양쪽 턱붙이 내륜 턱 없음	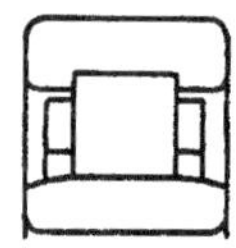	NU	10 02 22 03 23 04	NU10 NU 2 NU22 NU 3 NU23 NU4
	단 열 외륜 양쪽 턱붙이 내륜 한쪽 턱붙이	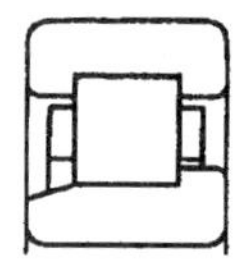	NJ	02 22 03 23 04	NJ 2 NJ22 NJ 3 NJ23 NJ 4
	단 열 외륜 양쪽 턱붙이 내륜 한쪽 턱붙이 내륜 이완 리브붙이	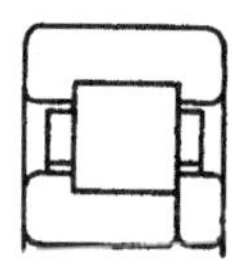	NUP	02 22 03 23 04	NUP 2 NUP22 NUP 3 NUP23 NUP 4
	단 열 외륜 양쪽 턱붙이 내륜 한쪽 턱붙이 L형 이완 리브붙이	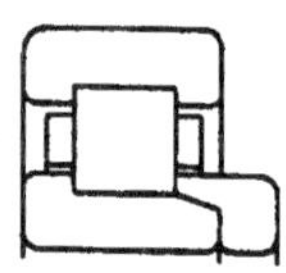	NH	02 22 03 23 04	NH 2 NH22 NH 3 NH23 NH 4
	단 열 외륜 턱 없음 내륜 양쪽 턱붙이	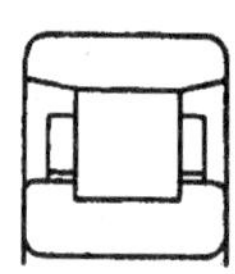	N	10 02 22 03 23 04	N10 N 2 N22 N 3 N23 N 4
	단 열 외륜 한쪽 턱붙이 내륜 양쪽 턱붙이	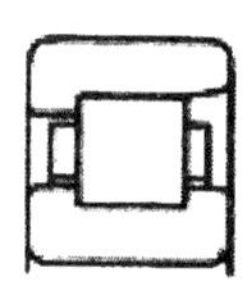	NF	10 02 22 03 23 04	NF10 NF 2 NF22 NF 3 NF23 NF 4
	복 렬 외륜 양쪽 턱붙이 내륜 턱 없음	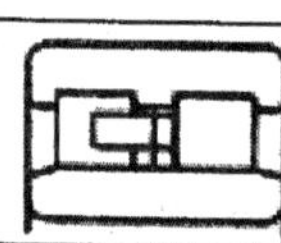	NNU	49	NNU49
	복 렬 외륜 턱 없음 내륜 양쪽 턱붙이	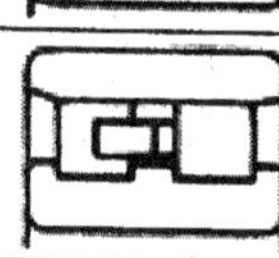	NN	30	NN30

부표 1 베어링 계열 기호 (계속)

베어링의 형식		단면도	형식 기호	치수 계열 기호	베어링 계열 기호
솔리드형 니들 롤러 베어링	내륜 붙이 외륜 양쪽 턱붙이	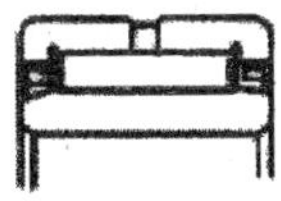	NA	48 49 59 69	NA48 NA49 NA59 NA69
	내륜 없음 외륜 양쪽 턱붙이	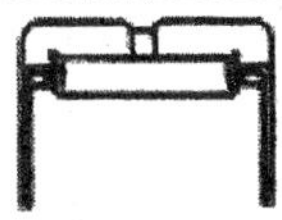	RNA	–	RNA48(2) RNA49(2) RNA59(2) RNA69(2)
테이퍼 롤러 베어링	단 열 분 리 형		3	29 20 30 31 02 22 22C 32 03 03D 13 23 23C	329 320 330 331 302 322 322C 332 303 303D 313 323 323C
자동 조심 롤러 베어링	복 렬 비분리형 외륜 궤도 구면	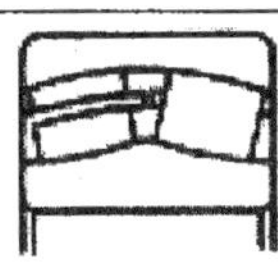	2	39 30 40 41 31 22 32 03 23	239 230 240 241 231 222 232 213(3) 223
단식 스러스트 볼 베어링	평면 자리형 분 리 형		5	11 12 13 14	511 512 513 514
복식 스러스트 볼 베어링	평면 자리형 분 리 형	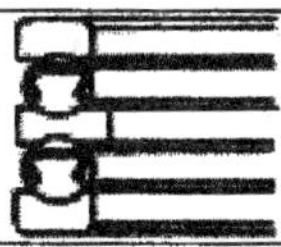	5	22 23 24	522 523 524
스러스트 자동조심 롤러 베어링	평면 자리형 단 식 분 리 형 하우징 궤도 반궤도 구면	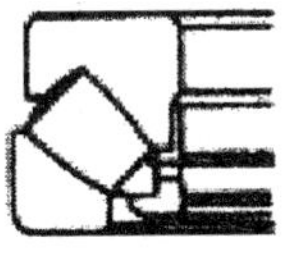	2	92 93 94	292 293 294

주(2) 베어링 계열 NA48, NA49, NA59 및 NA69의 베어링에서 내륜을 뺀 서브유닛의 계열 기호이다.

(3) 치수 계열에서는 203이 되나, 관례적으로 213으로 되어 있다.

부표 2 안지름 번호

호칭 베어링 안지름(mm)	안지름 번호	호칭 베어링 안지름(mm)	안지름 번호	호칭 베어링 안지름(mm)	안지름 번호
0.6	/0.6([4])	75	15	480	96
1	1	80	16	500	/500
1.5	/1.5([4])	85	17	530	/530
2	2	90	18	560	/560
2.5	/2.5([4])	95	19	600	/600
3	3	100	20	630	/630
4	4	105	21	670	/670
5	5	110	22	710	/710
6	6	120	24	750	/750
7	7	130	26	800	/800
8	8	140	28	850	/850
9	9	150	30	900	/900
10	00	160	32	950	/950
12	01	170	34	1 000	/1 000
15	02	180	36	1 060	/1 060
17	03	190	38	1 120	/1 120
20	04	200	40	1 180	/1 180
22	/22	220	44	1 250	/1 250
25	05	240	48	1 320	/1 320
28	/28	260	52	1 400	/1 400
30	06	280	56	1 500	/1 500
32	/32	300	60	1 600	/1 600
35	07	320	64	1 700	/1 700
40	08	340	68	1 800	/1 800
45	09	360	72	1 900	/1 900
50	10	380	76	2 000	/2 000
55	11	400	80	2 120	/2 120
60	12	420	84	2 240	/2 240
65	13	440	88	2 360	/2 360
70	14	460	92	2 500	/2 500

主([4]) 다른 기호를 사용할 수 있다.

부표 3 보조 기호

시 방	내용 또는 구분	보조 기호
내부 치수	주요 치수 및 서브유닛의 치수가 **ISO 355**와 일치하는 것.	J3(4)
실·실드	양쪽 실붙이	UU(4)
	한쪽 실붙이	U(4)
	양쪽 실드붙이	ZZ(4)
	한쪽 실드붙이	Z(4)
궤도륜 모양	내륜 원통 구멍	없음
	플랜지붙이	F(4)
	내륜 테이퍼 구멍(기준 테이퍼비 $\frac{1}{12}$)	K
	내륜 테이퍼 구멍(기준 테이퍼비 $\frac{1}{30}$)	K30
	링 홈붙이	N
	멈춤 링붙이	NR
베어링의 조합	뒷면 조합	DB
	정면 조합	DF
	병렬 조합	DT
레이디얼 내부 틈새(5)	C2 틈새	C2
	CN 틈새	CN (1)
	C3 틈새	C3
	C4 틈새	C4
	C5 틈새	C5
정밀도 등급(6)	0급	없음
	6X급	P6X
	6급	P6
	5급	P5
	4급	P4
	2급	P2

주(5) **KS B 2102** 참조

(6) **KS B 2014** 참조

1.3 구름 베어링 제도

롤링 베어링의 제도에 대한 규격(KS B 0004)을 기준하여 제도한다. 단, 이 규격에 정해져 있지 않은 것은 기계제도(KS B 0001)에 따른다.

(1) 일반적인 간략한 도시방법(KS B 0004-1) : 베어링은 지장이 없는 한 간략히 도시한다.

어느 경우나 윤곽(輪廓)은 규격에 정한 치수에 의하여 그린다. 또한, 인접 부분에 접는 모따기의 도시를 생략해서는 안 된다.

(2) 상세한 간략 도시방법(KS B 0004-2) : 베어링의 상세한 도형, 치수 등을 기입할 필요가 있는 그림은 KS B 0001에 따른다.

(a) 구름 베어링의 세부적인 간략 도시 요소는 표 8-3에 주어진다.

(b) 베어링 특징의 저합(표 8-3에 따른)과 하중-베어링 특성이 표 8-4에 주어진다.

(c) 베어링 축에 수직인 도시에서, 전동 요소는 실체의 모양(볼, 롤러, 니들 등)과 크기에 관계없이 원으로 나타낼 수 있다.

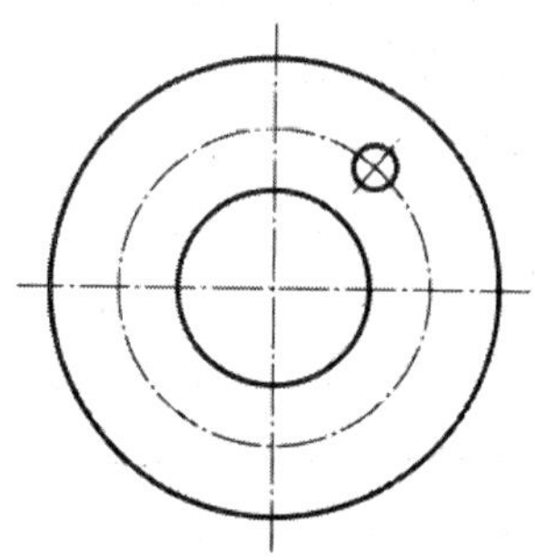

[그림 8-7]

≪표 8-3≫ 구름 베어링 특성에 대한 세부적인 간략 도시 요소

번 호	요 소	설 명	적 용
1.1	(1)	긴 연속 직선	정렬의 가능성이 없는 구름 베어링의 축을 나타내는 선
1.2	(1)	긴 연속 원호	정렬의 가능성이 있는 구름 베어링의 축을 나타내는 선
1.3	(2) (2) (2) 별도 표시(보기)	각 전동 요소의 중심선(레이디얼)과 일치하는 위치에서 1.1 또는 1.2와 같은 긴 연속선을 90° 로 지나는 짧은 연속 직선(바람직한 간략 표시)	전동 요소의 열의 수와 위치
		원	볼
		나비가 큰 직사각형	롤러
		나비가 작은 직사각형	니들-롤러, 핀

주(1) 이 요소는 베어링의 형태에 따라 기울어지게 보일 수도 있다.

(2) 짧은 연속 직선 대신에, 이러한 변칙 모양이 구름 베어링을 도시하는 데 사용될 수 있다.

≪표 8-4≫ 세부적인 간략 도시 요소의 조합

하중 베어링 특성				베어링 특성			
				두 개의 링		세 개의 링	
				단열	2열	단열	2열
하중 방향	레이디얼	정렬	안됨	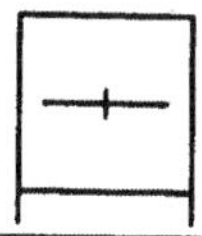	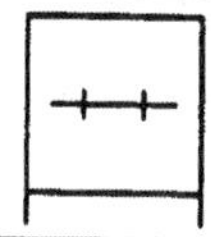	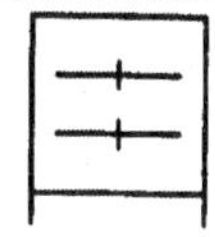	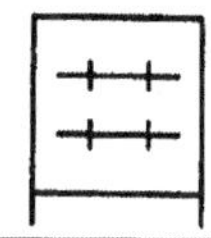
			됨	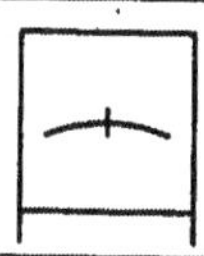	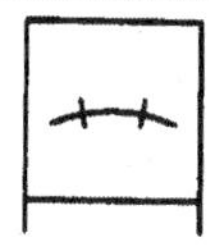	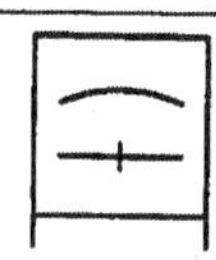	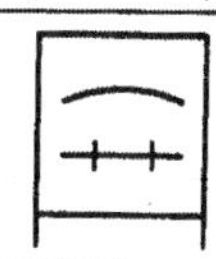
	축	정렬	안됨	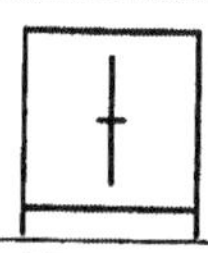	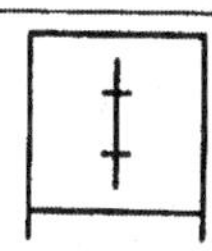	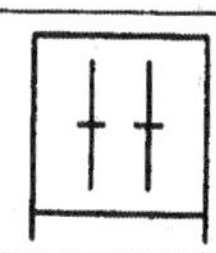	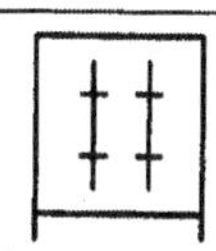
			됨	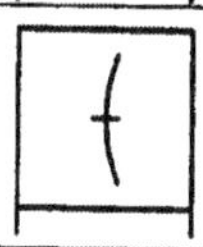	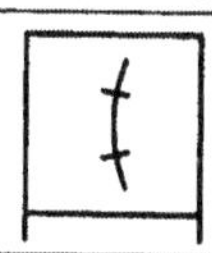	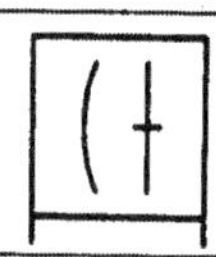	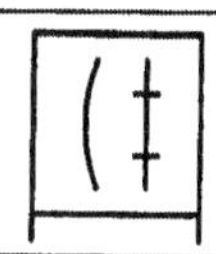
	레이디얼과 축	정렬	안됨				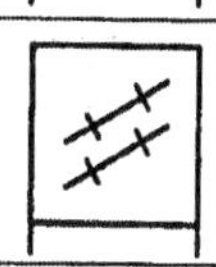
			됨	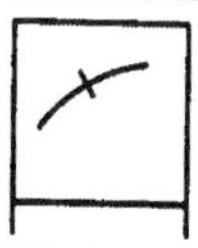		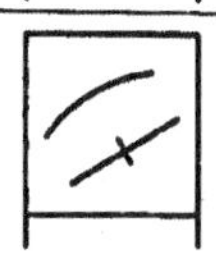	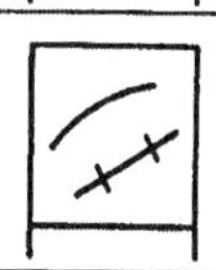

비 고 이 표에 보이는 구름 베어링은 언제나 제도상에서 베어링 축 위에 있는 공간에 그려진다.

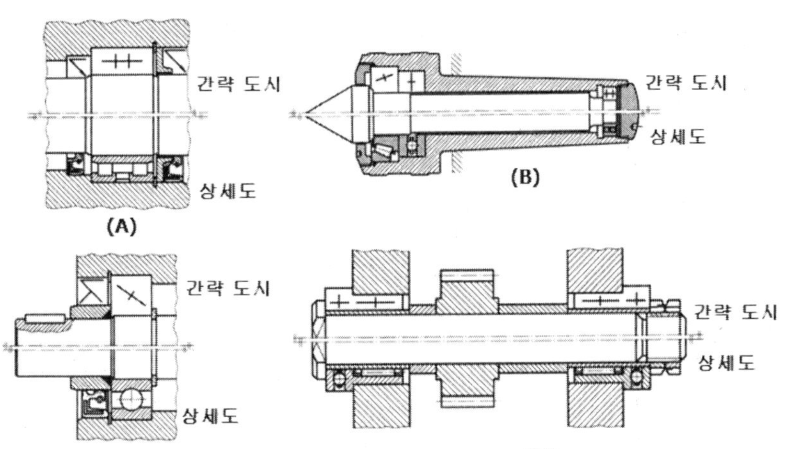

[그림 8-8] 간략 도시 및 상세도의 적용

≪표 8-5≫ 볼 베어링과 롤러 베어링

상세한 도시 방법		적 용	
		볼 베어링	롤러 베어링
		보기[1] 및 참고[2]	보기[1] 및 참고[2]
3.1	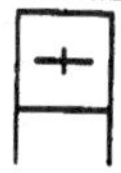	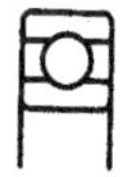 단열 깊은 홈 볼 베어링 **ISO 15, ISO 8443** 인서트 베어링 **ISO 9628**	 단열 원통 롤러 베어링 **ISO 15**
3.2	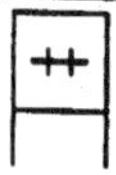	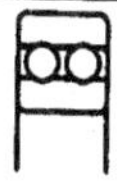 복렬 깊은 홈 볼 베어링 **ISO 15**	 복렬 원통 롤러 베어링 **ISO 15**
3.3	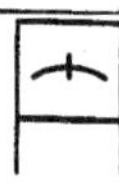		 단열 구형 롤러 베어링 **ISO 15**
3.4		 복렬 자동 조심 볼 베어링 **ISO 15**	 복렬 구형 롤러 베어링 **ISO 15**
3.5		 단열 앵귤러 콘택트 분리형 볼 베어링 **ISO 582**	 단열 앵귤러 콘택트 테이퍼 롤러 베어링 **ISO 355**
3.6		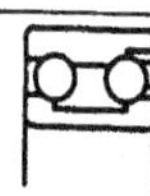 복렬 앵귤러 콘택트 고정형 볼 베어링	
3.7	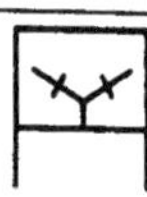	 두 조각 내륜 복렬 앵귤러 콘택트 분리형 볼 베어링	
3.8	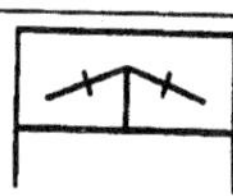		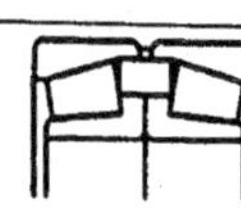 두 조각 내륜 복렬 앵귤러 콘택트 테이퍼 롤러 베어링 **ISO 355**

注[1] 미완성 도면이며 단지 참고용이다.

[2] 관련된 규격이 있는 경우에는 그 번호를 참조한다.

≪표 8-6≫ 니들 롤러 베어링

상세한 도시 방법		보기[1] 및 참고[2]		
4.1	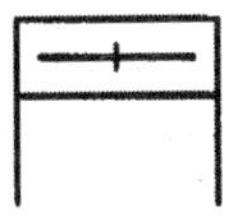	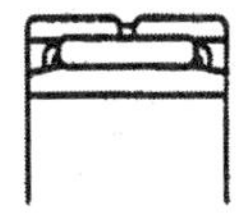 단열 니들 롤러 베어링 **ISO 1206**	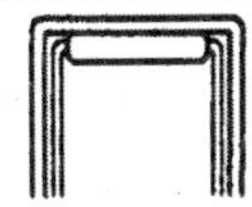 무내륜 인발형 니들 롤러 베어링 **ISO 3245**	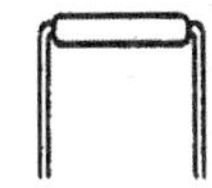 니들 케이지 **ISO 3030**
4.2	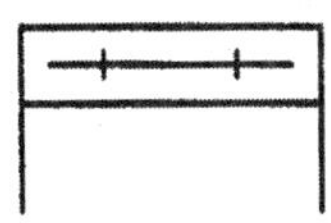	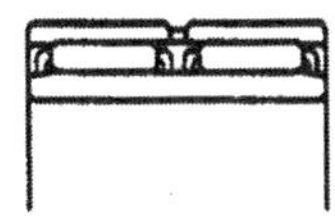 복렬 니들 롤러 베어링	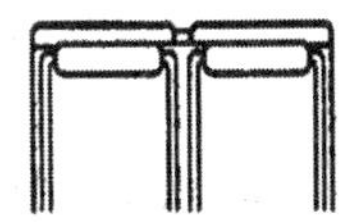 복렬 무내륜 인발형 니들 롤러 베어링	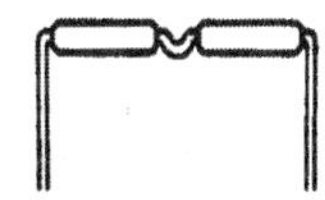 복렬 니들 케이지 **ISO 3031**
4.3	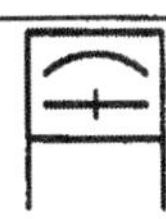		 자동 조심 니들 롤러 베어링	

주[1] 미완성 도면이며 단지 참고용이다.
[2] 관련된 규격이 있는 경우에는 그 번호를 참조한다.

≪표 8-7≫ 조합 베어링

상세한 도시 방법		보기[1]	
5.1	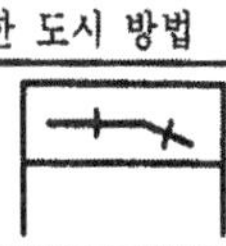	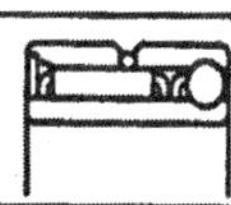	레이디얼 콘택트, 니들 롤러 베어링 및 볼 베어링
5.2	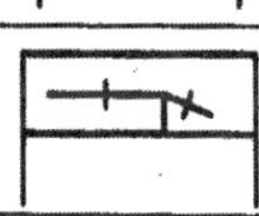	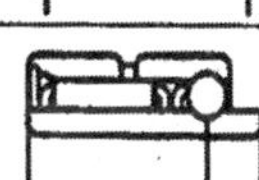	두 조각 내륜을 가진 레이디얼 콘택트, 니들 롤러 베어링 및 볼 베어링
5.3	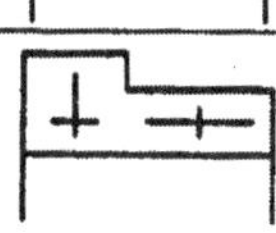	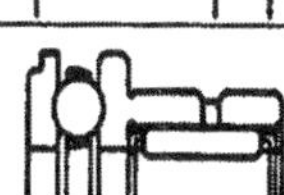	무내륜 레이디얼 콘택트 니들 롤러 베어링 및 액시얼 콘택트 볼 베어링
5.4	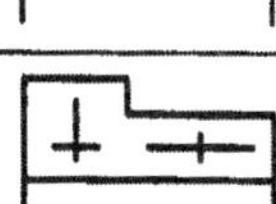	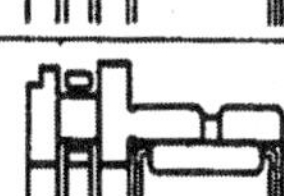	무내륜 레이디얼 콘택트 니들 롤러 베어링 및 액시얼 콘택트 원통 롤러 베어링

주[1] 미완성 도면이며 단지 참고용이다.

≪표 8-8≫ 스러스트 베어링

상세한 도시 방법		적용	
		볼 베어링	롤러 또는 니들 롤러 베어링
		보기[1] 및 참고[2]	보기[1] 및 참고[2]
6.1		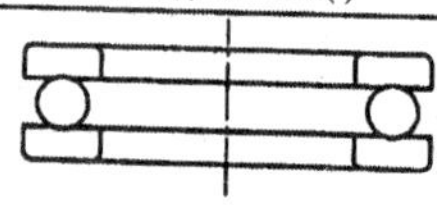 단열 방향 스러스트 볼 베어링 **ISO 104**	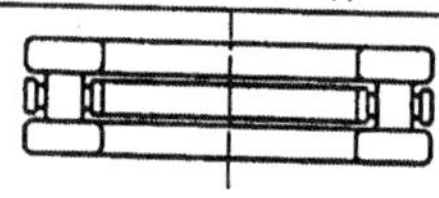 단열 방향 스러스트 롤러 베어링  스러스트 니들 케이지 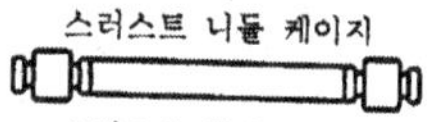 스러스트 롤러 케이지
6.2	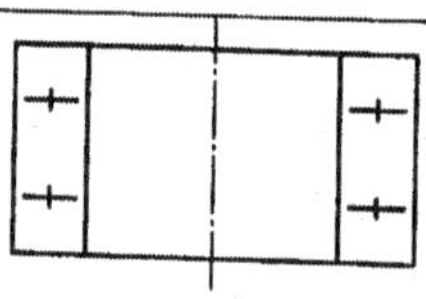	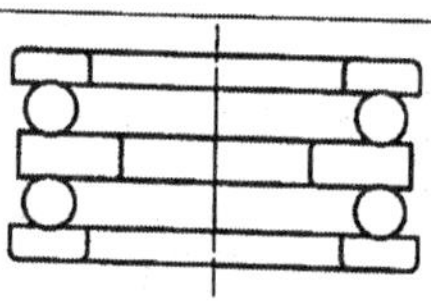 이중 방향 스러스트 볼 베어링 **ISO 104**	
6.3	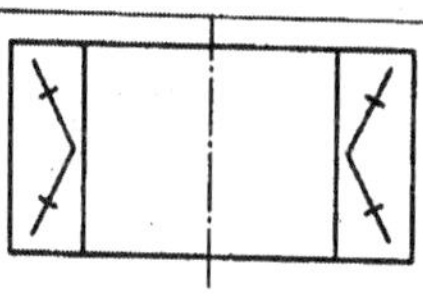	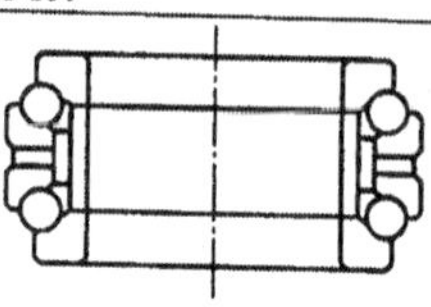 앵귤러 콘택트 스러스트 볼 베어링	

표 6 스러스트 베어링(계속)

상세한 도시 방법		적용	
		볼 베어링	롤러 또는 니들 롤러 베어링
		보기[1] 및 참고[2]	보기[1] 및 참고[2]
6.4	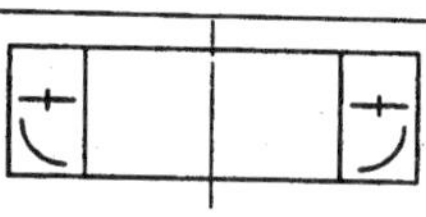	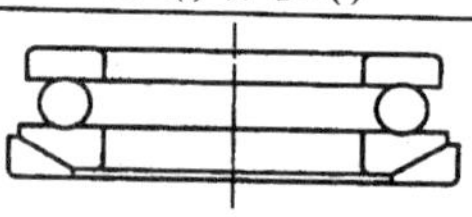 단열 방향 스러스트 볼 베어링 (1개의 구형 링을 가진)	
6.5	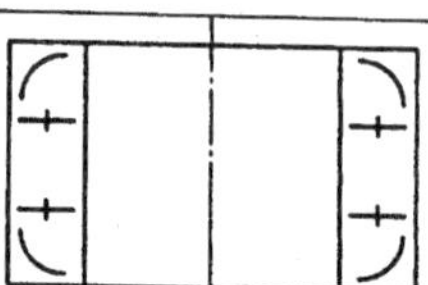	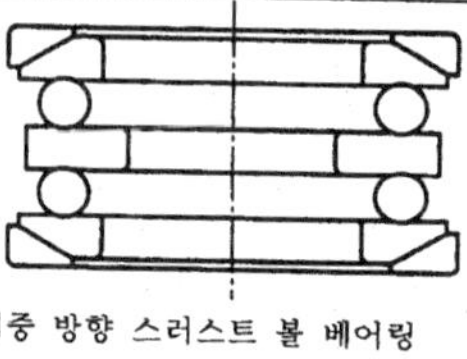 이중 방향 스러스트 볼 베어링 (2개의 구형 링을 가진)	
6.6	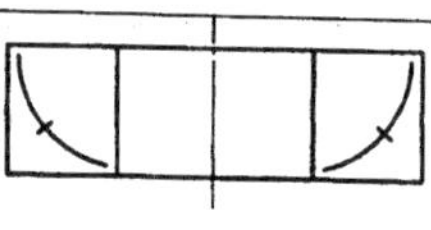		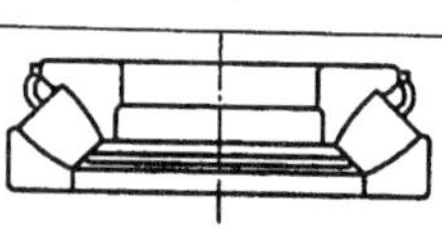 자동 조심 스러스트 롤러 베어링 **ISO 104**

주[1] 미완성 도면이며 단지 참고용이다.

[2] 관련된 규격이 있는 경우에는 그 번호를 참조한다.

≪표 8-9≫ 베어링 계열 NU 10 베어링의 호칭번호 및 치수

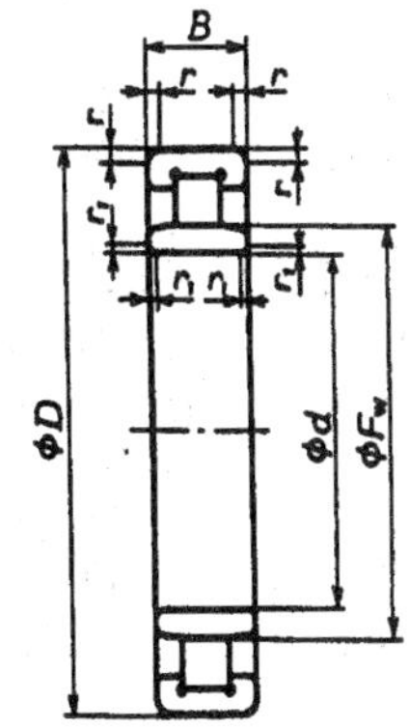

단위 : mm

호칭 번호	치수					참고
	d	D	B	r_{smin}(2)	F_w	r_{1smin}(3)
NU 1005	25	47	12	0.6	30.5	0.3
NU 1006	30	55	13	1	36.5	0.6
NU 1007	35	62	14	1	42	0.6
NU 1008	40	68	15	1	47	0.6
NU 1009	45	75	16	1	52.5	0.6
NU 1010	50	80	16	1	57.5	0.6
NU 1011	55	90	18	1.1	64.5	1
NU 1012	60	95	18	1.1	69.5	1
NU 1013	65	100	18	1.1	74.5	1
NU 1014	70	110	20	1.1	80	1
NU 1015	75	115	20	1.1	85	1
NU 1016	80	125	22	1.1	91.5	1
NU 1017	85	130	22	1.1	96.5	1
NU 1018	90	140	24	1.5	103	1.1
NU 1019	95	145	24	1.5	108	1.1
NU 1020	100	150	24	1.5	113	1.1
NU 1021	105	160	26	2	119.5	1.1
NU 1022	110	170	28	2	125	1.1
NU 1024	120	180	28	2	135	1.1
NU 1026	130	200	33	2	148	1.1
NU 1028	140	210	33	2	158	1.1
NU 1030	150	225	35	2.1	169.5	1.5
NU 1032	160	240	38	2.1	180	1.5
NU 1034	170	260	42	2.1	193	2.1
NU 1036	180	280	46	2.1	205	2.1
NU 1038	190	290	46	2.1	215	2.1
NU 1040	200	310	51	2.1	229	2.1
NU 1044	220	340	56	3	250	3
NU 1048	240	360	56	3	270	3
NU 1052	260	400	65	4	296	4
NU 1056	280	420	65	4	316	4
NU 1060	300	460	74	4	340	4
NU 1064	320	480	74	4	360	4
NU 1068	340	520	82	5	385	5
NU 1072	360	540	82	5	405	5
NU 1076	380	560	82	5	425	5
NU 1080	400	600	90	5	450	5
NU 1084	420	620	90	5	470	5
NU 1088	440	650	94	6	493	6
NU 1092	460	680	100	6	516	6
NU 1096	480	700	100	6	536	6
NU 10/500	500	720	100	6	556	6

주(2) 외륜의 최소 허용 모떼기 치수이다.
(3) 내륜의 최소 허용 모떼기 치수이다.

비 고 베어링의 치수 계열은 10이다.

≪표 8-10≫ 베어링 계열 70 베어링(앵귤러 볼)의 호칭번호 및 치수

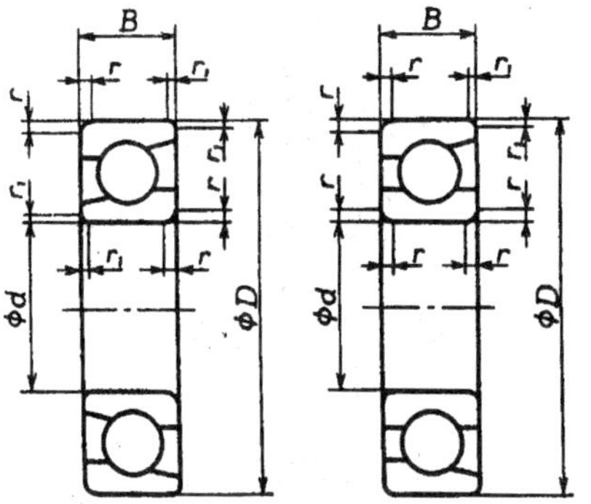

단위 : mm

호칭 번호[1]			치수				참고
			d	D	B	$r_{s\,min}$[2]	$r_{1s\,min}$[2]
7000 A	7000 B	7000 C	10	26	8	0.3	0.15
7001 A	7001 B	7001 C	12	28	8	0.3	0.15
7002 A	7002 B	7002 C	15	32	9	0.3	0.15
7003 A	7003 B	7003 C	17	35	10	0.3	0.15
7004 A	7004 B	7004 C	20	42	12	0.6	0.3
7005 A	7005 B	7005 C	25	47	12	0.6	0.3
7006 A	7006 B	7006 C	30	55	13	1	0.6
7007 A	7007 B	7007 C	35	62	14	1	0.6
7008 A	7008 B	7008 C	40	68	15	1	0.6
7009 A	7009 B	7009 C	45	75	16	1	0.6
7010 A	7010 B	7010 C	50	80	16	1	0.6
7011 A	7011 B	7011 C	55	90	18	1.1	0.6
7012 A	7012 B	7012 C	60	95	18	1.1	0.6
7013 A	7013 B	7013 C	65	100	18	1.1	0.6
7014 A	7014 B	7014 C	70	110	20	1.1	0.6
7015 A	7015 B	7015 C	75	115	20	1.1	0.6
7016 A	7016 B	7016 C	80	125	22	1.1	0.6
7017 A	7017 B	7017 C	85	130	22	1.1	0.6
7018 A	7018 B	7018 C	90	140	24	1.5	1
7019 A	7019 B	7019 C	95	145	24	1.5	1
7020 A	7020 B	7020 C	100	150	24	1.5	1
7021 A	7021 B	7021 C	105	160	26	2	1
7022 A	7022 B	7022 C	110	170	28	2	1
7024 A	7024 B	7024 C	120	180	28	2	1
7026 A	7026 B	7026 C	130	200	33	2	1
7028 A	7028 B	7028 C	140	210	33	2	1
7030 A	7030 B	7030 C	150	225	35	2.1	1.1
7032 A	7032 B	7032 C	160	240	38	2.1	1.1
7034 A	7034 B	7034 C	170	260	42	2.1	1.1
7036 A	7036 B	7036 C	180	280	46	2.1	1.1
7038 A	7038 B	7038 C	190	290	46	2.1	1.1
7040 A	7040 B	7040 C	200	310	51	2.1	1.1

주(1) 접촉각 기호 A는 생략할 수 있다.

(2) 내륜 및 외륜의 최소 허용 모떼기 치수이다.

비 고 베어링 치수 계열은 01이다.

≪부속서 1≫ 베어링에 관한 규격

규격 분류		규격 번호	규격 명칭
–		B 2016	구름 베어링 통칙
기본 규격		B 0004	구름 베어링 제도
		B 0104	구름 베어링 용어
		B 2021	구름 베어링용 약기호
		B 2013	구름 베어링의 주요 치수
		B 2012	구름 베어링의 호칭 번호
		B 2014	구름 베어링의 정밀도
		B 2015	구름 베어링 측정 방법
		B 2017	구름 베어링의 표시
		B 2018	구름 베어링의 포장
		B 2019	구름 베어링의 동 정격 하중과 정격 수명의 계산 방법
		B 2020	구름 베어링의 정 정격 하중의 계산 방법
		B 2102	구름 베어링의 레이디얼 내부 틈새
		B 2011	구름 베어링의 음압 레벨 측정 방법
		D 3525	고탄소 크롬 베어링강 강재
베어링 개별 규격	기본 베어링	B 2023	깊은 홈 볼 베이링
		B 2024	앵귤러 볼 베어링
		B 2025	자동 조심 볼 베어링
		B 2022	평면 자리형 스러스트 볼 베어링
		B 2026	원통 롤러 베어링
		B 2027	테이퍼 롤러 베어링
		B 2028	자동 조심 롤러 베어링
		B 2029	니들 롤러 베어링
		B 2042	스러스트 자동 조심 롤러 베어링
	특정 베어링	B 2030	마그네토 볼 베어링
		B 2049	구름 베어링 유닛용 볼 베어링
		R 2018	자동차용 클러치 릴리스 볼 베어링
		R 2019	자동차용 킹 핀 스러스트 볼 베어링
		R 2020	자동차용 워터 펌프 볼 베어링
베어링 응용품 규격		B 2046	구름 베어링 유닛
부품 규격		B 2001	볼 베어링용 강구
		B 2002	롤러 베어링용 롤러
		B 2047	구름 베어링용 스냅 링
부속품 규격		B 2052	구름 베어링용 플러머 블록 (폐지-KS B ISO 113 대체)
		B 2044	구름 베어링용 어댑터
		B 2043	구름 베어링용 어댑터 슬리브
		B 2004	구름 베어링용 너트
		B 2045	구름 베어링용 와셔 및 멈춤쇠
		B 2048	구름 베어링용 빼내기 슬리브
		B 2050	구름 베어링 유닛용 베어링 하우징
베어링 응용 규격		B 2051	구름 베어링의 부착 관계 치수 및 끼워 맞춤

6_벨트 전동장치

원동차에서 종동차로 동력을 전달할 때 벨트나 로프, 체인 등을 사용하여 동력을 전달하는 전동장치로 매개물의 종류에 따라 벨트 전동, 로프 전동, 체인 전동 등으로 구분한다.

매개물		축간거리 m	속도비	매개물의 속도
벨트	평벨트	10 이하	1: 1~6(최대 15)	10~30 최대 50
	V벨트	5 하	1: 1~7(최대 10)	10~18 최대 25
로프	섬 유	10~30	1: 1~2(최대 5)	15~30
	강 철	50~100, 최대 150	보통 1: 1	최대 25
체인	사일렌트	4 이하	1: 1~5(최대 8)	5 이하 최대 10
	롤러			7 이하 최대 10

1. 벨트 전동

동력을 전달시 축 간격이 비교적 클 때는 벨트와 벨트 풀리(belt pulley)를 사용하나 전달 중에 미끄럼이 발생하여 정확한 속도비를 얻을 수가 없다. 큰 동력을 전달하는 경우에는 적합하지 않다.

1.1 평벨트

평벨트는 피혁, 고무, 직물, 복합벨트 등이 있다. 보통 고무벨트와 피혁벨트 및 복합벨트를 많이 사용한다. 복합벨트는 피혁이나 고무와 합성섬유직물 등의 복합제품이다. 벨트의 치수는 벨트에 작용하는 장력에 적합한 것을 선택한다. 표 9-1은 피혁벨트 및 고무벨트의 표준치수를 표시한다.

≪표 9-1≫ 평벨트의 표준치수

(a) 평피혁 벨트 (單位 mm)

단벨트		2배합 벨트		3배합 벨트	
폭	두께	폭	두께	폭	두께
25		51		203	
32		63		229	
38	3이상	76		254	
44		89	6이상	279	
		102		305	
51		114		330	
57				336	
63		127		381	
70		140		406	
76	4이상	152	7이상	432	10이상
83		165		457	
89		178		483	
95				508	
		191		559	
102		203		610	
114		229	8이상	660	
127	5이상	254		711	
140		279		762	
152		305			

(b) 평고무 벨트

폭(mm) \ 포층수	3	4	5	6	7	8
25±2	○					
30±2	○					
38±3	○					
50±3	○	○				
63±3	○	○				
75±3	○	○				
90±3		○				
100±4		○				
125±4			○			
150±4				○		
175±4				○		
200±5					○	
250±5					○	○
300±5						○

1.2 평벨트 풀리

대부분이 주철제이나 고속용으로 강판제, 경합금제 등이 사용된다. 벨트 풀리의 종류는 구조에 따라 일체형과 분할형으로 나누고, 벨트가 걸리는 외주면의 형상에 따라 C와 F로 분류한다.

(1) 호칭 방법

명칭 · 종류 · 호칭지름×호칭 나비 및 재료

(예) 평 벨트 풀리 일체형 C 125×25 · 주철

평 벨트 풀리 분할형 C 125×25 · 주강

(2) 다듬질

풀리의 바깥 둘레면의 다듬질은 KS B 0161의 10점 평균거칠기 12.5Z로 한다.

평벨트 풀리의 각부 치수 비율은 그림 9-1과 같이 벨트 풀리의 지름, 벨트의 폭, 전동축의 지름 등을 기준하여 결정한다. 암의 개수는 수식과 같이 벨트 풀리의 호칭지름으로 결정하나 아래 표를 참조한다. 암은 대개 직선형이지만 대형은 장력 때문에 변형을 고려하여 S형도 사용한다. 단면의 형상은 대부분이 원이고, 암의 단면은 도형 내에 회전도시법을 사용하여 표시한다.

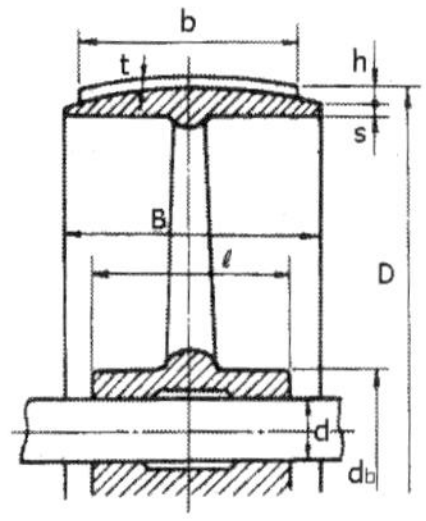

평벨트 풀리의 암의 수	
풀리의 지름(mm)	암의 수
100 이하	평판형
100~200	3, 4
200~400	4, 5, 6
400 이상	6, 8, 12

- 림의 폭 B = 1.1b + 10㎜
- 림의 끝부분의 두께 C형은 $s=\frac{D}{300}+2$㎜

  F형은 $s=\frac{D}{200}+3$㎜
- 보스의 길이 B = 1.2d ~ 1.5d 일 때 l = B

  B〉1.5d 일 때부터 l = 0.7B

  돌아가는 바퀴에서는 l 〉2d
- 보스가 길어서 구멍의 중간에 릴리프를 만들 때

  l_1=0.4d~0.5d
- 보스의 지름 $d_0=\frac{5d}{3}+10$㎜
- 암의 개수 $N=\frac{1}{3}\sqrt{D}\sim\frac{1}{6}\sqrt{D}$
- 암의 단면 $h_2:h_1=1:(2-2.5)$

[그림 9-1] 평벨트 풀리의 치수 비율

≪표 9-2≫ 평벨트 풀리의 치수(KS B 1402)

평 벨트 풀리 분할형 F · 125×25 · 주강

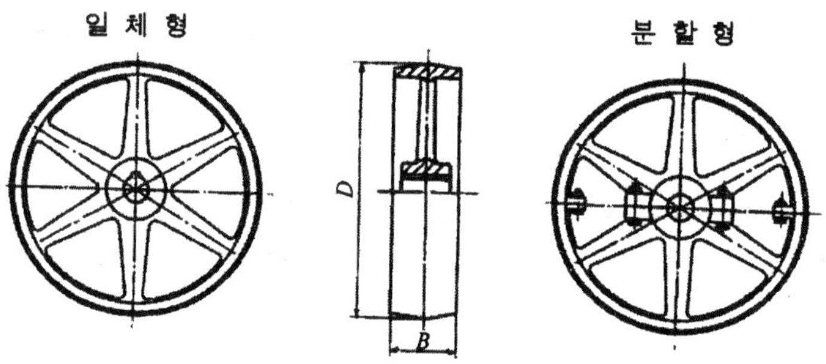

바깥둘레면의 모양

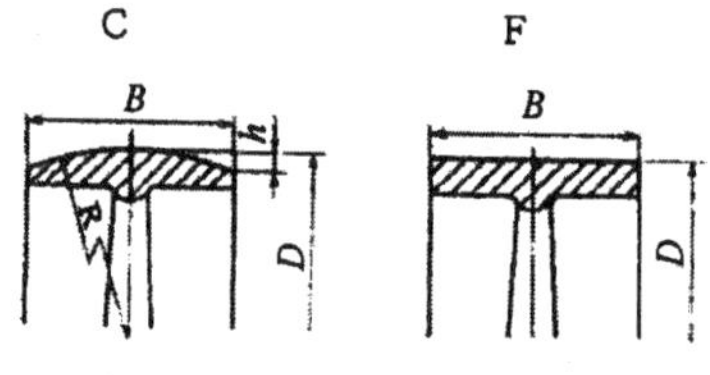

$R\fallingdotseq\frac{B^2}{8h}$

부도 1 평벨트 풀리의 구조보기

≪부표 1≫ 평 벨트 풀리의 호칭나비 및 허용차

단위 : mm

호칭 나비 (*B*)	허 용 차	호칭 나비 (*B*)	허 용 차
20	±1	160	±2
25		180	
32		200	
40		224	
50		250	
63		280	
71		315	±3
80	±1.5	355	
90		400	
100		450	
112		500	
125		560	
140		630	

≪부표 2≫ 평 벨트 풀리의 호칭지름 및 허용차

단위 : mm

호칭 지름 (*D*)	허 용 차	호칭 지름 (*D*)	허 용 차	호칭 지름 (*D*)	허 용 차
40	±0.5	160	±2.0	630	±5.0
		180		710	
45	±0.6	200		800	±6.3
50		224	±2.5	900	
56	±0.8	250		1 000	
63					
71	±1.0	280	±3.2	1 120	±8.0
80		315		1 250	
90	±1.2	355		1 400	
100		400	±4.0	1 600	±10.0
112		450		1 800	
125	±1.6	500		2 000	
140		560	±5.0		

《부표 3》 크라운

(a) 평 벨트 풀리의 호칭지름(40~355mm까지)

단위 : mm

호칭 지름 (D)	크 라 운 (h)*	호칭 지름 (D)	크 라 운 (h)*
40~112	0.3	200, 224	0.6
125, 140	0.4	250, 280	0.8
160, 180	0.5	315, 355	1.0

(b) 평 벨트 풀리의 호칭지름(400mm 이상)

단위 : mm

호칭 나비 (B)	125 이하	140 160	180 200	224 250	280 315	355	400 이상
호칭 지름 (D)	크 라 운 (h)*						
400	1	1.2	1.2	1.2	1.2	1.2	1.2
450	1	1.2	1.2	1.2	1.2	1.2	1.2
500	1	1.5	1.5	1.5	1.5	1.5	1.5
560	1	1.5	1.5	1.5	1.5	1.5	1.5
630	1	1.5	2	2	2	2	2
710	1	1.5	2	2	2	2	2
800	1	1.5	2	2.5	2.5	2.5	2.5
900	1	1.5	2	2.5	2.5	2.5	2.5
1 000	1	1.5	2	2.5	3	3	3
1 120	1.2	1.5	2	2.5	3	3	3.5
1 250	1.2	1.5	2	2.5	3	3.5	4
1 400	1.5	2	2.5	3	3.5	4	4
1 600	1.5	2	2.5	3	3.5	4	5
1 800	2	2.5	3	3.5	4	5	5
2 000	2	2.5	3	3.5	4	5	6

주(*) 수직축에 쓰이는 평 벨트 풀리의 크라운은 위 표보다 크게 하는 것이 좋다.

2. V 벨트 풀리

사다리꼴의 단면을 가진 벨트로서 V형의 홈이 파져 있는 벨트 풀리에 접하여 쐐기 작용에 의해 큰 동력을 전달한다. 축간거리가 짧고 속도비가 클 경우에 사용한다. 공작기계나 내연기관의 동력전달에 널리 사용한다.

장점으로는

① 작은 인장력으로 큰 회전력을 전달한다.
② 큰 속도비로 운전이 가능하다.(보통 1/7, 최대 1/10)
③ 미끄럼이 적고 조용하다.
④ 마찰력이 크고 벨트가 벗겨질 염려가 없다.

2.1 V 벨트

V 벨트는 면사 등을 심사로 하고 포목에 고무를 스며 들게 하여 만든 사다리꼴형 단면의 링 모양의 벨트이다. 단면의 크기, 길이 등은 KS M 6535에 규정하고 있다. V 벨트는 강도에 따라서 표 9-3과 같이 6종류의 단면 형상이 있고, 링 형상의 길이와 허용차도 규정하고 있다.

≪표 9-3≫ V 벨트의 종류와 치수

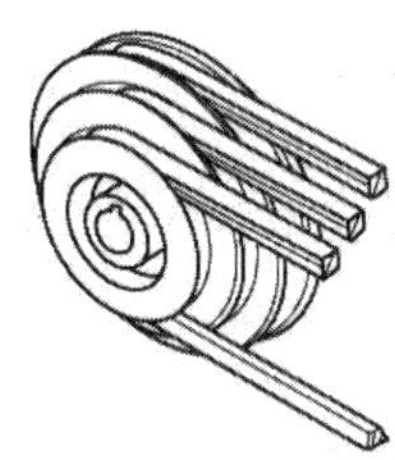

KS M 6535 (단위 mm)

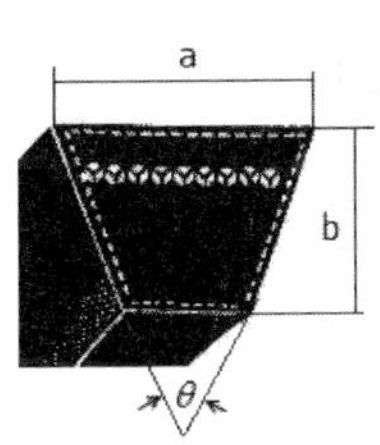

종류(형별)	a	b
M형	10.0	5.5
A형	12.5	9.0
B형	16.5	11.0
C형	22.0	14.0
D형	31.5	19.0
E형	38.0	25.0

비고 : V 벨트의 길이는 받침대형 단면 높이의 중앙을 통과하는 원둘레의 길이(벨트 풀리의 피치원을 통하는 길이이며 유효둘레라 한다)로서 나타낸다. 유효둘레는 KS에 정한 것을 사용한다. (유효둘레 =25.4×호칭번호)

• V벨트의 호칭 방법: | 명칭 | 종류(형별) | 지정길이(호칭번호 또는 유효둘레) |

(예) V벨트 A 80
또는 V벨트 A 2032

1.2 V 벨트 풀리

(1) 주철제 V 벨트 풀리(KS B 1400)

V 벨트는 구부리면 단면의 형상이 변화하므로 V 벨트에 무리가 생기지 않도록 V 벨트 풀리의 지름에 따라서 홈의 형상이나 치수를 표 9-4과 같이 규정하고 있다.

V 벨트 풀리의 종류는 V 벨트의 형별 및 홈의 수로서 결정하고, 보스 위치의 구별은 그림 9-2에 의한다. 또한, V 벨트 풀리의 재질은 GC 200 또는 동등 이상의 것을 사용한다.

≪표 9-4≫ V 벨트 풀리의 종류 및 홈의 수

종류 \ 홈의 수	1	2	3	4	5	6
A	A1	A2	A3	-	-	-
B	B1	B2	B3	B4	B5	-
C	-	-	C3	C4	C5	C6

≪표 9-5≫ V 벨트 풀리 홈 부분의 모양 및 치수

(a) V벨트 풀리 홈 부분의 모양과 치수

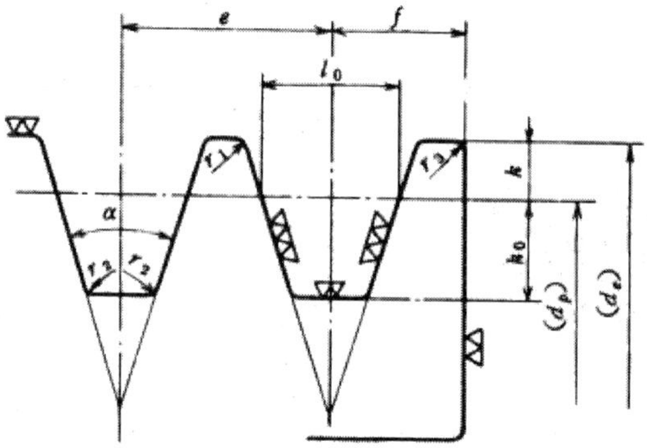

비고 · 각 표 중의 호칭 지름이란 피치원 d_p의 기준치수이며 회전비 등의 계산에도 사용한다.
· d_p는 홈의 나비가 l_o인 곳의 지름이다.

· V 벨트 폴리의 홈 부분 모양 및 치수는 표와 같다.

《표》 홈 부분의 모양 및 치수

(단위 mm)

V벨트의 형 별	호칭직경 DP	α (°)	lo	k	ko	e	f	r1	r2	r3	벨트의 두께
M 형	50 이상 71 이하 71 초과 90 이하 90 초과	34 36 38	8.0	2.7	6.3	-	9.5	0.2~0.5	0.5~1.0	1~2	5.5
A 형	71 이상 100 이하 100 초과 125 이하 125 초과	34 36 38	9.2	4.5	8.0	15.0	10.0	0.2~0.5	0.5~1.0	1~2	9
B 형	125 이상 160 이하 160 초과 200 이하 200 초과	34 36 38	12.5	5.5	9.5	19.0	12.5	0.2~0.5	0.5~1.0	1~2	11
C 형	200 이상 250 이하 250 초과 315 이하 315 초과	34 36 38	16.9	7.0	12.0	25.5	17.0	0.2~0.5	1.0~1.6	2~2	14
D 형	355 이상 450 이하 450 초과	36 38	24.6	9.5	15.5	37.0	24.0	0.2~0.5	1.0~1.6	3~4	19
E 형	500 이상 630 이하 630 초과	36 38	28.7	12.7	19.3	44.5	29.0	0.2~0.5	1.0~1.6	4~5	25.5

🗁 M형, D형, E형의 V벨트를 사용한다. V벨트풀리에는 홈 수의 규정은 없다. M형은 원칙으로 1줄 걸기로 한다.

(b) V벨트 풀리 바깥지름 d_e의 허용차

호칭 지름	바깥지름 d_e의 허용차
75 이상 118 이하	±0.6
125 이상 300 이하	±0.8
315 이상 630 이하	±1.2
710 이상 900 이하	±1.6

(c) V벨트 홈 부 각 부분의 치수 허용차

종 류	a	k	e	f
M	± 0.5	+0.2/0	-	± 1
A			± 0.4	
B				
C		+0.3/0	± 0.5	
D		+0.4/0		+2/-1
E		+0.5/0		+3/-1

(2) 표면 거칠기

작업 표면	표면 거칠기 R_a㎛
(a) V풀리와 V자 모양의 풀리 홈과 모든 풀리의 안지름	3.2
(b) 평풀리 림과 모든 풀리 림의 테두리	6.3
(c) 이붙이 풀리의 이뿌리면과 끝	
• 공업 제품 형태의 구동 장치	3.2
• 고성능의 구동장치(예: 자동차에 적용되는)	1.6

(3) V 벨트의 속도

전달동력(PS)	N 벨트의 속도 (m/sec)		
	10 이하	10～17	17 이상
2 이하	A	A	A
2～5	B	B	B
5～10	B, C	B	B
10～25	C	B, C	B, C
25～50	C, D	C	C
50～100	D	C, D	C, D
100～150	E	D	D
150 이상	E	E	E

(4) V벨트 풀리의 호칭 방법

규격번호 또는 규격명칭	호칭 지름	종류	허브 위치의 구별

특히 축 구멍의 가공을 지정할 경우에는 [구멍의 기준치수] [종류 및 등급]을 표시한다.

예) KS B 1400 250 A1 II 주철제 V벨트 풀리 250 B3 II 40 H8

≪부표 1≫ V벨트 풀리의 모양과 치수(홈 부분은 제외한다.)

1. A1~A3의 경우

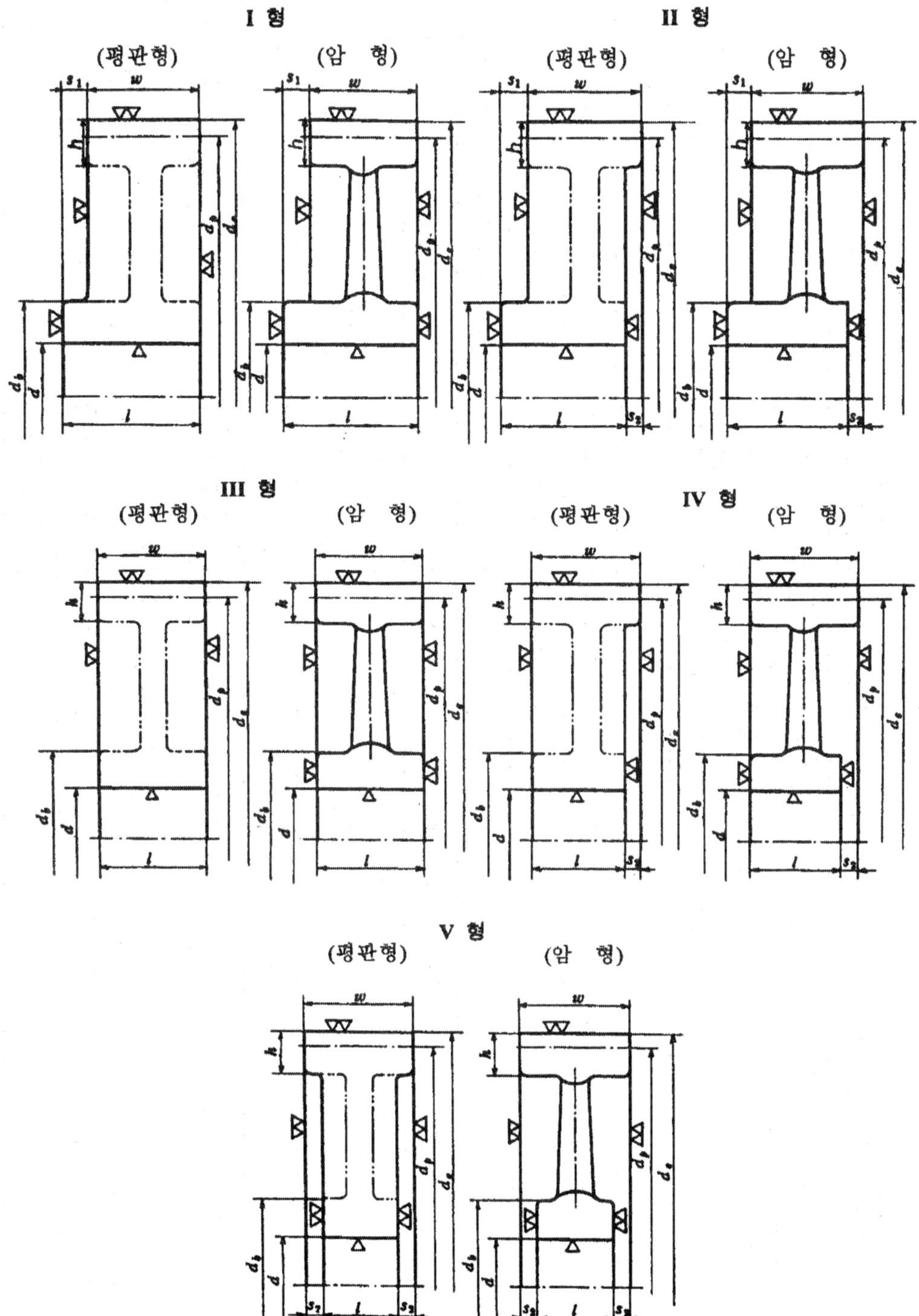

1. A1~A3의 경우

단위 : mm

종 류	호칭 지름	d (최대)	d_e	d_b	w	l	I형	II형		III형	IV형	V형	h 최소	불균형 중량의 허용값(g)	(참고)적용하는 축지름	
							s_1	s_1	s_2	s_0	s_2	s_2			최 대	최 소
A 1	(75)	12.0	84	45	20	25	–	15	10	–	–	–	17.0	1.9	25.0	14.0
	(80)	12.0	89	45		25	–	15	10	–	–	–	17.0	2.1	25.0	14.0
	(85)	12.0	94	45		25	–	15	10	–	–	–	17.0	2.2	25.0	14.0
	90	12.0	99	45		25	–	15	10	–	–	–	17.0	2.4	25.0	14.0
	95	12.0	104	45		25	–	15	10	–	–	–	17.0	2.5	25.0	14.0
	100	14.0	109	50		28	–	15	7	–	–	–	17.0	2.7	28.0	16.0
	106	14.0	115	50		28	–	15	7	–	–	–	17.0	2.9	28.0	16.0
	112	14.0	121	50		28	–	15	7	–	–	–	17.0	3.1	28.0	16.0
	118	14.0	127	50		28	–	15	7	–	–	–	17.0	3.4	28.0	16.0
	125	14.0	134	50		28	–	15	7	–	–	–	17.0	3.6	28.0	16.0
	132	14.0	141	50		28	–	15	7	–	–	–	17.0	3.8	28.0	16.0
	140	14.0	149	50		28	–	15	7	–	–	–	17.0	4.1	28.0	16.0
	150	16.0	159	56		32	12	–	–	–	–	–	17.0	4.5	31.5	18.0
	160	16.0	169	56		32	12	–	–	–	–	–	17.0	4.9	31.5	18.0
	180	16.0	189	56		32	12	–	–	–	–	–	17.0	5.7	31.5	18.0
	200	16.0	209	56		32	12	–	–	–	–	–	17.0	6.5	31.5	18.0
	224	16.0	233	56		32	12	–	–	–	–	–	17.0	7.6	31.5	18.0
	250	18.0	259	63		35	15	–	–	–	–	–	17.0	8.5	35.5	20.0
	280	18.0	289	63		35	15	–	–	–	–	–	17.0	10.0	35.5	20.0
	(300)	18.0	309	63		35	15	–	–	–	–	–	17.0	11.0	35.5	20.0
	315	18.0	324	63		35	15	–	–	–	–	–	17.0	11.0	35.5	20.0
	355	18.0	364	63		35	15	–	–	–	–	–	17.0	13.0	35.5	20.0
	400	20.4	409	71		40	20	–	–	–	–	–	17.5	15.0	40.0	22.4
	450	20.4	459	71		40	20	–	–	–	–	–	17.5	18.0	40.0	22.4
	500	20.4	509	71		40	20	–	–	–	–	–	17.5	20.0	40.0	22.4
	560	20.4	569	71		40	20	–	–	–	–	–	17.5	23.0	40.0	22.4
A 2	(75)	14.0	84	50	35	28	–	15	22	–	–	–	17.0	2.8	28.0	16.0
	(80)	14.0	89	50		28	–	15	22	–	–	–	17.0	3.0	28.0	16.0
	(85)	14.0	94	50		28	–	15	22	–	–	–	17.0	3.3	28.0	16.0
	90	14.0	99	50		28	–	15	22	–	–	–	17.0	3.5	28.0	16.0
	95	14.0	104	50		28	–	15	22	–	–	–	17.0	3.8	28.0	16.0
	100	16.0	109	56		32	–	15	18	–	–	–	17.0	4.0	31.5	18.0
	106	16.0	115	56		32	–	15	18	–	–	–	17.0	4.3	31.5	18.0
	112	16.0	121	56		32	–	15	18	–	–	–	17.0	4.6	31.5	18.0
	118	16.0	127	56		32	–	15	18	–	–	–	17.0	5.0	31.5	18.0
	125	18.0	134	63		35	–	15	15	0	–	–	17.0	5.3	35.5	20.0
	132	18.0	141	63		35	–	15	15	0	–	–	17.0	5.7	35.5	20.0
	140	18.0	149	63		35	–	15	15	0	–	–	17.0	6.1	35.5	20.0
	150	18.0	159	63		35	–	15	15	0	–	–	17.0	6.7	35.5	20.0
	160	18.0	169	63		35	–	15	15	0	–	–	17.0	7.3	35.5	20.0
	180	18.0	189	63		35	–	15	15	0	–	–	17.0	8.4	35.5	20.0
	200	20.4	209	71		40	–	15	10	–	–	–	17.0	9.6	40.0	22.4
	224	20.4	233	71		40	–	15	10	–	–	–	17.0	11.0	40.0	22.4

1. A1~A3의 경우(계속)

단위 : mm

종류	호칭지름	d (최대)	d_e	d_b	w	l	I형	II형		III형	IV형	V형	h 최소	불균형 중량의 허용값(g)	(참고)적용하는 축지름	
							s_1	s_1	s_2	s_0	s_2	s_2			최 대	최 소
A 2	250	20.4	259	71	35	40	–	15	10	–	–	–	17.0	13.0	40.0	22.4
	280	20.4	289	71		40	–	15	10	–	–	–	17.0	15.0	40.0	22.4
	(300)	20.4	309	71		40	–	15	10	–	–	–	17.0	16.0	40.0	22.4
	315	26.0	324	80		45	10	–	–	–	–	–	17.5	17.0	45.0	28.0
	355	26.0	364	80		45	10	–	–	–	–	–	17.5	20.0	45.0	28.0
	400	26.0	409	80		45	10	–	–	–	–	–	17.5	23.0	45.0	28.0
	450	26.0	459	80		45	10	–	–	–	–	–	17.5	27.0	45.0	28.0
	500	29.5	509	90		50	15	–	–	–	–	–	17.5	30.0	50.0	31.5
	560	29.5	569	90		50	15	–	–	–	–	–	17.5	35.0	50.0	31.5
	630	29.5	639	90		50	15	–	–	–	–	–	17.5	41.0	50.0	31.5
A 3	(75)	16.0	84	56	50	32	–	15	33	–	18	–	17.0	3.7	31.5	18.0
	(80)	16.0	89	56		32	–	15	33	–	18	–	17.0	4.0	31.5	18.0
	(85)	16.0	94	56		32	–	15	33	–	18	–	17.0	4.3	31.5	18.0
	90	16.0	99	56		32	–	15	33	–	18	–	17.0	4.7	31.5	18.0
	95	16.0	104	56		32	–	15	33	–	18	–	17.0	5.0	31.5	18.0
	100	18.0	109	63		35	–	15	30	–	15	–	17.0	5.4	35.5	20.0
	106	18.0	115	63		35	–	15	30	–	15	–	17.0	5.8	35.5	20.0
	112	18.0	121	63		35	–	15	30	–	15	–	17.0	6.2	35.5	20.0
	118	18.0	127	63		35	–	15	30	–	15	–	17.0	6.7	35.5	20.0
	125	18.0	134	63		35	–	15	30	–	15	–	17.0	7.1	35.5	20.0
	132	20.4	141	71		40	–	15	25	–	–	5.0	17.0	7.6	40.0	22.4
	140	20.4	149	71		40	–	15	25	–	–	5.0	17.0	8.2	40.0	22.4
	150	20.4	159	71		40	–	15	25	–	–	5.0	17.0	8.9	40.0	22.4
	160	20.4	169	71		40	–	15	25	–	–	5.0	17.0	9.7	40.0	22.4
	180	20.4	189	71		40	–	15	25	–	–	5.0	17.0	11.0	40.0	22.4
	200	20.4	209	71		40	–	15	25	–	–	5.0	17.0	13.0	40.0	22.4
	224	26.0	233	80		45	–	15	20	–	–	2.5	17.0	15.0	45.0	28.0
	250	26.0	259	80		45	–	15	20	–	–	2.5	17.0	17.0	45.0	28.0
	280	26.0	289	80		45	–	15	20	–	–	2.5	17.0	19.0	45.0	28.0
	(300)	26.0	309	80		45	–	15	20	–	–	2.5	17.0	21.0	45.0	28.0
	315	29.5	324	90		50	–	15	15	0	–	–	17.5	23.0	50.0	31.5
	355	29.5	364	90		50	–	15	15	0	–	–	17.5	26.0	50.0	31.5
	400	29.5	409	90		50	–	15	15	0	–	–	17.5	30.0	50.0	31.5
	450	29.5	459	90		50	–	15	15	0	–	–	17.5	35.0	50.0	31.5
	500	33.5	509	100		63	13	–	–	–	–	–	17.5	40.0	56.0	35.5
	560	33.5	569	100		63	13	–	–	–	–	–	17.5	47.0	56.0	35.5
	630	33.5	639	100		63	13	–	–	–	–	–	17.5	54.0	56.0	35.5
	710	33.5	719	100		63	13	–	–	–	–	–	17.5	62.0	56.0	35.5

비 고 1. 호칭 지름에 ( )를 붙인 것은 되도록 사용하지 않는다.

2. III형은 림 및 허브의 양측면이 좌우가 각각 동일 평면상에 있는 것이며, 다른 형의 s_1, s_2에 상당하는 s_0의 값을 0으로 표시하였다.

3. 지름 d의 축구멍은 V벨트 풀리의 검사, 바깥둘레 흔들림, 림 측면 흔들림 및 불균형 중량 등의 측정을 하기 위한 것이다.

◈ 부록 1 실습과제

【 과제 1 】 아래 입체도를 3각법에 의해 3면도를 작성하시오. 또 입체도를 Solidworks를 이용하여 모델링하시오.

(1)

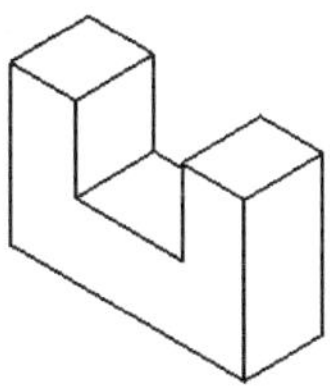

(2)

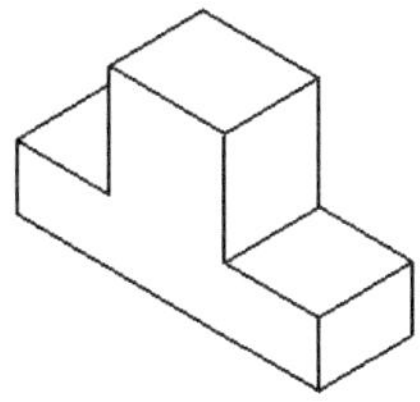

(3)

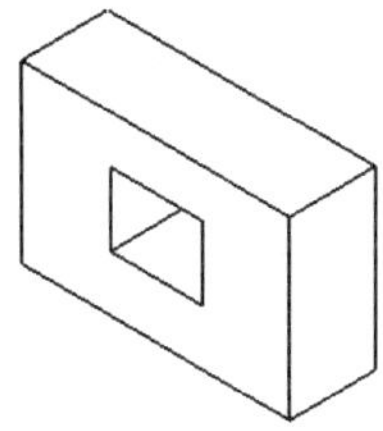

(4)

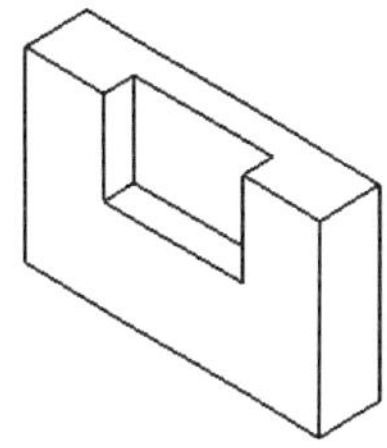

(5)

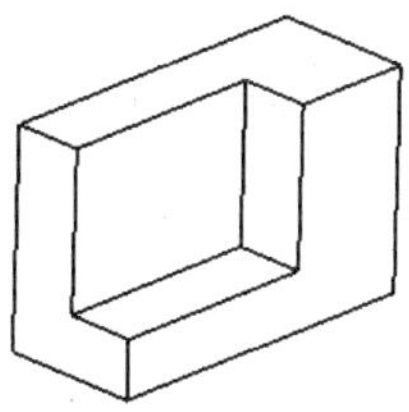

(6)

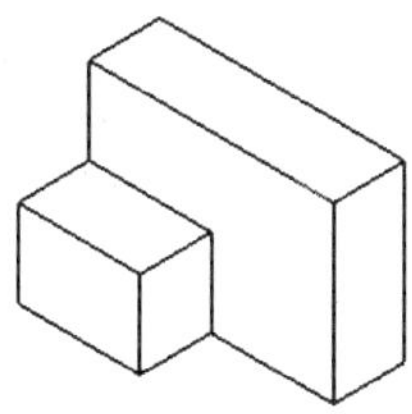

(7)

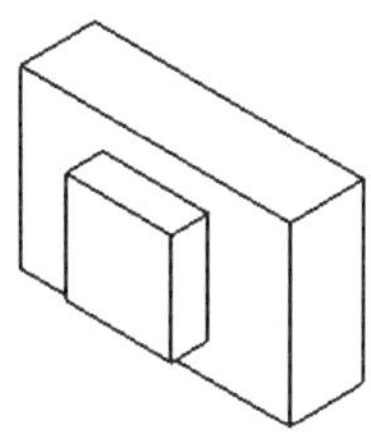

(8)

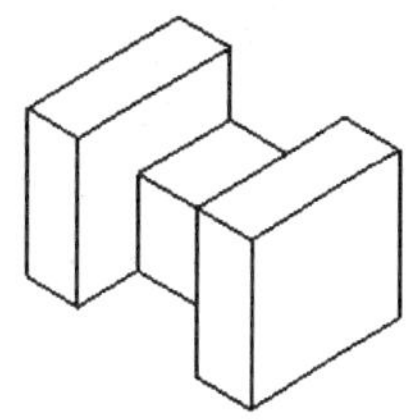

(9)

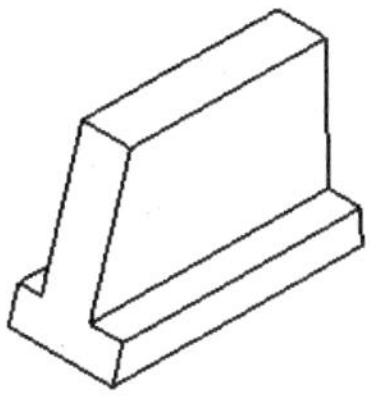

(10)

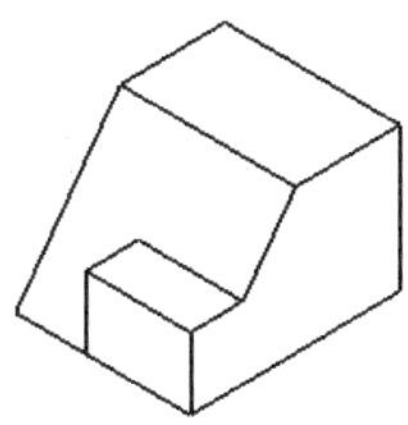

(11)

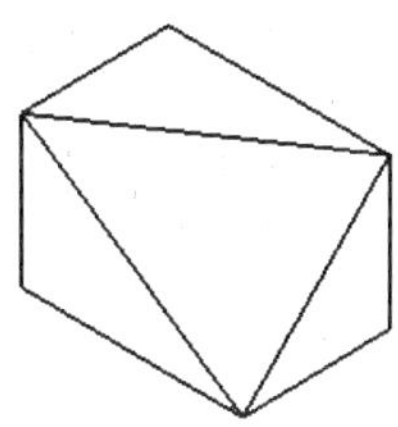

(12)

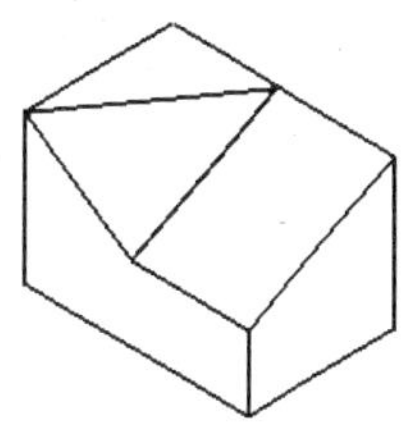

(13)

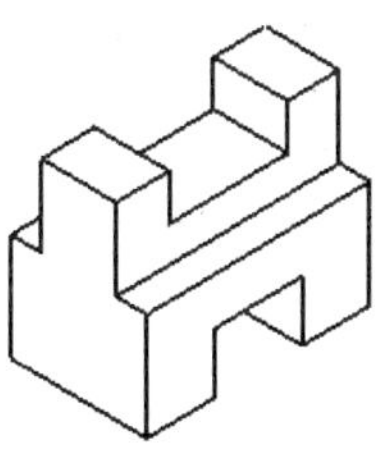

(14)

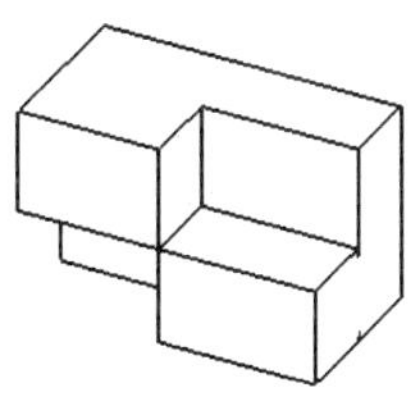

(15)

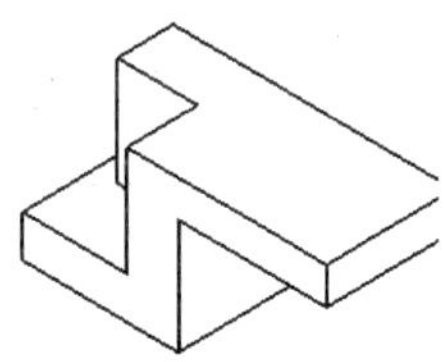

(16)

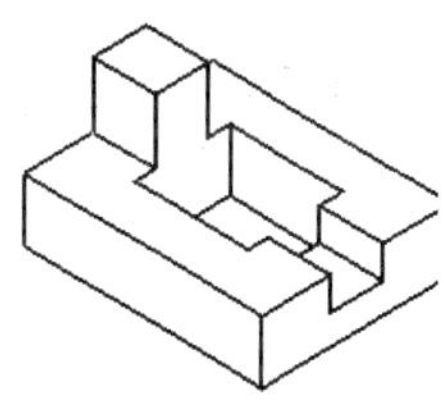

(17)

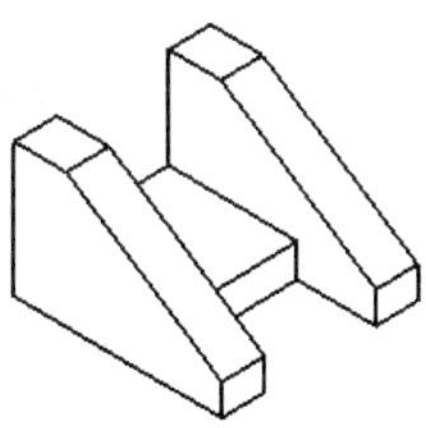

(18)

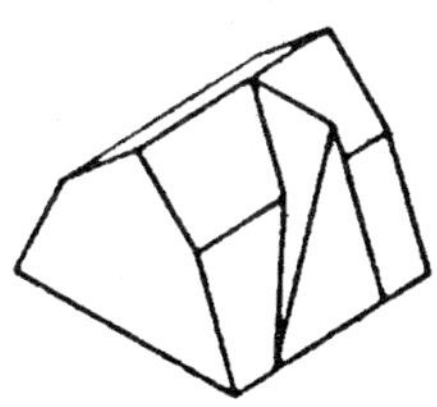

(19)

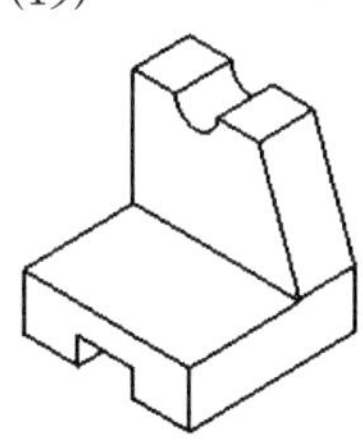

(20)

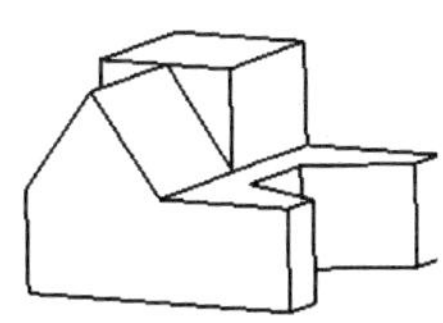

(21)

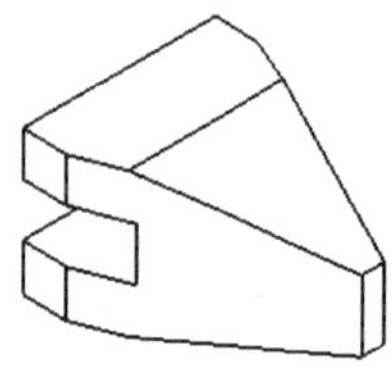

(22)

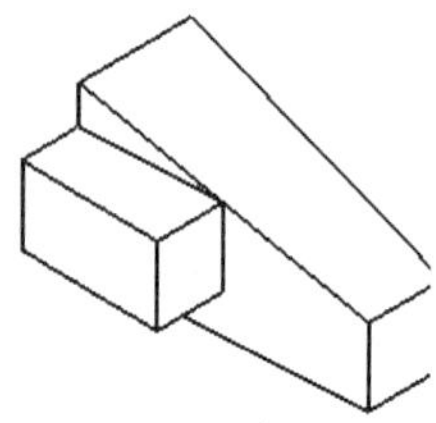

(23)

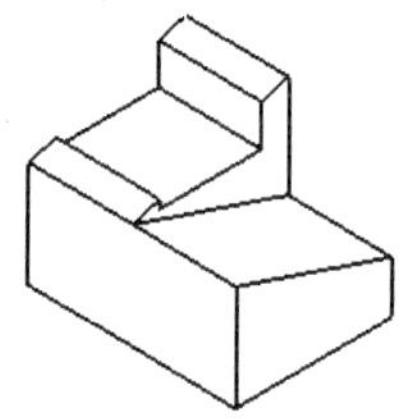

(24)

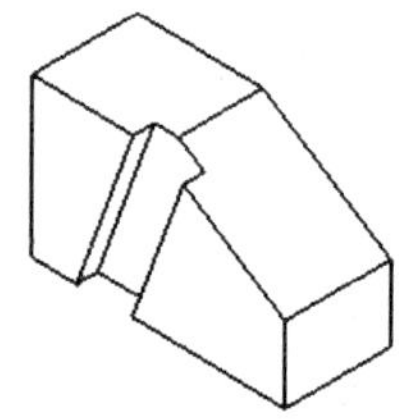

(25)

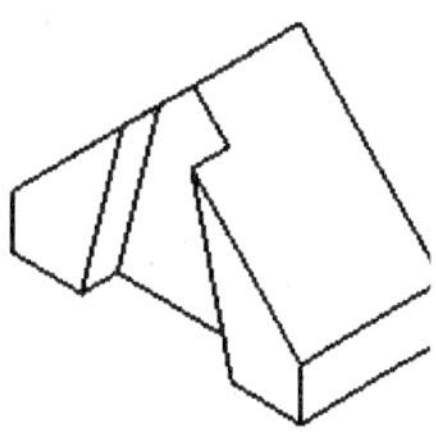

(26)

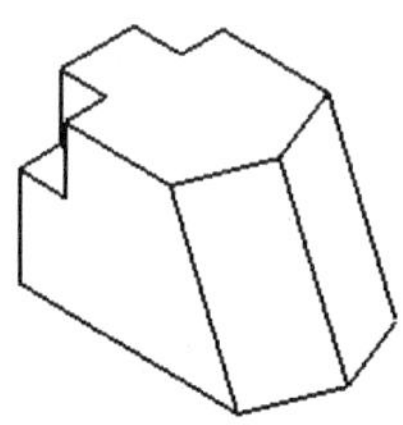

(27)

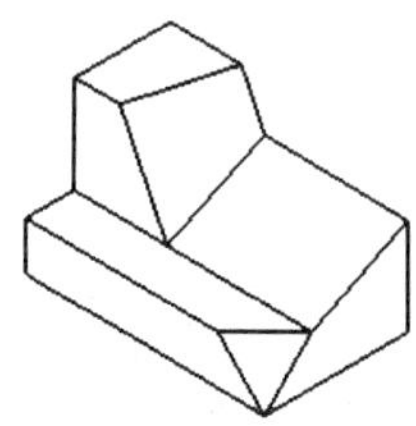

(28)

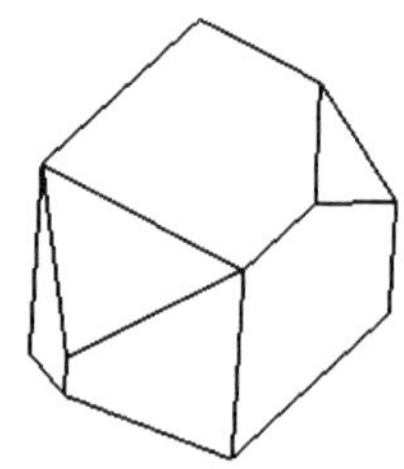

(29)

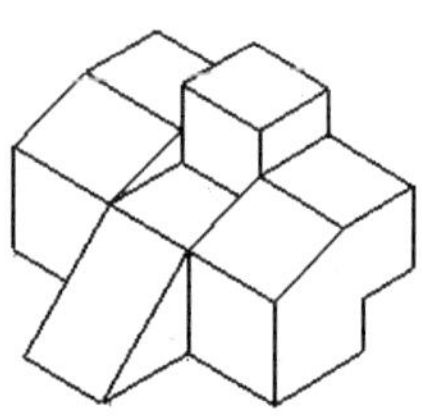

(30)

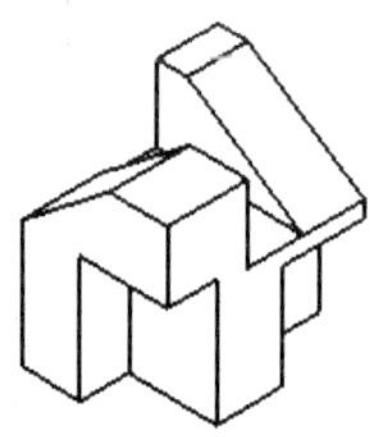

(31)

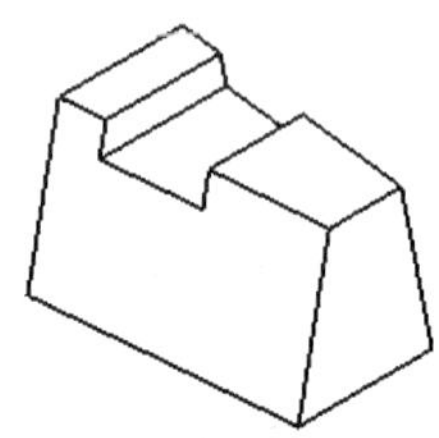

(32)

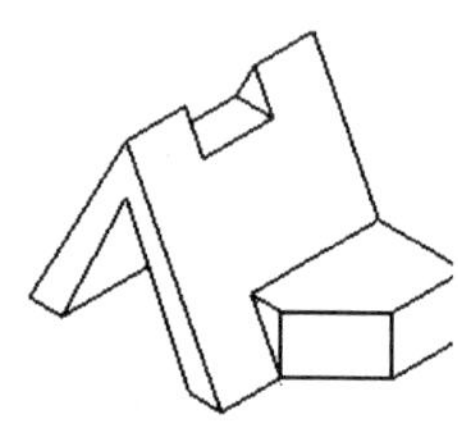

(33)

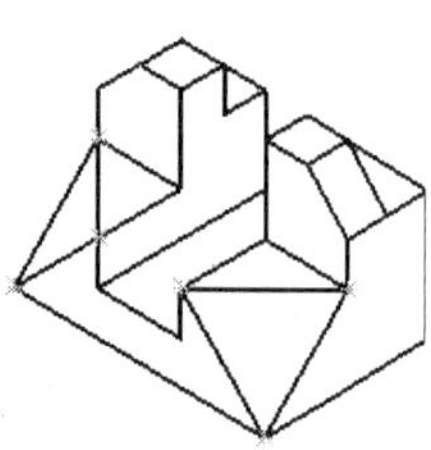

(34)

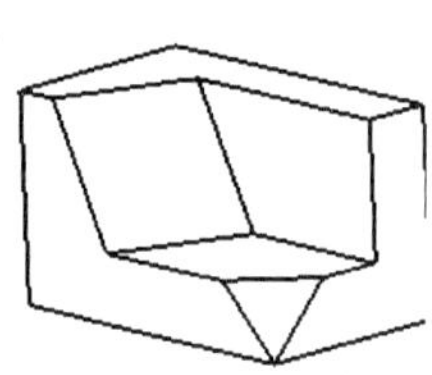

(35)

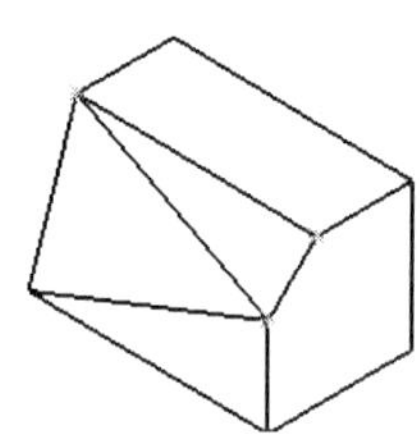

(36)

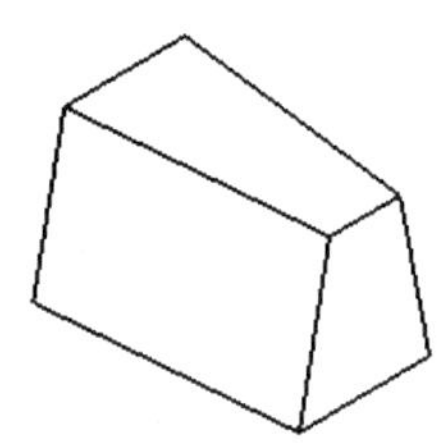

(37)

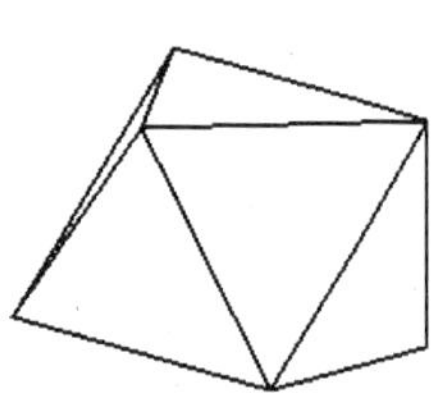

(38)

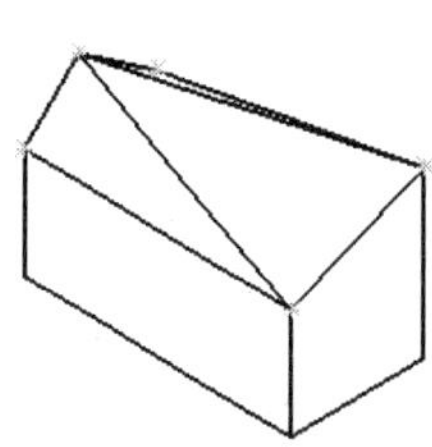

(39)

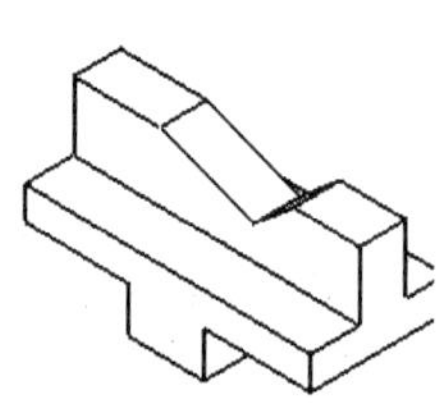

(40)

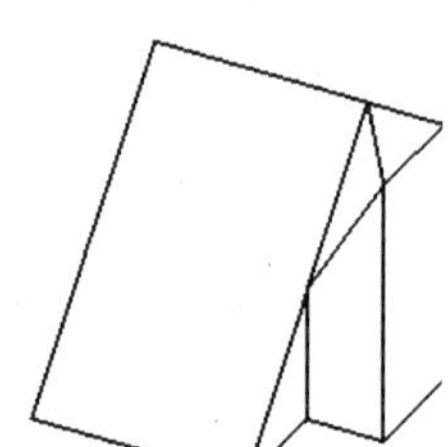

(41)

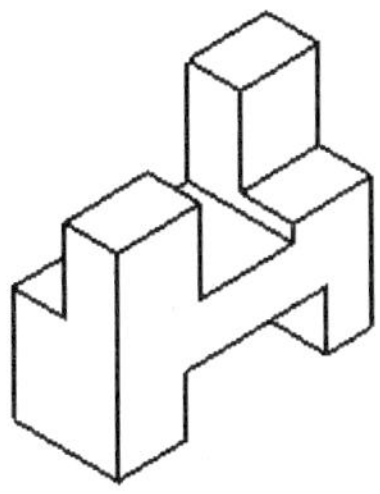

(42)

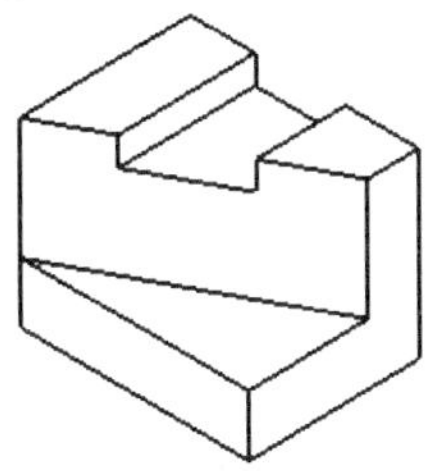

(43)

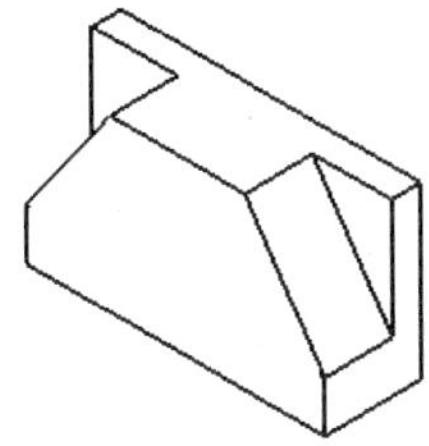

(44)

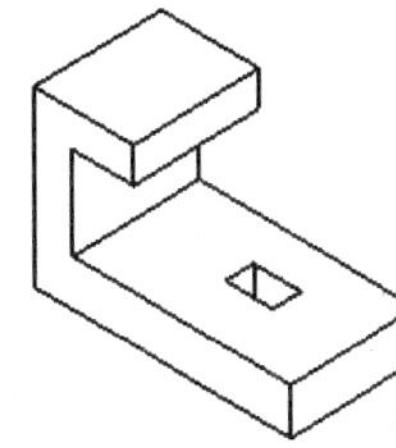

(45)

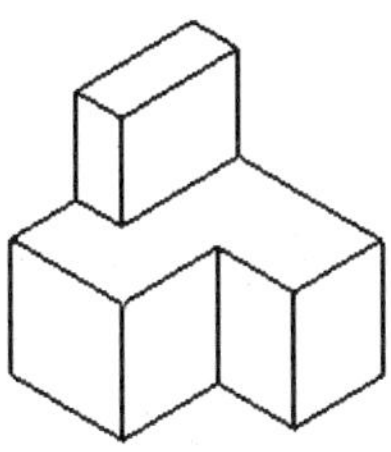

(46)

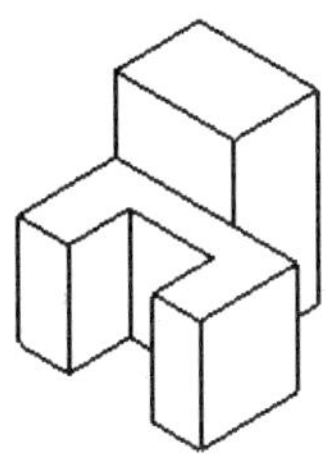

(47)

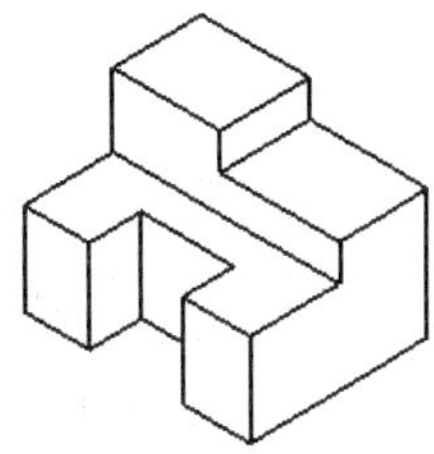

(48)

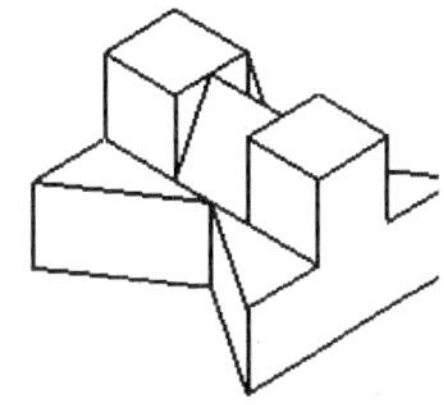

(49)

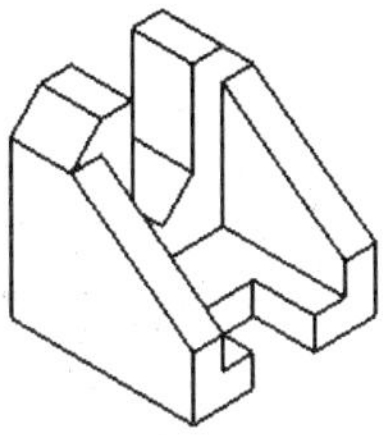

(50)

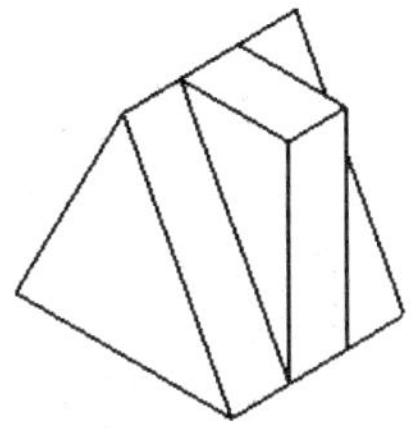

(51)

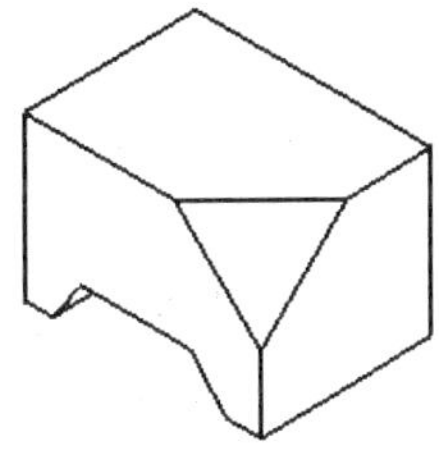

(52)

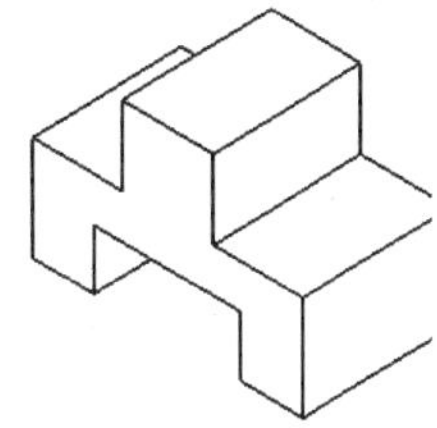

(53)

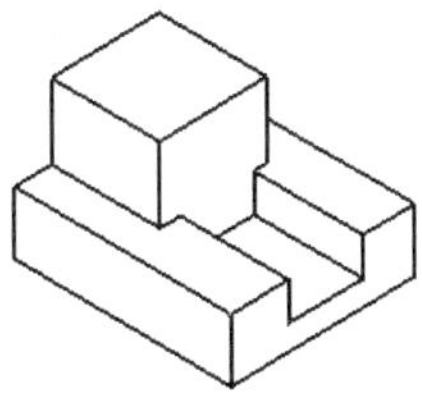

(54)

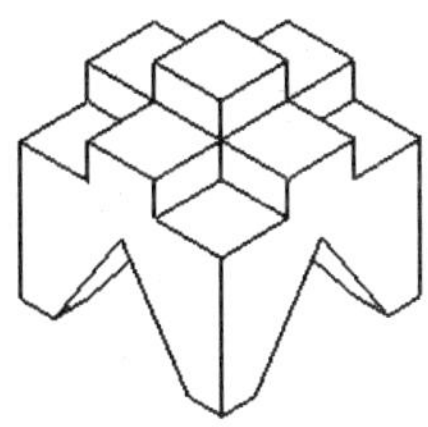

(55)

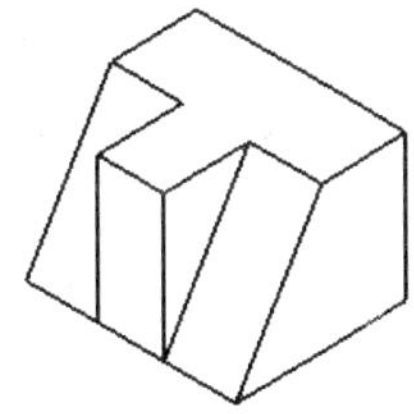

(56)

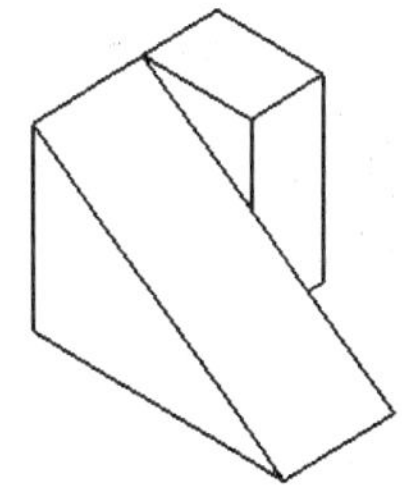

(57)

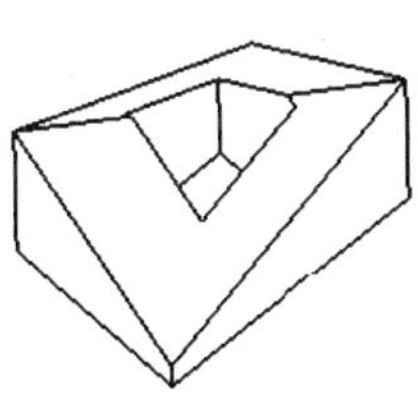

(58)

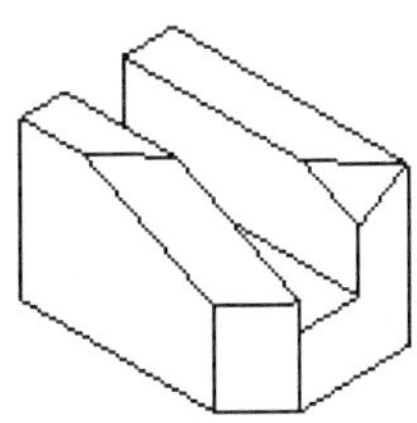

(59)

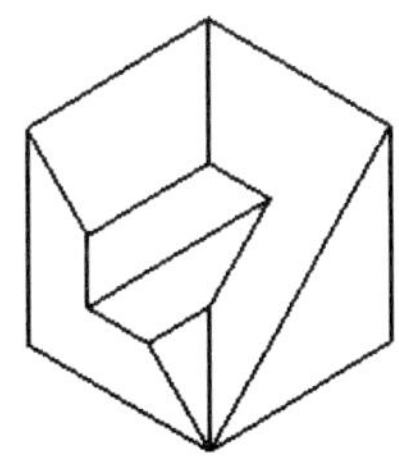

(60)

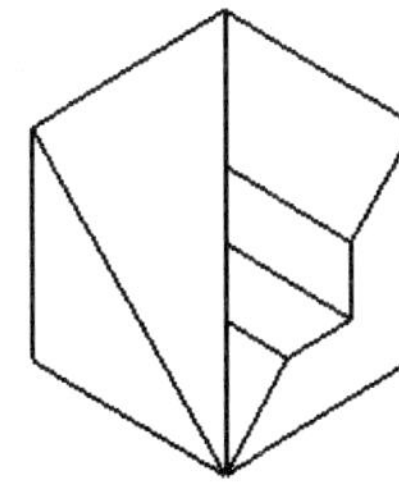

【 과제 2 】 아래 입체도를 3각법으로 3면도를 작성하시오. 또 입체도를 Solidworks를 이용하여 모델링하시오.

(1)

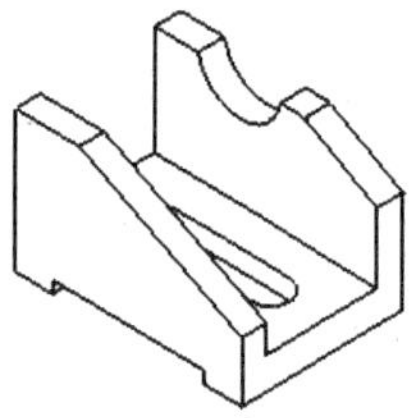

(2)

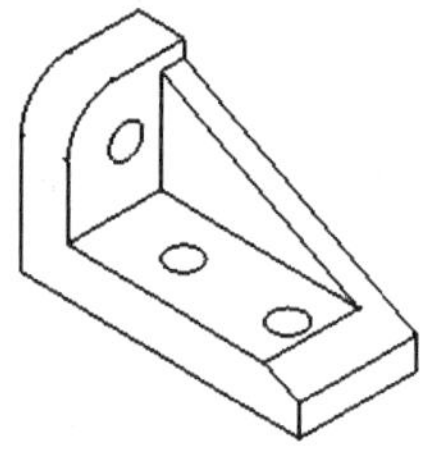

(3)

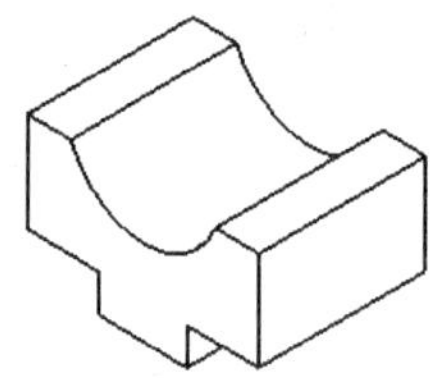

(4)

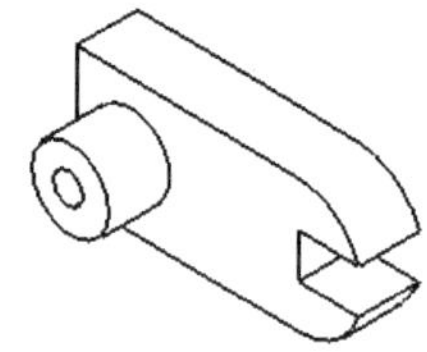

(5)

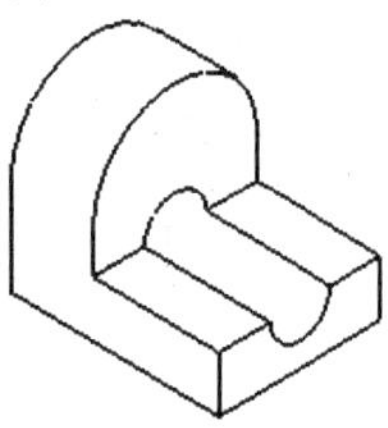

(6)

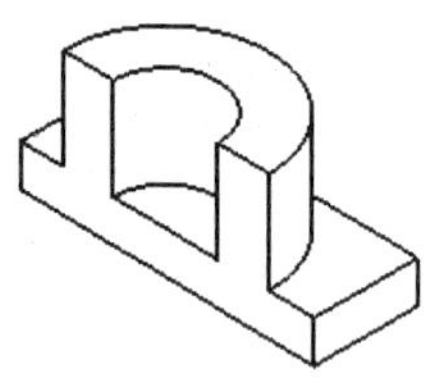

(7)

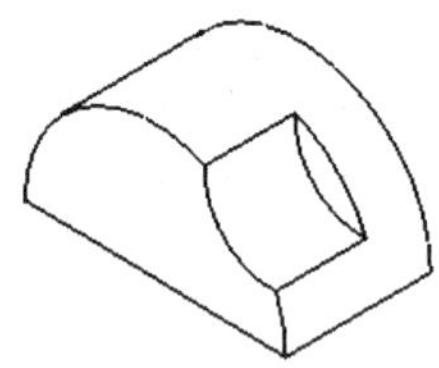

(8)

(9)

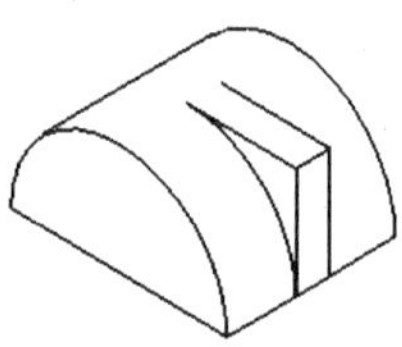

(10)

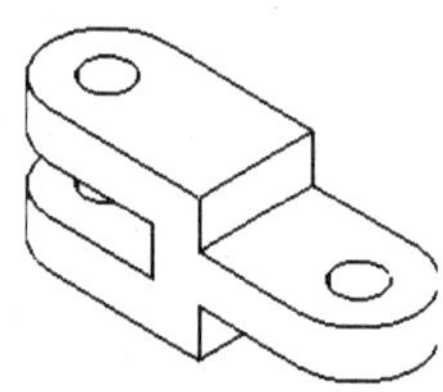

(11)

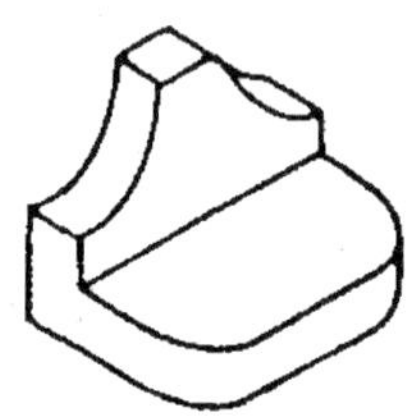

(12)

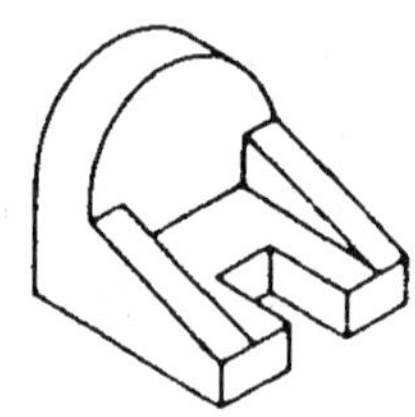

(13)

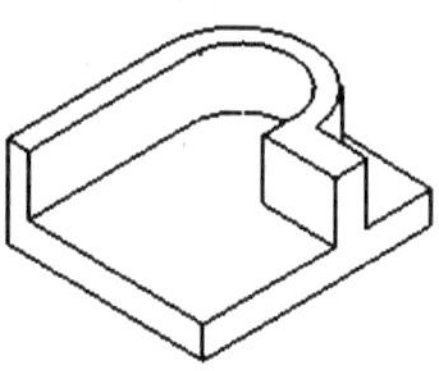

(14)

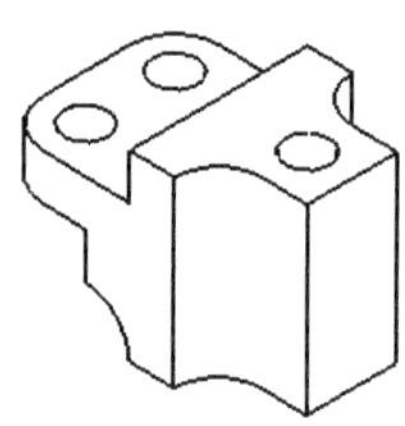

(15)

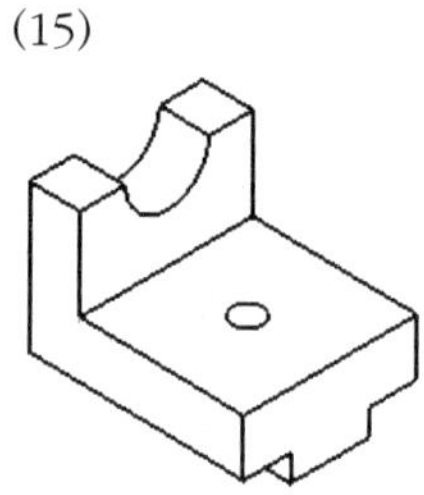

(16)

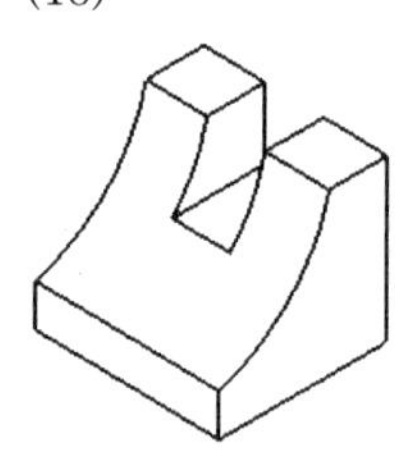

(17)

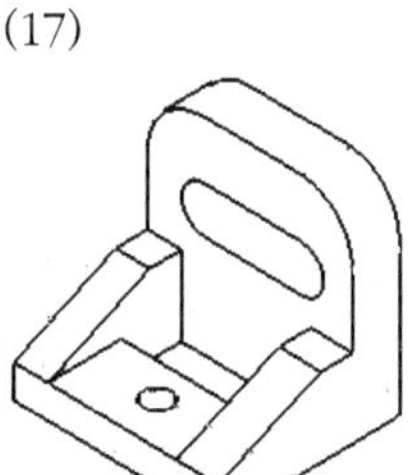

(18)

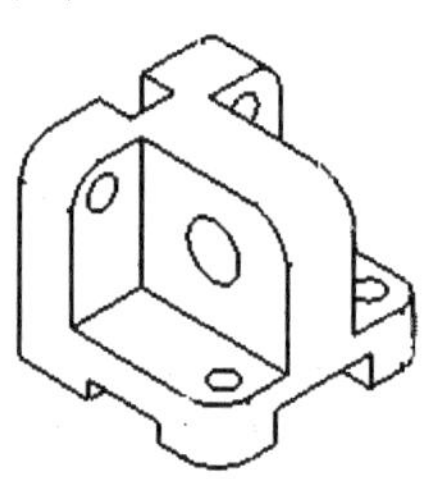

(19)

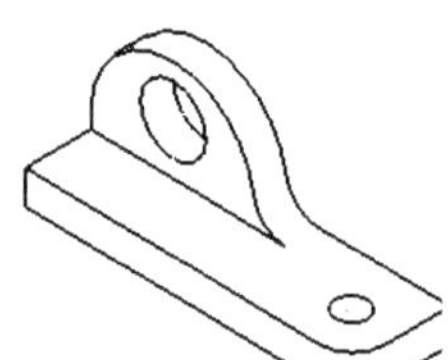

(20)

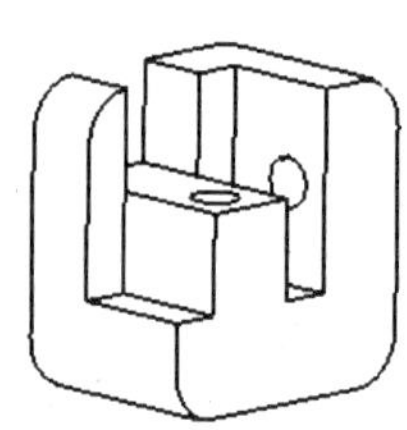

(21)

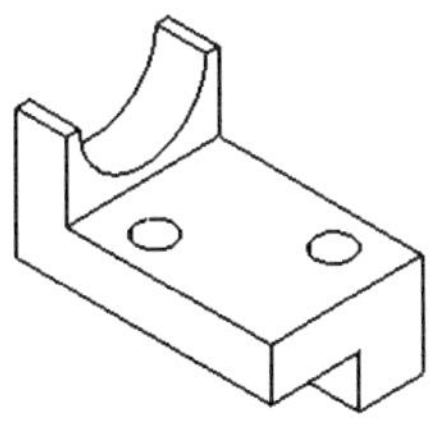

(22)

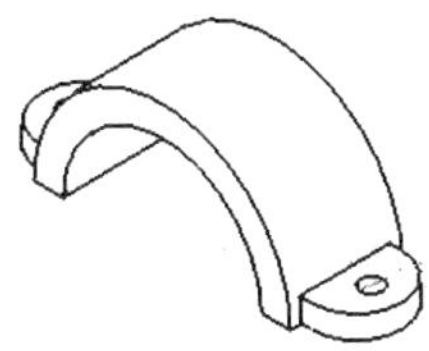

(23)

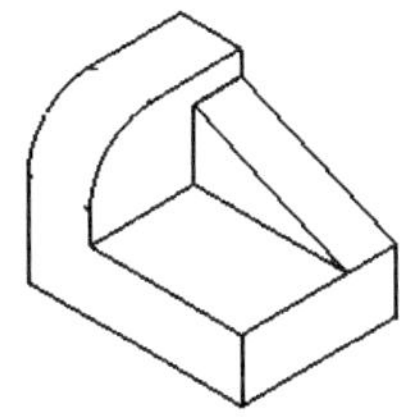

(24)

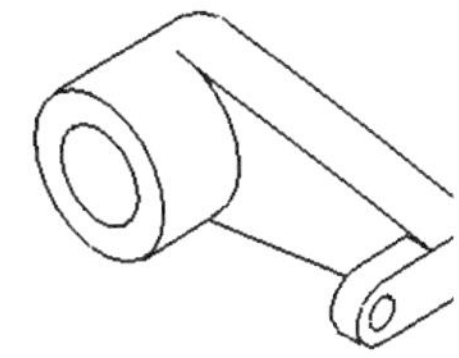

(25)

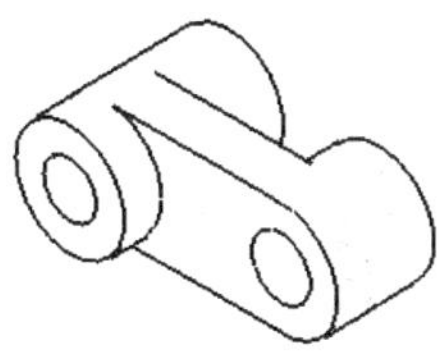

(26)

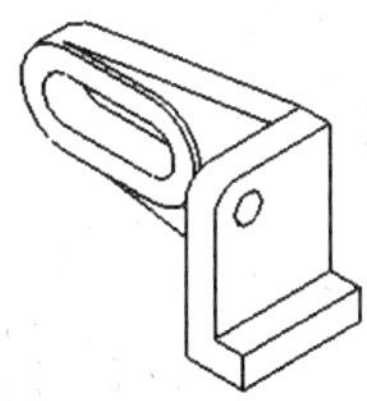

(27)

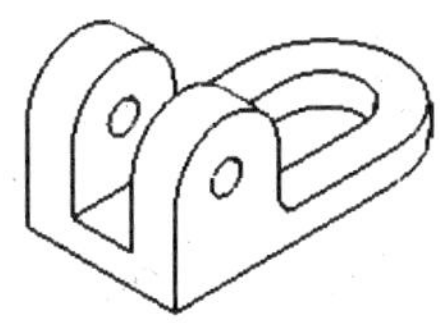

(28)

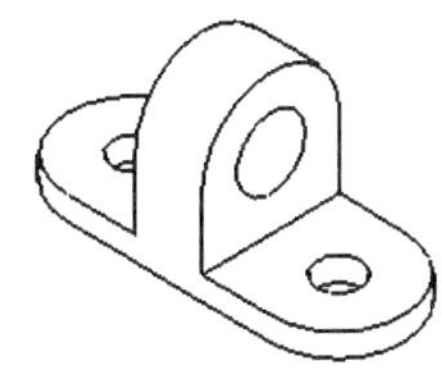

(29)

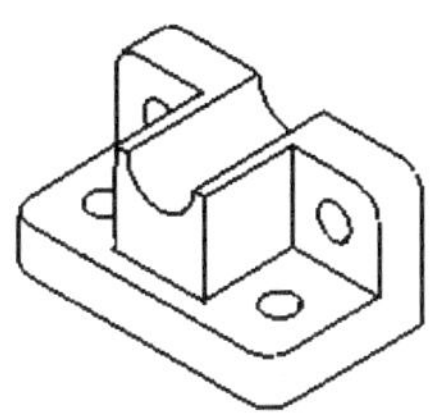

(30)

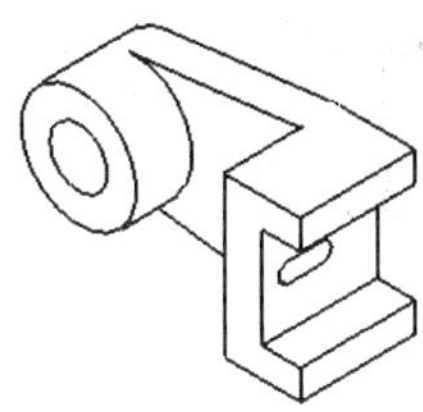

(31)

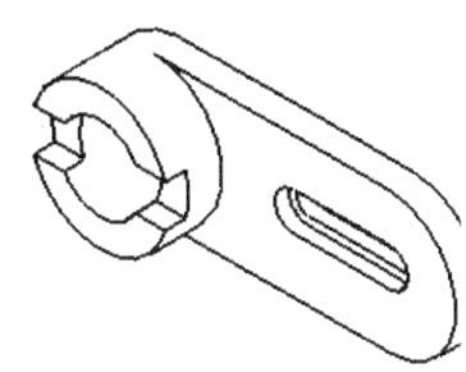

(32)

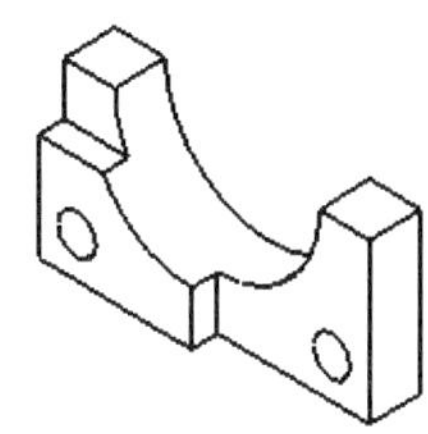

(33)

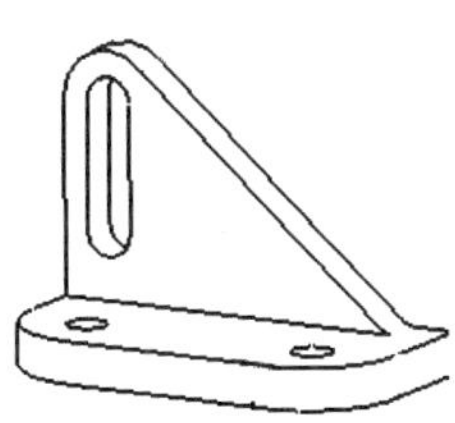

(34)

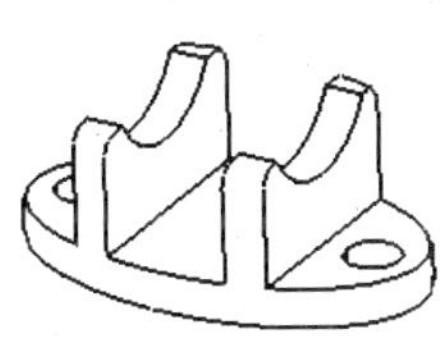

(35)

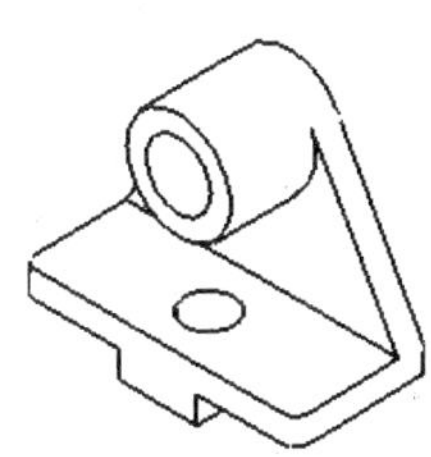

(36)

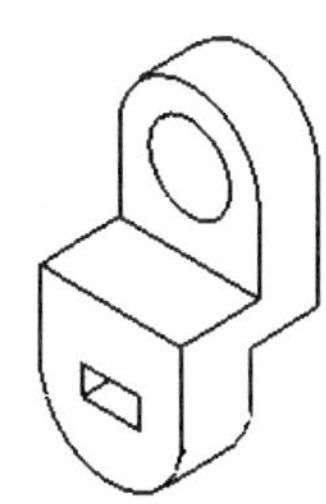

(37)

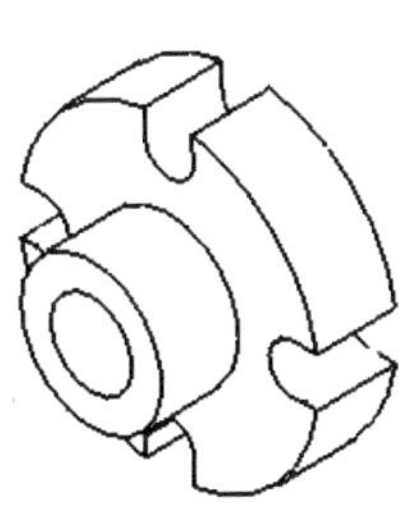

(38)

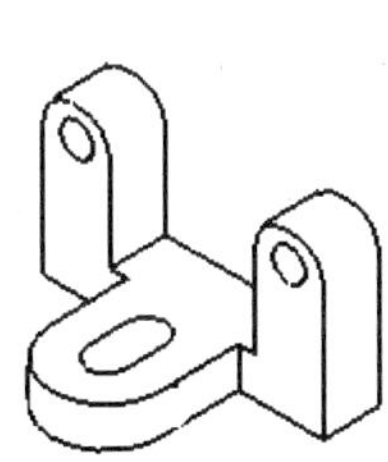

(39)

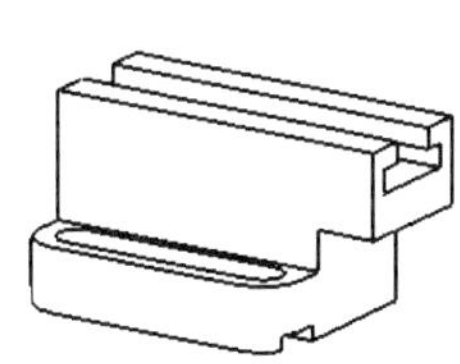

(40)

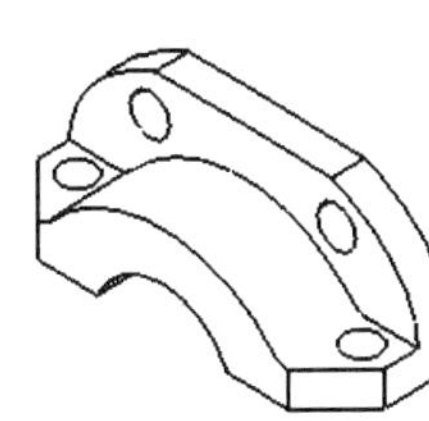

【 과제 3 】아래 입체도를 3각법에 의해 3면도를 작성하고 치수를 기입하라. 또 입체도를 Solidworks를 이용하여 모델링하라.

(1)

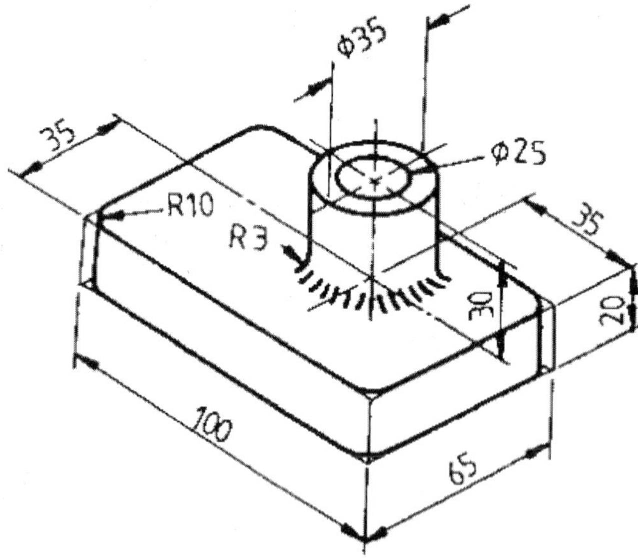

(2)

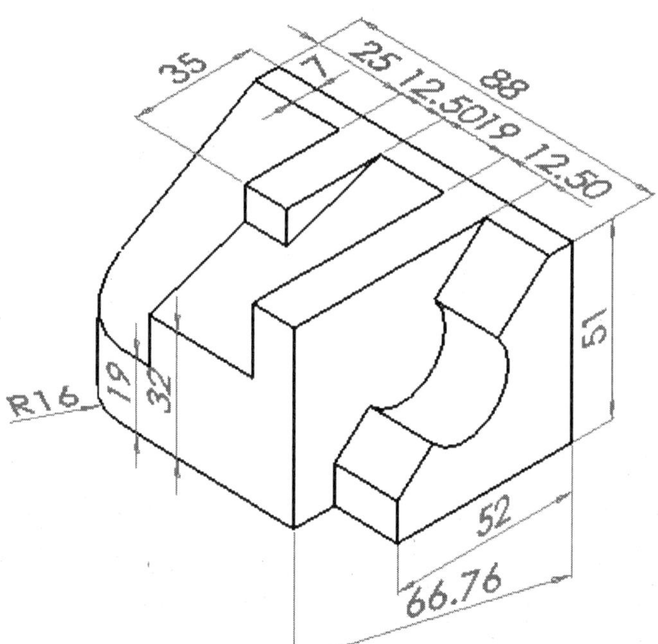

(3)

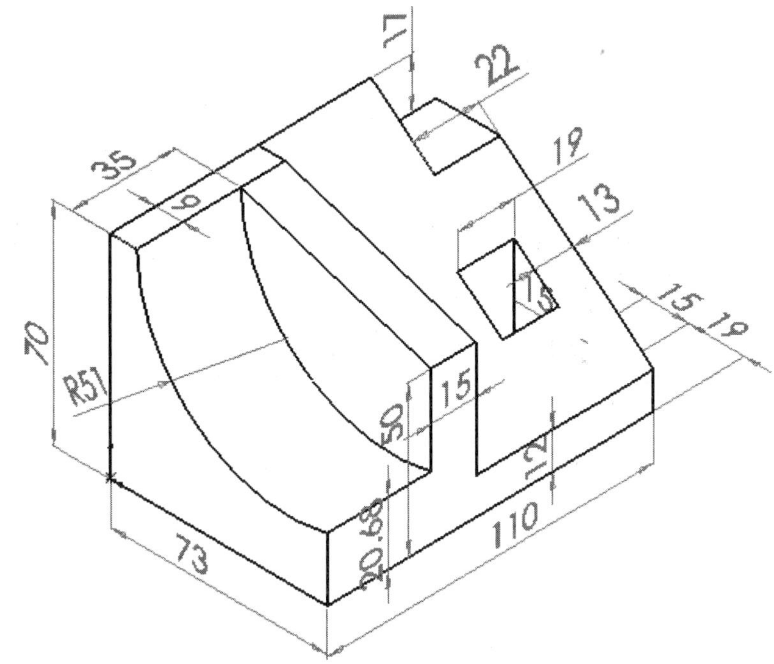
17
22
35
6
19
13
15
19
70
R51
15
50
20.68
12
110
73

(4)

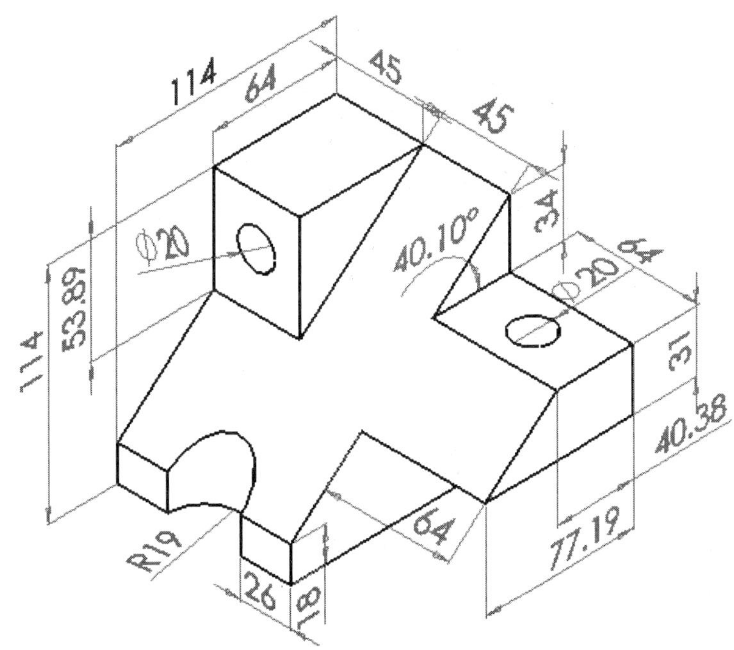
114
64
45
45
Ø20
40.10°
34
Ø20
64
114
53.89
31
40.38
77.19
64
R19
26
18

(5)

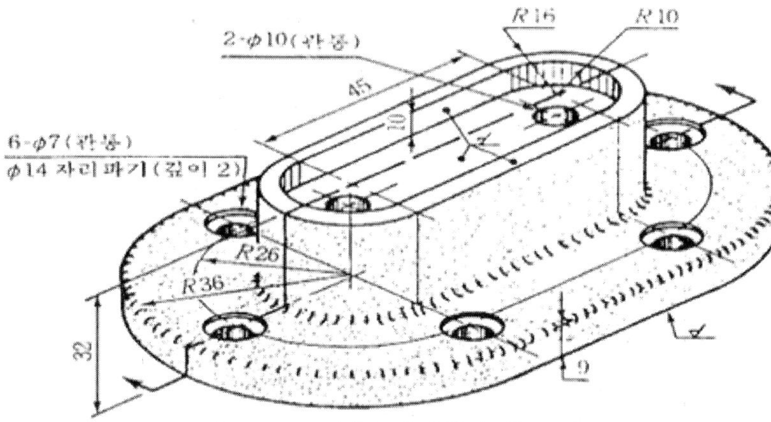

베 이 스 (주) 지시하지 않은 라운드 부위는 R2

(6)

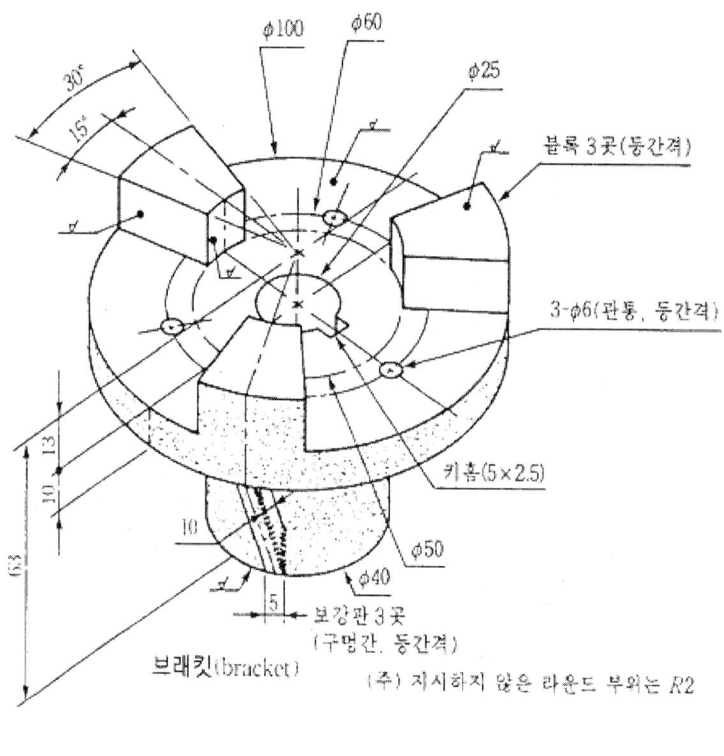

브래킷(bracket) (주) 지시하지 않은 라운드 부위는 R2

(7)

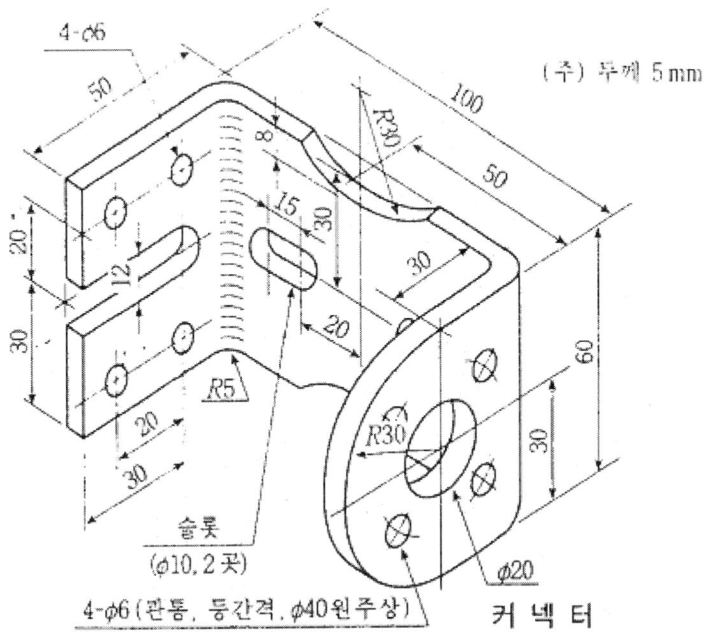
4-φ6
(주) 두께 5 mm
50
100
R30
8
50
15
30
20
12
30
30
20
R5
60
R30
30
20
30
슬롯
(φ10, 2곳)
φ20
4-φ6(관통, 등간격, φ40원주상)
커 넥 터

(8)

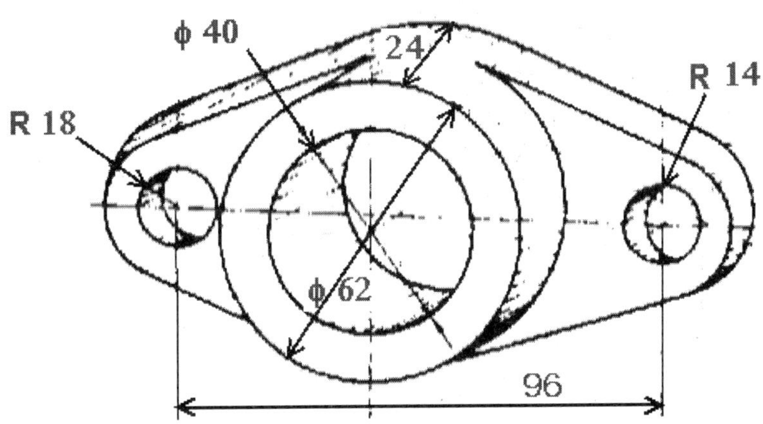
ϕ 40
24
R 14
R 18
ϕ 62
96

(9)

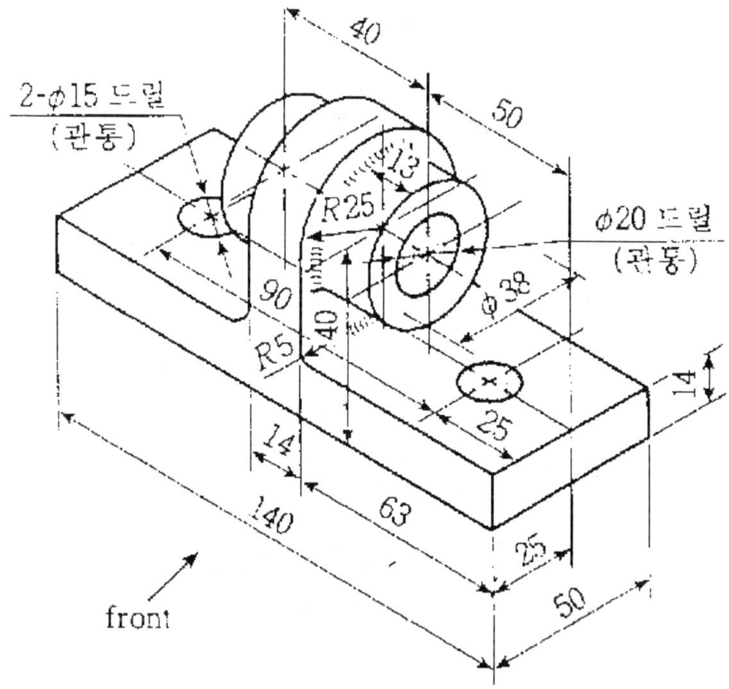
40
50
2-ϕ15 드릴
(관통)
13
R25
ϕ20 드릴
(관통)
ϕ38
90
40
R5
14
25
14
140
63
25
50
front

(10)

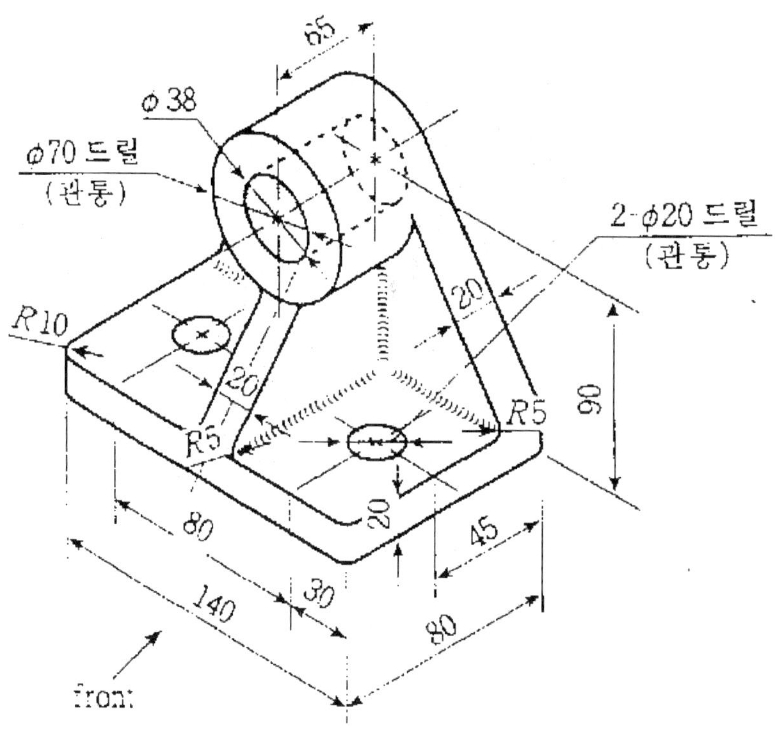
65
ϕ38
ϕ70 드릴
(관통)
2-ϕ20 드릴
(관통)
R10
20
20
R5
R5
90
80
20
45
140
30
80
front

(11)

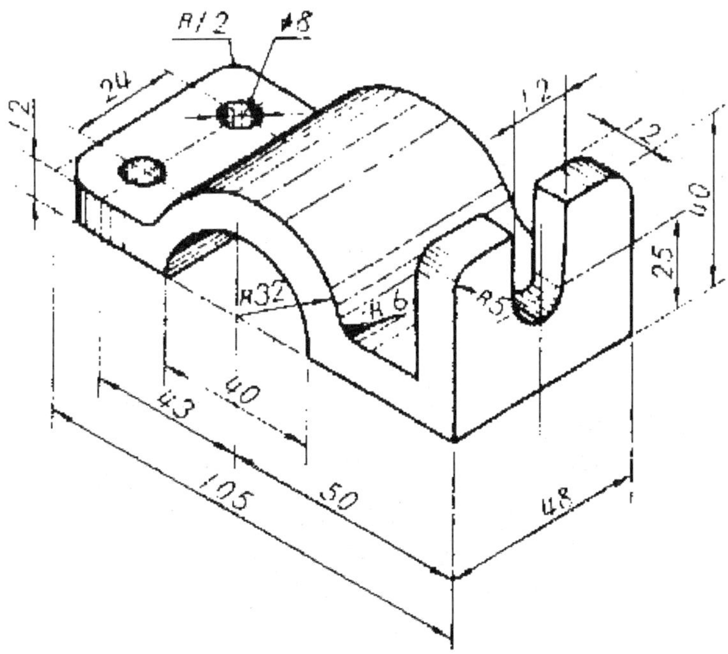
R12
φ8
24
12
12
12
40
25
R32
R6
R5
40
43
105
50
48

(12)

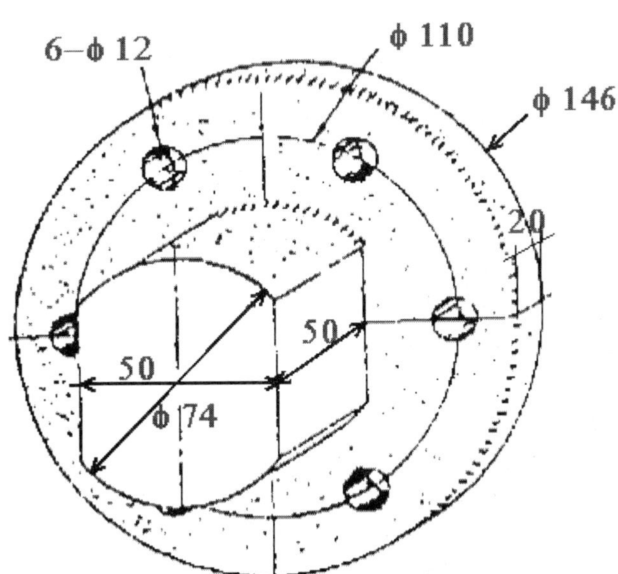
6-ϕ 12
ϕ 110
ϕ 146
20
50
50
ϕ 74

(13)

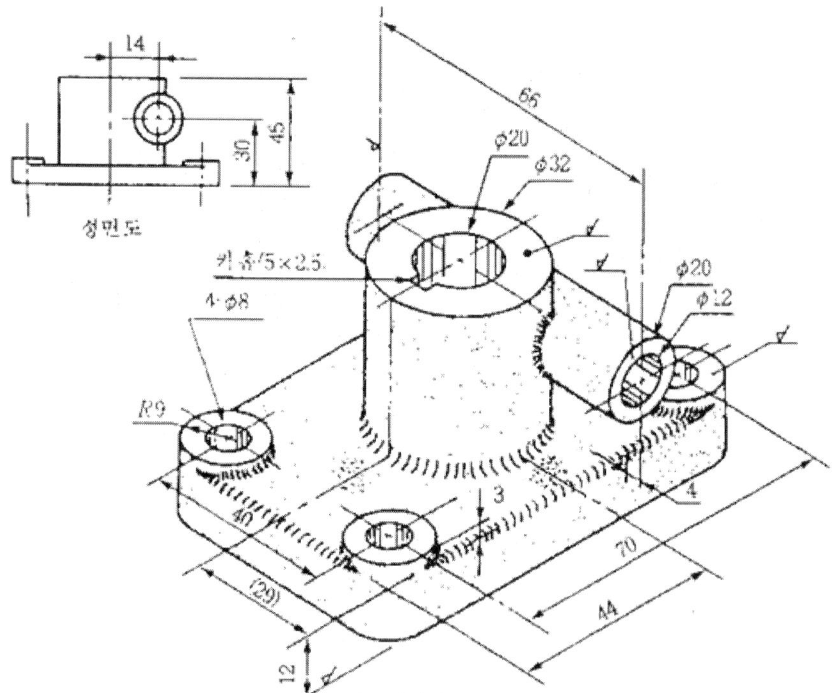

(주) 지시하지 않은 라운드 부위는 R2

(14)

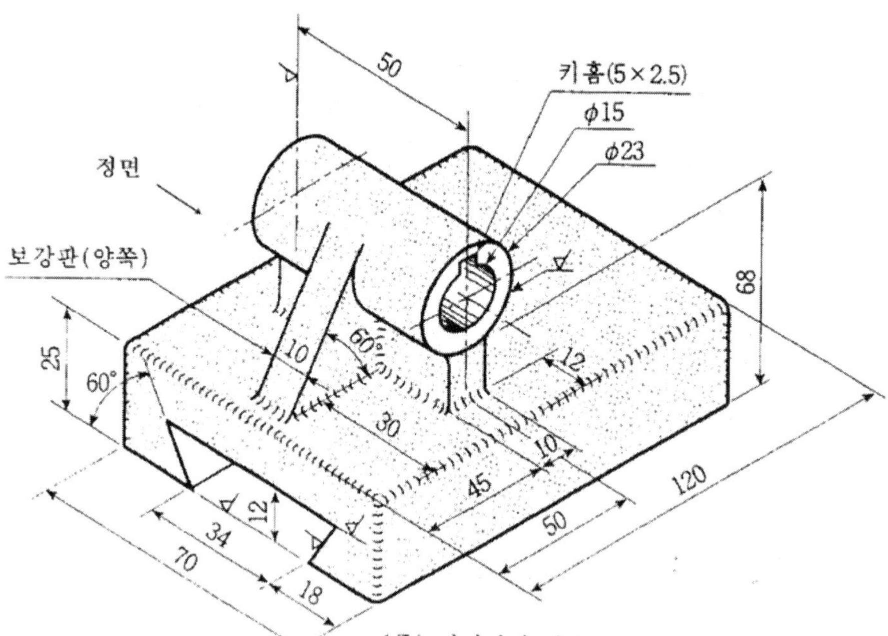

(주) 지시하지 않은 라운드부위는 R5

【 과제 4 】 아래 입체도형을 우측과 같이 절단하였을 경우 단면도를 사용하여 3면도를 작성하시오.

(1)

(2)

(3)

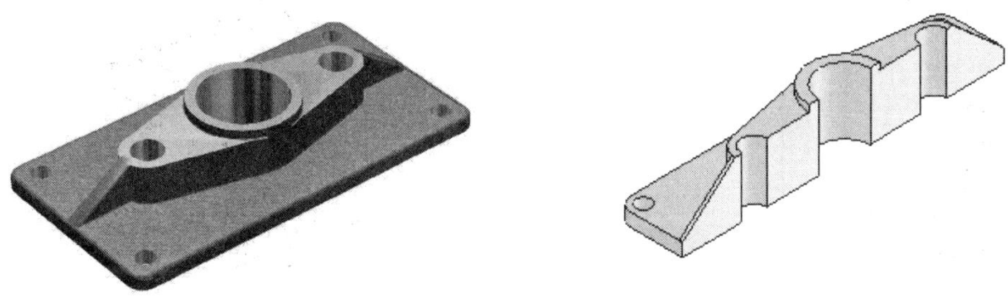

(4)

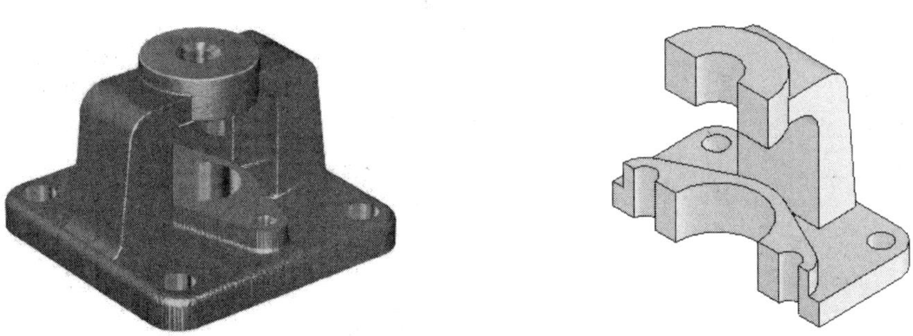

(5)

(6)

(7)

(8)

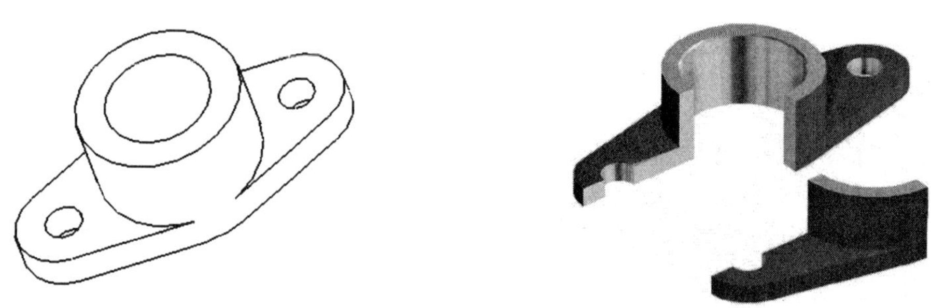

(9)

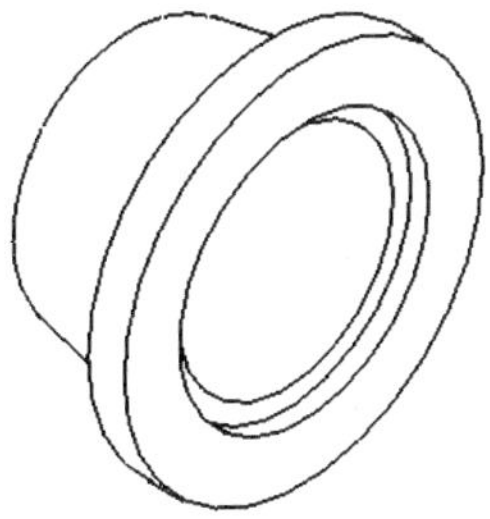

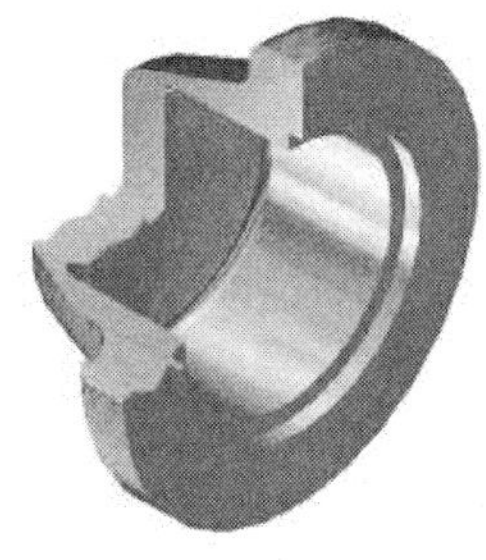

(10)

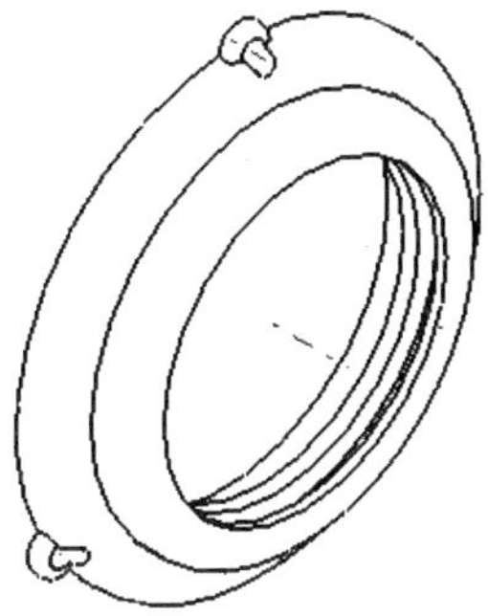

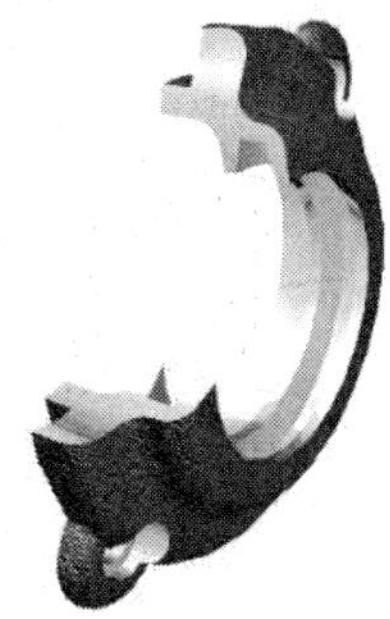

(11)

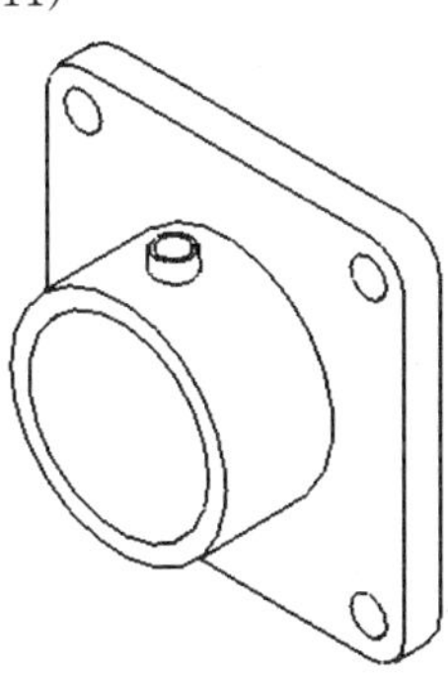

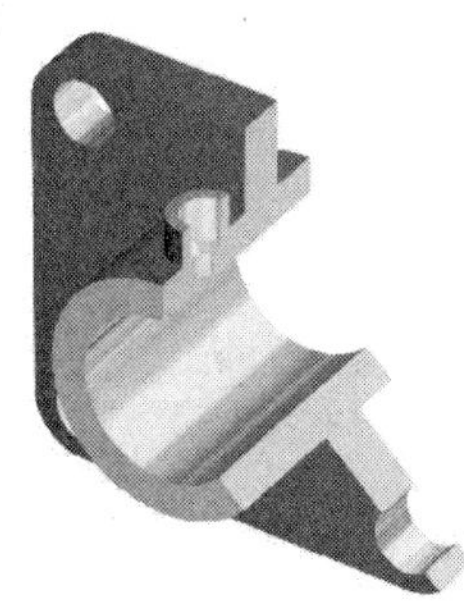

【 과제 5 】 아래 도형을 3각법으로 도시하고 모델링 한다. 도면의 크기는 자유이며 A4용지에 출력하여 제출한다.

[1] 아래 도형은 링크이다. 단면도로 도시하라.

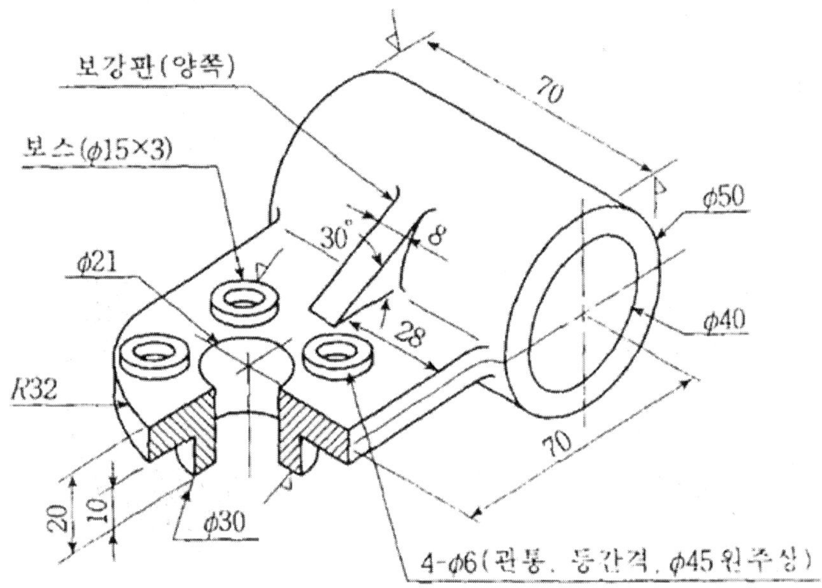

[2] 그림은 밸브 어댑터이다. 반단면도, 부분투상도를 혼용한다.

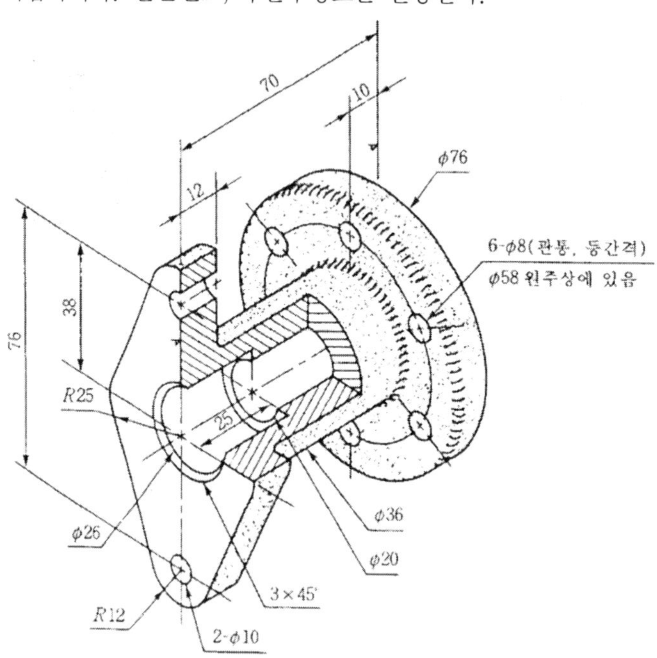

[3] 아래 도형은 클러치이다. 회전투상도와 부분 투상도를 이용하여 제작 도면을 작성한다.

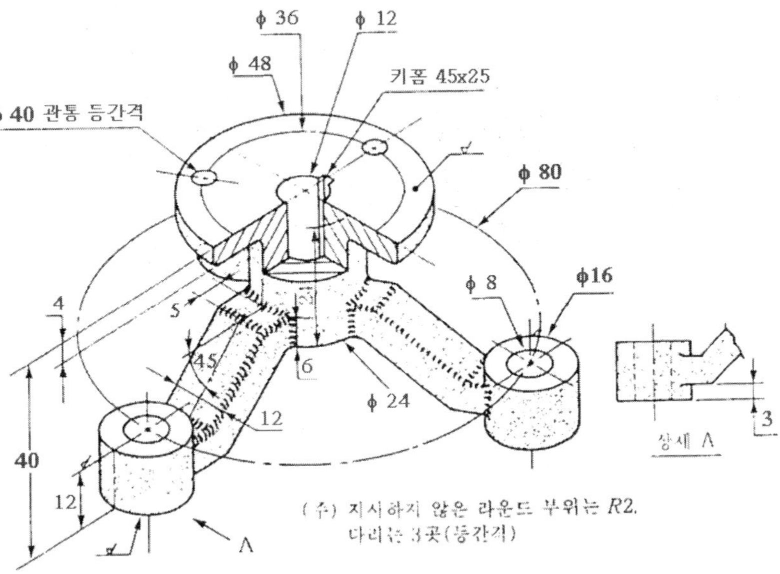

[4] 아래 도형은 플랜지 어댑터이다. 부분 투상도를 이용하여 제작도면을 작성한다.

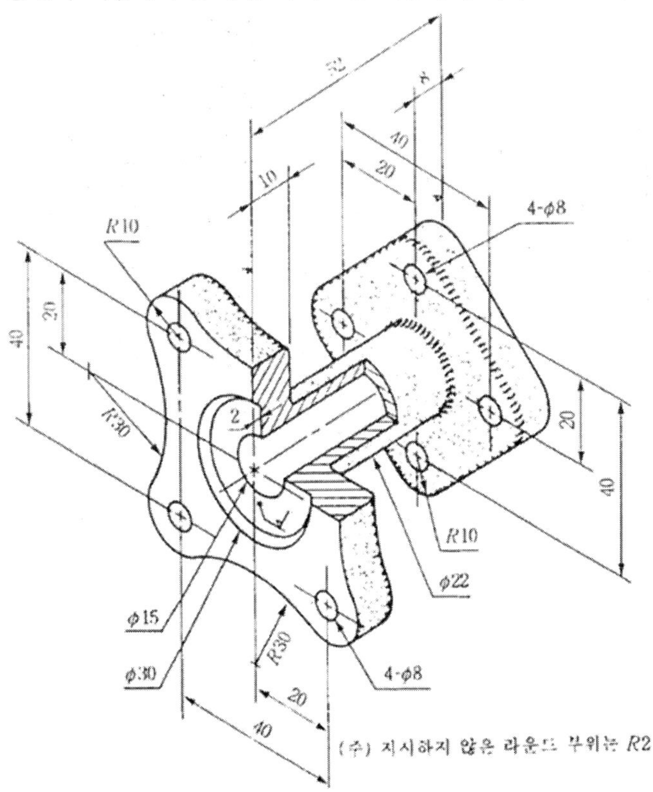

[5] 아래 도형은 플랜지 엘보우이다. 온단면도를 이용하여 2면도로 작성한다.

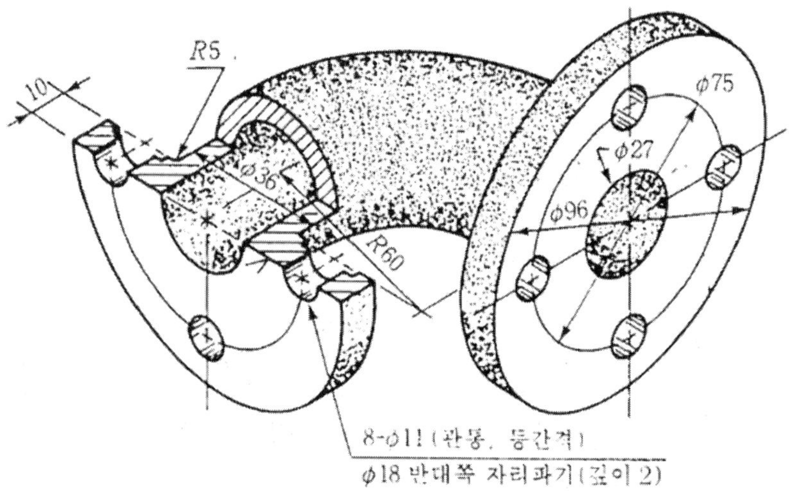

(주) 지시하지 않은 라운드 부위는 R2

[6] 아래 도형은 V-Pulley이다. 한쪽단면도(반단면도)를 이용하여 2면도로 작성한다.

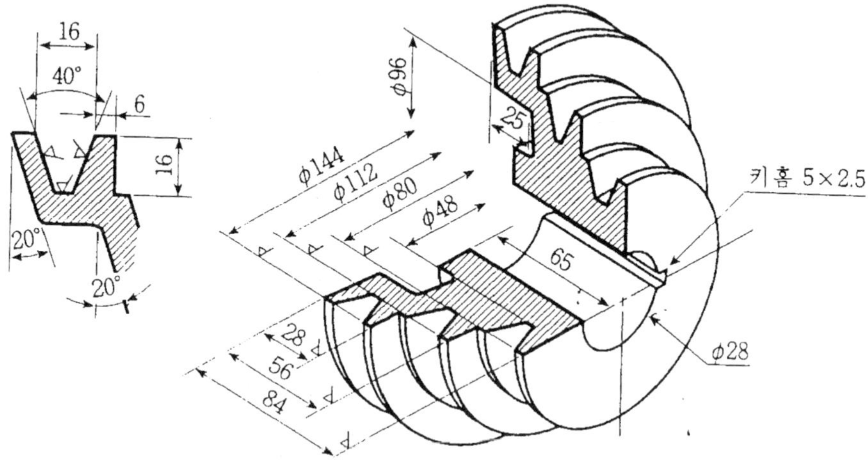

(주) 지시하지 않은 라운드부위는 R2

[7] 아래 도형은 핸드 휠이다. 2면도로 작성한다. 단, 정면도는 회전단면도, 측면도는 온단면도로 한다.

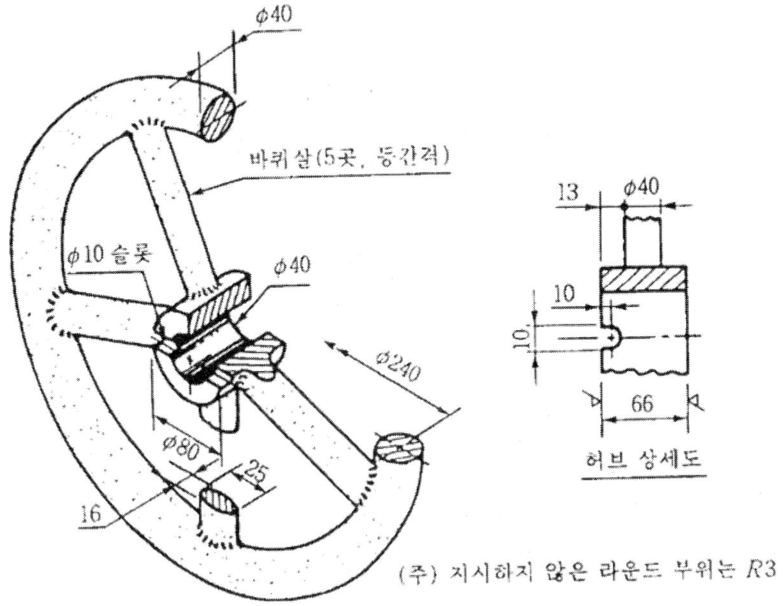

[8] 아래 도형은 브라켓이다. 2면도로 작성하되 부분단면도를 적절하게 활용한다.

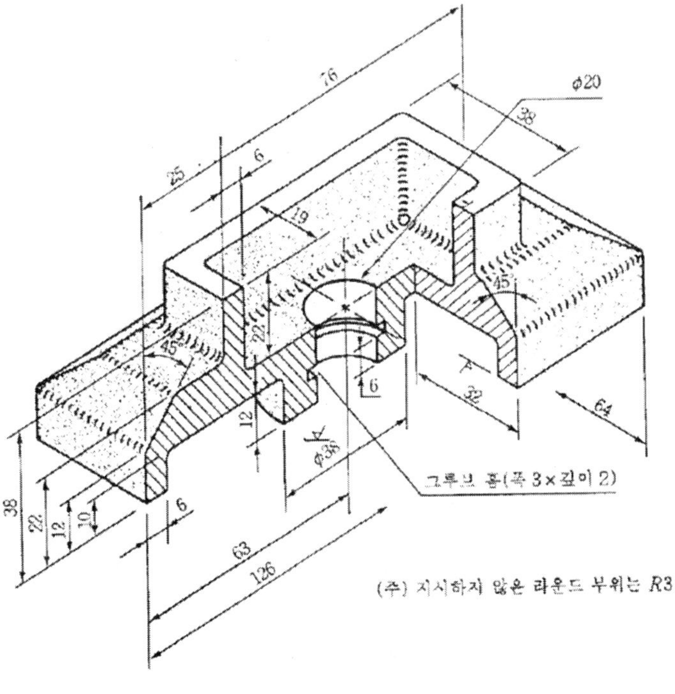

[9] 아래 도형은 앵글 브라켓이다. 단, 제작도로 도시할 때 평면도는 보조투상도로 대체한다.

(ㄱ)

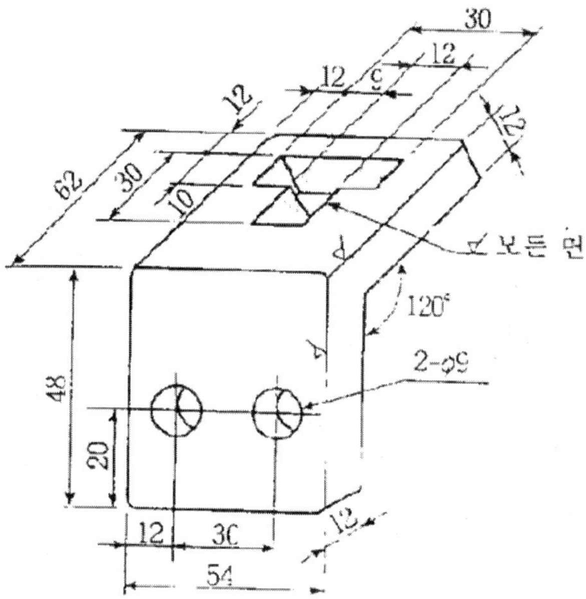

(ㄴ)

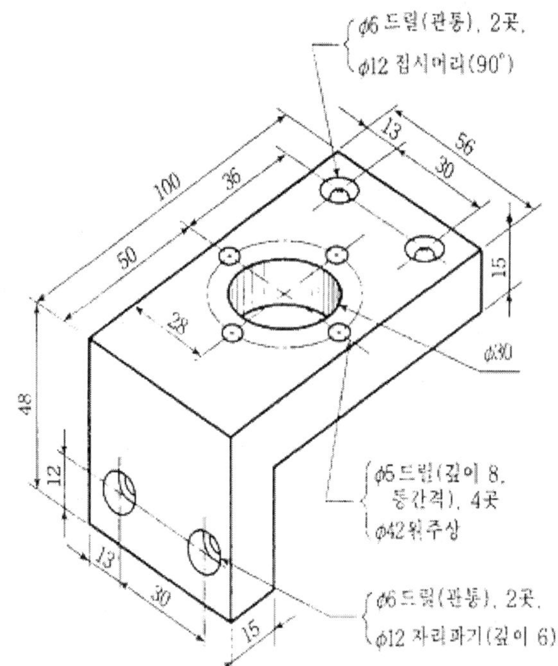

가이드 블록

(ㄷ)

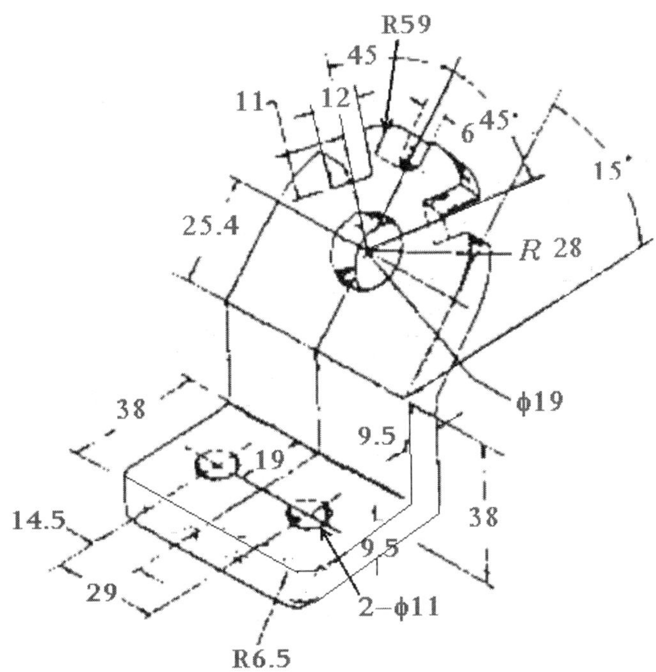
R59
45
11
12
6
45°
15°
25.4
R 28
ϕ19
38
9.5
19
14.5
38
9.5
29
2−ϕ11
R6.5

(ㄹ)

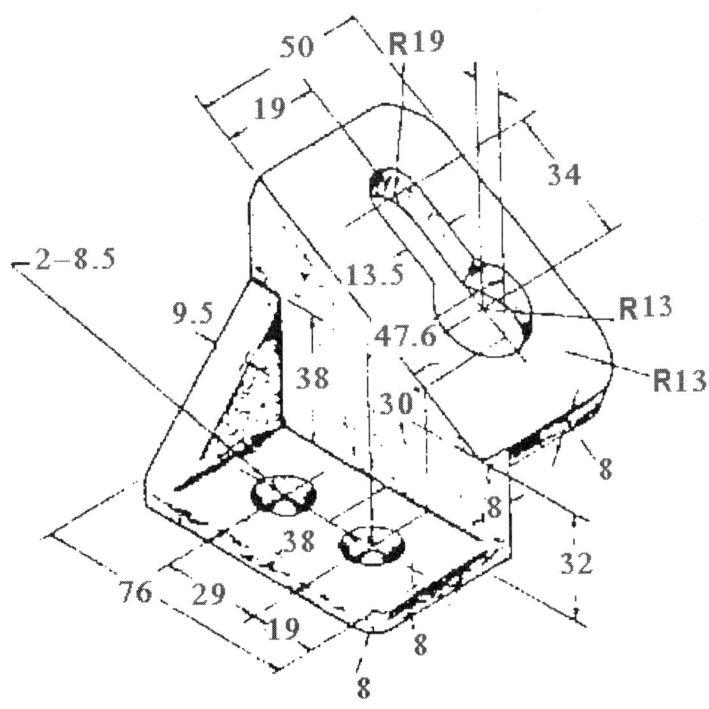
50
R19
19
34
2−8.5
13.5
R13
9.5
47.6
R13
38
30°
8
8
38
32
76
29
19
8
8

[10] 아래 도형은 크로스 슬라이드이다. 제작도면을 작성 시 측면도는 보조투상도로 대체하고 부분 투상도 개념으로 작성한다.

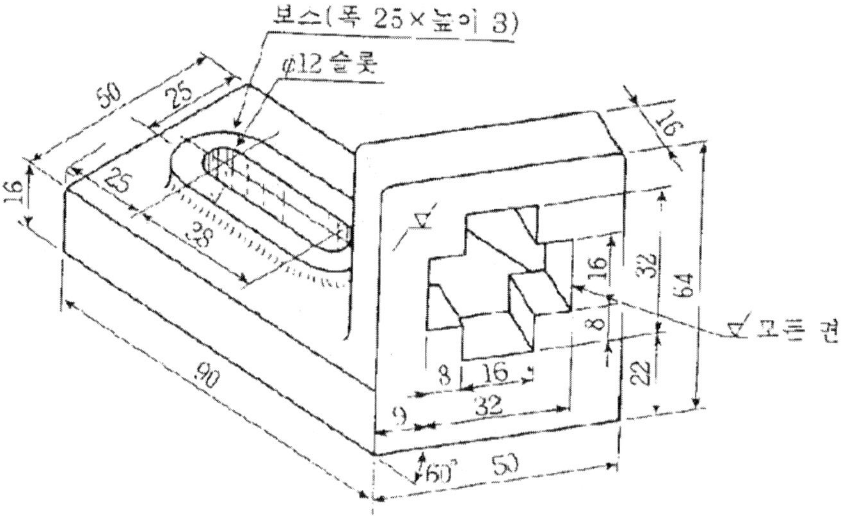

(주) 지시하지 않은 라운드 부위는 R2

[11] 아래 도형은 앵글 브래킷이다. 제작도면 작성 시 정면도와 평면도는 보조투상도로 그리고, 정면도와 보조투상도는 부분 투상도 개념으로 작성한다.

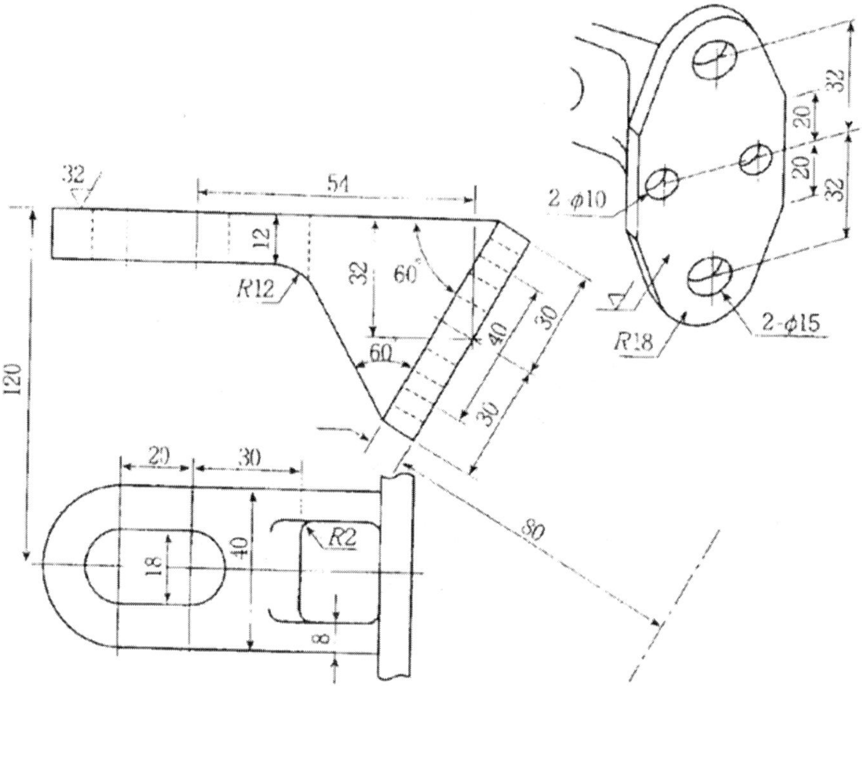

[12] 아래 도형은 제어 블록이다. 도면 레이아웃을 참고하여 제작도면을 작성한다.

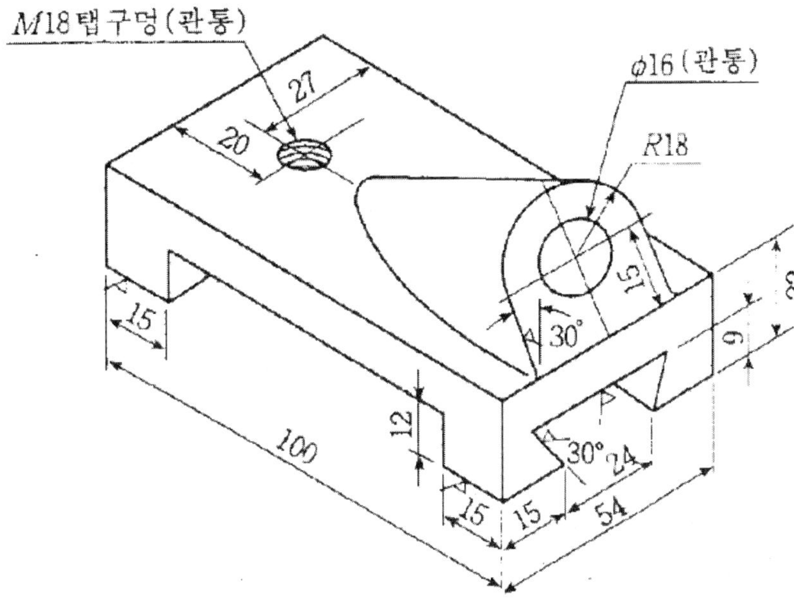

(주) 지시하지 않은 라운드 부위는 R2

[13] 아래 도형은 링크이다 제작도면을 작성 시 보조투상도와 회전투상도를 혼용한다. 단, 도면 작성 시 레이아웃을 참고한다.

(주) 지시하지 않은 라운드 부위는 R2

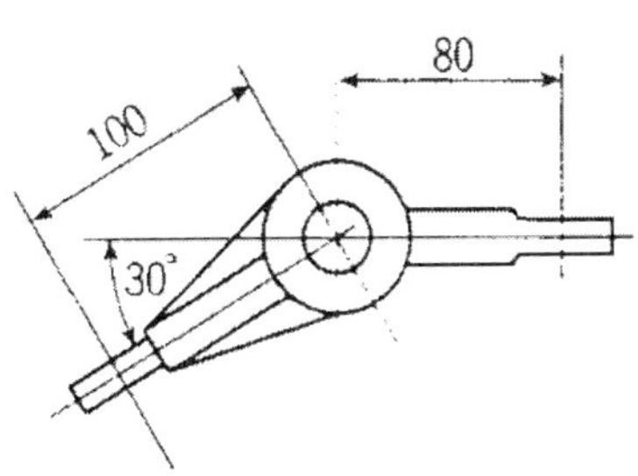

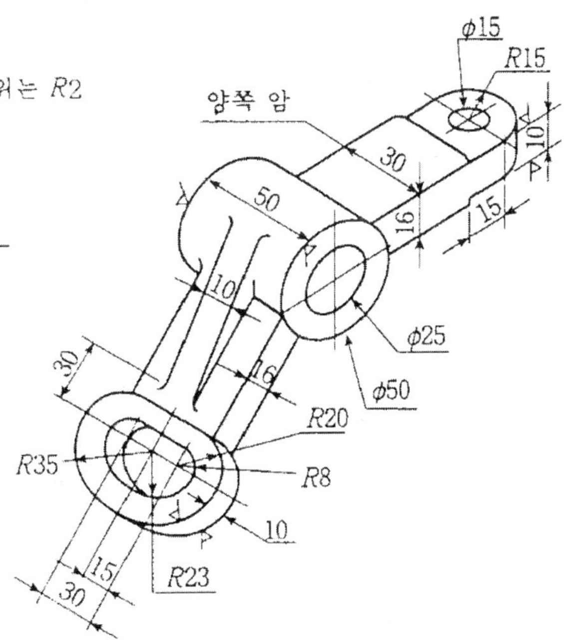

[14] 아래 도형은 연결 막대이다. 보조투상도와 회전투상도을 혼용하여 제작도면을 작성한다. 도면 작성 시 레이아웃을 참고한다.

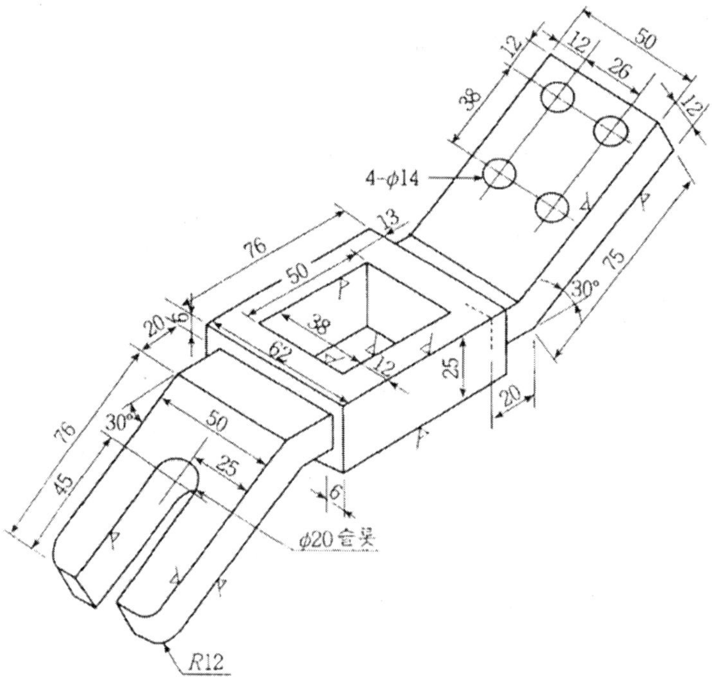

[15] 아래 도형은 회전 암이다. 보조투상도를 이용하여 제작도면을 작성한다. 도면 레이아웃을 참고한다.

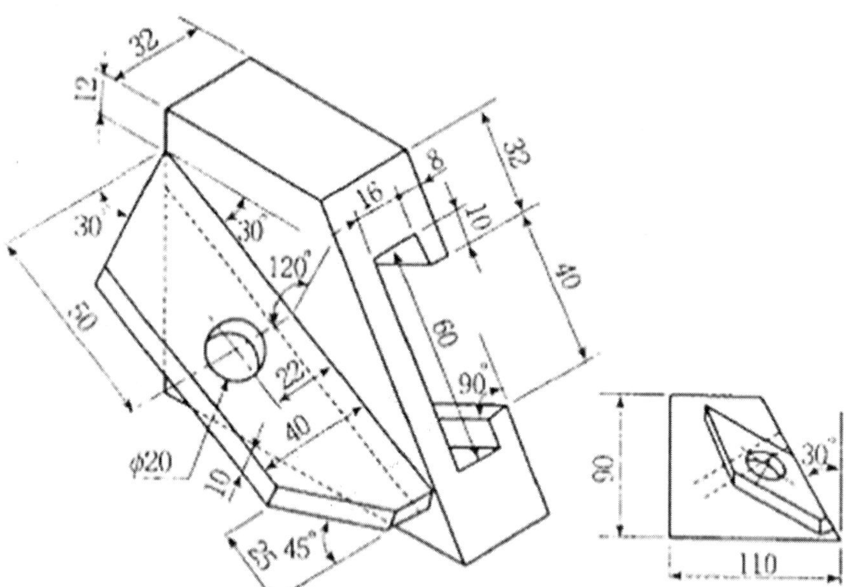

[16] 아래 도형은 슬라이드 브라켓이다. 보조투상도를 이용하여 제작도면을 작성한다. 도면 레이아웃을 참고한다.

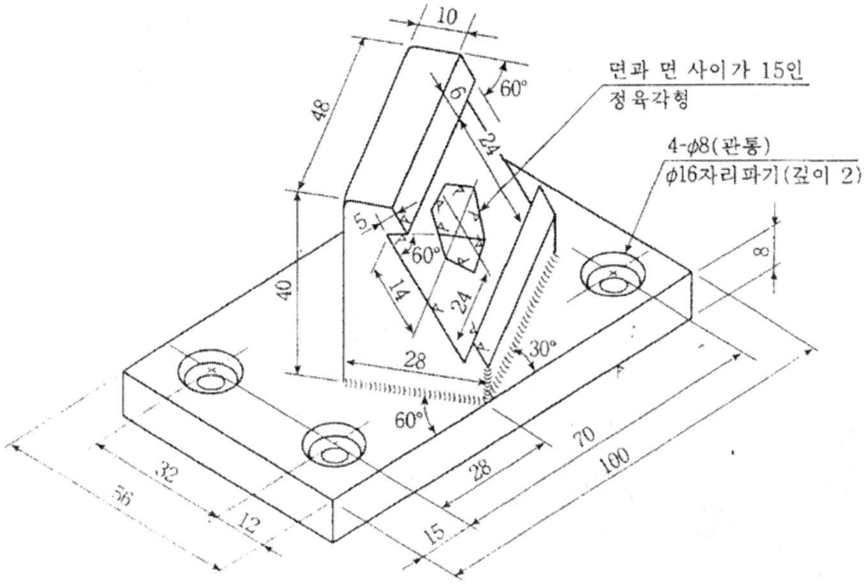

(주) 지시하지 않은 라운드 부위는 $R2$

[17] 아래 도형은 앵글 슬라이드이다. 보조투상도 이용하여 제작도면을 작성한다. 도면 레이아웃을 참고한다.

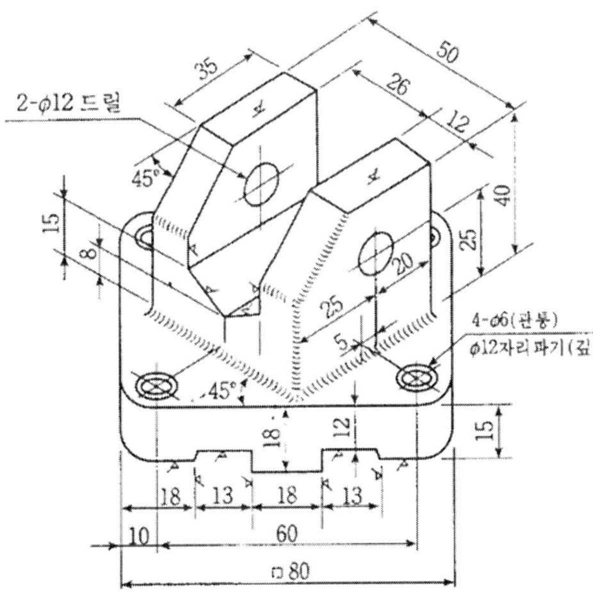

(주) 지시하지 않은 라운드 부위는 $R2$

[18] 아래 다리바퀴를 정투상법에 따라 제도하라. 각 부품을 모델링하고 조립하라.

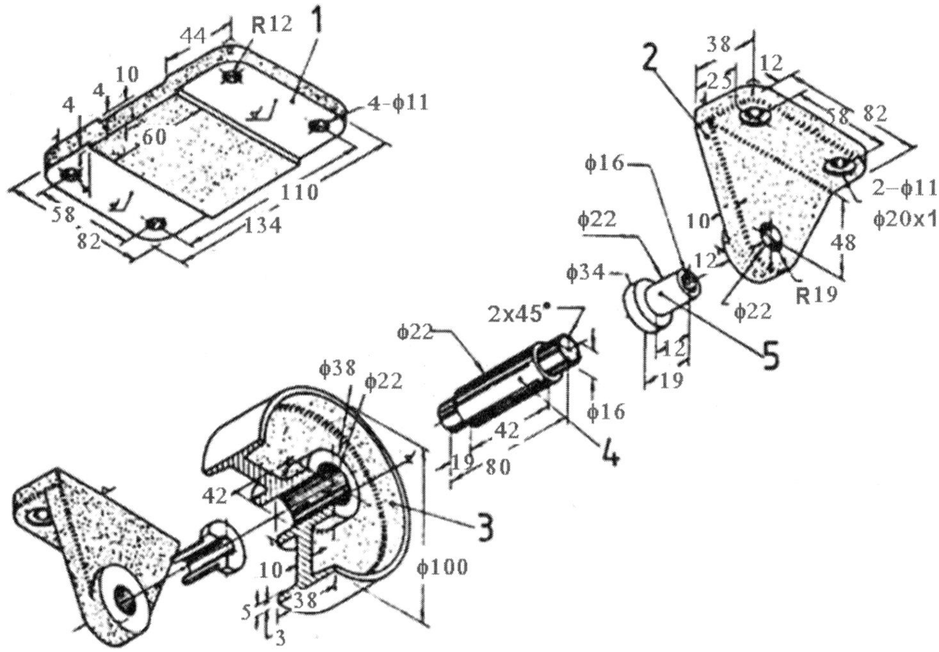

[19] 아래 V-BELT 전동장치를 제도하시오. 또 각 부품을 모델링하고 조립하시오.

(1) 도면 작성 시 표면 거칠기는 중심선 평균 거칠기를 사용한다.

(2) 기하공차를 요구하는 곳에는 KS 규격에 맞게 공차를 기입한다.

(3) 각부의 치수는 슬라이드 베어링 내경을 기준하고, 비례치수로 한다. 슬라이드 베어링의 내경은 25mm이다.

(4) 각 부품의 아래와 같고, 재료는 부품에 가장 적합한 재료를 선정한다.

① Body ② 평기어 ③ 부싱(Sliding Bearing) ④ V-belt ⑤ Shaft

(5) 도면의 크기는 A3를 기준으로 한다.

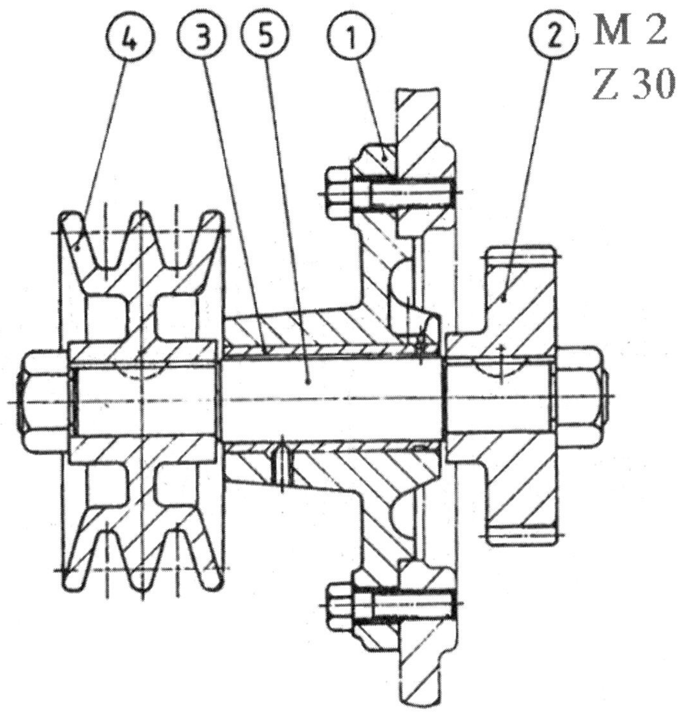

[20] 아래 캠 전동장치를 제도하시오. 또 각 부품을 모델링하고 조립하시오.

(1) 도면 작성 시 표면 거칠기는 중심선 평균 거칠기를 사용한다.

(2) 기하공차를 요구하는 곳에는 KS 규격에 맞게 공차를 기입한다.

(3) 각부의 치수는 베어링 내경을 기준하고, 비례치수로 한다.

(4) 각 부품의 아래와 같고, 재료는 부품에 가장 적합한 재료를 선정한다.

① Body ② Shaft ③ 체인 스프로켓 ④ Cover ⑤ Slide Shaft

⑥ Slide Shaft Bush

(5) 도면의 크기는 A3를 기준으로 한다.

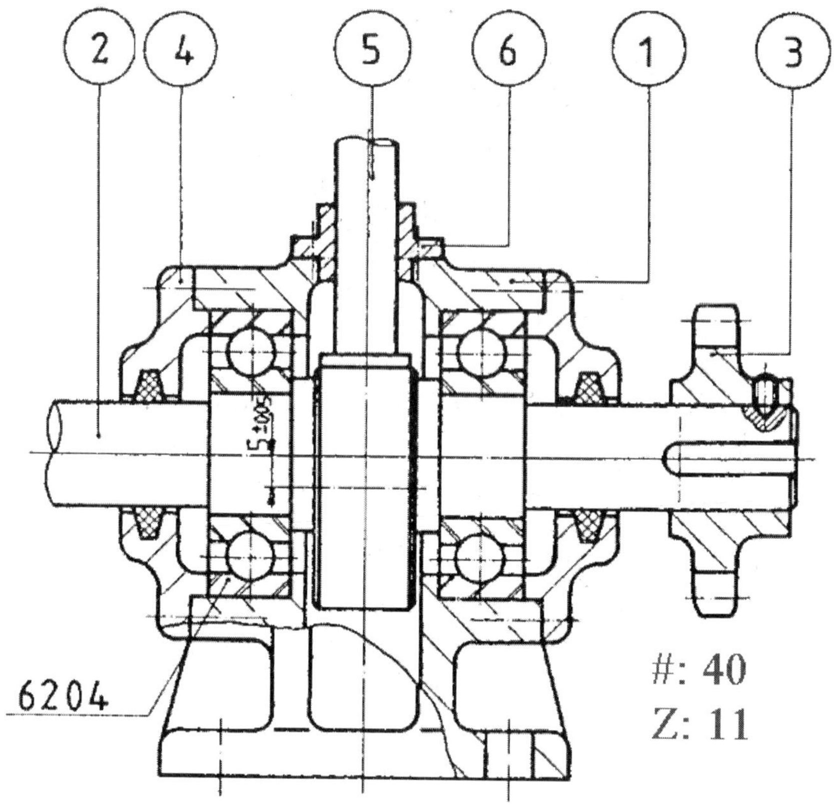

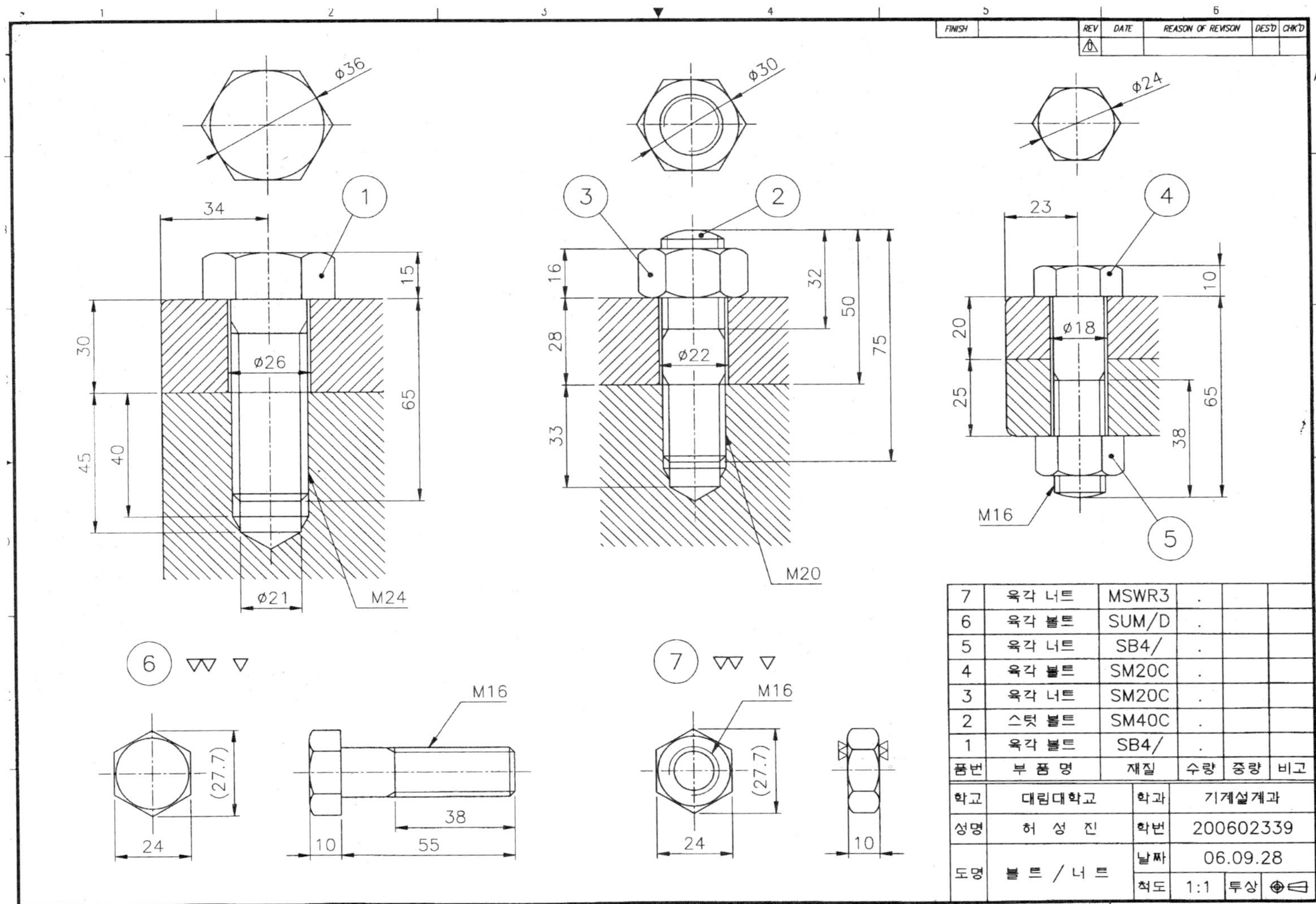
FINISH
REV
DATE
REASON OF REVISON
DES'D
CHK'D
7 육각 너트 MSWR3 .
6 육각 볼트 SUM/D .
5 육각 너트 SB4/ .
4 육각 볼트 SM20C .
3 육각 너트 SM20C .
2 스텃 볼트 SM40C .
1 육각 볼트 SB4/ .
품번 부 품 명 재질 수량 중량 비고
학교 대림대학교 학과 기계설계과
성명 허 성 진 학번 200602339
도명 볼 트 / 너 트 날짜 06.09.28
척도 1:1 투상

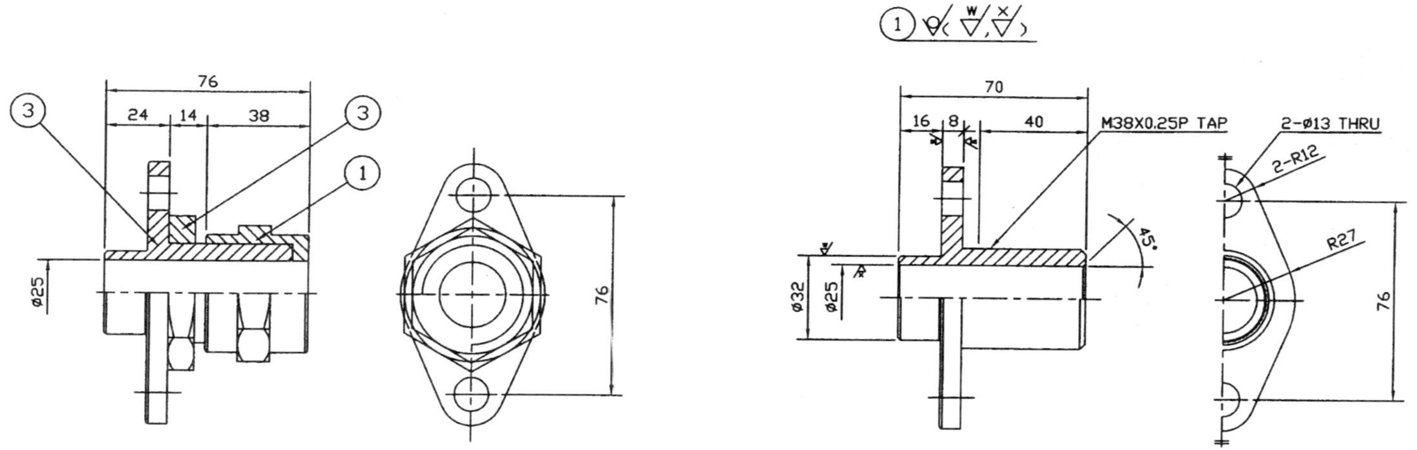

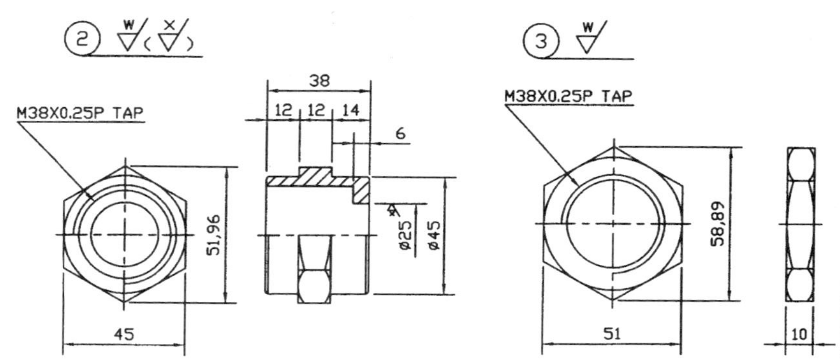

1. 일반공차 : ±0.05
2. 지시없는 R은 1, C는 1으로 하시오.

3	6각 너트	동	1		피막처리
2	패킹너트	동	1		피막처리
1	고정대	동	1		피막처리
품번	부 품 명	재질	수량	중량	비 고

학교	대 림 대 학	학과	기계설계과		
성명	임 영 미	학번	200602330	날짜	
도명	스터핑 박스	척도	1 : 1	투상	3각법
		도번			

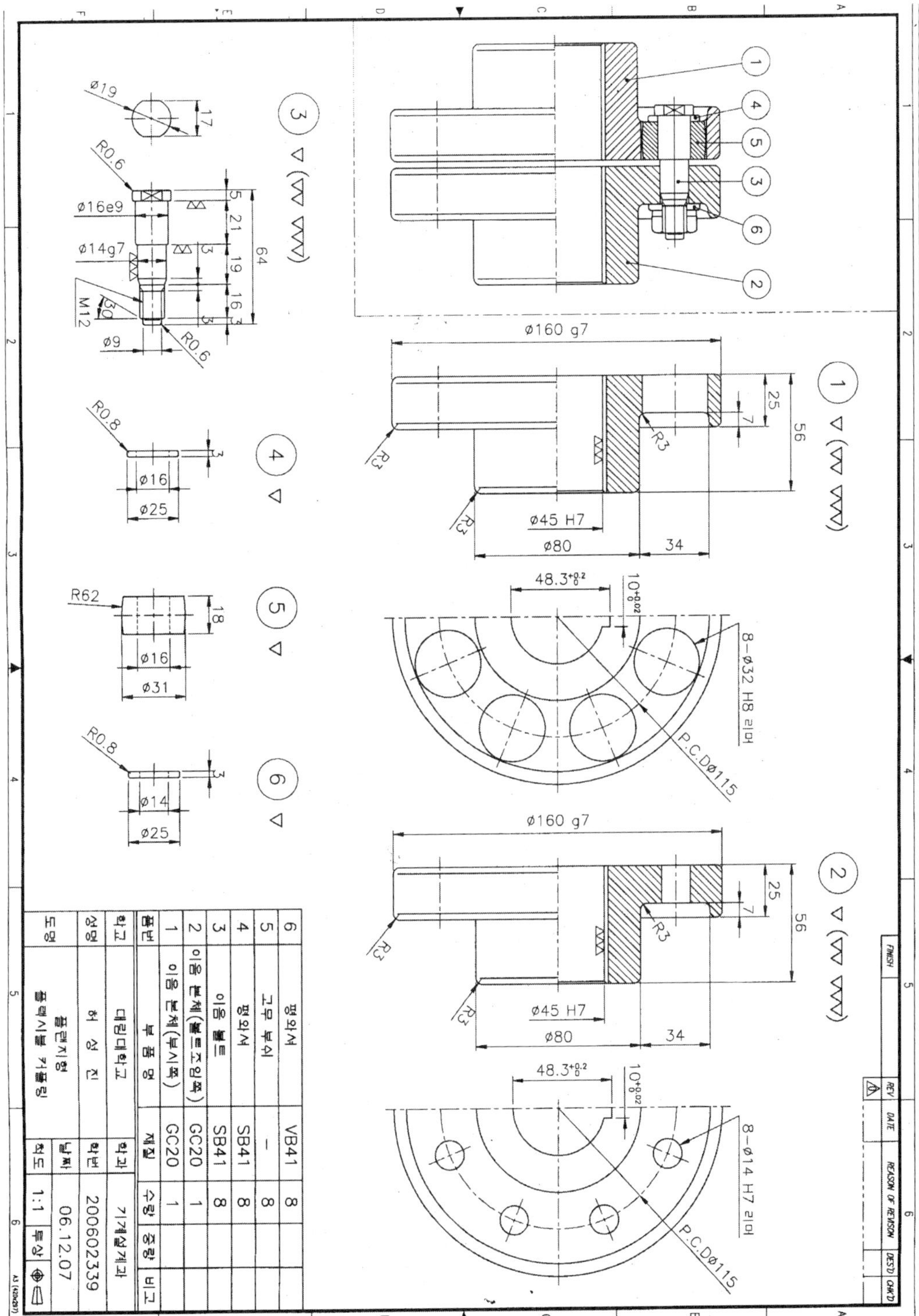

6 평와셔 VB41 8
5 고무 부쉬 – 8
4 평와셔 SB41 8
3 이음 볼트 SB41 8
2 이음 본체(볼트조임쪽) GC20 1
1 이음 본체(부시쪽) GC20 1
품번 품 명 재질 수량 중량 비고
학교 대림대학교 학과 기계설계과
성명 허 성 진 학번 200602339
도명 플랜지형 플렉시블 커플링 날짜 06.12.07
척도 1:1 투상
ø160 g7
ø45 H7
ø80
8-ø32 H8 리머
8-ø14 H7 리머
P.C.Dø115

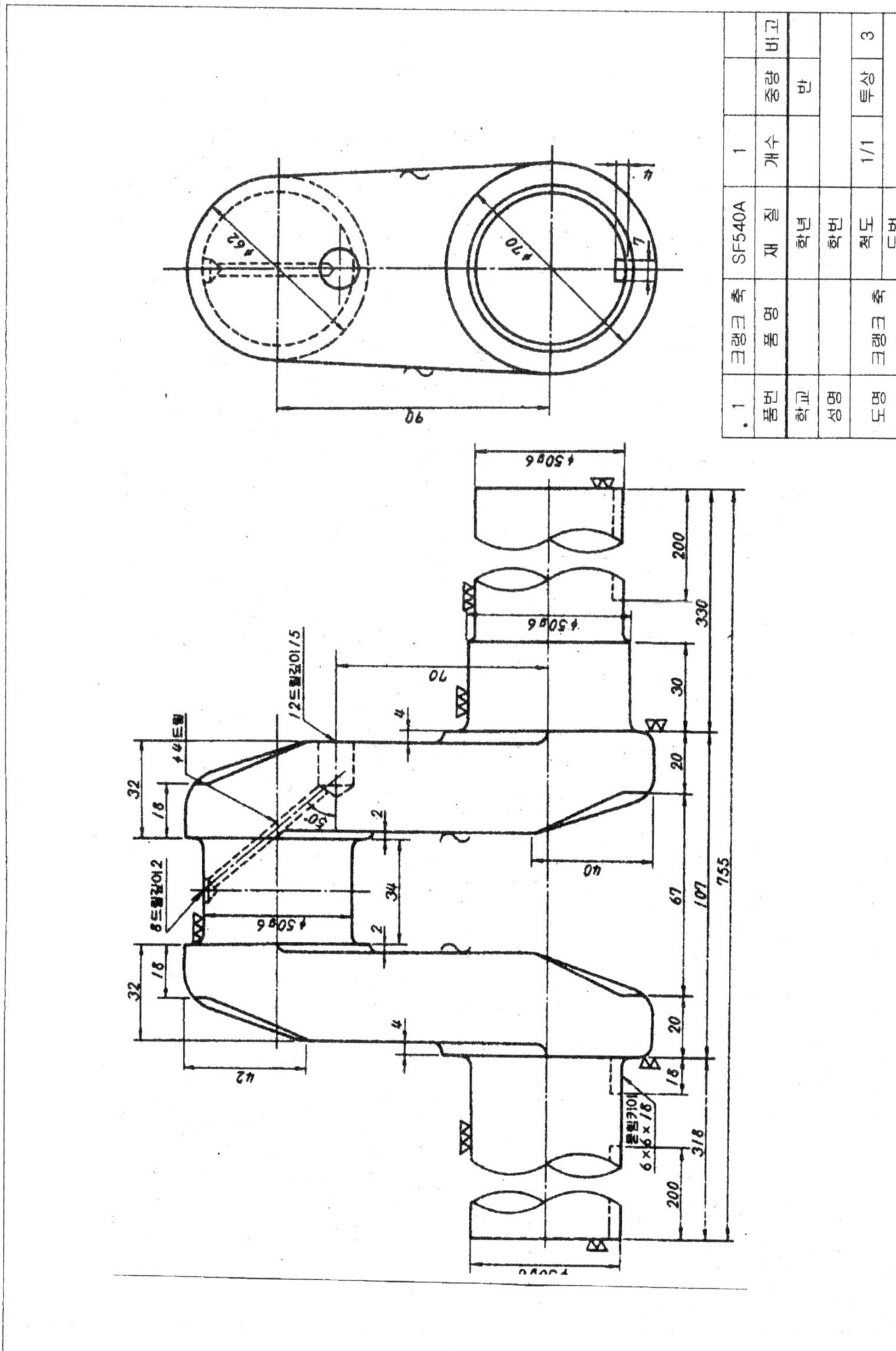
1
크랭크 축
SF540A
1
품번
품명
재질
개수
중량
비고
학교
학년
반
성명
학번
도명
크랭크 축
척도
1/1
투상
3
도번
200
330
30
20
67
107
755
20
18
318
200
32
18
32
18
42
40
70
34
2
2
4
4
φ50g6
φ70
φ62
90
7
4
4드릴
12드릴깊이15
8드릴깊이2
30°
묻힘키이
6×6×18

요 목 표		
구 분	피니언	기어
기어 치형	표준공구	
치 형	보통이	
모 듈	3.5	
압 력 각	20	
잇 수	28	112
기준 피치 원 지름	98	392

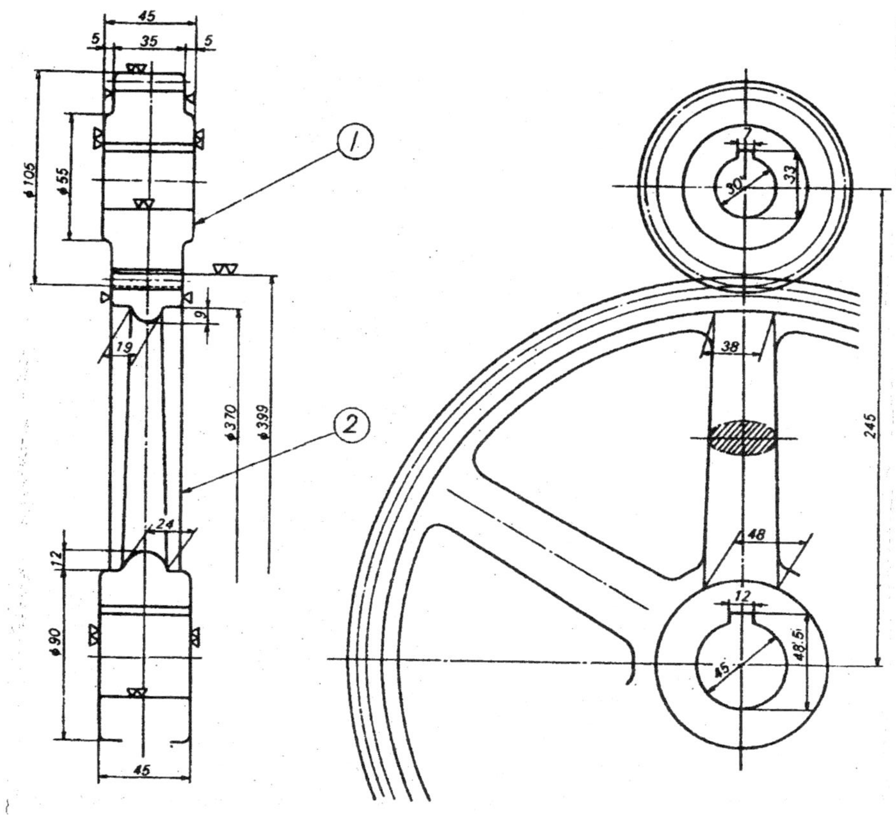

1	스퍼기어	SF490A	1		
품번	품 명	재질	개수	중량	비고
학교		학년		반	
성명		학번			
도명	스퍼 기어	척도	1/2	투상	3
		도번			

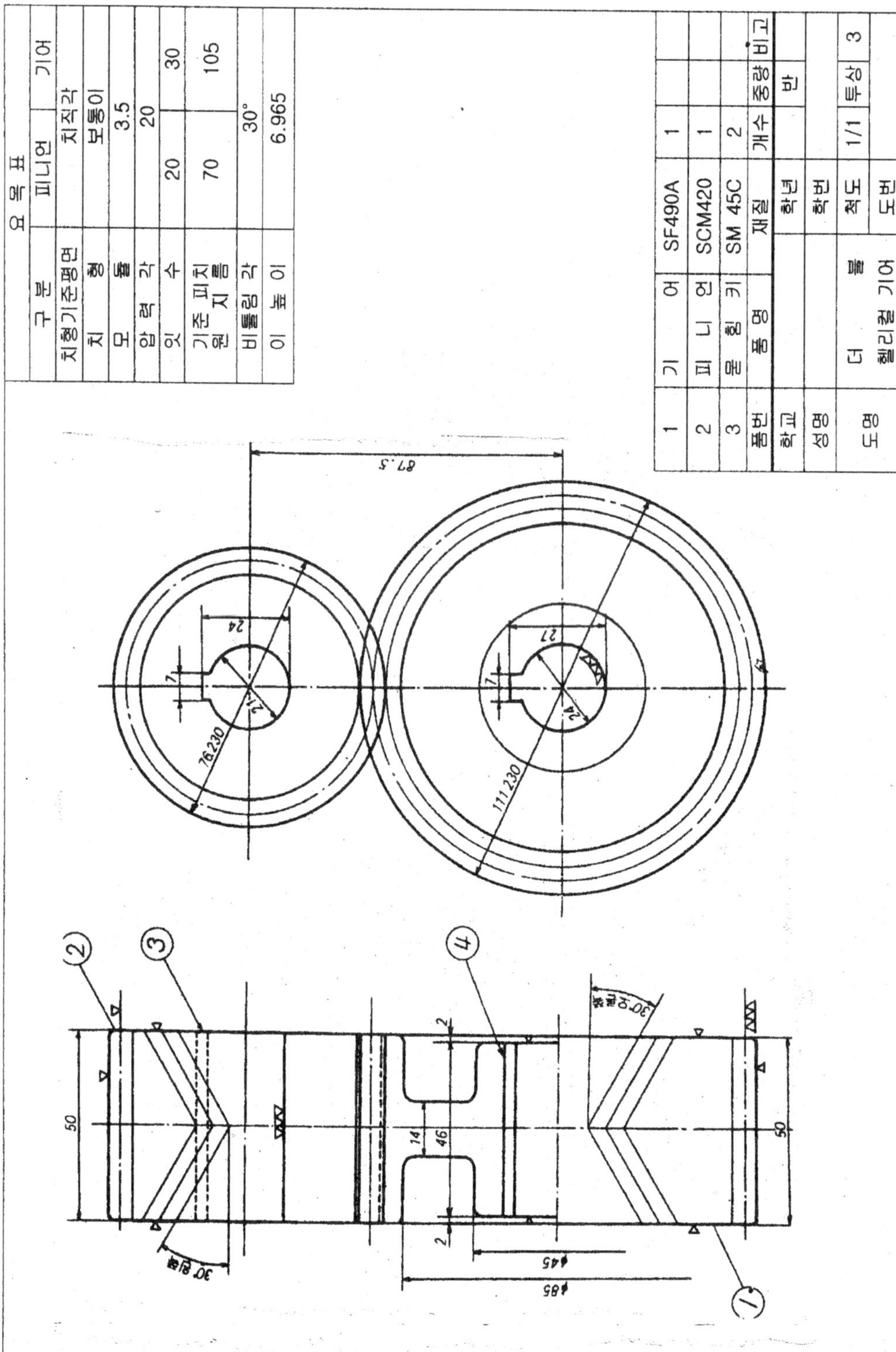

요 목 표

구 분	피니언	기어
치형기준평면	치직각	
치 형	보통이	
모 듈	3.5	
압 력 각	20	
잇 수	20	30
기준 피치원 지름	70	105
비틀림 각	30°	
이 높이	6.965	

품번	품명	재질	개수	중량	비고
1	기 어	SF490A	1		
2	피 니 언	SCM420	1		
3	묻 힘 키	SM 45C	2		
학교		학년		반	
성명		학번			
도명	더블 헬리컬 기어	척도	1/1	투상	3
		도번			

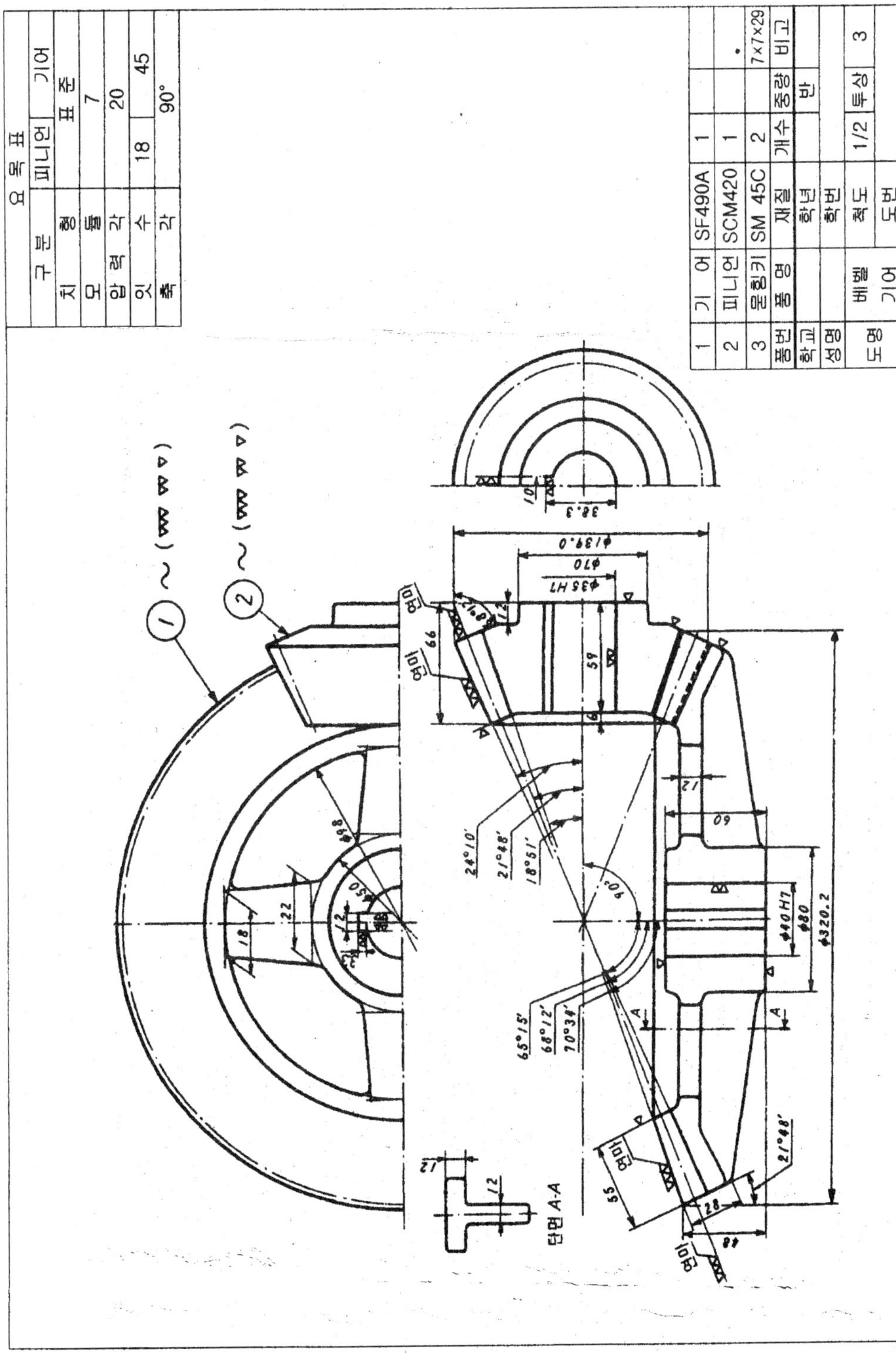
요목표
구분 피니언 기어
치형 표준
모듈 7
압력각 20
잇수 18 45
축각 90°
1 기어 SF490A 1
2 피니언 SCM420 1
3 묻힘키 SM 45C 2 7×7×29
품번 품명 재질 개수 중량 비고
학교 학년 반
성명 학번
도명 베벨 기어 척도 1/2 투상 3 도번
단면 A-A
연마
φ139.0
φ70
φ35 H7
φ40 H7
φ80
φ320.2
38.3
24°10′
21°48′
18°51′
65°15′
68°12′
70°34′

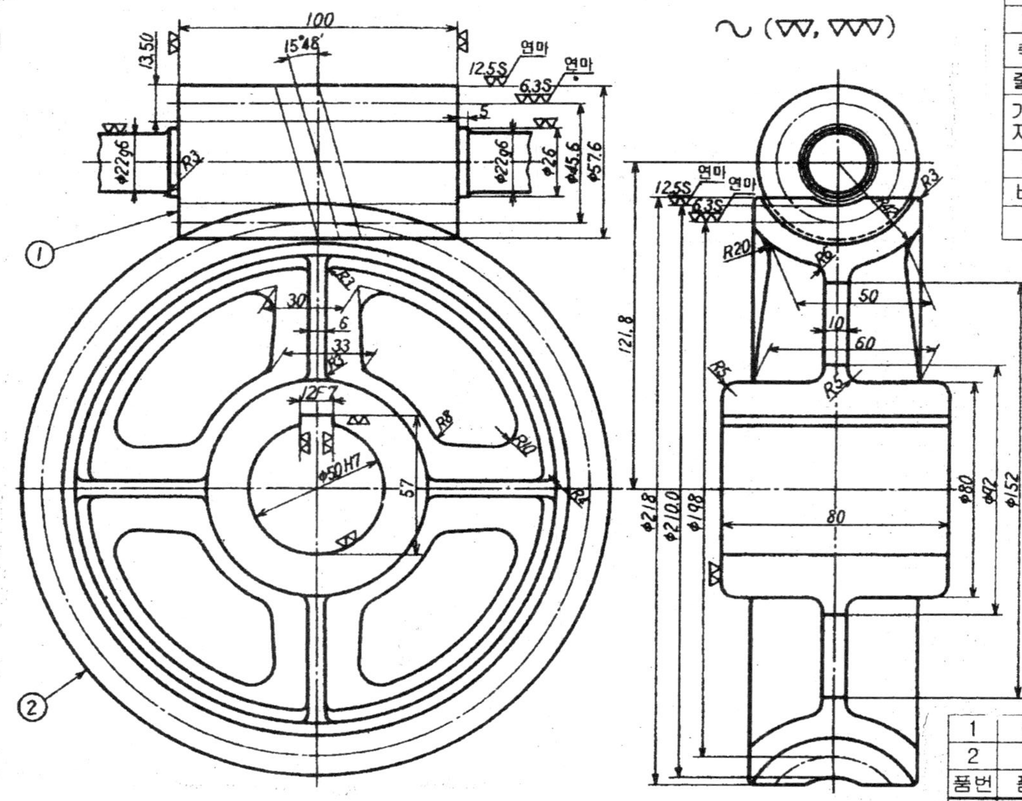

요목표		
구분	웜	웜휠
치형	KS B1416 3형	
축방향모듈	6	
줄수 / 잇수	2	31
기준 피치원 지름	45	197.30
잇수	18	45
비틀림방향	오른쪽	
리드각	11°18′36″	

품번	품명	재질	개수	중량	비고
1	웜휠	PBC 2 B	1		
2	웜	SM 48C	1		

학교		학년		반	
성명		학번			
도명	웜과 웜휠	척도	1/2	투상	3
		도번			

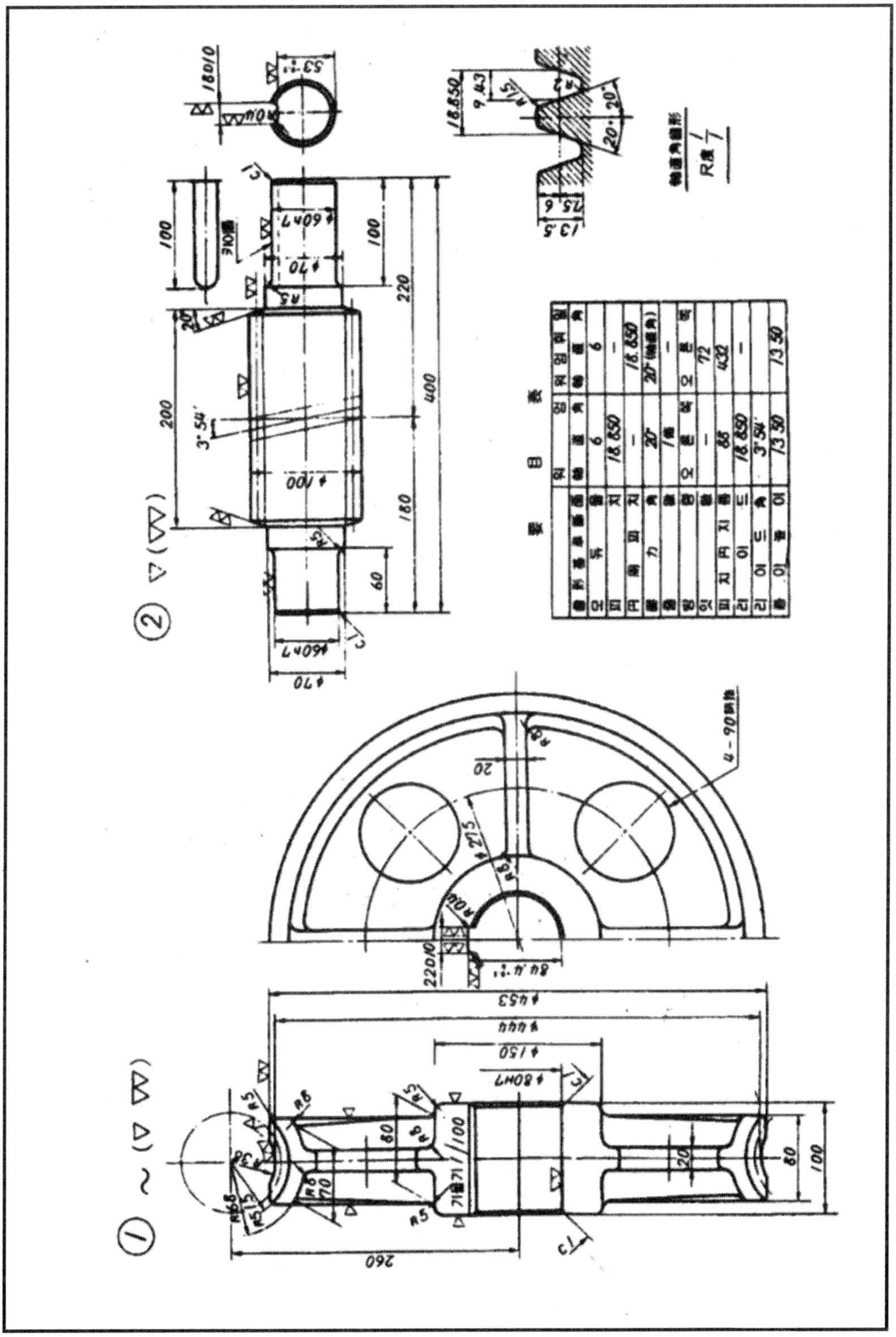

기계제도

2판 3쇄 2026년 1월 20일

저 자 유진규 / 김상진
발행인 송광헌
발행처 **복두(더)**
주 소 서울특별시 영등포구 경인로82길 3-4
센터플러스 807호 (우) 07371
전 화 02-2164-2580
FAX 02-2164-2584
등 록 1993. 11. 22. 제 10-902 호

정가 : 30,000원
ISBN : 979-11-6675-290-2 93550

한국과학기술출판협회 회원사